深智數位
股份有限公司

深智數位
股份有限公司

前言
Preface

感謝

首先感謝大家的信任。

作者僅是在學習應用資料科學和機器學習演算法時，多讀了幾本數學書，多做了一些思考和知識整理而已。知者不言，言者不知。知者不博，博者不知。由於作者水準有限，斗膽把自己所學所思與大家分享，作者權當無知者無畏。希望大家在 Github 多提意見，讓這套書成為作者和讀者共同參與創作的作品。

特別感謝清華大學出版社的欒大成老師。從選題策劃、內容創作到裝幀設計，欒老師事無巨細、一路陪伴。每次與欒老師交流，都能感受到他對優質作品的追求、對知識分享的熱情。

出來混總是要還的

曾經，考試是我們學習數學的唯一動力。考試是頭懸樑的繩，是錐刺股的錐。我們中的大多數人從小到大為各種考試埋頭題海，數學味同嚼蠟，甚至讓人恨之入骨。

數學所帶來了無盡的「折磨」。 我們甚至恐懼數學，憎恨數學，恨不得一走出校門就把數學拋之腦後，老死不相往來。

可悲可笑的是，我們很多人可能會在畢業的五年或十年以後，因為工作需要，不得不重新學習微積分、線性代數、概率機率，悔恨當初沒有學好數學，走了很多彎路，沒能學以致用，甚至遷怒於教材和老師。

這一切不能都怪數學，值得反思的是我們學習數學的方法和目的。

再給自己一個學數學的理由

為考試而學數學，是被逼無奈的舉動。而為數學而數學，則又太過高尚而遙不可及。

相信對絕大部分的我們來說，數學是工具、是謀生手段，而非目的。我們主動學數學，是想 用數學工具解決具體問題。

現在，這套書給大家一個「學數學、用數學」的全新動力—資料科學、機器學習。

資料科學和機器學習已經深度融合到我們生活的各方面，而數學正是開啟未來大門的鑰匙。不是所有人生來都握有一副好牌，但是掌握「數學 + 程式設計 + 機器學習」的知識絕對是王牌。這次，學習數學不再是為了考試、分數、升學，而是投資時間、自我實現、面向未來。

未來已來，你來不來？

本套本書系如何幫到你

為了讓大家學數學、用數學，甚至愛上數學，作者可謂頗費心機。在創作這套書時，作者儘量克服傳統數學教材的各種弊端，讓大家學習時有興趣、看得懂、有思考、更自信、用得著。

為此，叢書在內容創作上突出以下幾個特點。

- **數學 + 藝術**——全書圖解，極致視覺化，讓數學思想躍然紙上、生動有趣、一看就懂，同時提高大家的資料思維、幾何想像力、藝術感。

- **零基礎**——從零開始學習 Python 程式設計，從寫第一行程式到架設資料科學和機器學習應用，儘量將陡峭學習曲線拉平。

- **知識網路**——打破數學板塊之間的門檻，讓大家看到數學代數、幾何、線性代數、微積分、機率統計等板塊之間的聯繫，編織一張綿密的數學知識網路。

- **動手**——授人以魚不如授人以漁，和大家一起寫程式、創作數學動畫、互動 App。

- **學習生態**——構造自主探究式學習生態環境「紙質圖書 + 電子圖書 + 程式檔案 + 視覺化工具 + 思維導圖」，提供各種優質學習資源。

- **理論 + 實踐**——從加減乘除到機器學習，叢書內容安排由淺入深、螺旋上升，兼顧理論和實踐；在程式設計中學習數學，學習數學時解決實際問題。

雖然本書標榜「從加減乘除到機器學習」，但是建議讀者朋友們至少具備高中數學知識。如果讀者正在學習或曾經學過大學數學（微積分、線性代數、機率統計），這套書就更容易讀懂了。

聊聊數學

數學是工具。錘子是工具，剪刀是工具，數學也是工具。

數學是思想。數學是人類思想高度抽象的結晶體。在其冷酷的外表之下，數學的核心實際上就是人類樸素的思想。學習數學時，知其然，更要知其所以然。不要死記硬背公式定理，理解背後的數學思想才是關鍵。如果你能畫一幅圖、用大白話描述清楚一個公式、一則定理，這就說明你真正理解 了它。

數學是語言。就好比世界各地不同種族有自己的語言，數學則是人類共同的語言和邏輯。數學這門語言極其精準、高度抽象，放之四海而皆準。雖然我們中大多數人沒有被數學「女神」選中，不能為人類對數學認知開疆擴土；但是，這絲毫不妨礙我們使用數學這門語言。就好比，我們不會成為語言學家，我們完全可以使用母語和外語交流。

　　數學是系統。代數、幾何、線性代數、微積分、機率統計、最佳化方法等，看似一個個孤島，實際上都是數學網路的一條條織線。建議大家學習時，特別關注不同數學板塊之間的聯繫，見樹，更要見林。

　　數學是基石。拿破崙曾說「數學的日臻完善和國強民富息息相關。」數學是科學進步的根基，是經濟繁榮的支柱，是保家衛國的武器，是探索星辰大海的航船。

　　數學是藝術。數學和音樂、繪畫、建築一樣，都是人類藝術體驗。透過視覺化工具，我們會在看似枯燥的公式、定理、資料背後，發現數學之美。

　　數學是歷史，是人類共同記憶體。「歷史是過去，又屬於現在，同時在指引未來。」數學是人類的集體學習思考，它把人的思維符號化、形式化，進而記錄、累積、傳播、創新、發展。從甲骨、泥板、石板、竹簡、木牘、紙草、羊皮卷、活字印刷、紙質書，到數位媒介，這一過程持續了數千年，至今綿延不息。

　　數學是無窮無盡的**想像力**，是人類的**好奇心**，是自我挑戰的**毅力**，是一個接著一個的**問題**，是看似荒誕不經的**猜想**，是一次次膽大包天的**批判性思考**，是敢於站在前人臂膀之上的**勇氣**，是孜孜不倦地延展人類認知邊界的**不懈努力**。

家園、詩、遠方

諾瓦利斯曾說：「哲學就是懷著一種鄉愁的衝動到處去尋找家園。」

在紛繁複雜的塵世，數學純粹得就像精神的世外桃源。數學是，一束光，一條巷，一團不滅的希望，一股磅礡的力量，一個值得寄託的避風港。

打破陳腐的鎖鏈，把功利心暫放一邊，我們一道懷揣一份鄉愁，心存些許詩意，踩著藝術維度，投入數學張開的臂膀，駛入它色彩斑斕、變幻無窮的深港，感受久違的歸屬，一睹更美、更好的遠方。

致謝
Acknowledgement

To my parents.

謹以此書獻給我的母親父親。

使用本書
How to Use the Book

叢書資源

本書系提供的搭配資源如下：

- 紙質圖書。

- 每章提供思維導圖，全書圖解海報。

- Python 程式檔案，直接下載運行，或者複製、貼上到 Jupyter 運行。

- Python 程式中包含專門用 Streamlit 開發數學動畫和互動 App 的檔案。

本書內容

- 數學家、科學家、藝術家等大家語錄

- 搭配 Python 程式完成核心計算和製圖

- 引出本書或本系列其他圖書相關內容

- 相關數學家生平貢獻介紹

- 程式中核心 Python 庫函數和講解

- 用 Streamlit 開發製作 App 應用

- 提醒讀者需要格外注意的基礎知識

- 每章總結或昇華本章內容

- 思維導圖總結本章脈絡和核心內容

- 介紹數學工具與機器學習之間的聯繫

- 核心參考和推薦閱讀文獻

App 開發

本書搭配多個用 Streamlit 開發的 App，用來展示數學動畫、資料分析、機器學習演算法。

Streamlit 是個開放原始碼的 Python 函數庫，能夠方便快捷地架設、部署互動型網頁 App。Streamlit 簡單易用，很受歡迎。Streamlit 相容目前主流的 Python 資料分析庫，比如 NumPy、Pandas、Scikit-learn、PyTorch、TensorFlow 等等。Streamlit 還支持 Plotly、Bokeh、Altair 等互動視覺化函數庫。

本書中很多 App 設計都採用 Streamlit + Plotly 方案。

大家可以參考以下頁面，更多了解 Streamlit：

- https://streamlit.io/gallery

- https://docs.streamlit.io/library/api-reference

實踐平臺

本書作者撰寫程式時採用的 IDE（Integrated Development Environment）是 Spyder，目的是給大家提供簡潔的 Python 程式檔案。

但是，建議大家採用 JupyterLab 或 Jupyter Notebook 作為本書系搭配學習工具。

簡單來說，Jupyter 集合「瀏覽器 + 程式設計 + 檔案 + 繪圖 + 多媒體 + 發佈」眾多功能於一身，非常適合探究式學習。

運行 Jupyter 無須 IDE，只需要瀏覽器。Jupyter 容易分塊執行程式。Jupyter 支持 inline 列印結果，直接將結果圖片列印在分塊程式下方。Jupyter 還支援很多其他語言，如 R 和 Julia。

使用 Markdown 檔案編輯功能，可以程式設計同時寫筆記，不需要額外建立檔案。在 Jupyter 中插入圖片和視訊連結都很方便，此外還可以插入 Latex 公式。對於長檔案，可以用邊專欄錄查詢特定內容。

Jupyter 發佈功能很友善，方便列印成 HTML、PDF 等格式檔案。

Jupyter 也並不完美，目前尚待解決的問題有幾個：Jupyter 中程式偵錯不是特別方便。Jupyter 沒有 variable explorer，可以 inline 列印資料，也可以將資料寫到 CSV 或 Excel 檔案中再打開。Matplotlib 影像結果不具有互動性，如不能查看某個點的值或旋轉 3D 圖形，此時可以考慮安裝（jupyter matplotlib）。注意，利用 Altair 或 Plotly 繪製的影像支援互動功能。對於自訂函數，目前沒有快速鍵直接跳躍到其定義。但是，很多開發者針對這些問題正在開發或已經發佈相應外掛程式，請大家留意。

大家可以下載安裝 Anaconda。JupyterLab、Spyder、PyCharm 等常用工具，都整合在 Anaconda 中。下載 Anaconda 的地址為：

- https://www.anaconda.com/

程式檔案

本書系的 Python 程式檔案下載網址為：

- https://github.com/Visualize-ML

Python 程式檔案會不定期修改，請大家注意更新。圖書原始創作版本 PDF（未經審校和修訂，內容和紙質版略有差異，方便行動終端碎片化學習以及對照程式）和紙質版本勘誤也會上傳到這個 GitHub 帳戶。因此，建議大家註冊 GitHub 帳戶，給書稿資料夾標星（Star）或分支複製（Fork）。

考慮再三，作者還是決定不把程式全文印在紙質書中，以便減少篇幅，節約用紙。

本書程式設計實踐例子中主要使用「鳶尾花資料集」，資料來源是 Scikit-learn 函數庫、Seaborn 函數庫。

學習指南

大家可以根據自己的偏好制定學習步驟，本書推薦以下步驟。

1. 瀏覽本章思維導圖，把握核心脈絡

2. 下載本章搭配 Python 程式檔案

3. 用 Jupyter 建立筆記，程式設計實踐

4. 嘗試開發數學動畫、機器學習 App

5. 翻閱本書推薦參考文獻

學完每章後，大家可以在社交媒體、技術討論區上發佈自己的 Jupyter 筆記，進一步聽取朋友們的意見，共同進步。這樣做還可以提高自己學習的動力。

另外，建議大家採用紙質書和電子書配合閱讀學習，學習主陣地在紙質書上，學習基礎課程最重要的是沉下心來，認真閱讀並記錄筆記，電子書可以配合查看程式，相關實操性內容可以直接在電腦上開發、運行、感受，Jupyter 筆記同步記錄起來。

強調一點：學習過程中遇到困難，要嘗試自行研究解決，不要第一時間就去尋求他人幫助。

意見建議

歡迎大家對本書系提意見和建議，叢書專屬電子郵件地址為：

- jiang.visualize.ml@gmail.com

目錄
Contents

第 **1** 篇 **統計**

1 機率統計全景

2 統計描述

第 2 篇 機率

3 古典機率模型

4 離散隨機變數

5 離散分佈

6 連續隨機變數

7 連續分佈

8 條件機率

第 3 篇 高斯

9 一元高斯分佈

10　二元高斯分佈

11　多元高斯分佈

12 條件高斯分佈

13 協方差矩陣

第 4 篇 隨機

14 隨機變數的函數

15 蒙地卡羅模擬

第 5 篇 頻率派

16 頻率派統計推斷

17 機率密度估計

第 6 篇 貝氏派

18 貝氏分類

19 貝氏分類進階

24 線性迴歸

25 主成分分析 25-1

緒論
Introduction

本書在全套叢書的定位

本書系有三大板塊─程式設計、數學、實踐。資料科學、機器學習的各種演算法都離不開數學,因此本書系在數學板塊著墨頗多。

本書《AI 時代 Math 元年──用 Python 全精通統計及機率》是「數學三劍客」的第三本,也是最後一本。「數學」板塊的第一本《數學要素》是各種數學工具的「大雜燴」,可謂數學基礎;第二本《AI 時代 Math 元年──用 Python 全精通矩陣及線性代數》專門講解機器學習中常用的線性代數工具;本書《AI 時代 Math 元年──用 Python 全精通統計及機率》則介紹機器學習和資料分析中常用的機率統計工具。

《AI 時代 Math 元年──用 Python 全精通統計及機率》的核心是「多元統計」,離不開《AI 時代 Math 元年──用 Python 全精通矩陣及線性代數》中介紹的線性代數工具。在開始本書內容學習之前,請大家務必掌握《AI 時代 Math 元年──用 Python 全精通矩陣及線性代數》的主要內容。

在完成本書《AI時代Math元年——用Python全精通統計及機率》學習之後，我們便正式進入「實踐」板塊，開始《AI時代 Math 元年——用 Python 全精通資料處理》《AI時代 Math 元年——用 Python 全精通機器學習》兩冊的探索之旅。

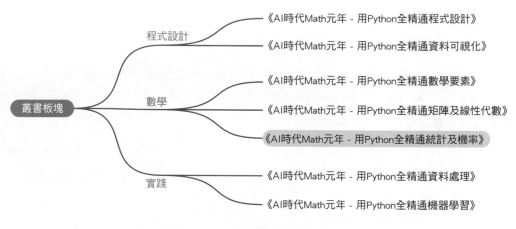

《AI時代Math元年 - 用Python全精通程式設計》
《AI時代Math元年 - 用Python全精通資料可視化》
程式設計

《AI時代Math元年 - 用Python全精通數學要素》
《AI時代Math元年 - 用Python全精通矩陣及線性代數》
數學
《AI時代Math元年 - 用Python全精通統計及機率》
叢書板塊

《AI時代Math元年 - 用Python全精通資料處理》
《AI時代Math元年 - 用Python全精通機器學習》
實踐

▲ 圖 0.1 本系列叢書板塊版面配置

② 結構：七大板塊

本書可以歸納為七大板塊——統計、機率、高斯、隨機、頻率派、貝氏派、橢圓。

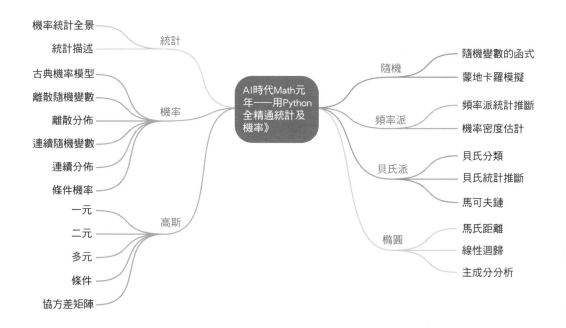

▲ 圖 0.2 《AI 時代 Math 元年 - 用 Python 全精通統計及機率》板塊版面配置

統計

第 1 章可能是整個本書系系列中「最無聊」的一章。這一章首先給大家出了一個線性代數的小測驗,如果順利通過測驗就可以開始本書內容學習了。如果不順利,建議大家回顧《AI 時代 Math 元年——用 Python 全精通矩陣及線性代數》 一書的相關內容。然後,這一章總結了《AI 時代 Math 元年——用 Python 全精通統計及機率》一書中重要的公式,大家可以把這些內容當成「公式手冊」來看待。學習本書時或學完本書後回看參考時,大家可以試著給每個公式配圖。

第 2 章介紹統計描述。這一章用影像、量化整理等方式描述樣本資料重要特徵。學習這一章時,建議大家回顧《AI 時代 Math 元年——用 Python 全精通矩陣及線性代數》第 22 章的相關內容。

機率

機率是統計推斷的基礎數學工具。「機率」這個板塊將主要介紹離散、連續兩大類隨機變數及常見的機率分佈。

第 3 章介紹古典概型,重中之重是貝氏定理。本書「厚」貝氏派,「薄」頻率派,因此本書中很多內容都在展示貝氏定理的應用。希望大家從第 3 章開始就格外重視貝氏定理。

第 4 、5 兩章介紹離散隨機變數、離散分佈。第 6 、7 兩章介紹連續隨機變數、連續分佈。第 4 、 6 章特別用鳶尾花資料為例講解隨機變數,建議大家對比閱讀。第 8 章特別介紹離散、連續隨機變數的條件期望、條件方差。學習各種分佈時,請大家格外注意它們的 PDF、CDF 形狀。二項分佈、多項分佈、高斯分佈、Dirichlet 分佈這幾種分佈將在本書後續章節發揮重要作用,希望大家留意。

學習這個板塊時,請大家注意理解機率質量函數、機率密度函數無非就是對 1 (樣本空間對應的機率)的不同「切片、切塊」和「切絲、切條」方式。

高斯

「高斯」是資料科學、機器學習演算法中如雷貫耳的名字，大家會在迴歸分析、主成分分析、高斯單純貝氏、高斯過程、高斯混合模型等演算法中遇到高斯分佈。因此本書中高斯分佈的「戲份」格外重要。

「高斯」這一板塊分別介紹一元（第 9 章）、二元（第 10 章）、多元（第 11 章）、條件（第 12 章）高斯分佈。幾何角度是理解高斯分佈的利器，大家學習這幾章時，請特別注意高斯分佈、橢圓、橢球之間的關聯。第 13 章則介紹高斯分佈中的重要組成部分—協方差矩陣。

這個板塊，特別是在講解多元高斯分佈、協方差時，大家會看到無所不在的線性代數。

隨機

第 14 章介紹隨機變數的函數，請大家特別注意從幾何角度理解線性變換、主成分分析。第 15 章講解幾個蒙地卡羅模擬試驗，請大家掌握產生滿足特定相關性的隨機數的兩種方法。這兩種方法分別對應《AI 時代 Math 元年——用 Python 全精通矩陣及線性代數》一書中介紹的 Cholesky 分解、特徵值分解，建議大家在學習時回看《AI 時代 Math 元年——用 Python 全精通矩陣及線性代數》一書的相關內容。

頻率派

本書中有關頻率派的內容著墨較少，這是因為在機器學習、深度學習中，貝氏統計應用場合更為廣泛。第 16 章介紹常見經典統計推斷方法，請大家務必掌握最大似然估計 MLE 。第 17 章講解機率密度估計，請大家特別注意高斯核心機率密度估計。

貝氏派

這個板塊用五章內容介紹貝氏統計的應用場景。

我們先從貝氏分類開始。第 18 、19 章介紹如何利用貝氏定理完成鳶尾花分類，請大家掌握後驗機率、證據因數、先驗機率、似然機率這些概念。在貝氏分類演算法中，最佳化問題可以最大化後驗機率，也可以最大化聯合機率，即「似然機率 × 先驗機率」。注意，《AI 時代 Math 元年——用 Python 全精通機器學習》一書會深入介紹「單純貝氏分類」演算法。

第 20 、21 章講解貝氏統計推斷。貝氏統計推斷把整體的模型參數看作隨機變數。貝氏統計推斷所表現出來的「學習過程」與人類認知過程極為相似，請大家注意類比。貝氏推斷中，後驗 ∝ 似然 × 先驗，這無疑是最重要的比例關係。此外，請大家務必掌握最大後驗機率 MAP。

第 22 章簡單介紹 Metropolis-Hastings 採樣，並講解如何使用 PyMC3 獲得服從特定後驗分佈的隨機數。

橢圓

本書最後一個板塊可以叫「橢圓三部曲」，因為最後三章都與橢圓有關。這三章也開啟了下一書《AI 時代 Math 元年——用 Python 全精通資料處理》中的三個重要話題─資料處理、迴歸、降維。

第 23 章講解馬氏距離，請大家特別注意馬氏距離、歐氏距離、標準化歐氏距離的區別，以及馬氏距離與卡方分佈的關聯。

第 24 章中，我們將從最小平方法 OLS 、最佳化、投影、線性方程組、條件機率、最大似然估計 MLE 這幾個角度講解線性迴歸。這一章相當於是《AI 時代 Math 元年——用 Python 全精通數學要素》一書第 24 章的擴展。

預告一下，《AI 時代 Math 元年——用 Python 全精通資料處理》一書將鋪開介紹更多迴歸演算法，如多元迴歸分析、正則化、嶺迴歸、套索迴歸、彈性網路迴歸、貝氏迴歸（最大後驗估計 MAP 角度）、多項式迴歸、邏輯迴歸，以及基於主成分分析的正交迴歸、主元迴歸等演算法。

第 25 章以機率統計、幾何、矩陣分解、最佳化為角度介紹主成分分析。在《AI 時代 Math 元年——用 Python 全精通資料處理》一書中將會深入講解主成分分析，以及典型性分析、因數分析。

3 特點：多元統計

資料

《AI 時代 Math 元年——用 Python 全精通統計及機率》一書最大特點就是「多元統計」。

當前多數機率統計教材都偏重於「一元」，而資料科學、機器學習中處理的問題幾乎都是多特徵，即「多元」。從一元到多元有一道鴻溝，能幫助我們跨越這道鴻溝的正是線性代數工具。這就是為什麼一再強調大家要學好《AI 時代 Math 元年——用 Python 全精通矩陣及線性代數》一書之後再開始本書的學習。

機率統計是個龐雜的知識系統，本書只能選取機器學習中最常用的數學工具。「大而全」的數學公式手冊範式不是本書的追求，這也就是本書書名「至簡」二字的來由。本書「至簡」知識系統骨架足夠撐起叢書後續的資料科學、機器學習內容，也方便大家進一步擴展填充。

本書「繁複」的一點是豐富的實例和視覺化方案，它們可以幫助大家理解常用的機率統計工具，力求讓大家學透每一個公式。學習《AI 時代 Math 元年——用 Python 全精通統計及機率》時，請大家注意使用幾何角度，提升自己的空間想像力。

閱讀本書時，大家注意高斯、貝氏。高斯分佈可能是最重要的連續隨機變數分布。本書把高斯分佈從一元擴展到了多元，關鍵在於掌握多元高斯分佈。

此外，全書每個板塊幾乎都有「貝氏定理」投下的「影子」。請大家務必理解條件機率、後驗機率、證據因數、先驗機率、似然機率在貝氏統計推斷中的應用。

「圖解 + 程式設計 + 機器學習應用」是本書系的核心特點，本書也不例外。這套書用「程式設計 + 視覺化」取代「習題集」。為了達到更好的學習效果，希望大家一邊閱讀，一邊程式設計實踐。

大多數機率統計的圖書給大家的印象是公式連篇。為了打破這種刻板印象，《AI 時代 Math 元年——用 Python 全精通統計及機率》嘗試直接給核心公式「配圖」，以強化理解。這也是本書的一種嘗試，效果好的話再版時將推廣應用到本書系其他分冊。

此外，雞、兔、豬這三個「朋友」也會來到《AI 時代 Math 元年——用 Python 全精通統計及機率》客串出演，幫助大家理解複雜的機率統計概念。

「有資料的地方，必有統計」

在《AI 時代 Math 元年——用 Python 全精通統計及機率》這本書中，大家會看到微積分、線性代數、機率統計等數學工具「濟濟一堂」，但是沒有絲毫的違和感！

下面，我們就開始「數學三劍客」的收官之旅！

Section *01*
統計

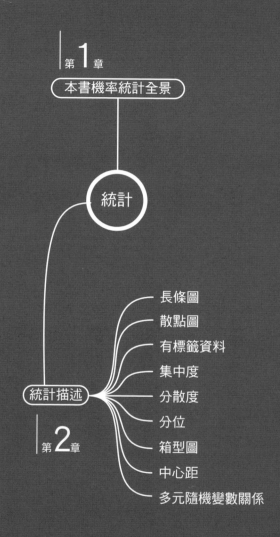

第1章

本書機率統計全景

統計

長條圖

散點圖

有標籤資料

集中度

統計描述　　　分散度

分位

箱型圖

第2章　　中心距

多元隨機變數關係

學習地圖 ｜ 第1板塊

Landscape of Statistics and Probability

機率統計全景

公式連篇，可能是本書系最枯燥無味的一章

機率論作為數學學科，可以且應該從公理開始建設，與幾何、代數的想法一樣。

The theory of probability as mathematic aldiscipline can and should be developed from axioms in exactly the same wayas Geometry and Algebra.

──安德雷・柯爾莫哥洛夫（*Andrey Kolmogorov*）| 機率論公理化之父 | *1903─1987* 年

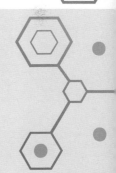

1.1　必備數學工具：一個線性代數小測驗

本書前文提到，《AI 時代 Math 元年 - 用 Python 全精通統計及機率》一書的核心特點是「多元」。《AI 時代 Math 元年 - 用 Python 全精通矩陣及線性代數》一書中介紹的線性代數工具是本書核心數學工具。因此，在開始本書閱讀之前，請大家先完成本節這個小測驗。

如果大家能夠輕鬆完成這個測驗，那麼歡迎大家開始本書後續內容學習；不然建議大家重溫《AI 時代 Math 元年 - 用 Python 全精通矩陣及線性代數》一書中介紹的相關數學工具。

資料矩陣

給定資料矩陣 X，如何求其質心、中心化資料、標準化資料、格拉姆矩陣、協方差矩陣、相關係數矩陣？

協方差矩陣

給定 2×2 協方差矩陣 Σ，且

$$\Sigma = \begin{bmatrix} \sigma_1^2 & \rho_{1,2}\sigma_1\sigma_2 \\ \rho_{1,2}\sigma_1\sigma_2 & \sigma_2^2 \end{bmatrix} \qquad \text{(test.1)}$$

什麼條件下 Σ 是正定矩陣？

定義二元函數

$$f(x_1, x_2) = x^{\mathrm{T}}\Sigma x = \begin{bmatrix} x_1 \\ x_2 \end{bmatrix}^{\mathrm{T}} \begin{bmatrix} \sigma_1^2 & \rho_{1,2}\sigma_1\sigma_2 \\ \rho_{1,2}\sigma_1\sigma_2 & \sigma_2^2 \end{bmatrix} \begin{bmatrix} x_1 \\ x_2 \end{bmatrix} \qquad \text{(test.2)}$$

① 相關性係數 $\rho_{1,2}$ 的設定值範圍是什麼？上述二元函數的影像是什麼？

② 當 σ_1 和 σ_2 均為 1 時，這個二元函數等高線形狀隨 $\rho_{1,2}$ 如何變化？

Cholesky 分解

對協方差矩陣 Σ 進行 Cholesky 分解，有

$$\Sigma = R^{\mathrm{T}} R \qquad \text{(test.3)}$$

① 矩陣 Σ 能進行 Cholesky 分解的前提是什麼？

② 上三角矩陣 R 的特點是什麼？如何從幾何角度理解 R？

特徵值分解

對 Σ 進行特徵值分解，有

$$\Sigma = V \Lambda V^{\mathrm{T}} \qquad \text{(test.4)}$$

① 等式右側第二個矩陣 V 對應轉置運算，為什麼？

② 矩陣 V 有什麼特殊性質？如何從向量空間角度理解 V？

③ 矩陣 Λ 有什麼特殊性質？什麼條件下，Σ 特徵值中有 0？

④ 如果把 V 寫成 $[v_1, v_2]$，上式可以如何展開？

將式 (test.4) 寫成

$$V^{\mathrm{T}} \Sigma V = \Lambda \qquad \text{(test.5)}$$

① 把 V 寫成 $[v_1, v_2]$，式 (test.5) 如何展開？

② 幾何角度來看，上式代表什麼？

奇異值分解

① 奇異值分解有哪四種類型？每種類型之間存在怎樣的關係？

②　資料矩陣 X 奇異值分解可以獲得其奇異值 s_j，對 X 的格拉姆矩陣 G 特徵值分解可以得到特徵值 λ_{G_j}。奇異值 s_j 和特徵值 λ_{G_j} 存在怎樣的量化關係？

③　對 X 的協方差矩陣 Σ 進行特徵值分解可以得到特徵值 λ_j。奇異值 s_j 和特徵值 λ_j 又存在怎樣的量化關係？

④　奇異值分解和向量四個空間有怎樣關聯？

多元高斯分佈

多元正態分佈的機率密度函數 PDF 為

$$f_\chi(x) = \frac{\exp\left(-\frac{1}{2}(x-\mu)^\mathrm{T}\Sigma^{-1}(x-\mu)\right)}{(2\pi)^{\frac{D}{2}}|\Sigma|^{\frac{1}{2}}} \tag{test.6}$$

①　$(x-\mu)^\mathrm{T}\Sigma^{-1}(x-\mu)$ 的含義是什麼？

②　$(2\pi)^{\frac{D}{2}}$ 的作用是什麼？$|\Sigma|^{\frac{1}{2}}$ 的含義是什麼？

③　什麼情況下，上式不成立？

④　馬氏距離的定義是什麼？馬氏距離和歐氏距離差別是什麼？

測驗題目到此結束。

本章下面先用數學手冊、備忘錄這種範式羅列本書中 100 個核心公式，每一節對應本書一個板塊。而本章之後，我們就用豐富的圖形給這些公式以色彩和溫度。

本書不就上述題目舉出具體答案，所有答案都在《AI 時代 Math 元年 - 用 Python 全精通矩陣及線性代數》一書中詳細說明，請大家自行查閱。

1.2 統計描述

給定隨機變數 X 的 n 個樣本 $\{x^{(1)}, x^{(2)}, \cdots, x^{(n)}\}$，$X$ 的樣本平均值為

$$\mu_X = \frac{1}{n}\left(\sum_{i=1}^{n} x^{(i)}\right) = \frac{x^{(1)} + x^{(2)} + x^{(3)} + \cdots + x^{(n)}}{n} \tag{1.1}$$

X 的樣本方差為

$$\mathrm{var}(X) = \sigma_X^2 = \frac{1}{n-1}\sum_{i=1}^{n}\left(x^{(i)} - \mu_X\right)^2 \tag{1.2}$$

X 的樣本標準差為

$$\sigma_X = \mathrm{std}(X) = \sqrt{\mathrm{var}(X)} = \sqrt{\frac{1}{n-1}\sum_{i=1}^{n}\left(x^{(i)} - \mu_X\right)^2} \tag{1.3}$$

對於樣本資料，隨機變數 X 和 Y 的協方差為

$$\mathrm{cov}(X,Y) = \frac{1}{n-1}\sum_{i=1}^{n}\left(x^{(i)} - \mu_X\right)\left(y^{(i)} - \mu_Y\right) \tag{1.4}$$

對於樣本資料，隨機變數 X 和 Y 的相關性係數為

$$\rho_{X,Y} = \frac{\mathrm{cov}(X,Y)}{\sigma_X \sigma_Y} \tag{1.5}$$

⚠ 注意：除非特殊說明，本書一般不從符號上區分整體、樣本的均值、方差、標準差等。

1.3 機率

古典機率模型

設樣本空間 Ω 由 n 個等可能事件組成，事件 A 的機率為

$$\Pr(A) = \frac{n_A}{n} \tag{1.6}$$

其中：n_A 為含於事件 A 的試驗結果數量。

A 和 B 為樣本空間 Ω 中的兩個事件，其中 $\Pr(B) > 0$。那麼，事件 B 發生的條件下事件 A 發生的條件機率為

$$\Pr(A|B) = \frac{\Pr(A, B)}{\Pr(B)} \tag{1.7}$$

其中：$\Pr(A,B)$ 為事件 A 和 B 的聯合機率；$\Pr(B)$ 也叫 B 事件邊緣機率。

同理，如果 $\Pr(A) > 0$，事件 A 發生的條件下事件 B 發生的條件機率為

$$\Pr(B|A) = \frac{\Pr(A, B)}{\Pr(A)} \tag{1.8}$$

貝氏定理為

$$\Pr(A|B)\Pr(B) = \Pr(B|A)\Pr(A) = \Pr(A, B) \tag{1.9}$$

假設 $A_1, A_2, \cdots, A_n$ 互不相容，形成對樣本空間 Ω 的分割。$\Pr(A_i) > 0$，對於空間 Ω 中的任意事件 B，全機率定理為

$$\Pr(B) = \sum_{i=1}^{n} \Pr(A_i, B) \tag{1.10}$$

如果事件 A 和事件 B 獨立，則

$$\begin{aligned}
\Pr(A|B) &= \Pr(A) \\
\Pr(B|A) &= \Pr(B) \\
\Pr(A,B) &= \Pr(A)\Pr(B)
\end{aligned}$$

(1.11)

如果事件 A 和事件 B 在事件 C 發生的條件下條件獨立，則有

$$\Pr(A,B|C) = \Pr(A|C) \cdot \Pr(B|C)$$

(1.12)

離散隨機變數

離散隨機變數 X 的機率質量函數滿足

$$\sum_x p_X(x) = 1, \quad 0 \leqslant p_X(x) \leqslant 1$$

(1.13)

離散隨機變數 X 的期望值為

$$\mathrm{E}(X) = \sum_x x \cdot p_X(x)$$

(1.14)

離散隨機變數 X 的方差為

$$\mathrm{var}(X) = \sum_x \left(x - \mathrm{E}(X)\right)^2 \cdot p_X(x)$$

(1.15)

二元離散隨機變數 (X, Y) 的機率質量函數滿足

$$\sum_x \sum_y p_{X,Y}(x,y) = 1, \quad 0 \leqslant p_{X,Y}(x,y) \leqslant 1$$

(1.16)

(X, Y) 的協方差定義為

$$\begin{aligned}
\mathrm{cov}(X,Y) &= \mathrm{E}\left(\left(X - \mathrm{E}(X)\right)\left(Y - \mathrm{E}(Y)\right)\right) \\
&= \sum_x \sum_y p_{X,Y}(x,y)\left(x - \mathrm{E}(X)\right)\left(y - \mathrm{E}(Y)\right)
\end{aligned}$$

(1.17)

邊緣機率 $p_X(x)$ 為

$$p_X(x) = \sum_y p_{X,Y}(x, y) \tag{1.18}$$

邊緣機率 $p_Y(y)$ 為

$$p_Y(y) = \sum_x p_{X,Y}(x, y) \tag{1.19}$$

在替定事件 $\{Y = y\}$ 條件下，$p_Y(y) > 0$，事件 $\{X = x\}$ 發生的條件機率質量函數 $p_{X|Y}(x|y)$ 為

$$p_{X|Y}(x|y) = \frac{p_{X,Y}(x, y)}{p_Y(y)} \tag{1.20}$$

$p_{X|Y}(x|y)$ 對 x 求和等於 1，即

$$\sum_x p_{X|Y}(x|y) = 1 \tag{1.21}$$

在替定事件 $\{X = x\}$ 條件下，$p_X(x) > 0$，事件 $\{Y = y\}$ 發生的條件機率質量函數 $p_{Y|X}(y|x)$ 為

$$p_{Y|X}(y|x) = \frac{p_{X,Y}(x, y)}{p_X(x)} \tag{1.22}$$

$p_{Y|X}(y|x)$ 對 y 求和等於 1，即

$$\sum_y p_{Y|X}(y|x) = 1 \tag{1.23}$$

如果離散隨機變數 X 和 Y 獨立，則有

$$\begin{aligned} p_{X|Y}(x|y) &= p_X(x) \\ p_{Y|X}(y|x) &= p_Y(y) \\ p_{X,Y}(x, y) &= p_Y(y) \cdot p_X(x) \end{aligned} \tag{1.24}$$

離散分佈

[a,b] 上離散均勻分佈的機率質量函數為

$$p_X(x) = \frac{1}{b-a+1}, \quad x = a, a+1, \cdots, b-1, b \tag{1.25}$$

伯努利分佈的機率質量函數為

$$p_X(x) = p^x(1-p)^{1-x} \quad x \in \{0,1\} \tag{1.26}$$

其中：p 的設定值範圍為 $[0,1]$。

二項分佈的機率質量函數為

$$p_X(x) = C_n^x p^x (1-p)^{n-x}, \quad x = 0, 1, \cdots, n \tag{1.27}$$

多項分佈的機率質量函數為

$$p_{X_1, \cdots, X_K}(x_1, \cdots, x_K; n, p_1, \cdots, p_K) \begin{cases} \dfrac{n!}{(x_1!) \times (x_2!) \cdots \times (x_K!)} \times p_1^{x_1} \times \cdots \times p_K^{x_K} & \text{when } \sum_{i=1}^{K} x_i = n \\ 0 & \text{otherwise} \end{cases} \tag{1.28}$$

其中：$x_i(i = 1, 2, \cdots, K)$ 為非負整數；p_i 設定值範圍為 $(0,1)$，且 $\sum_{i=1}^{k} p_i = 1$。

卜松分佈的機率質量函數為

$$p_X(x) = \frac{\exp(-\lambda)\lambda^x}{x!}, \quad x = 0, 1, 2, \cdots \tag{1.29}$$

其中：$\lambda > 0$。λ 既是期望值，也是方差。

連續隨機變數

連續隨機變數 X 的機率密度函數滿足

$$\int_{-\infty}^{+\infty} f_X(x) \mathrm{d}x = 1, \quad f_X(x) \geq 0 \tag{1.30}$$

連續隨機變數 X 的期望為

$$\mathrm{E}(X) = \int_x x \cdot f_X(x) \mathrm{d}x \tag{1.31}$$

連續隨機變數 X 的方差為

$$\mathrm{var}(X) = \mathrm{E}\left[(X - \mathrm{E}(X))^2\right] = \int_x (x - \mathrm{E}(X))^2 \cdot f_X(x) \mathrm{d}x \tag{1.32}$$

給定 (X, Y) 的聯合機率分佈 $f_{X,Y}(x,y)$，X 的邊緣機率密度函數 $f_X(x)$ 為

$$f_X(x) = \int_y f_{X,Y}(x,y) \mathrm{d}y \tag{1.33}$$

連續隨機變數 Y 的邊緣機率密度函數 $f_Y(y)$ 為

$$f_Y(y) = \int_x f_{X,Y}(x,y) \mathrm{d}x \tag{1.34}$$

在替定 $Y = y$ 的條件下，且 $f_Y(y) > 0$，條件機率密度函數 $f_{X|Y}(x|y)$ 為

$$f_{X|Y}(x|y) = \frac{f_{X,Y}(x,y)}{f_Y(y)} \tag{1.35}$$

給定 $X = x$ 的條件下，且 $f_X(x) > 0$，條件機率密度函數 $f_{Y|X}(y|x)$ 為

$$f_{Y|X}(y|x) = \frac{f_{X,Y}(x,y)}{f_X(x)} \tag{1.36}$$

利用貝氏定理，聯合機率 $f_{X,Y}(x,y)$ 為

$$f_{X,Y}(x,y) = f_{X|Y}(x|y) f_Y(y) = f_{Y|X}(y|x) f_X(x) \tag{1.37}$$

如果連續隨機變數 X 和 Y 獨立，則

$$\begin{aligned} f_{X|Y}(x|y) &= f_X(x) \\ f_{Y|X}(y|x) &= f_Y(y) \\ f_{X,Y}(x,y) &= f_X(x) f_Y(y) \end{aligned} \tag{1.38}$$

連續分佈

區間 $[a,b]$ 的連續均勻分佈機率密度函數為

$$f_X(x) = \begin{cases} \dfrac{1}{b-a} \,, & a \leqslant x \leqslant b, \\ 0 & , \ x < a \ \text{或} \ x > b \end{cases} \tag{1.39}$$

一元學生 t- 分佈的機率密度函數為

$$f_X(x) = \frac{\Gamma\left(\dfrac{\nu+1}{2}\right)}{\sqrt{\nu\pi} \cdot \Gamma\left(\dfrac{\nu}{2}\right)} \left(1 + \frac{x^2}{\nu}\right)^{\frac{-(\nu+1)}{2}} \tag{1.40}$$

其中：$\nu > 0$。

指數分佈的機率密度函數為

$$f_X(x) = \begin{cases} \lambda \exp(-\lambda x) \,, & x \geqslant 0 \\ 0 & , \ x < 0 \end{cases} \tag{1.41}$$

其中：$\lambda > 0$。

Beta(α, β) 分佈的機率密度函數為

$$f_X(x; \alpha, \beta) = \frac{\Gamma(\alpha+\beta)}{\Gamma(\alpha)\Gamma(\beta)} x^{\alpha-1} (1-x)^{\beta-1} \tag{1.42}$$

其中：α 和 β 均大於 0。這個 PDF 也可以寫成

$$f_X(x; \alpha, \beta) = \frac{x^{\alpha-1}(1-x)^{\beta-1}}{\mathrm{B}(\alpha, \beta)} \tag{1.43}$$

其中：Beta 函數 B(α, β) 為

$$\mathrm{B}(\alpha, \beta) = \frac{\Gamma(\alpha)\Gamma(\beta)}{\Gamma(\alpha+\beta)} \tag{1.44}$$

Dirichlet 分佈機率密度函數為

$$f_{X_1,\cdots,X_K}\left(x_1,\cdots,x_K;\alpha_1,\cdots,\alpha_K\right)=\frac{1}{\mathrm{B}\left(\alpha_1,\cdots,\alpha_K\right)}\prod_{i=1}^{K}x_i^{\alpha_i-1},\quad \sum_{i=1}^{K}x_i=1 \tag{1.45}$$

其中：$\alpha_i > 0$。

Beta 函數 $\mathrm{B}(\alpha_1, \cdots, \alpha_K)$ 為

$$\mathrm{B}\left(\alpha_1,...,\alpha_K\right)=\frac{\prod_{i=1}^{K}\Gamma\left(\alpha_i\right)}{\Gamma\left(\sum_{i=1}^{K}\alpha_i\right)} \tag{1.46}$$

⚠️

注意：對於 Dirichlet 分佈，本書後續常用變數 θ 代替 x。

條件機率

如果 X 和 Y 均為離散隨機變數，給定 $X = x$ 條件下，Y 的條件期望 $\mathrm{E}(Y|X = x)$ 為

$$\mathrm{E}\left(Y|X=x\right)=\sum_{y}y\cdot p_{Y|X}\left(y|x\right) \tag{1.47}$$

$\mathrm{E}(Y)$ 的全期望定理為

$$\mathrm{E}\left(Y\right)=\mathrm{E}\left(\mathrm{E}\left(Y|X\right)\right)=\sum_{x}\mathrm{E}\left(Y|X=x\right)\cdot p_X\left(x\right) \tag{1.48}$$

給定 $Y = y$ 條件下，X 的條件期望 $\mathrm{E}(X|Y = y)$ 定義為

$$\mathrm{E}\left(X|Y=y\right)=\sum_{x}x\cdot p_{X|Y}\left(x|y\right) \tag{1.49}$$

$\mathrm{E}(X)$ 的全期望定理為

$$\mathrm{E}\left(X\right)=\mathrm{E}\left(\mathrm{E}\left(X|Y\right)\right)=\sum_{y}\mathrm{E}\left(X|Y=y\right)\cdot p_Y\left(y\right) \tag{1.50}$$

給定 $X = x$ 條件下，Y 的條件方差 $\text{var}(Y|X = x)$ 為

$$\text{var}(Y|X = x) = \sum_y \left(y - \text{E}(Y|X = x)\right)^2 \cdot p_{Y|X}(y|x) \tag{1.51}$$

給定 $Y = y$ 條件下，X 的條件方差 $\text{var}(X|Y = y)$ 為

$$\text{var}(X|Y = y) = \sum_x \left(x - \text{E}(X|Y = y)\right)^2 \cdot p_{X|Y}(x|y) \tag{1.52}$$

對於 $\text{var}(Y)$，全方差定理為

$$\text{var}(Y) = \text{E}\left(\text{var}(Y|X)\right) + \text{var}\left(\text{E}(Y|X)\right) \tag{1.53}$$

對於 $\text{var}(X)$，全方差定理為

$$\text{var}(X) = \text{E}\left(\text{var}(X|Y)\right) + \text{var}\left(\text{E}(X|Y)\right) \tag{1.54}$$

如果 X 和 Y 均為連續隨機變數，在替定 $X = x$ 條件下，條件期望 $\text{E}(Y|X = x)$ 為：

$$\text{E}(Y|X = x) = \int_y y \cdot f_{Y|X}(y|x)\,\mathrm{d}y \tag{1.55}$$

條件方差 $\text{var}(Y|X = x)$ 為

$$\text{var}(Y|X = x) = \int_y \left(y - \text{E}(Y|X = x)\right)^2 \cdot f_{Y|X}(y|x)\,\mathrm{d}y \tag{1.56}$$

在替定 $Y = y$ 條件下，條件期望 $\text{E}(X|Y = y)$ 為

$$\text{E}(X|Y = y) = \int_x x \cdot f_{X|Y}(x|y)\,\mathrm{d}x \tag{1.57}$$

條件方差 $\text{var}(X|Y = y)$ 的定義為

$$\text{var}(X|Y = y) = \int_x \left(X - \text{E}(X|Y = y)\right)^2 \cdot f_{X|Y}(x|y)\,\mathrm{d}x \tag{1.58}$$

1.4 高斯

一元高斯分佈

一元高斯分佈的機率密度函數為

$$f_X(x) = \frac{1}{\sqrt{2\pi}\sigma} \exp\left(\frac{-1}{2} \left(\frac{x-\mu}{\sigma} \right)^2 \right) \tag{1.59}$$

標準正態分佈的機率密度函數為

$$f_Z(z) = \frac{1}{\sqrt{2\pi}} \exp\left(\frac{-z^2}{2} \right) \tag{1.60}$$

二元高斯分佈

如果 (X, Y) 服從二元高斯分佈，且相關性係數不為 ± 1，則 (X, Y) 的機率密度函數為

$$f_{X,Y}(x,y) = \frac{1}{2\pi\sigma_X\sigma_Y\sqrt{1-\rho_{X,Y}^2}} \times \exp\left(\frac{-1}{2} \frac{1}{(1-\rho_{X,Y}^2)} \left(\left(\frac{x-\mu_X}{\sigma_X} \right)^2 - 2\rho_{X,Y}\left(\frac{x-\mu_X}{\sigma_X} \right)\left(\frac{y-\mu_Y}{\sigma_Y} \right) + \left(\frac{y-\mu_Y}{\sigma_Y} \right)^2 \right) \right) \tag{1.61}$$

X 的邊緣機率密度函數為

$$f_X(x) = \frac{1}{\sigma_X\sqrt{2\pi}} \exp\left(\frac{-1}{2} \left(\frac{x-\mu_X}{\sigma_X} \right)^2 \right) \tag{1.62}$$

Y 的邊緣機率密度函數為

$$f_Y(y) = \frac{1}{\sigma_Y\sqrt{2\pi}} \exp\left(\frac{-1}{2} \left(\frac{x-\mu_Y}{\sigma_Y} \right)^2 \right) \tag{1.63}$$

多元高斯分佈

多元高斯分佈的機率密度函數為

$$f_{\chi}(x) = \frac{\exp\left(-\dfrac{1}{2}(x-\mu)^{\mathrm{T}} \Sigma^{-1}(x-\mu)\right)}{(2\pi)^{\frac{D}{2}}|\Sigma|^{\frac{1}{2}}} \tag{1.64}$$

其中：協方差矩陣 Σ 為正定矩陣。

條件高斯分佈

如果 (X, Y) 服從二元高斯分佈，且相關性係數不為 ± 1，則 $f_{Y|X}(y|x)$ 為

$$f_{Y|X}(y|x) = \frac{1}{\sigma_Y\sqrt{1-\rho_{X,Y}^2}\sqrt{2\pi}}\exp\left(-\frac{1}{2}\left(\frac{y-\left(\mu_Y+\rho_{X,Y}\dfrac{\sigma_Y}{\sigma_X}(x-\mu_X)\right)}{\sigma_Y\sqrt{1-\rho_{X,Y}^2}}\right)^2\right) \tag{1.65}$$

條件期望 $\mathrm{E}(Y|X=x)$ 為

$$\mathrm{E}(Y|X=x) = \mu_Y + \rho_{X,Y}\frac{\sigma_Y}{\sigma_X}(x-\mu_X) \tag{1.66}$$

條件方差 $\mathrm{var}(Y|X=x)$ 為

$$\mathrm{var}(Y|X=x) = \left(1-\rho_{X,Y}^2\right)\sigma_Y^2 \tag{1.67}$$

如果隨機變數向量 χ 和 γ 服從多元高斯分佈，即有

$$\begin{bmatrix} \chi \\ \gamma \end{bmatrix} \sim N\left(\begin{bmatrix} \mu_\chi \\ \mu_\gamma \end{bmatrix}, \begin{bmatrix} \Sigma_{\chi\chi} & \Sigma_{\chi\gamma} \\ \Sigma_{\gamma\chi} & \Sigma_{\gamma\gamma} \end{bmatrix}\right) \tag{1.68}$$

其中

$$\chi = \begin{bmatrix} X_1 \\ X_2 \\ \vdots \\ X_D \end{bmatrix}, \quad \gamma = \begin{bmatrix} Y_1 \\ Y_2 \\ \vdots \\ Y_M \end{bmatrix} \tag{1.69}$$

給定 $\chi = x$ 的條件下，γ 服從多元高斯分佈，即

$$\{\gamma | \chi = x\} \sim N\left(\underbrace{\Sigma_{\gamma\chi} \Sigma_{\chi\chi}^{-1}(x - \mu_\chi) + \mu_\gamma}_{\text{Expectation}}, \quad \underbrace{\Sigma_{\gamma\gamma} - \Sigma_{\gamma\chi} \Sigma_{\chi\chi}^{-1} \Sigma_{\chi\gamma}}_{\text{Variance}} \right) \tag{1.70}$$

給定 $\chi = x$ 的條件下，γ 的條件期望為

$$\mathrm{E}(\gamma | \chi = x) = \mu_{\gamma|\chi=x} = \Sigma_{\gamma\chi} \Sigma_{\chi\chi}^{-1}(x - \mu_\chi) + \mu_\gamma \tag{1.71}$$

協方差矩陣

隨機變數向量 χ 的協方差矩陣為

$$\mathrm{var}(\chi) = \mathrm{cov}(\chi, \chi) = \mathrm{E}\left[(\chi - \mathrm{E}(\chi))(\chi - \mathrm{E}(\chi))^{\mathsf{T}} \right] \\ = \mathrm{E}(\chi\chi^{\mathsf{T}}) - \mathrm{E}(\chi)\mathrm{E}(\chi)^{\mathsf{T}} \tag{1.72}$$

樣本資料矩陣 X 的協方差矩陣 Σ 為

$$\Sigma = \frac{(X - \mathrm{E}(X))^{\mathsf{T}} (X - \mathrm{E}(X))}{n - 1} \tag{1.73}$$

合併協方差矩陣為

$$\Sigma_{\text{pooled}} = \frac{1}{\sum\limits_{k=1}^{K}(n_k - 1)} \sum_{k=1}^{K}(n_k - 1)\Sigma_k = \frac{1}{n - K} \sum_{k=1}^{K}(n_k - 1)\Sigma_k \tag{1.74}$$

其中：$\sum\limits_{k=1}^{K} n_k = n$ 。

1.5 隨機

隨機變數的函數

如果 Y 和二元隨機變數 (X_1, X_2) 存在關係

$$Y = aX_1 + bX_2 = \begin{bmatrix} a & b \end{bmatrix} \begin{bmatrix} X_1 \\ X_2 \end{bmatrix} \tag{1.75}$$

Y 的期望、方差為

$$\mathrm{E}(Y) = \begin{bmatrix} a & b \end{bmatrix} \begin{bmatrix} \mathrm{E}(X_1) \\ \mathrm{E}(X_2) \end{bmatrix}, \quad \mathrm{var}(Y) = \begin{bmatrix} a & b \end{bmatrix} \underbrace{\begin{bmatrix} \mathrm{var}(X_1) & \mathrm{cov}(X_1, X_2) \\ \mathrm{cov}(X_1, X_2) & \mathrm{var}(X_2) \end{bmatrix}}_{\Sigma} \begin{bmatrix} a \\ b \end{bmatrix} \tag{1.76}$$

如果 $\chi = [X_1, X_2, \cdots, X_D]^\mathrm{T}$ 服從 $N(\boldsymbol{\mu}_\chi, \Sigma_\chi)$,則 χ 在單位向量 $\boldsymbol{v}$ 方向上投影得到 Y,即

$$Y = \boldsymbol{v}^\mathrm{T} \chi \tag{1.77}$$

Y 的期望、方差為

$$\begin{aligned} \mathrm{E}(Y) &= \boldsymbol{v}^\mathrm{T} \boldsymbol{\mu}_\chi \\ \mathrm{var}(Y) &= \boldsymbol{v}^\mathrm{T} \Sigma_\chi \boldsymbol{v} \end{aligned} \tag{1.78}$$

χ 在規範正交系 V 中投影得到 γ,有

$$\gamma = V^\mathrm{T} \chi \tag{1.79}$$

γ 的期望、協方差矩陣為

$$\begin{aligned} \mathrm{E}(\gamma) &= V^\mathrm{T} \boldsymbol{\mu}_\chi \\ \mathrm{var}(\gamma) &= V^\mathrm{T} \Sigma_\chi V \end{aligned} \tag{1.80}$$

1.6 頻率派

頻率派統計推斷

隨機變數 $X_1, X_2, \cdots, X_n$ 獨立同分佈，則 $X_k(k = 1, 2, \cdots, n)$ 的期望和方差為

$$\mathrm{E}\left(X_k\right) = \mu, \quad \mathrm{var}\left(X_k\right) = \sigma^2 \tag{1.81}$$

這 n 個隨機變數的平均值 $\overline{X}$ 近似服從正態分佈

$$\overline{X} = \frac{1}{n}\sum_{k=1}^{n} X_k \sim N\left(\mu, \frac{\sigma^2}{n}\right) \tag{1.82}$$

最大似然估計的最佳化問題為

$$\hat{\theta}_{\mathrm{MLE}} = \arg\max_{\theta} \prod_{i=1}^{n} f_{X_i}\left(x_i; \theta\right) = \arg\max_{\theta} \sum_{i=1}^{n} \ln f_{X_i}\left(x_i; \theta\right) \tag{1.83}$$

機率密度估計

機率密度估計函數為

$$\hat{f}_X\left(x\right) = \frac{1}{n}\sum_{i=1}^{n} K_h\left(x - x^{(i)}\right) = \frac{1}{n}\frac{1}{h}\sum_{i=1}^{n} K\left(\frac{x - x^{(i)}}{h}\right), \quad -\infty < x < +\infty \tag{1.84}$$

核心函數 $K(x)$ 滿足兩個重要條件：①對稱性；②面積為 1。即有

$$
\begin{aligned}
&K\left(x\right) = K\left(-x\right) \\
&\int_{-\infty}^{+\infty} K\left(x\right)\mathrm{d}x = \frac{1}{h}\int_{-\infty}^{+\infty} K\left(\frac{x}{h}\right)\mathrm{d}x = 1
\end{aligned} \tag{1.85}
$$

1.7 貝氏派

貝氏分類

利用貝氏定理分類，有

$$f_{Y|X}\left(C_k\,|\,x\right)=\frac{f_{X|Y}\left(x\,|\,C_k\right)p_Y\left(C_k\right)}{f_X\left(x\right)} \tag{1.86}$$

其中，$f_{Y|X}(C_k\,|\,x)$ 為後驗機率，又叫成員值；$f_X(x)$ 為證據因數，也叫證據，設定值大於 0；$p_Y(C_k)$ 為先驗機率，表示樣本集合中 C_k 類樣本的佔比；$f_{X|Y}(x\,|\,C_k)$ 為似然機率。

貝氏分類最佳化問題

$$\hat{y}=\arg\max_{C_k} f_{Y|X}\left(C_k\,|\,x\right)=\arg\max_{C_k} f_{X|Y}\left(x\,|\,C_k\right)p_Y\left(C_k\right) \tag{1.87}$$

其中：$k = 1, 2, \cdots, K$。

貝氏統計推斷

模型參數的後驗分佈為

$$f_{\Theta|X}\left(\theta\,|\,x\right)=\frac{f_{X|\Theta}\left(x\,|\,\theta\right)f_\Theta\left(\theta\right)}{\displaystyle\int_\vartheta f_{X|\Theta}\left(x\,|\,\vartheta\right)f_\Theta\left(\vartheta\right)\mathrm{d}\vartheta} \tag{1.88}$$

後驗 $\propto$ 似然 $\times$ 先驗，最大化後驗估計的最佳化問題等價於

$$\hat{\theta}_{\mathrm{MAP}}=\arg\max_\theta f_{\Theta|X}\left(\theta\,|\,x\right)=\arg\max_\theta f_{X|\Theta}\left(x\,|\,\theta\right)f_\Theta\left(\theta\right) \tag{1.89}$$

1.8 橢圓三部曲

馬氏距離

馬氏距離的定義為

$$d = \sqrt{(x-\mu)^{\mathrm{T}} \Sigma^{-1} (x-\mu)} \tag{1.90}$$

D 維馬氏距離的平方則服從自由度為 D 的卡方分佈，即

$$d^2 = (x-\mu)^{\mathrm{T}} \Sigma^{-1} (x-\mu) \sim \chi^2_{(\mathrm{df}=D)} \tag{1.91}$$

線性迴歸

多元線性迴歸可以寫成超定方程組，即

$$y = Xb \tag{1.92}$$

如果 $X^{\mathrm{T}}X$ 可逆，則 b 為

$$b = (X^{\mathrm{T}}X)^{-1} X^{\mathrm{T}}y \tag{1.93}$$

主成分分析

對原始矩陣 X 進行經濟型 SVD 分解，有

$$X = U_X S_X V_X^{\mathrm{T}} \tag{1.94}$$

其中：S_X 為對角方陣。

⚠
注意：這部分公式實際上來自《AI 時代 Math 元年 - 用 Python 全精通矩陣及線性代數》一書；此外，我們將會在《AI 時代 Math 元年 - 用 Python 全精通資料處理》一書用到這些公式。

利用 X 的格拉姆矩陣可以展開為

$$G = V_X S_X{}^2 V_X{}^{\mathrm{T}} \tag{1.95}$$

式 (1.95) 便是格拉姆 G 的特徵值分解。

對中心化資料矩陣 X_c 進行經濟型 SVD 分解有

$$X_c = U_c S_c V_c{}^{\mathrm{T}} \tag{1.96}$$

而協方差矩陣 Σ 則可以寫成

$$\Sigma = V_c \frac{S_c^2}{n-1} V_c{}^{\mathrm{T}} \tag{1.97}$$

相信大家在上式中能夠看到協方差矩陣 Σ 的特徵值分解。請大家注意式 (1.96) 中奇異值和式 (1.97) 中特徵值的關係，即

$$\lambda_{c\_j} = \frac{s_{c\_j}^2}{n-1} \tag{1.98}$$

同樣，對標準化資料矩陣 Z_X 進行經濟型 SVD 分解有

$$Z_X = U_Z S_Z V_Z{}^{\mathrm{T}} \tag{1.99}$$

相關性係數矩陣 P 則可以寫成

$$P = V_Z \frac{S_Z^2}{n-1} V_Z{}^{\mathrm{T}} \tag{1.100}$$

式 (1.100) 相當於對矩陣 P 進行特徵值分解。

➜

學完本書《AI 時代 Math 元年 - 用 Python 全精通統計及機率》後，再回過頭來看本章羅列的這些公式時，希望大家看到的不再是冷冰冰的符號，而是一幅幅色彩斑斕的影像。

Descriptive Statistics

統計描述

用圖形和整理統計量描述樣本資料

> 統計學是科學的語法。
>
> ***Statistics is the grammar of science.***
>
> ──卡爾‧皮爾遜（*Karl Pearson*）| 英國數學家 | *1857—1936 年*

- joypy.joyplot() 繪製山脊圖
- numpy.percentile() 計算百分位
- pandas.plotting.parallel_coordinates() 繪製平行座標圖
- seaborn.boxplot() 繪製箱型圖
- seaborn.heatmap() 繪製熱圖
- seaborn.histplot() 繪製頻數 / 機率 / 機率密度長條圖
- seaborn.jointplot() 繪製聯合分佈和邊緣分佈
- seaborn.kdeplot() 繪製 KDE 核心機率密度估計曲線
- seaborn.lineplot() 繪製線圖
- seaborn.lmplot() 繪製線性迴歸影像
- seaborn.pairplot() 繪製成對分析圖
- seaborn.swarmplo() 繪製蜂群圖
- seaborn.violinplot() 繪製小提琴圖

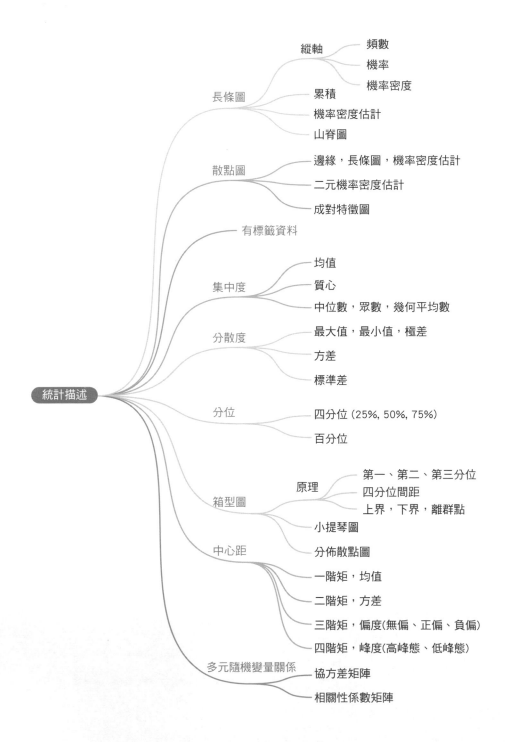

2.1 統計兩大工具：描述、推斷

如圖 2.1 所示，本書中統計版圖可以分為兩大板塊一描述、推斷。

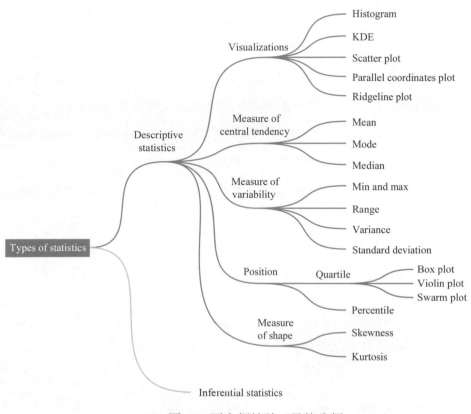

▲ 圖 2.1 兩大類統計工具的分類

統計描述 (descriptive statistics) 是指對資料進行整體性的描述和概括，以了解資料的特徵和結構。統計描述旨在透過一些表格、影像、量化整理來呈現資料的基本特徵，如中心趨勢、離散程度、分佈形態等。統計描述通常是資料分析的第一步，可以幫助我們了解資料的基本情況，判斷資料的可靠性、準確性和有效性。

統計推斷 (statistical inference) 是指根據樣本資料推斷整體特徵。統計推斷是在對樣本資料統計描述的基礎上，對整體未知量化特徵作出機率形式的推斷。

顯然，統計推斷的數學基礎工具就是機率論。本書後續的機率、高斯、隨機這三個板塊重點介紹機率論這個工具箱中的常用工具。之後，我們將用頻率派、貝氏派兩個板塊介紹統計推斷。

本章主要介紹統計描述。常見的統計描述方法如下。

- 統計圖表：視覺化資料分佈情況和異常值，如長條圖、箱線圖、散點圖等。
- 中心趨勢：如均值、中位數和眾數等，量化資料的集中程度。
- 離散程度：如極差、方差、標準差、四分位數等，描述資料的分散程度。
- 分佈形態：如偏度、峰度等，分析資料的分佈形態。
- 協作關係：包括協方差矩陣、相關性係數矩陣等，量化多元隨機變數之間的關係。

下面，我們開始本章學習。

《AI 時代 Math 元年 - 用 Python 全精通資料處理》一書將專門講解判斷離群值的常用演算法。

2.2 長條圖：單特徵資料分佈

鳶尾花花萼長度的資料看上去雜亂無章，我們可以利用一些統計工具來分析這組資料，如直方圖。**長條圖** (histogram) 由一系列矩形組成，它的橫軸為組距，縱軸可以為**頻數** (frequency, count)、**機率** (probability)、**機率密度** (probability density 或 density)。

長條圖用於視覺化樣本分佈情況，同時展示平均值、眾數、中位數的大致位置以及標準差寬度等。長條圖也可以用判斷資料是否存在**離群值** (outlier)。

圖 2.2 所示為鳶尾花花萼長度資料長條圖。長條圖通常將樣本資料分成若干個連續的區間，也稱為「箱子」或「組」。長條圖中矩形的縱軸高度可以對應頻數、機率或機率密度。

◀

《AI 時代 Math 元年 - 用 Python 全精通資料處理》一書將專門講解判斷離群值的常用演算法。

⚠

再次強調：一般情況，長條圖的縱軸有三個選擇，即頻數、機率和機率密度。

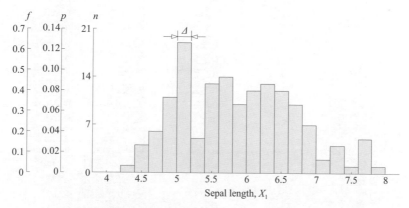

▲ 圖 2.2 鳶尾花花萼長度與頻數、機率和機率密度的關係

下面聊聊頻數、機率和機率密度分別是什麼。

區間

花萼長度的最小值和最大值落在 [4,8] 這個區間。如圖 2.3 所示，將這個區間等距為 20 個區間。區間個數稱為組數，記作 M。每個區間對應的寬度叫作組距，記作 $\triangle$ 。本例中組數 $M = 20$，組距 $\triangle = 0.2\text{cm} = 4\text{cm}/20$ 。

圖 2.3 第一列所示為每個組距所在的區間。

> 本書系《AI 時代 Math 元年 - 用 Python 全精通數學要素》一書第 6 章介紹過各種不同區間類型，建議大家回顧。

> 注意：一般情況下，除了最後一個區間外，其他區間包含左側端點，不含右側端點，即左閉右開區間。最後一個區間為閉區間。大家已經看到圖 2.3 最後一個區間 [7.8,8.0] 為閉區間，其他區間均為左閉右開。

區間	頻數 n	累積頻數 cumsum(n)	機率 p	累積機率 cumsum(p)	機率密度 f
[4.2, 4.4)	1	1	0.007	0.007	0.033
[4.4, 4.6)	4	5	0.027	0.033	0.133
[4.6, 4.8)	6	11	0.040	0.073	0.200
[4.8, 5.0)	11	22	0.073	0.147	0.367
[5.0, 5.2)	19	41	0.127	0.273	0.633
[5.2, 5.4)	5	46	0.033	0.307	0.167
[5.4, 5.6)	13	59	0.087	0.393	0.433
[5.6, 5.8)	14	73	0.093	0.487	0.467
[5.8, 6.0)	10	83	0.067	0.553	0.333
[6.0, 6.2)	12	95	0.080	0.633	0.400
[6.2, 6.4)	13	108	0.087	0.720	0.433
[6.4, 6.6)	12	120	0.080	0.800	0.400
[6.6, 6.8)	10	130	0.067	0.867	0.333
[6.8, 7.0)	7	137	0.047	0.913	0.233
[7.0, 7.2)	2	139	0.013	0.927	0.067
[7.2, 7.4)	4	143	0.027	0.953	0.133
[7.4, 7.6)	1	144	0.007	0.960	0.033
[7.6, 7.8)	5	149	0.033	0.993	0.167
[7.8, 8.0]	1	150	0.007	1.000	0.033

▲ 圖 2.3 鳶尾花花萼長度長條圖資料

頻數

　　頻數也叫計數 (count)，是指在一定範圍內樣本資料的數量。顯然，頻數為非負整數。如圖 2.3 所示，落在 [4.2，4.4) 這個區間內的樣本只有 1 個。而落在 [5.0，5.2) 這個區間內的樣本多達 19 個。

數出落在第 i 個區間內的樣本數量，定義為頻數 n_i。圖 2.3 第二列舉出的就是頻數。

顯然，所有頻數 n_i 之和為樣本總數 n，即

$$\sum_{i=1}^{M} n_i = n \qquad (2.1)$$

機率

頻數 n_i 除以樣本總數 n 的結果叫作機率 p_i，即

$$p_i = \frac{n_i}{n} \qquad (2.2)$$

圖 2.3 第四列對應機率。容易知道機率值 p_i 的設定值範圍為 $[0,1]$。機率值代表「可能性」。

長條圖的縱軸為機率時，長條圖也叫歸一化長條圖。這是因為所有區間機率 p_i 之和為 1，即

$$\sum_{i=1}^{M} p_i = \sum_{i=1}^{M} \frac{n_i}{n} = \frac{n_1 + n_2 + \cdots n_M}{n} = 1 \qquad (2.3)$$

機率密度

機率 p_i 除以組距 Δ 得到的是**機率密度** (probability density) f_i，有

$$f_i = \frac{p_i}{\Delta} = \frac{n_i}{n\Delta} \qquad (2.4)$$

縱軸為機率密度的長條圖，所有矩形面積之和為 1，即

$$\sum_{i=1}^{M} f_i \Delta = \sum_{i=1}^{M} \frac{p_i}{\Delta} \Delta = \sum_{i=1}^{M} \frac{n_i}{n} = 1 \qquad (2.5)$$

　　觀察圖 2.3，我們可以發現頻數、機率、機率密度這三個值呈正比關係。不同的是，看頻數、機率時，我們關注的是長條圖矩形高度；而看機率密度時，我們關注的是矩形面積。

⚠️

> 注意：機率密度不是機率；但是，機率密度本身也反映資料分佈的疏密情況。

累積

　　圖 2.3 中第三列和第五列分別為**累積頻數** (cumulative frequency) 和**累積機率** (cumulative probability)。累積頻數就是將從小到大各區間的頻數一個一個累加起來，累積頻數的最後一個值是樣本總數。

　　同理，我們可以得到累積機率，累積機率的最後一個值為 1。

繪製長條圖

　　圖 2.4 所示為利用 seaborn.histplot() 繪製的鳶尾花四個量化特徵資料的長條圖，縱軸為頻數。直方圖的形狀可以反映資料的分佈情況，如對稱分佈、左偏分佈、右偏分佈等。長條圖可以透過調整箱子的數量和大小來改變分組的細度和粗細，以適應不同的資料特徵。長條圖也經常與其他統計圖表一起使用，如箱線圖、散點圖、機率密度估計曲線等，以便更深入地理解資料的特徵和結構。

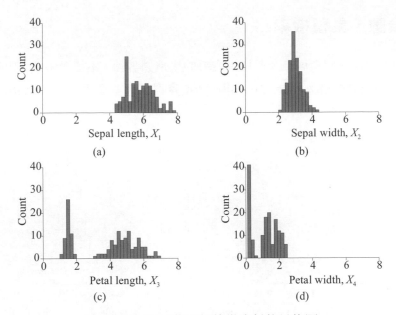

▲ 圖 2.4 鳶尾花四個特徵資料的長條圖

圖 2.5 所示為同一個座標系下對比鳶尾花四個特徵資料的長條圖。圖 2.5(a)
中縱軸為頻數，圖 2.5(b) 中縱軸為機率密度。

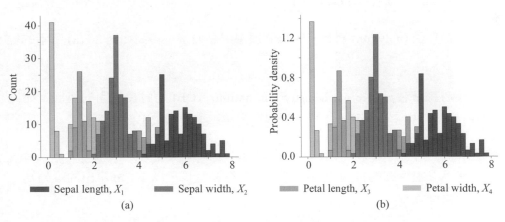

▲ 圖 2.5 長條圖，比較頻數和機率密度

累積頻數、累積機率

　　圖 2.6 對比四個鳶尾花特徵樣本資料的累積頻數圖、累積機率圖。如圖 2.6(a) 所示，累積頻數的最大值為 150，即鳶尾花資料集樣本個數。如圖 2.6(b) 所示，累積機率的最大值為 1。

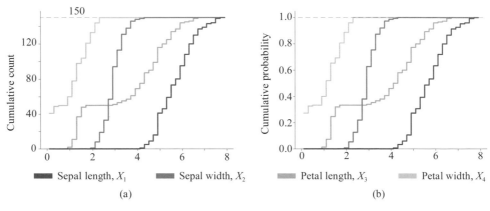

▲ 圖 2.6 累積頻數圖、累積機率圖

多邊形圖、機率密度估計

　　多邊形圖 (polygon) 將長條圖矩形頂端中點連接，得到如圖 2.7(a) 所示的線圖。

　　核心密度估計 (Kernel Density Estimation, KDE) 是對長條圖的擴展，如圖 2.7(b) 中的曲線是透過核心密度估計得到的機率密度函數影像。

⚠

注意：多邊形圖的縱軸和長條圖一樣有很多選擇，圖 2.7(a) 舉出的縱軸為機率密度。

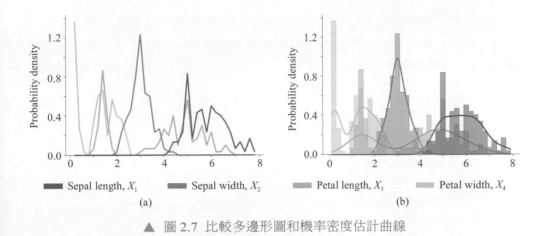

▲ 圖 2.7 比較多邊形圖和機率密度估計曲線

第 9、10 章介紹用高斯分佈完成機率密度估計，第 17 章將專題講解機率密度估計。

機率密度函數描述的是隨機變數在某個設定值點的機率密度，是描述隨機變數分佈的基本函數之一。在實際問題中，往往無法直接獲得機率密度函數，因此需要透過機率密度估計的方法來估計機率密度函數。機率密度估計可以透過多種方法來實現，如長條圖法、參數法、核心密度估計法、最大似然估計法等。其中，核心密度估計法是最常用的方法之一，它假設資料的機率密度函數是由一些基本的核心函數疊加而成的，然後根據資料樣本來確定核心函數的頻寬和數量，最終得到機率密度函數的估計值。

山脊圖

山脊圖 (ridgeline plot) 是由多個重疊的機率密度線圖組成的，這種視覺化方案形式上較為緊湊。圖 2.8 所示的山脊圖採用 JoyPy 繪製。

山脊圖的基本思想是，將資料沿著 y 軸方向上的一分散連結狀區間內進行展示，使得資料的分佈曲線能夠清晰地顯示出來，並且不會重疊和遮擋。在山脊圖中，每個變數的分佈曲線通常用核心密度估計法或長條圖法進行估計，然後按照一定的順序進行平移和疊加。

　　山脊圖常用於探索多個變數之間的關係和相互作用，以及發現變數的共同分佈特徵和異數。它可以用於視覺化各種類型的資料，如時間序列資料、連續變數資料、分類變數資料等。

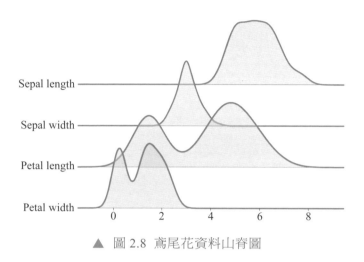

▲ 圖 2.8　鳶尾花資料山脊圖

第 20、21 章將利用山脊圖型視覺化後驗機率連續變化。

2.3 散點圖：兩特徵資料分佈

　　二維資料最基本的視覺化方案是散點圖 (scatter plot)，如圖 2.9(a) 所示。散點圖常用於展示兩個變數之間的關係和相互作用。散點圖將每個資料點表示為二維座標系上的點，其中一個變數沿 x 軸方向表示，另一個變數沿 y 軸方向表示，每個點的位置反映了兩個變數之間的數值關係。

　　散點圖可以用於研究兩個變數之間的線性關係、非線性關係或無關係。如果兩個變數之間存在線性關係，那麼散點圖中的點會形成一條斜率為正或負的迴歸直線。如果兩個變數之間存在非線性關係，那麼散點圖中的點會形成一條迴歸曲線或散佈在二維座標系的不同區域。如果兩個變數之間無關係，那麼散點圖中的點會相對均勻地分佈在二維坐標系中。

散點圖常用於探索資料中的異常值、趨勢和模式，並且可以發現變數之間的相互作用和連結性。

在散點圖的基礎上，我們可以拓展得到一系列衍生影像。比如，圖 2.9(a) 中，我們可以看到兩幅**邊緣長條圖** (marginal histogram)，它們分別描繪花萼長度和花萼寬度這兩個特徵的分佈狀況；圖 2.9(b) 增加了簡單線性迴歸影像和邊緣 KDE 機率密度曲線。

邊緣機率 (marginal probability) 和**聯合機率** (joint probability) 相對應。聯合機率針對兩個及以上隨機變數的分佈，邊緣機率對應單一隨機變數的分佈。圖 2.9 中兩幅圖一方面展示兩個隨機變數的聯合分佈，同時展示了每個隨機變數的單獨分佈。大家會在本書後續經常看到類似的視覺化方案。

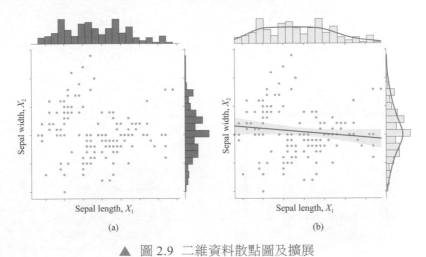

▲ 圖 2.9　二維資料散點圖及擴展

二維機率密度

我們可以將上一節的長條圖和 KDE 機率密度曲線都拓展到二維資料。圖 2.10(a) 所示為二維直方圖熱圖，熱圖每一個色塊的顏色深淺代表該區域樣本資料的頻數。圖 2.10(b) 所示為二維 KDE 機率密度曲面等高線圖。

圖 2.11(a) 在長條圖熱圖上增加了邊緣長條圖，圖 2.11(b) 在二維聯合機率密度曲面等高線圖上增加了邊緣機率密度曲線。

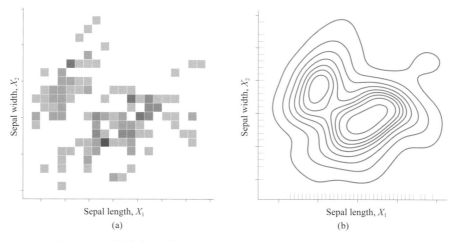

▲ 圖 2.10　二維資料長條圖熱圖，二維 KDE 機率密度曲面等高線圖

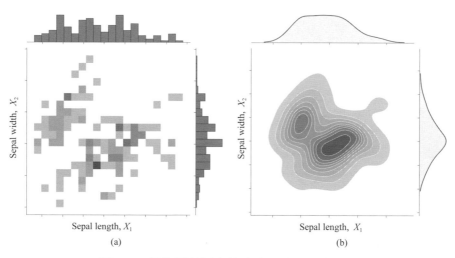

▲ 圖 2.11　長條圖熱圖和機率密度曲面等高線拓展

成對特徵圖

本節介紹的幾種二維資料統計分析視覺化方案也可以拓展到多維資料。圖 2.12 所示為鳶尾花資料成對特徵分析圖。本書系讀者對圖 2.12 已經完全不陌生，我們在《AI 時代 Math 元年 - 用 Python 全精通數學要素》《AI 時代 Math 元年 - 用 Python 全精通矩陣及線性代數》兩書中都講過成對特徵分析圖。

圖 2.12 這幅影像有 4×4 個子圖，主對角線上的影像為鳶尾花單一特徵資料長條圖，右上角六幅子圖為成對資料散點圖，左下角六幅子圖為機率密度曲面等高線圖。

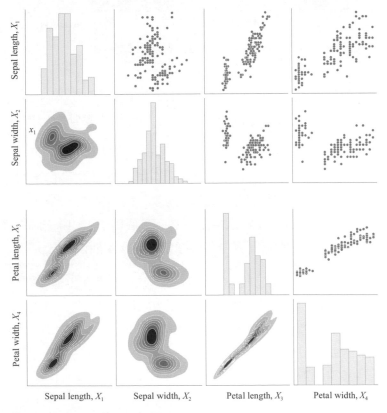

▲ 圖 2.12 鳶尾花資料成對特徵分析圖

2.4 有標籤資料的統計視覺化

《AI 時代 Math 元年 - 用 Python 全精通矩陣及線性代數》一書中專門區分過有標籤資料 (labeled data) 和無標籤資料 (unlabeled data)，如圖 2.13 所示。

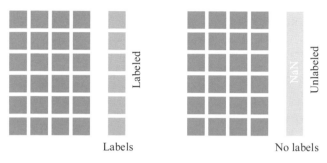

▲ 圖 2.13　根據有無標籤分類資料

鳶尾花資料就是典型的有標籤資料，有三個標籤—山鳶尾 (setosa)、變色鳶尾 (versicolor) 和維吉尼亞鳶尾 (virginica)。每一行樣本點都對應特定鳶尾花分類。

圖 2.14 所示為含有標籤分類的長條圖。不同類別的鳶尾花資料採用不同顏色的長條圖。圖 2.14 的縱軸可以是頻數、機率、機率密度。此外，考慮到分類標籤，機率、機率密度也可以對應條件機率。舉個例子，如果圖 2.14 的縱軸對應「條件」機率密度，則每幅子圖中不同顏色的長條圖面積均為 1。

條件機率中的「條件」聽起來很迷惑，實際上大家在生活中經常用到。比如，對於高中二年 3 班男生的平均身高，「高中二年 3 班」和「男生」都是條件。不難理解，「條件」實際上就是限定討論範圍。

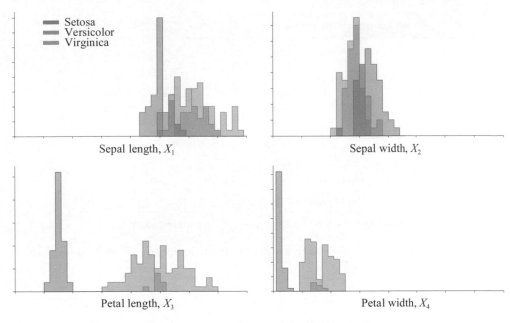

▲ 圖 2.14 長條圖 (考慮鳶尾花分類標籤)

圖 2.15 所示為考慮分類的山脊圖。我們也可以把這種視覺化方案應用到二維資料視覺化,如圖 2.16 所示。圖 2.17 所示為考慮標籤的成對特徵圖。

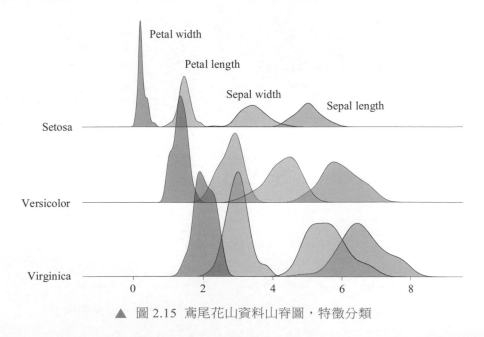

▲ 圖 2.15 鳶尾花山資料山脊圖,特徵分類

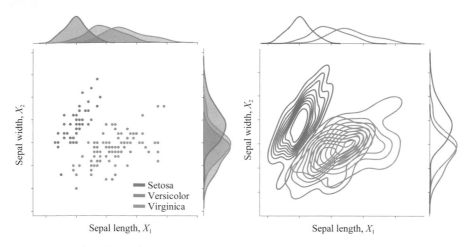

▲ 圖 2.16 二維資料散點圖，KDE 機率密度曲面等高線圖 (考慮鳶尾花分類標籤)

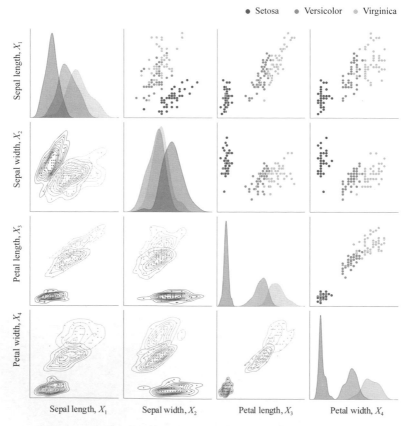

▲ 圖 2.17 鳶尾花資料成對特徵分析圖 (考慮鳶尾花分類標籤)

平行座標圖

平行座標圖 (Parallel Coordinate Plot, PCP) 能夠在二維空間中呈現出多維資料。如圖 2.18 所示，在平行座標圖中，每條折線代表一個樣本點，圖中每條分隔號代表一個特徵，折線的形狀能夠反映樣本的若干特徵。不同折線顏色代表不同分類標籤，平行座標圖還可以反映不同特徵對分類的影響。

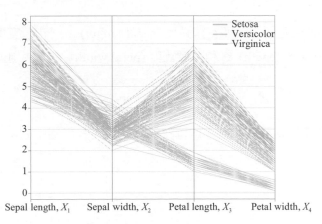

▲ 圖 2.18 鳶尾花資料的平行座標圖

2.5 集中度：平均值、質心

本章前文透過圖形視覺化樣本分佈，本章後續介紹幾種最基本的量化手段，以此描述樣本資料。量化樣本資料集中度的最基本方法是**算術平均數** (arithmetic mean)，有

$$\mu_X = \text{mean}\left(X\right) = \frac{1}{n}\left(\sum_{i=1}^{n} x^{(i)}\right) = \frac{x^{(1)} + x^{(2)} + x^{(3)} + \cdots + x^{(n)}}{n} \tag{2.6}$$

請大家回顧《AI 時代 Math 元年 - 用 Python 全精通矩陣及線性代數》一書第 22 章講過的均值的幾何意義。

如果資料是整體，則算術平均數為**整體平均值** (population mean)。如果資料是樣本，則算術平均數為**樣本平均值** (sample mean)。

注意：計算平均值時，式 (2.6) 中每個樣本的權重相同，都是 $1/n$。本書後續大家會發現，對於離散型隨機變數，權重由機率質量函數決定。

以鳶尾花資料集為例

鳶尾花四個量化特徵，即花萼長度 (sepal length) X_1、花萼寬度 (sepal width) X_2、花瓣長度 (petal length) X_3 和花瓣寬度 (petal width) X_4 的平均值分別為

$$\mu_1 = 5.843, \quad \mu_2 = 3.057, \quad \mu_3 = 3.758, \quad \mu_4 = 1.199 \tag{2.7}$$

圖 2.19 所示為鳶尾花資料集四個特徵平均值在長條圖中的位置。

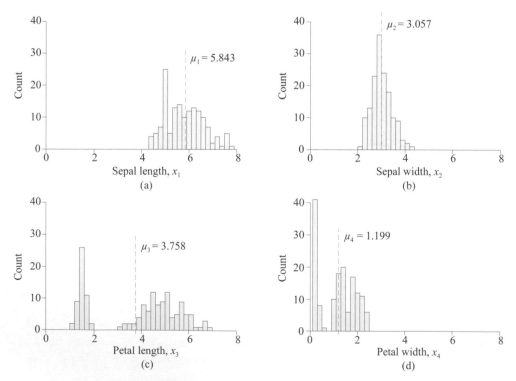

▲ 圖 2.19 鳶尾花四個特徵資料平均值在長條圖中的位置

質心

當然，我們也可以把平均值位置標注在散點圖上。如圖 2.20 所示，花萼長度、花萼寬度的平均值相交於一點 ×，這一點常被稱作資料的**質心** (centroid)。也就是說，有些場合下，我們可以用質心這一個點代表一組樣本資料。

比如，鳶尾花資料矩陣 X 質心為

$$E(X) = \mu_X^T = \begin{bmatrix} \underset{\text{Sepal length, } x_1}{5.843} & \underset{\text{Sepal width, } x_2}{3.057} & \underset{\text{Petal length, } x_3}{3.758} & \underset{\text{Petal width, } x_4}{1.199} \end{bmatrix}^T \tag{2.8}$$

本書中，$E(X)$ 一般為行向量，而 μ 一般為列向量。此外，本書一般不從符號上區別樣本平均值和總體平均值 (期望值)，除非特別說明。

考慮分類標籤

分別計算得到鳶尾花不同分類標籤 (setosa、versicolor、virginica) 花萼長度、花萼寬度的平均值為

$$\begin{aligned} \mu_{1\_\text{setosa}} &= 5.006, \quad \mu_{2\_\text{setosa}} = 3.428 \\ \mu_{1\_\text{versicolor}} &= 5.936, \quad \mu_{2\_\text{versicolor}} = 2.770 \\ \mu_{1\_\text{virginica}} &= 6.588, \quad \mu_{2\_\text{virginica}} = 2.974 \end{aligned} \tag{2.9}$$

圖 2.21 所示為不同分類標籤的鳶尾花樣本散點，以及各自的**簇質心** (cluster centroid)。

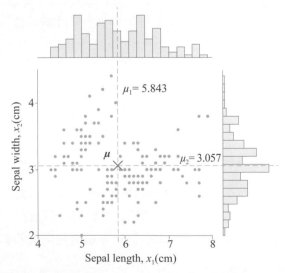

▲ 圖 2.20 平均值在散點圖的位置

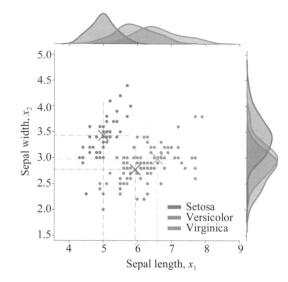

▲ 圖 2.21　平均值在散點圖的位置 (考慮類別標籤)

中位數、眾數、幾何平均數

中位數 (median) 又稱中值，指的是按順序排列的一組樣本資料中居於中間位置的數。如果樣本數量為奇數，從小到大排列置中的樣本就是中位數；如果樣本有偶數個，通常取最中間的兩個數值的平均數作為中位數。

本書後續將在貝氏推斷中進一步比較均值、中位數。

眾數 (mode) 是一組數中出現最頻繁的數值。眾數通常用於描述離散型資料，因為這些資料中每個值只能出現整數次，而眾數是出現次數最多的值。對於連續型態資料，如身高、體重，由於每個數值只有極小的機率出現，因此通常不會存在一個數值出現次數最多的情況，此時可以使用**區間眾數** (interval mode) 來描述資料的分佈形態。

眾數的計算相對簡單，只需要統計每個數值出現的次數，然後找到出現次數最多的數值即可。眾數的缺點是可能存在多個眾數或無眾數的情況，而且當特定極端值出現頻率較高時眾數受極端值的影響較大。

幾何平均數 (geometric mean) 的定義為

$$\left(\prod_{i=1}^{n} x^{(i)}\right)^{\frac{1}{n}} = \sqrt[n]{x^{(1)} \cdot x^{(2)} \cdot x^{(3)} \cdots x^{(n)}}$$

⚠️ 注意：幾何平均數只適用於正數。

2.6 分散度：極差、方差、標準差

本節介紹度量分散度的常見統計量。

極差

極差 (range) 又稱全距，是指樣本最大值與最小值之間的差距，即

$$\text{range}(X) = \max(X) - \min(X) \tag{2.10}$$

極差是度量分散度最簡單的指標。圖 2.22 所示為最大值、最小值、極差、平均值之間的關係。注意，極差很容易受到離群值影響。

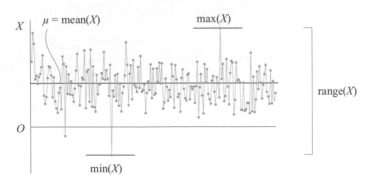

▲ 圖 2.22 最大值、最小值、極差、平均值的關係

方差

方差 (variance) 衡量隨機變數或樣本資料的離散程度。方差越大，資料的分佈就越分散；方差越小，資料的分佈就越集中。樣本的方差為

$$\text{var}(X) = \sigma_X^2 = \frac{1}{n-1} \sum_{i=1}^{n} \left(x^{(i)} - \mu_X \right)^2 \tag{2.11}$$

簡單來說，方差是各觀察值與資料集平均值之差的平方的平均值。

方差的單位是樣本單位的平方，如鳶尾花資料方差單位為 cm^2。

⚠️
請大家注意：本書中樣本方差、整體方差符號上完全一致，不做特別區分。

◀
此外，請大家回顧 AI 時代 Math 元年 - 用 Python 全精通矩陣及線性代數》一書第 22 章介紹的方差的幾何意義。

標準差

樣本的**標準差** (standard deviation) 為樣本方差的平方根，即

$$\sigma_X = \text{std}(X) = \sqrt{\text{var}(X)} = \sqrt{\frac{1}{n-1} \sum_{i=1}^{n} \left(x^{(i)} - \mu_X \right)^2} \tag{2.12}$$

同樣，標準差越大，資料的分佈就越分散；標準差越小，資料的分佈就越集中。鳶尾花樣本資料四個量化特徵的標準差分別為

$$\sigma_1 = 0.825, \quad \sigma_2 = 0.434, \quad \sigma_3 = 1.759, \quad \sigma_4 = 0.759 \tag{2.13}$$

在圖 2.23 上，我們把 $\mu \pm \sigma$、$\mu \pm 2\sigma$ 對應的位置也畫在直方圖上。

⚠️
注意：標準差和原始資料單位一致。比如，鳶尾花四個特徵的量化資料單位均為公分 (cm)。

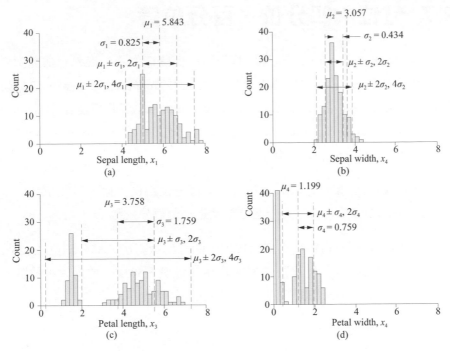

▲ 圖 2.23 鳶尾花四個特徵資料平均值、標準差所在位置在長條圖中的位置

其實，大家在生活中經常用到「平均值」和「標準差」這兩個概念，只不過大家沒有注意到而已。舉個例子，想要提高考試成績，大家平時練習時會儘量提高平均分，並減少各種影響因素讓自己發揮穩定。這就是在增大平均值，減小標準差 (波動)。

再舉個例子，一個教練在選擇哪個選手上場的時候，也會看「平均值」和「標準差」。「平均值」代表一個選手的絕對實力，「標準差」則代表選手成績的波動幅度。

教練求穩的時候，會派出平均值相對高、標準差 (波動) 小的選手。在大比分落後情況下，教練可能會派出臨場發揮型選手。發揮型選手成績平均值可能不是最高，但是有機會「衝一衝」。

68-95-99.7法則與 $\mu \pm \sigma$、$\mu \pm 2\sigma$、$\mu \pm 3\sigma$ 有關，第 9 章將介紹 68- 95- 99.7 法則。

2.7 分位：四分位、百分位等

分位數 (quantile)，亦稱分位點，是指將一個隨機變數的機率分佈範圍分為幾個等份的數值點。常用的分位數有二分位點 (2-quantile, median)、四分位點 (4-quantiles, quartiles)、五分位點 (5-quantiles, quintiles)、八分位點 (8-quantiles, octiles)、十分位點 (10-quantiles, deciles)、二十分位點 (20-quantiles, vigintiles)、百分位點 (100-quantiles, percentile) 等。

實踐中，四分位和百分位最為常用。以百分位為例，把一組從小到大排列的樣本資料分為 100 等份後，每一個分點就是一個百分位數。

同理，將所有樣本資料從小到大排列，四分位數對應三個分割位置 (25%、50%、75%)。這三個分割位置將樣本平分為四等份，50% 分位對應中位數。圖 2.24 所示為將鳶尾花不同特徵的四分位元畫在長條圖上。

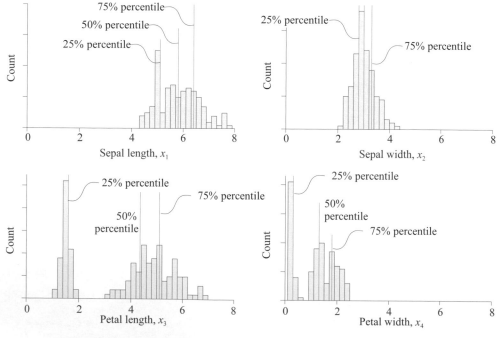

▲ 圖 2.24 鳶尾花資料長條圖以及 25%、50% 和 75% 百分位

圖 2.25 所示為鳶尾花四個特徵資料 1%、50%、99% 三個百分位位置，1%、99% 可以用於描述樣本分佈的「左尾」「右尾」。

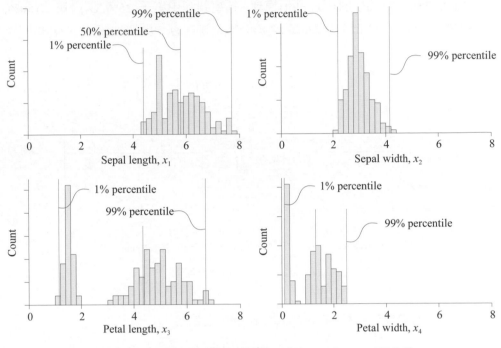

▲ 圖 2.25 鳶尾花資料長條圖，以及 1% 和 99% 百分位

對於 Pandas 資料幀 df，df.describe() 預設輸出資料的樣本總數、平均值、標準差、最小值、25% 分位、50% 分位 (中位數)、75% 分位。圖 2.26 所示為鳶尾花資料幀的總結，其中還舉出了 1% 百分位、99% 分位。

	sepal_length	sepal_width	petal_length	petal_width
count	150.000000	150.000000	150.000000	150.000000
mean	5.843333	3.057333	3.758000	1.199333
std	0.828066	0.435866	1.765298	0.762238
min	4.300000	2.000000	1.000000	0.100000
1%	4.400000	2.200000	1.149000	0.100000
25%	5.100000	2.800000	1.600000	0.300000
50%	5.800000	3.000000	4.350000	1.300000
75%	6.400000	3.300000	5.100000	1.800000
99%	7.700000	4.151000	6.700000	2.500000
max	7.900000	4.400000	6.900000	2.500000

▲ 圖 2.26 鳶尾花資料幀統計總結

2.8 箱型圖：小提琴圖、分佈散點圖

圖 2.27 所示為**箱型圖** (box plot) 原理。箱型圖利用第一 (25%, Q_1)、第二 (50%, Q_2) 和第三 (75%, Q_3) 四分位數展示資料分散情況。Q_1 也叫下四分位，Q_2 也叫中位數，Q_3 也叫上四分位。

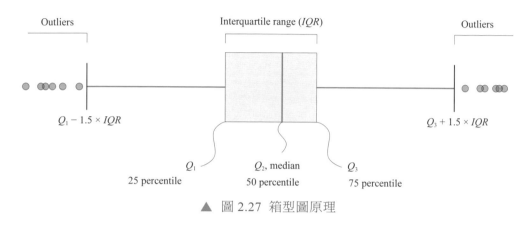

▲ 圖 2.27 箱型圖原理

箱型圖的**四分位間距** (interquartile range) 定義為

$$IQR = Q_3 - Q_1 \qquad\qquad (2.14)$$

箱型圖也常用於分析樣本中可能存在的離群點，如圖 2.27 中兩側的紅點。$Q_3 + 1.5 \times IQR$ 叫作上界 (右須)，$Q_1 - 1.5 \times IQR$ 叫作下界 (左須)。而在 $[Q_1 - 1.5 \times IQR, Q_3 + 1.5 \times IQR]$ 之外的樣本資料則被視作離群點。本書系《AI 時代 Math 元年 - 用 Python 全精通程式設計》介紹過，Seaborn 繪繪的箱型圖左須距離 Q_1、右須距離 Q_3 寬度並不相同。根據 Seaborn 的技術文件，左須、右須延伸至該範圍 $[Q_1 - 1.5 \times IQR, Q_3 + 1.5 \times IQR]$ 內最遠的樣本點。

資料分析中，四分位間距 IQR 也常常用於度量樣本資料的分散程度。相比標準差，四分位間距 IQR 不受厚尾影響，受離群值影響小得多。

圖 2.28 所示為鳶尾花資料四個特徵上的箱型圖。

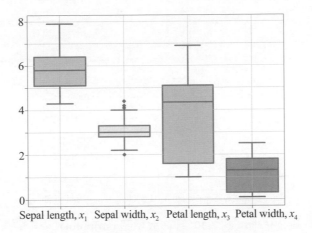

▲ 圖 2.28 鳶尾花資料箱型圖

箱型圖的變形

箱型圖還有很多的「變形」。比如圖 2.29 所示的小提琴圖和圖 2.30 所示的分佈散點圖。圖 2.31 所示為箱型圖疊加分佈散點圖。圖 2.32 所示為考慮標籤的箱型圖。

箱型圖的優點是簡單易懂，可以同時展示資料的中心趨勢、離散程度和離群值等資訊。因此，箱型圖經常被用於比較多組資料的分佈情況或發現異常值。

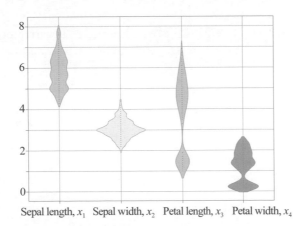

▲ 圖 2.29 鳶尾花資料小提琴圖

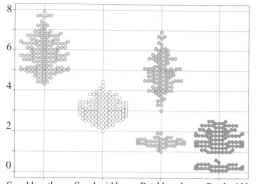

▲　圖 2.30　分佈散點圖 (stripplot)

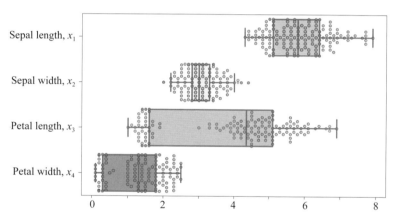

▲　圖 2.31　鳶尾花箱型圖疊加分佈散點圖 (swarmplot)

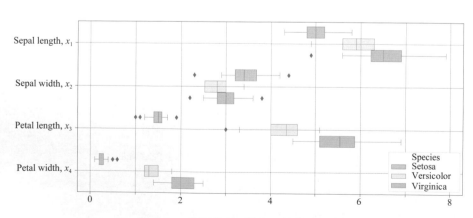

▲　圖 2.32　鳶尾花箱型圖，考慮分類標籤

2.9 中心距：平均值、方差、偏度、峰度

　　統計學中的**矩** (moment)，又稱為**中心矩** (central moment)，是對變數分佈和形態特點進行度量的一組量，其概念參考物理學中的「矩」。在物理學中，矩是描述物理性狀特點的物理量。

　　零階矩表示隨機變數的總機率，也就是 1。具體而言，常用的中心矩為一階矩至四階矩，分別表示資料分佈的位置、分散度、偏斜程度和峰度程度，如圖 2.33 所示。

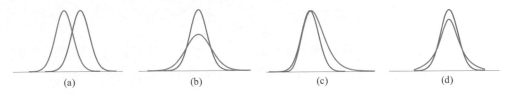

▲ 圖 2.33 期望 (一階矩)、方差 (二階矩)、偏度 (三階矩)、峰度 (四階矩)

一階矩、二階矩

　　一階矩為平均值，即**期望** (expectation)，用於描述分佈中心位置，如圖 2.33(a) 所示。前文提過，均值的量綱 (單位) 與原始資料相同。

　　二階矩為**方差** (variance)，描述分佈分散情況，如圖 2.33(b) 所示。方差的量綱為原始資料量綱的平方。一元高斯分佈的參數僅為平均值和方差。

　　平均值和方差都相同也不能說明分佈相同。換個角度，真實的樣本資料分佈不可能僅用平均值和方差來刻畫，有時還需要偏度 (三階矩) 和峰度 (四階矩)。

⚠️

> 注意：量綱和單位雖然混用，但是兩者還是有區別。從量綱的角度來看，m、cm、mm 都是長度度量單位，含義相同。但是，m、cm、mm 的單位不同，它們之間存在一定的換算關係。

三階矩

三階矩為**偏度** (skewness) S。如圖 2.33(c) 所示，偏度用於描述分佈的左右傾斜程度。

$$S = \text{skewness} = \frac{\frac{1}{n}\sum_{i=1}^{n}\left(x^{(i)} - \mu_X\right)^3}{\left(\frac{1}{n}\sum_{i=1}^{n}\left(x^{(i)} - \mu_X\right)^2\right)^{\frac{3}{2}}} \tag{2.15}$$

與期望和標準差不同，偏度沒有單位，是無量綱量。偏度的絕對值越大，表明樣本資料分佈的偏斜程度越大。

對於完全對稱的單峰分佈，平均數、中位數、眾數處在同一位置，如圖 2.34(a) 所示。這種分佈的偏度為零。如果樣本數服從一元高斯分佈，則偏度為 0，即平均值 = 中位數 = 眾數。

正偏 (positive skew, positively skewed)，又稱**右偏** (right-skewed, right-tailed, skewed to the right)。如圖 2.34(b) 所示，正偏分佈的右側尾部更長，分佈的主體集中在影像的左側。正偏 (右偏) 時，均值 > 中位數 > 眾數。

大家可以這樣理解平均數、中位數、眾數這三個數值的關係。如果在樣本中引入少數幾個特別大的離群值，則平均值肯定增大 (向右移動)，中位數略微受到影響 (樣本數量增加)，但是眾數 (出現次數最多) 不變。

負偏 (negative skew, negatively skewed)，又稱**左偏** (left-skewed, left-tailed, skewed to the left)，如圖 2.34(c) 所示，特點是分佈的左側尾部更長，分佈的主體集中在右側。負偏 (左偏) 時，眾數 > 中位數 > 平均值。

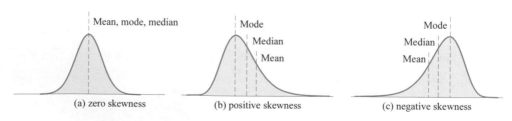

▲ 圖 2.34 無偏、正偏和負偏

⚠️ 值得注意的是，偏度為零不一定表示分佈對稱。如圖 2.35 所示，這個離散分佈的偏度計算出來為 0，但是很明顯，這個分佈不對稱。

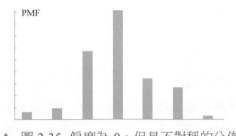

PMF

▲ 圖 2.35 偏度為 0，但是不對稱的分佈

四階矩

四階矩表示**峰度 (kurtosis)**K。如圖 2.33(d) 所示，峰度描述分佈與正態分佈相比的陡峭或扁平程度，有

$$K = \text{kurtosis} = \frac{\frac{1}{n}\sum_{i=1}^{n}\left(x^{(i)} - \mu_X\right)^4}{\left(\frac{1}{n}\sum_{i=1}^{n}\left(x^{(i)} - \mu_X\right)^2\right)^2} \tag{2.16}$$

與偏度一樣，峰度也沒有單位，是無量綱量。

圖 2.36 所示為兩種峰態：**高峰態 (leptokurtic)**、**低峰態 (platykurtic)**。高峰度的峰度值大於 3。如圖 2.36(a) 所示，與正態分佈相比，高峰態分佈有明顯的尖峰，兩側尾端有**肥尾 (fat tail)**。

圖 2.36(b) 所示為低峰態。相比正態分佈而言，低峰態明顯稍扁。

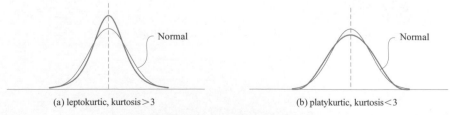

(a) leptokurtic, kurtosis＞3   (b) platykurtic, kurtosis＜3

▲ 圖 2.36 高峰態和低峰態

> ⚠
> 注意：用式 (2.16) 計算的話，常態分佈的峰度為 3。

實踐中，一般採用**超值峰度** (excess kurtosis)，即式 (2.16) 減去 3，即

$$
\text{Excess kurtosis} = \frac{\frac{1}{n}\sum_{i=1}^{n}\left(x^{(i)} - \mu_X\right)^4}{\left(\frac{1}{n}\sum_{i=1}^{n}\left(x^{(i)} - \mu_X\right)^2\right)^2} - 3 \tag{2.17}
$$

「減去 3」是為了讓正態分佈的峰度為 0，方便其他分佈與正態分佈進行比較。

表 2.1 總結了鳶尾花資料的四階矩。在花萼長度、花萼寬度上，樣本資料都存在正偏。花萼長度分佈存在低峰態，花萼寬度上出現高峰態。

對比表 2.1 中樣本資料分佈和四階矩的具體值，不難發現即使使用四階矩也未必能夠準確描述真實分佈。比如，在花瓣長度、花瓣寬度上，樣本資料分佈存在明顯的雙峰態。

> ◀
> 第 9 章講解 QQ 圖時，還會提到不同的分佈類型。

→ 表 2.1 鳶尾花四階矩

	花萼長度	花萼寬度	花瓣長度	花瓣寬度
均值 (cm)	5.843	3.057	3.758	1.199
標準差 (cm)	0.825	0.434	1.759	0.759
偏度	0.314	0.318	-0.274	-0.102
超值峰度	-0.552	0.228	-1.402	-1.340

2.10 多元隨機變數關係：協方差矩陣、相關性係數矩陣

協方差 (covariance) 是用於度量兩個變數之間的線性關係強度和方向的統計量。當兩個變數的協方差為正時，說明它們的變化趨勢同向，即當一個變數增加時，另一個變數也傾向於增加；當協方差為負時，說明它們的變化趨勢是相反的，即當一個變數增加時，另一個變數傾向於減少。協方差為 0，則表明兩個變數之間沒有線性關係。

對於樣本資料，隨機變數 X 和 Y 的協方差為

$$\text{cov}(X,Y) = \frac{1}{n-1}\sum_{i=1}^{n}\left(x^{(i)} - \mu_X\right)\left(y^{(i)} - \mu_Y\right) \qquad (2.18)$$

線性相關性係數 (linear correlation coefficient)，也叫**皮爾遜相關係數** (Pearson correlation coefficient)，是一種用於度量兩個變數之間線性相關程度的統計量。它的設定值範圍為 -1 ～ 1，數值越接近 -1 或 1，表示兩個變數之間的線性關係越強；數值接近 0，則表示兩個變數之間沒有線性關係。

對於樣本資料，隨機變數 X 和 Y 的線性相關性係數為

$$\rho_{X,Y} = \frac{\text{cov}(X,Y)}{\sigma_X \sigma_Y} \qquad (2.19)$$

本書系讀者對**協方差矩陣** (covariance matrix)、**相關性係數矩陣** (correlation matrix) 應該非常熟悉。協方差矩陣和相關性係數矩陣都是描述多維隨機變數之間關係的矩陣。

以鳶尾花四個特徵為例，它的協方差矩陣為 4×4 矩陣，有

$$\Sigma = \begin{bmatrix} \text{cov}(X_1,X_1) & \text{cov}(X_1,X_2) & \text{cov}(X_1,X_3) & \text{cov}(X_1,X_4) \\ \text{cov}(X_2,X_1) & \text{cov}(X_2,X_2) & \text{cov}(X_2,X_3) & \text{cov}(X_2,X_4) \\ \text{cov}(X_3,X_1) & \text{cov}(X_3,X_2) & \text{cov}(X_3,X_3) & \text{cov}(X_3,X_4) \\ \text{cov}(X_4,X_1) & \text{cov}(X_4,X_2) & \text{cov}(X_4,X_3) & \text{cov}(X_4,X_4) \end{bmatrix} \qquad (2.20)$$

其相關性係數矩陣為 4×4 矩陣，有

$$P = \begin{bmatrix} 1 & \rho_{1,2} & \rho_{1,3} & \rho_{1,4} \\ \rho_{2,1} & 1 & \rho_{2,3} & \rho_{2,4} \\ \rho_{3,1} & \rho_{3,2} & 1 & \rho_{3,4} \\ \rho_{4,1} & \rho_{4,2} & \rho_{4,3} & 1 \end{bmatrix} \qquad (2.21)$$

圖 2.37 所示為協方差矩陣和相關性係數矩陣熱圖。

◀

第 13 章將專門講解協方差矩陣。

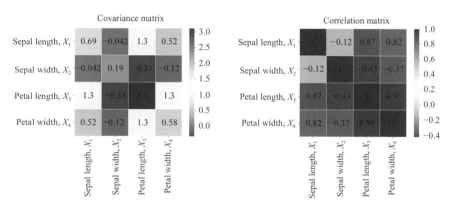

▲　圖 2.37　協方差矩陣、相關性係數矩陣熱圖

▼

程式檔案 Bk5_Ch02_01.py 繪製本章幾乎所有影像。

➡

描述、推斷是統計的兩個重要板塊。本章介紹了常見的統計描述工具。統計分析中，視覺化和量化分析都很重要。本章介紹的重要的統計視覺化工具有長條圖、散點圖、箱型圖、熱圖等。此外，也需要大家熟練掌握樣本資料的平均值、方差、標準差、協方差、協方差矩陣、相關性係數矩陣等知識。

統計描述、統計推斷之間的橋樑正是機率。從下一章開始，我們正式進入機率板塊的學習。

Section *02*

機率

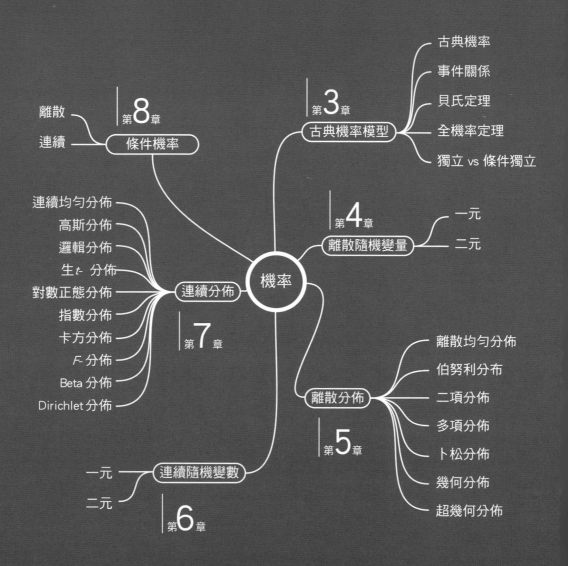

離散
連續

$\Big|_{\text{第}}8_\text{章}$
條件機率

連續均勻分佈
高斯分佈
邏輯分佈
生t-分佈
對數正態分佈
指數分佈
卡方分佈
F-分佈
Beta 分佈
Dirichlet 分佈

連續分佈
$\Big|_{\text{第}}7_\text{章}$

機率

古典機率
事件關係
貝氏定理
全機率定理
獨立 vs 條件獨立

$\Big|_{\text{第}}3_\text{章}$
古典機率模型

$\Big|_{\text{第}}4_\text{章}$
離散隨機變量

一元
二元

離散分佈
$\Big|_{\text{第}}5_\text{章}$

離散均勻分佈
伯努利分布
二項分佈
多項分佈
卜松分佈
幾何分佈
超幾何分佈

一元
二元

連續隨機變數
$\Big|_{\text{第}}6_\text{章}$

學習地圖 $\Big|$ 第2板塊

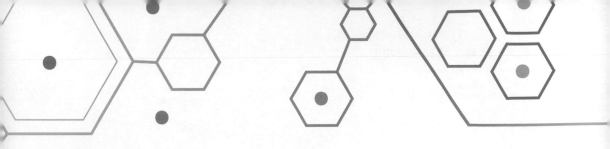

ClassicalProbability

3 古典機率模型

歸根結底,機率就是量化的生活常識

真是耐人尋味,一門以賭博為起點的學科本應該是人類知識系統
中最重要研究物件。

It is remarkable that a science which began with the consideration of games of
chance should have be come the most important object of human knowledge.

——皮埃爾 - 西蒙・拉普拉斯(*Pierre-Simon Laplace*)| 法國著名天文學家和數學家 |
1749—1827 年

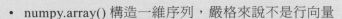

- numpy.array() 構造一維序列,嚴格來說不是行向量
- numpy.cumsum() 計算累計求和
- numpy.linspace() 在指定的間隔內,傳回固定步進值的資料
- numpy.random.gauss() 產生服從正態分佈的隨機數
- numpy.random.randint() 產生隨機整數
- numpy.random.seed() 確定隨機數種子
- numpy.random.shuffle() 將序列的所有元素重新隨機排序
- numpy.random.uniform() 產生服從均勻分佈的隨機數

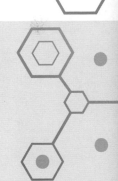

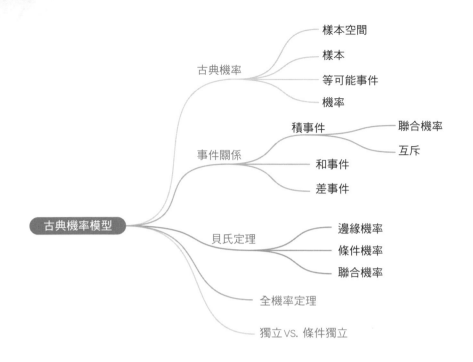

3.1 無處不在的機率

　　自然界的隨機無處不在，沒有兩朵完全一樣的鳶尾花，沒有兩片完全一樣的雪花，也沒有兩條完全一樣的人生軌跡。本書系《AI 時代 Math 元年 - 用Python 全精通數學要素》一書中曾提過，在微觀、少量、短期尺度上，我們看到的更多的是不確定、不可預測、隨機；但是，站在巨觀、大量、更長的時間尺度上，我們可以發現確定、模式、規律。

　　而機率則試圖量化隨機事件發生的可能性。機率的研究和應用深刻影響著人類科學發展處理程序，本節介紹孟德爾和道爾頓兩個例子。

孟德爾的豌豆試驗

　　孟德爾 (Gregor Mendel,1822—1884 年) 之前，生物遺傳機制主要是基於猜測，而非試驗。

在修道院蔬菜園裡，孟德爾對不同豌豆品種進行了大量異花授粉試驗。比如，孟德爾把純種圓粒豌豆○和純種皺粒豌豆✿雜交，他發現培育得到的子代豌豆都是圓粒○，如圖 3.1 所示。

實際情況是，決定皺粒✿的基因沒有被呈現出來，因為決定皺粒✿的基因相對於圓粒○基因來講是隱性。

如圖 3.1 所示，當第一代雜交圓粒豌豆○自花傳粉或彼此交叉傳粉後，它們的後代籽粒顯示出 3:1 的固定比例，即 3/4 的圓粒○和 1/4 的皺粒✿。

從精確的 3:1 的比例來看，孟德爾不僅推斷出基因中離散遺傳單位的存在，而且意識到這些離散的遺傳單位在豌豆中成對出現，並且在形成配子的過程中分離。3:1 比例背後的數學原理就是本章要介紹的古典機率模型。

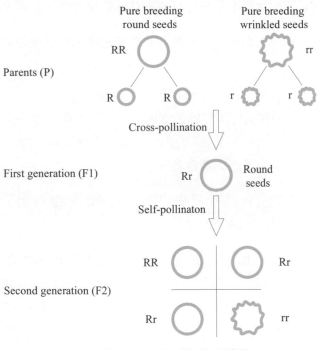

▲ 圖 3.1 孟德爾的豌豆試驗

道爾頓發現紅綠色盲

18 世紀英國著名的化學家**道爾頓** (John Dalton,1766 —1844 年) 偶然發現紅綠色盲。道爾頓給母親選了一雙「棕灰色」的襪子作為聖誕禮物。但是，母親對襪子的顏色不是很滿意，她覺得「櫻桃紅」過於豔麗。

道爾頓十分疑惑，他問了家裡的親戚，發現只有弟弟和自己認為襪子是「棕灰色」。道爾頓意識到紅綠色盲必然透過某種方式遺傳。

現代人已經研究清楚，紅綠色盲的遺傳方式是 X 連鎖隱性遺傳。男性♂僅有一條 X 染色體，因此只需一個色盲基因就表現出色盲。

女性♀有兩條 X 染色體，因此須有一對色盲等位基因，才會表現出異常。而只有一個致病基因的女性♀只是紅綠色盲基因的攜帶者，個體表現正常。

下面，我們從機率的角度分幾種情況來思考紅綠色盲的遺傳規律。

情況 A

如圖 3.2 所示，一個女性♀紅綠色盲患者和一個正常男性♂生育。後代中，兒子♂都是紅綠色盲；女兒♀雖表現正常，但從母親♀獲得一個紅綠色盲基因，因此女兒♀都是紅綠色盲基因的攜帶者。

不考慮性別的話，後代中發病可能性為 50%。這個可能性就是**機率** (probability)。它與生男、生女的機率一致。

給定後代為男性♂，則發病比例為 100%。給定後代為女性♀，則發病比例為 0%，但是攜帶紅綠色盲基因的比例為 100%。反過來，給定後代發病這個條件，可以判定後代 100% 為男性♂。這就是本章後文要介紹的**條件機率** (conditional probability)。

條件機率的概念在機率論和統計學中非常重要，它允許我們在一些已知資訊的情況下對事件的發生機率進行更精確的估計和預測。舉例來說，在醫學診斷中，醫生可以根據病人的症狀和體徵，計算出某種疾病在不同條件下的發病率，從而幫助醫生判斷病人是否患有這種疾病。

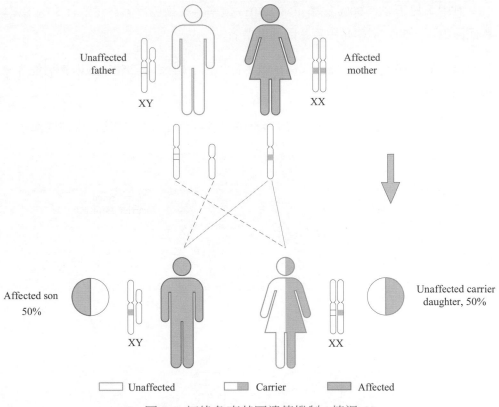

▲ 圖 3.2 紅綠色盲基因遺傳機制 (情況 A)

情況 B

如圖 3.3 所示，一個女性♀紅綠色盲基因攜帶者和一個正常男性♂生育。後代中，整體考慮，後代患病的機率為 25%。

其中，兒子♂中，50% 機率為正常，50% 機率為紅綠色盲。女兒都不是色盲，但有 50% 機率為色盲基因的攜帶者。這些數值也都是條件機率。

情況 C

如圖 3.4 所示，一個女性♀紅綠色盲基因的攜帶者和一個男性♂紅綠色盲患者生育。整體考慮來看，如果不分男女，則後代發病的機率為 50%。

其中，兒子♂有 50% 機率正常，50% 機率為紅綠色盲；女兒♀有 50% 機率為紅綠色盲，50% 機率是色盲基因的攜帶者。

換一個條件，如果已知後代為紅綠色盲患者，則後代有 50% 機率為男性♂，50% 機率為女性♀。

除了以上三種情況，請大家思考還有哪些組合情況並計算後代患病機率。

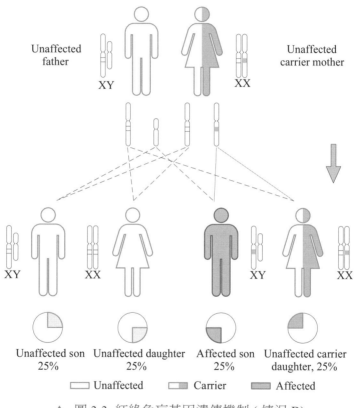

▲ 圖 3.3 紅綠色盲基因遺傳機制 (情況 B)

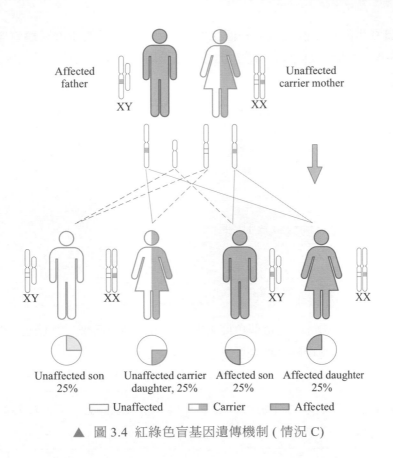

Affected
father

XY

Unaffected
carrier mother

XX

XY   XX   XY   XX

Unaffected son
25%

Unaffected carrier
daughter, 25%

Affected son
25%

Affected daughter
25%

☐ Unaffected   ◨ Carrier   ■ Affected

▲ 圖 3.4 紅綠色盲基因遺傳機制 (情況 C)

建議大家學完本章所有內容之後，回過頭來再仔細琢磨孟德爾和道爾頓這
兩個例子。

3.2 古典機率：離散均勻機率律

機率模型是對不確定現象的數學描述。本章的核心是古典概型。古典概型，
也叫**等機率模型** (equiprobability)，是最經典的一種機率模型。古典模型中基本
事件為有限個，並且每個基本事件為等可能。古典概型廣泛應用集合運算，本
節一邊講解機率論，一邊回顧集合運算。

給定一個隨機試驗，所有的結果組成的集合為**樣本空間** (sample space)Ω。

樣本空間 Ω 中的每一個元素為一個**樣本** (sample)。不同的隨機試驗有各自的樣本空間。樣本空間作為集合，也可以劃分成不同**子集** (subset)。

《AI 時代 Math 元年 - 用 Python 全精通數學要素》一書第 4 章介紹過集合相關概念，建議大家回顧。

機率

整個樣本空間 Ω 的機率為 1，即

$$\Pr(\Omega) = 1 \qquad\qquad\qquad\qquad (3.1)$$

樣本空間機率為 1，從這個角度來看，本書後續內容似乎都圍繞著如何將 1「切片、切塊」或「切絲、切條」。

注意：本書表達機率的符號 Pr 為正體。再次請大家注意，不同試驗的樣本空間 Ω 不同。

給定樣本空間 Ω 的**事件** (event) A，Pr(A) 為**事件 A 發生的機率** (the probability of event A occurring 或 probability of A)。Pr(A) 滿足

$$\Pr\left(\underset{\text{Probability}}{\underbrace{\overset{\text{Event}}{A}}}\right) \geq 0 \qquad\qquad\qquad\qquad (3.2)$$

大家看到任何機率值時一定要問一句，**它的樣本空間是什麼？**

空集∅不包含任何樣本點，也稱作**不可能事件** (impossible event)，因此對應的機率為 0，即

$$\Pr(\varnothing) = 0 \qquad\qquad\qquad\qquad (3.3)$$

等可能

設樣本空間 Ω 由 n 個等可能事件 (equally likely events 或 events with equal probability) 組成，事件 A 的機率為

$$\Pr(A) = \frac{n_A}{n} \quad \textstyle \vert\vert\vert\vert\vert\vert \tag{3.4}$$

其中：n_A 為含於事件 A 的試驗結果數量。

等可能事件是指在某一試驗中，每個可能結果發生的機率相等的事件。簡單來說，就是等可能事件每個結果發生的可能性是一樣的。舉例來說，對於一枚硬幣的拋擲，假設正面和反面的出現機率是相等的，因此正面出現和反面出現是等可能事件。同樣地，擲一個六面骰子，假設每個面出現的機率都是相等的，因此每個面的出現也是等可能事件。

以鳶尾花資料為例

舉個例子，從 150(n) 個鳶尾花資料中取一個樣本點，任何一個樣本被取到的機率為 $1/150(1/n)$。

再舉個例子，鳶尾花資料集的 150 個樣本均分為三類—setosa(C_1)、versicolour(C_2)、virginica(C_3)。如圖 3.5 所示，從 150 個樣本中取出任一樣本，樣本標籤為 C_1、C_2、C_3 對應的機率相同，都是

$$\Pr(C_1) = \Pr(C_2) = \Pr(C_3) = \frac{50}{150} = \frac{1}{3} \tag{3.5}$$

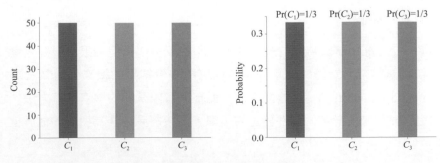

▲ 圖 3.5　鳶尾花 150 個樣本資料均分為三類

拋一枚硬幣

拋一枚硬幣，1 代表正面，0 代表反面。拋一枚硬幣可能結果的樣本空間為

$$\Omega = \{0,1\} \tag{3.6}$$

假設硬幣質地均勻，獲得正面和反面的機率相同，均為 1/2，即

$$\Pr(0) = \Pr(1) = \frac{1}{2} \tag{3.7}$$

把 {0,1} 標記在數軸上，用火柴棒圖型視覺化上述機率值，我們便得到圖 3.6。

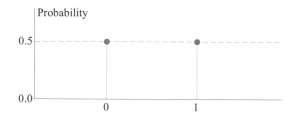

▲ 圖 3.6 拋一枚硬幣結果和對應的理論機率值

圖 3.7 所示為反覆拋一枚硬幣，正面 (1)、反面 (0) 平均值隨試驗次數的變化。可以發現，平均結果不斷靠近 1/2，也就是說正反面出現的機率幾乎相同。

從另外一個角度，式 (3.7) 舉出的是用古典機率模型 (等可能事件和列舉法) 得出的**理論機率** (theoretical probability)，也稱為公式機率或數學機率，是一種基於理論推導的機率計算方法。它一般基於假設所有可能的結果是等可能的，並使用數學公式計算機率。

而圖 3.7 是採用試驗得到的統計結果，印證了機率模型結果。根據大量的、重複的統計試驗結果計算隨機事件中各種可能發生結果的機率，稱為**試驗機率** (experimental probability)。試驗機率是一種基於實際試驗的機率計算方法。它透過多次重複試驗來統計某個事件發生的頻率，然後將頻率作為機率的估計值。

　　理論機率可以作為試驗機率的基礎，即在假設所有可能結果是等可能的情況下，理論機率可以預測事件發生的機率，而試驗機率則可以驗證這一預測是否準確。

> 第15章介紹如何完成蒙地卡羅模擬 (Monte Carlo simulation)。

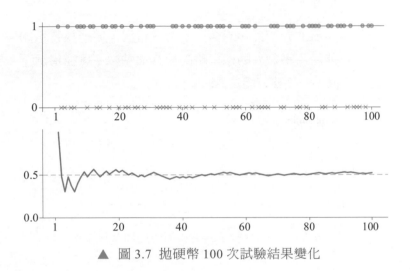

▲ 圖 3.7 拋硬幣 100 次試驗結果變化

擲骰子

　　如圖 3.8 所示，擲一枚骰子試驗可能結果的樣本空間為

$$\Omega = \{1, 2, 3, 4, 5, 6\} \tag{3.8}$$

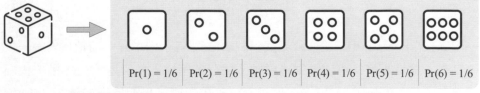

| $Pr(1) = 1/6$ | $Pr(2) = 1/6$ | $Pr(3) = 1/6$ | $Pr(4) = 1/6$ | $Pr(5) = 1/6$ | $Pr(6) = 1/6$ |

▲ 圖 3.8 投骰子試驗

試驗中，假設獲得每一種點數的可能性相同。擲一枚骰子共六種結果，每種結果對應的機率為

$$\Pr(1) = \Pr(2) = \Pr(3) = \Pr(4) = \Pr(5) = \Pr(6) = \frac{1}{6} \qquad (3.9)$$

同樣用火柴棒圖把上述結果畫出來，得到圖 3.9。這也是拋一枚骰子得到不同點數對應機率的理論值。

然而實際情況可能並非如此。想像一種特殊情況，某一枚特殊的骰子，它的質地不均勻，可能產生點數 6 的機率略高於其他點數。這種情況下，要想估算不同結果的機率值，一般就只能透過試驗。

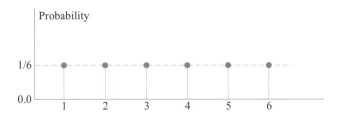

▲ 圖 3.9　拋一枚骰子結果和對應的理論機率值

拋兩枚硬幣

下面看兩個稍複雜的例子—每次拋兩枚硬幣。

比如，如果第一枚硬幣為正面、第二枚硬幣為反面，結果記作 (1,0)。這樣，樣本空間由以下四個點組成，即

$$\Omega = \begin{cases} (0,0) & (0,1) \\ (1,0) & (1,1) \end{cases} \qquad (3.10)$$

圖 3.10(a) 所示為用二維座標系展示試驗結果。圖 3.10(a) 中橫軸代表第一枚硬幣點數，縱軸為第二枚硬幣對應點數。假設，兩枚硬幣質地均勻，拋一枚硬幣獲得正、反面的機率均為 1/2。而拋兩枚硬幣對應結果的機率如圖 3.10(b) 所示。

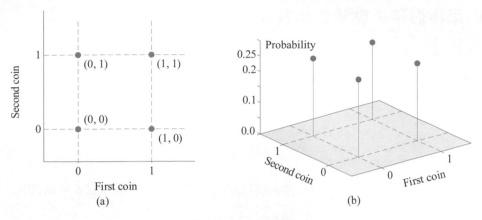

▲ 圖 3.10 拋兩枚硬幣結果和對應的理論機率值

拋兩枚骰子

同理，每次拋兩枚骰子，樣本空間 Ω 的等可能試驗結果數量為 6×6，有

$$
\Omega = \begin{Bmatrix}
(1,1) & (1,2) & (1,3) & (1,4) & (1,5) & (1,6) \\
(2,1) & (2,2) & (2,3) & (2,4) & (2,5) & (2,6) \\
(3,1) & (3,2) & (3,3) & (3,4) & (3,5) & (3,6) \\
(4,1) & (4,2) & (4,3) & (4,4) & (4,5) & (4,6) \\
(5,1) & (5,2) & (5,3) & (5,4) & (5,5) & (5,6) \\
(6,1) & (6,2) & (6,3) & (6,4) & (6,5) & (6,6)
\end{Bmatrix}
\tag{3.11}
$$

圖 3.11(a) 所示為上述試驗的樣本空間。圖 3.11(b) 中，假設骰子質地均勻，每個試驗結果對應的機率均為 1/36。

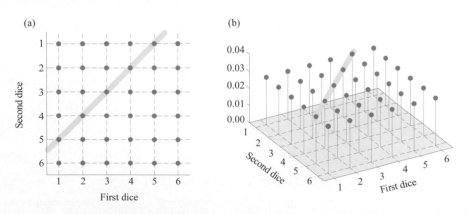

▲ 圖 3.11 拋兩枚骰子結果和對應的理論機率值

抛兩枚骰子：點數之和為 6

下面，我們看一種特殊情況。如圖 3.12 所示，如果我們關心兩個骰子點數之和為 6，會發現一共有五種結果滿足條件。這五種結果為 1 + 5、2 + 4、3 + 3、4 + 2、5 + 1。則該事件對應機率為

$$\Pr\left(\text{sum} = 6\right) = \frac{5}{6 \times 6} \approx 0.1389 \qquad (3.12)$$

圖 3.11(a) 中黃色背景所示樣本便代表拋兩枚骰子點數之和為 6 的事件。

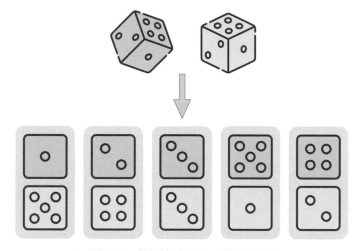

▲ 圖 3.12　投兩枚骰子，點數之和為 6

撰寫程式進行 10,000,000 次試驗，累計「點數之和為 6」事件發生次數，並且計算該事件當前機率。圖 3.13 所示為「點數之和為 6」事件機率隨拋擲次數變化曲線。

比較式 (3.12) 和圖 3.13，透過古典機率模型得到的理論結論和試驗結果相互印證。

圖 3.13 中的橫軸為對數刻度。《AI 時代 Math 元年 - 用 Python 全精通數學要素》一書第 12 章介紹過對數刻度，大家可以進行回顧。

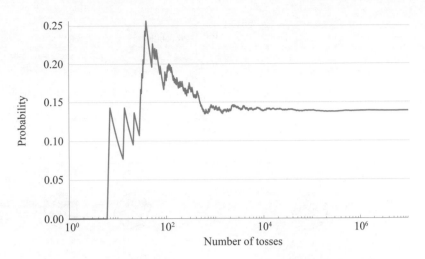

▲ 圖 3.13 骰子「點數之和為 6」事件機率隨拋擲次數變化

程式 Bk5_Ch03_01.py 模擬拋骰子試驗並繪製圖 3.13。請大家把這個程式改寫成一個 StreamlitApp，並用拋擲次數作為輸入。

拋兩枚骰子：點數之和的樣本空間

接著上一個例子，如果我們對拋兩枚骰子「點數之和」感興趣，首先要知道這個事件的樣本空間。如圖 3.14 所示，彩色等高線對應兩枚骰子點數之和。由此，得到兩個骰子點數之和的樣本空間為 {2, 3, 4, 5, 6, 7, 8, 9, 10, 11, 12}。

而等高線上灰色點●的橫垂直座標代表滿足條件的骰子點數。計算某一條等高線上點●的數量，再除 36(=6×6) 便得到不同「點數之和」對應的機率值。

圖 3.14(b) 所示為樣本空間所有結果機率值的火柴棒圖。觀察圖 3.14(b)，容易發現結果非等機率；但是，這些機率值也是透過等機率模型推導得到的。

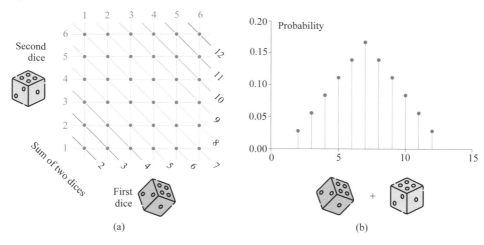

▲ 圖 3.14 兩個骰子點數之和

更多「花樣」

接著上面拋兩枚骰子計算點數之和的試驗，我們玩出更多「花樣」！

如表 3.1 所示，拋兩枚骰子，我們可以只考慮第一隻骰子的點數、第一隻骰子點數平方值，也可以計算兩個骰子的點數平均值、乘積、商、差、差的平方等。

這些不同的花式玩法至少告訴我們以下幾層資訊。

- 拋兩枚色子，第一枚骰子和第二枚骰子的結果可以獨立討論；換個角度來看，一次試驗中，第一枚、第二枚骰子點數結果相互不影響。

- 第一枚和第二枚骰子的點數結果還可以繼續運算。

- 用文字描述這些結果太麻煩了，我們需要將它們代數化！比如，定義第一個色子結果為 X_1，第二個骰子點數為 X_2，兩個點數數學運算結果為 Y。這便是下一章要探討的隨機變數 (random variable)。

- 顯然表 3.1 中每種花式玩法有各自的樣本空間 Ω。樣本空間的樣本並非都是等機率。但是，樣本空間中所有樣本的機率之和都是 1。

表 3.1 所示為基於拋兩枚骰子試驗結果的更多花式玩法。請大家試著找到每種運算的樣本空間，並計算每個樣本對應的機率值。我們將在下一章揭曉答案。

→ 表 3.1 基於拋兩枚骰子試驗結果的更多花式玩法

隨機變數	描述	例子										
X_1	第一個骰子點數	1	2	3	4	5	6	1	2	3	4	5	6
X_2	第二個骰子點數	1	1	1	1	1	1	2	2	2	2	2	2
$Y=X_1$	只考慮第一個骰子點數	1	2	3	4	5	6	1	2	3	4	5	6
$Y=X_1^2$	第一個骰子點數平方	1	4	9	16	25	36	1	4	9	16	25	36
$Y=X_1+X_2$	點數之和	2	3	4	5	6	7	3	4	5	6	7	8
$Y=\dfrac{X_1+X_2}{2}$	點數平均值	1	1.5	2	2.5	3	3.5	1.5	2	2.5	3	3.5	4
$Y=\dfrac{X_1+X_2-7}{2}$	中心化點數之和，再求平均	-2.5	-2	-1.5	-1	-0.5	0	-2	-1.5	-1	-0.5	0	0.5
$Y=X_1X_2$	點數之積	1	2	3	4	5	6	2	4	6	8	10	12
$Y=\dfrac{X_1}{X_2}$	點數之商	1	2	3	4	5	6	0.5	1	1.5	2	2.5	3
$Y=X_1-X_2$	點數之差	0	1	2	3	4	5	-1	0	1	2	3	4
$Y=|X_1-X_2|$	點數之差的絕對值	0	1	2	3	4	5	1	0	1	2	3	4
$Y=(X_1-3.5)^2+(X_2-3.5)^2$	中心化點數平方和	12.5	8.5	6.5	6.5	8.5	12.5	8.5	4.5	2.5	2.5	4.5	8.5

拋三枚骰子

為了大家習慣「多元」思維，我們再進一步將一次拋擲骰子的數量提高至三枚。

第一枚點數定義為 X_1，第二枚點數為 X_2，第三枚點數為 X_3。

圖 3.15(a) 所示為拋三枚骰子點數的樣本空間，這顯然是個三維空間。比如，座標點 (3,3,3) 代表三枚骰子的點數都是 3。

圖 3.15(a) 這個樣本空間有 216(=6×6×6) 個樣本。假設這三個骰子質量均勻，獲得每個點數為等機率，則圖 3.15(a) 中每個樣本對應的機率為 1/216。

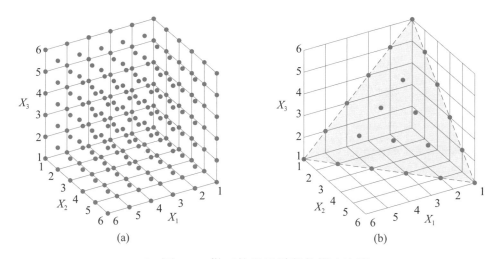

(a)　　　　　　　　　　(b)

▲ 圖 3.15　拋三枚骰子點數的樣本空間

定義事件 A 為三枚骰子的點數之和為 8，即 $X_1 + X_2 + X_3 = 8$。事件 A 對應的樣本集合如所圖 3.15(b) 所示，一共有 21 個樣本點，容易發現這些樣本在同一個斜面上。相對圖 3.15(a) 所示的樣本空間，事件 A 的機率為 21/216。

大家可能已經發現，實際上，我們可以用水平面來視覺化事件 A 的樣本集合。如圖 3.16 所示，將散點投影在平面上得到圖 3.16(b)。

能夠完成這種投影是因為 $X_1 + X_2 + X_3 = 8$ 這個等式關係。

> 這種投影思路將會用到本書後續要介紹的多項分佈 (第 5 章) 和 Dirichlet 分佈 (第 7 章)。

透過這個例子，相信大家已經發現多元統計中幾何思維的重要性。

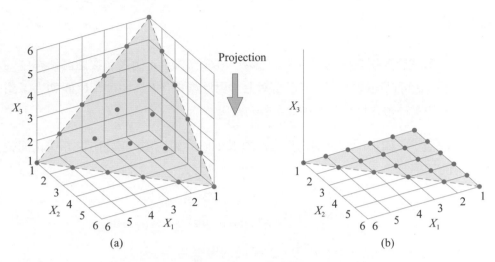

▲ 圖 3.16 將事件 A 的樣本點投影到平面上

3.3 回顧：巴斯卡三角和機率

巴斯卡三角

巴斯卡三角 (Pascal's triangle)，是二項式係數的一種寫法。$(a+b)^n$ 展開後，按單項 a 的次數從高到低排列得到

$$
\begin{aligned}
(a+b)^0 &= 1 \\
(a+b)^1 &= a+b \\
(a+b)^2 &= a^2 + 2ab + b^2 \\
(a+b)^3 &= a^3 + 3a^2b + 3ab^2 + b^3 \\
(a+b)^4 &= a^4 + 4a^3b + 6a^2b^2 + 4ab^3 + b^4
\end{aligned}
\tag{3.13}
$$

第 **3** 章 古典機率模型

《AI 時代 Math 元年 - 用 Python 全精通數學要素》一書第 20 章介紹過巴斯卡三角和古典機率模型的關聯，本節稍作回顧。

其中：a 和 b 均不為 0。

拋硬幣

把二項式展開用在理解拋硬幣的試驗。$(a + b)^n$ 中 n 代表一次拋擲過程中的硬幣數量，a 可以理解為「硬幣正面朝上」對應機率，b 為「硬幣反面朝上」對應機率。如果硬幣質地均勻，則 $a = b = 1/2$。

舉個例子，如果硬幣質地均勻，每次拋 $10(n)$ 枚硬幣，正好出現 6 次正面朝上對應的機率為

$$\Pr\left(\text{heads} = 6\right) = C_{10}^6 \frac{1}{2^{10}} = \frac{210}{1024} = \frac{210}{1024} \approx 0.20508 \tag{3.14}$$

每次拋 10 枚硬幣，至少出現 6 次正面的機率為

$$\Pr\left(\text{heads} \geq 6\right) = \frac{C_{10}^6 + C_{10}^7 + C_{10}^8 + C_{10}^9 + C_{10}^{10}}{2^{10}} = \frac{210 + 120 + 45 + 10 + 1}{1024} = \frac{386}{1024} \approx 0.37695 \tag{3.15}$$

撰寫程式，一共拋 10000 次，每次拋 10 枚硬幣。分別累計「正好出現 6 次正面」「至少出現 6 次正面」兩個事件的次數，並且計算兩個事件的當前機率。圖 3.17 所示為兩事件機率隨拋擲次數變化的曲線。這也是試驗機率、理論機率的相互印證。

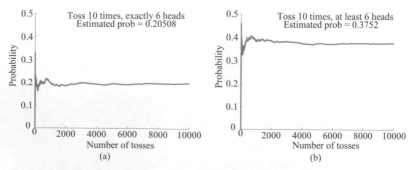

▲ 圖 3.17 試驗機率隨拋擲次數變化：(a) 正好出現 6 次正面；
(b) 至少出現 6 次正面

3-20

> Bk5_Ch03_02.py 完成上述兩個試驗並繪製圖 3.17。

回憶二元樹

《AI 時代 Math 元年 - 用 Python 全精通數學要素》一書第 20 章還介紹過巴斯卡三角和二元樹的關聯，如圖 3.18 所示。

站在二元樹中間節點處，向上走、還是向下走對應的機率便分別對應「硬幣正面朝上」「硬幣反面朝上」的機率。

假設，向上走、向下走的機率均為 1/2。圖 3.18 右側的長條圖展示了兩組數，分別是達到終點不同節點的路徑數量、機率值。請大家回憶如何用組合數計算這些機率值。

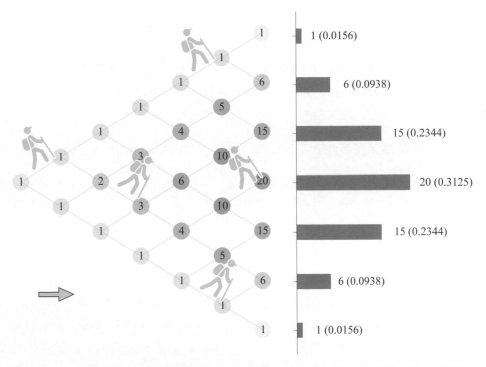

▲ 圖 3.18 巴斯卡三角逆時鐘旋轉 90 度得到一個二元樹 (圖片基於《AI 時代 Math 元年 - 用 Python 全精通數學要素》一書第 20 章)

3.4 事件之間的關係：集合運算

積事件

事件 A 與事件 B 為樣本空間 Ω 中的兩個事件，$A \cap B$ 代表 A 和 B 的積事件 (the intersection of events A and B)，指的是某次試驗時，事件 A 和事件 B 同時發生。

$\Pr(A \cap B)$ 表示 A 和 B 積事件的機率 (probability of the intersection of events A and B 或 joint probability of A and B)。$\Pr(A \cap B)$ 也叫作 A 和 B 的聯合機率 (joint probability)。$\Pr(A \cap B)$ 也常記作 $\Pr(A,B)$，即

$$\Pr\left(\underbrace{A \cap B}_{\text{Joint}}\right) = \Pr\left(\underbrace{A,B}_{\text{Joint}}\right) \qquad\qquad (3.16)$$

互斥

如果事件 A 與事件 B 兩者交集為空，即 $A \cap B = \varnothing$，則稱**事件 A 與事件 B 互斥** (events A and B are disjoint)，或稱 **A 和 B 互不相容** (two events are mutually exclusive)。

白話說，事件 A 與事件 B 不可能同時發生，也就是說 $\Pr(A \cap B)$ 為 0，即

$$\underbrace{A \cap B}_{\text{Joint}} = \varnothing \quad \Rightarrow \quad \Pr\left(\underbrace{A \cap B}_{\text{Joint}}\right) = \Pr\left(\underbrace{A,B}_{\text{Joint}}\right) = 0 \qquad\qquad (3.17)$$

和事件

事件 $A \cup B$ 為 **A 和 B 的和事件** (union of events A and B)。具體來說，當事件 A 和事件 B 至少有一個發生時，事件 $A \cup B$ 發生。$\Pr(A \cup B)$ 表示事件 **A 和 B 和事件的機率** (probability of the union of events A and B 或 probability of A or B)。

$\mathrm{Pr}(A \cup B)$ 和 $\mathrm{Pr}(A \cap B)$ 之間關係為

$$\underbrace{\mathrm{Pr}(A \cup B)}_{\text{Union}} = \mathrm{Pr}(A) + \mathrm{Pr}(B) - \underbrace{\mathrm{Pr}(A \cap B)}_{\text{Joint}} \qquad (3.18)$$

如果事件 A 和 B 互斥 (events A and B are mutually exclusive)，即 $A \cap B = \varnothing$。對於這種特殊情況，$\mathrm{Pr}(A \cup B)$ 為

$$\mathrm{Pr}(A \cup B) = \mathrm{Pr}(A) + \mathrm{Pr}(B) \qquad (3.19)$$

表 3.2 總結了常見集合運算卡氏圖表。

➡ 表 3.2 常見集合運算和卡氏圖表

符號	解釋	卡氏圖表
Ω	必然事件，即整個樣本空間 (sample space)	
$\varnothing$	不可能事件，即空集 (empty set)	
$A \subset B$	事件 B 包含事件 A (event A is a subset of event B)，即事件 A 發生，事件 B 必然發生	
$A \cap B$	事件 A 和事件 B 的積事件 (the intersection of events A and B)，即某次試驗時，當事件 A 和事件 B 同時發生時，事件 $A \cap B$ 發生	

符號	解釋	卞氏圖表
$A \cap B = \varnothing$	事件 A 和事件 B 互斥 (events A and B are disjoint)，兩個事件互不相容 (two events are mutually exclusive)， 即事件 A 和事件 B 不能同時發生	
$A \cup B$	事件 A 和事件 B 的和事件 (the union of events A and B)，即當事件 A 和事件 B 至少有一個發生時，事件 A-B 發生	
A-B	事件 A 與事件 B 的差事件 (the difference between two events A and B)， 即事件 A 發生、事件 B 不發生，則 A - B 發生	
$A \cup B = \Omega$ 且 $A \cap B = \varnothing$ 也可以記作 $A = B = \Omega - A$ (complement of event A)	事件 A 與事件 B 互為逆事件 (complementary events)，對立事件 (collectively exhaustive)，即對於任意一次試驗，事件 A 和事件 B 有且僅有一個發生	

3.5　條件機率：給定部分資訊做推斷

條件機率 (conditional probability) 是在替定部分資訊的基礎上對試驗結果的一種推斷。條件機率是機器學習、數學科學中至關重要的概念，本書大多數內容都是圍繞條件機率展開，請大家格外留意。

三個例子

下面舉出三個例子說明哪裡會用到「條件機率」。

在拋兩個骰子試驗中，事件 A 為其中一個骰子點數為 5，事件 B 為點數之和為 6。給定事件 B 發生的條件下，事件 A 發生的機率為多少？

給定花萼長度為 5 公分，花萼寬度為 2 公分。根據 150 個鳶尾花樣本資料，鳶尾花樣本最可能是哪一類 (setosa、versicolor、virginica)？對應的機率大概是多少？

根據 150 個鳶尾花樣本資料，如果某一朵鳶尾花的花萼長度為 5 公分，它的花萼寬度最可能為多寬？

條件機率

A 和 B 為樣本空間 Ω 中的兩個事件，其中 $\Pr(B) > 0$。那麼，**事件 B 發生的條件下事件 A 發生的條件機率** (conditional probability of event A occurring given B occurs 或 probability of A given B) 可以透過下式計算得到，即

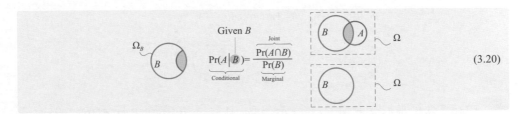

$$\Pr(A|B) = \frac{\Pr(A \cap B)}{\Pr(B)} \tag{3.20}$$

其中：$\Pr(A \cap B)$ 為事件 A 和 B 的聯合機率；$\Pr(B)$ 為事件 B 的邊緣機率。

$\Pr(B)$、$\Pr(A \cap B)$ 都是在 Ω 中計算得到的機率值。

Ω_B 是 Ω 的子集，兩者的關聯正是 $\Pr(B)$，即 B 在 Ω 中對應的機率。$\Pr(B)$ 也可以寫成「條件機率」的形式，即 $\Pr(B|\Omega)$。

> ⚠
> 注意：我們也可以這樣理解 $\Pr(A|B)$，B 實際上是「新的樣本空間」—Ω_B！
> $\Pr(A|B)$ 是在 Ω_B 中計算得到的機率值。

同理，事件 A 發生的條件下事件 B 發生的條件機率為

$$\underset{\Omega_A}{\bigcirc A} \quad \overset{\text{Given } A}{\underset{\text{Conditional}}{\Pr(B|A)}} = \frac{\overset{\text{Joint}}{\Pr(A\cap B)}}{\underset{\text{Marginal}}{\Pr(A)}} \tag{3.21}$$

其中：$\Pr(A)$ 為 A 事件邊緣機率，$\Pr(A) > 0$。

同理，$\Pr(B|A)$ 也可以視為 B 在「新的樣本空間」Ω_A 中的機率。

聯合機率

利用，聯合機率 $\Pr(A\cap B)$ 可以整理為

$$\underset{\text{Joint}}{\Pr(A\cap B)} = \underset{\text{Joint}}{\Pr(A, B)} = \underset{\text{Conditional}}{\Pr(A|B)} \cdot \underset{\text{Marginal}}{\Pr(B)} \tag{3.22}$$

式 (3.22) 相當於「套娃」。首先在 Ω_B 中考慮 A(實際上是 $A\cap B$)，然後把 $A\cap B$ 再放回 Ω 中。也就是說，把 $\Pr(A|B)$ 寫成 $\Pr(A\cap B|B)$ 也沒問題。因為，A 只有 $A\cap B$ 這部分在 $B(\Omega_B)$ 中。

同樣，$\Pr(A\cap B)$ 也可以寫成

$$\underset{\text{Joint}}{\Pr(A\cap B)} = \underset{\text{Joint}}{\Pr(A, B)} = \underset{\text{Conditional}}{\Pr(B|A)} \underset{\text{Marginal}}{\Pr(A)} \tag{3.23}$$

舉個例子

擲一顆骰子，一共有六種等機率結果，即 $\Omega = \{1, 2, 3, 4, 5, 6\}$。

事件 B 為「點數為奇數」，事件 C 為「點數小於 4」。事件 B 的機率 $\Pr(B) = 1/2$，事件 C 的機率 $\Pr(C) = 1/2$。

如圖 3.19 所示，事件 $B \cap C$ 發生的機率 $\Pr(B \cap C) = \Pr(B,C) = 1/3$。

在事件 B(點數為奇數) 發生的條件下，事件 C(點數小於 4) 發生的條件機率為

$$\Pr(C|B) = \frac{\Pr(B \cap C)}{\Pr(B)} = \frac{\Pr(B,C)}{\Pr(B)} = \frac{1/3}{1/2} = \frac{2}{3} \tag{3.24}$$

圖 3.19 所示也告訴我們一樣的結果。請大家回顧本章最初舉出的孟德爾豌豆試驗和道爾頓紅綠色盲，手算其中的條件機率。

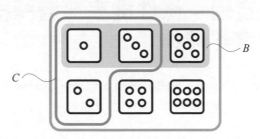

▲ 圖 3.19 事件 B 發生條件下事件 C 發生的條件機率

推廣

式 (3.22) 可以繼續推廣，$A_1, A_2, \cdots, A_n$ 為 n 個事件，它們的聯合機率可以展開寫成一系列條件機率的乘積，即

$$\begin{aligned}\Pr(A_1 \cap A_2 \cap \cdots \cap A_n) &= \Pr(A_1, A_2, A_3, \cdots, A_{n-1}, A_n) \\ &= \Pr(A_n | A_1, A_2, A_3, \cdots, A_{n-1}) \Pr(A_{n-1} | A_1, A_2, A_3, \cdots, A_{n-2}) \cdots \Pr(A_2 | A_1) \Pr(A_1)\end{aligned} \tag{3.25}$$

式 (3.25) 也叫作條件機率的**連鎖律** (chain rule)。

比如，$n = 4$ 時，式 (3.25) 可以寫成

$$\begin{aligned}\underbrace{\Pr(A_1, A_2, A_3, A_4)}_{\text{Joint}} &= \underbrace{\Pr(A_4 | A_1, A_2, A_3)}_{\text{Conditional}} \cdot \underbrace{\Pr(A_1, A_2, A_3)}_{\text{Joint}} \\ &= \underbrace{\Pr(A_4 | A_1, A_2, A_3)}_{\text{Conditional}} \cdot \underbrace{\Pr(A_3 | A_1, A_2)}_{\text{Conditional}} \cdot \underbrace{\Pr(A_1, A_2)}_{\text{Joint}} \\ &= \underbrace{\Pr(A_4 | A_1, A_2, A_3)}_{\text{Conditional}} \cdot \underbrace{\Pr(A_3 | A_1, A_2)}_{\text{Conditional}} \cdot \underbrace{\Pr(A_2 | A_1)}_{\text{Conditional}} \Pr(A_1)\end{aligned} \tag{3.26}$$

大家可以把式 (3.26) 想成多層套娃。式 (3.26) 配圖假設事件相互之間完全包含，這樣方便理解。實際上，事件求積的過程已經將「多餘」的部分切掉，即

$$(A_1 \cap A_2 \cap A_3 \cap A_4) \subset (A_1 \cap A_2 \cap A_3) \subset (A_1 \cap A_2) \subset A_1 \tag{3.27}$$

3.6 貝氏定理：條件機率、邊緣機率、聯合機率關係

貝氏定理 (Bayes' theorem) 是由**湯瑪斯·貝氏** (Thomas Bayes) 提出的。毫不誇張地說，貝氏定理撐起機器學習、深度學習演算法的半邊天。

貝氏定理的基本思想是根據**先驗機率** (prior) 和新的**證據** (evidence) 來計算**後驗機率** (posterior)。在實際應用中，我們通常根據一些已知的先驗知識，來計算事件的先驗機率。然後，當我們獲取新的證據時，就可以利用貝氏定理來計算事件的後驗機率，從而更新我們的信念或機率。

湯瑪斯·貝氏（*ThomasBayes*）| 英國數學家 |*1702—1761* 年
貝氏統計的開山鼻祖，以貝氏定理聞名於世。
關鍵字：·貝氏定理·貝氏派·貝氏推斷·單純貝氏分類·貝氏迴歸

貝氏定理描述的是兩個條件機率的關係，如

$$\underbrace{\Pr(A|B)}_{\text{Conditional}}\underbrace{\Pr(B)}_{\text{Marginal}} = \underbrace{\Pr(B|A)}_{\text{Conditional}}\underbrace{\Pr(A)}_{\text{Marginal}} = \underbrace{\Pr(A\cap B)}_{\text{Joint}} = \underbrace{\Pr(A,B)}_{\text{Joint}} \tag{3.28}$$

其中：$\Pr(A|B)$ 為在 B 發生條件下 A 發生的條件機率 (conditional probability)。也就是說，$\Pr(A|B)$ 的樣本空間為 Ω_B。

> • $\Pr(B|A)$ 是指在 A 發生的條件下 B 發生的條件機率。也就是說，$\Pr(B|A)$ 的樣本空間為 ΩA。$\Pr(A)$ 是 A 的邊緣機率 (marginal probability)，不考慮事件 B 的因素，樣本空間為 Ω。
>
> • $\Pr(B)$ 是 B 的邊緣機率，不考慮事件 A 的因素，樣本空間為 Ω。
>
> • $\Pr(A \cap B)$ 是事件 A 和 B 的聯合機率，樣本空間為 Ω。

圖 3.20 所示舉出理解貝氏原理的圖解法。

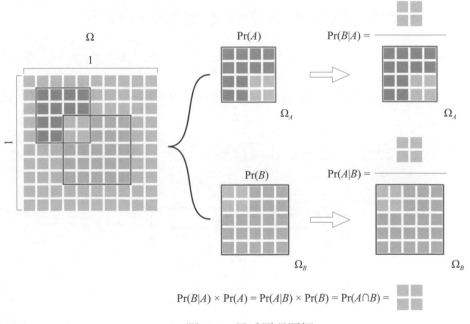

$$\Pr(B|A) \times \Pr(A) = \Pr(A|B) \times \Pr(B) = \Pr(A \cap B) =$$

▲ 圖 3.20 貝氏原理圖解

拋骰子試驗

現在，我們就用拋骰子的試驗來解釋本節介紹的幾個機率值。

根據本章前文內容，拋一枚骰子可能得到六種結果，組成的樣本空間為 Ω={1,2,3,4,5,6}。假設每一種結果等機率，即 Pr(1) = Pr(2) = Pr(3) = Pr(4) = Pr(5) = Pr(6) = 1/6。

設「骰子點數為偶數」事件為 A，因此 A = {2,4,6}，對應機率為 Pr(A) = 3/6 = 0.5。

A 事件的補集 B 對應事件「骰子點數為奇數」，B = {1,3,5}，事件 B 的機率為 Pr(B) = 1 – Pr(A) = 0.5。

事件 A 和 B 的交集 $A{\cap}B$ 為空集$\varnothing$，因此

$$\Pr(A{\cap}B) = \Pr(A,B) = 0 \tag{3.29}$$

而 A 和 B 兩者的並集 $A{\cup}B = \Omega$，因此對應的機率為 1，即

$$\Pr(A{\cup}B) = 1 \tag{3.30}$$

C 事件被定為「骰子點數小於 4」，因此 C = {1,2,3}，事件 C 的機率 Pr(C) = 0.5。

圖 3.21 展示的是 A、B 和 C 事件的關係。

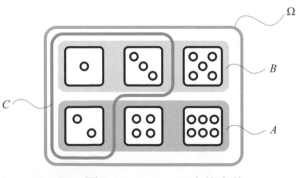

▲ 圖 3.21　A、B、C 事件定義

如圖 3.22(a) 所示，事件 A 和 C 的交集 $A∩C$ = {2}，因此 $A∩C$ 的機率為

$$\Pr(A \cap C) = \Pr(A, C) = \frac{1}{6} \tag{3.31}$$

如圖 3.22(b) 所示，事件 B 和 C 的交集 $B∩C$ = {1,3}，因此 $B∩C$ 的機率為

$$\Pr(B \cap C) = \Pr(B, C) = \Pr(\{1\}) + \Pr(\{3\}) = \frac{1}{3} \tag{3.32}$$

A 和 C 的並集 $A∪C$ = {1,2,3,4,6}，對應的機率為

$$\Pr(A \cup C) = \Pr(A) + \Pr(C) - \Pr(A, C) = \frac{1}{2} + \frac{1}{2} - \frac{1}{6} = \frac{5}{6} \tag{3.33}$$

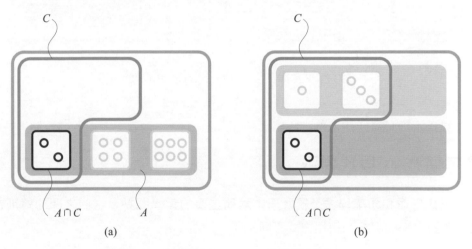

(a)　　　　　　　　　　(b)

▲ 圖 3.22　條件機率 $\Pr(C|A)$ 和條件機率 $\Pr(A|C)$

簡單來說，條件機率 $\Pr(C|A)$ 表示在事件 A 發生的條件下，事件 C 發生的機率。用貝氏公式可以求解 $\Pr(C|A)$，有

$$\Pr(C|A) = \frac{\Pr(A, C)}{\Pr(A)} = \frac{1/6}{1/2} = \frac{1}{3} \tag{3.34}$$

同理，在事件 C 發生的條件下，事件 A 發生的條件機率 $\Pr(A|C)$ 為

$$\Pr(A|C) = \frac{\Pr(A,C)}{\Pr(C)} = \frac{1/6}{1/2} = \frac{1}{3} \tag{3.35}$$

請大家自行計算圖 3.23 所示的 $\Pr(C|B)$ 和 $\Pr(B|C)$ 這兩個條件機率。

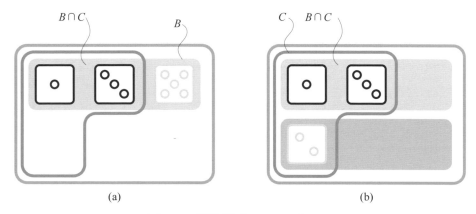

(a)　　　　　　　　　　　　　　　　(b)

▲ 圖 3.23　條件機率 $\Pr(C|B)$ 和 $\Pr(B|C)$

貝氏定理是貝氏學派的核心工具。

頻率學派 vs 貝氏學派

貝氏學派和頻率學派是統計學中兩種主要的哲學觀點。它們之間的區別在於它們對機率的解釋和使用方式不同。

頻率學派將機率視為事件發生的頻率或可能性，它強調基於大量資料和隨機抽樣的推斷，透過檢驗假設來得出結論。頻率學派偏重於經驗資料和實證研究，常常使用假設檢驗和信賴區間等方法來進行統計推斷。

而貝氏學派則將機率視為一種個人信念的度量，它關注的是主觀先驗知識和經驗的結合，以推斷參數或未知量的後驗分佈。貝氏學派通常使用貝氏定理來計算後驗分佈，同時將不確定性視為一種核心特徵，因此貝氏學派在處理小樣本或缺乏資料的情況下表現更加優秀。

　　雖然貝氏學派和頻率學派的基本理念和方法不同，但它們在某些情況下是相互補充的。舉例來說，當樣本資料較大時，頻率學派的假設檢驗方法可以提供可靠的結果，而在缺乏資料或需要考慮主觀經驗和先驗知識時，貝氏學本書後文將分別展開講解頻率派的方法則更為適用。此外，在一些實際應用中，兩種方法可以學派 (第 16、17 章)、貝氏學派相互結合，從而得出更為準確的推斷結論。(第 18~22 章) 的應用場景。

> 本書後文將分別展開講解頻率學派 (第 16、17 章)、貝氏學派 (第 18~22 章) 的應用場景。

3.7　全機率定理：窮舉法

　　假設 $A_1, A_2, \cdots, A_n$ 互不相容，形成對樣本空間 Ω 的**分割** (partition)，也就是說每次試驗事件 $A_1, A_2, \cdots, A_n$ 中有且僅有一個發生。

　　假定 $\Pr(Ai)>0$，對於空間 Ω 中的任意事件 B，有

$$\underbrace{\Pr(B)}_{\text{Marginal}} = \sum_{i=1}^{n} \underbrace{\Pr(A_i \cap B)}_{\text{Joint}} = \Pr(A_1 \cap B) + \Pr(A_2 \cap B) + \cdots + \Pr(A_n \cap B)$$

$$= \sum_{i=1}^{n} \underbrace{\Pr(A_i, B)}_{\text{Joint}} = \Pr(A_1, B) + \Pr(A_2, B) + \cdots + \Pr(A_n, B) \tag{3.36}$$

　　式 (3.36) 就叫作**全機率定理** (law of total probability)。其本質上就是**窮舉法**，也叫列舉法。

舉個例子，圖 3.24 舉出的例子是三個互不相容事件 A_1、A_2、A_3 對 Ω 形成分割。透過全機率定理，即窮舉法，$\Pr(B)$ 可以透過下式計算得到，即

$$\underbrace{\Pr(B)}_{\text{Marginal}} = \underbrace{\Pr(A_1, B)}_{\text{Joint}} + \underbrace{\Pr(A_2, B)}_{\text{Joint}} + \underbrace{\Pr(A_3, B)}_{\text{Joint}} \tag{3.37}$$

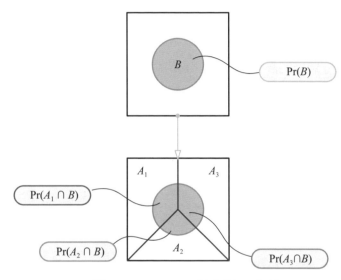

▲　圖 3.24　A_1, A_2, A_3 對空間 Ω 分割

引入貝氏定理

利用貝氏定理，以 $A_1, A_2, \cdots, A_n$ 為條件展開，有

$$\Pr(B) = \sum_{i=1}^{n} \underbrace{\Pr(A_i, B)}_{\text{Joint}} = \sum_{i=1}^{n} \underbrace{\Pr(B|A_i)}_{\text{Conditional}} \underbrace{\Pr(A_i)}_{\text{Marginal}}$$

$$= \Pr(B|A_1)\Pr(A_1) + \Pr(B|A_2)\Pr(A_2) + \cdots + \Pr(B|A_n)\Pr(A_n) \tag{3.38}$$

圖 3.25 所示為分別給定 A_1, A_2, A_3 的條件下，事件 B 發生的情況。

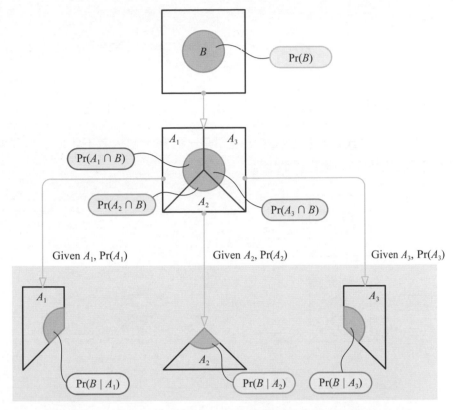

▲ 圖 3.25 分別給定 A_1, A_2, A_3 的條件下，事件 B 發生的情況

反過來，根據貝氏定理，在替定事件 B 發生條件下 ($Pr(B) > 0$)，任意事件 A_i 發生的機率為

$$Pr(A_i|B) = \frac{Pr(A_i, B)}{Pr(B)} = \frac{Pr(B|A_i) \cdot Pr(A_i)}{Pr(B)} \tag{3.39}$$

利用貝氏定理，以 B 為條件，進一步展開，得到

$$Pr(B) = \sum_{i=1}^{n} \underbrace{Pr(A_i, B)}_{Joint} = \sum_{i=1}^{n} \underbrace{Pr(A_i|B)}_{Conditional} \underbrace{Pr(B)}_{Marginal} \tag{3.40}$$
$$= Pr(A_1|B)Pr(B) + Pr(A_2|B)Pr(B) + \cdots + Pr(A_n|B)Pr(B)$$

式 (3.40) 左右兩邊消去 $\Pr(B)(\Pr(B) > 0)$，得到

$$\sum_{i=1}^{n} \Pr\left(A_i \mid B\right) = \Pr\left(A_1 \mid B\right) + \Pr\left(A_2 \mid B\right) + \cdots + \Pr\left(A_n \mid B\right) = 1 \tag{3.41}$$

圖 3.26 所示為給定 B 的條件下，事件 A_1、A_2、A_3 發生的情況。

看到這裡，對貝氏定理和全機率定理還是一頭霧水的讀者不要怕，本書後續會利用不同實例反複講解這兩個定理。

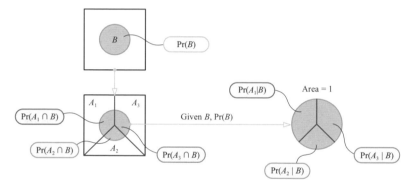

▲ 圖 3.26 給定 B 條件下，事件 A_1、A_2、A_3 發生的情況

3.8 獨立、互斥、條件獨立

獨立

第 3.7 節介紹的條件機率 $\Pr(A \mid B)$ 刻畫了在事件 B 發生的條件下，事件 A 發生的可能性。

有一種特殊的情況下，事件 B 發生與否，不會影響事件 A 發生的機率，也就是以下等式成立，即

$$\underbrace{\Pr\left(A \mid B\right)}_{\text{Conditional}} = \underbrace{\Pr\left(A\right)}_{\text{Marginal}} \quad \Leftrightarrow \quad \underbrace{\Pr\left(B \mid A\right)}_{\text{Conditional}} = \underbrace{\Pr\left(B\right)}_{\text{Marginal}} \tag{3.42}$$

如果式 (3.42) 舉出的等式成立，則稱**事件 *A* 和事件 *B* 獨立** (events *A* and *B* are independent)。如果 *A* 和 *B* 獨立，聯立式 (3.28) 和式 (3.42) 可以得到

$$\Pr\left(A\bigcap B\right)=\underbrace{\Pr\left(A,B\right)}_{\text{Joint}}=\underbrace{\Pr\left(A\right)}_{\text{Marginal}}\cdot\underbrace{\Pr\left(B\right)}_{\text{Marginal}} \qquad (3.43)$$

如果一組事件 A_1、A_2、$\cdots$、A_n，它們兩兩相互獨立，則下式成立，即

$$\Pr\left(A_1\bigcap A_2\bigcap\cdots\bigcap A_n\right)=\Pr\left(A_1,A_2,\cdots,A_n\right)=\Pr\left(A_1\right)\cdot\Pr\left(A_2\right)\cdots\Pr\left(A_n\right)=\prod_{i=1}^{n}\Pr\left(A_i\right) \qquad (3.44)$$

拋三枚骰子

接著本章前文「拋三枚骰子」的例子。大家應該清楚，一次性拋三枚骰子，這三枚骰子點數互不影響，也就是「獨立」。

如圖 3.27 所示，第一枚骰子的點數 (X_1) 取不同值 (1 ~ 6) 時，相當於把樣本空間這個立方體切成了 6 個「切片」。每個切片都有 36 個點，因此每個切片對應的機率均為

$$\frac{6\times6}{6\times6\times6}=\frac{1}{6} \qquad (3.45)$$

也就是相當於把機率「1」均分為 6 份，而 1/6 對應第一枚骰子的點數 (X_1) 取不同值的機率。

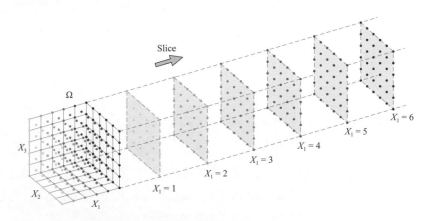

▲ 圖 3.27 X_1 角度下的「拋三枚骰子結果」

(3,3,3) 這個結果在整個樣本空間中對應的機率為 1/216。如圖 3.28 所示，1/216 這個數值可以有四種不同的求法，即

$$\frac{1}{216} = \underbrace{\frac{1}{6}}_{X_1=3} \times \underbrace{\frac{1}{36}}_{(X_2,X_3)=(3,3)} = \underbrace{\frac{1}{6}}_{X_2=3} \times \underbrace{\frac{1}{36}}_{(X_1,X_3)=(3,3)} = \underbrace{\frac{1}{6}}_{X_3=3} \times \underbrace{\frac{1}{36}}_{(X_1,X_2)=(3,3)} = \underbrace{\frac{1}{6}}_{X_1=3} \times \underbrace{\frac{1}{6}}_{X_2=3} \times \underbrace{\frac{1}{6}}_{X_3=3} \qquad (3.46)$$

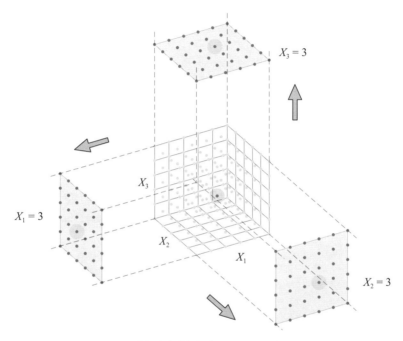

▲ 圖 3.28 (3,3,3) 結果在樣本空間和三個各方向切片上的位置

再換個角度，圖 3.29 中的立方體代表機率為 1，而 X_1、X_2、X_3 這三個隨機變數獨立，並將「1」均勻地切分成 216 份，即

$$\left(\underbrace{\overset{=1}{\frac{1}{6} + \frac{1}{6} + \frac{1}{6} + \frac{1}{6} + \frac{1}{6} + \frac{1}{6}}}_{X_1=1\sim6} \right) \times \left(\underbrace{\overset{=1}{\frac{1}{6} + \frac{1}{6} + \frac{1}{6} + \frac{1}{6} + \frac{1}{6} + \frac{1}{6}}}_{X_2=1\sim6} \right) \times \left(\underbrace{\overset{=1}{\frac{1}{6} + \frac{1}{6} + \frac{1}{6} + \frac{1}{6} + \frac{1}{6} + \frac{1}{6}}}_{X_3=1\sim6} \right) = 1 \qquad (3.47)$$

式 (3.47) 表現的就是乘法分配律。從向量角度來看，式 (3.47) 相當於三個向量的張量積，撐起一個如圖 3.28 所示的三維陣列。之所以能用這種方式計算

聯合機率，就因為三個隨機變數「獨立」。

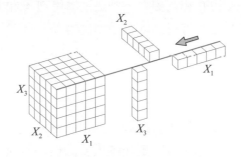

▲ 圖 3.29　三個向量的張量

請大家格外注意，互斥不同於獨立。表 3.3 對比了一般情況、互斥、獨立之間的主要特徵。

➡ 表 3.3　比較一般情況、互斥、獨立

A 和 B	$\Pr(A \text{ and } B)$ $\Pr(A \cap B) = \Pr(A,B)$	$\Pr(A \text{ or } B)$ $\Pr(A \cup B)$	$\Pr(A\|B)$	$\Pr(B\|A)$
一般情況 $\Pr(A)>0$ $\Pr(B)>0$	$\Pr(A) \times \Pr(B\|A)$ $\Pr(B) \times \Pr(A\|B)$	$\Pr(A)+\Pr(B)-$ $\Pr(A \cap B)$	$\Pr(A \cap B)/\Pr(B)$	$\Pr(A \cap B)/\Pr(A)$
互斥	0	$\Pr(A)+\Pr(B)$	0	0
獨立	$\Pr(A) \times \Pr(B)$	$\Pr(A)+\Pr(B)-$ $\Pr(A) \times \Pr(B)$	$\Pr(A)$	$\Pr(B)$

條件獨立

在替定事件 C 發生條件下，如果下式成立，則稱**事件 A 和事件 B 在事件 C 發生的條件下條件獨立** (events A and B are conditionally independent given an event C)，即

$$\Pr\left(A \cap B | C\right) = \Pr\left(A, B | C\right) = \Pr\left(A | C\right) \cdot \Pr\left(B | C\right) \tag{3.48}$$

⚠

請大家格外注意：A 和 B 相互獨立，無法推導得到 A 和 B 條件獨立。而 A 和 B 條件獨立，也無法推導得到 A 和 B 相互獨立。本書後文還會深入討論獨立和條件獨立。

➜

古典機率有效地解決了拋硬幣、拋骰子、口袋裡摸球等簡單的機率問題，等機率模型、全機率定理、貝氏定理等重要的機率概念也隨之產生。隨著研究不斷深入，機率統計工具的應用場景也開始變得更加多樣。

基於集合論的古典機率模型漸漸地顯得力不從心。引入隨機變數、機率分佈等概念，實際上就是將代數思想引入機率統計，以便於對更複雜的問題抽象建模、定量分析。這是下一章要講解的內容。

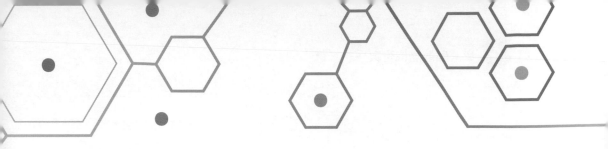

Discrete Random Variables

離散隨機變數

取值為有限個或可數無窮個,對應機率質量
函數 PMF

> 我,一個無數原子組成的宇宙,又是整個宇宙的一粒原子。
>
> *I, a universe of atoms, an atom in the universe.*
>
> ──理查・費曼(*Richard P. Feynman*)| 美國理論物理學家 | *1918—1988* 年

- numpy.sort() 排序
- seaborn.heatmap() 產生熱圖
- seaborn.histplot() 繪製頻數 / 機率 / 機率密度長條圖
- seaborn.scatterplot() 繪製散點圖

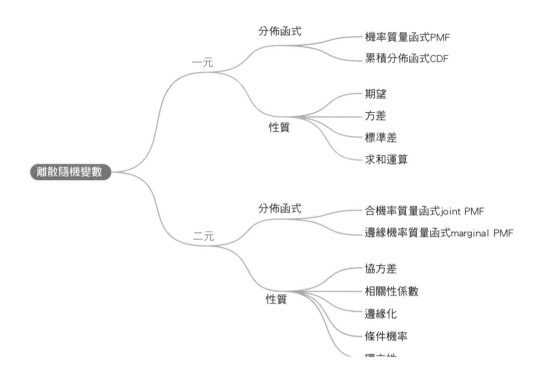

4.1 隨機：天地不仁，以萬物為芻狗

隨機試驗

在一定條件下，可能出現的結果不止一個，事前無法確切知道哪一個結果一定會出現，但大量重複試驗中結果具有統計規律的現象稱為隨機現象。

隨機試驗 (random experiment) 是指在相同條件下對某個隨機現象進行的大量重複觀測。隨機試驗需要滿足以下條件。

- 可重複，在相同條件下試驗可以重複進行。
- 樣本空間明確，每次試驗的可能結果不止一個，並且能事先明確試驗的所有可能結果。

- 單次試驗結果不確定，進行一次試驗之前不能確定哪一個結果會出現，但必然出現樣本空間中的一個結果。

簡單來說，隨機試驗是指在相同的條件下，每次實驗可能出現的結果不確定，但是可以用機率來描述可能的結果。舉例來說，投硬幣、擲骰子等就是隨機試驗。

兩種隨機變數：離散、連續

隨機變數 (random variable) 是指在一次試驗中可能出現不同設定值的量，其設定值由隨機事件的結果決定。隨機變數可以看作一個函數，它將樣本數值賦給試驗結果。換句話說，它是試驗樣本空間到實數集合的函數。比如，上一章為了方便表達「拋三枚骰子試驗」中三枚骰子各自的點數，我們定義了 X_1、X_2、X_3，它們都是隨機變數。

隨機變數分為兩種─離散 (discrete)、連續 (continuous)。

如果隨機變數的所有設定值能夠一一列舉出來，可以是有限個或可數無窮個，這種隨機變數叫作離散隨機變數 (discrete random variable)。

比如，投一枚硬幣結果正面為 1、反面為 0。擲一枚骰子得到的點數為 1、2、3、4、5、6 中的值。再比如，鳶尾花的標籤有三種，即 setosa(C_1)、versicolour(C_2)、virginica(C_3)。上一章介紹的古典機率針對離散型隨機變數。

與之相對的是連續隨機變數 (continuous random variable)。連續隨機變數設定值可能對應全部實數，或數軸上的某一區間。比如，溫度、人的身高體重都是連續隨機變數。再比如，鳶尾花花萼長度、花萼寬度、花瓣長度、花瓣寬度也都可以視作連續隨機變數。

字母

本書用大寫斜體字母表示隨機變數，如 X、Y、Z、X_1、X_2、Y_1、Y_2 等。

用小寫字母表示隨機變數設定值，如 x、y、x_1、x_2、y_1、y_2、i、j、k 等。其中，x、y、x_1、x_2、y_1、y_2 等通用於離散、連續隨機變數，而 i、j、k 一般用於離散隨機變數。

簡單來說，X、Y、Z、X_1、X_2、Y_1、Y_2 等用於替代描述隨機試驗結果的描述性文字；而 x、y、x_1、x_2、y_1、y_2 等相當於函數的輸入變數，它們主要用於機率密度函數 (probability density function, PDF)、機率質量函數 (probability mass function, PMF) 中。

如圖 4.1 所示，拋一枚骰子試驗中，令隨機變數 X 為骰子點數，$X = x$，x 代表設定值。也就是說，X 的設定值為變數 x。舉個例子，$\Pr(X = x)$ 為事件 $\{X = x\}$ 的機率，x 表示隨機變數 X 的設定值。當然我們可以把數值直接賦值給隨機變數，如 $\Pr(X = 5)$。

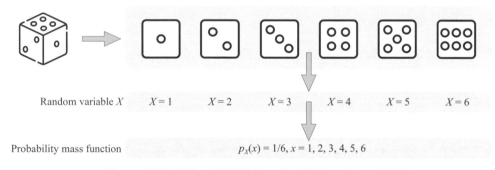

▲ 圖 4.1　隨機試驗、隨機變數、機率質量函數三者關係

兩種機率分佈函數

研究隨機變數設定值的統計規律是機率論的重要目的之一。機率分佈函數是對統計規律的簡化和抽象。圖 4.2 所示比較了兩種機率分佈函數─機率質量函數 PMF、機率密度函數 PDF。

白話來說，機率質量函數 PMF、機率密度函數 PDF 就是兩種對樣本空間機率 1 進行「切片、切塊」「切絲、切條」的不同方法。本章後續還會沿著這個想法繼續討論。

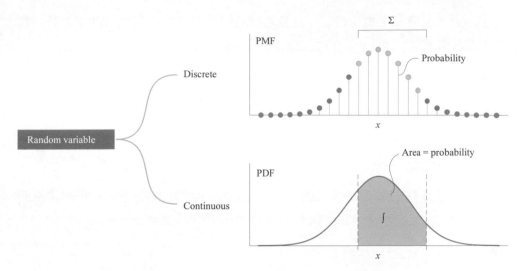

▲ 圖 4.2 比較機率質量函數、機率密度函數

機率質量函數 PMF

如圖 4.2 上圖所示，**機率質量函數** (Probability Mass Function, PMF) 是離散隨機變數在特定設定值上的機率。

機率質量函數本質上就是機率，因此本書很多時候也直接稱之為機率。此外，本書大多時候將機率質量函數直接簡寫為 PMF。

本書用小字斜體字母 p 表達 PMF，如隨機變數 X 的機率質量函數記作 $p_X(x)$。下角標 X 代表描述隨機試驗的隨機變數，機率質量函數的輸入為變數 x。而機率質量函數 $p_X(x)$ 的輸出則為「機率值」。

⚠
注意：很多教材翻譯把 PMF 翻譯作「分佈列」，本書則將其直譯為機率質量函數。

與函數一樣，機率質量函數的輸入隨機變數也可以不止一個。比如，$p_{X,Y}(x,y)$ 表示 (X,Y) 的聯合機率質量函數。$p_{X,Y}(x,y)$ 的輸入為 (x,y)，函數的輸出為「機率值」。本章後文將專門以二元、三元機率質量函數為例講解多元機率質量函數。

$p_X(x)$ 本身就是「機率值」，計算離散隨機變數 X 取不同值時的機率時，我們使用求和運算。因此，$p_X(x)$ 對應的數學運算子是 Σ。

> ⚠️
> 注意：有些資料為了方便，將 $p_X(x)$ 簡寫為 $p(x)$，$p_{X,Y}(x,y)$ 簡寫作 $p(x,y)$。

拋一枚硬幣

舉一個例子，拋一枚硬幣試驗中，令 X_1 為正面朝上的數量，X_1 的樣本空間為 $\{0,1\}$。$X_1 = 1$ 表示硬幣正面朝上，$X_1 = 0$ 表示硬幣反面朝上。

隨機變數 X_1 的 PMF 為

$$p_{X_1}(x_1) = \begin{cases} 1/2 & x_1 = 0 \\ 1/2 & x_1 = 1 \end{cases} \tag{4.1}$$

相信讀者對圖 4.3 並不陌生，我們在影像上增加標注，水平軸加 x_1 代表 PMF 輸入，縱軸改為 PMF, $p_{X_1}(x_1)$ 表示機率質量函數。

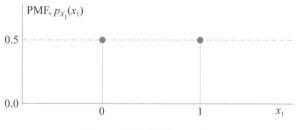

▲ 圖 4.3　隨機變數 $X1$ 的 PMF

如果同時定義 X_2 為反面朝上的數量，X_2 的樣本空間也是 $\{0,1\}$。$X_2 = 1$ 代表硬幣反面朝上，$X_2 = 0$ 代表硬幣反面朝下。X_2 的 PMF 為

$$p_{X_2}(x_2) = \begin{cases} 1/2 & x_2 = 0 \\ 1/2 & x_2 = 1 \end{cases} \tag{4.2}$$

顯然，隨機變數 X_1 和 X_2 的關係為 $X_1 + X_2 = 1$，具體如圖 4.4 所示。顯然 X_1 和 X_2 不獨立，大家很快就會發現這種量化關係叫作負相關。

讀到這裡大家可能已經意識到，在機率質量函數中引入下角標 X_1 和 X_2 能幫助我們區分 $p_X(x_1)$、$p_X(x_2)$ 這兩個不同的 PMF。

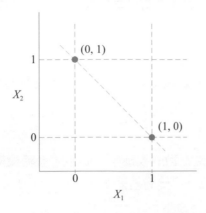

▲ 圖 4.4. X_1 和 X_2 的量化關係

⚠️ 注意：本書中隨機變數和變數形式上對應，如 $\mathrm{p}_{X1}(x_1)$、$\mathrm{p}_{X2}(x_2)$、$\mathrm{p}_X(x)$、$\mathrm{p}_Y(y)$。

拋一個骰子

再舉一個例子，拋一枚骰子試驗，令離散隨機變數 X 為骰子點數。如圖 4.5 所示，X 的 PMF 為

$$p_X\left(x\right)=\begin{cases}1/6 & x=1,2,3,4,5,6\\ 0 & \text{Otherwise}\end{cases} \tag{4.3}$$

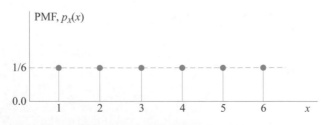

▲ 圖 4.5. 散隨機變數 X 的 PMF

隨機變數的函數

X 為一個隨機變數,對 X 進行函數變換,可以得到其他的隨機變數 Y,有

$$Y = h(X) \tag{4.4}$$

特別地,如果 $h(X)$ 為線性函數,則從 X 到 Y 進行的是線性變換,比如

$$Y = h(X) = aX + b \tag{4.5}$$

舉個例子,本書前文在拋一枚硬幣試驗中,令隨機變數 X_1 為獲得正面的數量,即獲得正面時結果為 1,反面結果為 0。

如果,設定一個隨機變數 Y,在硬幣為正面時 $Y = 1$,但是反面時 $Y = -1$。那麼 X_1 和 Y 的關係為

$$Y = 2X_1 - 1 \tag{4.6}$$

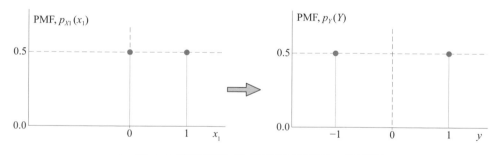

▲ 圖 4.6 隨機變數 X_1 線性變換得到 Y 的過程

第14章將專門介紹隨機變數的線性變換。

拋兩個骰子

第 3 章講過一個例子，一次拋兩個骰子，第一個骰子點數設為 X_1，第二枚骰子的點數為 X_2。X_1 和 X_2 可以進行各種數學運算，進而獲得隨機變數 Y。

Y 本身有自己的樣本空間，樣本空間的每個樣本都對應特定機率值。利用本章前文內容，我們可以把 $Y = y$ 的機率值寫成機率質量函數 $p_Y(y)$。

表 4.1 總結了各種「花式玩法」樣本空間，以及機率質量函數 $p_Y(y)$。表 4.1 中機率質量函數影像的橫縱軸設定值範圍完全相同。請大家一個一個分析，特別注意機率質量函數的分佈規律。

→ 表 4.1 基於拋兩枚骰子試驗結果的更多花式玩法

隨機變數的函數	樣本空間	樣本位置	機率質量函數
$Y = X_1$	$\{1, 2, 3, 4, 5, 6\}$		
$Y = X_1^2$	$\{1, 4, 9, 16, 25, 36\}$		
$Y = X_1 + X_2$	$\{2, 3, 4, 5, 6, 7, 8, 9, 10, 11, 12\}$		

隨機變數的函數	樣本空間	樣本位置	機率質量函數
$Y = \dfrac{X_1 + X_2}{2}$	{1.0, 1.5, 2.0, 2.5, 3.0, 3.5, 4.0, 4.5, 5.0, 5.5, 6.0}		
$Y = \dfrac{X_1 + X_2 - 7}{2}$	{−2.5, −2.0, −1.5, −1.0, −0.5, 0.0, 0.5, 1.0, 1.5, 2.0, 2.5}		
$Y = X_1 X_2$	{1, 2, 3, 4, 5, 6, 8, 9, 10, 12, 15, 16, 18, 20, 24, 25, 30, 36}		
$Y = \dfrac{X_1}{X_2}$	{0.166, 0.2, 0.25, 0.333, 0.4, 0.5, 0.6, 0.666, 0.75, 0.8, 0.833, 1.0, 1.2, 1.25, 1.333, 1.5, 1.666, 2.0, 2.5, 3.0, 4.0, 5.0, 6.0}		

隨機變數的函數	樣本空間	樣本位置	機率質量函數
$Y = X_1 - X_2$	$\{-5, -4, -3, -2, -1, 0, 1, 2, 3, 4, 5\}$		
$Y = \lvert X_1 - X_2 \rvert$	$\{0, 1, 2, 3, 4, 5\}$		
$Y = (X_1 - 3.5)^2 + (X_2 - 3.5)^2$	$\{0.5, 2.5, 4.5, 6.5, 8.5, 12.5\}$		

程式 Bk5_Ch04_01.py 繪製表 4.1 中的影像。學完本章後續內容後，請大家修改程式計算 Y 標準差 std(Y)，並在火柴棒圖上展示 E(Y) $\pm$ std(Y)。

歸一律

一元離散隨機變數 X 的機率質量函數 $p_X(x)$ 有以下重要性質，即

$$\sum_x p_X(x) = 1, \quad 0 \leqslant p_X(x) \leqslant 1 \tag{4.7}$$

上式實際上就是「窮舉法」，即遍歷所有 X 設定值，將它們的機率值求和，結果為 1。「窮舉法」也叫歸一律。

> ⚠
>
> 值得強調的是：機率質量函數 $p_X(x)$ 的最大取值為 1。

機率密度函數 PDF

與 PMF 相對的是**機率密度函數** (Probability Density Function, PDF)。PDF 對應連續隨機變數，本書用小寫斜體字母 f 表達 PDF，如連續隨機變數 X 的機率密度函數記作 $f_X(x)$。

當連續隨機變數取不同值時，機率密度函數 $f_X(x)$ 用積分方式得到機率值。因此，$f_X(x)$ 對應的數學運算子是積分符號 $\int$。

舉個例子，連續隨機變數 X 服從標準正態分佈 $N(0,1)$，其 PDF 為

$$f_X(x) = \frac{1}{\sqrt{2\pi}} \exp\left(-\frac{x^2}{2}\right) \tag{4.8}$$

> ⚠
>
> 注意：在第 20、21 章中講解貝氏推斷時，為了方便，機率質量函數、機率密度函數都用 $f()$。

其中：變數 x 的設定值範圍為整個實數軸；對於標準正態分佈 $N(0,1)$，其 $f_X(x)$ 設定值可以無限接近於 0，卻不為 0。

當 $x = 0$ 時，$f_X(x)$ 約為 0.4，這個值是機率密度，不是機率。只有對連續隨機變數 PDF 在指定區間內進行積分後結果才「可能」是機率。

> ⚠
>
> 注意：聯合機率密度函數 $f_{X1,X2,X3}(x_1,x_2,x_3)$「偏積分」結果還是機率密度。$f_{X1,X2,X3}(x_1,x_2,x_3)$ 三重積分結果才是機率值。

⚠ 值得反覆強調的是：PMF 本身就是機率，對應的數學工具為求和 Σ。

PDF 積分後才可能是機率，對應的數學工具為積分 $\int$。

一元連續隨機變數 X 的機率密度函數 $f_X(x)$ 也有以下重要性質，即

$$\int_{-\infty}^{+\infty} f_X(x)\,\mathrm{d}x = 1, \quad f_X(x) \geq 0 \qquad\qquad (4.9)$$

式 (4.9) 也相當於是「窮舉法」。

機率質量函數 PMF、機率密度函數 PDF 是特殊的函數，特殊之處在於它們的輸入為隨機變數的設定值，輸出為機率質量、機率密度。但是，本質上，它們又都是函數。所以，我們可以把函數的分析工具用在機率質量函數 PMF 和機率密度函數 PDF 上。

⚠ 注意：機率密度函數 $f_X(x)$ 取值非負，但是不要求小於 1。本書後續將舉出具體範例。

 本章和第 5 章首先講解離散隨機變數、離散分佈。第 6、7 章講解連續隨機變數、連續分佈。

區分符號

這裡有必要再次區分本系列叢書的容易混淆的代數、線性代數、機率統計符號。

◀ 以下內容主要來自《AI 時代 Math 元年 - 用 Python 全精通矩陣及線性代數》一書第 23 章，僅稍作改動。

粗體、斜體、小寫 x 為列向量。從機率統計的角度，x 可以表示隨機變數 X 採樣得到的樣本資料，偶爾也表示 X 整體樣本。隨機變數 X 樣本「無序」集合為 X={$x^{(1)}$, $x^{(2)}$, ⋯, $x^{(n)}$}。很多時候，隨機變數 X 樣本本身也可以看成「有序」的陣列，即向量。

粗體、斜體、小寫、加下標序號的 x_1 為列向量，下角標僅是序號，以便區分，如 x_1、x_2、x_j、x_D 等。從機率統計的角度，x_1 可以表示隨機變數 X_1 樣本資料，也可以表示 X_1 整體資料。

行向量 $x^{(1)}$ 表示一個具有多個特徵的樣本點。

從代數角度，斜體、小寫、非粗體 x_1 表示變數，下角標表示變數序號。這種記法常用在函數解析式中，如線性迴歸解析式 $y = x_1 + x_2$。在機率質量函數、機率密度函數中，它們也用作 PMF、PDF 函數輸入，如 $p_{X1}(x_1)$、$f_{X2}(x_2)$。

⚠

注意：在機器學習演算法中，為了方便，$x^{(i)}$ 偶爾也表示列向量。

x 也表示變數組成的列向量，$x=[x_1, x_2, ⋯, x_D]^T$，如多元機率密度函數 $f_x(x)$ 的輸入。

$x^{(1)}$ 表示變數 x 的設定值，或表示隨機變數 X 的設定值。

而 $x_1^{(1)}$ 表示變數 x_1 的設定值，或表示隨機變數 X_1 的設定值，如 $X_1 = \{x_1^{(1)}, x_1^{(2)}, ⋯, x_1^{(n)}\}$。

粗體、斜體、大寫 X 則專門用於表示多行、多列的資料矩陣，如 $X = [x_1, x_2, ⋯, x_D]$。資料矩陣 X 中第 i 行、第 j 列元素則記作 $x_{i,j}$。

多元線性迴歸中，X 也叫**設計矩陣** (design matrix)。設計矩陣第一列一般有全 1 列向量。

我們還會用粗體、斜體、小寫希臘字母 χ(chi，讀作 /'kai'/) 表示 D 維隨機變數組成的列向量，χ=[X_1, X_2, ⋯, X_D]^T。希臘字母 χ 主要用在多元機率統計中，比如，多元機率密度函數 $f_χ(x)$、期望值列向量 E(χ)。

4.2 期望值：隨機變數的可能設定值加權平均

期望值

離散隨機變數 X 有 n 個設定值 $\{x^{(1)}, x^{(2)}, \cdots, x^{(n)}\}$，$X$ 的**期望** (expectation)，也叫**期望值** (expected value)，記作 $E(X)$，$E(X)$ 為

$$\underbrace{E(X)}_{\text{Scalar}} = \mu_X = x^{(1)} p_X\left(x^{(1)}\right) + x^{(2)} p_X\left(x^{(2)}\right) + \cdots + x^{(n)} p_X\left(x^{(n)}\right) = \sum_{i=1}^{n} x^{(i)} \cdot \underbrace{p_X\left(x^{(i)}\right)}_{\text{Weight}} \tag{4.10}$$

式 (4.10) 相當於加權平均數，邊緣 PMF $p_X(x)$ 表示權重。

運算子 $E()$ 把隨機變數一系列設定值轉化成了一個標量數值，這相當於降維。如圖 4.7 所示，從矩陣乘法角度，計算期望值 $E(X)$ 相當於將 X 這個維度折疊。

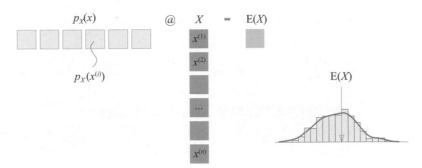

▲ 圖 4.7 計算離散隨機變數 X 期望值 / 平均值

為了方便，我們經常把式 (4.10) 簡寫作

$$E(X) = \sum_x x \cdot p_X(x) \tag{4.11}$$

$\sum_x (\cdot)$ 表示對 x 的遍歷求和，也就是窮舉。求加權平均值時，權重之和為 1，也就是說邊緣 PMF $p_X(x)$ 滿足 $\sum_x p_X(x) = 1$。特別是對於多元隨機變數，我們也經常把期望值 (平均值) 叫作**質心** (centroid)。

舉個例子

圖 4.5 中隨機變數 X 的期望值為

$$\mathrm{E}(X) = \sum_x x \cdot \underbrace{p_X(x)}_{\text{Weight}} = \sum_x x \cdot \underbrace{\frac{1}{6}}_{\text{Weight}} = 1 \times \frac{1}{6} + 2 \times \frac{1}{6} + 3 \times \frac{1}{6} + 4 \times \frac{1}{6} + 5 \times \frac{1}{6} + 6 \times \frac{1}{6} = 3.5 \tag{4.12}$$

大家已經發現式 (4.12) 中隨機變數 X 的機率質量函數為定值。這和求樣本平均值的情況類似。求 n 個樣本平均值時，每個樣本賦予的權重為 $1/n$，即每個樣本權重相同。

圖 4.8 所示為投骰子試驗平均值隨試驗次數變化。隨著重複次數接近無限大，試驗結果的算術平均值 (試驗機率) 收斂於 3.5(理論值)。

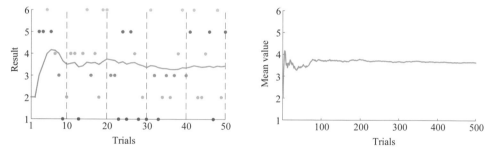

▲ 圖 4.8　投骰子試驗平均值隨試驗次數變化

重要性質

請大家注意以下幾個有關期望的性質，即

$$\begin{aligned}\mathrm{E}(aX) &= a\,\mathrm{E}(X) \\ \mathrm{E}(X+Y) &= \mathrm{E}(X) + \mathrm{E}(Y)\end{aligned} \tag{4.13}$$

如果 X 和 Y 獨立，則有

$$\mathrm{E}(XY) = \mathrm{E}(X)\mathrm{E}(Y) \tag{4.14}$$

此外，請大家注意

$$E\left(\sum_{i=1}^{n} a_i X_i\right) = \sum_{i=1}^{n} a_i \, E(X_i) \tag{4.15}$$

特別地，當 $n = 2$ 時，式 (4.15) 可以寫成

$$E(a_1 X_1 + a_2 X_2) = a_1 \, E(X_1) + a_2 \, E(X_2) \tag{4.16}$$

式 (4.16) 可以寫成矩陣乘法運算，即

$$E(a_1 X_1 + a_2 X_2) = \begin{bmatrix} a_1 & a_2 \end{bmatrix} \underbrace{\begin{bmatrix} E(X_1) \\ E(X_2) \end{bmatrix}}_{\mu} \tag{4.17}$$

同理，式 (4.15) 可以寫成

$$E\left(\sum_{i=1}^{n} a_i X_i\right) = \begin{bmatrix} a_1 & a_2 & \cdots & a_n \end{bmatrix} \begin{bmatrix} E(X_1) \\ E(X_2) \\ \vdots \\ E(X_n) \end{bmatrix} \tag{4.18}$$

請大家自己把矩陣乘法運算示意圖畫出來。

4.3 方差：隨機變數離期望距離平方的平均值

方差

隨機變數 X 的另外一個重要特徵是**方差** (variance)，記作 $\text{var}(X)$。對於離散隨機變數 X，方差用於度量 X 和數學期望 $E(X)$ 之間的偏離程度。具體定義為

$$\text{var}(X) = E\left[\overbrace{\left(\underbrace{X - E(X)}_{\text{Deviation}}\right)^2}^{\text{Expectation}}\right] = \sum_x \left(\underbrace{x - E(X)}_{\text{Demean}}\right)^2 \cdot \underbrace{p_X(x)}_{\text{Weight}} \tag{4.19}$$

其中：$x - \mathrm{E}(X)$ 為以期望值 $\mathrm{E}(X)$ 為參照，樣本點 x 的偏離量。

如圖 4.9 所示，$X - \mathrm{E}(X)$ 代表**去平均值** (demean)，也叫**中心化** (centralize)。

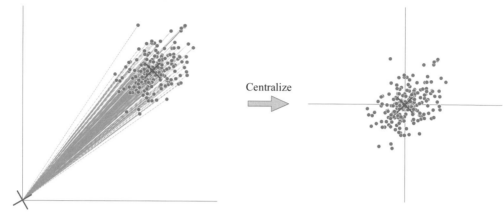

Centralize

▲ 圖 4.9　樣本去平均值

　　觀察，容易發現方差實際上是 $(X - \mathrm{E}(X))^2$ 的期望值。就是求 $(x - \mathrm{E}(X))^2$ 的加權平均數，權重為 $p_X(x)$。從幾何角度看，$(X - \mathrm{E}(X))^2$ 表示以 $|X - \mathrm{E}(X)|$ 為邊長的正方形的面積。而對於離散隨機變量，$p_X(x)$ 就是權重，表現出不同的樣本重要性。

舉個例子

　　圖 4.5 對應的方差為

$$
\begin{aligned}
\mathrm{var}(X) &= \frac{1}{6} \times (1 - 3.5)^2 + \frac{1}{6} \times (2 - 3.5)^2 + \frac{1}{6} \times (3 - 3.5)^2 + \frac{1}{6} \times (4 - 3.5)^2 + \frac{1}{6} \times (5 - 3.5)^2 + \frac{1}{6} \times (6 - 3.5)^2 \\
&= \frac{1}{6} \times \left(\frac{25}{4} + \frac{9}{4} + \frac{1}{4} + \frac{1}{4} + \frac{9}{4} + \frac{25}{4} \right) = \frac{35}{12} \approx 2.9167
\end{aligned} \tag{4.20}
$$

　　注意：本書前文在計算樣本方差時，分母除以 $n - 1$。而式 (4.20) 分母相當於除以 n，這是因為式 (4.20) 是對整體樣本求方差。而且，恰好 X 取 1 ~ 6 這六個不同值時對應的機率相等。

也就是說，當離散隨機變數 X 等機率時，機率質量函數為

$$p_X(x) = \frac{1}{n} \tag{4.21}$$

式 (4.19) 可以寫成

$$\text{var}(X) = \frac{1}{n}\sum_x (x - \text{E}(X))^2 \tag{4.22}$$

再次強調，式 (4.22) 是求離散隨機變數方差的一種特殊情況 (離散均勻分佈)。統計中，樣本的方差計算方法類似於式 (4.22)，不過要將分母中的 n 換成 $n-1$。

技巧：方差計算

方差有個簡便演算法，即

$$\text{var}(X) = \underbrace{\text{E}(X^2)}_{\text{Expectaton of } X^2} - \underbrace{\text{E}(X)^2}_{\text{Square of E}(X)} \tag{4.23}$$

其中，$\text{E}(X^2)$ 為

$$\underbrace{\text{E}(X^2)}_{\text{Expectaton of } X^2} = \sum_x x^2 \cdot \underbrace{p_X(x)}_{\text{Weight}} \tag{4.24}$$

式 (4.23) 的推導過程為

$$\begin{aligned}
\text{var}(X) &= \text{E}\left((X - \text{E}(X))^2\right) \\
&= \text{E}\left(X^2 - 2X \cdot \text{E}(X) + \text{E}(X)^2\right) \\
&= \text{E}(X^2) - 2\text{E}(X) \cdot \text{E}(X) + \text{E}(X)^2 \\
&= \text{E}(X^2) - \text{E}(X)^2
\end{aligned} \tag{4.25}$$

注意：式 (4.23) 也適用於連續隨機變數。

請大家嘗試使用式 (4.23) 計算式 (4.20) 的方差。

幾何意義

下面我們說明式 (4.23) 的幾何含義。

方差度量離散程度，本質上來說是「自己」和「自己」比較的產物。前一個「自己」是 X 每個樣本，後一個「自己」是代表 X 整體位置的期望值 $E(X)$。

如圖 4.10 所示，方差 var(X) 代表樣本以**質心** (centroid) 為基準的離散程度。

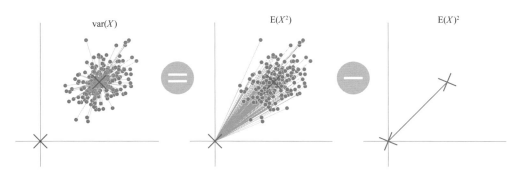

▲ 圖 4.10 幾何角度理解計算方差技巧

式 (4.26) 中，計算方差 var(X) 有 $E(X^2)$ 和 $- E(X)^2$ 兩部分。

$E(X^2)$ 度量 X 樣本以**原點** (origin) 為基準的離散程度。

$E(X)^2$ 則代表 X 整體，即 $E(X)$ 相對於原點的離散程度。$- E(X)^2$ 中的「負號」代表將基準從原點移到質心。換個角度來看，散點相對於原點的離散程度＝散點相對於質心的離散程度＋質心相對於原點的偏離。

特別地，當 X 的質心位於原點，即 $E(X) = 0$ 時，var(X) 為

$$\mathrm{var}(X) = \mathrm{E}\left(X^2\right) \tag{4.26}$$

標準差

標準差 (standard deviation) 是方差的平方根，即

$$\text{std}(X) = \sigma_X = \sqrt{\text{var}(X)} \tag{4.27}$$

方差既然可以用於度量「離散程度」，為什麼我們還需要標準差呢？

簡單來說，標準差 σ_X、期望值 $\text{E}(X)$、隨機變數 X 為同一量綱。比如，鳶尾花花萼長度 X 的單位是 cm，期望值 $\text{E}(X)$ 的單位也是 cm，而 σ_X 的單位對應也是 cm。但是，var(X) 的量綱是 cm^2。

需要注意的性質

請大家注意以下方差性質，即

$$\begin{aligned}
\text{var}(a) &= 0 \\
\text{var}(X + a) &= \text{var}(X) \\
\text{var}(aX) &= a^2 \text{var}(X) \\
\text{var}(aX + b) &= a^2 \text{var}(X) \\
\text{var}(X + Y) &= \text{var}(X) + \text{var}(Y) + 2\text{cov}(X, Y)
\end{aligned} \tag{4.28}$$

其中：cov(X,Y) 為隨機變數 X 和 Y 的協方差，本章後續將專門介紹協方差。

請大家注意以下標準差性質，即

$$\begin{aligned}
\sigma(a) &= 0 \\
\sigma(X + a) &= \sigma(X) \\
\sigma(bX) &= |b|\sigma(X) \\
\sigma(a + bX) &= |b|\sigma(X) \\
\sigma(X + Y) &= \sqrt{\sigma^2(X) + \sigma^2(Y) + 2\rho(X,Y)\sigma(X)\sigma(Y)}
\end{aligned} \tag{4.29}$$

整理

　　折疊、總結、整理、降維、壓扁……本章及本書後文會用這些字眼形容期望值、方差、標準差。這是因為，計算期望值、方差、標準差時，我們不再關注隨機變數樣本的具體設定值，而是在乎某種方式的**整理** (aggregation)。

　　期望值、方差、標準差將「陣列」轉化成特定標量值。因此，這個特定維度相當於被折疊、總結、整理、降維、壓扁……對於多元隨機變數，我們可以選擇在某個或某幾個維度上完成整理計算。

　　如果整理的形式為期望，那麼它相當於找到隨機變數整體的「位置」。如果整理的形式為方差、標準差，那麼兩者都度量隨機變數的「離散」程度。

　　其他常用的整理形式還包括：**計數** (count)、**求和** (sum)、**四分位** (quartile)、**百分位** (percentile)、**最大值** (maximum)、**最小值** (minimum)、**中位數** (median)、**眾數** (mode)、偏度、峰度等。

4.4　累積分佈函數（CDF）：累加

　　對於離散隨機變數，**累積分佈函數** (Cumulative Distribution Function, CDF) 對應機率質量函數的求和。

　　對於離散隨機變數 X，累積分佈函數 $F_X(x)$ 的定義為

$$F_X(x) = \Pr(X \leqslant x) = \sum_{t \leqslant x} p_X(t) \qquad (4.30)$$

　　式 (4.30) 相當於累加概念，累加從 X 最小樣本值開始並截止於 $X = x$。

　　離散隨機變數 X 的設定值範圍為 $a < X \leqslant b$ 時，對應的機率可以利用 CDF 計算，即

$$\Pr(a < X \leqslant b) = F_X(b) - F_X(a) \qquad (4.31)$$

圖 4.5 對應的 CDF 影像如圖 4.11 所示。

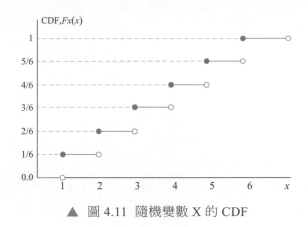

▲ 圖 4.11 隨機變數 X 的 CDF

⚠️

注意:對於離散隨機變數,區間端點的開閉會影響結果。

以圖 4.11 為例,請大家比較以下四個不同開閉區間的機率值,有

$$\Pr\left(1 < X \leqslant 3\right) = \frac{1}{3}, \quad \Pr\left(1 \leqslant X \leqslant 3\right) = \frac{1}{2}, \quad \Pr\left(1 \leqslant X < 3\right) = \frac{1}{3}, \quad \Pr\left(1 < X < 3\right) = \frac{1}{6} \tag{4.32}$$

對於連續隨機變數,就沒有區間端點的麻煩了。第 6 章將展開講解。

4.5 二元離散隨機變數

假設同一個實驗中,有兩個離散隨機變數 X 和 Y。二元隨機變數 (X,Y) 的機率設定值可以用**聯合機率質量函數** (joint Probability Mass Function, joint PMF) $p_{X,Y}(x,y)$ 刻畫。

機率質量函數 $p_{X,Y}(x,y)$ 代表事件 $\{X = x, Y = y\}$ 發生的聯合機率,即

$$\underbrace{p_{X,Y}\left(x,y\right)}_{\text{Joint}} = \Pr\left(X = x, Y = y\right) \tag{4.33}$$

圖 4.12 所示為二元離散隨機變數 (X,Y) 的樣本空間 Ω, 空間中共有 81 個點。從函數角度來看，$p_{X,Y}(x,y)$ 是個二元函數。因此，我們可以用二元函數的分析方法來討論 $p_{X,Y}(x,y)$。

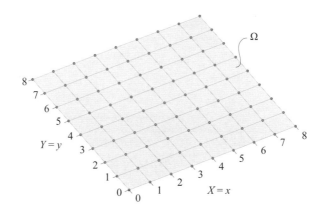

▲ 圖 4.12 二元隨機變數的樣本空間

再次強調：對於二元離散隨機變量，$p_{X,Y}(x,y)$ 本身就是機率值。

《數學要素》一書第 13 章介紹二元函數，建議大家回顧。

設定值

圖 4.13 所示為二元聯合機率質量函數 $p_{X,Y}(x,y)$ 的設定值表格。圖 4.13 同時用熱圖來視覺化 $p_{X,Y}(x,y)$。二元聯合機率質量函數 $p_{X,Y}(x,y)$ 也有一條重要的性質，即

$$\sum_x \sum_y \underbrace{p_{X,Y}(x,y)}_{\text{Joint}} = \sum_y \sum_x \underbrace{p_{X,Y}(x,y)}_{\text{Joint}} = 1, \quad 0 \leqslant p_{X,Y}(x,y) \leqslant 1 \qquad (4.34)$$

也就是說，圖 4.13 這幅熱圖中所有數值 (機率、機率質量) 求和的結果為 1，與求和順序無關。

Joint, $p_{X,Y}(x, y)$

					$X = x$					
		0	1	2	3	4	5	6	7	8
	8	0.0000	0.0000	0.0000	0.0000	0.0000	0.0000	0.0000	0.0000	0.0000
	7	0.0000	0.0000	0.0000	0.0001	0.0002	0.0003	0.0004	0.0002	0.0001
	6	0.0000	0.0000	0.0001	0.0005	0.0014	0.0025	0.0030	0.0020	0.0006
	5	0.0000	0.0001	0.0005	0.0022	0.0064	0.0119	0.0138	0.0092	0.0027
$Y = y$	4	0.0000	0.0002	0.0014	0.0064	0.0185	0.0346	0.0404	0.0269	0.0078
	3	0.0000	0.0003	0.0025	0.0119	0.0346	0.0646	0.0753	0.0502	0.0146
	2	0.0000	0.0004	0.0030	0.0138	0.0404	0.0753	0.0879	0.0586	0.0171
	1	0.0000	0.0002	0.0020	0.0092	0.0269	0.0502	0.0586	0.0391	0.0114
	0	0.0000	0.0001	0.0006	0.0027	0.0078	0.0146	0.0171	0.0114	0.0033

▲ 圖 4.13 機率質量函數 $p_{X,Y}(x,y)$ 設定值

火柴棒圖

二元聯合機率質量函數 $p_{X,Y}(x,y)$ 長成什麼樣子呢？

火柴棒圖最適合視覺化機率質量函數，如圖 4.14 所示。

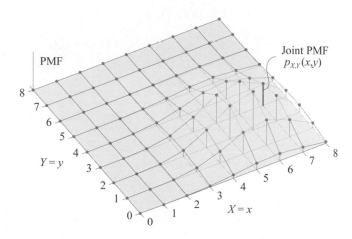

▲ 圖 4.14 $p_{X,Y}(x,y)$ 對應的二維火柴棒圖

⚠
注意：為了展示火柴棒圖分別沿 X、Y 方向的變化趨勢，圖 4.14 將火柴棒散點連線。一般情況下，火柴棒圖不存在連線。

4.6 協方差、相關性係數

本書讀者對協方差、相關性係數這兩個概念應該不陌生，本節簡介如何求解離散隨機變數的協方差和相關性係數。

協方差

二元離散隨機變數 (X,Y) 的協方差定義為

$$\mathrm{cov}(X,Y) = \mathrm{E}\big((X - \mathrm{E}(X))(Y - \mathrm{E}(Y))\big) \tag{4.35}$$

如果 (X,Y) 的機率質量函數為 $p_{X,Y}(x,y)$，X 的設定值為 $x^{(i)}(i = 1, 2, \cdots, n)$，$Y$ 的設定值為 $y^{(j)}(j = 1, 2, \cdots, m)$。則協方差可以展開寫成

$$
\begin{aligned}
\mathrm{cov}(X,Y) &= \mathrm{E}\big((X - \mathrm{E}(X))(Y - \mathrm{E}(Y))\big) \\
&= \sum_{i=1}^{n}\sum_{j=1}^{m} p_{X,Y}\big(x^{(i)}, y^{(j)}\big)\big(x^{(i)} - \mathrm{E}(X)\big)\big(y^{(j)} - \mathrm{E}(Y)\big)
\end{aligned}
\tag{4.36}
$$

其中

$$\mathrm{E}(X) = \sum_{x} x \cdot p_X(x), \quad \mathrm{E}(Y) = \sum_{y} y \cdot p_Y(y) \tag{4.37}$$

式 (4.36) 常簡寫為

$$\mathrm{cov}(X,Y) = \sum_{x}\sum_{y} p_{X,Y}(x,y)(x - \mathrm{E}(X))(y - \mathrm{E}(Y)) \tag{4.38}$$

與方差類似，協方差運算也有以下技巧，即

$$
\begin{aligned}
\mathrm{cov}(X,Y) &= \mathrm{E}(XY) - \mathrm{E}(X)\mathrm{E}(Y) \\
&= \sum_x \sum_y x \cdot y \cdot p_{X,Y}(x,y) - \left(\sum_x x \cdot p_X(x) \right) \cdot \left(\sum_y y \cdot p_Y(y) \right)
\end{aligned}
\tag{4.39}
$$

式 (4.39) 推導過程為

$$
\begin{aligned}
\mathrm{cov}(X,Y) &= \mathrm{E}\big((X - \mathrm{E}(X))(Y - \mathrm{E}(Y)) \big) \\
&= \mathrm{E}\big(XY - \mathrm{E}(X)Y - X\mathrm{E}(Y) + \mathrm{E}(X\mathrm{E}(Y)) \big) \\
&= \mathrm{E}(XY) - \mathrm{E}(X)\mathrm{E}(Y) - \mathrm{E}(X)\mathrm{E}(Y) + \mathrm{E}(X)\mathrm{E}(Y) \\
&= \mathrm{E}(XY) - \mathrm{E}(X)\mathrm{E}(Y)
\end{aligned}
\tag{4.40}
$$

建議大家也用類似於圖 4.10 的幾何角度理解式 (4.40)。

相關性

(X,Y) 相關性的定義為

$$
\rho_{X,Y} = \frac{\mathrm{cov}(X,Y)}{\sigma_X \sigma_Y}
\tag{4.41}
$$

展開得到

$$
\rho_{X,Y} = \frac{\mathrm{E}(XY) - \mathrm{E}(X)\mathrm{E}(Y)}{\sqrt{\mathrm{E}(X^2) - \mathrm{E}(X)^2}\sqrt{\mathrm{E}(Y^2) - \mathrm{E}(Y)^2}}
\tag{4.42}
$$

相關性的設定值範圍 [-1,1]。相對於協方差，相關性更適合進行橫向比較。

第 10 章將專門講解相關性。

協方差性質

請大家注意以下協方差性質，即

$$
\begin{aligned}
\operatorname{cov}(X,a) &= 0 \\
\operatorname{cov}(X,X) &= \operatorname{var}(X) \\
\operatorname{cov}(X,Y) &= \operatorname{cov}(Y,X) \\
\operatorname{cov}(aX,bY) &= ab\operatorname{cov}(X,Y) \\
\operatorname{cov}(X+a,Y+b) &= \operatorname{cov}(X,Y) \\
\operatorname{cov}(aX+bY,Z) &= a\operatorname{cov}(X,Z)+b\operatorname{cov}(Y,Z) \\
\operatorname{cov}(aX+bY,cW+dV) &= ac\operatorname{cov}(X,W)+ad\operatorname{cov}(X,V)+bc\operatorname{cov}(Y,W)+bd\operatorname{cov}(Y,V)
\end{aligned}
\tag{4.43}
$$

此外，方差和協方差的關係為

$$
\operatorname{var}\left(\sum_{i=1}^{n}a_iX_i\right)=\sum_i a_i^2\operatorname{var}(X_i)+2\sum_{i,j:i<j}a_ia_j\operatorname{cov}(X_i,X_j)=\sum_{i,j}a_ia_j\operatorname{cov}(X_i,X_j)
\tag{4.44}
$$

特別地，當 $n=2$ 時，式 (4.44) 可以寫成

$$
\operatorname{var}(a_1X_1+a_2X_2)=a_1^2\operatorname{var}(X_1)+a_2^2\operatorname{var}(X_2)+2a_1a_2\operatorname{cov}(X_1,X_2)
\tag{4.45}
$$

看到式 (4.45) 大家是否立刻能夠想到我們在《AI 時代 Math 元年 - 用 Python 全精通矩陣及線性代數》一書第 5 章介紹過的二次型 (quadraticform)。

式 (4.45) 可以寫成以下矩陣乘法運算，即

$$
\operatorname{var}(a_1X_1+a_2X_2)=\underset{a}{\begin{bmatrix}a_1\\a_2\end{bmatrix}}^{\mathrm{T}}\underset{\Sigma}{\begin{bmatrix}\operatorname{var}(X_1)&\operatorname{cov}(X_1,X_2)\\\operatorname{cov}(X_1,X_2)&\operatorname{var}(X_2)\end{bmatrix}}\underset{a}{\begin{bmatrix}a_1\\a_2\end{bmatrix}}=a^{\mathrm{T}}\Sigma a
\tag{4.46}
$$

同理，式 (4.44) 可以寫成

$$
\operatorname{var}\left(\sum_{i=1}^{n}a_iX_i\right)=\underset{a}{\begin{bmatrix}a_1\\a_2\\\vdots\\a_n\end{bmatrix}}^{\mathrm{T}}\underset{\Sigma}{\begin{bmatrix}\operatorname{cov}(X_1,X_1)&\operatorname{cov}(X_1,X_2)&\cdots&\operatorname{cov}(X_1,X_n)\\\operatorname{cov}(X_2,X_1)&\operatorname{cov}(X_2,X_2)&\cdots&\operatorname{cov}(X_2,X_n)\\\vdots&\vdots&\ddots&\vdots\\\operatorname{cov}(X_n,X_1)&\operatorname{cov}(X_n,X_2)&\cdots&\operatorname{cov}(X_n,X_n)\end{bmatrix}}\underset{a}{\begin{bmatrix}a_1\\a_2\\\vdots\\a_n\end{bmatrix}}=a^{\mathrm{T}}\Sigma a
\tag{4.47}
$$

第 14 章將從向量投影的角度深入講解式 (4.47)。

幾何角度

對於等式

$$\text{var}\left(X+Y\right)=\text{var}\left(X\right)+\text{var}\left(Y\right)+2\,\text{cov}\left(X,Y\right) \tag{4.48}$$

即

$$\sigma_{X+Y}^2 = \sigma_X^2 + \sigma_Y^2 + 2\rho_{X,Y}\sigma_X\sigma_Y \tag{4.49}$$

看到式 (4.49)，大家是否立刻聯想到《AI 時代 Math 元年 - 用 Python 全精通數學要素》一書第 3 章介紹的**餘弦定律** (law of cosines)

$$c^2 = a^2 + b^2 - 2ab\cos\theta \tag{4.50}$$

σ_X、σ_Y、σ_{X+Y} 相當於三角形的三個邊，$\rho_{X,Y}$ 相當於 σ_X、σ_Y 夾角的餘弦值。如圖 4.15 所示，當 $\rho_{X,Y}$ 取不同值時，三角形呈現出不同的形態。

> 另外一個角度就是《AI 時代 Math 元年 - 用 Python 全精通矩陣及線性代數》一書介紹的「標準差向量」，請大家回顧。

特別地，如果 $\rho_{X,Y}=0$，三角形為直角三角形，滿足

$$\sigma_{X+Y}^2 = \sigma_X^2 + \sigma_Y^2 \tag{4.51}$$

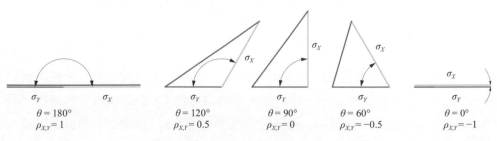

▲ 圖 4.15 將餘弦定理用到方差等式

> 此外，《AI 時代 Math 元年 - 用 Python 全精通矩陣及線性代數》一書第 22
> 章還專門類比了向量內積和協方差，建議大家回顧。

4.7　邊緣機率：偏求和，相當於降維

　　邊緣機率 (marginal probability) 是某個事件發生的機率，而與其他事件無
關。對離散隨機變數來說，利用全機率定理，也就是窮舉法，我們可以把聯合機
率結果中不需要的那些事件全部合併。合併的過程叫作**邊緣化** (marginalization)。

> 對於多元離散隨機變數，邊緣化用到的數學工具為《AI 時代 Math 元年 - 用
> Python 全精通數學要素》一書第 14 章講到的「偏求和」。

邊緣機率 $p_X(x)$

　　根據全機率公式，對於二元聯合機率質量函數 $p_{X,Y}(x,y)$，求解邊緣機率 $p_X(x)$
相當於利用「偏求和」消去 y，即

$$\underbrace{p_X(x)}_{\text{Marginal}} = \sum_y \underbrace{p_{X,Y}(x,y)}_{\text{Joint}} \tag{4.52}$$

　　也就是說，在 $X = x$ 設定值條件下，$p_{X,Y}(x,y)$ 對所有 y 的求和。

　　從函數角度來看，$p_{X,Y}(x,y)$ 是個二元函數，$p_X(x)$ 是個一元函數。

　　從矩陣運算角度來看，$p_{X,Y}(x,y)$ 代表矩陣，矩陣沿 Y 方向求和，折疊得到行
向量 $p_X(x)$。對行向量 $p_X(x)$ 進一步求和，結果為標量 1，對應樣本空間機率。反
向來看，機率 1 沿 X 和 Y 展開，相當於「切片、切絲」。這個幾何角度很重要，
本章最後還要聊這個角度。

舉個例子

如圖 4.16 所示，當 $X = 6$ 時，將整個一列的 $p_{X,Y}(6,y)$ 求和得到 $p_X(6) = 0.2965$。請大家自己驗算當 X 取其他值時，邊緣機率 $p_X(x)$ 的具體值。

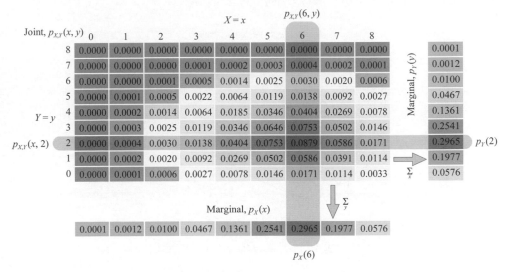

▲ 圖 4.16 利用聯合機率計算邊緣機率

邊緣機率 $p_Y(y)$

同理，$p_{X,Y}(x,y)$ 對 x「偏求和」消去 x 得到 $p_Y(y)$，即

$$\underbrace{p_Y(y)}_{\text{Marginal}} = \sum_x \underbrace{p_{X,Y}(x,y)}_{\text{Joint}} \tag{4.53}$$

如圖 4.16 所示，當 $Y = 2$ 時，將整個一行的 $p_{X,Y}(x,2)$ 相加得到 $p_Y(2) = 0.2965$。

從函數角度來看，$p_Y(y)$ 也是個一元離散函數。

從矩陣運算角度來看，矩陣 $p_{X,Y}(x,y)$ 沿 X 方向求和，折疊得到列向量 $p_Y(y)$。這相當於從二維降維到一維。

列向量 $p_Y(y)$ 進一步折疊的結果同樣為標量 1。

4-31

幾何角度：疊加

　　顯然，邊緣分佈 $p_X(x)$ 和 $p_Y(y)$ 本身也是機率質量函數。從影像上來看，$p_X(x)$ 相當於 $p_{X,Y}(x,y)$ 中 y 在取不同值時對應的火柴棒圖疊加得到，具體如圖 4.17 所示。同理，圖 4.18 所示為邊緣分佈 $p_Y(y)$ 的求解過程。

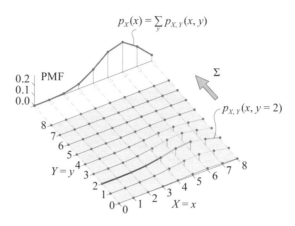

▲ 圖 4.17 邊緣分佈 $p_X(x)$ 求解過程

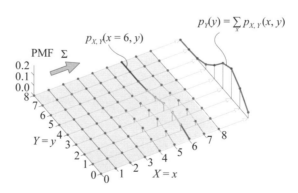

▲ 圖 4.18 邊緣分佈 $p_Y(y)$ 求解過程

4.8　條件機率：引入貝氏定理

本節利用貝氏定理，介紹如何求解離散隨機變數的條件機率質量函數。

聯合機率 $p_{X,Y}(x,y)$ → 條件機率 $p_{X|Y}(x|y)$

假設事件 $\{Y = y\}$ 已經發生,即 $p_Y(y) > 0$。在替定事件 $\{Y = y\}$ 條件下,事件 $\{X = x\}$ 發生的機率可以用條件機率質量函數 $p_{X|Y}(x|y)$ 表達。也就是說,對於 $p_{X|Y}(x|y)$,$\{Y = y\}$ 定義了一個樣本空間。

利用貝氏定理,條件機率 $p_{X|Y}(x|y)$ 可以用聯合機率 $p_{X,Y}(x,y)$ 除以邊緣機率 $p_Y(y)$ 得到,即

$$\underbrace{p_{X|Y}(x \mid y)}_{\text{Conditional}} = \frac{\overbrace{p_{X,Y}(x,y)}^{\text{Joint}}}{\underbrace{p_Y(y)}_{\text{Marginal}}} \tag{4.54}$$

從函數角度來看,$p_{X|Y}(x|y)$ 本質上也是個二元函數。首先,$p_{X|Y}(x|y)$ 顯然隨著 $X = x$ 變化。雖然 $Y = y$ 為條件,但是這個條件也可以變動。$Y = y$ 變動就會導致機率質量函數 $p_{X|Y}(x|y)$ 發生變化。

從矩陣運算角度來看,$p_{X,Y}(x,y)$ 相當於矩陣,$p_Y(y)$ 相當於列向量。兩者相除用到《AI 時代 Math 元年 - 用 Python 全精通矩陣及線性代數》一書第 4 章講的**廣播原則** (broadcasting)。得到的條件機率 $p_{X|Y}(x|y)$ 也是個矩陣,形狀與 $p_{X,Y}(x,y)$ 一致。

$p_{X|Y}(x|y)$ 對 x 求和等於 1,即

$$\sum_x p_{X|Y}(x|y) = 1 \tag{4.55}$$

也就是說,$p_{X|Y}(x|y)$ 矩陣的每一行求和結果為 1,每一行代表一個不同的「樣本空間」。注意:式 (4.55) 的結果實際上是一維陣列,$\sum_x()$ 完成 X 方向的壓縮,但是 Y 這個維度沒有被壓縮。

換個角度來看,條件機率的「條件」就是「新的樣本空間」,這個新的樣本空間對應機率為 1。

舉個例子

如圖 4.19 所示，$Y = 2$ 時，邊緣機率 $p_Y(Y = 2)$ 可以透過求和得到，即

$$p_Y(2) = \sum_x p_{X,Y}(x, 2) \tag{4.56}$$

$p_Y(2)$ 為定值。給定 $Y = 2$ 作為條件時，條件機率 $p_{X|Y}(x|2)$ 透過下式得到，即

$$\underbrace{p_{X|Y}(x|2)}_{\text{Conditional}} = \frac{\overbrace{p_{X,Y}(x, 2)}^{\text{Joint}}}{\underbrace{p_Y(2)}_{\text{Marginal}}} \tag{4.57}$$

觀察圖 4.19，發現 $p_{X,Y}(x, 2)$ 到 $p_{X|Y}(x|2)$ 相當於曲線縮放過程。

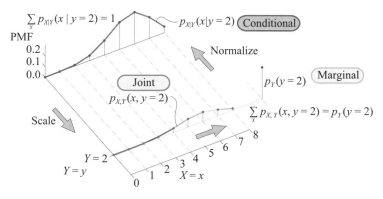

▲ 圖 4.19　求解條件機率 $p_{X|Y}(x|y)$ 的過程

進一步，條件機率 $p_{X|Y}(x|2)$ 對 x 求和得到 1，即

$$\sum_x p_{X|Y}(x|2) = \frac{\sum_x p_{X,Y}(x, 2)}{p_Y(2)} = \frac{p_Y(2)}{p_Y(2)} = 1 \tag{4.58}$$

其中：$p_{X,Y}(x, 2)$ 到 $p_{X|Y}(x|2)$ 是一個歸一化 (normalization) 過程。也就是說，上式分母中的 $p_Y(y)$ 是一個歸一化係數。這樣，滿足了歸一化條件，$p_{X|Y}(x|2)$「搖身一變」就成了機率質量函數。

引入貝氏定理，邊緣機率 $p_X(x)$ 相當於是條件機率的加權平均，即

$$\underbrace{p_X(x)}_{\text{Marginal}} = \sum_y \underbrace{p_{X,Y}(x,y)}_{\text{Joint}} = \sum_y \underbrace{p_{X|Y}(x|y)}_{\text{Conditional}} \underbrace{p_Y(y)}_{\text{Marginal}} \tag{4.59}$$

條件機率 $p_{X|Y}(x|y) \to$ 聯合機率 $p_{X,Y}(x,y)$

相反，條件機率 $p_{X|Y}(x|y)$ 到聯合機率 $p_{X,Y}(x,y)$ 相當於，以邊緣機率 $p_Y(y)$ 作為係數縮放 $p_{X|Y}(x|y)$ 的過程，有

$$\underbrace{p_{X,Y}(x,y)}_{\text{Joint}} = \underbrace{p_{X|Y}(x|y)}_{\text{Conditional}} \underbrace{p_Y(y)}_{\text{Marginal}} \tag{4.60}$$

條件機率 $p_{Y|X}(y|x)$

同理，給定事件 $\{X = x\}$ 條件下，當 $p_X(x) > 0$ 時，事件 $\{Y = y\}$ 發生的機率可以用條件機率質量函數 $p_{Y|X}(y|x)$ 表達，即

$$\underbrace{p_{Y|X}(y|x)}_{\text{Conditional}} = \frac{\overbrace{p_{X,Y}(x,y)}^{\text{Joint}}}{\underbrace{p_X(x)}_{\text{Marginal}}} \tag{4.61}$$

圖 4.20 所示為求解條件機率 $p_{Y|X}(y|x)$ 的過程。同樣，從函數角度來看，$p_{Y|X}(y|x)$ 也是個二元函數。從矩陣運算角度，式 (4.61) 也用到了廣播原則，結果 $p_{Y|X}(y|x)$ 同樣是個矩陣。

$p_{Y|X}(y|x)$ 對 y 求和等於 1，即

$$\sum_y p_{Y|X}(y|x) = 1 \tag{4.62}$$

也請大家從降維壓縮角度理解式 (4.62)。

式 (4.61) 也可以用於反求聯合機率 $p_{Y,X}(y,x)$，即

$$\underbrace{p_{X,Y}(x,y)}_{\text{Joint}} = \underbrace{p_{Y|X}(y|x)}_{\text{Conditional}} \cdot \underbrace{p_X(x)}_{\text{Marginal}} \tag{4.63}$$

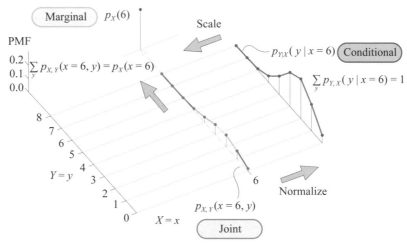

▲ 圖 4.20　求解條件機率 $p_{Y|X}(y|x)$ 的過程

同理，邊緣機率 $p_Y(y)$ 也是條件機率 $p_{Y|X}(y|x)$ 的加權平均，即

$$\underbrace{p_Y(y)}_{\text{Marginal}} = \sum_x p_{X,Y}(x,y) = \sum_y \underbrace{p_{Y|X}(y|x)}_{\text{Conditional}} \underbrace{p_X(x)}_{\text{Marginal}} \tag{4.64}$$

式 (4.64) 也是一個「偏求和」過程。

4.9　獨立性：條件機率等於邊緣獨立

獨立

如果兩個離散變數 X 和 Y 獨立，則條件機率 $p_{X|Y}(x|y)$ 等於邊緣機率 $p_X(x)$，下式成立，即

$$\underbrace{p_{X|Y}\left(x|y\right)}_{\text{Conditional}} = \underbrace{p_X\left(x\right)}_{\text{Marginal}} \tag{4.65}$$

如圖 4.21 所示，X 和 Y 獨立，不管 y 取任何值 (0~8)，$p_X(x)$ 的形狀均與 $p_{X|Y}(x|y)$ 相同。式 (4.65) 等價於

$$\underbrace{p_{Y|X}\left(y|x\right)}_{\text{Conditional}} = \underbrace{p_Y\left(y\right)}_{\text{Marginal}} \tag{4.66}$$

同理，如圖 4.22 所示，X 和 Y 獨立時，$p_Y(y)$ 的形狀與 $p_{Y|X}(y|x)$ 相同。這恰恰說明，X 的設定值與 Y 無關，也就是條件機率 $p_{Y|X}(y|x)$ 的形狀不受 $X=x$ 影響，都與 $p_Y(y)$ 相同的原因。

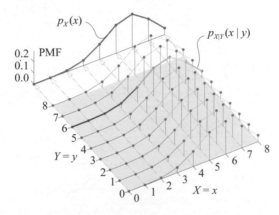

▲ 圖 4.21 X 和 Y 獨立，條件機率 $p_{X|Y}(x|y)$ 等於邊緣機率 $p_X(x)$

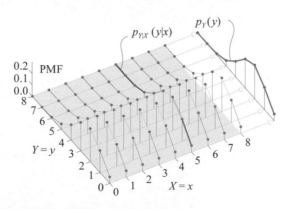

▲ 圖 4.22 X 和 Y 獨立，條件機率 $p_{Y|X}(y|x)$ 等於邊緣機率 $p_Y(y)$

獨立：計算聯合機率 $p_{X,Y}(x,y)$

另外一個角度，如果離散隨機變數 X 和 Y 獨立，則聯合機率 $p_{X,Y}(x,y)$ 等於 $p_Y(y)$ 和 $p_X(x)$ 兩個邊緣機率質量函數 PMF 乘積，即

$$\underbrace{p_{X,Y}(x,y)}_{\text{Joint}} = \underbrace{p_Y(y)}_{\text{Marginal}} \cdot \underbrace{p_X(x)}_{\text{Marginal}}$$

(4.67)

從向量角度來看，把 $p_Y(y)$ 和 $p_X(x)$ 看成是兩個向量，式 (4.67) 相當於 $p_Y(y)$ 和 $p_X(x)$ 的張量積。

不獨立

我們再來看一下，在離散隨機變數 X 和 Y 不獨立的情況下，$p_{Y|X}(y|x)$ 和 $p_Y(y)$ 影像可能存在的某種關系。圖 4.24 所示為另一個聯合機率 $p_{X,Y}(x,y)$ 的影像。

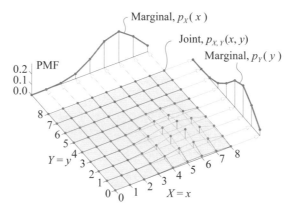

▲ 圖 4.23 聯合機率 $p_{X,Y}(x,y)$ 等於 $p_Y(y)$ 和 $p_X(x)$ 兩個邊緣機率乘積，假設獨立

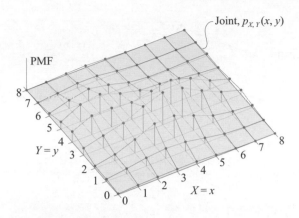

▲ 圖 4.24 離散隨機變數 X 和 Y 不獨立情況下，聯合機率 $p_{X,Y}(x,y)$

前文已經介紹，如果 X 和 Y 不獨立，$p_Y(y)>0$，則條件機率 $p_{X|Y}(x|y)$ 公式為

$$\underbrace{p_{X|Y}\left(x|y\right)}_{\text{Conditional}} = \frac{\overbrace{p_{X,Y}\left(x,y\right)}^{\text{Joint}}}{\underbrace{p_Y\left(y\right)}_{\text{Marginal}}} = \frac{\overbrace{p_{X,Y}\left(x,y\right)}^{\text{Joint}}}{\sum_x p_{X,Y}\left(x,y\right)} \qquad (4.68)$$

如圖 4.25 所示，當 X 和 Y 不獨立時，條件機率 $p_{X|Y}(x|y)$ 不同於邊緣機率 $p_X(x)$。

如果 $p_X(x) > 0$，則條件機率 $p_{Y|X}(y|x)$ 需要利用貝氏定理計算，即

$$\underbrace{p_{Y|X}\left(y|x\right)}_{\text{Conditional}} = \frac{\overbrace{p_{X,Y}\left(x,y\right)}^{\text{Joint}}}{\underbrace{p_X\left(x\right)}_{\text{Marginal}}} = \frac{\overbrace{p_{X,Y}\left(x,y\right)}^{\text{Joint}}}{\sum_y p_{X,Y}\left(x,y\right)} \qquad (4.69)$$

如圖 4.26 所示，X 和 Y 不獨立時，條件機率 $p_{Y|X}(y|x)$ 不同於邊緣機率 $p_Y(y)$。

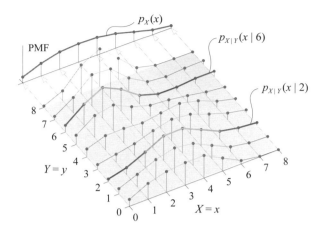

▲ 圖 4.25　X 和 Y 不獨立時，條件機率 $p_{X|Y}(x|y)$ 不同於邊緣機率 $p_X(x)$

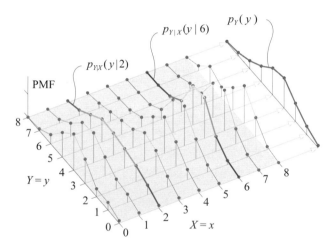

▲ 圖 4.26　X 和 Y 不獨立時，條件機率 $p_{Y|X}(y|x)$ 不同於邊緣機率 $p_Y(y)$

4.10 以鳶尾花資料為例：不考慮分類標籤

本章下面兩節用鳶尾花資料集花萼長度 (X_1)、花萼寬度 (X_2)、分類標籤 (Y) 樣本資料為例，講解離散隨機變數的主要基礎知識。

對於鳶尾花資料集，分類標籤 (Y) 本身就是離散隨機變數，因為 Y 的設定值只有三個，對應鳶尾花的三個類別—versicolor、setosa、virginica。

而花萼長度 (X_1)、花萼寬度 (X_2) 兩者設定值都是連續數值，大家可能好奇，X_1 和 X_2 怎麼可能變成離散隨機變數呢？

兩把直尺

這裡只需要做一個很小的調整，給定鳶尾花花萼長度或寬度 d，然後進行 round($2 \times d$)/2 運算。比如，鳶尾花花萼長度為 5.3，進行上述計算後會變成 5.5。

這就好比，測量鳶尾花獲得原始資料時，用的是圖 4.27(a) 所示直尺。而我們在測量花萼長度、花萼寬度時，用的是如圖 4.27(b) 所示的直尺。直尺精度為 0.5cm。而測量結果僅保留一位有效小數，這一位小數的數值可能是 0 或 5。

實際上鳶尾花四個特徵的原始資料本身也是「離散的」，因為原始資料僅保留一位有效小數位，只不過我們把資料看成是連續資料而已。從這個角度來看，在資料科學領域，電子資料離散、連續與否是相對的。

(a)

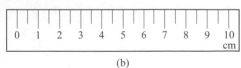
(b)

▲ 圖 4.27 兩把直尺

「離散」的花萼長度、花萼寬度資料

圖 4.28 所示為經過 round($2 \times d$)/2 運算得到的「離散」的花萼長度、花萼寬度資料散點圖。

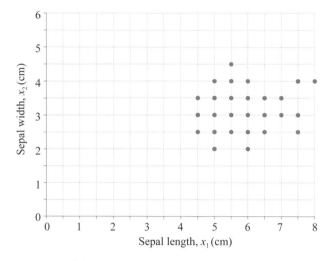

▲ 圖 4.28　「離散」的鳶尾花花萼長度、花萼寬度散點圖

花萼長度 (X_1) 設定值有 8 個，分別是 4.5、5.0、5.5、6.0、6.5、7.0、7.5、8.0，也就是說 X_1 的樣本空間為 {4.5,5.0,5.5,6.0,6.5,7.0,7.5,8.0}。

花萼寬度 (X_2) 設定值有 6 個，分別是 2.0、2.5、3.0、3.5、4.0、4.5，X_2 的樣本空間為 {2.0,2.5,3.0,3.5,4.0,4.5}。

下一步，我們統計每個散點對應的頻數，即散點圖中格線交點處的樣本數量。

頻數→聯合機率質量函數 $p_{X_1,X_2}(x_1,x_2)$

基於圖 4.28 所示資料，我們可以得到圖 4.29 所示頻數和機率熱圖。為了區分頻數和機率熱圖，兩類熱圖採用了不同色譜。

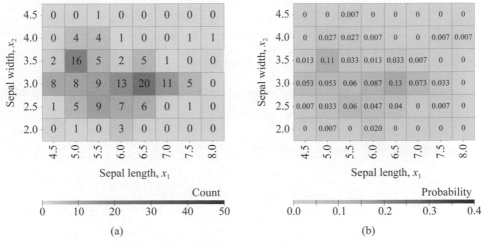

(a)   (b)

▲ 圖 4.29 頻數和機率熱圖，全部樣本點，不考慮分類

圖 4.29(a) 中頻數之和為 150，即鳶尾花樣本總數。從頻數到機率的計算很簡單，如頻數為 3，樣本總數為 150，則兩者比值對應機率 0.02=3/150。

翻譯成「機率語言」就是，根據既有樣本資料，花萼長度 (X_1) 為 6.0、花萼寬度 (X_2) 為 2.0 對應的聯合機率為 0.02，即

$$p_{X_1,X_2}(6.0, 2.0) = 0.02 \tag{4.70}$$

採用窮舉法，圖 4.29(b) 熱圖中所有設定值之和為 1，即

$$\sum_{x_1}\sum_{x_2} p_{X_1,X_2}(x_1,x_2) = 1 \tag{4.71}$$

用樣本資料來計算的話，式 (4.71) 相當於 150/150 = 1。也就是說，圖 4.29(b) 所示是對機率為 1 的某種特定的分割。

花萼長度邊緣機率 $p_{X1}(x_1)$：偏求和

圖 4.30 所示為求解花萼長度邊緣機率的過程。

舉個例子，當花萼長度 (X_1) 設定值為 7.0 時，對應的邊緣機率 $p_{X1}(7.0)$ 可以透過以下「偏求和」得到，即

$$p_{X1}(7.0) = \sum_{x_2} p_{X1,X2}(7.0, x_2) = \underset{X_2=2.0}{0} + \underset{X_2=2.5}{0} + \underset{X_2=3.0}{0.073} + \underset{X_2=3.5}{0.007} + \underset{X_2=4.0}{0} + \underset{X_2=4.5}{0} = 0.08 \tag{4.72}$$

式 (4.72) 相當於，固定花萼長度 (X_1) 為 7.0，然後窮舉花萼寬度 (X_2) 的所有機率值，然後求和 (壓縮、折疊)。

從頻數角度來看，式 (4.72) 相當於

$$p_{X1}(7.0) = \frac{\overset{X_2=2.0}{0} + \overset{X_2=2.5}{0} + \overset{X_2=3.0}{11} + \overset{X_2=3.5}{1} + \overset{X_2=4.0}{0} + \overset{X_2=4.5}{0}}{150} = \frac{12}{150} = 0.08 \tag{4.73}$$

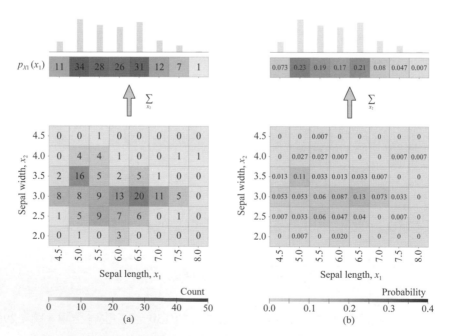

▲ 圖 4.30　花萼長度的邊緣頻數和機率熱圖 (不考慮分類)

花萼寬度邊緣機率 $p_{X2}(x_2)$：偏求和

圖 4.31 所示為求解花萼寬度邊緣機率的過程。

舉個例子，當花萼寬度 (X_2) 設定值為 2.0 時，對應的邊緣機率 $p_{X2}(2.0)$ 可以透過以下偏求和得到，即

$$p_{X2}(2.0) = \sum_{x_1} p_{X1,X2}(x_1, 2.0) = \underset{X_1=4.5}{0} + \underset{X_1=5.0}{0.007} + \underset{X_1=5.5}{0} + \underset{X_1=6.0}{0.02} + \underset{X_1=6.5}{0} + \underset{X_1=7.0}{0} + \underset{X_1=7.5}{0} + \underset{X_1=8.0}{0} = 0.027 \quad (4.74)$$

式 (4.74) 相當於，固定花萼寬度 (X_2) 為 2.0，然後窮舉花萼長度 (X_1) 所有機率值，然後求和。

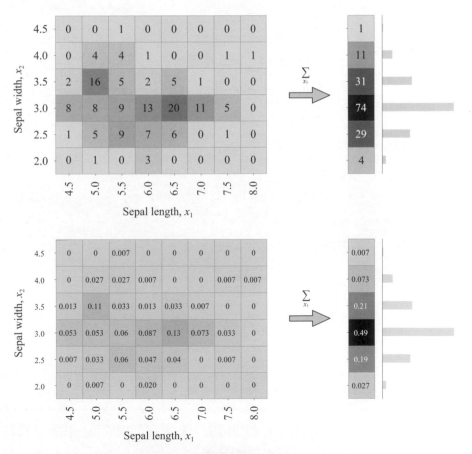

▲ 圖 4.31 花萼寬度的邊緣頻數和機率熱圖 (不考慮分類)

期望值、方差

花萼長度 X_1 的期望值為

$$
\begin{aligned}
\mathrm{E}(X_1) &= \sum_{x_1} x_1 \cdot p_{X1}(x_1) \\
&= \underset{\text{cm}}{4.5} \times 0.073 + \underset{\text{cm}}{5.0} \times 0.23 + \underset{\text{cm}}{5.5} \times 0.19 + \underset{\text{cm}}{6.0} \times 0.17 + \\
&\quad \underset{\text{cm}}{6.5} \times 0.21 + \underset{\text{cm}}{7.0} \times 0.08 + \underset{\text{cm}}{7.5} \times 0.047 + \underset{\text{cm}}{8.0} \times 0.007 \\
&= 5.836 \text{ cm}
\end{aligned}
\tag{4.75}
$$

請大家自行寫出上式對應的矩陣運算式，並畫出矩陣乘法運算示意圖。

然後，計算花萼長度 X_1 平方的期望值為

$$
\begin{aligned}
\mathrm{E}(X_1^2) &= \sum_{x_1} x_1^2 \cdot p_{X1}(x_1) \\
&= \underset{\text{cm}^2}{4.5^2} \times 0.073 + \underset{\text{cm}^2}{5.0^2} \times 0.23 + \underset{\text{cm}^2}{5.5^2} \times 0.19 + \underset{\text{cm}^2}{6.0^2} \times 0.17 + \\
&\quad \underset{\text{cm}^2}{6.5^2} \times 0.21 + \underset{\text{cm}^2}{7.0^2} \times 0.08 + \underset{\text{cm}^2}{7.5^2} \times 0.047 + \underset{\text{cm}^2}{8.0^2} \times 0.007 \\
&= 34.741 \text{ cm}^2
\end{aligned}
\tag{4.76}
$$

由此可以求得花萼長度 X_1 的方差為

$$
\mathrm{var}(X_1) = \underbrace{\mathrm{E}(X_1^2)}_{\text{Expectaton of } X_1^2} - \underbrace{\mathrm{E}(X_1)^2}_{\text{Square of } \mathrm{E}(X_1)} = 0.6749
\tag{4.77}
$$

結果的單位為平方公分 (cm2)。

式 (4.78) 的平方根便是 X_1 的標準差，即

$$
\sigma_{X1} = \sqrt{\mathrm{var}(X_1)} = 0.821 \text{ cm}
\tag{4.78}
$$

⚠

注意：式 (4.77) 把資料當作整體的樣本資料看待。

　　請大家自行計算：花萼寬度 X_2 的期望值、X_2 平方的期望值。由此，可以求得花萼寬度 X_2 的方差，然後計算 X_2 的標準差。

獨立

前文提過，如果假設 X_1 和 X_2 獨立，聯合機率可透過下式計算得到，即

$$p_{X1,X2}(x_1, x_2) = p_{X1}(x_1) \cdot p_{X2}(x_2) \tag{4.79}$$

圖 4.32 所示為假設 X_1 和 X_2 獨立時，聯合機率的熱圖。

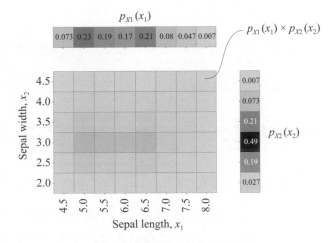

▲ 圖 4.32 聯合機率（假設獨立）

這實際上就是《AI 時代 Math 元年 - 用 Python 全精通矩陣及線性代數》一書介紹的向量張量積，也相當於如圖 4.33 所示的矩陣乘法。

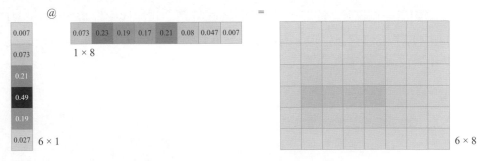

▲ 圖 4.33 X_1 和 X_2 條件獨立，矩陣乘法

圖 4.32 中矩陣所有元素之和也是 1。尋根溯源，這表現的是乘法的分配律，即

$$\underbrace{\sum_{x_1} p_{X1}(x_1)}_{=1} \cdot \underbrace{\sum_{x_2} p_{X2}(x_2)}_{=1} = 1 \tag{4.80}$$

為了配合熱圖形式，用以下方式展開上式，得到

$$\underbrace{\{p_{X2}(4.5) + p_{X2}(4.0) + \cdots + p_{X2}(2.0)\}}_{=1} \cdot \underbrace{\{p_{X1}(4.5) + p_{X1}(5.0) + \cdots + p_{X1}(8.0)\}}_{=1} = 1 \tag{4.81}$$

展開的每一個元素對應熱圖矩陣的每個元素，即

$$\begin{aligned}
&p_{X2}(4.5) \cdot p_{X1}(4.5) + p_{X2}(4.5) \cdot p_{X1}(5.0) + \cdots + p_{X2}(4.5) \cdot p_{X1}(8.0) + \\
&p_{X2}(4.0) \cdot p_{X1}(4.5) + p_{X2}(4.0) \cdot p_{X1}(5.0) + \cdots + p_{X2}(4.0) \cdot p_{X1}(8.0) + \\
&\cdots + \\
&p_{X2}(2.0) \cdot p_{X1}(4.5) + p_{X2}(2.0) \cdot p_{X1}(5.0) + \cdots + p_{X2}(2.0) \cdot p_{X1}(8.0) = 1
\end{aligned} \tag{4.82}$$

比較圖 4.32 和圖 4.29(b)，我們發現假設 X_1 和 X_2 獨立，得到的聯合機率和真實值偏差很大。也就是說，式 (4.79) 這種假設隨機變數獨立然後計算聯合機率的方法很多時候並不準確，需要謹慎使用。

給定花萼長度，花萼寬度的條件機率 $p_{X2|X1}(x_2|x_1)$

如圖 4.34 所示，給定花萼長度 $X_1 = 5.0$ 作為條件，這相當於在整個樣本空間中，單獨劃出一個區域 (淺藍色)。這個區域將是「條件機率樣本空間」，對應圖 4.34 中的淺藍色背景區域。計算 $X_1 = 5.0$ 條件機率時，將淺藍色區域的機率值設為 1。

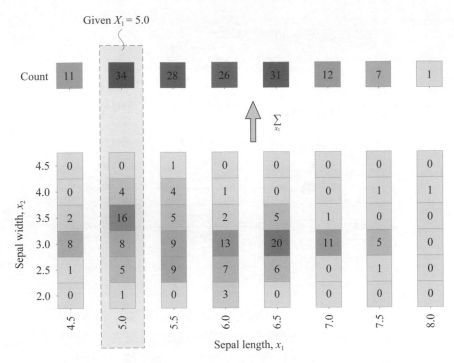

▲ 圖 4.34 給定花萼長度，如何計算花萼寬度的條件機率 (頻數角度)

採用窮舉法，這個區域中的條件機率有以下幾個，即

$$p_{X2|X1}\left(x_2 = 4.5 \mid x_1 = 5.0\right) = \frac{0}{34} = 0$$

$$p_{X2|X1}\left(x_2 = 4.0 \mid x_1 = 5.0\right) = \frac{4}{34} \approx 0.12$$

$$p_{X2|X1}\left(x_2 = 3.5 \mid x_1 = 5.0\right) = \frac{16}{34} \approx 0.47$$

$$p_{X2|X1}\left(x_2 = 3.0 \mid x_1 = 5.0\right) = \frac{8}{34} \approx 0.24 \tag{4.83}$$

$$p_{X2|X1}\left(x_2 = 2.5 \mid x_1 = 5.0\right) = \frac{5}{34} \approx 0.15$$

$$p_{X2|X1}\left(x_2 = 2.0 \mid x_1 = 5.0\right) = \frac{1}{34} \approx 0.029$$

換個方法來求。如圖 4.35 所示，利用貝氏定理，式 (4.83) 中的條件機率可以透過下式計算，即

$$p_{X2|X1}\left(x_2 = 4.5 \mid x_1 = 5.0\right) = \frac{p_{X1,X2}\left(x_1 = 5.0, x_2 = 4.5\right)}{p_{X1}\left(x_1 = 5.0\right)} \approx \frac{0}{0.23} = 0$$

$$p_{X2|X1}\left(x_2 = 4.0 \mid x_1 = 5.0\right) = \frac{p_{X1,X2}\left(x_1 = 5.0, x_2 = 4.0\right)}{p_{X1}\left(x_1 = 5.0\right)} \approx \frac{0.027}{0.23} \approx 0.12$$

$$p_{X2|X1}\left(x_2 = 3.5 \mid x_1 = 5.0\right) = \frac{p_{X1,X2}\left(x_1 = 5.0, x_2 = 3.5\right)}{p_{X1}\left(x_1 = 5.0\right)} \approx \frac{0.11}{0.23} \approx 0.47$$

$$p_{X2|X1}\left(x_2 = 3.0 \mid x_1 = 5.0\right) = \frac{p_{X1,X2}\left(x_1 = 5.0, x_2 = 3.0\right)}{p_{X1}\left(x_1 = 5.0\right)} \approx \frac{0.053}{0.23} \approx 0.24$$

$$p_{X2|X1}\left(x_2 = 2.5 \mid x_1 = 5.0\right) = \frac{p_{X1,X2}\left(x_1 = 5.0, x_2 = 2.5\right)}{p_{X1}\left(x_1 = 5.0\right)} \approx \frac{0.033}{0.23} \approx 0.15$$

$$p_{X2|X1}\left(x_2 = 2.0 \mid x_1 = 5.0\right) = \frac{p_{X1,X2}\left(x_1 = 5.0, x_2 = 2.0\right)}{p_{X1}\left(x_1 = 5.0\right)} \approx \frac{0.007}{0.23} \approx 0.029$$

(4.84)

其中

$$
\begin{aligned}
p_{X1}\left(x_1 = 5.0\right) &= p_{X1,X2}\left(x_1 = 5.0, x_2 = 4.5\right) + p_{X1,X2}\left(x_1 = 5.0, x_2 = 4.0\right) + \\
&\quad p_{X1,X2}\left(x_1 = 5.0, x_2 = 3.5\right) + p_{X1,X2}\left(x_1 = 5.0, x_2 = 3.0\right) + \\
&\quad p_{X1,X2}\left(x_1 = 5.0, x_2 = 2.5\right) + p_{X1,X2}\left(x_1 = 5.0, x_2 = 2.0\right) \\
&\approx 0 + 0.027 + 0.11 + 0.053 + 0.033 + 0.007 \approx 0.23
\end{aligned}
$$

(4.85)

比較式 (4.83) 和式 (4.84)，發現結果相同。

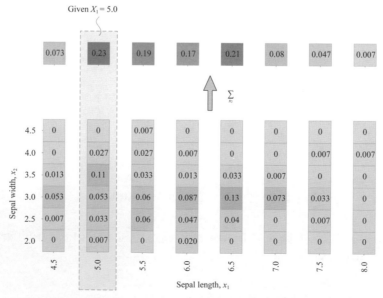

▲ 圖 4.35 給定花萼長度，如何計算花萼寬度的條件機率 (機率角度)

本章前文提過，從函數角度來看，$p_{X2|X1}(x_2|x_1)$ 本質上也是個二元離散函數，具體如圖 4.36 所示。

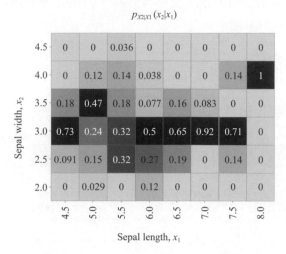

▲ 圖 4.36 給 定花萼長度，花萼寬度的條件機率 $p_{X2|X1}(x_2|x_1)$

如圖 4.37 所示，每一列條件機率求和為 1，即

$$\sum_{x_2} p_{X2|X1}(x_2 \mid x_1) = 1 \tag{4.86}$$

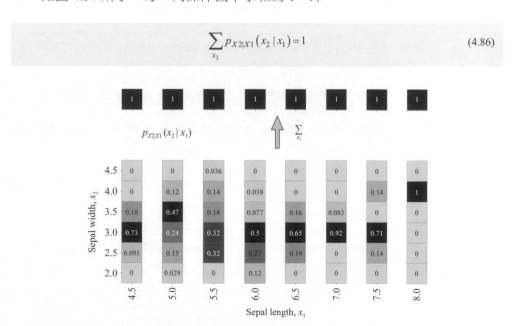

▲ 圖 4.37 給定花萼長度，花萼寬度的條件機率，每一列條件機率求和為 1

給定花萼寬度，花萼長度的條件機率 $p_{X1|X2}(x_1|x_2)$

根據圖 4.38 所示資料，請大家自行計算，給定花萼寬度為 3.0 時，每個條件機率 $p_{X1|X2}(x_1|3.0)$ 的具體值。

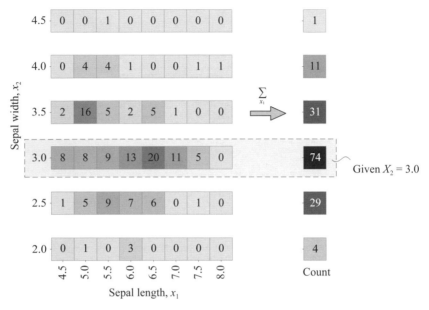

▲ 圖 4.38 給定花萼寬度，如何計算花萼長度的條件機率 (頻數角度)

從函數角度來看，$p_{X1|X2}(x_1|x_2)$ 也是個二元離散函數，具體如圖 4.39 所示。

大家是否立刻想到，既然我們可以求得花萼長度的期望值，我們是否可以求得給定花萼寬度條件下的花萼長度的期望、方差呢？

答案是肯定的！

第 8 章將專門介紹**條件期望** (conditional expectation)、**條件方差** (conditional variance)。

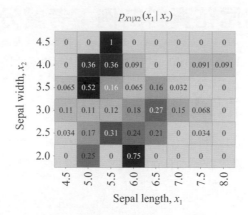

▲ 圖 4.39 給定花萼寬度，花萼長度的條件機率 $p_{X1|X2}(x_1|x_2)$

如圖 4.40 所示，每一行條件機率求和為 1，即

$$\sum_{x_1} p_{X1|X2}(x_1|x_2) = 1 \tag{4.87}$$

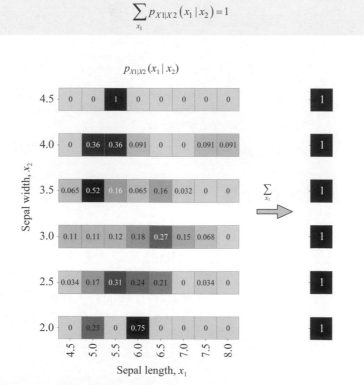

▲ 圖 4.40 給定花萼寬度，花萼長度的條件機率每一行條件機率求和為 1

4.11 以鳶尾花資料為例：考慮分類標籤

本節討論在考慮分類標籤條件下，如何計算鳶尾花資料的條件機率。

給定分類標籤 $Y = C_1$ (setosa)

圖 4.41(a) 所示為給定分類標籤 $Y = C_1$(setosa) 條件下，鳶尾花資料集中 50 個樣本資料的頻數熱圖。圖 4.41(a) 中頻數除以 50 便得到圖 4.41(b) 所示的條件機率 $p_{X1,X2|Y}(x_1,x_2|y=C_1)$ 熱圖。

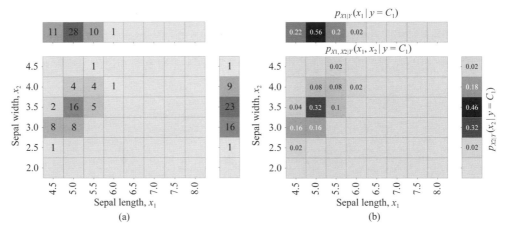

▲ 圖 4.41 頻數和條件機率 $p_{X1,X2|Y}(x_1,x_2|y=C_1)$ 熱圖，給定分類標籤 $Y=C_1$(setosa)

此外，請大家根據頻數熱圖，自行計算兩個條件機率：$p_{X1|X2,Y}(x_1 = 5.0|x_2 = 3.0, y = C_1)$ 和 $p_{X2|X1,Y}(x_2 = 3.0|x_1 = 5.0, y = C_1)$。

給定分類標籤 $Y = C_2$ (versicolor)

圖 4.42(a) 所示為給定分類標籤 $Y = C_2$(versicolor) 條件下，鳶尾花資料集中 50 個樣本資料的頻數熱圖。圖 4.42(a) 中頻數除以 50 便得到圖 4.42(b) 所示的條件機率 $p_{X1,X2|Y}(x_1,x_2|y = C_2)$ 熱圖。

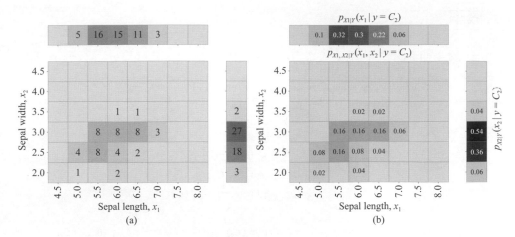

▲ 圖 4.42 頻數和條件機率 $p_{X1,X2|Y}(x_1,x_2|y = C_2)$ 熱圖，
給定分類標籤 $Y = C_2$(versicolor)

給定分類標籤 $Y=C_3$(**virginica**)

請大家自行分析圖 4.43。

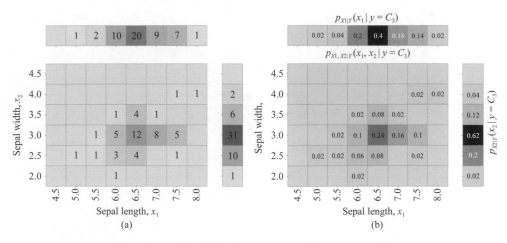

▲ 圖 4.43 頻數和條件機率 $p_{X1,X2|Y}(x_1,x_2|y = C_3)$ 熱圖，
給定分類標籤 $Y = C_3$(virginica)

全機率

如圖 4.44 所示，利用全機率定理，我們可以透過下式計算 $p_{X1,X2}(x_1,x_2)$，即

$$
\begin{aligned}
p_{X1,X2}(x_1,x_2) &= \sum_y \underbrace{p_{X1,X2,Y}(x_1,x_2,y)}_{\text{Joint}} \\
&= \sum_y \underbrace{p_{X1,X2|Y}(x_1,x_2\mid y)}_{\text{Conditional}} \cdot \underbrace{p_Y(y)}_{\text{Marginal}} \\
&= p_{X1,X2|Y}(x_1,x_2\mid C_1)\cdot p_Y(C_1)+ \\
&\quad\ p_{X1,X2|Y}(x_1,x_2\mid C_2)\cdot p_Y(C_2)+ \\
&\quad\ p_{X1,X2|Y}(x_1,x_2\mid C_3)\cdot p_Y(C_3)
\end{aligned}
\tag{4.88}
$$

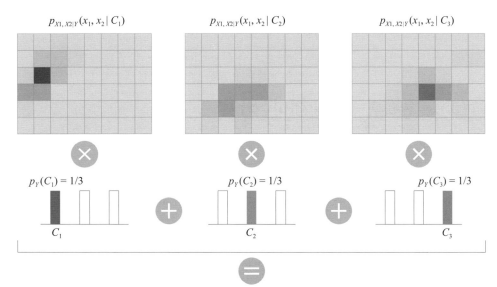

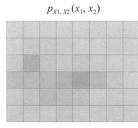

▲ 圖 4.44 利用全機率定理，計算 $p_{X1,X2}(x_1,x_2)$

從幾何角度來看，聯合機率質量函數 $p_{X1,X2}(x_1,x_2,y)$ 相當於一個「立方體」。式 (4.88) 相當於，將立方體在 Y 方向上壓扁成 $p_{X1,X2}(x_1,x_2)$ 平面。本章最後將繼續這一話題。

條件獨立

圖 4.45 所示為給定 $Y = C_1$ 條件下，假設 X_1 和 X_2 條件獨立，利用 $p_{X1|Y}(x_1|y = C_1)$、$p_{X2|Y}(x_2|y = C_1)$ 估算 $p_{X1,X2|Y}(x_1, x_2|y = C_1)$ 為

$$p_{X1,X2|Y}(x_1, x_2 | C_1) = p_{X1|Y}(x_1 | C_1) p_{X2|Y}(x_2 | C_1) \tag{4.89}$$

圖 4.45 也相當於兩個向量的張量積，請大家畫出矩陣運算示意圖。

請大家自行從矩陣乘法角度分析圖 4.46、圖 4.47。

將這些條件機率質量函數代入，我們也可以計算得到另外一個 $p_{X1,X2}(x_1, x_2)$。這實際上是估算 $p_{X1,X2}(x_1,x_2)$ 的一種方法。本書後續還會介紹這種方法及其應用。

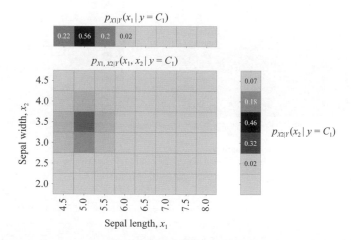

▲ 圖 4.45 給定 $Y = C_1$，假設 X_1 和 X_2 條件獨立，計算 $p_{X1,X2|Y}(x_1,x_2|y = C_1)$

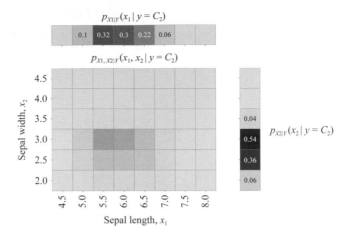

▲ 圖 4.46 給定 $Y = C_2$，假設 X_1 和 X_2 條件獨立，計算 $p_{X1,X2|Y}(x_1,x_2|y = C_2)$

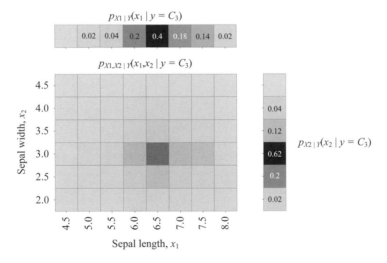

▲ 圖 4.47 給定 $Y = C_3$，假設 X_1 和 X_2 條件獨立，計算 $p_{X1,X2|Y}(x_1,x_2|y = C_3)$

程式 Bk5_Ch04_02.py 繪製前兩節大部分影像。

4.12 再談機率 1：展開、折疊

偏求和：壓扁

本章前文提到，幾何上，$p_{X1,X2,X3}(x_1,x_2,x_3)$ 可以視作一個三維立方體。而偏求和是個降維過程，把立方體在不同維度上壓扁。

如圖 4.48 所示，$p_{X1,X2,X3}(x_1, x_2, x_3)$ 在 x_1 上偏求和，壓扁得到 $p_{X2,X3}(x_2,x_3)$ 為

$$p_{X2,X3}(x_2,x_3) = \sum_{x_1} p_{X1,X2,X3}(x_1,x_2,x_3) \tag{4.90}$$

如圖 4.48 所示，$p_{X2,X3}(x_2,x_3)$ 代表一個二維平面，相當於一個矩陣。

而 $p_{X2,X3}(x_2,x_3)$ 進一步沿著 x_2 折疊便得到邊緣機率質量函數 $p_{X3}(x_3)$，有

$$\begin{aligned} p_{X3}(x_3) &= \sum_{x_2} p_{X2,X3}(x_2,x_3) \\ &= \sum_{x_2}\sum_{x_1} p_{X1,X2,X3}(x_1,x_2,x_3) \end{aligned} \tag{4.91}$$

其中：$p_{X3}(x_3)$ 相當於一個向量。

沿著哪個方向求和，就相當於完成了這個維度上資料的合併。這個維度便因此消失。

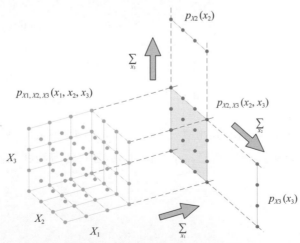

▲ 圖 4.48 先沿 X_1 方向壓扁

換個方向，$p_{X2,X3}(x_2,x_3)$ 沿著 x_3 折疊便得到邊緣機率質量函數 $p_{X2}(x_2)$，即有

$$p_{X2}(x_2) = \sum_{x_3} p_{X2,X3}(x_2,x_3) \tag{4.92}$$

而 $p_{X3}(x_3)$ 和 $p_{X2}(x_2)$ 進一步折疊，便得到機率 1，即

$$1 = \sum_{x_3}\sum_{x_2}\sum_{x_1} p_{X1,X2,X3}(x_1,x_2,x_3) = \sum_{x_2}\sum_{x_3}\sum_{x_1} p_{X1,X2,X3}(x_1,x_2,x_3) \tag{4.93}$$

經過上述不同順序的三重求和後，三個維度全部消失，結果是樣本空間對應的機率值「1」。請大家沿著上述想法自行分析圖 4.49 所示的兩幅圖，並寫出求和公式。

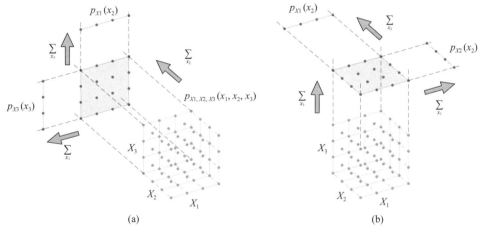

▲ 圖 4.49　分別先沿 X_2、X_3 方向壓扁

此外，請大家自己思考，如果 X_1、X_2、X_3 獨立，如何計算 $p_{X1,X2,X3}(x_1,x_2,x_3)$ 呢？

本節 X_1、X_2、X_3 均為離散隨機變數，因此圖 4.48 中每個點均代表機率值。請大家思考以下幾種隨機變數組合下，圖 4.48 這個立方體展開、折疊的方式有何變化？

- X_1、X_2、X_3 均為連續隨機變數。
- X_1、X_2 為連續隨機變數，X_3 為離散隨機變數。
- X_1、X_2 為離散隨機變數，X_3 為連續隨機變數。

條件機率：切片

如圖 4.50 所示，條件機率 $p_{X1,X2|X3}(x_1,x_2|c)$ 相當於在 $X_3 = c$ 處切了一片，只考慮切片上的機率分佈情況，而不考慮整個立方體的機率分佈。

也就是說，$X_3 = c$ 對應的切片是條件機率 $p_{X1,X2|X3}(x_1,x_2|c)$ 的樣本空間。

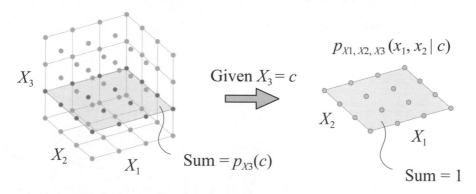

▲ 圖 4.50 給定 $X_3 = c$ 條件機率

計算條件機率時，首先將切片上的聯合機率求和得到 $p_{X3}(c)$，有

$$p_{X3}(c) = \sum_{x_2} \sum_{x_1} p_{X1,X2,X3}(x_1,x_2,c) \tag{4.94}$$

然後，用聯合機率除以 $p_{X3}(c) > 0$ 得到條件機率 $p_{X1,X2|X3}(x_1,x_2|c)$ 為

$$p_{X1,X2|X3}(x_1,x_2 \mid c) = \frac{p_{X1,X2,X3}(x_1,x_2,c)}{p_{X3}(c)} \tag{4.95}$$

大家自己思考，如果給定 $X_3 = c$ 的條件下，X_1 和 X_2 條件獨立，表示什麼？

第 8 章將繼續這個話題。

本章主要和大家探討了離散隨機變數。離散隨機變數是指一種在有限或可數的設定值集合中隨機設定值的隨機變數。舉例來說，擲硬幣的結果只有兩個可能的設定值，即正面或反面，用 0 或 1 來表示。離散隨機變數通常用機率質量函數 PMF 來描述其可能設定值的機率。對於二元、多元離散隨機變數，大家要學會如何計算邊緣機率、條件機率。本章最後的鳶尾花例子全面地複盤了有關離散隨機變數的關鍵知識點，請大家務必學懂。

下一章將介紹離散隨機變數中的常見分佈。

Discrete Distributions

5 離散分佈

理想化的離散隨機變數機率模型

究其本質，機率論無非是將生活常識簡化成數學運算。

The theory of probabilities is at bottom nothing but common sense reduced to calculation.

——皮埃爾 - 西蒙・拉普拉斯（*Pierre-Simon Laplace*）| 法國著名天文學家和數學家 | *1749—1827* 年

- matplotlib.pyplot.barh() 繪製水平長條圖
- matplotlib.pyplot.stem() 繪製火柴棒圖
- mpmath.pimpmath 庫中的圓周率
- numpy.bincount() 統計清單中元素出現的個數
- scipy.stats.bernoulli() 伯努利分佈
- scipy.stats.binom() 二項分佈
- scipy.stats.geom() 幾何分佈
- scipy.stats.hypergeom() 超幾何分佈
- scipy.stats.multinomial() 多項分佈
- scipy.stats.poisson() 卜松分佈
- scipy.stats.randint() 離散均勻分佈
- seaborn.heatmap() 產生熱圖

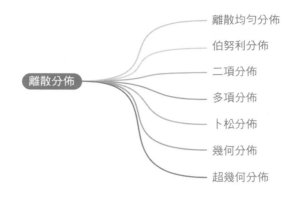

離散均勻分佈

伯努利分佈

二項分佈

離散分佈

多項分佈

卜松分佈

幾何分佈

超幾何分佈

5.1　機率分佈：高度理想化的數學模型

本書前文介紹的事件機率描述一次試驗中某一個特定樣本發生的可能性。想要了解某個隨機變數在樣本空間中不同樣本的機率或機率密度，我們就需要**機率分佈** (probability distribution)。

機率分佈是一種特殊的函數，它描述隨機變數設定值的機率規律。機率分佈通常包括兩個部分：隨機變數的設定值和對應的機率或機率密度。

與拋物線 $y = ax^2 + bx + c$ 一樣，常用的機率分佈都是高度理想化的數學模型。

我們知道隨機變數分為離散和連續兩種，因此機率分佈也分為兩類—**離散分佈** (discrete distribution)、**連續分佈** (continuous distribution)。

圖 5.1 所示為幾種在資料科學、機器學習領域常用的機率分佈。圖 5.1 中，用火柴棒圖描繪的是一元離散隨機變數的 PMF，曲線描繪的是一元連續隨機變數的 PDF。

建議大家在學習機率分佈時，首先考慮變數是離散還是連續，確定隨機變數的設定值範圍；然後熟悉分佈形狀以及決定形狀的參數，並掌握機率分佈的應用場景。

⚠ 再次強調：離散分佈對應的是機率質量函數 PMF，其本質是機率。視覺化一元、二元離散分佈的 PMF 時，建議大家用火柴棒圖。連續分佈對應的是機率密度函數 PDF。對機率密度函數進行積分、二重積分，有時甚至多重積分後，才得到機率值。視覺化一元連續分佈 PDF 時，建議用線圖，視覺化二元連續分佈 PDF 時，可以用網格面或等高線。

　　本章介紹常見的離散分佈，第 7 章講解連續分佈。建議大家把本章和第 7 章當成「手冊」來看待，以瀏覽的方式來學習，不需要死記硬背各種機率分佈函數。後續應用時，如果遇到某個特定機率分佈時，可以再回來查閱「手冊」。

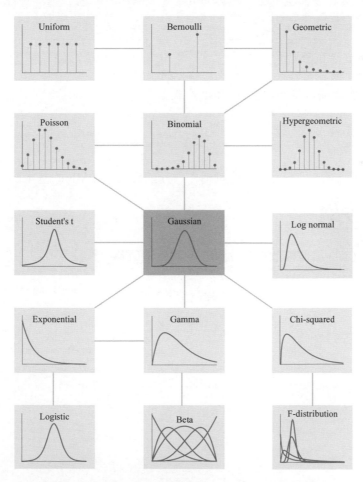

▲ 圖 5.1 常見的幾種機率分佈，舉出多種分佈樣式

5.2 離散均勻分佈：不分厚薄

離散均勻分佈 (discrete uniform distribution) 應該是最簡單的離散機率分佈。離散型均勻分佈分配給離散隨機變數所有結果相等的權重。本書前文介紹的拋硬幣、擲骰子都是離散均勻分佈。

離散隨機變數 X 等機率地取得 $[a,b]$ 區間內的所有整數，取得每一個整數對應的機率為

$$p_X(x) = \frac{1}{b-a+1}, \quad x = a, a+1, \cdots, b-1, b \tag{5.1}$$

⚠️

注意：a、b 為正整數。

顯然上述機率質量函數 $p_X(x)$ 滿足等式

$$\sum_x p_X(x) = 1 \tag{5.2}$$

注意：式 (5.2) 是一個函數能夠稱作一元隨機變數 PMF 的基本條件。

期望值、方差

滿足式 (5.1) 這個離散均勻分佈的 X 的期望值為

$$\mathrm{E}(X) = \frac{a+b}{2} \tag{5.3}$$

X 的方差為

$$\mathrm{var}(X) = \frac{(b-a+2)(b-a)}{12} \tag{5.4}$$

拋骰子試驗

定義拋一枚骰子結果為離散隨機變數 X，假設獲得六個不同點數為等機率，則 X 服從離散均勻分布。X 的機率質量函數為

$$p_X(x) = 1/6, \quad x = 1,2,3,4,5,6 \tag{5.5}$$

X 的機率質量函數影像如圖 5.2 所示。請大家自行計算 X 的期望值和方差。

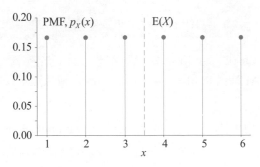

▲ 圖 5.2 離散均勻分佈

Bk5_Ch05_01.py 程式檔案繪製圖 5.2。

圓周率

我們來看一個《AI 時代 Math 元年 - 用 Python 全精通數學要素》一書第 1 章提到的例子。圖 5.3 所示為圓周率小數點後 1024 位數字的熱圖。

熱圖中的數字看似沒有任何規律。但是經過分析發現，隨著數字數量的增大，0~9 這些數字看上去服從離散均勻分佈。圖 5.4 所示為圓周率小數點後 100 位、1,000 位、10,000 位、100,000 位、1,000,000 位 0~9 這些數字分佈。

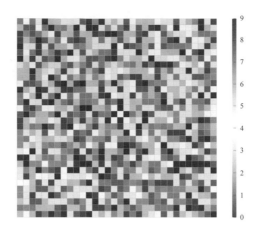

▲ 圖 5.3　圓周率小數點後 1024 位元熱圖
(圖片來自《AI 時代 Math 元年 - 用 Python 全精通數學要素》第 1 章)

　　目前沒有關於圓周率是否為**正規數** (normal number) 的嚴格證明。正規數是指在某種進位下，其數字上的數字分佈均勻、隨機且無規律可循的無限小數。具體來說，對於十進位數字，每個數字出現的機率應該是相等的，即 1/10。

　　儘管圓周率被認為是無理數，但它是否為正規數仍然是未解決的問題。在數學上，圓周率和其他著名的無理數，如自然對數的底 e 和 $\sqrt{2}$，都被認為可能是正規數。這些問題是數學研究中的重要問題，至今仍在繼續研究中。

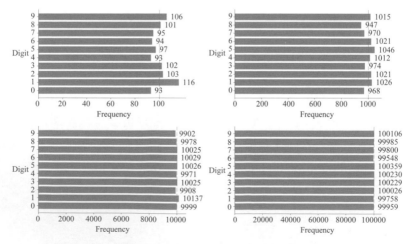

▲ 圖 5.4　圓周率小數點後數字的分佈
(1,000 位、10,000 位、100,000 位、1,000,000 位)

程式 Bk5_Ch05_02.py 繪製圖 5.3 和圖 5.4。

5.3 伯努利分佈：非黑即白

在重複獨立試驗中，如果每次試驗結果離散變數 X 僅有兩個可能結果，如 0、1，則這種離散分佈叫作**伯努利分佈** (bernoulli distribution)，對應的機率質量函數為

$$p_X(x) = \begin{cases} p & x = 1 \\ 1 - p & x = 0 \end{cases} \tag{5.6}$$

其中：p 滿足 $0 < p < 1$。

式 (5.6) 還可以寫成

$$p_X(x) = p^x(1-p)^{1-x} \quad x \in \{0,1\} \tag{5.7}$$

請大家將 $x = 0$、1 分別代入式 (5.7) 檢驗 PMF 結果。

式 (5.8) 對應的機率質量函數顯然滿足歸一化條件，即

$$\sum_x p_X(x) = p + (1-p) = 1 \tag{5.8}$$

滿足式 (5.8) 中伯努利分佈隨機變數 X 的期望和方差分別為

$$\begin{aligned} \mathrm{E}(X) &= p \\ \mathrm{var}(X) &= p(1-p) \end{aligned} \tag{5.9}$$

拋硬幣

本書前文介紹的拋一枚硬幣的試驗就是常見的伯努利分佈。如果硬幣質地均勻，則獲得正面 ($X = 1$)、反面 ($X = 0$) 的機率均為 0.5，X 的機率質量函數為

$$p_X(x) = \begin{cases} 0.5 & x=1 \\ 0.5 & x=0 \end{cases} \qquad (5.10)$$

如果硬幣質地不均勻，假設獲得正面的機率為 0.6，則對應獲得背面的機率為 1 − 0.6 = 0.4。X 的機率質量函數為

$$p_X(x) = \begin{cases} 0.6 & x=1 \\ 0.4 & x=0 \end{cases} \qquad (5.11)$$

請大家把式 (5.10) 和式 (5.11) 寫成式 (5.7) 這種形式。

Python 中伯努利分佈函數常用 scipy.stats.bernoulli()。

抽樣試驗

從抽樣試驗角度，伯努利試驗還可以看成是只有兩個結果的**放回抽樣** (sampling with replacement) 試驗。放回抽樣中，每次抽樣後抽出的樣本會被放回整體中，下次抽樣時仍然有可能被抽到。與之相對的是**無放回抽樣** (sampling with out replacement)，在這種情況下，每次抽出的樣本不會被放回整體中，下次抽樣時不可能再次被抽到。

比如，如圖 5.5 所示，10 隻動物中有 6 隻兔子、4 隻雞。每次放回取出一隻動物，取到兔子的機率為 0.6，取到雞的機率為 0.4。

▲ 圖 5.5　從抽樣試驗角度看伯努利試驗

⚠️
再次強調：伯努利分佈是離散分佈，只有兩種對立的可能結果，即結果樣本空間只有兩個元素。伯努利分佈的參數只有 p。

5.4 二項分佈：巴斯卡三角

二項分佈 (binomial distribution) 也叫二項式分佈，建立在伯努利分佈之上。

舉個例子，一枚硬幣拋 n 次，每次拋擲結果服從伯努利分佈，即正面出現的機率為 p，反面出現的機率為 $1-p$，而且各次拋擲相互獨立。進行 n 次獨立的試驗，令 X 為獲得正面的次數，X 對應的機率質量函數為

$$p_X(x) = \mathrm{C}_n^x\, p^x (1-p)^{n-x}, \quad x = 0, 1, \cdots, n \tag{5.12}$$

式 (5.12) 所示二項式機率質量函數 $p_X(x)$ 滿足歸一化，即有

$$\sum_x p_X(x) = \mathrm{C}_n^0 p^0 (1-p)^n + \mathrm{C}_n^1 p^1 (1-p)^{n-1} + \cdots + \mathrm{C}_n^n p^n (1-p)^0$$
$$= \left(p + (1-p)\right)^n = 1 \tag{5.13}$$

如果 X 服從式 (5.12) 中舉出的二項分佈，則 X 的期望和方差分別為

$$\mathrm{E}(X) = n \cdot p$$
$$\mathrm{var}(X) = n \cdot p(1-p) \tag{5.14}$$

質地均勻硬幣

為了方便大家理解二項分佈，我們假定硬幣質地均勻，即 $p = 0.5$。

先從 $n = 1$ 說起，也就是說試驗中拋 1 枚均勻硬幣。令 X 為正面為朝上的次數，X 的機率質量函數 PMF 為

$$p_X(x) = \begin{cases} 1/2 & x = 0 \\ 1/2 & x = 1 \end{cases} \tag{5.15}$$

這本質上是伯努利分佈。

當 $n = 2$，即拋兩枚均勻硬幣時，X 的機率質量函數為

$$p_X(x) = \begin{cases} 1/4 & x = 0 \\ 1/2 & x = 1 \\ 1/4 & x = 2 \end{cases} \tag{5.16}$$

拋 3 枚均勻硬幣時，X 的機率質量函數為

$$p_X(x) = \begin{cases} C_3^0 \cdot (1/2)^3 = 1/8 & x = 0 \\ C_3^1 \cdot (1/2)^3 = 3/8 & x = 1 \\ C_3^2 \cdot (1/2)^3 = 3/8 & x = 2 \\ C_3^3 \cdot (1/2)^3 = 1/8 & x = 3 \end{cases} \tag{5.17}$$

試驗中，拋 n 枚均勻硬幣，令 X 為正面朝上的次數，則 X 的機率質量函數為

$$p_X(x) = \begin{cases} C_n^0 \cdot (1/2)^n & x = 0 \\ C_n^1 \cdot (1/2)^n & x = 1 \\ \cdots & \cdots \\ C_n^n \cdot (1/2)^n & x = n \end{cases} \tag{5.18}$$

圖 5.6 所示為 $p = 0.5$，n 取不同值時，二項分佈的機率質量函數分佈。隨著 n 不斷增大，大家仿佛看到了「高斯分佈」。請大家特別注意，高斯分佈對應連續隨機變數，而二項分佈對應離散隨機變數。

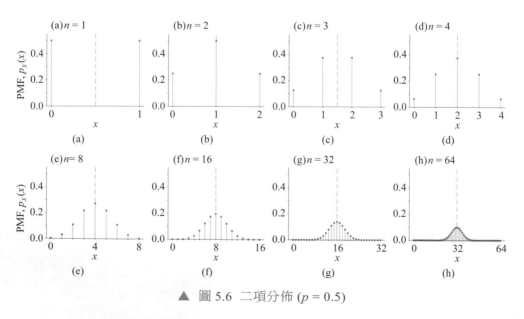

▲ 圖 5.6 二項分佈 ($p = 0.5$)

質地不均勻硬幣

如果硬幣不均勻，假設正面朝上的機率為 $p = 0.8$。試驗中，拋硬幣 n 次，令 X 為正面朝上的次數，則 X 的機率質量函數為

$$p_X(x) = \begin{cases} C_n^0 \cdot 0.8^0 (1-0.8)^n & x = 0 \\ C_n^1 \cdot 0.8^1 (1-0.8)^{n-1} & x = 1 \\ \cdots & \cdots \\ C_n^n \cdot 0.8^n (1-0.8)^0 & x = n \end{cases} \tag{5.19}$$

圖 5.7 所示為 $p = 0.8$，n 取不同值時，二項分佈的機率質量函數分佈。

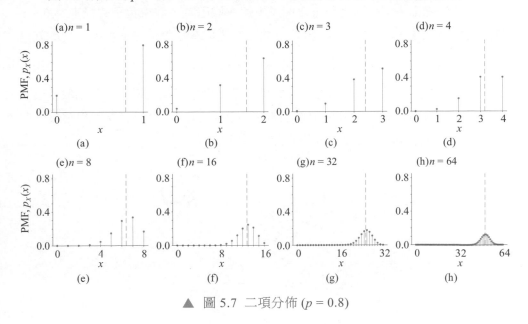

▲ 圖 5.7 二項分佈 ($p = 0.8$)

顯然，二項分佈機率質量函數的形狀是由 n、p 兩個參數確定的。容易發現，當 $p = 1/2$ 時，PMF 關於 $x = n/2$ 對稱。當 $p > 1/2$ 時，PMF 影像偏向於 n；當 $p < 1/2$ 時，PMF 影像偏向於 0。隨著 n 不斷增大，分布的偏度逐漸變小，而且形狀上不斷近似於高斯分佈。

⚠️

> 必須再次強調的是：二項分佈對應離散隨機變數，而高斯分佈對應連續隨機變數。二項分佈 $p_X(x)$ 為機率質量函數，而高斯分佈 $f_X(x)$ 為機率密度函數。

有放回 VS 不放回

總結來說，二項分佈是 n 個獨立進行的伯努利試驗。二項分佈 PMF 有兩個參數 — n、p。

從抽樣試驗角度，二項分佈強調「獨立」，每次取出後再放回，這樣整體本身不發生變化。還是利用雞兔作例子，每次取出時，取得兔子的機率為 0.6，取得雞的機率為 0.4。計算 n = 10 次有放回取出中有 5 隻兔子的機率，用的就是二項分佈。

若是不放回抽樣，即每次抽樣之後不放回，則整體隨之變化，分別取得雞、兔的機率不斷變化。二項分佈則無法處理無放回抽樣，我們需要用到超幾何分佈。超幾何分佈是本章後續要介紹的分佈類型。

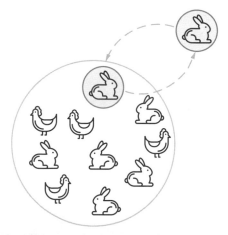

▲ 圖 5.8 從抽樣試驗角度看二項分佈

🔽

程式 Bk5_Ch05_03.py 繪製圖 5.6 和圖 5.7。

5.5 多項分佈：二項分佈推廣

多項分佈 (multinomial distribution)，也叫多項式分佈，是二項式分佈的推廣。多項分佈描述在 n 次獨立重複的試驗中，每次試驗有 K 個可能結果中的發生的次數的機率分佈。每次試驗的 K 個可能結果的機率不一定相等。

多項分佈的機率質量函數為

$$p_{X_1,\cdots,X_K}\left(x_1,\cdots,x_K;n,p_1,\cdots,p_K\right)\begin{cases}\dfrac{n!}{(x_1!)\times(x_2!)\cdots(x_K!)}\times p_1^{x_1}\times\cdots\times p_K^{x_K} & \text{when }\sum_{i=1}^{K}x_i=n \\ 0 & \text{otherwise}\end{cases} \quad (5.20)$$

其中：x_i (i = 1, 2, $\cdots$, K) 為非負整數，且 $\sum_{i=1}^{K}p_i=1$。這個分佈常記作 Mult($\boldsymbol{p}$) 或 Mult($p_1, p_2, \cdots, p_K$)。

> ⚠️
>
> 注意：為了避免混淆，本書中用「|」引出條件機率中的條件，用分號「：」引出機率分佈的參數。

特別地，如果 n = 1，多項分佈就變成了**類別分佈** (categorical distribution)。

舉個例子

假設一個農場有大量動物，其中 60% 為兔了，10% 為豬，30% 為雞，如圖 5.9 所示。如果隨機抓取 8 隻動物，其中有 2 隻兔子、3 頭豬、3 隻雞的機率為多少？

▲ 圖 5.9 農場兔、豬、雞的比例

計算這個機率就用到了多項分佈。當 $K = 3$ 且 $n = 8$ 時，多項式分佈的機率質量函數為

$$f\left(x_1, x_2, x_3; p_1, p_2, p_3\right) = \begin{cases} \dfrac{8!}{(x_1!) \times (x_2!) \times (x_3!)} \times p_1^{x_1} \times p_1^{x_2} \times p_3^{x_3} & \text{when } x_1 + x_2 + x_3 = 8 \\ 0 & \text{otherwise} \end{cases} \quad (5.21)$$

其中：x_1、x_2、x_3 均為非負整數。

將 $x_1 = 2$，$x_2 = 3$，$x_3 = 3$，$p_1 = 0.6$，$p_2 = 0.1$，$p3 = 0.3$ 代入式 (5.21) 得到

$$f\left(\underset{x_1}{2}, \underset{x_2}{3}, \underset{x_3}{3}; \underset{p_1}{0.6}, \underset{p_2}{0.1}, \underset{p_3}{0.3}\right) = \frac{8!}{(2!) \times (3!) \times (3!)} \times 0.6^2 \times 0.1^3 \times 0.3^3 \approx 0.0054 \quad (5.22)$$

散點圖、熱圖、火柴棒圖

下面，我們分別用三維散點圖、二維散點圖、熱圖、火柴棒圖型視覺化多項分佈。

給定參數 $n = 8$，$p_1 = 0.6$，$p_2 = 0.1$，$p_3 = 0.3$，多項分佈的三維散點圖如圖 5.10(a) 所示。圖 5.10(a) 中每一個散點代表一個 (x_1, x_2, x_3) 組合，注意這三個數均為非負整數。由於 $x_1 + x_2 + x_3 = 8$，所以 (x_1, x_2, x_3) 散點均在一個平面上。散點的顏色代表機率質量 PMF 值大小。

將這些散點投影在 $x_1 x_2$ 平面上，便得到圖 5.10(b)。這說明只要給定 x_1 和 x_2，根據 $x_3 = 8 - (x_1 + x_2)$，便可以將 x_3 確定下來。

圖 5.11 所示為上述多項分佈的 PMF 熱圖和散點圖。

圖 5.12、圖 5.13 和圖 5.14、圖 5.15 視覺化另外兩組參數的多項分佈，請大家自行比較分析。

◀

二項分佈、多項分佈、Beta 分佈、Dirichlet 分佈 (第 7 章) 經常一起出現在**貝氏推斷** (Bayesian inference) 中，這是第 21、22 章要介紹的內容。

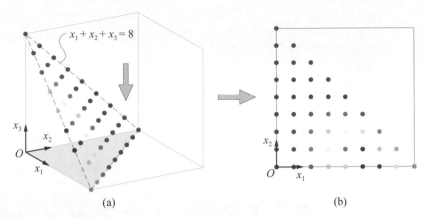

▲ 圖 5.10 多項分佈 PMF 三維和平面散點圖 ($n = 8$，$p_1 = 0.6$，$p_2 = 0.1$，$p_3 = 0.3$)

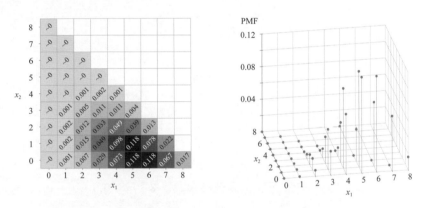

▲ 圖 5.11 多項分佈 PMF 熱圖和火柴棒圖 ($n = 8$，$p_1 = 0.6$，$p_2 = 0.1$，$p_3 = 0.3$)

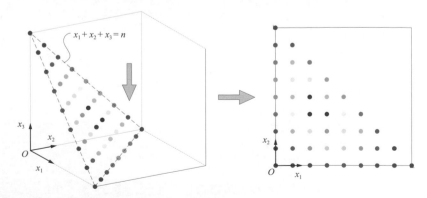

▲ 圖 5.12 多項分佈 PMF 三維和平面散點圖 ($n = 8$，$p_1 = 0.6$，$p_2 = 0.1$，$p_3 = 0.3$)

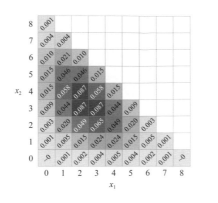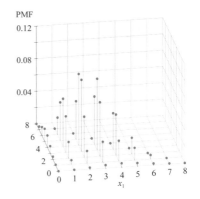

▲ 圖 5.13　多項分佈 PMF 熱圖和火柴棒圖 ($n = 8$，$p_1 = 0.6$，$p_2 = 0.1$，$p_3 = 0.3$)

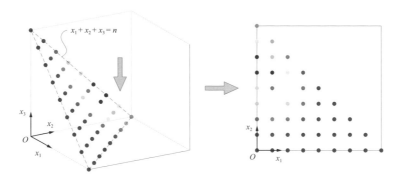

▲ 圖 5.14　多項分佈 PMF 三維和平面散點圖 ($n = 8$，$p_1 = 0.6$，$p_2 = 0.1$，$p_3 = 0.3$)

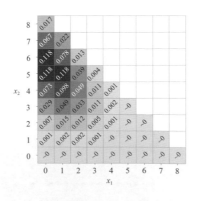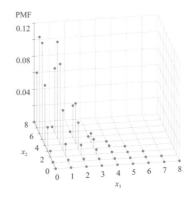

▲ 圖 5.15　多項分佈 PMF 熱圖和火柴棒圖 ($n = 8$，$p_1 = 0.6$，$p_2 = 0.1$，$p_3 = 0.3$)

Bk5_Ch05_04.py 程式檔案繪製本節影像。

5.6 卜松分佈：建模隨機事件的發生次數

如果二項分佈的試驗次數 n 非常大，事件每次發生的機率 p 非常小，並且它們的乘積 np 存在有限的極限 λ, 則這個二項分佈趨近於另一種分佈—卜松分佈 (Poisson distribution)。卜松分佈是一種離散型機率分佈，它描述的是在一定時間內某個事件發生的次數。

卜松分佈的機率質量函數為

$$p_X(x) = \frac{\exp(-\lambda)\lambda^x}{x!}, \quad x = 0, 1, 2, \cdots \tag{5.23}$$

圖 5.16 所示為卜松分佈機率質量函數隨 λ 的變化情況。

滿足式 (5.23) 卜松隨機變數的期望和方差都是 λ, 即

$$E(X) = \text{var}(X) = \lambda \tag{5.24}$$

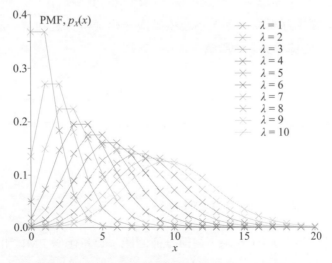

▲ 圖 5.16 卜松分佈機率質量函數隨 λ 的變化情況

我們一般用卜松分佈描述在替定的時間段、距離、面積等範圍內隨機事件發生的機率。應用卜松分佈的例子包括每小時走入商店的人數、一定時間內機器出現故障的次數、一定時間內交通事故發生的次數等。

⚠

> 再次強調：卜松分佈的均值和方差相等，都等於 λ。這也就意味著，當 λ 確定時，卜松分佈的形態也就確定了。

🔻

> 程式 Bk5_Ch05_05.py 繪製圖 5.16。

5.7 幾何分佈：滴水穿石

幾何分佈 (geometric distribution) 也是一個單參數機率分佈，幾何分佈模擬一系列獨立伯努利試驗中一次成功之前的失敗次數。其中，每次試驗不是成功就是失敗，並且任何單獨試驗的成功機率是恆定的。

比如，拋 x 次硬幣 (伯努利試驗)，前 $x-1$ 次均為反面，在第 x 次為正面。

在連續拋硬幣的試驗中，每次拋擲正面出現的機率為 p，反面出現的機率為 $1-p$，每次拋擲相互獨立。令 X 為連續拋擲一枚硬幣，直到第一次出現正面所需要的次數。X 的機率質量函數為

$$p_X\left(x\right)=\left(1-p\right)^{x-1}p, \quad x=1,2,\cdots \tag{5.25}$$

滿足式 (5.25) 幾何分佈的離散隨機變數 X 的期望和方差分別為

$$
\begin{aligned}
\mathrm{E}\left(X\right) &= \frac{1}{p} \\
\mathrm{var}\left(X\right) &= \frac{1-p}{p^2}
\end{aligned}
\tag{5.26}
$$

圖 5.17 所示為當 $p=0.5$ 時，幾何分佈的機率質量函數 PMF 和 CDF。

注意，幾何分佈的隨機變數有兩種定義：①獲得一次成功所需要的最小試驗次數；②第一次成功之前經歷的失敗次數。兩者之差為 1。它們的期望值也不同。

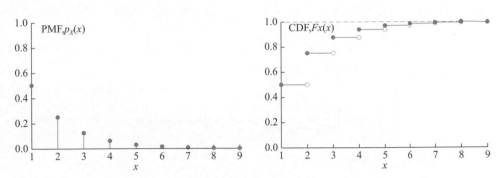

▲ 圖 5.17 幾何分佈機率質量函數 PMF 和 CDF($p = 0.5$)

圖 5.18 所示為幾何分佈機率質量函數 PMF 隨 p 的變化情況。

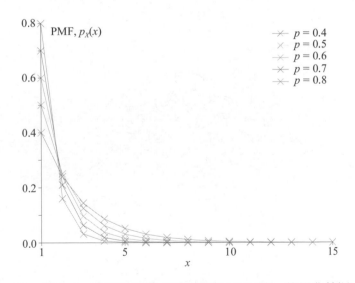

▲ 圖 5.18 幾何分佈機率質量函數 PMF 隨 p 的變化情況

程式 Bk5_Ch05_06.py 繪製圖 5.17 和圖 5.18。

5.8　超幾何分佈：不放回

我們在介紹二項分佈時，特別強調二項分佈在抽樣時放回。如果抽樣時不放回，我們便可以得到**超幾何分佈** (hypergeometric distribution)。

舉個例子，假如某個農場總共有 N 隻動物，其中有 K 隻兔子。從 N 隻動物不放回取出 n 個動物，其中有 x 隻兔子的機率為

$$p_X(x) = \frac{C_K^x C_{N-K}^{n-x}}{C_N^n}, \quad \max(0, n+K-N) \leq x \leq \min(K, n) \tag{5.27}$$

這個分佈就是超幾何分佈。

比如，如圖 5.19 所示，有 $50(N)$ 隻動物，其中有 $15(K)$ 隻兔子 (30%)。從 $50(N)$ 隻動物中不放回地取出 $20(n)$ 隻動物，其中有 x 隻兔子對應的機率為

$$p_X(x) = \frac{C_{15}^x C_{35}^{20-x}}{C_{50}^{20}} \tag{5.28}$$

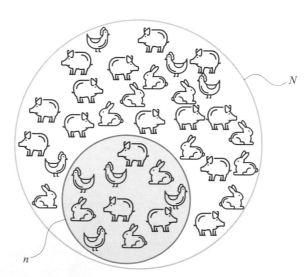

▲ 圖 5.19 超幾何分佈原理

式 (5.28) 中機率質量函數 $p_X(x)$ 對應的影像如圖 5.20 所示。

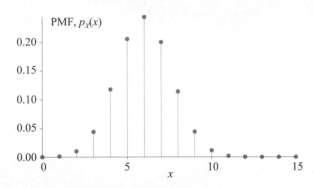

▲ 圖 5.20 超幾何分佈機率質量函數 ($N = 50$，$K = 15$，$n = 20$)

總結來說，超幾何分佈的核心是「不放回」。超幾何分佈 PMF 的輸入有 4 個，其中 N、K 描述整體，n、x 描述採樣。

程式 Bk5_Ch05_07.py 繪製圖 5.20。

二項分佈 VS 超幾何分佈

如果整體數量 N 很大，取出數量 n 很小，則不管抽樣時是否放回，都可以用二項分佈近似。

舉個例子，兔子佔整體的比例確定為 $p = 0.3(30\%)$，而動物整體數量 N 分別為 100、200、400、800 條件下，放回取出 (二項分佈)、不放回取出 (超幾何分佈)$n = 20$ 隻動物，兔子數量 x 對應的機率分布如圖 5.21 所示。

觀察圖 5.21 中的四幅子圖，我們發現當 N 不斷增大時，二項分佈和超幾何分佈的 PMF 曲線逐漸靠近。

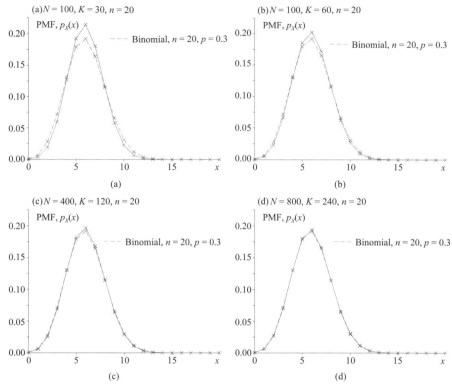

▲ 圖 5.21 超幾何分佈 PMF 和二項分佈 PMF 關係

程式 Bk5_Ch05_08.py 繪製圖 5.21。

離散分佈是機率論中的一種重要分佈類型，描述的是在一定條件下隨機變數設定值的機率分佈情況。離散分佈也是高度理想化的數學模型，是一種近似而已。這一章需要大家格外留意二項分佈和多項分佈，它們在本書貝氏推斷中將造成重要作用。

各種分佈之間的關聯，請大家參考：

◀ http://www.math.wm.edu/~leemis/chart/UDR/UDR.html

Continuous Random Variables

6 連續隨機變數

PDF 積分得到邊緣機率密度或機率值

> 上帝不僅玩骰子，他還有時把骰子扔到人類看不見的地方。
>
> *Not only does God definitely play dice, but He sometimes confuses us by throwing them where they can't be seen.*
>
> ——史蒂芬‧霍金（*Stephen Hawking*）| 英國理論物理學家、宇宙學家 | *1942—2018* 年

- matplotlib.pyplot.contour() 繪製平面等高線
- matplotlib.pyplot.contour3D() 繪製三維等高線
- matplotlib.pyplot.contourf() 繪製平面填充等高線
- matplotlib.pyplot.fill_between() 區域填充顏色
- matplotlib.pyplot.plot_wireframe() 繪製三維單色線方塊圖
- matplotlib.pyplot.scatter() 繪製散點圖
- scipy.stats.st.gaussian_kde() 高斯 KDE 函數
- seaborn.scatterplot() 繪製散點圖
- statsmodels.api.nonparametric.KDEUnivariate() 一元核心密度估計

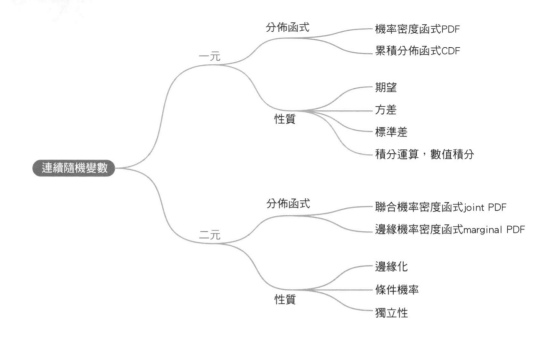

6.1 一元連續隨機變數

第 4 章區分過離散隨機變數 (discrete random variable)、連續隨機變數 (continuous random variable)。如果隨機變數 X 的所有可能設定值不可以一個一個列舉出來，而是整個數軸或數軸上某一區間內的任一點，我們就稱 X 為連續隨機變數。

機率密度函數：積分

第 4 章介紹過，離散隨機變數對應的數學工具為求和 Σ，連續隨機變數對應的數學工具為積分 $\int$。對於連續隨機變數 X，如果存在非負函數 $f_X(x)$ 使得

$$\Pr(X \in B) = \int_B f_X(x)\,\mathrm{d}x \tag{6.1}$$

則稱函數 $f_X(x)$ 為 X 的**機率密度函數** (probability density function, PDF)。

特別地,如圖 6.1 所示,當 B 為區間 $[a,b]$ 時,隨機變數 X 的機率對應定積分

$$\Pr\left(a \leqslant X \leqslant b\right) = \int_a^b f_X\left(x\right)\mathrm{d}x \tag{6.2}$$

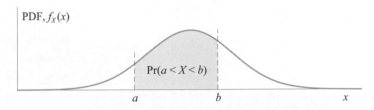

▲ 圖 6.1 定積分常用來計算一元連續隨機變數在一定區間對應的機率

此外,本書前文提到過,PMF 和 PDF 的輸入都可能是不止一個隨機變數,這與多元函數一樣。比如,二元連續隨機變數 (X,Y) 的聯合機率密度函數 PDF $f_{X,Y}(x,y)$ 有兩個變數,三元連續隨機變數 (X_1, X_2, X_3) 的聯合機率密度函數 PDF $f_{X1,X2,X3}(x_1,x_2,x_3)$ 有三個變數。

機率密度非負,面積為 1

機率密度函數 $f_X(x)$ 必須是非負的,即 $f_X(x) \geq 0$,且滿足

$$\Pr\left(-\infty < X < \infty\right) = \int_{-\infty}^{\infty} f_X\left(x\right)\mathrm{d}x = 1 \tag{6.3}$$

式 (6.3) 常簡寫為

$$\int_x f_X\left(x\right)\mathrm{d}x = 1 \tag{6.4}$$

如圖 6.2 所示，從影像上來看，$f_X(x)$ 曲線和整個橫軸包圍區域的面積為 1，這也是歸一化。換句話說，一個函數要想能當作機率密度函數來使用，就要先滿足非負、面積為 1 這兩個條件。

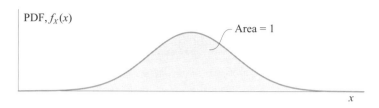

▲ 圖 6.2　$f_X(x)$ 和橫軸圍成圖形的面積為 1

單點集合：機率密度非負，但是機率為 0

利用數值積分方法，X 的設定值範圍在 $[a, a + \Delta]$ 對應的機率為：

$$\Pr(a \leqslant X \leqslant a + \Delta) = \int_a^{a+\Delta} f_X(x)\,\mathrm{d}x \approx f_X(a)\Delta \qquad (6.5)$$

當 $\Delta \to 0$ 時，$\Pr(a \leq X \leq a + \Delta) \to 0$。

也就是說，對於單點集合，$X = a$ 的機率為 0，即

$$\Pr(X = a) = \int_a^a f_X(x)\,\mathrm{d}x = 0 \qquad (6.6)$$

即使機率密度 $f_X(a)$ 大於 0。

區間端點

因此，對於連續隨機變數 X，區間端點對機率計算不起任何作用，因此以下四個機率值等價，即

$$\Pr(a \leqslant X \leqslant b) = \Pr(a < X \leqslant b) = \Pr(a \leqslant X < b) = \Pr(a < X < b) \qquad (6.7)$$

這就好比「單絲不成線、獨木不成林」。在這一點上，連續隨機變數、離散隨機變數完全不同。

機率密度值可以大於 1

再次強調 $f_X(x)$ 並不是機率，而是機率密度，因此 $f_X(x)$ 可以大於 1。

比如，圖 6.3 所示的在 [0,0.5] 區間上連續均勻分佈的機率密度函數 $f_X(x)$。很明顯，$f_X(x)$ 的最大值為 2，但是長方形的面積仍為 1，即

$$
\begin{aligned}
\Pr\left(-\infty < X < \infty\right) &= \int_{-\infty}^{0} f_X(x)\,\mathrm{d}x + \int_{0}^{0.5} f_X(x)\,\mathrm{d}x + \int_{0.5}^{\infty} f_X(x)\,\mathrm{d}x \\
&= 0 + \int_{0}^{0.5} 2\,\mathrm{d}x + 0 \\
&= 2x\big|_{0}^{0.5} = 1
\end{aligned}
\tag{6.8}
$$

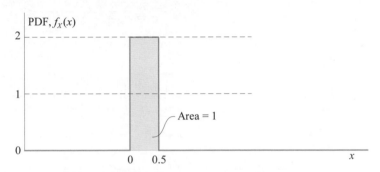

▲ 圖 6.3 機率密度函數 f_X(x) 可以大於 1

反覆強調：圖 6.3 中的 2 不是機率值，而是機率密度。對於一元隨機變數，機率密度函數在一定區間內的積分結果才是機率值。機率密度雖然不是機率值，但也可以量化「可能性」。

累積分佈函數

本書前文介紹過，給定一元離散隨機變數 X 的機率質量函數 $p_X(x)$，求解其 CDF 時，用的是累加 Σ。

以圖 6.4(a) 為例，對於一元連續隨機變數 X，求累積分佈函數 CDF 用的是積分，也就是求面積，即

$$F_X(x) = \Pr(X \leqslant x) = \int_{-\infty}^{x} f_X(t) \, dt \tag{6.9}$$

圖 6.4(a) 中 $f_X(x)$ 圖形的面積對應機率值，而圖 6.4(b) 中 $F_X(x)$ 的高度對應機率值。隨機變數 X 在 $[a,b]$ 區間對應的機率可以用 CDF 計算，即

$$\Pr(a \leqslant X \leqslant b) = F_X(b) - F_X(a) \tag{6.10}$$

再次強調，對於一元連續隨機變數，PDF 是機率密度，CDF 是機率。

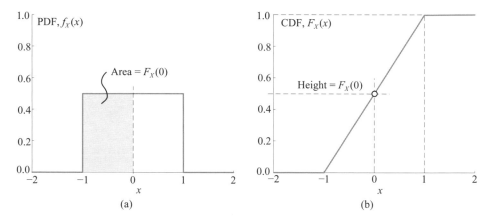

▲ 圖 6.4 連續均勻分佈 PDF 和 CDF

6.2 期望、方差和標準差

期望值

連續隨機變數 X 的期望定義為

$$E(X) = \int_{-\infty}^{\infty} x \cdot \underbrace{f_X(x)}_{\text{Weight}} \, dx \tag{6.11}$$

式 (6.11) 也相當於加權平均。其中，$f_X(x)$ 相當於「權重」。顯然，$f_X(x)$ 非負，但是 x 的設定值可正可負。這也就是說，E(X) 可正可負。

式 (6.12) 常簡寫為

$$\mathrm{E}(X) = \int_x x \cdot f_X(x) \mathrm{d}x \tag{6.12}$$

權重當然滿足 $\int_x f_X(x) \mathrm{d}x = 1$。

連續均勻分佈

如圖 6.5 所示，如果隨機變數 X 在 $[a,b]$ 上服從**連續均勻分佈** (continuous uniform distribution)，則 X 的機率密度函數為

$$f_X(x) = \begin{cases} \dfrac{1}{b-a}, & a \leq x \leq b \\ 0, & x < a \text{ or } x > b \end{cases} \tag{6.13}$$

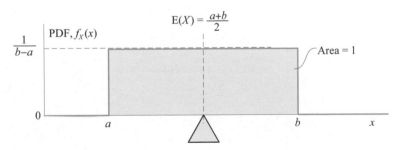

▲ 圖 6.5 隨機變數 X 在 $[a,b]$ 上為均勻分佈

X 的期望值為

$$\mathrm{E}(X) = \int_a^b x \cdot \frac{1}{b-a} \mathrm{d}x = \frac{1}{b-a} \frac{x^2}{2}\Big|_a^b = \frac{1}{b-a} \frac{b^2-a^2}{2} = \frac{a+b}{2} \tag{6.14}$$

隨機變數 X 的設定值在 $[a,b]$ 變化，對應的機率密度變化用 $f_X(x)$ 刻畫。而求得的期望值 E(X) 則是一個標量，這個過程相當於總結歸納，也是降維。

幾何角度來看，如圖 6.5 所示，計算 X 的期望值相當於找到一塊均質木板的質心在長度方向上的位置。

相比於第 4 章的離散隨機變數求和運算，積分運算可以看作是「極盡細膩」的求和。

方差

連續隨機變數 X 方差的定義為

$$\mathrm{var}(X) = \mathrm{E}\left[\left(X - \mathrm{E}(X)\right)^2\right] = \int_x \left(\underbrace{x - \mathrm{E}(X)}_{\text{Deviation}}\right)^2 \cdot \underbrace{f_X(x)}_{\text{Weight}} \mathrm{d}x \tag{6.15}$$

同樣，連續隨機變數 X 的方差也滿足

$$\mathrm{var}(X) = \mathrm{E}\left(\left(X - \mathrm{E}(X)\right)^2\right) = \mathrm{E}(X^2) - \left(\mathrm{E}(X)\right)^2 \tag{6.16}$$

其中

$$\mathrm{E}(X^2) = \int_x x^2 \cdot f_X(x) \mathrm{d}x \tag{6.17}$$

舉個例子

對於圖 6.5 所示的均勻分佈，為了方便計算 X 的方差，計算 X 平方的期望值為

$$\mathrm{E}(X^2) = \int_a^b x^2 \cdot \frac{1}{b-a} \mathrm{d}x = \frac{1}{b-a} \frac{x^3}{3}\bigg|_a^b = \frac{1}{b-a} \frac{b^3 - a^3}{3} = \frac{a^2 + ab + b^2}{3} \tag{6.18}$$

根據式 (6.15)，X 的方差為

$$\mathrm{var}(X) = \mathrm{E}\left((X - \mathrm{E}(X))^2\right) = \mathrm{E}(X^2) - (\mathrm{E}(X))^2$$

$$= \frac{a^2 + ab + b^2}{3} - \frac{(a+b)^2}{4} = \frac{(b-a)^2}{12} \tag{6.19}$$

數值積分

如圖 6.6 所示，隨機變數 X 在 $[0,1]$ 上為均勻分佈。我們透過積分可以很容易得到期望值、方差。但是，並不是所有的機率密度函數都有解析式；此外，即使機率密度函數有解析式，也不代表我們能計算得到積分的解析解，如高斯函數。

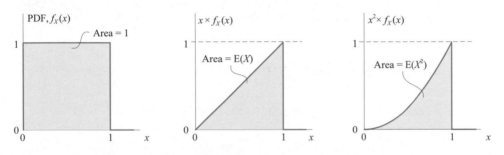

▲ 圖 6.6 隨機變數 X 在 $[0,1]$ 上為均勻分佈

如圖 6.7 所示，這就需要用到《AI 時代 Math 元年 - 用 Python 全精通數學要素》一書第 18 章介紹的**數值積分** (numerical integration)。當然，我們還可以用**蒙地卡羅模擬** (Monte Carlo simulation) 估算面積，這是本書後續要介紹的內容。

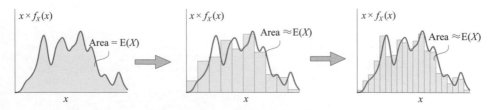

▲ 圖 6.7 數值積分估算期望值

6.3 二元連續隨機變數

假設同一個試驗中，有兩個連續隨機變數 X 和 Y，非負二元函數 $f_{X,Y}(x,y)$ 為 (X,Y) 的聯合機率密度函數 (joint probability density function 或 joint PDF)。

本章前文介紹過，對於一元連續隨機變數，積分得到的面積對應機率。而二元隨機變數計算機率的工具是二重積分，從影像上來看，二重積分得到的體積對應機率。

如圖 6.8 所示，給定積分區域 $A = \{(x,y)\mid a < x < b,\ c < y < d\}$，機率 $\Pr((X,Y) \in A)$ 對應的二重積分為

$$\underbrace{\Pr\big((X,Y)\in A\big)}_{\text{Probability}} = \int_c^d \int_a^b \underbrace{f_{X,Y}(x,y)}_{\text{Joint PDF}}\,\mathrm{d}x\,\mathrm{d}y \tag{6.20}$$

體積為 1：樣本空間機率為 1

如果積分區域為整個平面，則二重積分的結果為 1，即

$$\int_{-\infty}^{+\infty}\int_{-\infty}^{+\infty}\underbrace{f_{X,Y}(x,y)}_{\text{Joint PDF}}\,\mathrm{d}x\,\mathrm{d}y = 1 \tag{6.21}$$

也就是說，圖 6.8 中 $f_{X,Y}(x,y)$ 曲面和水平面圍成幾何形狀的體積為 1，代表樣本空間的機率為 1。式 (6.21) 本質上也是「窮舉法」。

累積機率密度 CDF

二元累積機率函數 CDF 定義為

$$\underbrace{F_{X,Y}(x,y)}_{\text{Probability}} = \Pr(X < x, Y < y) = \int_{-\infty}^{y}\int_{-\infty}^{x}\underbrace{f_{X,Y}(s,t)}_{\text{Joint PDF}}\,\mathrm{d}s\,\mathrm{d}t \tag{6.22}$$

　　圖 6.9 所示等高線為某個二元累積機率函數 $F_{X,Y}(x,y)$。圖 6.9 還繪製了兩條邊緣 CDF 曲線。

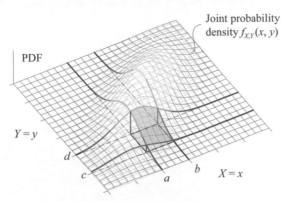

▲ 圖 6.8 二元 PDF $f_{X,Y}(x,y)$ 在 $A = \{(x,y)|a < x < b, c < y < d\}$ 的二重積分

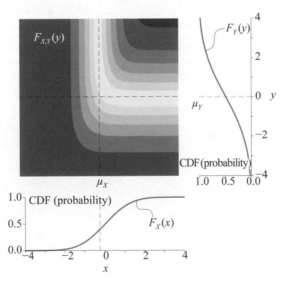

▲ 圖 6.9 CDF 函數曲面 $F_{X,Y}(x,y)$ 平面填充等高線，邊緣 CDF

6.4 邊緣機率：二元 PDF 偏積分

　　圖 6.10 所示為二元機率密度函數 $f_{X,Y}(x,y)$ 曲面和邊緣機率曲線的關係。

邊緣機率密度函數 $f_X(x)$

如圖 6.11 所示，連續隨機變數 X 的邊緣機率密度函數 $f_X(x)$ 可以透過 $f_{X,Y}(x,y)$ 對 y「偏積分」得到，即

$$\underbrace{f_X\left(x\right)}_{\text{Marginal}} = \overbrace{\int_{-\infty}^{+\infty} \underbrace{f_{X,Y}\left(x,y\right)}_{\text{Joint}} \mathrm{d}\, y}^{\text{Eliminate } y} \tag{6.23}$$

式 (6.23)，相當於消去 (降維、壓扁、折疊) 變數 y，這與離散隨機變數的「偏求和」類似。

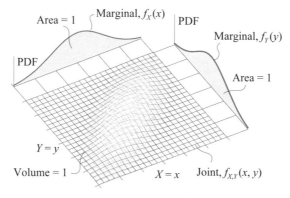

▲ 圖 6.10　二元聯合機率密度函數曲面和邊緣機率密度之間的關係

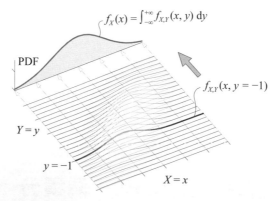

▲ 圖 6.11　聯合機率密度 $f_{X,Y}(x,y)$ 對 y「偏積分」得到邊緣機率密度 $f_X(x)$

式 (6.23) 可以簡寫為

$$\underbrace{f_X(x)}_{\text{Marginal}} = \int_y \overbrace{\underbrace{f_{X,Y}(x,y)}_{\text{Joint}}}^{\text{Eliminate } y} \mathrm{d}y \qquad (6.24)$$

　　圖 6.12 所示為比較 $f_{X,Y}(x, y = c)$ 和 $f_X(x)$ 曲線。當 $y = c$ 取不同值時，我們可以看到 $f_{X,Y}(x,y)$ 和 $f_X(x)$ 曲線形狀不同。當 $y = c$ 時，$f_{X,Y}(x,y = c)$ 不是一元連續隨機變數 PDF，原因就是面積不為 1。但是經過歸一化之後，它們就變成了一元隨機變數 PDF。這個歸一化的工具就是「貝氏定理」。

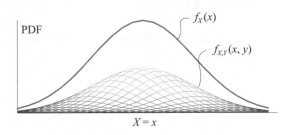

▲ 圖 6.12　比較聯合機率密度 $f_{X,Y}(x,y)$ 和邊緣機率密度 $f_X(x)$ 曲線

> ⚠
> 注意：$f_X(x)$ 還是機率密度函數，而不是機率。也就是說，$f_{X,Y}(x,y)$ 二重積分得到機率，$f_{X,Y}(x,y)$「偏積分」得到的還是機率密度函數。

體密度 VS 面密度 VS 線密度

　　從幾何上來看，如圖 6.13 所示，$f_{X,Y,Z}(x,y,z)$ 相當於「體密度」，$f_{X,Y}(x,y)$ 相當於「面密度」，$f_X(x)$ 相當於「線密度」，而機率值就相當於質量。

　　通俗地說，體密度就類似於「鐵塊」的密度，計算鐵塊質量時會用到「體積 × 體密度」。

　　面密度就類似於「鐵皮」的密度。鐵皮厚度太薄，不便測量。計算鐵皮質量時，我們用「面積 × 面密度」。線密度類似於「鐵絲」的密度。關心鐵絲橫截面面積沒有意義，實踐中鐵絲粗細有特定標準、型號。計算鐵絲質量時，我們用「長度 × 線密度」。

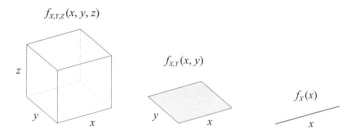

▲ 圖 6.13　體密度、面密度、線密度

邊緣機率密度函數 $f_Y(y)$

同理，如圖 6.14 所示，連續隨機變數 Y 的邊緣分佈機率密度函數 $f_Y(y)$ 可以透過 $f_{X,Y}(x,y)$ 對 x「偏積分」得到，即

$$\underbrace{f_Y(y)}_{\text{Marginal}} = \int_{-\infty}^{+\infty} \overbrace{\underbrace{f_{X,Y}(x,y)}_{\text{Joint}}}^{\text{Eliminate } x} \mathrm{d}x \tag{6.25}$$

式 (6.25) 相當消去了變數 x。式 (6.25) 也可以簡寫為

$$\underbrace{f_Y(y)}_{\text{Marginal}} = \int_x \overbrace{\underbrace{f_{X,Y}(x,y)}_{\text{Joint}}}^{\text{Eliminate } x} \mathrm{d}x \tag{6.26}$$

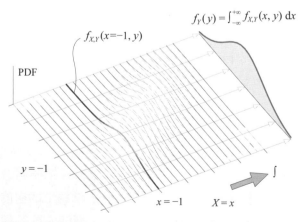

▲ 圖 6.14　$f_{X,Y}(x,y)$ 對 x「偏積分」得到邊緣分佈機率密度函數 $f_Y(y)$

6.5 條件機率：引入貝氏定理

條件機率密度函數 $f_{X|Y}(x|y)$

設 X 和 Y 為連續隨機變數，聯合機率密度函數為 $f_{X,Y}(x,y)$。利用貝氏定理，在替定 $Y = y$ 條件下，且 $f_Y(y) > 0$，X 的條件機率密度函數 $f_{X|Y}(x|y)$ 為

$$\underbrace{f_{X|Y}(x|y)}_{\text{Conditional}} = \frac{\overbrace{f_{X,Y}(x,y)}^{\text{Joint}}}{\underbrace{f_Y(y)}_{\text{Marginal}}} \tag{6.27}$$

圖 6.15 中 $f_{X,Y}(x, y = -1)$ 曲線代表 $Y = -1$ 時 (X,Y) 的聯合機率密度函數。

$f_{X,Y}(x, y = -1)$ 對 x 在 $(-\infty, +\infty)$ 積分的結果為邊緣機率密度 $f_Y(y = -1)$。也就是說，$f_{X,Y}(x, y = -1)$ 曲線面積為邊緣機率密度 $f_Y(y = -1)$。

下一步，$f_{X,Y}(x, y = -1)$ 經過 $f_Y(y = -1)$ 縮放得到條件機率曲線 $f_{X|Y}(x|y = -1)$。

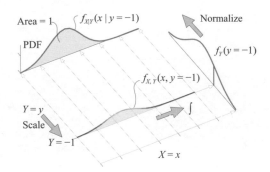

▲ 圖 6.15 給定 $Y = y$ 條件下且 $f_Y(y) > 0$，X 的條件機率密度函數

⚠️
再次強調：式 (6.27) 中，邊緣 $f_Y(y)$ 也是機率密度。

⚠️
注意：$f_{X|Y}(x|y = -1)$ 和橫軸圍成圖形的面積為 1，這代表 $Y = -1$ 這個新的樣本空間機率為 1。

圖 6.16 所示為比較 $f_X(x)$ 和 y 取不同值時條件機率密度函數 $f_{X|Y}(x|y)$ 的影像。將這些曲線投影到同一個平面，便可以得到圖 6.17。注意，圖 6.17 中所有曲線和橫軸圍成圖形的面積都是 1。

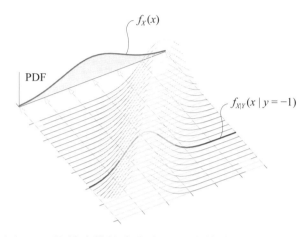

▲ 圖 6.16　比較邊緣機率密度 $f_X(x)$ 和條件機率密度 $f_{X|Y}(x|y)$

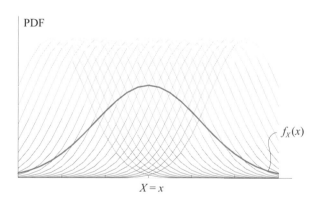

▲ 圖 6.17　比較邊緣機率密度 $f_X(x)$ 和條件機率密度 $f_{X|Y}(x|y)$，投影在平面上

條件機率密度函數 $f_{Y|X}(y|x)$

給定 $X = x$ 條件下，且 $f_X(x) > 0$，條件機率密度函數 $f_{Y|X}(y|x)$ 可以透過下式求得，即

$$\underbrace{f_{Y|X}\left(y|x\right)}_{\text{Conditional}} = \frac{\overbrace{f_{X,Y}\left(x,y\right)}^{\text{Joint}}}{\underbrace{f_{X}\left(x\right)}_{\text{Marginal}}} \tag{6.28}$$

如圖 6.18 所示為當 $X = -1$ 條件下，聯合機率密度函數 $f_{X,Y}(x = -1, y)$ 首先對 y 在 $(-\infty, +\infty)$ 積分的結果為邊緣機率密度值 $f_X(x = -1)$。下一步，$f_{X,Y}(x = -1, y)$ 經過 $f_X(x = -1)$ 縮放得到條件機率曲線 $f_{Y|X}(y|x = -1)$。

圖 6.19 所示為比較 $f_Y(y)$ 和 x 取不同值時條件機率密度函數 $f_{Y|X}(y|x)$ 的影像。

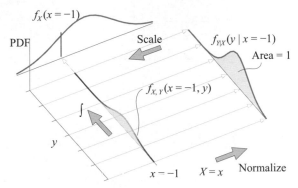

▲ 圖 6.18 給定 $X = x$ 條件下且 $f_X(x) > 0$，Y 的條件機率密度函數

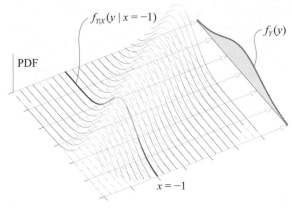

▲ 圖 6.19 比較邊緣機率密度 $f_Y(y)$ 和條件機率密度 $f_{Y|X}(y|x)$ 影像

聯合機率、邊緣機率、條件機率

根據貝氏定理，聯合機率、邊緣機率、條件機率三者的關係為

$$\underbrace{f_{X,Y}(x,y)}_{\text{Joint}} = \underbrace{f_{X|Y}(x|y)}_{\text{Conditional}}\underbrace{f_Y(y)}_{\text{Marginal}} = \underbrace{f_{Y|X}(y|x)}_{\text{Conditional}}\underbrace{f_X(x)}_{\text{Marginal}} \tag{6.29}$$

在式 (6.23) 的基礎上，連續隨機變數 X 的邊緣分佈機率密度函數 $f_X(x)$ 可以透過下式獲得，即

$$\underbrace{f_X(x)}_{\text{Marginal}} = \int_{-\infty}^{+\infty} \underbrace{f_{X,Y}(x,y)}_{\text{Joint}}\,\mathrm{d}y = \int_{-\infty}^{+\infty} \underbrace{f_{X|Y}(x|t)}_{\text{Conditional}}\underbrace{f_Y(t)}_{\text{Marginal}}\,\mathrm{d}t \tag{6.30}$$

同理，連續隨機變數 Y 的邊緣分佈機率密度函數 $f_Y(y)$ 可以透過下式計算得到，即

$$\underbrace{f_Y(y)}_{\text{Marginal}} = \int_{-\infty}^{+\infty} \underbrace{f_{X,Y}(x,y)}_{\text{Joint}}\,\mathrm{d}x = \int_{-\infty}^{+\infty} \underbrace{f_{Y|X}(y|s)}_{\text{Conditional}}\underbrace{f_X(s)}_{\text{Marginal}}\,\mathrm{d}s \tag{6.31}$$

6.6　獨立性：比較條件機率和邊緣機率

如果連續隨機變數 X 和 Y 獨立，則下式成立，即

$$f_{X|Y}(x|y) = f_X(x) \tag{6.32}$$

圖 6.20 所示為 X 和 Y 獨立條件下，條件機率密度函數 $f_{X|Y}(x|y)$ 和邊緣機率密度函數 $f_X(x)$ 之間的關係。我們發現條件機率 $f_{X|Y}(x|y)$ 的曲線與 Y 的設定值無關。條件機率 $f_{X|Y}(x|y)$ 的曲線形狀與邊緣機率 $f_X(x)$ 完全一致。這和圖 6.16 的情況完全不同。

式 (6.32) 等價於

$$f_{Y|X}(y|x) = f_Y(y) \tag{6.33}$$

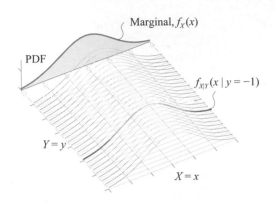

▲ 圖 6.20 X 和 Y 獨立，條件機率 $f_{X|Y}(x|y)$ 和邊緣機率 $f_X(x)$ 之間的關係

圖 6.21 所示為 X 和 Y 獨立條件下，條件機率 $f_{Y|X}(y|x)$ 和邊緣機率 $f_Y(y)$ 的影像完全一致。

獨立：聯合機率

對於兩個連續隨機變數 X 和 Y，如果兩者獨立，則聯合機率密度函數 $f_{X,Y}(x,y)$ 為邊緣機率密度函數 $f_X(x)$ 和 $f_Y(y)$ 的乘積，即

$$f_{X,Y}(x,y) = f_X(x)f_Y(y) \tag{6.34}$$

圖 6.22 所示為連續隨機變數 X 和 Y 獨立條件下，聯合機率 $f_{X,Y}(x,y)$ 曲面。圖 6.23 所示為聯合機率 $f_{X,Y}(x,y)$ 的平面等高線。

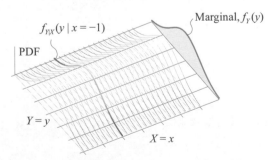

▲ 圖 6.21 X 和 Y 獨立，條件機率 $f_{Y|X}(y|x)$ 和邊緣機率 $f_Y(y)$ 之間的關係

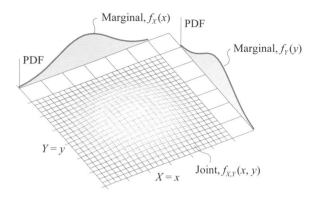

▲ 圖 6.22　X 和 Y 獨立，條件機率 $f_{Y|X}(y|x)$ 和邊緣機率 $f_Y(y)$ 之間的關係

6.7 以鳶尾花資料為例：不考慮分類標籤

本章後續兩節還是用鳶尾花資料集花萼長度 (X_1)、花萼寬度 (X_2)、分類標籤 (Y) 為例，講解本章前文介紹連續隨機變數的主要基礎知識。圖 6.24 所示為不考慮分類時，樣本資料花萼長度、花萼寬度散點圖。這兩節採用與第 5 章 5.9、5.10 兩節一樣的結構，方便大家對照閱讀。

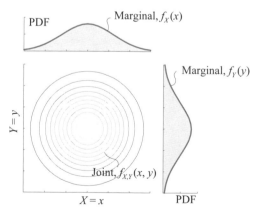

▲ 圖 6.23　連續隨機變數 X 和 Y 獨立，聯合機率密度 $f_{X,Y}(x,y)$ 曲面等高線

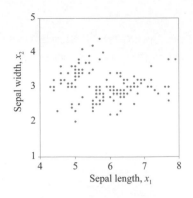

▲ 圖 6.24 鳶尾花資料花萼長度、花萼寬度散點圖 (不考慮分類)

機率密度估計→聯合機率密度函數 $f_{X1,X2}(x_1,x_2)$

基於高斯核心密度估計 (kernel density estimation, KDE)，我們可以得到如圖 6.25 所示的聯合機率密度函數 $f_{X1,X2}(x_1,x_2)$。暖色系對應較大的機率密度值，也就是說鳶尾花樣本分佈更為密集。

核心密度估計的基本思想是，透過在每個資料點處放置一個核心函數 (如高斯核心函數)，以此來估計機率密度函數。這樣，在整個資料集上使用核心函數後，我們便可以獲得一條連續的機率密度曲線，該曲線可以用於估計各種統計量，如平均值和方差。

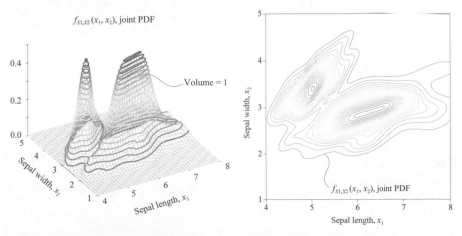

▲ 圖 6.25 聯合機率密度函數 $f_{X1,X2}(x_1,x_2)$ 三維等高線和平面等高線 (不考慮分類)

再次強調：圖 6.25 僅代表 $f_{X1,X2}(x_1,x_2)$ 的一種估計。即使採用相同的 KDE，使用不同的核心函數、改變演算法參數都會導致 $f_{X1,X2}(x_1,x_2)$ 曲面形狀變化。第 18 章將專門講解核心密度估計方法。

舉個例子，花萼長度 (X_1) 為 6.5、花萼寬度 (X_2) 為 2.0 時，聯合機率密度估計為

$$\underbrace{f_{X1,X2}(x_1=6.5,x_2=2.0)}_{\text{Joint PDF}} \approx 0.02097 \tag{6.35}$$

注意：0.02097 這個數值是機率密度，不是機率。也就是說，我們不能說鳶尾花取到花萼長度 (X_1) 為 6.5、花萼寬度 (X_2) 為 2.0 時對應的機率值為 0.02097，即使這個值在某種程度上也代表可能性。

由於 $f_{X1,X2}(x_1,x_2)$ 有兩個隨機變數，因此對它二重積分可以得到機率值。二重積分就相當於「窮舉法」。

採用「窮舉法」，圖 6.25 中 $f_{X1,X2}(x_1,x_2)$ 曲面和整個水平面圍成的幾何形體體積為 1，即

$$\iint_{x_2\ x_1} f_{X1,X2}(x_1,x_2)\,\mathrm{d}x_1\,\mathrm{d}x_2 = \underset{\text{Probability}}{\underline{1}} \tag{6.36}$$

聯合機率密度函數 $f_{X1,X2}(x_1,x_2)$ 的剖面線

$f_{X1,X2}(x_1,x_2)$ 本質上是個二元函數。

如圖 6.26 所示，當固定 x_1 設定值時，$f_{X1,X2}(x_1=c,x_2)$ 代表一條曲線。將一系列類似曲線投影到垂直平面可以得到圖 6.26(b)。圖 6.26(b) 中，這些 PDF 曲線和整個水平軸圍成的面積就是邊緣機率 $f_{X1}(x_1=c)$，而計算面積的數學工具就是「偏積分」。

《AI 時代 Math 元年 - 用 Python 全精通數學要素》一書第 10 章介紹過除了等高線，我們還可以使用「剖面線」分析二元函數。

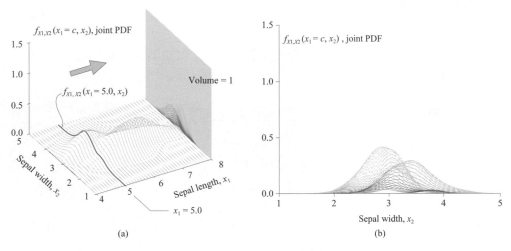

(a)   (b)

▲ 圖 6.26 固定 x_1 時，機率密度函數 $f_{X1,X2}(x_1,x_2)$ 隨 x_2 變化

圖 6.27 所示為固定 x_2 時，機率密度函數 $f_{X1,X2}(x_1,x_2)$ 隨 x_1 的變化。圖 6.27(b) 中 PDF 曲線和整個水平軸圍成的面積對應邊緣機率 $f_{X2}(x_2 = c)$。

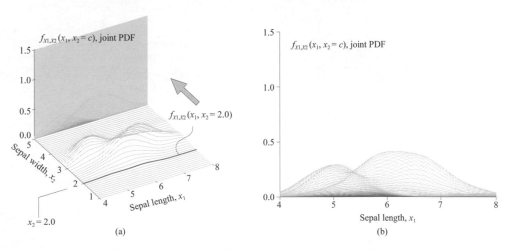

(a)   (b)

▲ 圖 6.27 固定 x_2 時，機率密度函數 $f_{X1,X2}(x_1,x_2)$ 隨 x_1 變化

花萼長度邊緣 PDF $f_{X1}(x_1)$：偏積分

圖 6.28 所示為求解花萼長度邊緣機率密度函數 $f_{X1}(x_1)$ 的過程，即

$$\underbrace{f_{X1}(x_1)}_{\text{Marginal}} = \int_{x_2} \underbrace{f_{X1,X2}(x_1,x_2)}_{\text{Joint}} dx_2 \tag{6.37}$$

舉個例子，當花萼長度 (X_1) 設定值為 5.0 時，對應的邊緣機率 $f_{X1}(5.0)$ 可以透過以下偏積分得到，即

$$f_{X1}(x_1 = 5.0) = \int_{x_2} f_{X1,X2}(x_1 = 5.0, x_2) dx_2 \tag{6.38}$$

圖 6.28 中彩色陰影面積對應邊緣機率，即 $f_{X1}(x_1)$ 曲線特定一點的高度。再次強調，$f_{X1}(x_1)$ 本身也是機率密度，不是機率值。$f_{X1}(x_1)$ 再積分可以得到機率。

如圖 6.28(b) 所示，$f_{X1}(x_1)$ 曲線和整個橫軸圍成圖形的面積為 1。大家可以試著用數值積分計算期望值 $E(X_1)$。

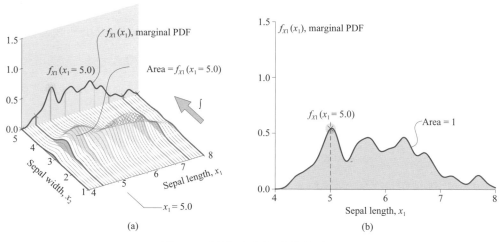

(a)　　　　　　　　　　　　　(b)

▲ 圖 6.28 偏積分求解邊緣機率 $f_{X1}(x_1)$

花萼寬度邊緣 PDF $f_{X2}(x_2)$：偏積分

圖 6.29 所示為求解花萼寬度邊緣機率密度函數的過程，有

$$\underbrace{f_{X2}(x_2)}_{\text{Marginal}} = \int_{x_1} \underbrace{f_{X1,X2}(x_1,x_2)}_{\text{Joint}} \mathrm{d}\, x_1 \tag{6.39}$$

舉個例子，當花萼寬度 (X_2) 設定值為 2.0 時，對應的邊緣機率密度 $f_{X2}(2.0)$ 可以透過偏積分得到，即

$$f_{X2}(x_2 = 2.0) = \int_{x_1} f_{X1,X2}(x_1, x_2 = 2.0)\mathrm{d}\, x_1 \tag{6.40}$$

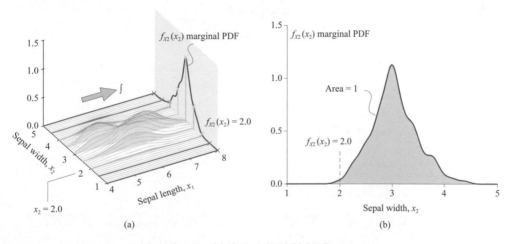

▲ 圖 6.29 偏積分求解邊緣機率 $f_{X2}(x_2)$

聯合 PDF VS 邊緣 PDF

圖 6.30 所示為聯合 PDF 與邊緣 PDF 之間的關係。圖 6.30 中聯合機率密度函數 $f_{X1,X2}(x_1,x_2)$ 採用高斯 KDE 估計得到。圖 6.30 中的 $f_{X1,X2}(x_1,x_2)$ 比較精准地捕捉到了鳶尾花樣本資料的分布特徵。

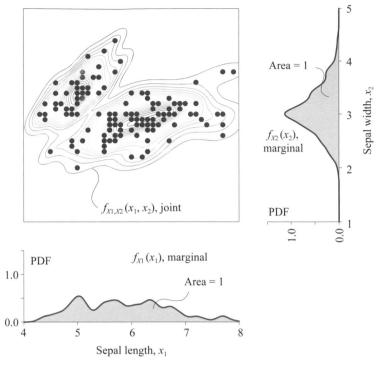

▲ 圖 6.30 聯合 PDF 和邊緣 PDF 之間的關係

假設獨立

如果假設 X_1 和 X_2 獨立，聯合機率密度 $f_{X1,X2}(x_1,x_2)$ 可以透過下式計算得到，即

$$f_{X1,X2}(x_1,x_2) = f_{X1}(x_1) \cdot f_{X2}(x_2) \tag{6.41}$$

圖 6.31 所示為假設 X_1 和 X_2 獨立時 $f_{X1,X2}(x_1,x_2)$ 的平面等高線與邊緣 PDF 之間的關係。

比較鳶尾花樣本資料分布和假設 X_1 和 X_2 獨立時估算得到的 $f_{X1,X2}(x_1,x_2)$ 等高線，很遺憾地發現圖 6.31 這個聯合概率密度函數 $f_{X1,X2}(x_1,x_2)$ 並沒有合理反映樣本資料分佈，盡管圖 6.30 和圖 6.31 邊緣機率完全一致。

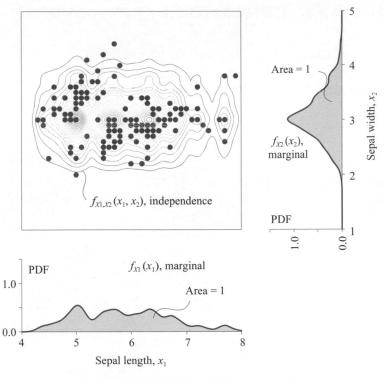

▲ 圖 6.31 聯合機率，假設 X_1 和 X_2 獨立

給定花萼長度，花萼寬度的條件 PDF $f_{X2|X1}(x_2|x_1)$

如圖6.32所示，利用貝氏定理，條件機率密度$f_{X2|X1}(x_2|x_1)$可以透過下式計算，即

$$\underbrace{f_{X2|X1}(x_2|x_1)}_{\text{Conditional}} = \frac{\overbrace{f_{X1,X2}(x_1,x_2)}^{\text{Joint}}}{\underbrace{f_{X1}(x_1)}_{\text{Marginal}}} \tag{6.42}$$

⚠ 注意：式 (6.42) 中$f_{X1}(x_1)>0$。式 (6.42) 分母中的邊緣機率 $f_{X1}(x_1)$ 造成歸一化作用。

如圖 6.32(b) 所示，經過歸一化的條件機率曲線圍成的面積變為 1，即

$$\underbrace{\int_{x_2} f_{X2|X1}(x_2 \mid x_1)}_{\text{Conditional}} \mathrm{d}x_2 = \int_{x_2} \frac{\overbrace{f_{X1,X2}(x_1,x_2)}^{\text{Joint}}}{\underbrace{f_{X1}(x_1)}_{\text{Marginal}}} \mathrm{d}x_2 = \frac{\int_{x_2} f_{X1,X2}(x_1,x_2)\mathrm{d}x_2}{f_{X1}(x_1)} = \frac{f_{X1}(x_1)}{f_{X1}(x_1)} = 1 \qquad (6.43)$$

將不同位置的條件 PDF $f_{X2|X1}(x_2|x_1)$ 曲線投影到平面得到圖 6.33。圖 6.33(b) 中每條曲線和橫軸圍成的面積都是 1。請大家仔細比較圖 6.26 和圖 6.33。此外，$f_{X2|X1}(x_2|x_1)$ 本身也是一個二元函數。圖 6.34 所示為 $f_{X2|X1}(x_2|x_1)$ 的三維等高線和平面等高線。

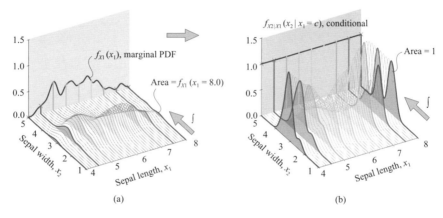

(a)   (b)

▲ 圖 6.32 計算條件機率 $f_{X2|X1}(x_2|x_1)$ 原理

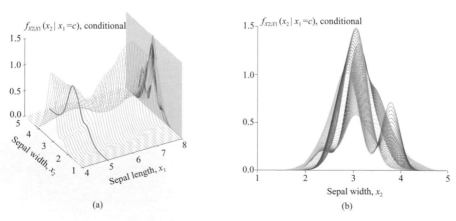

(a)   (b)

▲ 圖 6.33 $f_{X2|X1}(x_2|x_1)$ 曲線投影到平面

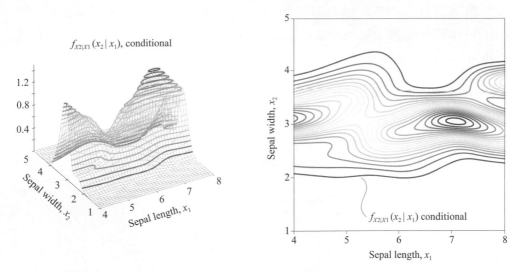

▲ 圖 6.34 $f_{X2|X1}(x_2|x_1)$ 條件下機率密度三維等高線和平面等高線 (不考慮分類)

給定花萼寬度，花萼長度的條件機率密度函數 $f_{X1|X2}(x_1|x_2)$

如圖 6.35 所示，同樣利用貝氏定理，條件 PDF $f_{X1|X2}(x_1|x_2)$ 可以透過下式計算，即

$$\underbrace{f_{X1|X2}(x_1\mid x_2)}_{\text{Conditional}} = \frac{\overbrace{f_{X1,X2}(x_1,x_2)}^{\text{Joint}}}{\underbrace{f_{X2}(x_2)}_{\text{Marginal}}} \tag{6.44}$$

注意：式 (6.44) 中 $f_{X2}(x_2) > 0$。類似前文，式 (6.44) 的分母中 $f_{X2}(x_2)$ 同樣造成歸一化作用。如圖 6.35(b) 所示，經過歸一化，$f_{X1|X2}(x_1|x_2)$ 面積變為 1，即

$$\int_{x_1} \underbrace{f_{X1|X2}(x_1\mid x_2)}_{\text{Conditional}} dx_1 = \int_{x_1} \frac{\overbrace{f_{X1,X2}(x_1,x_2)}^{\text{Joint}}}{\underbrace{f_{X2}(x_2)}_{\text{Marginal}}} dx_1 = \frac{\int_{x_1} f_{X1,X2}(x_1,x_2)\,dx_1}{f_{X2}(x_2)} = \frac{f_{X2}(x_2)}{f_{X2}(x_2)} = 1 \tag{6.45}$$

　　將不同位置的條件機率密度 $f_{X1|X2}(x_1|x_2)$ 曲線投影到平面得到圖 6.36。圖 6.36(b) 中每條曲線和橫軸圍成的面積都是 1。也請大家仔細比較圖 6.27 和圖 6.36。

　　$f_{X1|X2}(x_1|x_2)$ 同樣也是一個二元函數，如圖 6.37 所示為 $f_{X1|X2}(x_1|x_2)$ 的三維等高線和平面等高線。

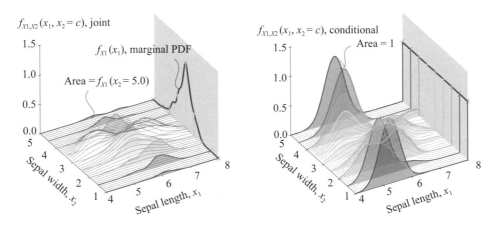

▲ 圖 6.35　計算條件機率 $f_{X1|X2}(x_1|x_2)$ 原理

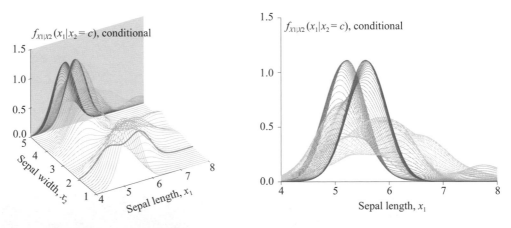

▲ 圖 6.36　$f_{X1|X2}(x_1|x_2)$ 曲線投影到平

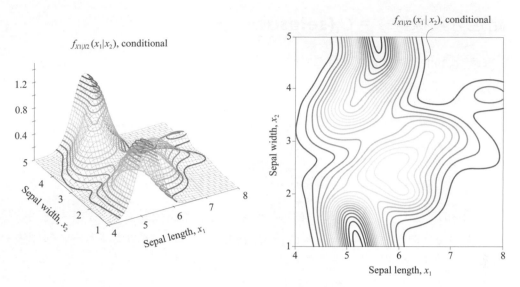

▲ 圖 6.37 $f_{X1|X2}(x_1|x_2)$ 條件下機率密度三維等高線和平面等高線 (不考慮分類)

6.8 以鳶尾花資料為例：考慮分類標籤

本節將以鳶尾花標籤為條件，繼續討論條件機率。圖 6.38 所示為考慮分類標籤的鳶尾花資料散點圖。

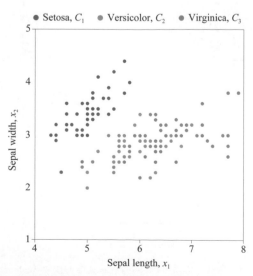

▲ 圖 6.38 鳶尾花資料花萼長度、花萼寬度散點圖 (考慮分類)

給定分類標籤 $Y = C_1$(setosa)

圖 6.39 所示為給定分類標籤 $Y = C_1$(setosa) 條件下，條件機率 $f_{X1,X2|Y}(x_1,x_2|y = C_1)$ 的平面等高線和條件邊緣機率密度曲線。

$f_{X1,X2|Y}(x_1,x_2|y = C_1)$ 曲面和整個水平面圍成的體積為 1，也就是說

$$\iint_{x_2 \ x_1} \underbrace{f_{X1,X2|Y}(x_1,x_2 \,|\, C_1)}_{\text{Conditional PDF}} \mathrm{d}\,x_1 \,\mathrm{d}\,x_2 = \underset{\text{Probability}}{\underset{\downarrow}{1}} \tag{6.46}$$

用 KDE 估算 $f_{X1,X2|Y}(x_1,x_2|y = C_1)$ 時，我們僅考慮標籤為 C_1 的資料。同理，估算條件邊緣機率曲線 $f_{X1|Y}(x_1|y = C_1)$、$f_{X2|Y}(x_2|y = C_1)$ 時，我們也不考慮其他標籤資料。

圖 6.39 中，$f_{X1|Y}(x_1|y = C_1)$、$f_{X2|Y}(x_2|y = C_1)$ 分別與 x_1、x_2 圍成的面積也是 1，即

$$\int_{x_1} \underbrace{f_{X1|Y}(x_1 \,|\, C_1)}_{\text{Conditional PDF}} \mathrm{d}\,x_1 = \underset{\text{Probability}}{\underset{\downarrow}{1}}$$

$$\int_{x_2} \underbrace{f_{X2|Y}(x_2 \,|\, C_1)}_{\text{Conditional PDF}} \mathrm{d}\,x_2 = \underset{\text{Probability}}{\underset{\downarrow}{1}} \tag{6.47}$$

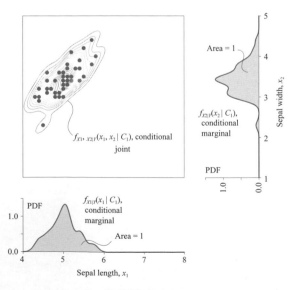

▲ 圖 6.39　條件機率 $f_{X1,X2|Y}(x_1,x_2|y = C_1)$
平面等高線和條件邊緣機率密度曲線，給定分類標籤 $Y = C_1$(setosa)

給定分類標籤 $Y = C_2$(versicolor)

圖 6.40 所示為給定分類標籤 $Y = C_2$(versicolor)，條件機率 $f_{X1,X2|Y}(x_1,x_2|y = C_2)$ 的平面等高線和條件邊緣機率密度曲線。請大家自行分析這幅圖。

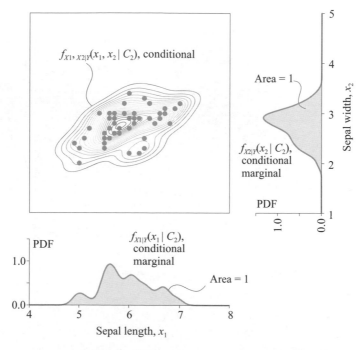

▲ 圖 6.40 條件 PDF $f_{X1,X2|Y}(x_1,x_2|y = C_2)$
平面等高線和條件邊緣機率密度曲線，給定分類標籤 $Y = C_2$(versicolor)

給定分類標籤 $Y = C_3$(virginica)

　　圖 6.41 所示為給定分類標籤 $Y = C_3$(virginica)，條件機率 $f_{X1,X2|Y}(x_1,x_2|y = C_3)$ 的平面等高線和條件邊緣機率密度曲線。也請大家自行分析這幅圖。

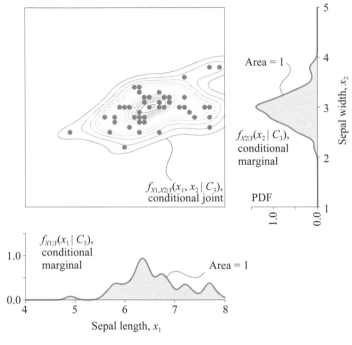

▲ 圖 6.41　條件 PDF $f_{X1,X2|Y}(x_1,x_2|y = C_3)$
平面等高線和條件邊緣機率密度曲線，給定分類標籤 $Y = C_3$(virginica)

全機率定理：窮舉法

　　如圖 6.42 所示，利用全機率定理，三幅條件機率等高線疊加可以得到聯合機率密度，即

$$
\begin{aligned}
f_{X1,X2}(x_1,x_2) = &\ f_{X1,X2|Y}(x_1,x_2|y = C_1)\, p_Y(C_1) + \\
&\ f_{X1,X2|Y}(x_1,x_2|y = C_2)\, p_Y(C_2) + \\
&\ f_{X1,X2|Y}(x_1,x_2|y = C_3)\, p_Y(C_3)
\end{aligned}
\tag{6.48}
$$

此外，請大家思考 $f_{X1}(x_1)$、$f_{X1|Y}(x_1|y = C1)$、$f_{X1|Y}(x_1|y = C_2)$、$f_{X1|Y}(x_1|y = C_3)$ 四者的關係。

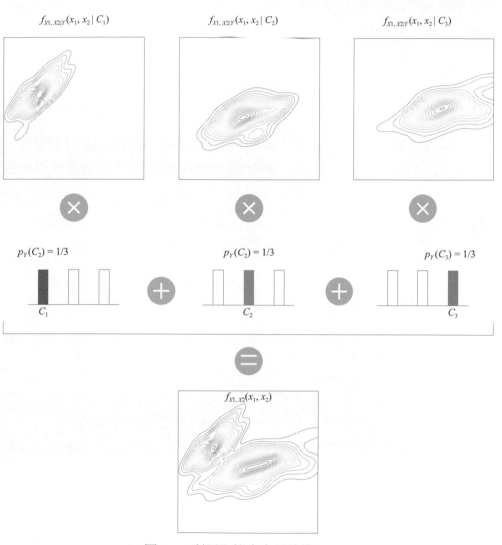

▲ 圖 6.42 利用全機率定理計算 $f_{X1,X2}(x_1, x_2)$

給定 X_1 和 X_2，Y 的條件機率：後驗機率

根據貝氏定理，當 $f_{X1,X2}(x_1,x_2) > 0$ 時，後驗 (posterior)PDF $f_{Y|X1,X2}(C_k \mid x_1,x_2)$ 可以根據下式計算得到，即

$$
\overbrace{f_{Y|X1,X2}\left(C_k \mid x_1,x_2\right)}^{\text{Posterior}} = \frac{\overbrace{f_{X1,X2,Y}\left(x_1,x_2,C_k\right)}^{\text{Joint}}}{\underbrace{f_{X1,X2}\left(x_1,x_2\right)}_{\text{Evidence}}} \tag{6.49}
$$

從分類角度來看，這相當於已知某個樣本鳶尾花的花萼長度和花萼寬度，該樣本對應不同分類的機率。請大家修改程式自行繪製不同的後驗機率 PDF 曲面。

第 19、20 章將從這個角度探討如何判定鳶尾花分類。

假設條件獨立

如圖 6.43 所示，如果假設條件獨立，$f_{X1,X2|Y}(x_1,x_2|y = C_1)$ 可以透過下式計算得到，即

$$
\underbrace{f_{X1,X2|Y}\left(x_1,x_2|y = C_1\right)}_{\text{Conditional joint}} = \underbrace{f_{X1|Y}\left(x_1|y = C_1\right)}_{\text{Conditional marginal}} \cdot \underbrace{f_{X2|Y}\left(x_2|y = C_1\right)}_{\text{Conditional marginal}} \tag{6.50}
$$

同理我們可以計算得到 $f_{X1,X2|Y}(x_1,x_2|y = C_2)$、$f_{X1,X2|Y}(x_1,x_2|y = C_3)$，具體如圖 6.44 和圖 6.45 所示。

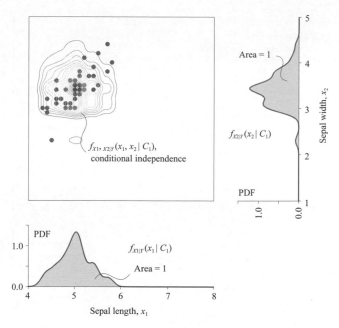

▲ 圖 6.43 給定 $Y = C_1$，X_1 和 X_2 條件獨立，估算條件機率 $f_{X1,X2|Y}(\mathrm{x}_1,\mathrm{x}_2|\mathrm{y}=C_1)$

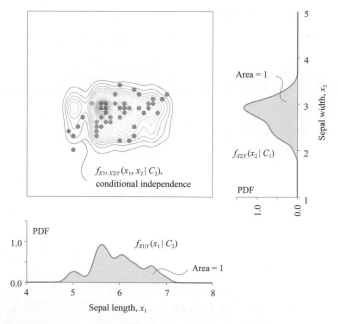

▲ 圖 6.44 給定 $Y = C_2$，X_1 和 X_2 條件獨立，估算條件機率 $f_{X1,X2|Y}(\mathrm{x}_1,\mathrm{x}_2|\mathrm{y}=C_2)$

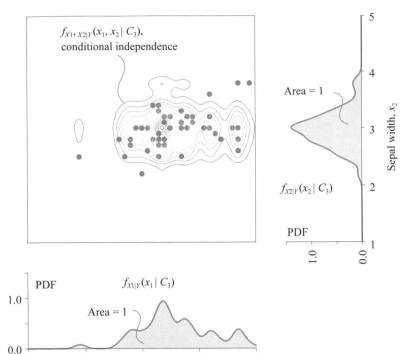

▲ 6.45　給定 $Y = C_3$，X_1 和 X_2 條件獨立，估算條件機率 $f_{X1,X2|Y}(x_1,x_2|y=C_3)$

如圖 6.46 所示，並利用全機率定理，我們也可以估算 $f_{X1,X2}(x_1,x_2)$，有

$$
\begin{aligned}
f_{X1,X2}(x_1,x_2) &= f_{X1,X2|Y}(x_1,x_2|y=C_1)\,p_Y(C_1)+ \\
&\quad f_{X1,X2|Y}(x_1,x_2|y=C_2)\,p_Y(C_2)+ \\
&\quad f_{X1,X2|Y}(x_1,x_2|y=C_3)\,p_Y(C_3) \\
&= f_{X1|Y}(x_1|y=C_1)f_{X2|Y}(x_2|y=C_1)\,p_Y(C_1)+ \\
&\quad f_{X1|Y}(x_1|y=C_2)f_{X2|Y}(x_2|y=C_2)\,p_Y(C_2)+ \\
&\quad f_{X1|Y}(x_1|y=C_3)f_{X2|Y}(x_2|y=C_3)\,p_Y(C_3)+
\end{aligned}
$$

(6.51)

◀

這是**單純貝氏分類器** (Naive Bayes classifier) 的重要技術細節之一。本書系
《AI 時代 Math 元年 - 用 Python 全精通機器學習》一書將講解單純貝氏分
類器。

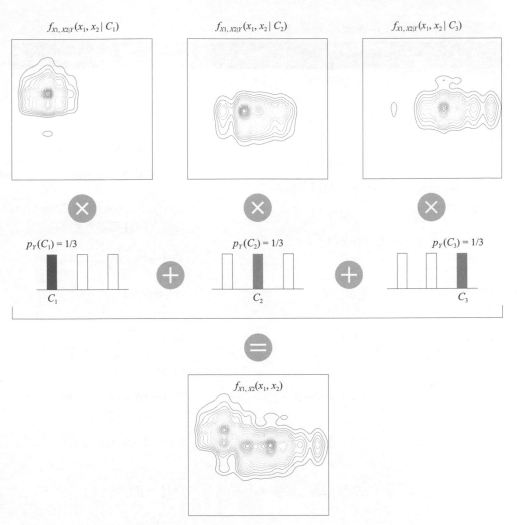

▲ 圖 6.46 利用全機率定理估算 $f_{X1,X2}(x_1,x_2)$，假設條件獨立

Bk5_Ch06_01.py 繪製本章大部分影像。

為了幫助大家更容易發現離散隨機變數、連續隨機變數的區別和關聯，本章最後特地製作了以下表格，請大家逐行對比學習。下一章我們將介紹常見連續隨機變數的機率分佈。

➡ 表 6.1 比較離散和連續隨機變數

	離散	連續
隨機變數	設定值可以一一列舉出來，有限個或可數無窮個，如 {0, 1} ㄟ 非負整數 }	設定值不可以一一列舉出來，如閉區間 [0, 1] 或 { 非負實數 }
一元隨機變數機率質量 / 密度函數	機率質量函數 PMF，$p_X(x)$ PMF 本身就是機率值 $0 \leq p_X(x) \leq 1$ 計算工具：Σ	機率密度函數 PDF，$f_X(x)$ PDF 本身為機率密度 $0 \leq f_X(x)$ 注意：$f_X(x)$ 可以大於 1。 計算工具：$\int$
歸一化	$\displaystyle\sum_x p_X(x) = 1$	$\displaystyle\int_x f_X(x)\,\mathrm{d}x = 1$
機率質量 / 密度函數影像	火柴棒圖	曲線
計算機率 CDF	求和 $\displaystyle F_X(x) = \Pr(X \leq x) = \sum_{t \leq x} p_X(t)$	積分 $\displaystyle F_X(x) = \Pr(X \leq x) = \int_{-\infty}^{x} f_X(t)\,\mathrm{d}t$
期望	$\displaystyle \mathrm{E}(X) = \sum_x x \cdot p_X(x)$	$\displaystyle \mathrm{E}(X) = \int_x x \cdot f_X(x)\,\mathrm{d}x$
方差	$\displaystyle \mathrm{var}(X) = \sum_x \left(x - \mathrm{E}(X)\right)^2 p_X(x)$	$\displaystyle \mathrm{var}(X) = \int_x \left(x - \mathrm{E}(X)\right)^2 \cdot f_X(x)\,\mathrm{d}x$
常見分佈	離散均勻分佈，伯努利分佈，二項分布，多項分佈，卜松分佈，幾何分佈，超幾何分佈	連續均勻分佈，高斯分佈，邏輯分佈，學生 t- 分佈，對數正態分佈，指數分佈，卡方分佈，Beta 分佈
二元隨機變數聯合機率	機率質量函數 PMF，$p_{X,Y}(x,y)$	機率密度函數 PDF，$f_{X,Y}(x,y)$
歸一化	$\displaystyle\sum_{x_1}\sum_{x_2} p_{X1,X2}(x_1, x_2) = 1$	$\displaystyle\iint_{x_2\,x_1} f_{X1,X2}(x_1, x_2)\,\mathrm{d}x_1\,\mathrm{d}x_2 = 1$

	離散	連續
邊緣機率 求和法則	$p_{X,Y}(x,y)$ 偏求和結果為邊緣 PMF $p_X(x) = \sum_y p_{X,Y}(x,y)$ $p_Y(y) = \sum_x p_{X,Y}(x,y)$	$f_{X,Y}(x,y)$ 偏積分結果為邊緣 PDF $f_X(x) = \int_y f_{X,Y}(x,y)\,\mathrm{d}y$ $f_Y(y) = \int_x f_{X,Y}(x,y)\,\mathrm{d}x$
條件機率 $p_Y(y) > 0,\, p_X(x) > 0$ $f_Y(y) > 0,\, f_X(x) > 0$	$p_{X\|Y}(x\|y) = \dfrac{p_{X,Y}(x,y)}{p_Y(y)}$ $p_{Y\|X}(y\|x) = \dfrac{p_{X,Y}(x,y)}{p_X(x)}$	$f_{Y\|X}(y\|x) = \dfrac{f_{X,Y}(x,y)}{f_X(x)}$ $f_{X\|Y}(x\|y) = \dfrac{f_{X,Y}(x,y)}{f_Y(y)}$
條件機率歸一化	$\sum_x p_{X\|Y}(x\|y) = 1$ $\sum_y p_{Y\|X}(y\|x) = 1$	$\int_x f_{X\|Y}(x\|y)\,\mathrm{d}x = 1$ $\int_y f_{Y\|X}(y\|x)\,\mathrm{d}y = 1$
隨機變數獨立	$p_{X\|Y}(x\|y) = p_X(x)$ $p_{Y\|X}(y\|x) = p_Y(y)$	$f_{X\|Y}(x\|y) = f_X(x)$ $f_{Y\|X}(y\|x) = f_Y(y)$
隨機變數獨立條件下的聯合機率	$p_{X,Y}(x,y) = p_X(x)p_Y(y)$	$f_{X,Y}(x,y) = f_X(x)f_Y(y)$
隨機變數條件獨立的條件聯合機率	$p_{X_1,X_2\|Y}(x_1,x_2\|y) = p_{X_1\|Y}(x_1\|y)\cdot p_{X_2\|Y}(x_2\|y)$	$f_{X_1,X_2\|Y}(x_1,x_2\|y) = f_{X_1\|Y}(x_1\|y)\cdot f_{X_2\|Y}(x_2\|y)$

Continuous Distributions

7 連續分佈

分佈相當於理想化假設

我們僅是，川流不息河水裡的一個個渦漩。肉體灰飛煙滅，潮流浩浩蕩蕩。

We are but whirlpools in a river of ever-flowing water. We are not the stuff that abides, but patterns that perpetuate themselves.

——諾伯特・維納（*Norbert Wiener*）| 美國數學家 | *1894—1964* 年

- numpy.random.laplace() 拉普拉斯分佈隨機數發生器
- numpy.random.uniform() 均勻分佈隨機數發生器
- scipy.stats.beta()Beta 分佈
- scipy.stats.beta.pdf()Beta 分佈機率密度函數
- scipy.stats.chi2() 卡方分佈函數
- scipy.stats.dirichlet()Dirichlet 分佈
- scipy.stats.dirichlet.pdf()Dirichlet 分佈機率密度函數
- scipy.stats.expon() 指數分佈函數
- scipy.stats.laplace() 拉普拉斯分佈函數
- scipy.stats.logistic() 邏輯分佈函數
- scipy.stats.lognorm() 對數正態分佈函數
- scipy.stats.norm() 正態分佈函數
- scipy.stats.t() 學生 *t*- 分佈函數
- seaborn.histplot() 繪製頻率 / 機率長條圖

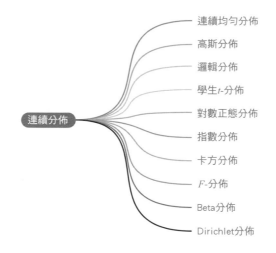

7.1 連續均勻分佈：離散均勻分佈的連續版

機率密度函數

如圖 7.1 所示，連續隨機變數 X 在區間 $[a,b]$ 內取得任意一個實數的機率密度函數滿足

$$f_X(x) = \begin{cases} \dfrac{1}{b-a}, & a \leqslant x \leqslant b \\ 0, & x < a \text{ or } x > b \end{cases} \tag{7.1}$$

則稱 X 區間 $[a,b]$ 上服從**連續均勻分佈** (continuous uniform distribution)。這個連續分佈常記作 Uniform(a,b) 或 $U(a,b)$，如 [0,1] 區間上的均勻分佈可以記作 Uniform(0,1) 或 $U(0,1)$。

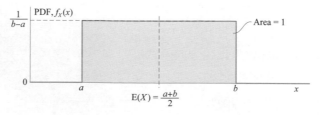

▲ 圖 7.1　隨機變數 X 在 $[a,b]$ 上為均勻分佈

期望、方差

服從式 (7.1) 的連續均勻分佈 X 的期望和方差分別為

$$\mathrm{E}(X) = \frac{a+b}{2}, \quad \mathrm{var}(X) = \frac{(b-a)^2}{12} \tag{7.2}$$

隨機數

利用隨機數發生器，我們可以獲得滿足連續均勻分佈的隨機數。圖 7.2(a) 所示為滿足連續均勻分布隨機數的長條圖。

圖 7.2(b) 所示為隨機數的**經驗累積分佈函數** (Empirical Cumulative Distribution Function, ECDF)。不難看出 ECDF 的設定值範圍為 [0,1]。經驗分佈函數是在所有 n 個樣本點上都跳躍 $1/n$ 的步階函數。對於某個特定樣本，它的 ECDF 為樣本中小於或等於該值的樣本所佔的比例。

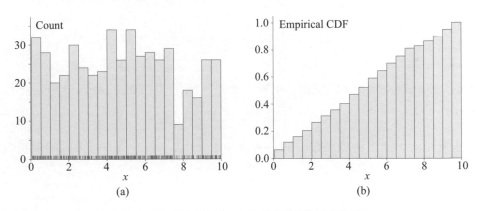

▲ 圖 7.2 滿足連續均勻分佈的隨機數長條圖和 ECDF

◀ 我們在第 9 章還會提到經驗累積分佈函數 ECDF。

▼ Bk5_Ch07_01.py 程式繪製圖 7.2。

7.2 高斯分佈：最重要的機率分佈， 沒有之一

高斯分佈 (Gaussian distribution)，也叫**常態分佈** (normal distribution)，仿佛是整個紛繁複雜宇宙表像下的終極秩序。實際上，高斯分佈是由德國數學家和天文學家**亞伯拉罕・棣莫弗** (Abraham de Moivre) 於 1733 年首先提出的。

> 高斯分佈非常重要，本書系中迴歸分析、主成分分析、高斯單純貝氏、高斯過程、高斯混合模型等內容都與高斯分佈有著密切的聯繫。第 9~13 章將從不同角度探討高斯分佈。

一元高斯分佈

一元高斯分佈 (univariate normal distribution) 的機率密度函數為

$$f_X(x) = \frac{1}{\sigma\sqrt{2\pi}} \exp\left(\frac{-1}{2}\left(\frac{x-\mu}{\sigma}\right)^2\right) \tag{7.3}$$

其中：μ 為平均值 / 期望值；σ 為標準差。滿足式 (7.3) 的高斯分佈常記作 $N(\mu, \sigma^2)$。

也就是說，連續隨機變數 X 服從 $N(\mu, \sigma^2)$，即 $X \sim N(\mu, \sigma^2)$，則 X 的期望和方差為

$$E(X) = \mu, \quad \text{var}(X) = \sigma^2 \tag{7.4}$$

圖 7.3 所示為三個不同一元高斯分佈 PDF、CDF 影像。可以發現，一元高斯分佈 PDF 關於 $x = \mu$ 對稱，當 x 遠離 μ 時，機率密度函數的高度迅速下降。

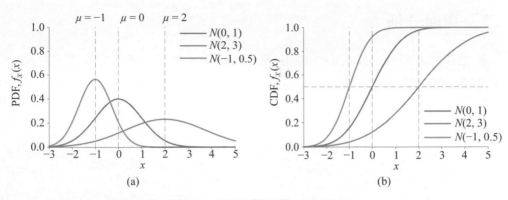

▲ 圖 7.3 三個正態分佈 PDF 和 CDF

Bk5_Ch07_02.py 程式繪製圖 7.3。

形狀

μ 和 σ 兩個參數確定了一元高斯分佈 PDF 的位置和形狀。如圖 7.4 所示，μ 決定了機率密度曲線 $p(x)$ 的位置，σ 影響曲線的胖瘦。特別是當 $\mu = 0$，且 $\sigma = 1$ 時，得到的高斯分佈為**標準正態分佈** (standard normal distribution)。

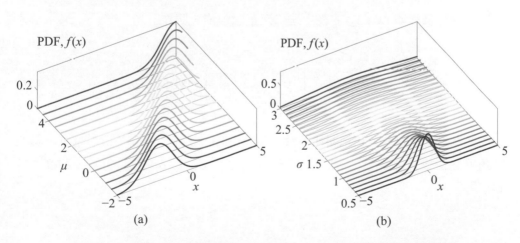

▲ 圖 7.4 平均值 μ 和標準差 σ 分別對一元正態分佈曲線形狀影響

第 7 章　連續分佈

二元高斯分佈

二元高斯分佈 (bivariateGaussiandistribution)，也叫二元正態分佈，它的機率密度函數解析式為

$$
f_{X1,X2}(x_1,x_2) = \frac{1}{2\pi\sigma_1\sigma_2\sqrt{1-\rho_{1,2}^2}} \times \exp\left(\frac{-1}{2}\left(\overbrace{\frac{1}{(1-\rho_{1,2}^2)}\left(\left(\frac{x_1-\mu_1}{\sigma_1}\right)^2 - 2\rho_{1,2}\left(\frac{x_1-\mu_1}{\sigma_1}\right)\left(\frac{x_2-\mu_2}{\sigma_2}\right) + \left(\frac{x_2-\mu_2}{\sigma_2}\right)^2\right)}^{\text{Ellipse}}\right)\right) \quad (7.5)
$$

其中：μ_1 和 μ_2 分別為 X_1 和 X_2 的期望值；σ_1 和 σ_2 為 X_1 和 X_2 的標準差；$\rho_{1,2}$ 為兩者的線性相關係數。

> ⚠ 注意：式 (7.5) 中 $\rho_{1,2}$ 取值範圍為 (-1,1)。

> ◀ 相信大家已經在式 (7.5) 中看到橢圓了！這是本書後續重要的線索之一。此外，我們在《AI 時代 Math 元年 - 用 Python 全精通數學要素》一書第 9 章專門介紹過這種橢圓形式。

連續隨機變數 (X_1, X_2) 服從上述二元正態分佈，記作

$$
\begin{bmatrix} X_1 \\ X_2 \end{bmatrix} \sim N\left(\underbrace{\begin{bmatrix} \mu_1 \\ \mu_2 \end{bmatrix}}_{\mu}, \underbrace{\begin{bmatrix} \sigma_1^2 & \rho_{1,2}\sigma_1\sigma_2 \\ \rho_{1,2}\sigma_1\sigma_2 & \sigma_2^2 \end{bmatrix}}_{\Sigma}\right) = N(\mu, \Sigma) \quad (7.6)
$$

圖 7.5 所示為方差和相關性係數取不同值時，二元正態分佈機率密度函數的橢圓等高線以及邊緣分佈形狀。注意，圖 7.5 中 $\sigma_{1,1}$ 和 $\sigma_{2,2}$ 代表方差，即標準差的平方。

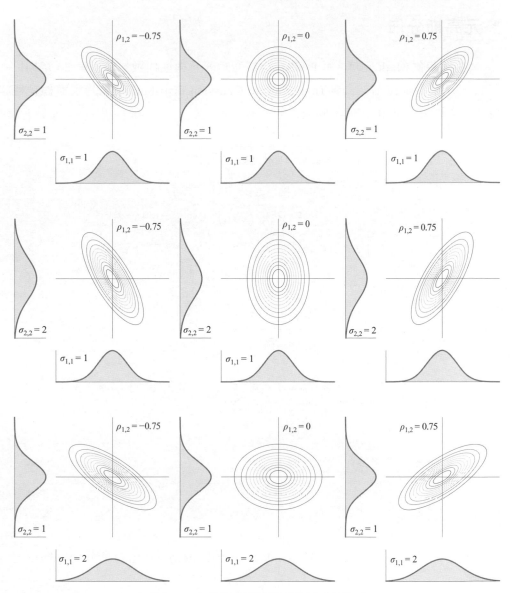

▲ 圖 7.5 方差和相關性係數取不同值時，
二元正態分佈機率密度函數橢圓等高線形態

第 10 章將專門以橢圓為角度講解二元正態分佈。

多元高斯分佈

《AI 時代 Math 元年 - 用 Python 全精通矩陣及線性代數》一書第 20 章用以下公式介紹過**多元高斯分佈** (multivariate Gaussian distribution)，請大家據此回憶多元高斯分佈 PDF 每個不同成分的含義，有

$$d = \sqrt{(x-\mu)^{\mathrm{T}} \Sigma^{-1} (x-\mu)} \quad \text{Mahal distance}$$

$$\|z\| \quad \text{z-score}$$

$$z = \Lambda^{\frac{-1}{2}} V^{\mathrm{T}} (x-\mu) \quad \text{Translate} \rightarrow \text{rotate} \rightarrow \text{scale}$$

$$\left[\Lambda^{\frac{-1}{2}} V^{\mathrm{T}} (x-\mu) \right]^{\mathrm{T}} \Lambda^{\frac{-1}{2}} V^{\mathrm{T}} (x-\mu) \quad \text{Eigen decomposition}$$

$$(x-\mu)^{\mathrm{T}} \Sigma^{-1} (x-\mu) \quad \text{Ellipse/ellipsoid} \tag{7.7}$$

$$f_\chi(x) = \frac{\exp\left(-\frac{1}{2}(x-\mu)^{\mathrm{T}} \Sigma^{-1} (x-\mu) \right)}{(2\pi)^{\frac{D}{2}} |\Sigma|^{\frac{1}{2}}}$$

Distance → similarity

Normalization　　　Scaling
Multivariable calculus　Eigenvalues

第 11 章將深入講解多元高斯分佈。

拉普拉斯分佈

本節最後簡介**拉普拉斯分佈** (Laplace distribution)。拉普拉斯分佈的機率密度函數為

$$f_X(x) = \frac{1}{2b} \exp\left(-\frac{|x-\mu|}{b} \right) \tag{7.8}$$

形式上，拉普拉斯分佈和高斯分佈很類似，只不過拉普拉斯分佈的 PDF 影像在對稱軸處存在尖點。很容易發現，參數 μ 決定了機率密度分佈位置。如圖 7.6 所示，參數 b 決定分佈形狀。

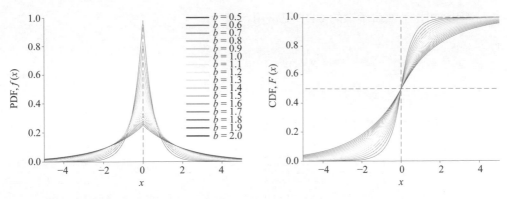

▲ 圖 7.6 拉普拉斯分佈的 PDF 和 CDF

如果連續隨機變數 X 滿足式 (7.8) 的拉普拉斯分佈，則 X 的期望和方差為

$$\mathrm{E}(X) = \mu, \quad \mathrm{var}(X) = 2b^2 \tag{7.9}$$

兩個常用的拉普拉斯分佈函數為 scipy.stats.laplace() 和 numpy.random. laplace()。

《AI 時代 Math 元年 - 用 Python 全精通數學要素》一書第 12 章分別講解過高斯函數和拉普拉斯函數，建議大家回顧。

7.3 邏輯分佈：類似高斯分佈

一元邏輯分佈 (univariate logistic distribution) 的 PDF 為

$$f_X(x) = \frac{\exp\left(\dfrac{-(x-\mu)}{s}\right)}{s\left(1+\exp\left(\dfrac{-(x-\mu)}{s}\right)\right)^2} \tag{7.10}$$

其中：μ 為位置參數；s 為形狀參數。

相比 PDF，邏輯函數的 CDF 更常用，有

$$F_X(x) = \frac{1}{1+\exp\left(\dfrac{-(x-\mu)}{s}\right)} \tag{7.11}$$

圖 7.7 所示為邏輯函數的 PDF 和 CDF 曲線隨 s 的變化。

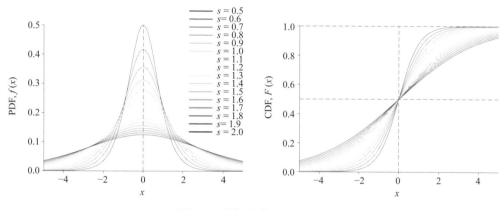

▲ 圖 7.7　邏輯分佈 PDF 和 CDF

邏輯分佈 vs 高斯分佈

大家肯定已經發現，邏輯分佈和高斯分佈的 PDF、CDF 長得很相似。為了比較邏輯函數和高斯函數，我們用標準正態分佈 $N(0,1)$ 的 PDF 和 CDF 影像，而邏輯分佈的位置參數 $\mu = 0$。特別選取參數 s 使得邏輯分佈 PDF 和標準正態分佈 PDF 在 $x = 0$ 處高度一致。

如圖 7.8 所示，相比標準正態分佈，邏輯分佈 PDF 中心部位「稍瘦」，而**厚尾** (fattail)。厚尾，也叫肥尾，指的是和正態分佈相比，尾部分佈較厚的分佈。下一節介紹的學生 t- 分佈就是典型的厚尾分佈。

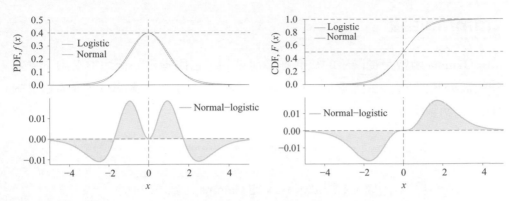

▲ 圖 7.8 比較邏輯函數和高斯函數

Bk5_Ch07_03.py 程式繪製圖 7.7。

7.4 學生 *t*- 分佈：厚尾分佈

學生 *t*- 分佈 (Student′s *t*-distribution) 也稱**學生分佈**，或 *t* 分佈，是由**戈賽特** (William Sealy Gosset) 於 1908 年提出的，Student 一詞源自於他發表論文時使用的化名。

學生 *t*- 分佈是一類常用的厚尾分佈。學生 *t*- 分佈多應用於根據小樣本資料來估計呈正態分佈且方差未知的整體的平均值，第 17 章將簡介相關內容。

一元學生 *t*- 分佈的 PDF 為

$$f_X(x) = \frac{\Gamma\left(\dfrac{\nu+1}{2}\right)}{\sqrt{\nu\pi} \cdot \Gamma\left(\dfrac{\nu}{2}\right)}\left(1+\frac{x^2}{\nu}\right)^{\frac{-(\nu+1)}{2}} \tag{7.12}$$

其中：ν 為自由度 (number of degrees of freedom 或 df)，$\nu = n - 1$，n 為樣本數；Γ 為 Gamma 函數 (Gamma function)。

Gamma 函數

　　Gamma 函數是從階乘的概念推廣而來的，它將階乘的概念推廣到了實數和複數的範圍。ν 為正整數時，Gamma 方程式類似於階乘運算式，正整數 ν 的 Gamma 函數運算式為

$$\Gamma(\nu) = (\nu - 1)! \tag{7.13}$$

ν 取特殊分數，如 1/2 和 3/2 時，ν 的 Gamma 函數值為

$$\Gamma\left(\frac{1}{2}\right) = \sqrt{\pi}$$
$$\Gamma\left(\frac{3}{2}\right) = \frac{1}{2}\sqrt{\pi} \tag{7.14}$$

　　圖 7.9 所示為 Gamma 函數影像，其中紅色 × 是取正整數時 Gamma 函數的設定值。

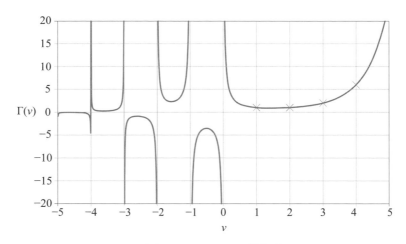

▲ 圖 7.9　Gamma 函數影像

　　一般情況下，當 ν 為偶數時，式 (7.15) 中係數部分為

$$\frac{\Gamma\left(\frac{\nu+1}{2}\right)}{\sqrt{\nu\pi}\cdot\Gamma\left(\frac{\nu}{2}\right)}=\frac{(\nu-1)(\nu-3)\cdots5\times3}{2\sqrt{\nu}(\nu-2)(\nu-4)\cdots4\times2} \qquad (7.15)$$

當 ν 為奇數時，有

$$\frac{\Gamma\left(\frac{\nu+1}{2}\right)}{\sqrt{\nu\pi}\cdot\Gamma\left(\frac{\nu}{2}\right)}=\frac{(\nu-1)(\nu-3)\cdots4\times2}{\pi\sqrt{\nu}(\nu-2)(\nu-4)\cdots5\times3} \qquad (7.16)$$

Gamma 函數存在以下遞推關係，即

$$\Gamma(\nu+1)=\Gamma(\nu)\cdot\nu \qquad (7.17)$$

式 (7.17) 和 ν 設定值無關。Gamma 函數在機率分佈中具有重要的作用，尤其是在 Gamma 分佈、卡方分佈、t 分佈、Beta 分佈、Dirichlet 分佈等定義和性質中都涉及 Gamma 函數。

自由度

圖 7.10 所示為 ν 從 1 變化到 30 時，學生 t- 分佈的 PDF 和 CDF 影像。圖 7.10 中黑色的曲線對應常態分布。當自由度 ν 不斷提高時，厚尾現象逐漸消失，學生 t- 分佈逐漸接近標準正態分佈 (黑色)。很明顯，學生 t- 分佈的偏度為 0。

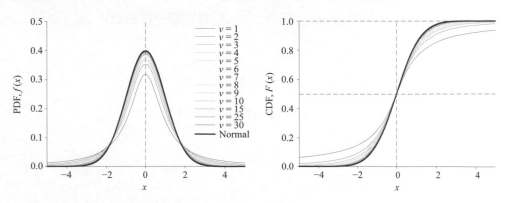

▲ 圖 7.10 學生 t- 分佈 PDF 和 CDF 隨自由度變化

Bk5_Ch07_04.py 程式繪製圖 7.10。

多元學生 *t*- 分佈

類似式 (7.7) 舉出的多元高斯分佈,多元學生 *t*- 分佈的機率密度函數為

$$f_{\chi}(x) = \frac{\Gamma\left[(v+D)/2\right]}{\Gamma(v/2)v^{D/2}\pi^{D/2}|\Sigma_t|^{1/2}}\left[1 + \frac{1}{v}\underbrace{(x-\mu)^{\mathrm{T}}\Sigma_t^{-1}(x-\mu)}_{\text{Ellipse}}\right]^{-(v+D)/2} \tag{7.18}$$

其中:v 為自由度;D 為維數。相信大家在式 (7.18) 中也看到了橢圓。

式 (7.18) 中 Σ_t 和多元高斯分佈的協方差矩陣關係為

$$\Sigma_t = \frac{v}{v-2}\Sigma \tag{7.19}$$

7.5 對數正態分佈:源自正態分佈

定義

如果隨機變數 X 的對數 $\ln X$ 服從正態分佈,則 X 服從**對數正態分佈** (logarithmic normal distribution)。對於 $x>0$,對數正態分佈的 PDF 為

$$f_X(x) = \frac{1}{x\sigma\sqrt{2\pi}}\exp\left(-\frac{(\ln x - \mu)^2}{2\sigma^2}\right) \tag{7.20}$$

其中:μ 為 X 對數的平均值;σ 為 X 對數的標準差。

如果 X 滿足式 (7.20) 的對數正態分佈，則 X 的期望和方差為

$$\mathrm{E}(X) = \exp\left(\mu + \frac{\sigma^2}{2}\right), \quad \mathrm{var}(X) = \left[\exp\left(\sigma^2\right) - 1\right]\exp\left(2\mu + \sigma^2\right) \tag{7.21}$$

影像

圖 7.11 所示為對數正態分佈的影像。對數正態分佈的最大特點是右偏，即正偏。對於右偏的對數正態分佈，其平均值大於其眾數。

◖ 大家將在《AI 時代 Math 元年 - 用 Python 全精通資料處理》一書看到對數正態分佈的應用。

⚠ 再次強調：對數正態分佈的隨機變數設定值只能為正值。

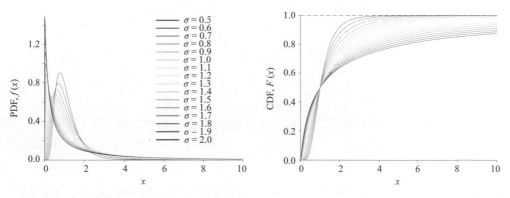

▲ 圖 7.11 對數正態分佈的 PDF 和 CDF

圖 7.12 所示為對比正態分佈和對數正態分佈。

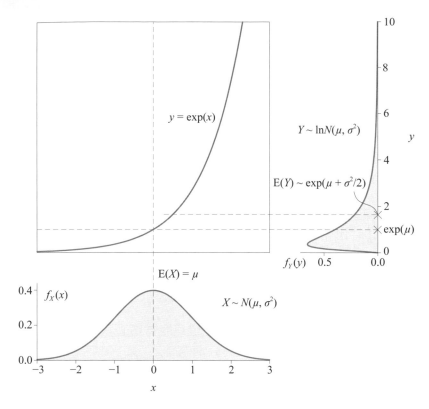

▲ 圖 7.12 比較正態分佈和對數正態分佈

Bk5_Ch07_05.py 程式繪製圖 7.11。Bk5_Ch07_06.py 程式繪製圖 7.12。

7.6 指數分佈：卜松分佈的連續隨機變數版

定義

指數分佈 (exponential distribution) 與本書第 5 章介紹的卜松分佈息息相關。

與卜松分佈相比，指數分佈重要特點是隨機變數連續；而卜松分佈是針對隨機事件發生次數定義的，發生次數是離散的。

指數分佈的機率密度函數為

$$f_X(x) = \begin{cases} \lambda \exp(-\lambda x) & x \geq 0 \\ 0 & x < 0 \end{cases} \tag{7.22}$$

指數分佈的期望和方差分別為

$$\mathrm{E}(X) = \frac{1}{\lambda}, \quad \mathrm{var}(X) = \frac{1}{\lambda^2} \tag{7.23}$$

影像

圖 7.13 所示為 λ 取不同值時，指數分佈的 PDF 和 CDF 影像。

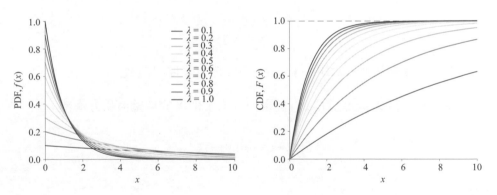

▲ 圖 7.13 λ 取不同值時，指數分佈 PDF 和 CDF 影像

🔻
Bk5_Ch07_07.py 程式繪製圖 7.13。

7.7 卡方分佈：若干 IID 標準正態分佈平方和

定義

卡方分佈 (chi-square distribution 或 χ^2-distribution) 是德國統計學家赫爾默特 (Friedrich Robert Helmert) 在 1875 年首次提出的。

若 n 個相互獨立的隨機變數 Z_1、Z_2、$\cdots$、Z_k 均服從標準正態分佈，即

$$Z_i \sim N(0,1), \quad \forall i = 1, \cdots, k \tag{7.24}$$

這 n 個隨機變數的平方和組成一個新的隨機變數 X，X 服從自由度為 k 的卡方分佈，即

$$X = \sum_{i=1}^{k} Z_i^2 \sim \chi_k^2 \tag{7.25}$$

其中：k 為自由度。自由度為 k 的卡方分佈一般標記為 χ_k^2。

如果隨機變數 X 滿足式 (7.25) 的卡方分佈，則 X 的期望值和方差為

$$E(X) = k, \quad \text{var}(X) = 2k \tag{7.26}$$

影像

如圖 7.14 所示，卡方分佈的值均為正值，且呈現右偏態，隨著自由度 n 的增大，卡方分佈趨近於正態分佈。當自由度大於 30 時，已經非常類似於正態分佈。大家看到這裡，是否想到馬氏距離的平方？

我們將在第 23 章講解馬氏距離時用到卡方分布。

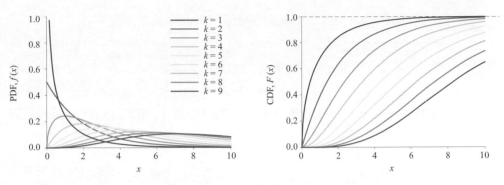

▲ 圖 7.14 卡方分佈 PDF 和 CDF

Bk5_Ch07_08.py 程式繪製圖 7.14。

7.8 *F*- 分佈：和兩個服從卡方分佈的獨立隨機變數有關

定義

F- 分佈是兩個服從卡方分佈的獨立隨機變數除以各自自由度後的比值的抽樣分佈。如果隨機變數 X 滿足參數為 d_1 和 d_2 的 *F*- 分佈，記作 $X \sim F(d_1, d_2)$。隨機變數 X 為

$$X = \frac{S_1 / d_1}{S_2 / d_2} \tag{7.27}$$

其中：隨機變數 S_1 和 S_2 分別服從自由度為 d_1、d_2 的卡方分佈。

如果 $X \sim F(d_1, d_2)$，則 X 的 PDF 為

$$f_X(x; d_1, d_2) = \frac{1}{B\left(\dfrac{d_1}{2}, \dfrac{d_2}{2}\right)} \left(\frac{d_1}{d_2}\right)^{\frac{d_1}{2}} x^{\frac{d_1}{2} - 1} \left(1 + \frac{d_1}{d_2} x\right)^{\frac{-(d_1 + d_2)}{2}} \tag{7.28}$$

其中：B() 叫作 Beta 函數。B(α,β) 函數與 Gamma 函數的關係為

$$\text{B}(\alpha,\beta)=\int\limits_{0}^{1}x^{\alpha-1}(1-x)^{\beta-1}\,\mathrm{d}x=\frac{\Gamma(\alpha)\cdot\Gamma(\beta)}{\Gamma(\alpha+\beta)} \tag{7.29}$$

請大家特別注意式 (7.29) 的積分式，我們將在第 21 章講解貝氏推斷時用到這個積分式。

影像

圖 7.15 所示為 B(α,β) 函數設定值隨 α 和 β 變化的火柴棒圖、三維散點圖。下一節的 Beta 分佈中也會用到 B(α,β) 函數。

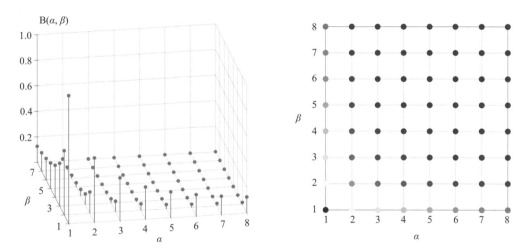

▲ 圖 7.15　B(α,β) 函數設定值火柴棒圖、三維散點圖

如圖 7.16 所示，F- 分佈是一種非對稱分佈，且 d_1、d_2 的位置不可隨意互換。

在本書系中，F- 分佈將用在《AI 時代 Math 元年 - 用 Python 全精通資料處理》一書中的方差分析 (analysisofvariance,ANOVA) 和線性迴歸顯著性檢驗。

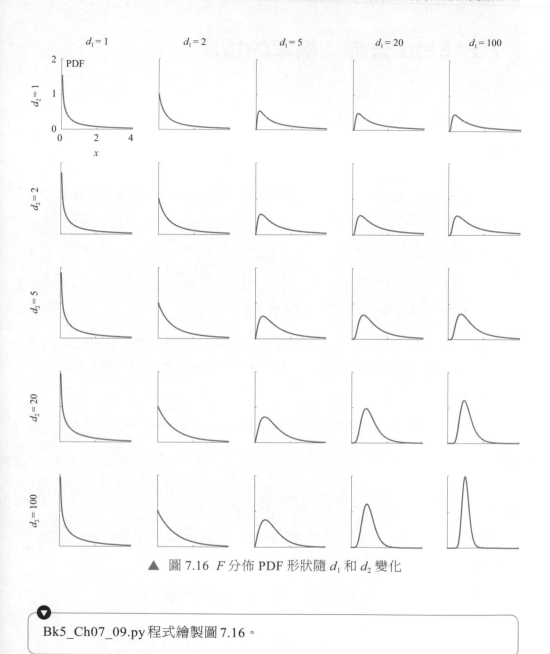

▲ 圖 7.16 *F* 分佈 PDF 形狀隨 d_1 和 d_2 變化

Bk5_Ch07_09.py 程式繪製圖 7.16。

7.9 Beta 分佈：機率的機率

貝氏推斷 (Bayesian inference) 是資料科學和機器學習中重要的數學工具，而 Beta 分佈在貝氏推斷中扮演著重要角色。

定義

Beta 分佈為定義在 (0,1) 或 [0,1] 區間的連續機率分佈，它有兩個參數 α、β。Beta(α,β) 分佈的機率密度函數為

$$f_X\left(x;\alpha,\beta\right) = \frac{\Gamma\left(\alpha+\beta\right)}{\Gamma\left(\alpha\right)\Gamma\left(\beta\right)}x^{\alpha-1}\left(1-x\right)^{\beta-1} \tag{7.30}$$

其中：$x^{\alpha-1}(1-x)^{\beta-1}$ 決定了 PDF 曲線的形狀。

大家可能已經注意到，這個 PDF 機率密度曲線有兩個區間，原因是當 α、β 取不同值時，x 的設定值範圍不同。舉個例子，當 α、β 均為 0.1 時，Beta 分佈的定義域為 (0,1)。

相信大家已經在上述解析式中看到了 B(α,β) 函數。利用 B(α,β)，式 (7.30) 可以寫成

$$f_X\left(x;\alpha,\beta\right) = \frac{x^{\alpha-1}\left(1-x\right)^{\beta-1}}{\mathrm{B}\left(\alpha,\beta\right)} \tag{7.31}$$

而 B(α,β) 是讓 $x^{\alpha-1}(1-x)^{\beta-1}$ 成為機率密度函數的歸一化因數。用白話說，B(α,β) 讓 PDF 曲線和橫軸圍成的圖形面積為 1。

如果 α、β 都是大於 1 的正整數，則 B(α,β) 可以展開寫成

$$\mathrm{B}\left(\alpha,\beta\right) = \frac{\left(\alpha-1\right)!\left(\beta-1\right)!}{\left(\alpha+\beta-1\right)!} \tag{7.32}$$

影像

圖 7.17 所示為參數 α、β 取不同值時 Beta 分佈的 PDF 影像。

　　容易發現 Beta(α,β) 分佈實際上代表了一系列分佈。舉個例子，連續均勻分佈 $U(0,1)$ 便是 Beta(1,1)。

　　請特別注意圖 7.17 對角線上的影像，即 $\alpha = \beta$，這些 PDF 影像對稱，對應的分佈相當於 Beta(α, α)。第 21 章將用到 Beta(α, α) 這個分佈。

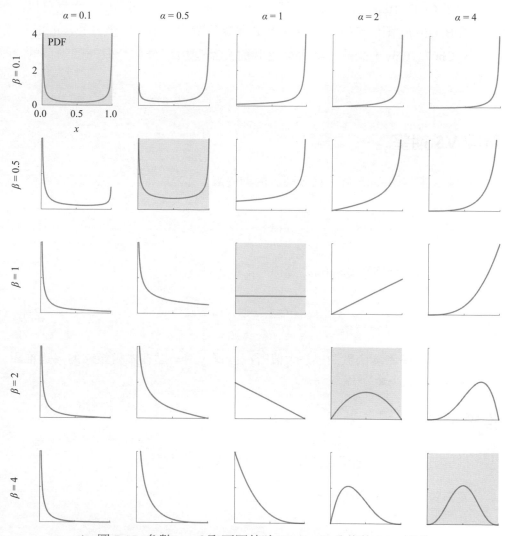

▲ 圖 7.17 參數 α、β 取不同值時 Beta(α,β) 分佈的 PDF 影像

> Bk5_Ch07_10.py 繪製圖 7.17。程式還繪製了 Beta(α,β) 分佈的 CDF 影像。

➜

在 Bk5_Ch07_10.py 基礎上，我們用 Streamlit 製作了一個應用，大家可以改變 Beta(α,β) 兩個參數值，觀察 PDF 曲線的變化。請大家參考 Streamlit_Bk5_Ch07_10.py。此外，請大家選取前文某個機率分佈，做一個類似的 App。

眾數 VS 期望

如果 X 服從 Beta(α,β) 分佈，則 X 的期望為

$$\mathrm{E}(X) = \frac{\alpha}{\alpha + \beta} \tag{7.33}$$

我們常常用到的是 Beta(α,β) 分佈的眾數，即

$$\frac{\alpha - 1}{\alpha + \beta - 2}, \quad \alpha, \beta > 1 \tag{7.34}$$

眾數是機率密度函數曲線最大值所在位置。這一點在本書後文的貝氏推斷中格外重要，請大家注意。

推導期望

推導 Beta(α,β) 的期望其實很容易，我們甚至不需要積分。

連續隨機變數 X 的期望為

$$\mathrm{E}(X) = \int_x x \cdot f_X(x) \, \mathrm{d}x \tag{7.35}$$

將 Beta(α,β) 的機率密度函數代入式 (7.35)，得到

$$
\begin{aligned}
E(X) &= \int_x x \cdot \frac{\Gamma(\alpha+\beta)}{\Gamma(\alpha)\Gamma(\beta)} x^{\alpha-1}(1-x)^{\beta-1}\,\mathrm{d}x \\
&= \frac{\Gamma(\alpha+\beta)}{\Gamma(\alpha)\Gamma(\beta)} \underbrace{\int_x x^{\alpha}(1-x)^{\beta-1}\,\mathrm{d}x}_{\text{Beta}(\alpha+1,\beta)}
\end{aligned}
\tag{7.36}
$$

容易看出來，式 (7.36) 中積分部分可以整理成為 Beta($\alpha + 1, \beta$) 分佈的 PDF 解析式。缺的就是歸一化係數。

補充這個歸一化係數，式 (7.36) 可以寫成

$$
\begin{aligned}
E(X) &= \frac{\Gamma(\alpha+\beta)}{\Gamma(\alpha)\Gamma(\beta)} \frac{\Gamma(\alpha+1)\Gamma(\beta)}{\Gamma(\alpha+\beta+1)} \underbrace{\int_x \frac{\Gamma(\alpha+\beta+1)}{\Gamma(\alpha+1)\Gamma(\beta)} x^{\alpha}(1-x)^{\beta-1}\,\mathrm{d}x}_{=1} \\
&= \frac{\Gamma(\alpha+\beta)}{\Gamma(\alpha)\Gamma(\beta)} \frac{\Gamma(\alpha+1)\Gamma(\beta)}{\Gamma(\alpha+\beta+1)}
\end{aligned}
\tag{7.37}
$$

根據 Gamma 函數的遞推關係 $\Gamma(\nu + 1) = \Gamma(\nu) \cdot \nu$，式 (7.37) 進一步整理為

$$
\begin{aligned}
E(X) &= \frac{\Gamma(\alpha+\beta)}{\Gamma(\alpha)\,\Gamma(\beta)} \frac{\Gamma(\alpha) \cdot \alpha \cdot \Gamma(\beta)}{\Gamma(\alpha+\beta) \cdot (\alpha+\beta)} \\
&= \frac{\alpha}{\alpha+\beta}
\end{aligned}
\tag{7.38}
$$

方差、標準差

Beta(α, β) 的方差為

$$
\mathrm{var}(X) = \frac{\alpha\beta}{(\alpha+\beta)^2(\alpha+\beta+1)}
\tag{7.39}
$$

Beta(α, β) 的標準差為方差的平方根，有

$$
\mathrm{std}(X) = \sqrt{\frac{\alpha\beta}{(\alpha+\beta)^2(\alpha+\beta+1)}}
\tag{7.40}
$$

為了方便與下文的 Dirichlet 分佈對照，令

$$\alpha_0 = \alpha + \beta \tag{7.41}$$

Beta(α, β) 可以進一步寫成

$$\begin{aligned} \operatorname{var}(X) &= \frac{\alpha(\alpha_0 - \alpha)}{\alpha_0^2(\alpha_0 + 1)} \\ &= \frac{\dfrac{\alpha}{\alpha_0}\left(1 - \dfrac{\alpha}{\alpha_0}\right)}{\alpha_0 + 1} \end{aligned} \tag{7.42}$$

7.10　Dirichlet 分佈：多元 Beta 分佈

Dirichlet 分佈也叫狄利克雷分佈，它本質上是**多元 Beta 分佈** (multivariate Beta distribution)。Dirichlet 分佈常作為貝氏統計的先驗機率。

Dirichlet 分佈的機率密度函數為

$$f_{X_1,\cdots,X_K}\left(x_1,\cdots,x_K;\alpha_1,\cdots,\alpha_K\right) = \frac{1}{B\left(\alpha_1,\cdots,\alpha_K\right)}\prod_{i=1}^{K}x_i^{\alpha_i-1}, \quad \sum_{i=1}^{K}x_i = 1 \tag{7.43}$$

注意：$x_i(i = 1,2,\cdots,K)$ 的設定值範圍為 [0,1]，而且它們的和為 1。這個分佈常記作 Dir(α) 或 Dir($\alpha_1,\alpha_2,\cdots,\alpha_K$)。本書後文在貝氏推斷中，會用 θ 代替 x。

K 元 B() 函數的定義為

$$B\left(\alpha_1,\cdots,\alpha_K\right) = \frac{\displaystyle\prod_{i=1}^{K}\Gamma\left(\alpha_i\right)}{\Gamma\left(\displaystyle\sum_{i=1}^{K}\alpha_i\right)} \tag{7.44}$$

舉個例子

當 $K = 3$ 時，x_1、x_2、x_3 滿足

$$x_1 + x_2 + x_3 = 1 \qquad\qquad (7.45)$$

並且，x_1、x_2、x_3 都在區間 [0,1] 內。顯然，x_1、x_2、x_3 在一個平面上。

用白話說，$x_1 + x_2 + x_3 = 1$ 好比三維空間撐起的一張「畫布」，機率密度等高線必須畫在這張畫布上。

本節後文將採用五種視覺化方案展示 Dirichlet 分佈機率密度函數。如圖 7.18 所示，這五種視覺化方案主要分成兩大類。由於式 (7.45) 的等式關係，給定 x_1、x_2，則 x_3 確定。因此，我們可以用圖 7.18(a) 的 x_1x_2 平面展示 Dirichlet 分布的 PDF 影像。此外，我們還可以使用圖 7.18(b) 所示的視覺化方案。這實際上是**重心座標系** (barycentric coordinate system)。

「鳶尾花書」《可視之美》一書專門講解過重心座標系，請大家參考。

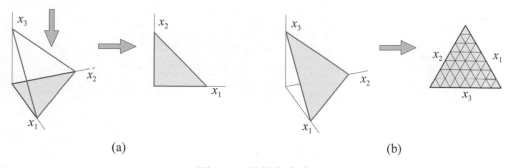

(a)   (b)

▲ 圖 7.18 視覺化方案原理

Dirichlet 分佈非常重要，因此我們下文用圖 7.19~ 圖 7.23 五種視覺化方案展示 Dirichlet 分佈的分佈特徵。

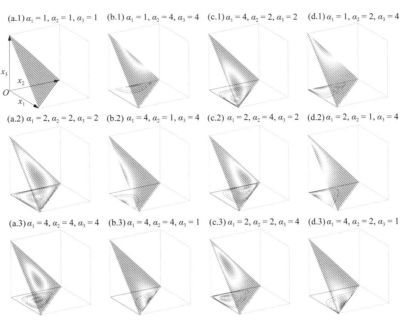

▲ 圖 7.19　用塗色三維散點視覺化 Dirichlet 分佈影像

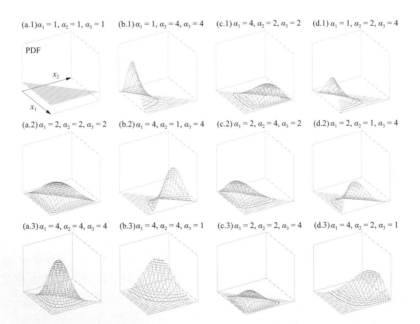

▲ 圖 7.20　基於 x_1x_2 平面的 Dirichlet 分佈 PDF 三維等高線 (z 軸為 PDF 設定值)

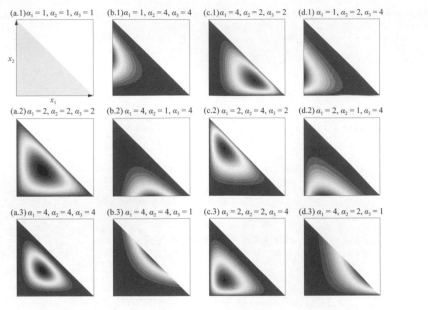

▲ 圖 7.21 $x_1 x_2$ 平面等高線中的 Dirichlet 分佈 PDF 等高線

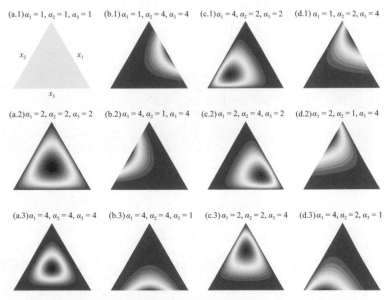

▲ 圖 7.22 重心座標系中的 Dirichlet 分佈 PDF 等高線

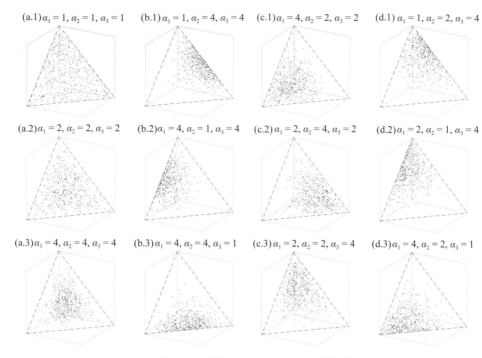

(a.1)$\alpha_1 = 1, \alpha_2 = 1, \alpha_3 = 1$　(b.1)$\alpha_1 = 1, \alpha_2 = 4, \alpha_3 = 4$　(c.1)$\alpha_1 = 4, \alpha_2 = 2, \alpha_3 = 2$　(d.1)$\alpha_1 = 1, \alpha_2 = 2, \alpha_3 = 4$

(a.2)$\alpha_1 = 2, \alpha_2 = 2, \alpha_3 = 2$　(b.2)$\alpha_1 = 4, \alpha_2 = 1, \alpha_3 = 4$　(c.2)$\alpha_1 = 2, \alpha_2 = 4, \alpha_3 = 2$　(d.2)$\alpha_1 = 2, \alpha_2 = 1, \alpha_3 = 4$

(a.3)$\alpha_1 = 4, \alpha_2 = 4, \alpha_3 = 4$　(b.3)$\alpha_1 = 4, \alpha_2 = 4, \alpha_3 = 1$　(c.3)$\alpha_1 = 2, \alpha_2 = 2, \alpha_3 = 4$　(d.3)$\alpha_1 = 4, \alpha_2 = 2, \alpha_3 = 1$

▲ 圖 7.23　滿足 Dirichlet 分佈的隨機數

邊緣分佈

Dirichlet 分佈的邊緣分佈服從 Beta 分佈，即

$$X_i \sim \text{Beta}\left(\alpha_i, \alpha_0 - \alpha_i\right) \tag{7.46}$$

其中

$$\alpha_0 = \sum_{i=1}^{K} \alpha_i \tag{7.47}$$

以圖 7.19 中 (d) 組圖為例，三個 Dirichlet 分佈的邊緣分佈 PDF 如圖 7.24 所示。

X_i 的期望為

$$\mathrm{E}(X_i) = \frac{\alpha_i}{\sum\limits_{k=1}^{K}\alpha_k} = \frac{\alpha_i}{\alpha_0} \tag{7.48}$$

X_i 的眾數為

$$\frac{\alpha_i - 1}{\sum\limits_{k=1}^{K}\alpha_k - K} = \frac{\alpha_i - 1}{\alpha_0 - K}, \quad \alpha_i > 1 \tag{7.49}$$

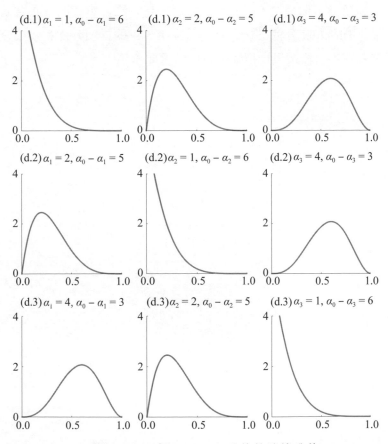

▲ 圖 7.24 三個 Dirichlet 分佈的邊緣分佈

Bk5_Ch07_11.py 繪製圖 7.19~ 圖 7.24。

◀

在 Bk5_Ch07_11.py 的基礎上，我們用 Streamlit 製作了一個應用，大家可以改變 Dirichlet($\alpha_1,\alpha_2,\alpha_3$) 三個參數值，觀察 PDF 曲面變化。請大家參考 Streamlit_Bk5_Ch07_11.py。

➡

《AI 時代 Math 元年 - 用 Python 全精通統計及機率》一書從整體來看，高斯分佈更為重要，但是它不是本章的重點。這一章最重要的分布有兩個—Beta 分佈、Dirichlet 分佈。它們分別對應第 5 章的二項分佈和多項分佈。這四個分佈在本書後續貝氏推斷中將扮演重要角色。

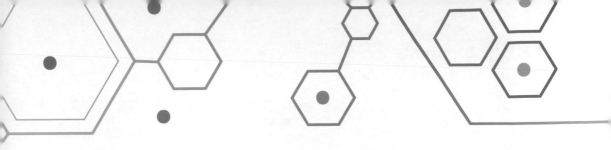

Conditiona lExpectation and Variance

8 條件機率

離散、連續隨機變數的條件期望、條件方差

每一種科學，只要達到一定程度的成熟，就會自動成為數學的一部分。

Every kind of science, if it has only reached a certain degree of maturity, automatically becomes a part of mathematics.

——大衛‧希伯特（*David Hilbert*）| 德國數學家 | *1862—1943* 年

- matplotlib.pyplot.errorbar() 繪製誤差棒
- matplotlib.pyplot.stem() 繪製火柴棒圖
- numpy.mean() 計算平均值
- numpy.sqrt() 計算平方根
- numpy.std() 計算標準差，預設分母為 n，不是 n-1
- numpy.var() 計算方差，預設分母為 n，不是 n-1
- seaborn.heatmap() 繪製熱圖

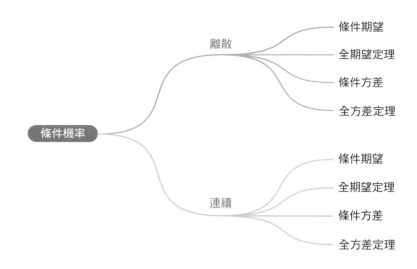

8.1 離散隨機變數：條件期望

條件期望 (conditional expectation 或 conditional expected value) 或條件**平均值** (conditional mean) 是一個隨機變數相對於一個條件機率分佈的**期望**。換句話說，這是給定的或多個其他隨機變數值的條件下，某個特定隨機變數的**期望**。

同理，條件**方差** (conditional variance) 與一般**方差**的定義幾乎一致。計算條件**方差**時，只不過是將**期望**換成了條件**期望**，並將機率換成了條件機率而已。

條件**期望**和條件**方差**這兩個概念在資料科學、機器學習演算法中格外重要，本章分別講解離散隨機變數和隨機變數的條件**期望**和條件**方差**。

大家應該已經看到，本章**期望**、**方差**交替出現，為了幫助大家閱讀，我們給**期望**、**方差**塗了不同顏色。

◀
第 12 章則專門介紹高斯條件機率。

什麼是條件期望？

條件期望其實很好理解。比如，一個籠子裡有 10 隻動物，其中 6 隻雞 (60%)、4 隻兔 (40%)。如圖 8.1 所示，分別只考慮雞或只考慮兔，這就是「條件」。

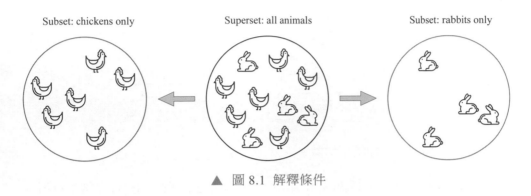

Subset: chickens only   Superset: all animals   Subset: rabbits only

▲ 圖 8.1 解釋條件

如圖 8.2 所示，雞的平均體重為 2 公斤，這個數值就是條件期望。再舉個例子，兔子的平均體重為 4 公斤，這也是條件期望。

本書後續會用鳶尾花資料為例給大家繼續講解條件期望。

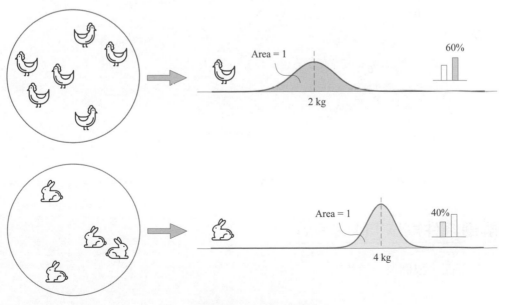

▲ 圖 8.2 解釋條件期望

條件期望 E($Y|X = x$)

如果 X 和 Y 均為離散隨機變數，給定 $X = x$ 條件下，Y 的條件期望 E($Y|X = x$) (conditional mean of Y given $X = x$) 定義為

$$
\mathrm{E}\left(\underbrace{Y}_{}\Big|\underbrace{X=x}_{\text{Given}}\right) = \underbrace{\sum_{y} y}_{\text{Expectation}} \cdot \underbrace{p_{Y|X}\left(y|x\right)}_{\text{Conditional}}
$$

$$
= \sum_{y} y \cdot \frac{\overbrace{p_{X,Y}\left(x,y\right)}^{\text{Joint}}}{\underbrace{p_X\left(x\right)}_{\text{Marginal}}} = \frac{1}{\underbrace{p_X\left(x\right)}_{\text{Marginal}}}\sum_{y} y \cdot \overbrace{p_{X,Y}\left(x,y\right)}^{\text{Joint}} \tag{8.1}
$$

式 (8.1) 相當於求加權平均數。

從幾何角度來看，如圖 8.3 所示，條件機率質量函數 $p_{Y|X}(y|x)$ 分別乘以對應的 y 值 (綠色反白)，然後求和，結果就是條件期望 E($Y|X = x$)。

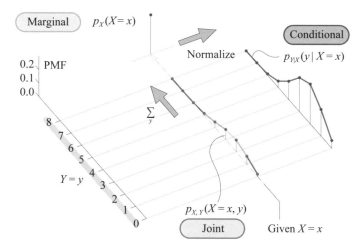

▲ 圖 8.3　條件機率 PMF $p_{Y|X}(y|x)$ (X 和 Y 均為離散隨機變數)

解剖條件期望 E($Y|X = x$)

下面，我們進一步解剖。

給定 $X = x$ 條件下，也就是說離散隨機變數 X 固定在 x，滿足這個條件的樣本組成了全新的「樣本空間」。

$p_{Y|X}(y|x)$ 是給定 $X = x$ 條件下 Y 的機率質量函數，相當於式 (8.1) 中加權平均數中的權重。

回憶第 4 章，利用貝氏定理，$p_X(x) > 0$，條件機率質量函數 $p_{Y|X}(y|x)$ 可以透過聯合 PMF $p_{X,Y}(x,y)$ 和邊緣 PMF $p_X(x)$ 相除得到，即

$$p_{Y|X}(y|x) = \frac{p_{X,Y}(x,y)}{\underbrace{p_X(x)}_{\text{Normalize}}} \tag{8.2}$$

其中：分母中的邊緣機率 $p_X(x)$ 造成了歸一化的效果。

式 (8.1) 中大寫西格瑪求和 $\sum_y (\cdot)$ 代表「窮舉」一切可能的 y 值，計算「$y \times$ 條件機率 $p_{Y|X}(y|x)$」之和，也就是「$y \times$ 權重」之和，即加權平均數。

比較期望 E(*Y*)、條件期望 E(*Y*|*X* = *x*)

對比離散隨機變數 Y 的期望 $E(Y)$、條件期望 $E(Y|X = x)$，有

$$E(Y) = \sum_y y \cdot \underbrace{p_Y(y)}_{\text{Weight}}$$
$$E(Y|X = x) = \sum_y y \cdot \underbrace{p_{Y|X}(y|x)}_{\text{Weight}} \tag{8.3}$$

容易發現，我們不過是把求平均值的權重從邊緣 PMF $p_Y(y)$ 換成了條件 PMF $p_{Y|X}(y|x)$。$\sum_y y$ 表示遍歷所有 y 的設定值。

作為權重，$p_Y(y)$ 和 $p_{Y|X}(y|x)$ 的求和都為 1，即

$$\sum_y \underbrace{p_Y(y)}_{\text{Marginal}} = 1$$
$$\sum_y \underbrace{p_{Y|X}(y|x)}_{\text{Conditional}} = 1 \tag{8.4}$$

式 (8.4) 實際上是第 3 章介紹的**全機率定理** (law of total probability) 的表現。

⚠

> 注意：**期望** E(Y) 是一個標量值。而 E(Y|X = x) 在不同的 X = x 條件下結果不同，即 E(Y|X) 代表一組數。也就是說，E(Y|X) 可以看作是個向量。本書前文提過，求期望的運算相當於「歸納」、降維。也就是說 E(Y|X) 中「Y」已經被「壓縮」成了一個數值，但是 X 還是可變的。

既然 E(Y|X) 代表一組數，我們立刻就會想到 E(Y|X) 肯定也有**期望**，即平均值。

也就是說，籠子裡的雞的平均體重、兔子的平均體重，這兩個平均值還能再算一個平均值，即籠子裡所有動物的平均體重。

全期望定理

全期望定理 (law of total expectation)，又叫**雙重期望定理** (double expectation theorem)、**重疊期望定理** (iterated total expectation)，具體指的是

$$
\underbrace{\mathrm{E}(Y)}_{\text{Expectation}} = \mathrm{E}\left[\overbrace{\underbrace{\mathrm{E}(Y|X)}_{\text{Conditional expectation}}}^{\text{Expectation of conditonal expectations}}\right] = \sum_x \underbrace{\mathrm{E}(Y|X=x)}_{\text{Conditional expectation}} \cdot \underbrace{p_X(x)}_{\text{Marginal}} \tag{8.5}
$$

推導過程如下，不要求大家記憶，即

$$
\begin{aligned}
\mathrm{E}\left[\underbrace{\mathrm{E}(Y|X)}_{\text{Conditional expectation}}\right] &= \sum_x \underbrace{\mathrm{E}(Y|X=x)}_{\text{Conditional expectation}} \cdot \underbrace{p_X(x)}_{\text{Marginal}} = \sum_x \left\{ \underbrace{\underbrace{\sum_y y \cdot \underbrace{p_{Y|X}(y|x)}_{\text{Conditional}}}_{\text{Conditional expectation}}} \right\} \cdot \underbrace{p_X(x)}_{\text{Marginal}} \\
&= \sum_x \sum_y y \cdot \overbrace{\underbrace{p_{Y|X}(y|x)}_{\text{Conditional}} \cdot \underbrace{p_X(x)}_{\text{Marginal}}}^{\text{Use Bayes' Rule}} = \sum_x \sum_y y \cdot \overbrace{p_{X,Y}(x,y)}^{\text{Joint}} \\
&= \sum_x \sum_y y \cdot \overbrace{\underbrace{p_{X|Y}(x|y)}_{\text{Conditional}} \cdot \underbrace{p_Y(y)}_{\text{Marginal}}}^{\text{Use Bayes' Rule}} = \sum_y y \cdot \underbrace{p_Y(y)}_{\text{Marginal}} \cdot \underbrace{\overbrace{\sum_x p_{X|Y}(x|y)}^{=1}}_{\text{Law of total probability}} \\
&= \sum_y y \cdot \underbrace{p_Y(y)}_{\text{Marginal}} = \mathrm{E}(Y)
\end{aligned} \tag{8.6}
$$

> ⚠️ 注意：以上推導中，二重求和調換變數順序，這是因為 x 和 y 組成的網格「方方正正」；不然不能輕易調換求和順序。這與調換二重積分變數的順序類似。

> ◀ 《AI 時代 Math 元年 - 用 Python 全精通數學要素》一書第 14 章探討過這個問題，請大家回顧。

用白話說全期望定理

其實，**全期望**定理很好理解！

還是用本章前文的例子。前文提到，籠子裡雞 (60%) 的平均體重為 2kg，兔子 (40%) 的平均體重為 4kg。整個籠子裡所有動物的平均體重就是 2×60% + 4×40% = 2.8kg。

前文提過，2kg、4kg 都是條件**期望**，2.8kg 就是「條件**期望**的**期望**」。籠子裡的雞佔比較高，因此整個籠子裡動物的平均體重稍微「偏向」雞體重的「條件**期望**」，如圖 8.4 所示。

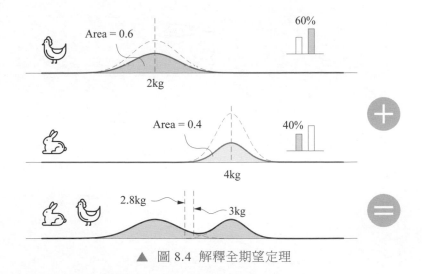

▲ 圖 8.4 解釋全期望定理

大家如果要問，為什麼求「條件**期望**的**期望**」要用加權平均，而非用 (2 + 4) / 2 = 3kg 呢？

為了回答這個問題，我們舉個極端例子來解釋。除了所有雞之外，如果整個籠子裡只有一隻兔子，它的體重為 8kg，也就是說「所有」兔子的平均體重也是 8kg。假設所有雞的平均體重還是 2kg。大家自己思考，如果用 2kg 和 8kg 的平均值 5kg 代表整個籠子裡所有動物的平均體重，這樣是否合理？

條件期望 E(X|Y = y)

同理，如圖 8.5 所示，給定 $Y = y$ 這個條件下，$p_Y(y) > 0$，X 的條件期望 E(X|$Y = y$) 定義為

$$\mathrm{E}\left(X\underbrace{\vphantom{|}|Y=y}_{\text{Given}}\right)=\sum_x x\cdot\underbrace{p_{X|Y}\left(x|y\right)}_{\text{Conditional}}\overset{\text{Expectation}}{}$$

$$=\sum_x x\cdot\frac{\overbrace{p_{X,Y}\left(x,y\right)}^{\text{Joint}}}{\underbrace{p_Y\left(y\right)}_{\text{Marginal}}}=\frac{1}{\underbrace{p_Y\left(y\right)}_{\text{Marginal}}}\sum_x x\cdot\overbrace{p_{X,Y}\left(x,y\right)}^{\text{Joint}} \tag{8.7}$$

請大家自行分析式 (8.7)，並比較 E(X) 和 E(X|$Y = y$)，有

$$\mathrm{E}(X)=\sum_x x\cdot\underbrace{p_X\left(x\right)}_{\text{Weight}}$$

$$\mathrm{E}(X|Y=y)=\sum_x x\cdot\underbrace{p_{X|Y}\left(x|y\right)}_{\text{Weight}} \tag{8.8}$$

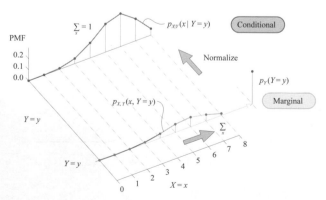

▲ 圖 8.5　條件機率 PMF $\mathrm{p}_{X|Y}(x|y)$(X 和 Y 均為離散隨機變數)

對於條件期望 $E(X|Y)$，全期望定義為

$$\underbrace{E(X)}_{\text{Expectation}} = E\Bigg[\underbrace{E(X|Y)}_{\text{Conditional expectation}}\Bigg] \tag{8.9}$$

基於事件的條件期望

給定事件 C 發生的條件下 $(Pr(C) > 0)$，隨機變數 X 的條件期望為

$$
\begin{aligned}
E(X|C) &= \sum_x x \cdot \underbrace{p_{X|C}(x|C)}_{\text{Conditional}} \\
&= \sum_x x \cdot \frac{\overbrace{p_{X,C}(x,C)}^{\text{Joint}}}{Pr(C)}
\end{aligned} \tag{8.10}
$$

舉個例子，事件 C 可以是鳶尾花資料中指定的標籤。

這個式子類似於前文兩個隨機變數的條件期望，大家會在本章後續看到式 (8.10) 的用途。

獨立

特別地，如果 X 和 Y 獨立，則有

$$
\begin{aligned}
E(Y|X = x) &= E(Y) \\
E(X|Y = y) &= E(X)
\end{aligned} \tag{8.11}
$$

8.2 離散隨機變數：條件方差

在上一節的基礎上，本節介紹離散隨機變數的條件方差。

條件方差 var($Y|X = x$)

給定 $X = x$ 條件下，Y 的條件方差 var($Y|X = x$)(conditional variance of Y given $X = x$) 定義為

$$\mathrm{var}\big(Y\big|X=x\big)=\sum_y\underbrace{\Bigg(\underbrace{y-\overbrace{\mathrm{E}\big(Y\big|X=x\big)}^{\text{Expectation}}}_{\text{Deviation}}\Bigg)^2}^{\text{Expectation}}\cdot\underbrace{p_{Y|X}\big(y\big|x\big)}_{\text{Conditional}}$$

$$=\sum_y\big(y-\mathrm{E}\big(Y\big|X=x\big)\big)^2\cdot\frac{\overbrace{p_{X,Y}\big(x,y\big)}^{\text{Joint}}}{\underbrace{p_X\big(x\big)}_{\text{Marginal}}} \tag{8.12}$$

$$=\underbrace{\frac{1}{p_X\big(x\big)}}_{\text{Marginal}}\sum_y\underbrace{\Bigg(y-\mathrm{E}\big(Y\big|X=x\big)\Bigg)^2}_{\text{Deviation}}\cdot\overbrace{p_{X,Y}\big(x,y\big)}^{\text{Joint}}$$

下面解析式 (8.12)。

$\mathrm{E}(Y|X=x)$ 是式 (8.1) 中求得的條件**期望**，也就是計算偏差的基準。

$y-\mathrm{E}(Y|X=x)$ 代表偏差，即每個 y 和 $\mathrm{E}(Y|X=x)$ 之間的偏離。$y-\mathrm{E}(Y|X=x)$ 平方後，再以 $p_{Y|X}(y|x)$ 為權重求平均值，結果就是條件**方差**。

對比離散隨機變數 Y 的**方差**和條件**方差**，有

$$\mathrm{var}\big(Y\big)=\sum_y\underbrace{\bigg(y-\mathrm{E}\big(Y\big)\bigg)^2}_{\text{Deviation}}\cdot\underbrace{p_Y\big(y\big)}_{\text{Weight}}$$

$$\mathrm{var}\big(Y\big|X=x\big)=\sum_y\underbrace{\bigg(y-\mathrm{E}\big(Y\big|X=x\big)\bigg)^2}_{\text{Deviation}}\cdot\underbrace{p_{Y|X}\big(y\big|x\big)}_{\text{Weight}} \tag{8.13}$$

可以發現兩處變化差異，度量偏差的基準從 $\mathrm{E}(Y)$ 變成了 $\mathrm{E}(Y|X=x)$。加權平均的權重從 $p_Y(y)$ 變成了 $p_{Y|X}(y|x)$。

類似**方差**的簡便計算技巧，條件**方差** $\mathrm{var}(Y|X=x)$ 也有以下計算技巧，即

$$\mathrm{var}\big(Y\big)=\mathrm{E}\big(Y^2\big)-\mathrm{E}\big(Y\big)^2$$

$$\mathrm{var}\big(Y\big|X=x\big)=\mathrm{E}\big(Y^2\big|X=x\big)-\mathrm{E}\big(Y\big|X=x\big)^2 \tag{8.14}$$

全方差定理

全方差定理 (law of total variance)，又叫重疊方差定理 (law of iterated variance)，指的是

$$\text{var}(Y) = \underbrace{\text{E}\big(\text{var}(Y \mid X)\big)}_{\text{Expectation of conditional variance}} + \underbrace{\text{var}\big(\text{E}(Y \mid X)\big)}_{\text{Variance of conditional expectation}} \tag{8.15}$$

$\text{E}(\text{var}(Y|X))$ 是條件方差的期望 (加權平均數)，即

$$\underbrace{\text{E}\big(\text{var}(Y \mid X)\big)}_{\text{Expectation of conditional variance}} = \sum_x \text{var}(Y \mid X = x) \cdot p_X(x) \tag{8.16}$$

條件方差的期望 $\text{E}(\text{var}(Y|X))$ 還不夠解釋整體的方差。缺少的成分是條件期望的方差 $\text{var}(\text{E}(Y|X))$，即有

$$\underbrace{\text{var}\big(\text{E}(Y \mid X)\big)}_{\text{Variance of conditional expectation}} = \sum_x \big(\text{E}(Y \mid X = x) - \text{E}(Y)\big)^2 \cdot p_X(x) \tag{8.17}$$

根據全期望定理，$\text{E}(Y|X = x)$ 的期望為 $\text{E}(Y)$。

換個方向思考，式 (8.15) 相當於對 $\text{var}(Y)$ 的分解，有

$$\text{var}(Y) = \underbrace{\text{E}\big(\text{var}(Y \mid X)\big)}_{\text{Expectation of conditional variance}} + \underbrace{\text{var}\big(\text{E}(Y \mid X)\big)}_{\text{Variance of conditional expectation}}$$

$$= \sum_x \underbrace{\text{var}(Y \mid X = x)}_{\text{Deviation within a subset}} \cdot \underbrace{p_X(x)}_{\text{Weight}} + \sum_x \Big(\overbrace{\text{E}(Y \mid X = x) - \text{E}(Y)}^{\text{Deviation of a subset from superset}} \Big)^2 \cdot \overbrace{p_X(x)}^{\text{Weight}} \tag{8.18}$$

$$\underbrace{}_{\text{Deviation among all subsets}}$$

這樣方便我們理解哪些成分 (子集內部、子集之間) 以多大的比例貢獻了整體的方差。如圖 8.6 所示，條件方差的期望解釋的是子集 (雞子集、兔子集) 各自的內部差異。

條件期望的方差解釋的是子集 (雞子集、兔子集) 和母集 (所有動物) 之間的差異。

而代表雞子集、兔子集的就是雞、兔各自的平均體重 (條件**期望**)，代表母集就是籠子裡所有動物的平均體重 (整體**期望**)。

比較圖 8.6 和圖 8.7，條件**方差**的**期望**不變，但是條件**期望**的**方差**增大了。如圖 8.7 所示，子集內部差異 (**方差**) 不變，如果增大子集之間的差異，也就是增大了子集和母集的差異，這會導致整體的**方差**增大。

類似全方差定理，也存在以下**全協方差定理** (law of total covariance)，即有

$$\operatorname{cov}(X_1, X_2) = \operatorname{E}\big(\operatorname{cov}(X_1, X_2 \mid Y)\big) + \operatorname{cov}\big(\operatorname{E}(X_1 \mid Y), \operatorname{E}(X_2 \mid Y)\big) \tag{8.19}$$

本章不展開分析全協方差定理。

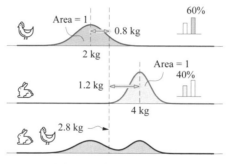

▲ 圖 8.6　解釋全方差定理

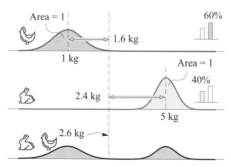

▲ 圖 8.7 解釋全方差定理 (增大子集之間差異，整體方差增大)

條件方差 var($X|Y = y$)

給定 $Y = y$ 條件下，X 的條件方差 var($X|Y = y$)(conditional variance of X given $Y = y$) 定義為

$$
\begin{aligned}
\mathrm{var}\big(X|Y=y\big) &= \overbrace{\sum_x \bigg(\underbrace{x - \mathrm{E}\big(\overbrace{X}|Y=y\big)}_{\text{Deviation}} \bigg)^2 \cdot \underbrace{p_{X|Y}\big(x|y\big)}_{\text{Conditional}}}^{\text{Expectation}} \\
&= \sum_x \big(x - \mathrm{E}\big(X|Y=y\big) \big)^2 \cdot \frac{\overbrace{p_{X,Y}\big(x,y\big)}^{\text{Joint}}}{\underbrace{p_Y\big(y\big)}_{\text{Marginal}}} \\
&= \frac{1}{\underbrace{p_Y\big(y\big)}_{\text{Marginal}}} \sum_x \bigg(\underbrace{x - \mathrm{E}\big(X|Y=y\big)}_{\text{Deviation}} \bigg)^2 \cdot \overbrace{p_{X,Y}\big(x,y\big)}^{\text{Joint}}
\end{aligned}
\tag{8.20}
$$

條件方差 var($X|Y = y$) 也有以下計算技巧，即

$$
\mathrm{var}\big(X|Y=y\big) = \mathrm{E}\big(X^2|Y=y\big) - \mathrm{E}\big(X|Y=y\big)^2
\tag{8.21}
$$

對於隨機變數 X，它的全方差定理為

$$
\mathrm{var}\big(X\big) = \underbrace{\mathrm{E}\big(\mathrm{var}\big(X|Y\big)\big)}_{\text{Expectation of conditional variance}} + \underbrace{\mathrm{var}\big(\mathrm{E}\big(X|Y\big)\big)}_{\text{Variance of conditional expectation}}
\tag{8.22}
$$

8.3 離散隨機變數的條件期望和條件方差：以鳶尾花為例

給定花萼長度，條件期望 E($X_2 | X_1 = x_1$)

大家已經在第 4 章見過圖 8.8 中的左圖。這幅圖舉出的是條件機率 $p_{X2|X1}(x_2|x_1)$。提醒大家回憶，圖中 $p_{X2|X1}(x_2|x_1)$ 每列 PMF(即機率) 和為 1。

下面，我們試著利用圖 8.8 中的左圖型計算以花萼長度 $X_1 = 6.5$ 為條件的條件期望 $\mathrm{E}(X_2 | X_1 = 6.5)$，有

$$
\begin{aligned}
\mathrm{E}\left(X_2 \middle| X_1 = 6.5\right) &= \sum_{x_2} x_2 \cdot p_{X2|X1}\left(x_2 \middle| 6.5\right) \\
&= \underset{\text{cm}}{2.0} \times 0 + \underset{\text{cm}}{2.5} \times 0.19 + \underset{\text{cm}}{3.0} \times 0.65 + \underset{\text{cm}}{3.5} \times 0.16 + \underset{\text{cm}}{4.0} \times 0 + \underset{\text{cm}}{4.5} \times 0 \\
&\approx 2.984 \ \text{cm}
\end{aligned}
\tag{8.23}
$$

注意：式 (8.23) 中條件機率的結果的單位還是 cm。

建議大家手算剩餘所有 $\mathrm{E}(X_2 | X_1 = x_1)$。

圖 8.8 中右上圖舉出的是熱圖 $x_2 \cdot p_{X2|X1}(x_2 | x_1)$，它相當於一個二元函數。

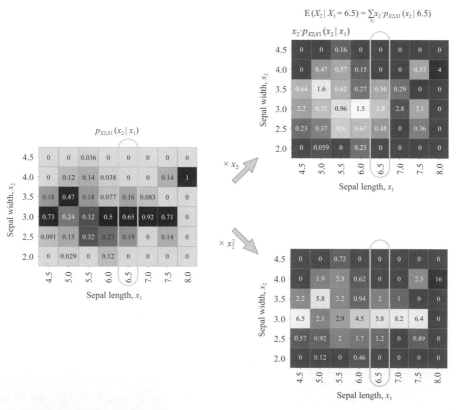

▲ 圖 8.8 給定花萼長度 X_1，花萼寬度 X_2 的條件機率 $p_{X2|X1}(x_2 | x_1)$ 熱圖，$x_2 \times p_{X2|X1}(x_2 | x_1)$ 熱圖，$x_2^2 \cdot p_{X2|X1}(x_2 | x_1)$ 熱圖

圖 8.9 所示為從矩陣乘法角度看條件期望 $E(X_2|X_1 = x_1)$ 運算。

圖 8.10 所示為條件期望 $E(X_2|X_1 = x_1)$ 的火柴棒圖。圖 8.10 中還舉出了鳶尾花花萼長度 X_1 的邊緣 PMF $p_{X1}(x_1)$。

根據式 (8.5) 的全期望定理，我們可以利用條件期望 $E(X_2|X_1 = x_1)$ 和邊緣 PMF$p_{X1}(x_1)$ 計算期望 $E(X_2)$，即

$$
\begin{aligned}
E(X_2) &= \sum_{x_1} E(X_2|X_1 = x_1) \cdot p_{X1}(x_1) \\
&= \underset{cm}{3.045} \times 0.073 + \underset{cm}{3.25} \times 0.23 + \underset{cm}{3.125} \times 0.19 + \underset{cm}{2.827} \times 0.17 + \\
&\quad \underset{cm}{2.983} \times 0.21 + \underset{cm}{3.041} \times 0.08 + \underset{cm}{3.071} \times 0.047 + \underset{cm}{4} \times 0.007 \\
&\approx 3.063 \ \text{cm}
\end{aligned}
\tag{8.24}
$$

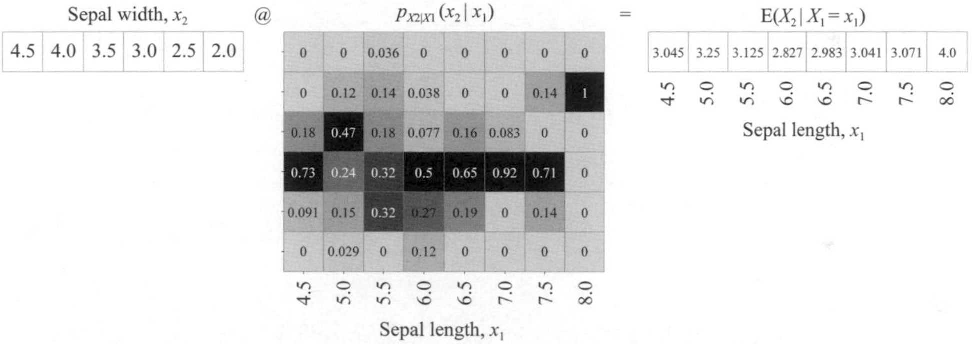

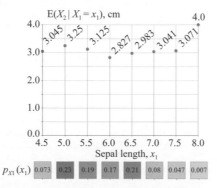

▲ 圖 8.9 矩陣乘法角度看條件期望 $E(X_2|X_1 = x_1)$

▲ 圖 8.10 給定花萼長度 X_1，花萼寬度 X_2 的條件期望 $E(X_2|X_1 = x_1)$ 和邊緣 PMF $p_{X1}(x_1)$

給定花萼長度，條件方差 var(X_2 | X_1 = x_1)

利用式 (8.12) 計算花萼長度 X_1 = 6.5 為條件下，條件**方差** var($X_2|X_1$ = 6.5)，有

$$
\begin{aligned}
\mathrm{var}\left(X_2|X_1=6.5\right) &= \sum_{x_2}\left(x_2 - \mathrm{E}\left(X_2|X_1=6.5\right)\right)^2 \cdot p_{X2|X1}\left(x_2 \mid 6.5\right)\\
&= \underbrace{\left(2.0-2.985\right)^2}_{\mathrm{cm}^2}\times 0 + \underbrace{\left(2.5-2.985\right)^2}_{\mathrm{cm}^2}\times 0.19 + \underbrace{\left(3.0-2.985\right)^2}_{\mathrm{cm}^2}\times 0.65 +\\
&\quad \underbrace{\left(3.5-2.985\right)^2}_{\mathrm{cm}^2}\times 0.16 + \underbrace{\left(4.0-2.985\right)^2}_{\mathrm{cm}^2}\times 0 + \underbrace{\left(4.0-2.985\right)^2}_{\mathrm{cm}^2}\times 0\\
&\approx 0.088 \ \mathrm{cm}^2
\end{aligned}
\tag{8.25}
$$

條件**方差** var($X_2|X_1$ = 6.5) 的單位為 cm^2。同樣建議大家手算剩餘條件**方差** var($X_2|X_1$ = x_1)。

採用技巧計算，計算條件期望。首先計算花萼長度 X_1 = 6.5 為條件下，花萼寬度平方的**期望**，有

$$
\begin{aligned}
\mathrm{E}\left(X_1^2|X_1=6.5\right) &= \sum_{x_2} x_1^2 \cdot p_{X2|X1}\left(x_2 \mid 6.5\right)\\
&= \underbrace{2.0^2}_{\mathrm{cm}^2}\times 0 + \underbrace{2.5^2}_{\mathrm{cm}^2}\times 0.19 + \underbrace{3.0^2}_{\mathrm{cm}^2}\times 0.65 + \underbrace{3.5^2}_{\mathrm{cm}^2}\times 0.16 + \underbrace{4.0^2}_{\mathrm{cm}^2}\times 0 + \underbrace{4.5^2}_{\mathrm{cm}^2}\times 0\\
&\approx 9 \ \mathrm{cm}^2
\end{aligned}
\tag{8.26}
$$

圖 8.11 所示為花萼寬度平方值 X_2^2 的條件期望 $\mathrm{E}(X_2^2 \mid X_1=x_1)$ 的火柴棒圖。

然後計算條件**方差**，有

$$
\mathrm{var}\left(X_2|X_1=6.5\right) = \mathrm{E}\left(X_1^2|X_1=6.5\right) - \mathrm{E}\left(X_2|X_1=6.5\right)^2 = 9 - 2.984^2 \approx 0.088
\tag{8.27}
$$

圖 8.12 為花萼長度取不同值時條件**方差** var($X_2|X_1$ = x_1) 的火柴棒圖，用於檢查自己的手算結果。

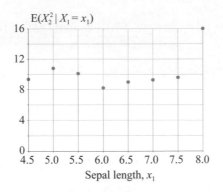

▲ 圖 8.11 給定花萼長度 X_1，花萼寬度平方值 X_2^2 的條件期望 $\mathrm{E}(X_2^2|X_1 = x_1)$

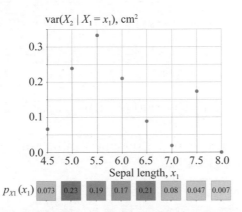

▲ 圖 8.12 給定花萼長度 X_1，花萼寬度的條件方差 $\mathrm{var}(X_2|X_1 = x_1)$

大家肯定早就發現，條件期望 $\mathrm{E}(X_2|X_1 = x_1)$、條件**方差** $\mathrm{var}(X_2|X_1 = x_1)$ 都消去了 x_2 這個變數，兩者僅隨著 $X_1 = x_1$ 設定值變化。這也不難理解，期望和**方差**代表「整理」，本質上就是「降維」。當某個維度上的資訊細節不再重要時，我們便把它「壓扁」。

壓扁過程中，不同的聚合方式得到不同的統計量，如**期望**、**方差**等。

全方差定理：鑽取方差 var(X_2)

根據式 (8.17) 中舉出的全**方差**定理，下面我們利用條件**方差** $\mathrm{var}(X_2|X_1)$ 和條件期望 $\mathrm{E}(X_2|X_1)$ 計算花萼寬度的**方差** $\mathrm{var}(X_2)$。$\mathrm{var}(X_2)$ 可以寫成兩部分之和，即

$$\text{var}(X_2) = \underbrace{\text{E}\big(\text{var}\,(X_2\,|\,X_1)\big)}_{\text{Expectation of conditional variance}} + \underbrace{\text{var}\big(\text{E}\,(X_2\,|\,X_1)\big)}_{\text{Variance of conditional expectation}} \tag{8.28}$$

第一部分是條件**方差**的期望 $\text{E}(\text{var}(X_2|X_1))$，有

$$\underbrace{\text{E}\big(\text{var}\,(X_2\,|\,X_1)\big)}_{\text{Expectation of conditional variance}} = \sum_{x_1} \text{var}\big(X_2\,|\,X_1 = x_1\big)\cdot p_{X1}\,(x_1) \tag{8.29}$$

代入具體數值，我們可以計算得到 $\text{E}(\text{var}(X_2|X_1))$，有

$$\begin{aligned}
\underbrace{\text{E}\big(\text{var}\,(X_2\,|\,X_1)\big)}_{\text{Expectation of conditional variance}} &= \sum_{x_1} \text{var}\big(X_2\,|\,X_1 = x_1\big)\cdot p_{X1}\,(x_1) \\
&\approx \underset{\text{cm}^2}{\underline{0.066}}\times 0.073 + \underset{\text{cm}^2}{\underline{0.238}}\times 0.226 + \underset{\text{cm}^2}{\underline{0.332}}\times 0.186 + \underset{\text{cm}^2}{\underline{0.210}}\times 0.173 + \\
&\quad \underset{\text{cm}^2}{\underline{0.088}}\times 0.206 + \underset{\text{cm}^2}{\underline{0.019}}\times 0.08 + \underset{\text{cm}^2}{\underline{0.173}}\times 0.046 + \underset{\text{cm}^2}{\underline{0}}\times 0.006 \\
&\approx \underset{X_1=4.5}{\underline{0.0048}} + \underset{X_1=5.0}{\underline{0.0541}} + \underset{X_1=5.5}{\underline{0.0620}} + \underset{X_1=6.0}{\underline{0.0364}} + \underset{X_1=6.5}{\underline{0.0182}} + \underset{X_1=7.0}{\underline{0.0015}} + \underset{X_1=7.5}{\underline{0.0080}} + \underset{X_1=8.0}{\underline{0}} \\
&\approx 0.185 \ \text{cm}^2
\end{aligned} \tag{8.30}$$

第二部分是條件**期望**的**方差** $\text{var}(\text{E}(X_2|X_1))$。代入具體值計算得到

$$\begin{aligned}
\underbrace{\text{var}\big(\text{E}\,(X_2\,|\,X_1)\big)}_{\text{Variance of conditional expectation}} &= \sum_{x_1}\big(\text{E}\,(X_2\,|\,X_1 = x_1) - \text{E}\,(X_2)\big)^2 \cdot p_{X_1}\,(x_1) \\
&\approx 0.025 \ \text{cm}^2
\end{aligned} \tag{8.31}$$

如果大家看到這還會犯糊塗，不理解為什麼 $\sum_{x_1}$ 求和遍歷的是 x_1，那麼這裡告訴大家一個小技巧，因為 X_2 已經被「折疊」！不管是條件期望 $\text{E}(X_2|X = x_1)$ 還是期望 $\text{E}(X_2)$，都已經將 X_2 折疊成一個具體的數值，因此無法遍歷。

這樣 X_2 的方差約為

$$\begin{aligned}
\text{var}(X_2) &= \underbrace{\text{E}\big(\text{var}\,(X_2\,|\,X_1)\big)}_{\text{Expectation of conditional variance}} + \underbrace{\text{var}\big(\text{E}\,(X_2\,|\,X_1)\big)}_{\text{Variance of conditional expectation}} \\
&\approx 0.185 + 0.025 = 0.211 \text{cm}^2
\end{aligned} \tag{8.32}$$

在 $\text{var}(X_2)$ 中，第一部分 $\text{E}(\text{var}(X_2|X_1))$ 的貢獻超過 85%，而 $\text{E}(\text{var}(X_2|X_1))$ 可以進一步展開，圖 8.13 所示為各個不同成分對花萼寬度 X_2 的方差 $\text{var}(X_2)$ 的貢獻，這也可以叫作**鑽取** (drill down)。

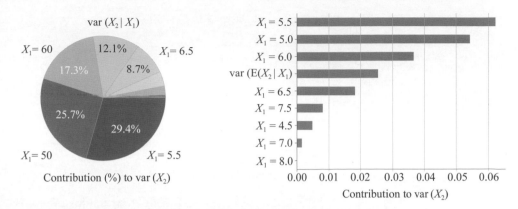

▲ 圖 8.13 各個不同成分對花萼寬度 X2 的方差 var(X2) 的貢獻

給定花萼長度，條件標準差 std($X_2|X_1 = x_1$)

式 (8.25) 開方便獲得條件**標準差** std($X_2|X_1 = 6.5$)，有

$$\sigma_{X_2|X_1=6.5} = \text{std}\left(X_2|X_1 = 6.5\right) = 0.295 \text{ cm} \tag{8.33}$$

式 (8.33) 的單位和鳶尾花寬度單位一致，我們便可以把條件**標準差**和圖 8.10 畫在一起，得到圖 8.14。這幅圖舉出的是 E($X_2|X_1 = x_1$) ± std($X_2|X_1 = x_1$)。圖中圓點●展示的是 E($X_2|X_1 = x_1$)，即條件期望，表示給定 $X_1=x_1$ 條件下，鳶尾花資料在花萼寬度上的一種「預測」！這和我們講過的迴歸思想在本質上相同。E($X_2|X_1 = x_1$) 代表當 $X_1 = x_1$ 時鳶尾花花萼寬度最合適的「預測」。

也就是說，迴歸可以看成是條件機率！本書後續還會沿著這個想法展開討論。

而我們用**誤差棒** (error bar) 展示 ±std($X_2|X_1 = x_1$)，代表給定 $X_1 = x_1$ 條件下，鳶尾花資料在花萼寬上的「波動」。誤差棒的寬度越大，說明波動越大；反之，則說明波動越小。

特別地，當花萼長度 X_1 為 8.0cm 時，條件均**方差** std($X_2|X_1=8.0$) 為 0。這是因為，這一處只有一個樣本點。

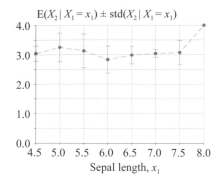

▲ 圖 8.14 給定花萼長度 X_1，花萼寬度 X_2 的條件期望 $\mathrm{E}(X_2|X_1=x_1)\pm\mathrm{std}(X_2|X_1=x_1)$

給定花萼寬度，條件期望 $\mathbf{E}(X_1|X_2=x_2)$

圖 8.15 所示為條件機率 $p_{X_1|X_2}(x_1|x_2)$。同樣提醒大家注意圖 8.15 中 $p_{X_1|X_2}(x_1|x_2)$ 每行 PMF(即機率) 之和為 1。

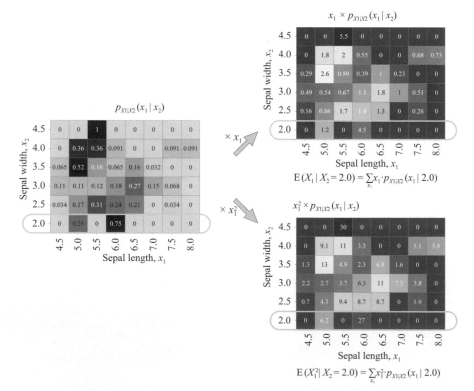

▲ 圖 8.15 給定花萼寬度，花萼長度的條件機率 $p_{X_1|X_2}(x_1|x_2)$

利用圖 8.15 計算花萼寬度 $X_2 = 2.0$ 為條件下，條件期望 $E(X_1|X_2 = 2.0)$，有

$$
\begin{aligned}
E\left(X_1 \middle| X_2 = 2.0\right) &= \sum_{x_1} x_1 \cdot p_{X_1|X_2}\left(x_1 \middle| 2.0\right) \\
&= \underset{cm}{4.5} \times 0 + \underset{cm}{5.0} \times 0.25 + \underset{cm}{5.5} \times 0 + \underset{cm}{6.0} \times 0.75 + \\
&\quad \underset{cm}{6.5} \times 0 + \underset{cm}{7.0} \times 0 + \underset{cm}{7.5} \times 0 + \underset{cm}{8.0} \times 0 \\
&\approx 5.7 \text{ cm}
\end{aligned}
\tag{8.34}
$$

條件機率的結果還是 cm。同樣建議大家手算剩餘所有 $E(X_1|X_2 = x_2)$。

此外，請大家也根據**全期望定理**，利用 $E(X_1|X_2 = x_2)$ 計算 $E(X_1)$。並用**條件方差** $var(X_1|X_2)$ 和條件期望 $E(X_1|X_2)$ 計算花萼長度的**方差** $var(X_1)$。

條件方差 var($X_1 \mid X_2 = x_2$)

在花萼寬度 $X_2 = 2.0$ 為條件下，條件**方差** $var(X_1|X_2 = 2.0)$ 為

$$
\begin{aligned}
var\left(X_1 \middle| X_2 = 2.0\right) &= \sum_{x_1} \left(x_1 - E\left(X_1 \middle| X_2 = 2.0\right)\right)^2 \cdot p_{X_1|X_2}\left(x_1 \middle| 2.0\right) \\
&= \underset{cm^2}{(4.5-5.75)^2} \times 0 + \underset{cm^2}{(5.0-5.75)^2} \times 0.25 + \underset{cm^2}{(5.5-5.75)^2} \times 0 + \underset{cm^2}{(6.0-5.75)^2} \times 0.75 + \\
&\quad \underset{cm^2}{(6.5-5.75)^2} \times 0 + \underset{cm^2}{(7.0-5.75)^2} \times 0 + \underset{cm^2}{(7.5-5.75)^2} \times 0 + \underset{cm^2}{(8.0-5.75)^2} \times 0 \\
&= 0.1875 \text{ cm}^2
\end{aligned}
\tag{8.35}
$$

條件**方差** $var(X_1|X_2 = 2.0)$ 的單位為 cm^2。同樣建議大家手算剩餘條件**方差** $var(X_1|X_2 = x_2)$。利用條件**方差**計算技巧，首先計算花萼寬度 $X_2 = 2.0$ 為條件下，花萼長度平方的**期望**，有

$$
\begin{aligned}
E\left(X_1^2 \middle| X_2 = 2.0\right) &= \sum_{x_1} x_1^2 \cdot p_{X_1|X_2}\left(x_2 \middle| 2.0\right) \\
&= \underset{cm^2}{4.5^2} \times 0 + \underset{cm^2}{5.0^2} \times 0.25 + \underset{cm^2}{5.5^2} \times 0 + \underset{cm^2}{6.0^2} \times 0.75 + \\
&\quad \underset{cm^2}{6.5^2} \times 0 + \underset{cm}{7.0^2} \times 0 + \underset{cm^2}{7.5^2} \times 0 + \underset{cm^2}{8.0^2} \times 0 \\
&= 33.25 \text{ cm}^2
\end{aligned}
\tag{8.36}
$$

圖 8.17 所示為給定花萼寬度 X_2，花萼長度平方值 X_1^2 的條件期望 $E(X_1^2 \mid X_2 = x_2)$。請大家自行代入計算條件**方差** $var(X_1|X_2 = 2.0)$。

　　圖 8.18 所示為條件**方差** $\text{var}(X_1|X_2 = x_2)$ 的火柴棒圖。同樣，條件期望 $\text{E}(X_1|X_2 = x_2)$、條件**方差** $\text{var}(X_1|X_2 = x_2)$ 都「折疊」了 x_1 這個維度，兩者僅隨著 $X_2 = x_2$ 的設定值變化。

　　類似圖 8.14，我們也繪製了給定花萼寬度 X_2，花萼長度 X_1 的條件期望 $\text{E}(X_1 | X_2 = x_2) \pm \text{std}(X_1|X_2 = x_2)$。請大家自行分析這幅影像。如圖 8.19 所示。

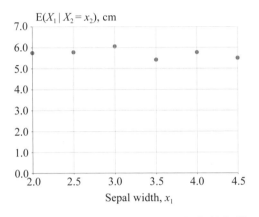

▲　圖 8.16　給定花萼寬度 X_2，花萼長度的條件期望 $\text{E}(X_1|X_2 = x_2)$

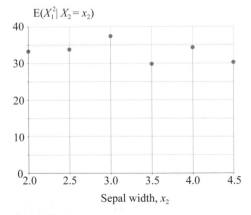

▲　圖 8.17　給定花萼寬度 X_2，花萼長度平方值 X_1 的條件期望 $\text{E}(X_1^2 | X_2 = x_2)$

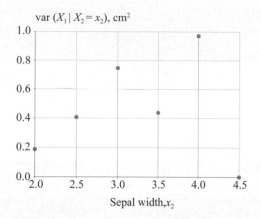

▲ 圖 8.18 給定花萼寬度 X_2，花萼寬度的條件**方差** var $(X_1|X_2 = x_2)$

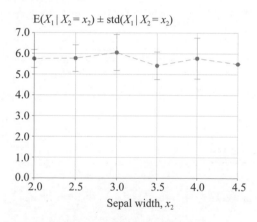

▲ 圖 8.19 給定花萼寬度 X_2，

花萼長度 X_1 的條件期望 $E(X_1 \mid X_2 = x_2) \pm std(X_1 \mid X_2 = x_2)$

考慮標籤：花萼長度

給定鳶尾花分類標籤 $Y = C_1$，花萼長度 X_1 的條件期望為

$$
\begin{aligned}
E\left(X_1 \middle| Y = C_1\right) &= \sum_{x_1} x_1 \cdot p_{X_1|Y}\left(x_1 \mid C_1\right) \\
&= \underset{\text{cm}}{4.5} \times 0.22 + \underset{\text{cm}}{5.0} \times 0.56 + \underset{\text{cm}}{5.5} \times 0.2 + \underset{\text{cm}}{6.0} \times 0.02 + \\
&\quad \underset{\text{cm}}{6.5} \times 0 + \underset{\text{cm}}{7.0} \times 0 + \underset{\text{cm}}{7.5} \times 0 + \underset{\text{cm}}{8.0} \times 0 \\
&= 5.01 \text{ cm}
\end{aligned}
\tag{8.37}
$$

給定鳶尾花分類標籤 $Y = C_1$，花萼長度 X_1 平方的期望為

$$
\begin{aligned}
\mathrm{E}\left(X_1^2 \middle| Y = C_1\right) &= \sum_{x_1} x_1^2 \cdot p_{X_1|Y}\left(x_1 \middle| C_1\right) \\
&= \underset{\mathrm{cm}^2}{4.5^2} \times 0.22 + \underset{\mathrm{cm}^2}{5.0^2} \times 0.56 + \underset{\mathrm{cm}^2}{5.5^2} \times 0.2 + \underset{\mathrm{cm}^2}{6.0^2} \times 0.02 + \\
&\quad \underset{\mathrm{cm}^2}{6.5^2} \times 0 + \underset{\mathrm{cm}^2}{7.0^2} \times 0 + \underset{\mathrm{cm}^2}{7.5^2} \times 0 + \underset{\mathrm{cm}^2}{8.0^2} \times 0 \\
&= 25.225 \ \mathrm{cm}^2
\end{aligned}
\tag{8.38}
$$

給定鳶尾花分類標籤 $Y = C_1$，花萼長度 X_1 的條件**方差**為

$$
\begin{aligned}
\mathrm{var}\left(X_1 \middle| Y = C_1\right) &= \mathrm{E}\left(X_1^2 \middle| Y = C_1\right) - \mathrm{E}\left(X_1 \middle| Y = C_1\right)^2 \\
&= 25.225 - 5.01^2 \\
&= 0.1249 \ \mathrm{cm}^2
\end{aligned}
\tag{8.39}
$$

給定鳶尾花分類標籤 $Y = C_1$，花萼長度 X_1 的條件**標準差**為

$$
\sigma_{X_1|Y=C_1} = \sqrt{\mathrm{var}\left(X_1 \middle| Y = C_1\right)} = \sqrt{0.1249} = 0.353 \ \mathrm{cm}
\tag{8.40}
$$

請大家自行計算剩餘兩種情況 ($Y = C_2$, $Y = C_3$)。並利用全期望定理，計算 $\mathrm{E}(X_1)$。如圖 8.20 所示。

考慮標籤：花萼寬度

給定鳶尾花分類標籤 $Y = C_1$，花萼寬度 X_2 的條件**期望**為

$$
\begin{aligned}
\mathrm{E}\left(X_2 \middle| Y = C_1\right) &= \sum_{x_2} x_2 \cdot p_{X_2|Y}\left(x_2 \middle| C_1\right) \\
&= \underset{\mathrm{cm}}{4.5} \times 0.07 + \underset{\mathrm{cm}}{4.0} \times 0.18 + \underset{\mathrm{cm}}{3.5} \times 0.46 + \underset{\mathrm{cm}}{3.0} \times 0.32 + \underset{\mathrm{cm}}{2.5} \times 0.02 + \underset{\mathrm{cm}}{2.0} \times 0 \\
&= 3.43 \ \mathrm{cm}
\end{aligned}
\tag{8.41}
$$

給定鳶尾花分類標籤 $Y = C_1$，花萼寬度 X_2 平方的**期望**為

$$
\begin{aligned}
\mathrm{E}\left(X_2^2 \middle| Y = C_1\right) &= \sum_{x_2} x_2^2 \cdot p_{X_2|Y}\left(x_2 \middle| C_1\right) \\
&= \underset{\mathrm{cm}^2}{4.5^2} \times 0.07 + \underset{\mathrm{cm}^2}{4.0^2} \times 0.18 + \underset{\mathrm{cm}^2}{3.5^2} \times 0.46 + \underset{\mathrm{cm}^2}{3.0^2} \times 0.32 + \underset{\mathrm{cm}^2}{2.5^2} \times 0.02 + \underset{\mathrm{cm}^2}{2.0^2} \times 0 \\
&= 11.925 \ \mathrm{cm}^2
\end{aligned}
\tag{8.42}
$$

給定鳶尾花分類標籤 $Y = C_1$，花萼寬度 X_2 的條件**方差**為

$$
\begin{aligned}
\text{var}\left(X_2 | Y = C_1\right) &= \text{E}\left(X_2^2 | Y = C_1\right) - \text{E}\left(X_2 | Y = C_1\right)^2 \\
&= 11.925 - 3.43^2 \\
&= 0.1601 \ \text{cm}^2
\end{aligned}
\tag{8.43}
$$

給定鳶尾花分類標籤 $Y = C_1$，花萼寬度 X_2 的條件**標準差**為

$$
\sigma_{X_2 | Y = C_1} = \sqrt{\text{var}\left(X_2 | Y = C_1\right)} = \sqrt{0.1601} \approx 0.4 \ \text{cm}
\tag{8.44}
$$

請大家自行計算鳶尾花其他標籤條件下花萼長度、花萼寬度的條件期望、條件**方差**、條件**標準差**。如圖 8.21 所示。

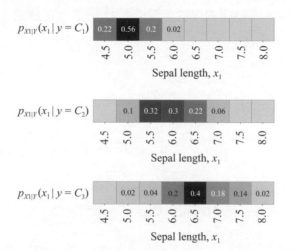

▲ 圖 8.20 給定鳶尾花標籤 Y，花萼長度的條件 PMF

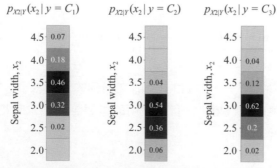

▲ 圖 8.21 給定鳶尾花標籤 Y，花萼寬度的條件 PMF

◀

Bk5_Ch08_01.py 程式繪製本節大部分影像。程式中用到了矩陣乘法和廣播原則，請大家注意區分。

8.4　連續隨機變數：條件期望

本節介紹如何計算連續隨機變數的條件期望。

條件期望 E($Y|X = x$)

如果 X 和 Y 均為連續隨機變數，如圖 8.22 所示，在替定 $X = x$ 條件下，條件期望 E($Y|X = x$) 定義為

$$
\mathrm{E}\left(Y\Big|\underbrace{X=x}_{\text{Given}}\right) = \overbrace{\int_{-\infty}^{+\infty} y \cdot \underbrace{f_{Y|X}\left(y\middle|x\right)}_{\text{Conditional}} \mathrm{d}y}^{\text{Expectation}}
$$

$$
= \int_{-\infty}^{+\infty} y \cdot \frac{\overbrace{f_{X,Y}\left(x,y\right)}^{\text{Joint}}}{\underbrace{f_X\left(x\right)}_{\text{Marginal}}} \mathrm{d}y = \frac{1}{\underbrace{f_X\left(x\right)}_{\text{Marginal}}} \int_{-\infty}^{+\infty} y \cdot \overbrace{f_{X,Y}\left(x,y\right)}^{\text{Joint}} \mathrm{d}y \tag{8.45}
$$

式 (8.45) 中，邊緣機率 $f_X(x)$ 可以透過下式得到，即

$$
f_X\left(x\right) = \int_{-\infty}^{+\infty} f_{X,Y}\left(x,y\right) \mathrm{d}y \tag{8.46}
$$

將式 (8.46) 代入式 (8.45) 得到

$$
\mathrm{E}\left(Y|X=x\right) = \frac{1}{\int_{-\infty}^{+\infty} f_{X,Y}\left(x,y\right)\mathrm{d}y} \int_{-\infty}^{+\infty} y \cdot f_{X,Y}\left(x,y\right) \mathrm{d}y \tag{8.47}
$$

式 (8.47) 相當於消去了 y，這和本章前文提到的「降維」「折疊」本質上沒有任何區別。對於離散隨機變數，折疊使用的數學工具為求和符號 Σ；連續隨機變數則使用積分符號 $\int$。

條件期望 $E(X|Y=y)$

同理，如圖 8.23 所示，條件期望 $E(X|Y=y)$ 定義為

$$E\left(X|Y=y\right)=\frac{1}{\displaystyle\int_{-\infty}^{+\infty}f_{X,Y}\left(x,y\right)\mathrm{d}x}\int_{-\infty}^{+\infty}x\cdot f_{X,Y}\left(x,y\right)\mathrm{d}x \tag{8.48}$$

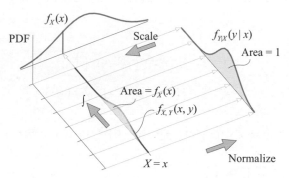

▲ 圖 8.22 聯合機率 PDF $f_{X,Y}(x,y)$ 和
條件機率 PDF $f_{Y|X}(y|x)$ 的關係 (X 和 Y 均為連續隨機變數)

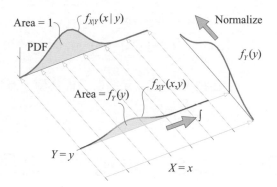

▲ 圖 8.23 聯合機率 PDF $f_{X,Y}(x,y)$ 和
條件機率 PDF $f_{X|Y}(x|y)$ 的關係 (X 和 Y 均為連續隨機變數)

8.5　連續隨機變數：條件方差

本節介紹如何求連續隨機變數的條件方差。

條件方差 var($Y|X = x$)

在替定 $X = x$ 條件下，條件方差 var($Y|X = x$)(conditional variance of Y given $X = x$) 定義為

$$
\begin{aligned}
\operatorname{var}\big(Y|X = x\big) &= \operatorname{E}\left\{\big(Y - \operatorname{E}\big(Y|X = x\big)\big)^2 \big| x\right\} \\
&= \int_y \big(y - \operatorname{E}\big(Y|X = x\big)\big)^2 \cdot f_{Y|X}\big(y|x\big)\mathrm{d}\,y
\end{aligned}
\tag{8.49}
$$

對於連續隨機變數，求條件方差也可以用式 (8.14) 這個技巧。

條件方差 var($X|Y = y$)

條件方差 var($X|Y = y$) 定義為

$$
\begin{aligned}
\operatorname{var}\big(X|Y = y\big) &= \operatorname{E}\left\{\big(X - \operatorname{E}\big(X|Y = y\big)\big)^2 \big| y\right\} \\
&= \int_x \big(X - \operatorname{E}\big(X|Y = y\big)\big)^2 \cdot f_{X|Y}\big(x|y\big)\mathrm{d}\,x
\end{aligned}
\tag{8.50}
$$

有了以上理論基礎，第 12 章將以二元高斯分佈為例，繼續深入講解條件期望和條件方差。

8.6　連續隨機變數：以鳶尾花為例

以鳶尾花為例：條件期望 E($X_2 \,|\, X_1 = x_1$)、條件方差 var($X_2 \,|\, X_1 = x_1$)

圖 8.24(a) 所示為條件機率 PDF $f_{X2|X1}(x_2|x_1)$ 隨花萼長度、花萼寬度的變化曲面。本書前文提過 $f_{X2|X1}(x_2|x_1)$ 也是一個二元函數。這個二元函數的重要特點有兩個，即

$$f_{X2|X1}(x_2|x_1) \geq 0$$
$$\int_{x_2} f_{X2|X1}(x_2|x_1)\,\mathrm{d}\,x_2 = 1 \qquad (8.51)$$

正如圖 8.24(a) 所示，陰影區域的面積為 1。

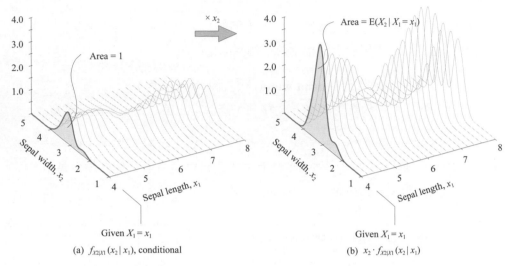

(a) $f_{X2|X1}(x_2|x_1)$, conditional
(b) $x_2 \cdot f_{X2|X1}(x_2|x_1)$

▲ 圖 8.24 $f_{X2|X1}(x_2|x_1)$ 條件機率密度三維等高線和平面等高線，不考慮分類

為了計算條件**期望** $E(X_2 \mid X_1 = x_1)$，需要計算 $x_2 \cdot f_{X2|X1}(x_2|x_1)$ 和 x_2 圍成影像的面積，即圖 8.24(b) 陰影部分的面積，有

$$E(X_1 \mid X_1 = x_1) = \int_{x_2} x_2 \cdot \underbrace{f_{X2|X1}(x_2|x_1)}_{\text{Conditional}}\mathrm{d}\,x_2 \qquad (8.52)$$

然後，我們可以計算鳶尾花寬度平方的條件**期望** $E(X_2^2 X_1 = x_1)$，有

$$E(X_2^2 \mid X_1 = x_1) = \int_{x_2} x_2^2 \cdot \underbrace{f_{X2|X1}(x_2|x_1)}_{\text{Conditional}}\mathrm{d}\,x_2 \qquad (8.53)$$

然後，可以利用技巧求得條件**方差** $\mathrm{var}(X_2|X_1=x_1)$ 為

$$\mathrm{var}(X_2 \mid X_1 = x_1) = E(X_2^2 \mid X_1 = x_1) - E(X_2 \mid X_1 = x_1)^2 \qquad (8.54)$$

式 (8.54) 開平方得到條件均**方差** std($X_2|X_1 = x_1$)。

我們知道條件**期望** E($X_2|X_1 = x_1$)、條件均**方差** std($X_2|X_1 = x_1$) 都隨著 $X_1 = x_1$ 設定值變化,而且它們的單位都是 cm。圖 8.25 把條件期望、條件均方差整合到了一幅圖上。

條件**期望** E($X_2 | X_1 = x_1$) 實際上就是「迴歸」,給定輸入條件 $X_1 = x_1$,求 X_2 的輸出值。圖 8.25 中黑色實線相當於「迴歸曲線」。

圖 8.25 還有兩條**頻寬** (band width),它們分別代表 $\mu_{X_2|X_1 = x_1} \pm \sigma_{X_2|X_1 = x_1}$ 和 $\mu_{X_2|X_1 = x_1} \pm 2\sigma_{X_2|X_1 = x_1}$。頻寬隨著 $X_1 = x_1$ 移動,條件均**方差**越大,頻寬就越寬。

比較圖 8.25、圖 8.26,給定 $X_1 = x_1$ 條件下,X_2 上散點越集中,條件均**方差** std($X_2 | X_1 = x_1$) 越小,如 $X_1 = 7$cm;相反,X_2 上散點越分散,條件均**方差** std($X_2 | X_1 = x_1$) 越大,如 $X_1 = 5.5$cm。

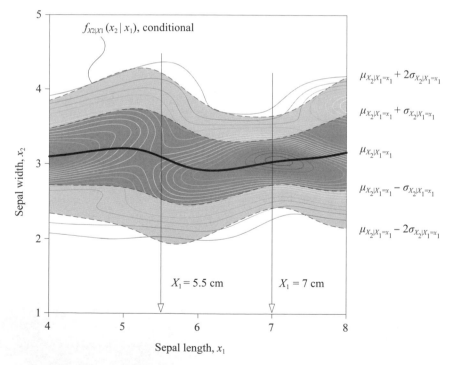

▲ 圖 8.25 條件期望 E($X_2|X_1 = x_1$)、條件均方差 std($X_2|X_1 = x_1$) 之間的關係

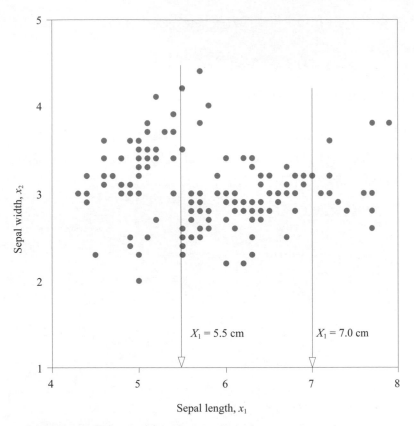

▲ 圖 8.26 鳶尾花資料花萼長度、花萼寬度散點圖 (不考慮分類)

以鳶尾花為例：條件期望 $E(X_1 \mid X_2=x_2)$、 條件方差 $var(X_1 \mid X_2=x_2)$

為了計算條件期望 $E(X_1|X_2 = x_2)$，我們需要計算 $x_1 \cdot f_{X1|X2}(x_1|x_2)$ 與 x_1 圍成影像的面積，即圖 8.27(b) 陰影部分的面積，即有

$$E\left(X_1 \mid X_2 = x_2\right) = \int_{-\infty}^{+\infty} x_1 \cdot \underbrace{f_{X1|X2}\left(x_1 \mid x_2\right)}_{\text{Conditional}} \mathrm{d}\, x_1 \tag{8.55}$$

然後，我們可以計算鳶尾花長度平方的條件期望 $E(X_1^2 X_2 = x_2)$，有

$$E\left(X_1^2 \mid X_2 = x_2\right) = \int_{-\infty}^{+\infty} x_1^2 \cdot \underbrace{f_{X1|X2}\left(x_1 \mid x_2\right)}_{\text{Conditional}} \mathrm{d}\, x_1 \tag{8.56}$$

然後,可以利用技巧求得條件**方差** $\mathrm{var}(X_1|X_2=x_2)$ 為

$$\mathrm{var}\left(X_1\,|\,X_2=x_2\right)=\mathrm{E}\left(X_1^2\,|\,X_2=x_2\right)-\mathrm{E}\left(X_1\,|\,X_2=x_2\right)^2 \qquad (8.57)$$

式 (8.57) 開平方得到條件均**方差** $\mathrm{std}(X_1|X_2=x_2)$。

我們知道條件期望 $\mathrm{E}(X_1|X_2=x_2)$、條件**標準差** $\mathrm{std}(X_1|X_2=x_2)$ 都隨著 $X_2=x_2$ 的設定值變化,而且它們的單位都是 cm。我們想辦法把它們畫在一幅圖上,具體如圖 8.28 所示。請大家自己從「迴歸」角度自行分析圖 8.28。

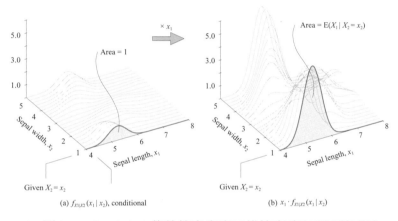

▲ 圖 8.27 $f_{X1|X2}(x_1|x_2)$ 條件機率密度三維等高線和平面等高線

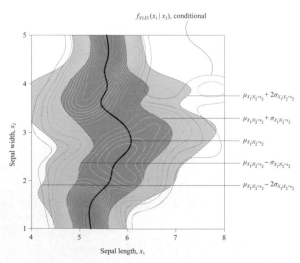

▲ 圖 8.28 條件期望 $\mathrm{E}(X_1|X_2=x_2)$、條件**標準差** $\mathrm{std}(X_1|X_2=x_2)$ 之間的關係

以鳶尾花為例，考慮標籤

同理，我們可以計算給定標籤條件下，鳶尾花花萼長度 (圖 8.29)、花萼寬度 (圖 8.30) 的條件期望、條件方差等。請大家自行完成這幾個數值計算。

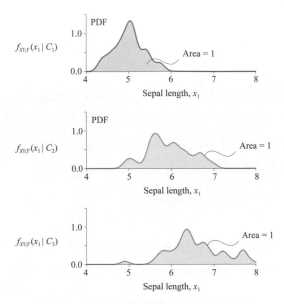

▲ 圖 8.29 給定鳶尾花標籤 Y，花萼長度的條件機率密度 (連續隨機變數)

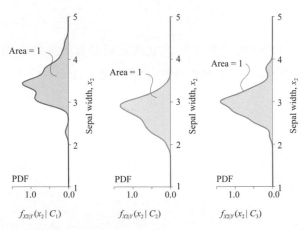

▲ 圖 8.30 給定鳶尾花標籤 Y，花萼寬度的條件機率密度 (連續隨機變數)

8.7　再談如何分割「1」

本書前文介紹過，機率分佈無非就是以各種方式將樣本空間機率值「1」進行「切片、切塊」「切絲、切條」。本節從這個角度總結本書這個話題講解的主要內容。

一元

一元隨機變數在一個維度上切割「1」。如圖 8.31(a) 所示，如果隨機變數 X 離散，則機率值 1 被分割成若干份，每一份還是「機率」。也就是說一元離散隨機變數機率質量函數 PMF $p_X(x)$ 對應機率值。$p_X(x)$ 對應的數學運算是求和 Σ。圖 8.31(a) 中所有機率值之和為 1，即

$$\sum_x p_X(x) = 1 \tag{8.58}$$

如圖 8.31(b) 所示，如果隨機變數 X 連續，則 X 對應機率密度函數 PDF $f_X(x)$。$f_X(x)$ 積分的結果才是機率值，因此 $f_X(x)$ 對應的數學運算子為積分 $\int$。

$f_X(x)$ 與橫軸圍成的面積為 1，對應樣本空間機率值「1」，即

$$\int_x f_X(x) = 1 \tag{8.59}$$

圖 8.31(b) 中連續隨機變數 X 的設定值範圍是實數軸的區間。圖 8.31(c) 中連續隨機變數 X 的設定值範圍是整個實數軸。圖 8.31(c) 中，$f_X(x)$ 與整個橫軸圍成的面積為 1。

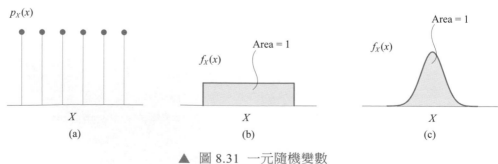

▲ 圖 8.31　一元隨機變數

二元

二元隨機變數 (X_1, X_2) 在兩個維度上對樣本空間進行分割。

如圖 8.32(a) 所示，如果 X_1 和 X_2 都是離散隨機變數，則機率質量函數 $p_{X_1,X_2}(x_1,x_2)$ 本身還是機率值。$p_{X_1,X_2}(x_1,x_2)$ 二重求和的結果為 1，即

$$\sum_{x_1} \sum_{x_2} p_{X_1,X_2}(x_1,x_2) = 1 \tag{8.60}$$

注意：大家試圖調換求和順序時要格外小心，並不是所有的多重求和都可以任意調換求和先後順序。

而 $p_{X_1,X_2}(x_1,x_2)$ 偏求和便得到邊緣機率質量函數 $p_{X_1}(x_1)$、$p_{X_2}(x_2)$ 分別為

$$\sum_{x_2} p_{X_1,X_2}(x_1,x_2) = p_{X_1}(x_1)$$
$$\sum_{x_1} p_{X_1,X_2}(x_1,x_2) = p_{X_2}(x_2) \tag{8.61}$$

如圖 8.33 所示，二元隨機變數偏求和將某個變數「消去」，這個過程相當於折疊。

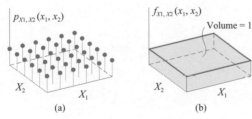

▲ 圖 8.32 二元隨機變數

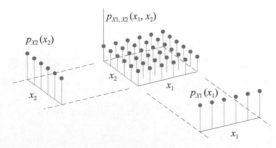

▲ 圖 8.33 二元隨機變數偏求和，折疊某一變數

如圖 8.32(b) 所示，如果 X_1 和 X_2 都是連續隨機變數，則機率密度函數 $f_{X1,X2}(x_1,x_2)$ 二重積分的結果為 1，即

$$\iint_{x_2\ x_1} f_{X1,X2}(x_1,x_2)\,\mathrm{d}x_1\,\mathrm{d}x_2 = 1 \tag{8.62}$$

這相當於圖 8.32(b) 中幾何體與水平面圍成的幾何圖形的體積為 1。如圖 8.32(c) 所示，X_1 和 X_2 的取值範圍也可以是整個水平面，即 $\mathbb{R}^2$。$f_{X1,X2}(x_1,x_2)$ 偏積分邊緣機率密度函數 $f_{X1}(x_1)$、$f_{X2}(x_2)$ 分別為

$$\int_{x_2} f_{X1,X2}(x_1,x_2)\,\mathrm{d}x_2 = f_{X1}(x_1)$$
$$\int_{x_1} f_{X1,X2}(x_1,x_2)\,\mathrm{d}x_1 = f_{X2}(x_2) \tag{8.63}$$

三元

如圖 8.34(a) 所示，(X_1, X_2, X_3) 三個隨機變數都是離散隨機變數，每個點 (x_1,x_2,x_3) 處都有一個機率值，這些機率值可以寫成機率質量函數 $p_{X1,X2,X3}(x_1,x_2,x_3)$ 這種形式。

請大家自己寫出如何根據 $p_{X1,X2,X3}(x_1,x_2,x_3)$ 計算 $p_{X1,X2}(x_1,x_2)$、$p_{X1}(x_1)$。

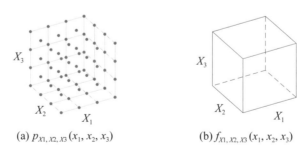

(a) $p_{X1,X2,X3}(x_1, x_2, x_3)$　　　　　(b) $f_{X1,X2,X3}(x_1, x_2, x_3)$

▲ 圖 8.34　三元隨機變數

圖 8.34(b) 中 (X_1,X_2,X_3) 三個隨機變數都是連續隨機變數，整個 $\mathbb{R}^3$ 空間中的每一點 (x_1,x_2,x_3) 處都有一個機率密度值 $f_{X1,X2,X3}(x_1,x_2,x_3)$。這就是本書前文提到的「體密度」。也請大家自己寫出如何根據 $f_{X1,X2,X3}(x_1,x_2,x_3)$ 計算 $f_{X1,X2}(x_1,x_2)$、$f_{X1}(x_1)$。

圖 8.35 所示為在 X_3 取不同值 $X_3 = c$ 時，機率密度值 $f_{X1,X2,X3}(x_1,x_2,c)$ 的「切片」情況。強調一下，圖 8.35 中 X_3 還是連續隨機變數。

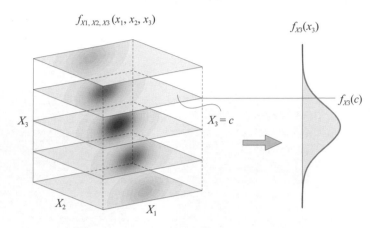

▲ 圖 8.35 三個隨機變數都是連續隨機變數

$f_{X1,X2,X3}(x_1,x_2,c)$ 這個「切片」對 x_1 和 x_2 二重積分得到的是邊緣機率密度 $f_{X3}(c)$，即

$$\iint\limits_{x_2 \; x_1} f_{X1,X2,X3}(x_1,x_2,c)\,\mathrm{d}\,x_1\,\mathrm{d}\,x_2 = f_{X3}(c) \tag{8.64}$$

式 (8.64) 相當於，我們不再關心圖 8.35 中這些切片的具體等高線，而是將其歸納為一個數值。

混合

此外，多元隨機變數還可以是離散和隨機變數的混合形式。一個最簡單的例子就是鳶尾花資料。如圖 8.36 所示，分類標籤將鳶尾花資料分成了三層，對應 C_1、C_2、C_3 三個標籤。圖 8.36 左側的資料

組成了樣本空間 Ω。顯然 C_1、C_2、C_3 互不相容，形成對樣本空間 Ω 的分割。花萼長度 X_1、花萼寬度 X_2 都是連續隨機變數，但是標籤 Y 為離散隨機變數。

◀
這體現的就是第三章講過的全概率定律。

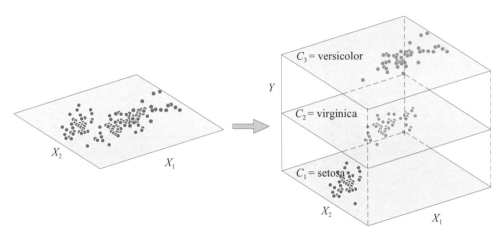

▲ 圖 8.36 分類標籤將鳶尾花資料分層

如圖 8.37 所示,每一類不同標籤的樣本資料都有其聯合機率密度分佈 $f_{X_1,X_2,Y}(x_1,x_2,C_1)$、$f_{X_1,X_2,Y}(x_1,x_2,C_2)$、$f_{X_1,X_2,Y}(x_1,x_2,C_3)$。

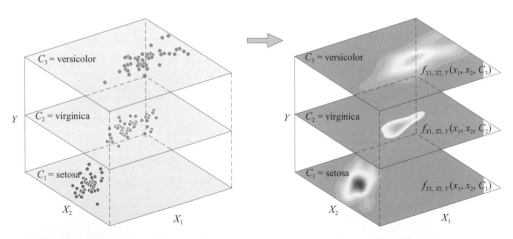

▲ 圖 8.37 鳶尾花資料 (花萼長度 X_1、花萼寬度 X_2、標籤 Y)

圖 8.38 所示為兩個不同方向壓扁 $f_{X_1,X_2,Y}(x_1,x_2,y)$。

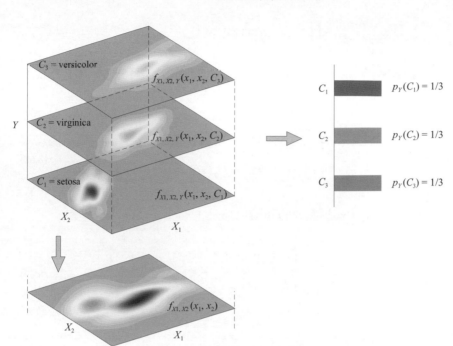

▲ 圖 8.38 兩個不同方向壓扁 $f_{X_1,X_2,Y}(x_1,x_2,y)$

$f_{X_1,X_2,Y}(x_1,x_2,C_1)$、$f_{X_1,X_2,Y}(x_1,x_2,C_2)$、$f_{X_1,X_2,Y}(x_1,x_2,C_3)$ 這三個平面分別二重積分得到 Y 的邊緣機率為

$$
\begin{aligned}
\iint_{x_2\,x_1} f_{X_1,X_2,Y}\left(x_1,x_2,C_1\right)\mathrm{d}\,x_1\,\mathrm{d}\,x_2 &= p_Y\left(C_1\right) \\
\iint_{x_2\,x_1} f_{X_1,X_2,Y}\left(x_1,x_2,C_2\right)\mathrm{d}\,x_1\,\mathrm{d}\,x_2 &= p_Y\left(C_2\right) \\
\iint_{x_2\,x_1} f_{X_1,X_2,Y}\left(x_1,x_2,C_3\right)\mathrm{d}\,x_1\,\mathrm{d}\,x_2 &= p_Y\left(C_3\right)
\end{aligned}
\tag{8.65}
$$

顯然，$p_Y(C_1)$、$p_Y(C_2)$、$p_Y(C_3)$ 之和為 1。

沿著 Y 方向將 $f_{X_1,X_2,Y}(x_1,x_2,y)$ 壓扁得到 $f_{X_1,X_2,Y}(x_1,x_2)$ 為

$$
f_{X_1,X_2}\left(x_1,x_2\right)=f_{X_1,X_2,Y}\left(x_1,x_2,C_1\right)+f_{X_1,X_2,Y}\left(x_1,x_2,C_2\right)+f_{X_1,X_2,Y}\left(x_1,x_2,C_3\right)
\tag{8.66}
$$

而 $f_{X1,X2,Y}(x_1,x_2)$ 與水平面組成幾何形體的體積為 1，即

$$\iint\limits_{x_2\ x_1} f_{X1,X2}(x_1,x_2)\,\mathrm{d}\,x_1\,\mathrm{d}\,x_2 = 1 \tag{8.67}$$

此外，$f_{X1,X2}(x_1,x_2)$ 可以沿著不同方向進一步「壓扁」得到邊緣機率 $f_{X1}(x_1)$、$f_{X2}(x_2)$，有

$$\int\limits_{x_2} f_{X1,X2}(x_1,x_2)\,\mathrm{d}\,x_2 = f_{X1}(x_1)$$
$$\int\limits_{x_1} f_{X1,X2}(x_1,x_2)\,\mathrm{d}\,x_1 = f_{X2}(x_2) \tag{8.68}$$

$f_{X1}(x_1)$、$f_{X2}(x_2)$ 與 x_1、x_2 軸圍成的面積也都是 1，即

$$\int\limits_{x_1} f_{X1}(x_1)\,\mathrm{d}\,x_1 = 1$$
$$\int\limits_{x_2} f_{X2}(x_2)\,\mathrm{d}\,x_2 = 1 \tag{8.69}$$

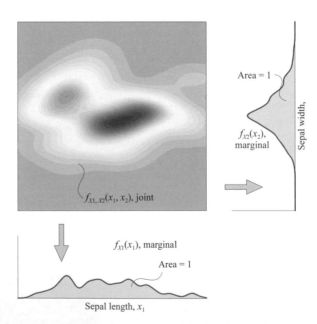

▲ 圖 8.39 $f_{X1,X2}(x_1,x_2)$ 沿不同方向折疊

總結來說，以上幾種情況無非就是對機率 1 的「切片、切塊」「切絲、切條」。

此時，希望大家閉上眼睛想 $f_{X1,X2,Y}(x_1,x_2,C_1)$、$f_{X1,X2}(x_1,x_2)$ 的時候看到的是等高線；想 $f_{X1}(x_1)$ 看到曲線，想 $p_Y(C_1)$ 的時候看到一個數值 (1/3)。

不同的混合形式

圖 8.39 所示為二元隨機變數的不同離散、連續混合形式。圖 8.39(a) 中兩個隨機變數都是連續。圖 8.39(b) 中 X_1 為離散隨機變數，X_2 為連續隨機變數；圖 8.39(c) 反之。圖 8.39(d) 中，兩個隨機變數都是離散隨機變數。圖 8.40 所示為三元隨機變數的不同離散、連續混合形式，請大家自己分析其中子圖。實際上這回答了第 4 章提出的問題。

在本書貝氏統計推斷 (第 20~22 章) 中，大家會發現我們不再區分 PDF、PMF，機率分佈函數全部統一為 $f()$。

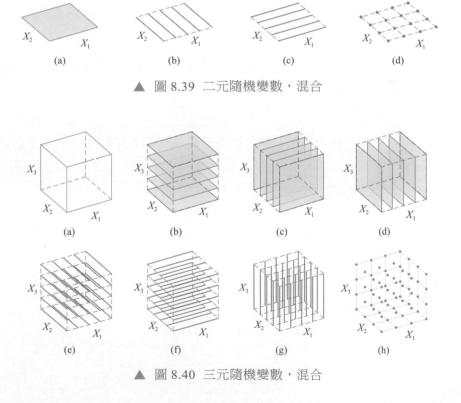

▲ 圖 8.39 二元隨機變數，混合

▲ 圖 8.40 三元隨機變數，混合

條件機率：重新定義「1」

　　條件機率其實很好理解，條件機率的「條件」就是劃定「新的樣本空間」，對應機率值也是 1。也就是說，把從原始樣本空間中切出來的「一片、一塊、一絲、一條」作為新的樣本空間。

　　如圖 8.41 所示，給定標籤為 $Y = C_2$ 條件下，利用貝氏定理，條件機率可以透過下式求得，即

$$f_{X1,X2|Y}(x_1,x_2 \mid C_2) = \frac{f_{X1,X2,Y}(x_1,x_2,C_2)}{p_Y(C_2)} \tag{8.70}$$

　　分母中的 $p_Y(C_2)$ 造成歸一化的作用。$Y = C_2$ 就是原始樣本空間中切出來的「一片」。

　　也就是說，$f_{X1,X2|Y}(x_1,x_2|C_2)$ 二重積分的結果為 1，即

$$\iint_{x_2\ x_1} f_{X1,X2|Y}(x_1,x_2 \mid C_2)\,\mathrm{d}x_1\,\mathrm{d}x_2 = 1 \tag{8.71}$$

　　式 (8.71) 中這個「1」對應條件機率 $f_{X1,X2|Y}(x_1,x_2|C_2)$ 的條件 $Y = C_2$。$Y = C_2$ 就是這個條件機率的「新樣本空間」。

> 第 6 章還介紹過，以鳶尾花花萼長度或花萼寬度為條件的條件機率，請大家回顧。
>
> 「鳶尾花書」《可視之美》一書將介紹如何繪製本節分層等高線。

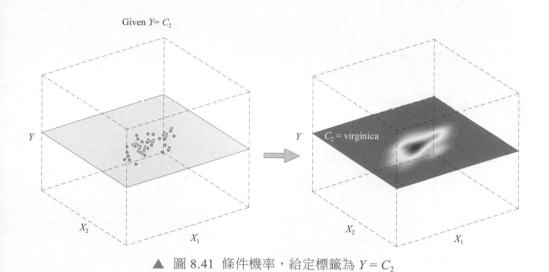

▲ 圖 8.41 條件機率，給定標籤為 $Y = C_2$

條件期望是指在已知一些條件下，一個隨機變數的期望值。同理，條件方差是指在替定某些條件下，隨機變數的方差。它們表示給定某些資訊或事件之後，對隨機變數的期望、方差的預測或估計。其實生活中條件期望、方差無處不在，請大家多多留意。條件期望、方差在機率論、統計學和經濟學等領域有廣泛的應用，如在迴歸分析、決策樹、貝氏推斷等領域中。

至此，本書「機率」板塊介紹。下一板塊將用五章深入介紹高斯分佈，包括一元、二元、多元、條件高斯分佈，以及協方差矩陣。

Section *03*

高斯

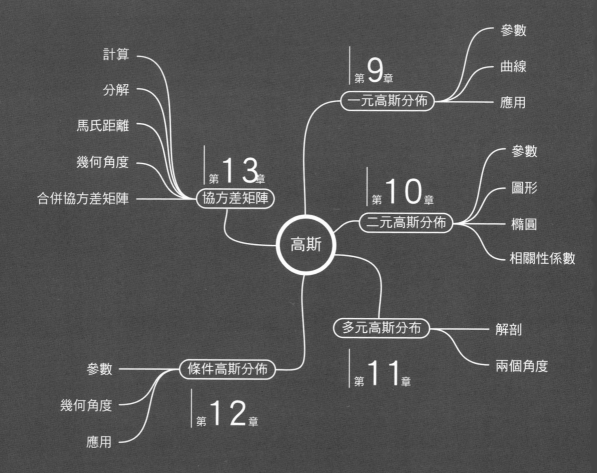

計算

分解

馬氏距離

幾何角度

合併協方差矩陣

第13章
協方差矩陣

第9章
一元高斯分佈

參數

曲線

應用

高斯

第10章
二元高斯分佈

參數

圖形

橢圓

相關性係數

多元高斯分布

解剖

兩個角度

第11章

參數

幾何角度

應用

條件高斯分佈

第12章

學習地圖 │ 第3板塊

Univariate Gaussian Distribution

9 一元高斯分佈

可能是應用最廣泛的機率分佈

數學家站在彼此的肩膀上。

Mathematicians stand on each other's shoulders.

——卡爾·佛里德里希·高斯（*Carl Friedrich Gauss*）| 德國數學家、物理學家、天文學家 | *1777—1855* 年

- matplotlib.pyplot.axhline() 繪製水平線
- matplotlib.pyplot.axvline() 繪製垂直線
- matplotlib.pyplot.contour() 繪製等高線圖
- matplotlib.pyplot.contourf() 繪製填充等高線圖
- numpy.ceil() 計算向上取整數
- numpy.copy() 深複製陣列，對新生成的物件修改刪除操作不會影響到原物件
- numpy.cumsum() 計算累積和
- numpy.floor() 向下取整數
- numpy.meshgrid() 生成網格資料
- numpy.random.normal() 生成滿足高斯分佈的隨機數
- scipy.stats.norm.cdf() 高斯分佈累積分佈函數 CDF
- scipy.stats.norm.pdf() 高斯分佈機率密度函數 PDF
- scipy.stats.norm.ppf() 高斯分佈百分點函數 PPF

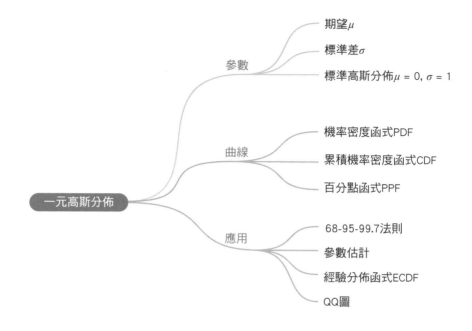

9.1　一元高斯分佈：期望值決定位置，標準差決定形狀

回顧第 7 章介紹一元高斯分佈 (univariate normal distribution)，其機率密度函數 PDF 為

$$f_X(x) = \frac{1}{\sqrt{2\pi}\sigma} \exp\left(\frac{-1}{2}\left(\frac{x-\mu}{\sigma} \right)^2 \right) \tag{9.1}$$

其中：μ 為期望值；σ 為標準差。

期望值

一元高斯分佈機率密度函數的形狀為中間高兩邊低的鐘形，其 PDF 最大值位於 $x = \mu$ 處。

本書前文提過，一元高斯分佈的機率密度函數以 $x = \mu$ 為軸左右對稱，曲線向左右兩側遠離 $x = \mu$ 呈逐漸均勻下降趨勢，曲線兩端與橫軸 $y = 0$ 無限接近，但永不相交。

圖 9.1 所示為 μ 對一元高斯分佈 PDF 曲線位置的影響。

標準差

σ 也稱為高斯分佈的形狀參數，σ 越大，曲線越扁平；反之，σ 越小，曲線越瘦高。

從資料角度來講，σ 描述資料分佈的離散程度。σ 越大，資料分佈越分散，σ 越小，資料分佈越集中。圖 9.2 所示為 σ 對一元高斯分佈 PDF 曲線形狀的影響。

本書前文強調過，期望值、標準差的單位與隨機變數的單位相同。因此，長條圖、機率密度圖上常常出現 $\mu \pm \sigma$、$\mu \pm 2\sigma$、$\mu \pm 3\sigma$ 等。

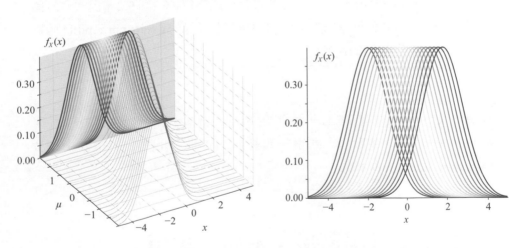

▲ 圖 9.1 μ 對一元高斯分佈 PDF 曲線位置的影響

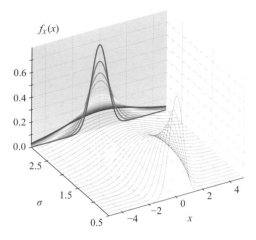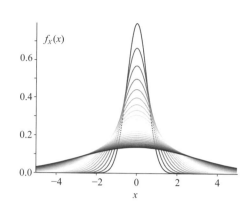

▲ 圖 9.2　σ 對一元高斯分佈 PDF 曲線形狀的影響

Bk5_Ch09_01.py 繪製圖 9.1。請大家修改程式自行繪製圖 9.2。程式自訂函數計算一元高斯分佈機率密度，大家也可以使用 scipy.stats.norm.pdf() 函數獲得一元高斯分佈密度函數值。

在 Bk5_Ch09_01.py 基礎上，我們用 Streamlit 製作了一個應用，大家可以改變 μ、σ 的參數值，觀察一元高斯 PDF 曲線的變化。請大家參考 Streamlit_Bk5_Ch09_01.py。

9.2 累積機率密度：對應機率值

一元高斯分佈的累積機率密度函數 CDF 為

$$F_X\left(x\right) = \int_{-\infty}^{x} \frac{1}{\sqrt{2\pi}\sigma} \exp\left(\frac{-1}{2}\left(\frac{t-\mu}{\sigma}\right)^2\right) \mathrm{d}t \tag{9.2}$$

式 (9.2) 也可以用誤差函數 erf() 表達為

$$F_X(x) = \frac{1}{2}\left[1 + \mathrm{erf}\left(\frac{x-\mu}{\sigma\sqrt{2}}\right)\right] \tag{9.3}$$

《AI 時代 Math 元年 - 用 Python 全精通數學要素》一冊第 18 章介紹過誤差函數，請大家回顧。

期望值

圖 9.3 所示為 μ 對一元高斯分佈 CDF 曲線位置的影響。隨著 x 不斷靠近 -∞，CDF 設定值不斷接近於 0，但不等於 0；反之，隨著 x 不斷靠近 +∞，CDF 設定值不斷接近於 1，但不等於 1。

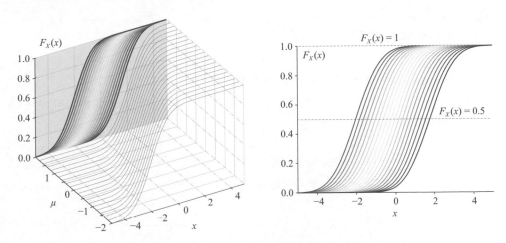

▲ 圖 9.3 μ 對一元高斯分佈 CDF 曲線位置的影響

標準差

圖 9.4 所示為 σ 對一元高斯分佈 CDF 曲線形狀的影響。σ 越小，CDF 曲線越陡峭；σ 越大，CDF 曲線越平緩。從另外一個角度看一元高斯分佈 CDF 曲線，它將位於實數軸 (-∞, +∞) 之間的 x 轉化為 (0,1) 之間的某個值，而這個值恰好對應一個機率。

注意：圖 9.1、圖 9.2 的縱軸對應機率密度值，而圖 9.3、圖 9.4 的縱軸對應機率值。也就是說，一元機率密度函數積分的結果為機率值。

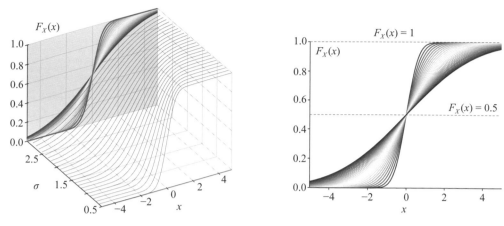

▲ 圖 9.4 σ 對一元高斯分佈 CDF 曲線形狀的影響

▼

Bk5_Ch08_02.py 繪製圖 9.3 和圖 9.4。

圖 9.5 所示比較了標準正態分佈 $N(0,1)$ 的 PDF 和 CDF 曲線。雖然兩條曲線畫在同一幅圖上,且它們 y 軸數值的含義完全不同。對於 PDF 曲線,它的 y 軸數值代表機率密度,並不是機率值。而 CDF 曲線的 y 軸數值則代表機率值。

給定一點 x,圖 9.5 中背景為淺藍色區域面積對應 $F_X(x) = \int_{-\infty}^{x} f_X(t)\mathrm{d}t$,也就是 CDF 曲線的高度值。下一節我們還會繼續講解標準正態分佈。

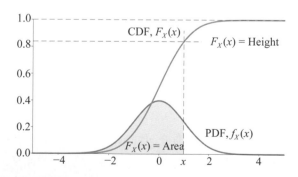

▲ 圖 9.5 比較標準正態分佈的 PDF 和 CDF 曲線

百分點函數 PPF

我們把 Percent-Point Function (PPF) 直譯為「**百分點函數**」。實際上，百分點函數 PPF 是 **CDF 函數**的逆函數 (inverse CDF)。

如圖 9.6 所示，給定 x，我們可以透過 CDF 曲線得到累積機率值 $F_X(x) = p$。而 PPF 曲線則正好相反，給定機率值 p，透過 PPF 曲線得到 x，即 $F_X^{-1}(p) = x$。在 SciPy 中，正態分佈的 CDF 函數為 scipy.stats.norm.cdf()，對應的 PPF 函數為 scipy.stats.norm.ppf()。

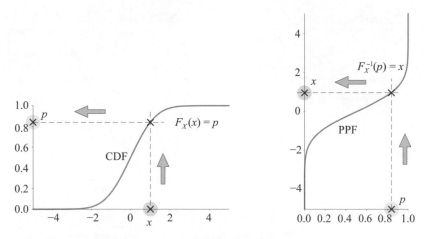

▲ 圖 9.6 CDF 曲線和 PPF 曲線之間關係

9.3 標準高斯分佈：期望為 0，標準差為 1

當 $\mu = 0$ 且 $\sigma = 1$ 時，高斯分佈為**標準正態分佈** (standard normal distribution)，記作 $N(0,1)$。

本節用 Z 表示服從標準正態分佈的連續隨機變數，而 Z 的實數設定值用 z 表示。因此，標準正態分佈的 PDF 函數為

$$f_Z(z) = \frac{1}{\sqrt{2\pi}} \exp\left(\frac{-z^2}{2}\right) \tag{9.4}$$

可以寫成 $Z \sim N(0,1)$。

圖 9.7(a) 所示為標準正態分佈 PDF 曲線。特別地，當 $Z = 0$ 時，標準高斯分佈的機率密度值為

$$f_Z(0) = \frac{1}{\sqrt{2\pi}} \approx 0.39894 \tag{9.5}$$

這個值經常近似為 0.4。再次強調，0.4 這個值雖然也代表可能性，但是它不是機率值，而是機率密度值。

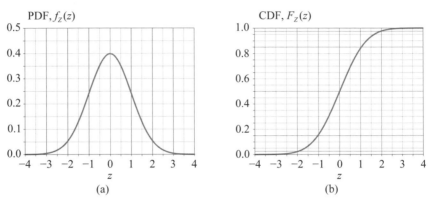

▲ 圖 9.7　標準高斯分佈 PDF 和 CDF 曲線

容易發現，當 PDF 曲線 $f_Z(z)$ 隨著 z 的增大而增大時 (對稱軸左半邊)，PDF 的增幅先是逐漸變大，曲線逐漸變陡；然後，PDF 的增幅放緩，曲線坡度逐漸變得平緩，在 $z = 0$ 處曲線坡度為 0。

從一階導數的角度來看，對於 PDF 曲線對稱軸左半邊，一階導數值大於 0，直到 $z = 0$ 處，即平均值 μ 處，一階導數值為 0。

然而，這段曲線 z 從負無窮增大到 0 時，二階導數先為正，中間穿過 0，然後變成負值。

PDF 曲線二階導數為 0 正好對應 $\mu \pm \sigma$ 這兩點，這兩點正是 PDF 曲線的反趨點。

圖 9.8 所示為標準正態分佈 $N(0,1)$ 的 CDF、PDF、PDF 一階導數、PDF 二階導數這四條曲線。其中，黑色 × 對應 PDF 曲線的最大值處。紅色 × 對應 PDF 曲線的反趨點。請大家仔細分析這四幅影像中曲線的變化趨勢。

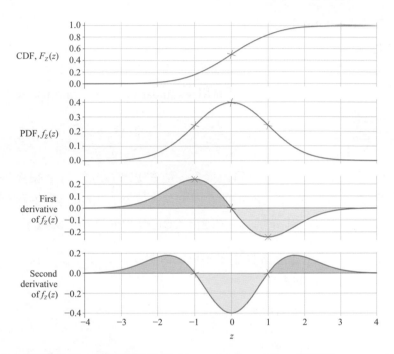

▲ 圖 9.8 四條曲線 (標準正態分佈 CDF、PDF、PDF 一階導數、PDF 二階導數)

Z 分數：一種以標準差為單位的度量尺度

Z 分數 (Z-score)，也叫標準分數 (standard score)，是樣本值 x 與平均數 μ 的差再除以標準差 σ 的結果，對應的運算為

$$z = \frac{x - \mu}{\sigma} \tag{9.6}$$

上述過程也叫作資料的**標準化** (standardize)。樣本資料的 Z 分數組成的分佈有兩個特點：①平均等於 0；②標準差等於 1。

從距離的角度來看，式 (9.6) 代表資料點 x 和平均值 μ 之間的距離為 z 倍標準差 σ。

注意：本書前文強調過，標準差和 x 具有相同的單位，而式 (9.6) 消去了單位，這說明 Z 分數**無單位元** (unitless)。

> ⚠
> 注意，本書把「normalize」翻譯為「歸一化」，它通常表示將一組資料轉化為 [0,1] 區間的數值。線性代數中，**向量單位化** (vectornormalization) 指的是將非零向量轉化成 L2 模為 1 的單位向量。本書前文在介紹貝氏定理時，也用過「normalize」。很多資料混用「standardize」和「normalize」，請大家注意區分。

圖 9.9 所示為標準正態分佈隨機變數 z 值和 PDF $f_z(z)$ 的對應關係。圖 9.10 所示為標準正態分佈 z 值到 CDF 值的映射關系。圖 9.11 所示為 PPF 值到標準正態分佈 z 值的映射關系。本章前文介紹過，CDF 與 PPF 互為反函數。

圖 9.12 所示為標準正態分佈中，不同 z 值對應的四類面積。我們一般會在 **Z 檢驗** (Ztest) 中用到這個表。

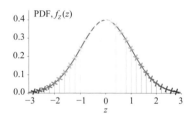

▲ 圖 9.9　標準正態分佈 z 和 PDF 的對應關係

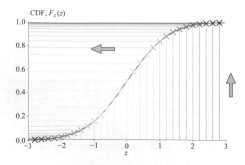

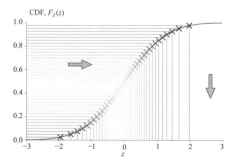

▲ 圖 9.10　標準正態分佈 z 和 CDF 值的　　　▲ 圖 9.11　標準正態分佈 z 和 PPF 值的
　　　　　映射關係　　　　　　　　　　　　　　　　映射關係

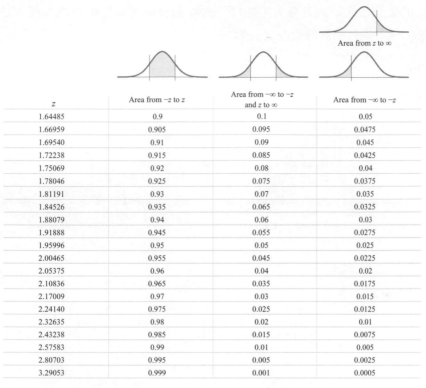

z	Area from −z to z	Area from −∞ to −z and z to ∞	Area from −∞ to −z
1.64485	0.9	0.1	0.05
1.66959	0.905	0.095	0.0475
1.69540	0.91	0.09	0.045
1.72238	0.915	0.085	0.0425
1.75069	0.92	0.08	0.04
1.78046	0.925	0.075	0.0375
1.81191	0.93	0.07	0.035
1.84526	0.935	0.065	0.0325
1.88079	0.94	0.06	0.03
1.91888	0.945	0.055	0.0275
1.95996	0.95	0.05	0.025
2.00465	0.955	0.045	0.0225
2.05375	0.96	0.04	0.02
2.10836	0.965	0.035	0.0175
2.17009	0.97	0.03	0.015
2.24140	0.975	0.025	0.0125
2.32635	0.98	0.02	0.01
2.43238	0.985	0.015	0.0075
2.57583	0.99	0.01	0.005
2.80703	0.995	0.005	0.0025
3.29053	0.999	0.001	0.0005

▲ 圖 9.12 標準正態分佈中不同 z 值對應的四類面積

Bk5_Ch08_03.py 繪製本節之前大部分影像。

以鳶尾花資料為例

　　前文提過，Z 分數可以看成一種標準化的「距離度量」。原始資料的 Z 分數代表距離平均值若干倍的標準差偏移。比如，某個資料點的 Z 分數為 3，說明這個資料距離平均值 3 倍標準差偏移。Z 分數的正負表達偏移的方向；如果某個樣本點的 Z 分數為 -2，則這表示該樣本點位於平均值左側，距離平均值 2 倍標準差。

　　有了 Z 分數，不同分佈、不同單位的樣本資料便有了可比性。圖 9.13 所示為鳶尾花樣本資料四個特徵的 Z 分數。

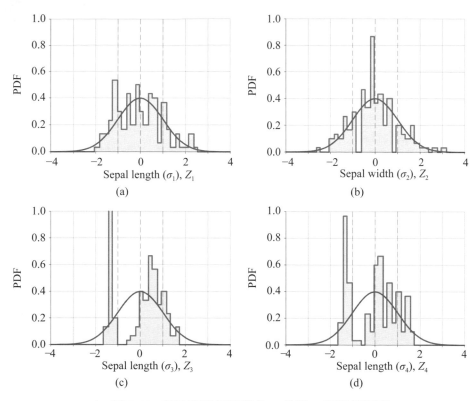

▲ 圖 9.13　鳶尾花四個特徵的 Z 分數，標準差距離

9.4　68-95-99.7 法則

　　一元高斯分佈有所謂的 **68-95-99.7 法則** (68-95-99.7Rule)，具體是指一組近乎滿足正態分佈的樣本資料，約 68.3%、95.4% 和 99.7% 樣本位於距平均值正負 1 個、正負 2 個和正負 3 個標準差範圍之內。

標準正態分佈 N(0,1)

以標準正態分佈 $N(0,1)$ 為例,整條標準正態分佈曲線與橫軸包裹的面積為 1。

如圖 9.14(a) 所示,[-1,1] 區間內,標準正態分佈和橫軸包裹的區域面積約為 0.68,即 68%。

如圖 9.14(b) 所示,[-2,2] 區間對應的陰影區域面積約為 0.95,即 95%。

如圖 9.14(c) 所示,[-3,3] 區間對應的陰影區域面積約為 0.997,即 99.7%。

寫成具體的機率運算為

$$
\begin{aligned}
\Pr(-1 \leqslant Z \leqslant 1) &\approx 0.68 \\
\Pr(-2 \leqslant Z \leqslant 2) &\approx 0.95 \\
\Pr(-3 \leqslant Z \leqslant 3) &\approx 0.997
\end{aligned}
\tag{9.7}
$$

圖 9.15 所示為標準正態分佈 CDF 曲線上 68-95-99.7 法則對應的高度。

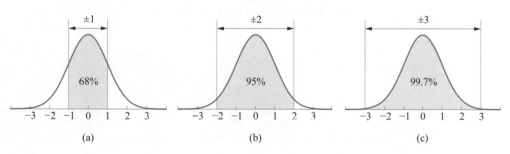

▲ 圖 9.14 68-95-99.7 法則,標準正態分佈 PDF

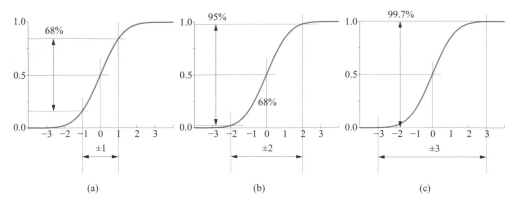

▲ 圖 9.15 68-95-99.7 法則，標準正態分佈 CDF

正態分佈 $N(\mu,\sigma^2)$

圖 9.16 所示為一般正態分佈 $N(\mu,\sigma^2)$ 中 68-95-99.7 法則對應的位置，即

$$
\begin{aligned}
\Pr\left(\mu-\sigma \leqslant X \leqslant \mu+\sigma\right) &\approx 0.68 \\
\Pr\left(\mu-2\sigma \leqslant X \leqslant \mu+2\sigma\right) &\approx 0.95 \\
\Pr\left(\mu-3\sigma \leqslant X \leqslant \mu+3\sigma\right) &\approx 0.997
\end{aligned}
\tag{9.8}
$$

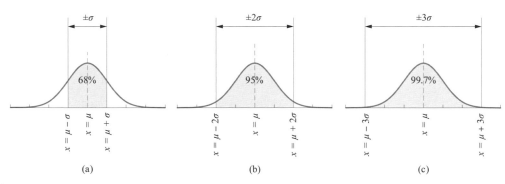

▲ 圖 9.16 68-95-99.7 法則，一般正態分佈

和分位的關係

圖 9.17 所示為 68-95-99.7 法則與四分位、十分位、二十分位、百分位的關係。

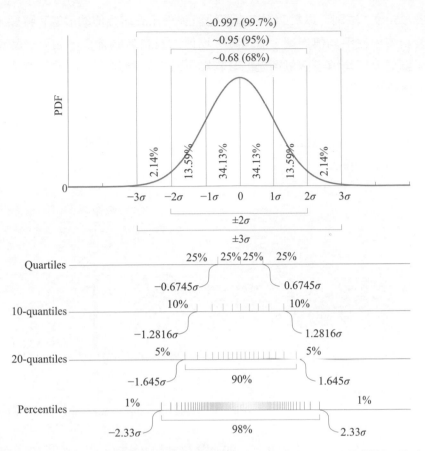

▲ 圖 9.17 68-95-99.7 法則與四分位、十分位、二十分位、百分位關係 (注意圖中不區分整體標準差 σ 和樣本標準差 s)

隨機數

如果隨機數服從一元高斯分佈 $N(\mu,\sigma^2)$，在 $[\mu - \sigma,\mu + \sigma]$ 這個 $\mu \pm \sigma$ 區間內，應該約有 68% 的隨機數。如圖 9.18 所示，樣本一共有 500 個隨機數，約 340 個 (= 500×68%) 在 $\mu \pm \sigma$ 區間之內，約 160 個在 $\mu \pm \sigma$ 區間之外。

在 $[\mu - 2\sigma,\mu + 2\sigma]$ 這個 $\mu \pm 2\sigma$ 區間內，應該約有 95% 的隨機數。如圖 9.19 所示，樣本數還是 500 個，約 475 個 (= 500×95%) 在 $\mu \pm 2\sigma$ 區間之內，約 25 個在 $\mu \pm 2\sigma$ 區間之外。

68-95-99.7 法則可以幫助大家直觀地理解一元高斯分佈的形態和特徵，即大部分資料集中在平均值周圍，而遠離平均值的資料較為稀少。如果一組資料中存在明顯偏離平均值多個標準差的資料點，就有可能是異常值或離群值，需要進一步檢查和分析。

鳶尾花書《AI 時代 Math 元年 - 用 Python 全精通資料處理》一書將專門介紹如何發現離群值。

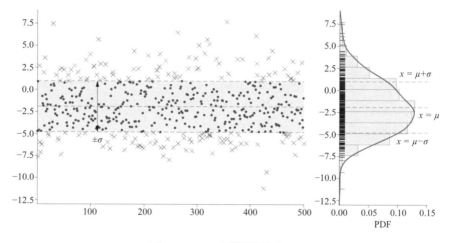

▲ 圖 9.18　500 個隨機數和 $\mu \pm \sigma$

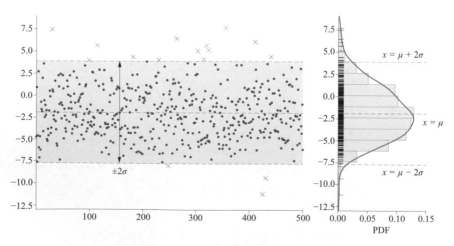

▲ 圖 9.19　500 個隨機數和 $\mu \pm 2\sigma$

Bk5_Ch08_04.py 繪製圖 9.18 和圖 9.19。

9.5 用一元高斯分佈估計機率密度

機率密度估計：參數估計

在資料科學和機器學習中，**機率密度估計** (probability density estimation) 是經常遇到的問題。簡單來說，機率密度估計就是從離散的樣本資料中估計得到連續的機率密度函數曲線。用白話講，機率密度估計就是找到一筆 PDF 曲線盡可能貼合樣本資料分佈。

一元高斯分佈 PDF 只需要兩個參數—平均值 (μ)、標準差 (σ)。有些時候，一元高斯分佈是估計某個特定特徵樣本資料分佈的不錯且很便捷的選擇。

以鳶尾花資料為例

舉個例子，樣本資料中花萼長度的平均值為 $\mu_1 = 5.843$，標準差為 $\sigma_1 = 0.825$。注意，μ_1 和 σ_1 的單位均為公分。

有了這兩個參數，我們便可以用一元高斯分佈估計鳶尾花花萼長度隨機變數 X_1 的機率密度函數，有

$$f_{X1}(x) = \frac{1}{\sqrt{2\pi} \times 0.825} \exp\left(\frac{-1}{2} \left(\frac{x - 5.843}{0.825} \right)^2 \right) \tag{9.9}$$

同理，我們可以用一元高斯分佈估計鳶尾花其他三個特徵的 PDF。這樣便得到圖 9.20 所示的四條 PDF 曲線。

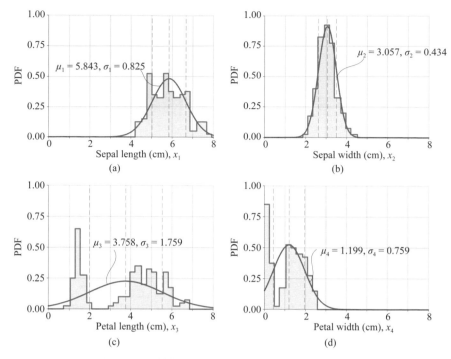

▲ 圖 9.20 比較機率密度長條圖和高斯一元分佈 PDF

有了機率密度函數，我們便可以回答這樣的問題，如鳶尾花的花萼長度在 [4,6]cm 區間的機率大概是多少？利用定積分運算就可以得到量化結果。

給定樣本資料，採用一元高斯分佈估計單一特徵機率密度函數很簡單；但是，這種估算方法對應的問題也很明顯。

比如，圖 9.20(a) 和圖 9.20(b) 告訴我們用高斯分佈描述鳶尾花花萼長度和花萼寬度樣本資料分佈似乎還可以接受。

但是，比較圖 9.20(c) 和圖 9.20(d) 中的長條圖和高斯分佈，顯然高斯分佈不適合描述鳶尾花花瓣長度和寬度樣本資料分佈。

第 18 章將利用核心密度估計解決這一問題。

9.6 經驗累積分佈函數

經驗累積分佈函數 (empirical cumulative distribution function, ECDF) 是用於描述一組樣本資料分佈情況的統計工具。ECDF 將樣本資料按照大小排序，並計算每個資料點對應的累計比例，形成一個類似於階梯函數的曲線，水平座標表示資料的設定值，垂直座標則表示小於等於水平座標的資料比例。

具體來說，如果有 n 個樣本，ECDF 是在所有 n 個資料點上都跳躍 $1/n$ 的步階函數。

顯然，累積機率函數是一個雙射函數。從函數角度來講，**雙射** (bijection) 指的是每一個輸入值都正好有一個輸出值，並且每一個輸出值都正好有一個輸入值。

ECDF 常常用於與理論 CDF 分佈函數進行比較，以檢驗樣本資料是否符合某種假設的分佈。

圖 9.21 所示為比較鳶尾花不同特徵樣本資料的 ECDF(藍色線) 和對應的高斯分佈 CDF 曲線 (紅色線)。

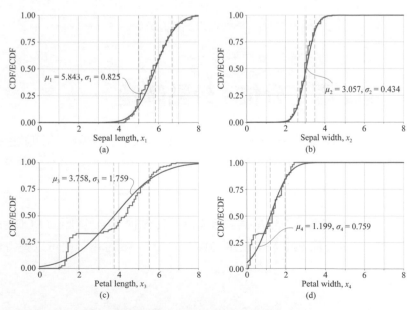

▲ 圖 9.21 比較 ECDF 和高斯 CDF

　　逆 經 驗 累 積 分 佈 函 數 (inverse empirical cumulative distribution function, inverse ECDF) 是 ECDF 的逆函數。圖 9.22 所示比較逆經驗累積分佈函數 (藍色線) 和高斯分佈 PPF 曲線 (紅色線)。

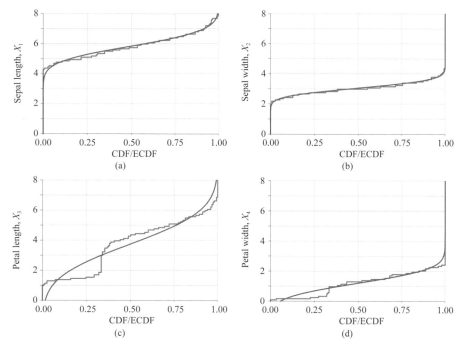

▲ 圖 9.22　逆經驗累積分佈函數和高斯 PPF

9.7　QQ 圖：分位 - 分點陣圖

　　QQ 圖 (quantile-quantile plot, QQplot) 中的 Q 代表分位數，常用於檢查資料是否符合某個分佈的統計圖形。QQ 圖是散點圖，水平座標一般為假定分佈 (如標準正態分佈) 分位數，垂直座標為待檢驗樣本的分位數。

　　圖 9.23 所示為 QQ 圖原理。我們首先計算每個樣本 $y^{(i)}$ 對應的 ECDF 值，然後再利用標準正態分佈 PPF 將 ECDF 值轉化為 $x^{(i)}$。這樣我們便可以獲得一系列散點 $(x^{(i)}, y^{(i)})$。

在 QQ 圖中，將假定分佈和待檢驗樣本的分位數相互對應，從而比較它們之間的相似度。如果樣本符合假定分佈，則 QQ 圖呈現出一條近似於直線的對角線；如果不符合，則呈現出偏離直線的曲線形狀。

QQ 圖的水平座標一般是正態分佈，當然也可以是其他分佈。

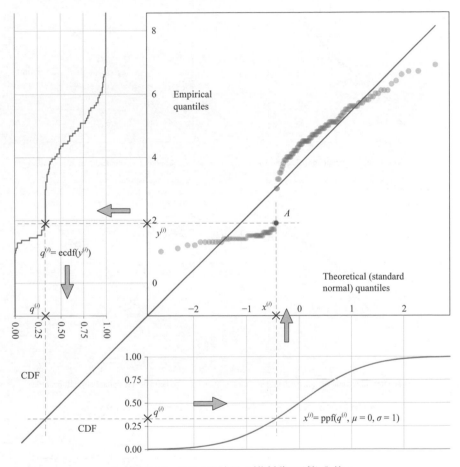

▲ 圖 9.23　QQ 圖原理 (橫軸為正態分佈)

以鳶尾花資料為例

圖 9.24 所示為鳶尾花資料四個特徵樣本資料的 QQ 圖。透過觀察這四幅影像，大家應該能夠看出哪個特徵的資料分佈更類似 (貼合) 正態分佈。這與圖

9.20、圖 9.21 得出的結論相同。換個角度來看，QQ 圖實際上就是圖 9.21 的另外一種視覺化方案。

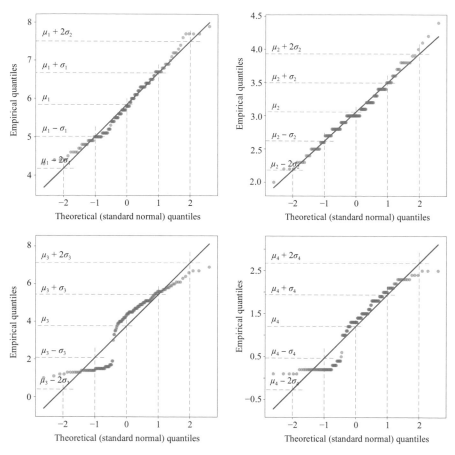

▲ 圖 9.24　鳶尾花資料四個特徵樣本資料的 QQ 圖

Bk5_Ch08_05.py 繪製 8.5~8.7 節大部分影像。

特殊分佈的 QQ 圖特徵

　　圖 9.25 所示為幾種常見特殊分佈對比正態分佈的 QQ 圖。如圖 9.25(a) 所示，當樣本資料分佈近似服從正態分佈時，QQ 圖中的散點幾乎在一條直線上。透過

散點圖的形態，我們還可以判斷分佈是否有雙峰 (圖 9.25(b))、瘦尾 (圖 9.25(c))、肥尾 (圖 9.25(d))、左偏 (圖 9.25(e))、右偏 (圖 9.25(f)) 等。

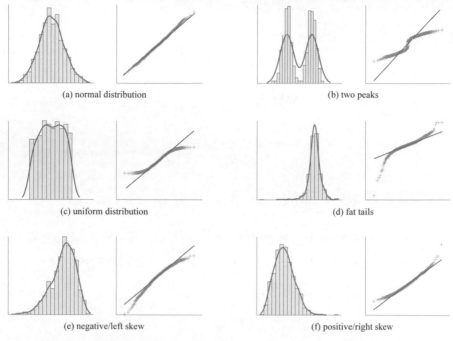

(a) normal distribution

(b) two peaks

(c) uniform distribution

(d) fat tails

(e) negative/left skew

(f) positive/right skew

▲ 圖 9.25 幾種特殊分佈的 QQ 圖特點 (對比垂直座標正態分佈)

當然 QQ 圖的橫軸也可以是其他分佈的 CDF。圖 9.26 所示為橫軸為均勻分佈的 QQ 圖，即橫軸為理論均勻分佈，縱軸為近似均勻分佈的樣本資料。

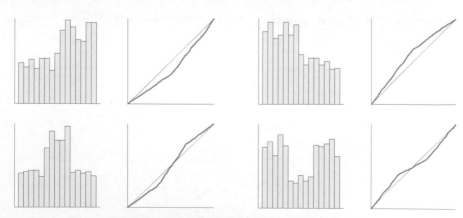

▲ 圖 9.26 幾種特殊分佈的 QQ 圖特點
(橫軸為理論均勻分佈，縱軸為近似均勻分佈的樣本資料)

9.8　從距離到一元高斯分佈

現在回過頭來再看一元高斯分佈的 PDF 解析式

$$f_X(x) = \frac{1}{\sqrt{2\pi}\sigma} \exp\left(\frac{-1}{2}\left(\frac{x-\mu}{\sigma}\right)^2\right) \tag{9.10}$$

而標準正態分佈的 PDF 解析式為

$$f_Z(z) = \frac{1}{\sqrt{2\pi}} \exp\left(\frac{-z^2}{2}\right) \tag{9.11}$$

幾何變換：平移 + 縮放

比較式 (9.1) 和式 (9.4)，我們容易發現滿足 $N(\mu, \sigma^2)$ 的 X 可以透過「平移 (translate) + 縮放 (scale)」變成滿足 $N(0,1)$ 的 Z。X 到 Z 對應的運算為

$$Z = \frac{\overset{\text{Translate}}{\overbrace{X-\mu}}}{\underset{\text{Scale}}{\underbrace{\sigma}}} \tag{9.12}$$

相反，Z 到 X 對應「縮放 + 平移」，有

$$X = \underset{\text{Scale}}{\underbrace{Z\sigma}} + \overset{\text{Translate}}{\mu} \tag{9.13}$$

圖 9.27 所示為滿足 $N(10,4)$ 的一元高斯分佈透過「平移 + 縮放」變成標準高斯分佈的過程。

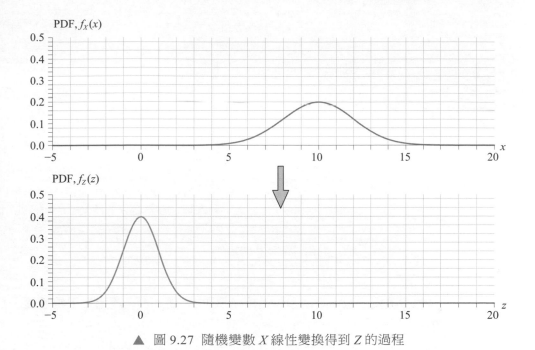

▲ 圖 9.27 隨機變數 X 線性變換得到 Z 的過程

　　如圖 9.28 所示，平移僅改變隨機數的平均值位置，不影響隨機數的分佈情況。如圖 9.29 所示，縮放改變隨機數的分佈離散程度。

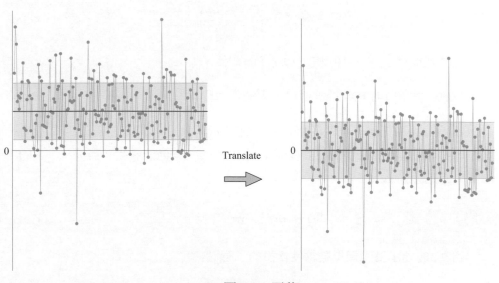

Translate

▲ 圖 9.28 平移

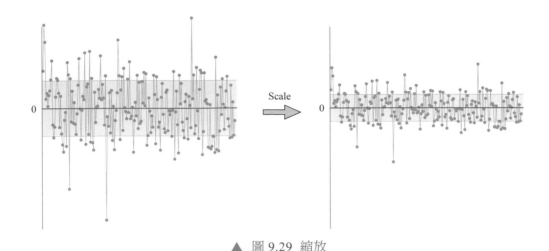

▲ 圖 9.29 縮放

假設 X 是連續隨機變數，它的機率密度函數 PDF 為 $f_X(x)$，經過以下線性變換得到 Y，即

$$Y = aX + b \tag{9.14}$$

Y 的 PDF 為

$$f_Y(y) = \frac{1}{|a|} f_X\left(\frac{y-b}{a}\right) \tag{9.15}$$

這樣就解釋了式 (9.10) 和式 (9.11) 的關係。

注意：式 (9.14) 相當於線性代數中的仿射變換。

此外，服從正態分佈的隨機變數，在進行線性變換後，常態性保持不變。比如，X 為服從 $N(\mu,\ \sigma^2)$ 的隨機變數；則 $Y = aX + b$ 仍然服從正態分佈。Y 的平均值、方差分別為

$$\mathrm{E}(Y) = a\mu + b, \quad \mathrm{var}(Y) = a^2 \sigma^2 \tag{9.16}$$

圖 9.30 所示為隨機變數線性變換的示意圖。

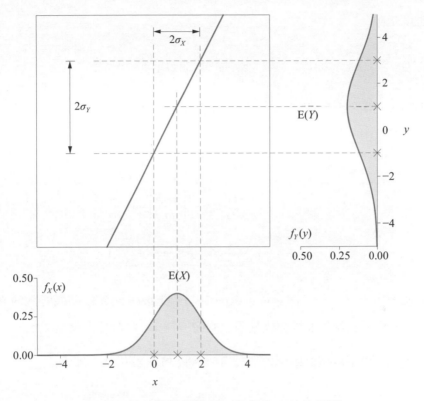

▲ 圖 9.30 線性變換對平均值和方差的影響

面積歸 1

$f_X(x)$ 作為一個一元隨機變數的機率密度函數的基本要求：①非負；②面積為 1。即有

$$\begin{aligned} f_X(x) &\geq 0 \\ \int_{-\infty}^{+\infty} f_X(x)\,\mathrm{d}x &= 1 \end{aligned} \tag{9.17}$$

這便解釋了為什麼式 (9.1) 分母上要除以 $\sqrt{2\pi}$，正是因為以下高斯函數積分結果為 $\sqrt{2\pi}$，即

$$\int_{-\infty}^{\infty} \exp\left(-\frac{x^2}{2}\right)\mathrm{d}x = \sqrt{2\pi} \tag{9.18}$$

也就是說

$$\int_{-\infty}^{\infty} \frac{1}{\sqrt{2\pi}} \exp\left(-\frac{x^2}{2}\right) dx = 1 \tag{9.19}$$

下面，利用積分證明式 (9.1) 和整個橫軸圍成的面積為 1，有

$$
\begin{aligned}
\int_{-\infty}^{+\infty} f_X(x) dx &= \int_{-\infty}^{+\infty} \frac{1}{\sigma\sqrt{2\pi}} \exp\left(\frac{-1}{2}\left(\frac{x-\mu}{\sigma}\right)^2\right) dx \\
&= \int_{-\infty}^{+\infty} \frac{1}{\sqrt{2\pi}} \exp\left(\frac{-1}{2}\left(\underbrace{\frac{x-\mu}{\sigma}}_{z}\right)^2\right) d\left(\underbrace{\frac{x-\mu}{\sigma}}_{z}\right) \\
&= \int_{-\infty}^{+\infty} \frac{1}{\sqrt{2\pi}} \exp\left(\frac{-1}{2}z^2\right) dz = \frac{\sqrt{2\pi}}{\sqrt{2\pi}} = 1
\end{aligned}
\tag{9.20}
$$

換個角度來看，為了把 $g(x) = \exp\left(-\frac{x^2}{2}\right)$ 改造成一個連續隨機變數的 PDF，我們需要一個係數讓將曲線與橫軸圍成的面積為 1，這個係數就是 $\frac{1}{\sqrt{2\pi}}$！

歷史上，以下兩個函數都曾作為常態函數 PDF 解析式，即

$$
\begin{aligned}
f_1(x) &= \frac{1}{\sqrt{\pi}} \exp\left(-x^2\right) \\
f_2(x) &= \exp\left(-\pi x^2\right)
\end{aligned}
\tag{9.21}
$$

它們之所以被大家放棄，都是因為方差計算不方便。$f_1(x)$ 的方差為 1/2。$f_2(x)$ 的方差為 $1/(2\pi)$。顯而易見，作為標準正態分佈的 PDF，式 (9.4) 更方便，因為它的方差為 1，標準差也是 1。

距離→親密度

大家可能還有印象，我們在《AI 時代 Math 元年 - 用 Python 全精通數學要素》一書第 12 章講過講高斯函數

$$f(x) = \exp\left(-x^2\right) \tag{9.22}$$

式 (9.22) 的積分為

$$\int_{-\infty}^{\infty} \exp\left(-x^2\right) \mathrm{d}x = \sqrt{\pi} \qquad\qquad (9.23)$$

前文提過幾次，Z 分數代表「距離」，而利用類似式 (9.22) 的這種高斯函數，我們將「距離」轉換成「親近度」。這樣我們更容易理解式 (9.10)，距離期望值 μ 越近，親近度越大，代表可能性越大，機率密度越大；反之，離 μ 越遠，越疏遠，代表可能性越小，機率密度越小。本書後文還會用這個角度分析其他高斯分佈。

➜

在實際應用中，高斯分佈經常用於建模和分析連續型態資料，如測量值、物理量和經濟指標等。在機器學習和資料分析中，高斯分佈也被廣泛應用於分類、聚類、離群點檢測等問題中。但是，僅掌握一元高斯分佈的知識是不夠的。從下一章開始，我們將探討二元、多元高斯分佈、條件高斯分佈，以及高斯分佈背後的協方差矩陣。

Bivariate Gaussian Distribution

10 二元高斯分佈

椭圓的影子幾乎無處不在

自然之書是用數學語言寫成的，符號是三角形、圓形和其他幾何圖形；不理解幾何圖形，別想讀懂自然之書；沒有它們，我們只能在黑暗的迷宮中徘徊不前。

The book of nature is written in mathematical language, and thesymbols are triangles, circles and other geometrical figures, without whose help it is impossible to comprehend a single word of it; without which one wanders in vain through a dark labyrinth.

——伽利略・伽利萊（*Galilei Galileo*）|
義大利物理學家、數學家及哲學家 | *1564—1642* 年

- matplotlib.patches.Rectangle() 繪製長方形
- matplotlib.pyplot.axhline() 繪製水平線
- matplotlib.pyplot.axvline() 繪製垂直線
- matplotlib.pyplot.contour() 繪製等高線圖
- matplotlib.pyplot.contourf() 繪製填充等高線圖
- scipy.stats.multivariate_normal() 多元高斯分佈
- scipy.stats.multivariate_normal.cdf() 多元高斯分佈 CDF 函數
- scipy.stats.multivariate_normal.pdf() 多元高斯分佈 PDF 函數

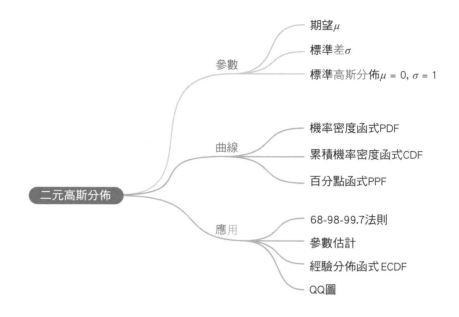

10.1 二元高斯分佈：看見橢圓

機率密度函數

　　二元高斯分佈 (bivariate Gaussian distribution)，也叫二元正態分佈 (bivariate normal distribution)，它的機率密度函數 $f_{X,Y}(x,y)$ 解析式為

$$f_{X,Y}(x,y) = \frac{1}{2\pi\sigma_X\sigma_Y\sqrt{1-\rho_{X,Y}^2}} \times \exp\left(\frac{-1}{2}\underbrace{\frac{1}{\left(1-\rho_{X,Y}^2\right)}\left(\left(\frac{x-\mu_X}{\sigma_X}\right)^2 - 2\rho_{X,Y}\left(\frac{x-\mu_X}{\sigma_X}\right)\left(\frac{y-\mu_Y}{\sigma_Y}\right) + \left(\frac{y-\mu_Y}{\sigma_Y}\right)^2\right)}_{\text{Ellipse}}\right) \quad (10.1)$$

　　其中：μ_X 和 μ_Y 分別為隨機變數 X、Y 的期望值；σ_X 和 σ_Y 分別為隨機變數 X、Y 的標準差；$\rho_{X,Y}$ 為 X 和 Y 的線性相關係數。分母中，係數 $2\pi\sigma_X\sigma_Y\sqrt{1-\rho_{X,Y}^2}$ 完成歸一化，也就是讓 $f_{X,Y}(x,y)$ 與水平面圍成的體積為 1。

　　式 (10.1) 中蘊含的橢圓解析式形式正是我們在《AI 時代 Math 元年 - 用 Python 全精通數學要素》一書第 9 章講過的特殊類型。

注意：觀察式 (10.1)，顯然 $\rho_{X,Y}$ 設定值區間為 (-1,1)，不能為 ±1；不然分母為 0。

此外，叢書之前反覆提到二元高斯分佈與橢圓的關係。我們在式 (10.1) 中已經看到了橢圓解析式。

PDF 曲面形狀

給定條件

$$\mu_X = 0, \ \mu_Y = 0, \ \sigma_X = 1, \ \sigma_Y = 2, \ \rho_{X,Y} = 0.75 \tag{10.2}$$

繪製滿足條件的二元正態分佈密度函數曲面，具體如圖 10.1 所示。

容易發現：μ_X 和 μ_Y 決定曲面中心所在位置；σ_X 和 σ_Y 影響曲面在 x 和 y 方向上的形狀；而 $\rho_{X,Y}$ 似乎提供了曲面的扭曲。實際上，σ_X、σ_Y、$\rho_{X,Y}$ 都影響了曲面的傾斜。

下面，我們從幾個側面來深入觀察二元高斯分佈 PDF $f_{X,Y}(x,y)$ 曲面。

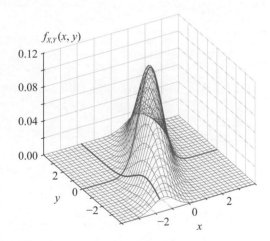

▲ 圖 10.1 二元高斯分佈 PDF 函數曲面 $f_{X,Y}(x,y)$，$\sigma_X = 1, \sigma_Y = 2, \rho_{X,Y} = 0.75$

沿 x 剖面線

圖 10.2 所示為 $f_{X,Y}(x,y)$ 曲面沿 x 方向的剖面線，以及這些曲線在 xz 平面上的投影。這些曲線，相當於是式 (10.1) 中 y 取定值時 PDF 對應的曲線。比如 $y = 0$ 時，曲線的解析式為

$$f_{X,Y}\left(x, y=0\right) = \frac{1}{2\pi\sigma_X\sigma_Y\sqrt{1-\rho_{X,Y}^2}} \times \exp\left(\frac{-1}{2}\frac{1}{\left(1-\rho_{X,Y}^2\right)}\left(\left(\frac{x-\mu_X}{\sigma_X}\right)^2 + \frac{2\rho_{X,Y}\mu_Y}{\sigma_Y}\left(\frac{x-\mu_X}{\sigma_X}\right) + \left(\frac{\mu_Y}{\sigma_Y}\right)^2\right)\right) \quad (10.3)$$

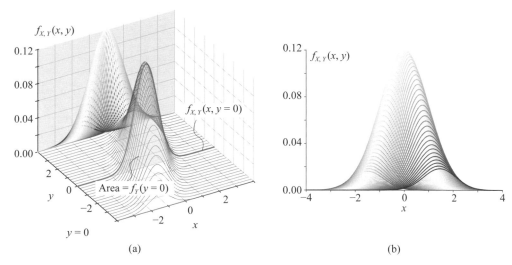

(a)   (b)

▲ 圖 10.2　PDF 函數曲面 $f_{X,Y}(x,y)$ 沿 x 方向的剖面線 ($\sigma_X = 1, \sigma_Y = 2, \rho_{X,Y} = 0.75$)

觀察這條曲線，我們都能看到一元正態分佈的影子。

注意，舉個例子，圖 10.2(a) 中 $f_{X,Y}(x, y = 0)$ 這條曲線與橫軸圍成的圖形面積並不為 1，面積對應邊緣 PDF $f_Y(y = 0)$。因此圖 10.2(b) 中這些曲線雖然看起來像一元高斯分佈 PDF，但實際上並不是。但是經過一定的縮放，它們可以成為條件高斯分佈的 PDF。

大家試想一下，如果我們可以得到 $y = 0$ 時邊緣 PDF $f_Y(y = 0)$ 的具體值，就可以利用貝氏定理得到條件機率 $f_{X|Y}(x|y = 0)$ 為

$$f_{X|Y}\left(x|y=0\right)=\frac{f_{X,Y}\left(x,y=0\right)}{f_Y\left(y=0\right)} \tag{10.4}$$

其中：分母中的 $f_Y(y=0)$ 造成歸一化的作用；而 $f_{X|Y}(x|y=0)$ 搖身一變成了條件高斯分佈的 PDF。

 這是第 12 章要講解的內容。

沿 y 剖面線

圖 10.3 所示為 $f_{X,Y}(x,y)$ 曲面沿 y 方向的剖面線，以及這些曲線在 yz 平面上的投影。曲線相當於 x 取定值，聯合 PDF $f_{X,Y}(x,y)$ 隨 y 的變化。

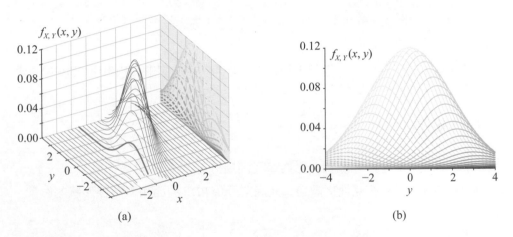

(a)　　　　　　　　　　　　　　(b)

▲ 圖 10.3 PDF 函數曲面 $f_{X,Y}(x,y)$，沿 y 方向的剖面線 ($\sigma_X=1$, $\sigma_Y=2$, $\rho_{X,Y}=0.75$)

等高線

圖 10.4 所示為 $f_{X,Y}(x,y)$ 曲面等高線。很明顯，我們已經從等高線中看到了橢圓。特別是在圖 10.4(b) 中，我們看到一系列同心旋轉橢圓。這並不奇怪，因為式 (10.1) 中 exp() 函數中蘊含著一個橢圓解析式。

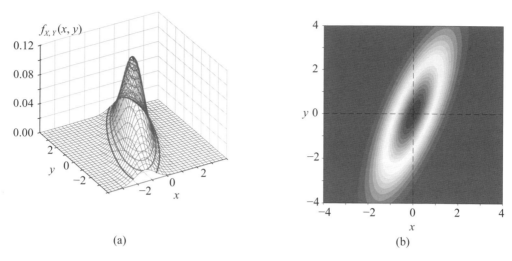

(a)

(b)

▲ 圖 10.4　PDF 函數曲面 $f_{X,Y}(x,y)$，
空間等高線和平面填充等高線 ($\sigma_X = 1, \sigma_Y = 2, \sigma_{X,Y} = 0.75$)

這也就是為什麼高斯分佈被稱作是一種**橢圓分佈** (elliptical distribution)。本章後續將揭開高斯分布與橢圓的更多關聯。

相關性係數

為了方便大家了解相關性係數對二元高斯分佈 PDF 的影響，設定 $\sigma_X = 1$, $\sigma_Y = 1$。如圖 10.5 所示為相關性係數對二元高斯分佈 PDF 曲面和等高線形狀的影響。

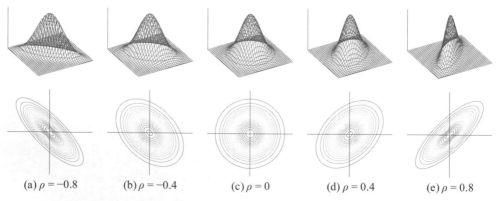

(a) $\rho = -0.8$ 　　 (b) $\rho = -0.4$ 　　 (c) $\rho = 0$ 　　 (d) $\rho = 0.4$ 　　 (e) $\rho = 0.8$

▲ 圖 10.5　不同相關性係數，二元高斯分佈 PDF 曲面和等高線 ($\sigma_2 = 1, \sigma_Y = 1$)

質心

如圖 10.6 所示，固定相關性係數和標準差，改變質心僅影響曲面中心位置。

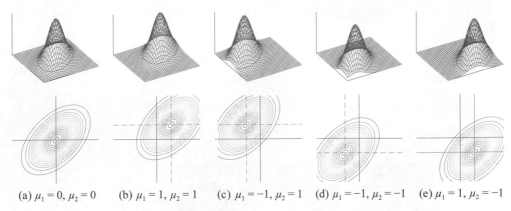

(a) $\mu_1 = 0, \mu_2 = 0$　(b) $\mu_1 = 1, \mu_2 = 1$　(c) $\mu_1 = -1, \mu_2 = 1$　(d) $\mu_1 = -1, \mu_2 = -1$　(e) $\mu_1 = 1, \mu_2 = -1$

▲ 圖 10.6 不同質心位置，二元高斯分佈 PDF 曲面和等高線 ($\sigma_X = 1$, $\sigma_Y = 1$)

Bk5_Ch10_01.py 繪製本節影像。

在 Bk5_Ch10_01.py 的基礎上，我們用 Streamlit 製作了一個應用，大家可以改變 $\rho_{X,Y}$、σ_X、σ_Y 三個參數，觀察二元高斯 PDF 曲面、等高線的變化。請大家參考 Streamlit_Bk5_Ch10_01.py。

10.2 邊緣分佈：一元高斯分佈

邊緣分佈

大家可能已經注意到，不考慮 Y 的時候，X 應該服從一元高斯分佈。而 μ_X 和 σ_X 是描述隨機變數 X 的參數。也就是說，有了這兩個參數，我們就可以寫出 X 的邊緣 PDF $f_X(x)$——一元高斯分佈機率密度函數，即

$$f_X(x) = \frac{1}{\sigma_X\sqrt{2\pi}} \exp\left(\frac{-1}{2}\left(\frac{x-\mu_X}{\sigma_X}\right)^2\right) \tag{10.5}$$

同理，μ_Y 和 σ_Y 是描述隨機變數 Y 的參數，對應寫出 Y 的邊緣 PDF $f_Y(y)$ 為

$$f_Y(y) = \frac{1}{\sigma_Y\sqrt{2\pi}} \exp\left(\frac{-1}{2}\left(\frac{x-\mu_Y}{\sigma_Y}\right)^2\right) \tag{10.6}$$

在圖 10.4 平面等高線的基礎上添加 $f_X(x)$ 和 $f_Y(y)$ 邊緣 PDF 影像子圖，我們便得到圖 10.7。

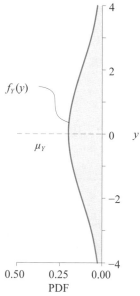
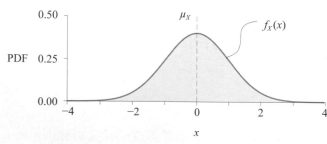

▲ 圖 10.7　二元高斯分佈 PDF 和邊緣 PDF($\sigma_2 = 1$, $\sigma_Y = 2$, $\rho_{X,Y} = 0.75$)

偏積分求邊緣分佈 PDF

下面，以 Y 的邊緣分佈機率密度函數 $f_Y(y)$ 為例，證明二元高斯分佈 PDF「偏積分」得到一元高斯分佈 PDF。

連續隨機變數 Y 的邊緣分佈機率密度函數 $f_Y(y)$ 可以透過 $f_{X,Y}(x,y)$ 對 x 偏積分得到，即

$$f_Y(y) = \int_{-\infty}^{+\infty} \overbrace{f_{X,Y}(x,y)}^{\text{Eliminate } x} \, \mathrm{d}x \tag{10.7}$$

令

$$G(x,y) = \frac{\left(\dfrac{x-\mu_X}{\sigma_X}\right)^2 - 2\rho_{X,Y}\left(\dfrac{x-\mu_X}{\sigma_X}\right)\left(\dfrac{y-\mu_Y}{\sigma_Y}\right) + \left(\dfrac{y-\mu_Y}{\sigma_Y}\right)^2}{\left(1-\rho_{X,Y}^2\right)} \tag{10.8}$$

這樣，二元高斯分佈可以寫成

$$f_{X,Y}(x,y) = \frac{1}{2\pi\sigma_X\sigma_Y\sqrt{1-\rho_{X,Y}^2}} \times \exp\left(\frac{-1}{2}G(x,y)\right) \tag{10.9}$$

將式 (10.8) 中 $G(x,y)$ 寫成

$$\begin{aligned}
G(x,y) &= \frac{\left(\dfrac{x-\mu_X}{\sigma_X} - \rho_{X,Y}\dfrac{y-\mu_Y}{\sigma_Y}\right)^2}{\left(1-\rho_{X,Y}^2\right)} + \left(\dfrac{y-\mu_Y}{\sigma_Y}\right)^2 \\
&= \frac{\left(x - \overbrace{\left(\mu_X + \rho_{X,Y}\dfrac{\sigma_X}{\sigma_Y}(y-\mu_Y)\right)}^{t}\right)^2}{\left(1-\rho_{X,Y}^2\right)\sigma_X^2} + \left(\dfrac{y-\mu_Y}{\sigma_Y}\right)^2
\end{aligned} \tag{10.10}$$

令

$$t = t(y) = \mu_X + \rho_{X,Y}\frac{\sigma_X}{\sigma_Y}(y-\mu_Y) \tag{10.11}$$

可以發現 t 僅是 y 的函數，與 x 無關，這樣便於積分。

將 $G(x,y)$ 進一步整理為

$$G(x,y) = \frac{(x-t)^2}{\left(1-\rho_{X,Y}^2\right)\sigma_X^2} + \frac{\left(y-\mu_Y\right)^2}{\sigma_Y^2} \tag{10.12}$$

將式 (10.12) 代入式 (10.9) 得到

$$f_{X,Y}(x,y) = \frac{1}{2\pi\sigma_X\sigma_Y\sqrt{1-\rho_{X,Y}^2}} \times \exp\left(\frac{-1}{2}\left(\frac{(x-t)^2}{\left(1-\rho_{X,Y}^2\right)\sigma_X^2}\right)\right) \times \exp\left(\frac{-1}{2}\left(\frac{\left(y-\mu_Y\right)^2}{\sigma_Y^2}\right)\right) \tag{10.13}$$

將式 (10.13) 代入式 (10.7) 得到

$$
\begin{aligned}
f_Y(y) &= \int_{-\infty}^{+\infty} \frac{1}{2\pi\sigma_X\sigma_Y\sqrt{1-\rho_{X,Y}^2}} \times \exp\left(\frac{-1}{2}\left(\frac{(x-t)^2}{\left(1-\rho_{X,Y}^2\right)\sigma_X^2}\right)\right) \times \exp\left(\frac{-1}{2}\left(\frac{\left(y-\mu_Y\right)^2}{\sigma_Y^2}\right)\right) \mathrm{d}x \\
&= \frac{1}{2\pi\sigma_X\sigma_Y\sqrt{1-\rho_{X,Y}^2}} \cdot \exp\left(\frac{-1}{2}\frac{\left(y-\mu_Y\right)^2}{\sigma_Y^2}\right) \cdot \int_{-\infty}^{+\infty} \exp\left(\frac{-1}{2}\left(\frac{(x-t)^2}{\left(\sqrt{\left(1-\rho_{X,Y}^2\right)}\sigma_X\right)^2}\right)\right) \mathrm{d}x
\end{aligned}
\tag{10.14}
$$

回憶一下，我們在《AI 時代 Math 元年 - 用 Python 全精通數學要素》一書講解過高斯函數積分

$$\int_{-\infty}^{+\infty} \exp\left(\frac{-1}{2}\left(\frac{(x-t)^2}{\left(\sqrt{\left(1-\rho_{X,Y}^2\right)}\sigma_X\right)^2}\right)\right) \mathrm{d}x = \sqrt{2\pi}\sqrt{1-\rho_{X,Y}^2}\,\sigma_X \tag{10.15}$$

將式 (10.15) 代入式 (10.14)，得到

$$
\begin{aligned}
f_Y(y) &= \frac{1}{2\pi\sigma_X\sigma_Y\sqrt{1-\rho_{X,Y}^2}} \cdot \exp\left(\frac{-1}{2}\frac{\left(y-\mu_Y\right)^2}{\sigma_Y^2}\right)\sqrt{2\pi}\sqrt{1-\rho_{X,Y}^2}\,\sigma_X \\
&= \frac{1}{\sqrt{2\pi}\sigma_Y}\exp\left(\frac{-1}{2}\frac{\left(y-\mu_Y\right)^2}{\sigma_Y^2}\right)
\end{aligned}
\tag{10.16}
$$

> ❗ 再次強調：聯合 PDF $f_{X,Y}(x,y)$ 二重積分得到的是機率，也就是曲面體積代表機率；而 $f_{X,Y}(x,y)$ 偏積分得到的還是機率密度，即邊緣機率密度 $f_X(x)$ 或 $f_Y(y)$；邊緣 PDF $f_X(x)$ 和 $f_Y(y)$ 進一步積分才得到機率。

獨立

圖 10.8 所示為二元高斯分佈參數對 PDF 等高線的影響。

特別地，當相關性係數 $\rho_{X,Y}$ 為 0 時，有

$$
\begin{aligned}
f_{X,Y}(x,y) &= \frac{1}{2\pi\sigma_X\sigma_Y} \times \exp\left(\frac{-1}{2}\left(\left(\frac{x-\mu_X}{\sigma_X}\right)^2 + \left(\frac{y-\mu_Y}{\sigma_Y}\right)^2\right)\right) \\
&= \frac{1}{\sqrt{2\pi}\sigma_X}\exp\left(\frac{-1}{2}\left(\frac{x-\mu_X}{\sigma_X}\right)^2\right) \times \frac{1}{\sqrt{2\pi}\sigma_Y}\exp\left(\frac{-1}{2}\left(\frac{y-\mu_Y}{\sigma_Y}\right)^2\right) \\
&= f_X(x)f_Y(y)
\end{aligned}
\tag{10.17}
$$

觀察圖 10.8(b)、圖 10.8(e)、圖 10.8(h)，我們發現橢圓等高線為正橢圓。

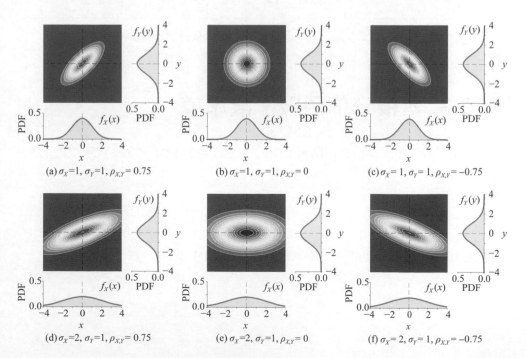

(a) $\sigma_X=1, \sigma_Y=1, \rho_{X,Y}=0.75$

(b) $\sigma_X=1, \sigma_Y=1, \rho_{X,Y}=0$

(c) $\sigma_X=1, \sigma_Y=1, \rho_{X,Y}=-0.75$

(d) $\sigma_X=2, \sigma_Y=1, \rho_{X,Y}=0.75$

(e) $\sigma_X=2, \sigma_Y=1, \rho_{X,Y}=0$

(f) $\sigma_X=2, \sigma_Y=1, \rho_{X,Y}=-0.75$

▲ 圖 10.8 二元高斯分佈參數對 PDF 等高線影響

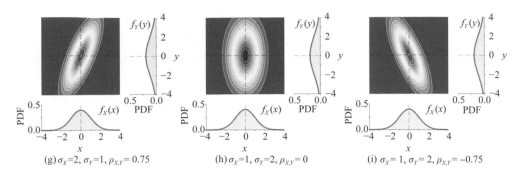

(g) $\sigma_X=2, \sigma_Y=1, \rho_{X,Y}=0.75$ (h) $\sigma_X=1, \sigma_Y=2, \rho_{X,Y}=0$ (i) $\sigma_X=1, \sigma_Y=2, \rho_{X,Y}=-0.75$

▲ (續) 圖 10.8 二元高斯分佈參數對 PDF 等高線影響

⚠
注意：獨立表示兩個變數的設定值之間沒有任何關係，即它們的聯合機率
分佈等於它們邊緣機率分佈的乘積。而相關則表示兩個變數之間存在某種
形式的連結關係，可以是線性的，也可以是非線性的。因此，線性相關係
數為 0 只是說明兩個變數之間不存在線性關係，但並不能推斷它們是否獨
立。

🔻
Bk5_Ch10_02.py 繪製本節影像。請大家自行調整分佈參數。

10.3 累積分佈函數：機率值

二元高斯分佈的累積分佈函數 CDF $F_{X,Y}(x,y)$ 是對 PDF $f_{X,Y}(x,y)$ 的二重積分，
即

$$F_{X,Y}\left(x,y\right)=\int_{-\infty}^{y}\int_{-\infty}^{x}f_{X,Y}\left(s,t\right)\mathrm{d}s\,\mathrm{d}t \tag{10.18}$$

圖 10.9 所示為二元高斯分佈累積分佈函數 CDF 曲面。

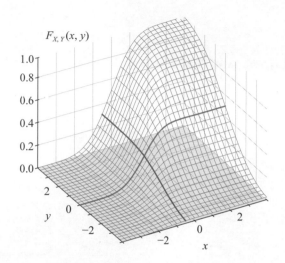

▲ 圖 10.9　二元高斯分佈累積函數 CDF 曲面 ($\sigma_X = 1$, $\sigma_Y = 2$, $\rho_{X,Y} = 0.75$)

沿 *x* 剖面線

和上一節一樣，下面從幾個側面來觀察二元高斯分佈 CDF 曲面 $F_{X,Y}(x,y)$。圖 10.10 所示為 $F_{X,Y}(x,y)$ 曲面沿 x 方向的剖面線，以及這些曲線在 xz 平面上的投影。

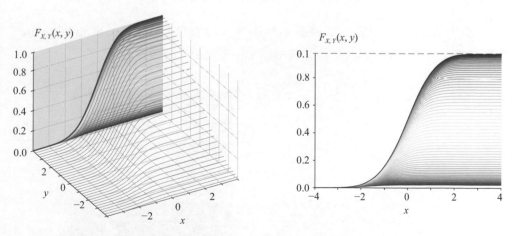

▲ 圖 10.10　CDF 曲面 $F_{X,Y}(x,y)$ 沿 x 方向的剖面線 ($\sigma_X = 1$, $\sigma_Y = 2$, $\rho_{X,Y} = 0.75$)

沿 y 剖面線

圖 10.11 所示為 $F_{X,Y}(x,y)$ 曲面沿 y 方向的剖面線，以及這些曲線在 yz 平面上的投影。

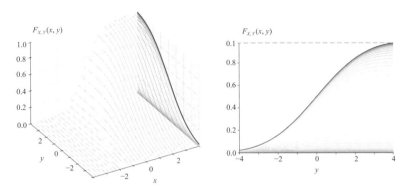

▲ 圖 10.11 CDF 曲面 $F_{X,Y}(x,y)$ 沿 y 方向的剖面線 ($\sigma_X = 1$, $\sigma_Y = 2$, $\rho_{X,Y} = 0.75$)

等高線

圖 10.12 所示為 CDF 函數曲面 $F_{X,Y}(x,y)$ 的等高線。圖 10.13 所示為在 $F_{X,Y}(x,y)$ 平面填充等高線的基礎上，又繪製了邊緣 CDF $F_X(x)$、$F_Y(y)$ 曲線。

請大家修改上一節程式繪製本節影像。只需要把 scipy.stats.multivariate_normal.pdf() 換成 scipy.stats.multivariate_normal.cdf() 函數即可。

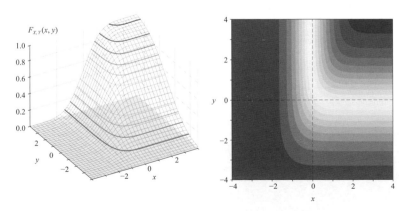

▲ 圖 10.12 CDF 函數曲面 $F_{X,Y}(x,y)$ 空間等高線和平面填充等高線 ($\sigma_X = 1$, $\sigma_Y = 2$, $\sigma_{X,Y} = 0.75$)

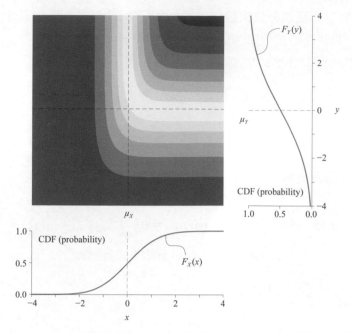

▲ 圖 10.13 CDF 函數曲面 $F_{X,Y}(x,y)$ 平面填充等高線，邊緣機率分佈 CDF

10.4 用橢圓解剖二元高斯分佈

　　大家已經在式 (10.1) 中看到了橢圓的解析式，這一節我們對二元高斯分佈與橢圓的關係進行定量研究。

二次曲面

　　利用式 (10.8) 中定義的 $G(x,y)$。將式 (10.8) 代入式 (10.1)，得到

$$f_{X,Y}(x,y) = \frac{1}{2\pi\sigma_X\sigma_Y\sqrt{1-\rho_{X,Y}^2}} \times \exp\left(\frac{-1}{2}G(x,y)\right) \qquad (10.19)$$

圖 10.14 所示為 $G(x,y)$ 代表的幾種曲面。

但是，對二元高斯分佈來說，如果 PDF 解析式存在，則相關性的設定值範圍為 (-1,1)，此時協方差矩陣為正定。請大家思考如果協方差矩陣為半正定，則 $G(x,y)$ 曲面的形狀是什麼樣？

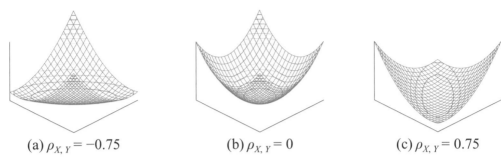

(a) $\rho_{X,Y} = -0.75$　　　　(b) $\rho_{X,Y} = 0$　　　　(c) $\rho_{X,Y} = 0.75$

▲ 圖 10.14　$G(x,y)$ 代表的幾種曲面

橢圓

令 $G(x,y) = 1$，當 $\rho_{X,Y}$ 在 (-1,1) 變化時，我們便得到橢圓的解析式

$$\frac{1}{\left(1-\rho_{X,Y}^2\right)}\left(\left(\frac{x-\mu_X}{\sigma_X}\right)^2 - 2\rho_{X,Y}\left(\frac{x-\mu_X}{\sigma_X}\right)\left(\frac{y-\mu_Y}{\sigma_Y}\right) + \left(\frac{y-\mu_Y}{\sigma_Y}\right)^2\right) = 1 \qquad (10.20)$$

其中：(μ_X, μ_Y) 確定橢圓中心位置；σ_X、σ_Y 和 $\sigma_{X,Y}$ 三者共同決定橢圓的長短軸長度和旋轉角度。

「本書系」《AI 時代 Math 元年 - 用 Python 全精通數學要素》一書第 9 章介紹過，形如式 (10.20) 解析式的橢圓有重要的特點—橢圓與長 $2\sigma_X$、寬 $2\sigma_Y$ 的矩形相切。

圖 10.15 所示的矩形框中心位於 (μ_X, μ_Y)，矩形框長度為 $2\sigma_X = 2$，寬度為 $2\sigma_Y = 4$。圖 10.15 中一系列橢圓對應的相關性係數 $\rho_{X,Y}$ 的變化範圍為 [-0.9,0.9]。

當相關性係數 $\rho_{X,Y}$ 大於 0，即線性正相關時，橢圓長軸指向約東北方向；當線性相關性係數 $\rho_{X,Y}$ 小於 0，即負相關時，橢圓長軸指向約西北方向；特別提醒讀者注意的是，當相關性係數 $\rho_{X,Y}$ 為 0 時，橢圓為正橢圓。

　　圖 10.16 所示為三種標準差 σ_X、σ_Y 大小不同的情況下，與矩形相切的橢圓隨著相關性係數變化情況。

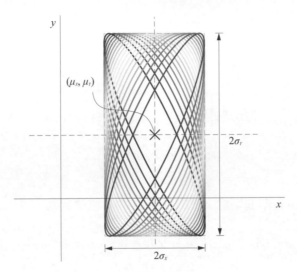

▲ 圖 10.15 橢圓與中心在 (μ_X, μ_Y) 長 $2\sigma_X$、寬 $2\sigma_Y$ 的矩形相切

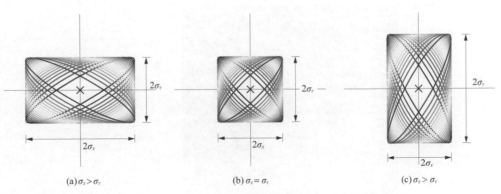

(a) $\sigma_x > \sigma_Y$　　　　　(b) $\sigma_x = \sigma_Y$　　　　　(c) $\sigma_x > \sigma_Y$

▲ 圖 10.16 三種標準差 σ_X、σ_Y 大小不同的情況

四個切點

　　橢圓和矩形有四個切點，下面我們來求解這四個切點的具體位置。考慮特殊情況 $\mu_X = 0, \mu_Y = 0$，式 (10.20) 可以簡化為

$$\frac{1}{\left(1-\rho_{X,Y}^2\right)}\left(\left(\frac{x}{\sigma_x}\right)^2-\frac{2\rho_{X,Y}}{\sigma_X\sigma_Y}xy+\left(\frac{y}{\sigma_Y}\right)^2\right)=1 \tag{10.21}$$

將 $y=\sigma_Y$ 代入，得到

$$\left(\frac{x}{\sigma_X}-\rho_{X,Y}\right)^2=0 \tag{10.22}$$

這樣我們便得到一個切點為

$$\begin{cases}x=\rho_{X,Y}\sigma_X\\y=\sigma_Y\end{cases} \tag{10.23}$$

同理，獲得所有四個切點 A、B、C、D 的具體位置為

$$A\left(\rho_{X,Y}\sigma_X,\sigma_Y\right),\ \ B\left(\sigma_X,\rho_{X,Y}\sigma_Y\right),\ \ C\left(-\rho_{X,Y}\sigma_X,-\sigma_Y\right),\ \ D\left(-\sigma_X,-\rho_{X,Y}\sigma_Y\right) \tag{10.24}$$

如圖 10.17 所示。

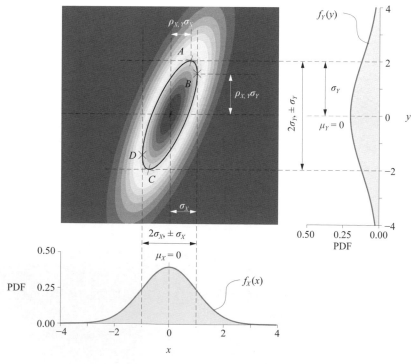

▲ 圖 10.17 二元高斯分佈 PDF 和邊緣 PDF($\sigma_X=1$, $\sigma_Y=2$, $\sigma_{X,Y}=0.75$)

橢圓和矩形

μ_X 和 μ_Y 均不為 0 的一般情況下，將四個切點的位置平移 (μ_X, μ_Y)，有

$$A\left(\mu_X + \rho_{X,Y}\sigma_X, \mu_Y + \sigma_Y\right), \quad B\left(\mu_X + \sigma_X, \mu_Y + \rho_{X,Y}\sigma_Y\right),$$
$$C\left(\mu_X - \rho_{X,Y}\sigma_X, \mu_Y - \sigma_Y\right), \quad D\left(\mu_X - \sigma_X, \mu_Y - \rho_{X,Y}\sigma_Y\right) \tag{10.25}$$

圖 10.18 所示為橢圓和矩形切點位置隨 σ_X、σ_Y、$\rho_{X,Y}$ 變化的關係，請大家自行總結規律。

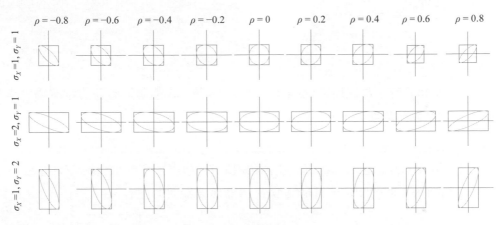

▲ 圖 10.18 橢圓和矩形切點隨 σ_X、σ_Y、$\rho_{X,Y}$ 變化的關係

▼
Bk5_Ch10_03.py 繪製圖 10.18。

橢圓形狀

再怎麼強調橢圓與高斯分佈的緊密關聯也不為過。圖 10.19 這個旋轉橢圓的位置、形狀、旋轉角度等資訊，蘊含著高斯分佈的中心 (μ_X, μ_Y)、標準差 σ_X 和 σ_Y、相關性係數 $\rho_{X,Y}$。也就是說，某個二元高斯分佈可以用特定橢圓來表示。

圖 10.19 中還有很多與橢圓相關的性質值得我們挖掘。

　　圖 10.19 所示的兩個橢圓，藍色橢圓上所有點到代入式 (10.8) 都等於 1，類似於一元高斯分佈中的 $\mu \pm \sigma$。而更大一點的紅色橢圓所有點代入式 (10.8) 都等於 4，平方根為 2，類似於一元高斯分佈中的 $\mu \pm 2\sigma$。

　　上面所述的平方根 (1、2) 正是《AI 時代 Math 元年 - 用 Python 全精通矩陣及線性代數》一書第 20 章介紹過馬氏距離。本章後文將稍微回顧馬氏距離，第 23 章還要深入講解馬氏距離。

　　圖 10.20 中的淺藍色直角三角形的兩條直角邊長度分別是 $\rho_{X,Y}\sigma_Y$、σ_X，其中 θ 角的正切值為

$$\tan\theta = \frac{\rho_{X,Y}\sigma_Y}{\sigma_X} \tag{10.26}$$

　　圖 10.20 所示 AC 線段、BD 線段和條件機率、線性迴歸有著直接關聯。第 12 章將專門講解高斯分佈條件機率。

◀

　　圖 10.20 中兩條紅色線為橢圓的長軸和短軸所在方向，這兩條直線又和主成分分析有著密切的關係。這是第 14、25 章將要探討的內容。

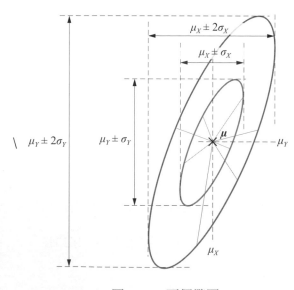

▲ 圖 10.19 兩個橢圓

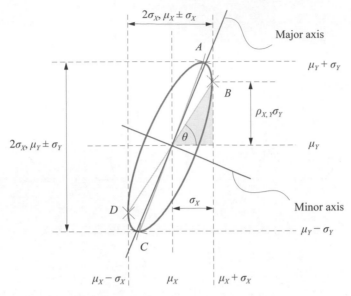

▲ 圖 10.20 橢圓中的四條直線

10.5 聊聊線性相關性係數

幾種視覺化方案

圖 10.21 所示為相關性係數的幾種視覺化方案，如散點圖、二元高斯 PDF 曲面、PDF 等高線、條件機率直線、向量夾角等。

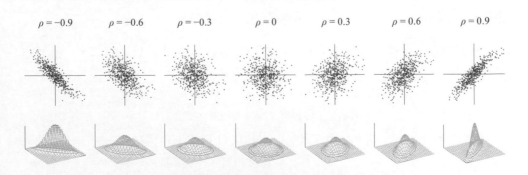

▲ 圖 10.21 相關性係數的幾種視覺化方案

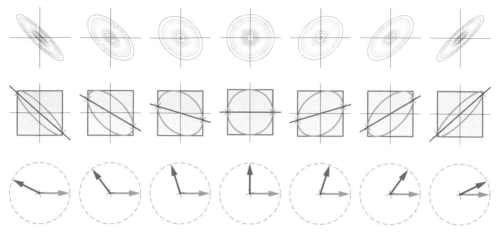

▲（續）圖 10.21 相關性係數的幾種視覺化方案

大家應該在《AI 時代 Math 元年 - 用 Python 全精通矩陣及線性代數》一書第 23 章見過圖 10.21，當時我們特別討論了利用向量視覺化線性相關係數。

k5_Ch10_04.py 可以繪製圖 10.21 大部分影像。請大家自行修改參數觀察研究。

獨立 VS 線性相關性係數為 0

本章前文提過，線性相關係數反映的是兩個隨機變數間的線性關係，但是隨機變數之間除了線性關係外，還可能存在其他關係。

舉個例子，隨機變數 X 在 [-1,1] 連續均勻分佈。令 $Y = X^2$，顯然，X 和 Y 存在二次關係，並不獨立。但是兩者的協方差為 0，即

$$
\begin{aligned}
\text{cov}(X,Y) &= \text{cov}(X,X^2) \\
&= \text{E}[X \cdot X^2] - \text{E}[X] \cdot \text{E}[X^2] \\
&= \text{E}[X^3] - \text{E}[X]\text{E}[X^2] \\
&= 0 - 0 \cdot \text{E}[X^2] = 0
\end{aligned}
\tag{10.27}
$$

這表示的線性相關性係數為 0。

安斯庫姆四重奏

圖 10.22 所示是**安斯庫姆四重奏** (Anscombe's quartet) 的四組散點圖。觀察圖中四組散點圖，我們可以發現資料的關係完全不同。但是，它們的相關性係數幾乎完全一致。

這幅圖告訴我們，線性相關性係數不是萬能的，它只適用於度量隨機變數之間的「線性關係」。此外，線性相關性係數特別容易受到**離群值** (outlier) 的影響，這一點可以從圖 10.22(c) 中看出來。

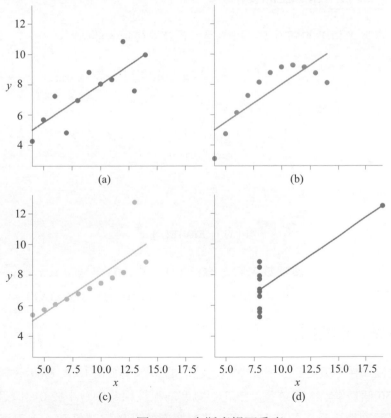

▲ 圖 10.22 安斯庫姆四重奏

向量空間：線性無關

我們在《AI 時代 Math 元年 - 用 Python 全精通矩陣及線性代數》一書第 7 章中介紹過，給定向量組 $V = [v_1, v_2, \cdots, v_D]$，如果存在不全為零 α_1、α_2、$\cdots$、α_D 使得下式成立，即

$$\alpha_1 v_1 + \alpha_2 v_2 + \alpha_3 v_3 + \cdots + \alpha_D v_D = \mathbf{0} \tag{10.28}$$

則稱向量組 V 線性相關 (linear dependence)；不然 V 線性無關 (linear independence)。請大家注意區分。

正交 VS 線性相關性係數為 0

隨機變數 X 和 Y 的協方差可以透過下式計算得到，即

$$\text{cov}(X,Y) = \text{E}(XY) - \text{E}(X)\text{E}(Y) \tag{10.29}$$

如果 X 和 Y 獨立，則

$$\text{cov}(X,Y) = 0 \tag{10.30}$$

這表示

$$\text{E}(XY) = \text{E}(X)\text{E}(Y) \tag{10.31}$$

本書前文提過，隨機變數 X 和 Y 的有序樣本集合看作是向量 x 和 y。如果向量 x 和 y 內積為 0，則意味著 x 和 y 正交 (orthogonal)，這對應 $\text{E}(XY) = 0$。

相關性係數的變化

線性相關性係數受到具體樣本資料選取的影響。如圖 10.23 所示，對於鳶尾花所有 150 個樣本點，花萼長度、花萼寬度的線性相關係數小於 0。但是，分別計算三個不同標籤資料的花萼長度、花萼寬度的線性相關係數，發現這三個值都顯著大於 0。

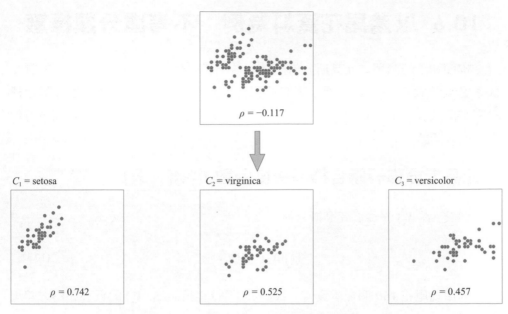

C_1 = setosa C_2 = virginica C_3 = versicolor

▲ 圖 10.23 鳶尾花不同分類的線性相關性係數

　　大家將在《數據有道》一書中看到，如圖 10.24 所示，時間序列資料的相關性係數還會隨時間視窗變化。圖 10.24 中，大家看到相關性係數出現陡然上升或下降 (反白) 的情況，這可能都是由幾個樣本點帶來的影響，值得深入研究。

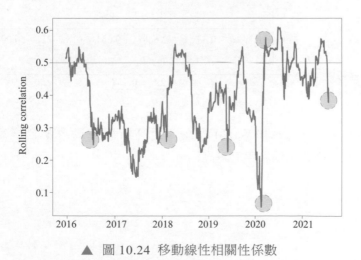

▲ 圖 10.24 移動線性相關性係數

10.6 以鳶尾花資料為例：不考慮分類標籤

　　本節和下一節用二元高斯分佈估計鳶尾花花萼長度 X_1、花萼寬度 X_2 的聯合機率密度函數 $f_{X1,X2}(x_1,x_2)$。相信大家還記得我們在第 7 章採用 KDE 估計聯合機率密度函數 $f_{X1,X2}(x_1,x_2)$ 的相關方法。這兩節採用本書與第 7 章類似的結構，方便大家比較閱讀。

二元高斯分佈→聯合機率密度函數 $f_{X1,X2}(x_1,x_2)$

　　假設 (X_1, X_2) 服從二元高斯分佈

$$(X_1, X_2) \sim N(\boldsymbol{\mu}, \boldsymbol{\Sigma}) \tag{10.32}$$

　　利用鳶尾花 150 個樣本資料，我們可以估算得到 (X_1, X_2) 的質心和協方差矩陣分別為

$$\boldsymbol{\mu} = \begin{bmatrix} 5.843 \\ 3.057 \end{bmatrix}, \quad \boldsymbol{\Sigma} = \begin{bmatrix} 0.685 & -0.042 \\ -0.042 & 0.189 \end{bmatrix} \tag{10.33}$$

則 (X_1, X_2) 的聯合機率密度函數 $f_{X1,X2}(x_1,x_2)$ 解析式為

$$f_{X1,X2}(x_1,x_2) \approx \frac{\exp\left(\overbrace{-0.739x_1^2 - 0.33x_1x_2 - 2.668x_2^2 + 9.651x_1 + 18.248x_2 - 56.093}^{-\frac{1}{2}(x-\mu)^{\mathrm{T}}\Sigma^{-1}(x-\mu)} \right)}{\underbrace{\frac{2\pi}{(\sqrt{2\pi})^2}}_{} \times \underbrace{0.358}_{|\Sigma|^{\frac{1}{2}}}} \tag{10.34}$$

　　圖 10.25 所示為假設 (X_1, X_2) 服從二元高斯分佈時，聯合機率密度函數 $f_{X1,X2}(x_1, x_2)$ 的三維等高線和平面等高線。

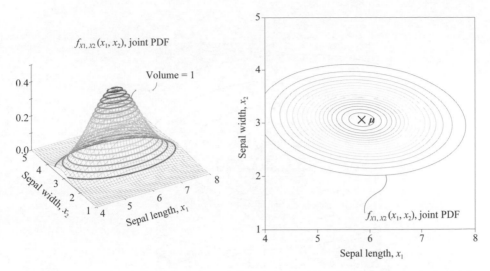

▲ 圖 10.25 $f_{X1,X2}(x_1,x_2)$ 聯合機率密度三維等高線和平面等高線 (不考慮分類)

舉個例子，花萼長度 (X_1) 為 6.5、花萼寬度 (X_2) 為 2.0 時，利用式 (10.34) 估計得到聯合機率密度值為

$$f_{X1,X2}\left(x_1 = 6.5, x_2 = 2.0\right) \approx 0.0205 \tag{10.35}$$

注意：這個數值是機率密度，不是機率。但是這個值在某種程度上也代表可能性。

馬氏距離橢圓的性質

《AI 時代 Math 元年 - 用 Python 全精通矩陣及線性代數》一書第 20 章介紹過**馬氏距離** (Mahalanobis distance 或 Mahal distance)，具體定義為

$$d = \sqrt{\left(x - \mu\right)^{\mathrm{T}} \Sigma^{-1} \left(x - \mu\right)} \tag{10.36}$$

圖 10.26 所示為基於鳶尾花花萼長度、花萼寬度樣本資料的馬氏距離橢圓。圖 10.26 中，黑色旋轉橢圓分別代表馬氏距離為 1、2、3、4，圖中還有一個 $\mu_1 \pm \sigma_1$ 和 $\mu_2 \pm \sigma_2$ 組成的矩形。根據本章前文所學，我們知道馬氏距離為 1 的橢圓與矩形相切於四個點。

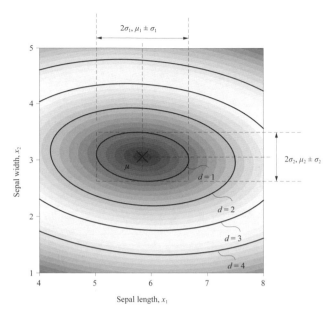

▲ 圖 10.26 馬氏距離的橢圓 (鳶尾花花萼長度、花萼寬度樣本資料)

還有一個需要大家注意的矩形。如圖 10.27 所示，這個矩形與馬氏距離為 1 的橢圓同樣相切，但是它的長邊平行於橢圓的長軸。請大家自行計算橢圓長軸傾斜角。

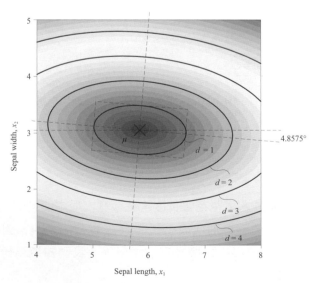

▲ 圖 10.27 馬氏距離的橢圓的長軸、短軸，以及對應的矩形

我們已經知道馬氏距離和機率密度之間的關係為

$$f_{X1,X2}(x_1,x_2) = \frac{\exp\left(-\frac{1}{2}d^2\right)}{(2\pi)^{\frac{D}{2}}|\Sigma|^{\frac{1}{2}}} \tag{10.37}$$

當 $d = 1$ 時，有

$$f_{X1,X2}(x_1,x_2)\big|_{d=1} = \frac{\exp\left(-\frac{1}{2}\times 1^2\right)}{(2\pi)^{\frac{D}{2}}|\Sigma|^{\frac{1}{2}}} \approx 0.2693 \tag{10.38}$$

當 $d = 2$ 時，有

$$f_{X1,X2}(x_1,x_2)\big|_{d=2} = \frac{\exp\left(-\frac{1}{2}\times 2^2\right)}{(2\pi)^{\frac{D}{2}}|\Sigma|^{\frac{1}{2}}} \approx 0.0601 \tag{10.39}$$

如圖 10.28 所示，利用二重積分，我們可以計算兩幅子圖中陰影區域對應的機率為

$$\iint_D f_{X1,X2}(x_1,x_2)\,\mathrm{d}\,x_1\,\mathrm{d}\,x_2 \tag{10.40}$$

從機率統計角度來看，陰影區域有什麼意義呢？這個問題的答案留到第 23 章來回答。

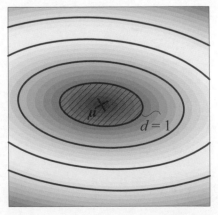 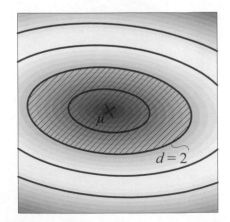

▲ 圖 10.28 求陰影區域對應的機率

聯合機率密度函數 $f_{X1,X2}(x_1, x_2)$ 的剖面線

$f_{X1,X2}(x_1, x_2)$ 本質上是個二元函數，因此我們還可以使用「剖面線」分析二元函數。

當固定 x_1 設定值時，$f_{X1,X2}(x_1 = c, x_2)$ 代表一條曲線。將一系列類似曲線投影到垂直平面得到圖 10.29(b)。觀察圖 10.29(b)，我們容易發現這些曲線都類似於一元高斯分佈。圖 10.30 所示為固定 x_2 時，機率密度函數 $f_{X1,X2}(x_1, x_2)$ 隨 x_1 的變化。

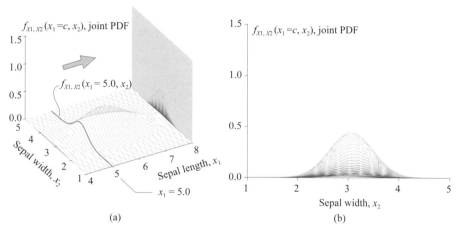

▲ 圖 10.29 固定 x_1 時，機率密度函數 $f_{X1,X2}(x_1, x_2)$ 隨 x_2 變化

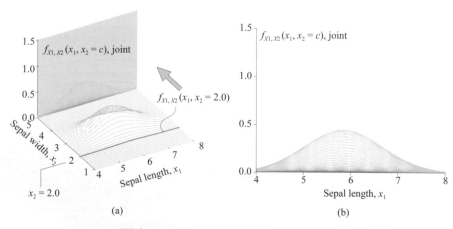

▲ 10.30 固定 x_2 時，機率密度函數 $f_{X1,X2}(x_1, x_2)$ 隨 x_1 變化

花萼長度邊緣機率密度函數 $f_{X1}(x_1)$：偏積分

圖 10.31 所示為求解花萼長度邊緣機率 $f_{X1}(x_1)$ 的過程，即

$$\underbrace{f_{X1}(x_1)}_{\text{Marginal}} = \int_{-\infty}^{+\infty} \underbrace{f_{X1,X2}(x_1,x_2)}_{\text{Joint}} dx_2 \tag{10.41}$$

圖 10.31 所示的彩色陰影面積對應邊緣機率，即 $f_{X1}(x_1)$ 曲線高度。$f_{X1}(x_1)$ 本身也是機率密度，而不是機率值。$f_{X1}(x_1)$ 再積分可以得到機率。

如圖 10.31(b) 所示，$f_{X1}(x_1)$ 曲線與整個橫軸圍成圖形的面積為 1。透過本章前文學習，我們知道 $f_{X1}(x_1)$ 也是一元高斯分佈 PDF。

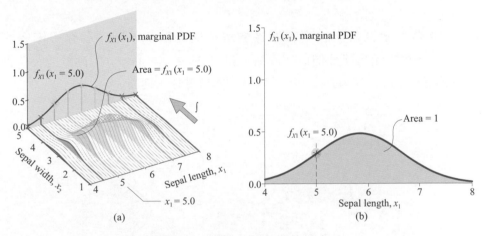

▲ 圖 10.31 偏積分求解邊緣機率 $f_{X1}(x_1)$

花萼寬度邊緣機率 $f_{X2}(x_2)$：偏求和

圖 10.32 所示為求解花萼寬度邊緣機率的過程，即

$$f_{X2}(x_2) = \int_{-\infty}^{+\infty} f_{X1,X2}(x_1,x_2) dx_1 \tag{10.42}$$

如圖 10.32 所示，$f_{X2}(x_2)$ 為一元高斯分佈 PDF。

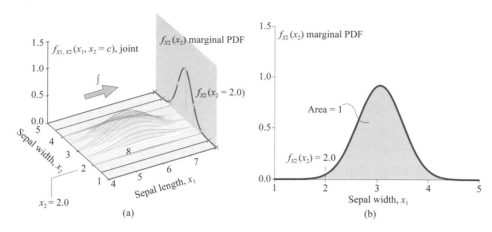

▲ 圖 10.32 偏積分求解邊緣機率 $f_{X2}(x_2)$

　　圖 10.33 所示為聯合機率和邊緣機率之間的關係。圖中聯合機率密度 $f_{X1,X2}(x_1,x_2)$ 採用二元高斯分佈估計得到。圖 10.33 中 $f_{X1,X2}(x_1,x_2)$ 等高線並沒有特別準確捕捉到鳶尾花花萼長度、花萼寬度樣本散點分布細節。

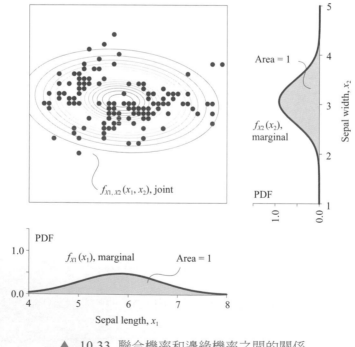

▲ 10.33 聯合機率和邊緣機率之間的關係

假設獨立

如果假設 X_1 和 X_2 獨立，則聯合機率密度 $f_{X1,X2}(x_1,x_2)$ 可以透過下式計算得到，即

$$f_{X1,X2}(x_1,x_2) = f_{X1}(x_1) \cdot f_{X2}(x_2) \tag{10.43}$$

圖 10.34 所示為假設 X_1 和 X_2 獨立時 $f_{X1,X2}(x_1,x_2)$ 的平面等高線和邊緣機率之間的關係。橢圓等高線為正橢圓，而非旋轉橢圓（圖 10.33）。

給定花萼長度，花萼寬度的條件機率密度 $f_{X2|X1}(x_2|x_1)$

如圖 10.35 所示，利用貝氏定理，條件機率密度 $f_{X2|X1}(x_2|x_1)$ 可以透過下式計算，即

$$\underbrace{f_{X2|X1}(x_2|x_1)}_{\text{Conditional}} = \frac{\overbrace{f_{X1,X2}(x_1,x_2)}^{\text{Joint}}}{\underbrace{f_{X1}(x_1)}_{\text{Marginal}}} \tag{10.44}$$

分母中的邊緣機率 $f_{X1}(x_1)(>0)$ 造成歸一化作用。如圖 10.35(b) 所示，經過歸一化的條件機率曲線圍成的面積變為 1。

將不同位置的條件機率密度 $f_{X2|X1}(x_2|x_1)$ 曲線投影到平面可以得到圖 10.36。我們隱約發現圖 10.36(b) 中每條曲線看上去都是一元高斯分佈。這難道是個巧合嗎？我們將在第 13 章揭曉答案。

$f_{X2|X1}(x_2|x_1)$ 本身也是一個二元函數。圖 10.37 所示為 $f_{X2|X1}(x_2|x_1)$ 三維等高線和平面等高線。從平面等高線中，我們可以看到一系列直線。這難道也是個巧合嗎？答案同樣在第 13 章舉出。

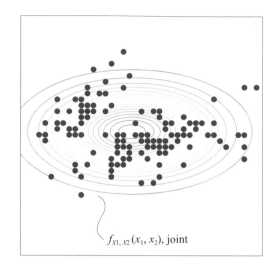
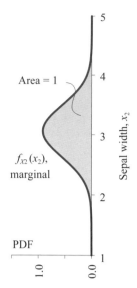
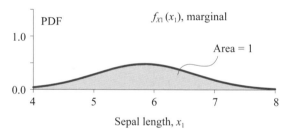

▲ 圖 10.34 聯合機率 (假設 X_1 和 X_2 獨立)

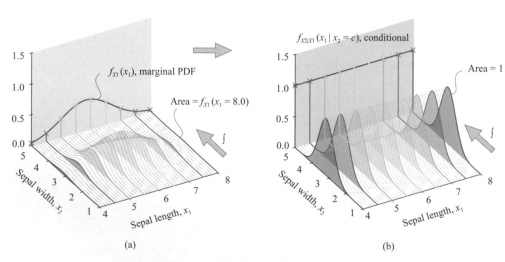

▲ 圖 10.35 計算條件機率 $f_{X2|X1}(x_2|x_1)$ 原理

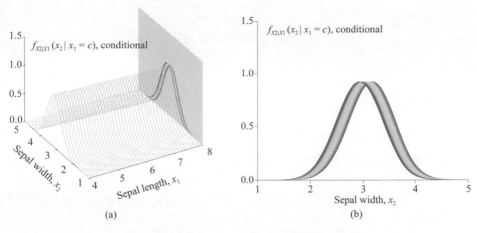

▲ 圖 10.36 $f_{X2|X1}(x_2|x_1)$ 曲線投影到平面

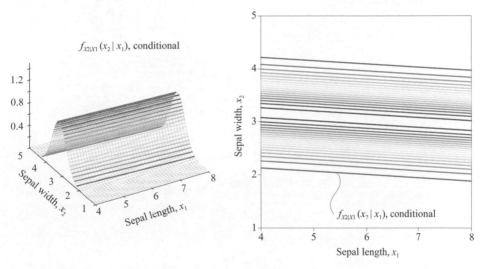

▲ 圖 10.37 $f_{X2|X1}(x_2|x_1)$ 條件機率密度三維等高線和平面等高線（不考慮分類）

給定花萼寬度，花萼長度的條件機率密度函數 $f_{X1|X2}(x_1|x_2)$

　　如圖 10.38 所示，同樣利用貝氏定理，條件機率密度 $f_{X1|X2}(x_1|x_2)$ 可以透過下式計算，即

$$\underbrace{f_{X1|X2}(x_1 \mid x_2)}_{\text{Conditional}} = \frac{\overbrace{f_{X1,X2}(x_1,x_2)}^{\text{Joint}}}{\underbrace{f_{X2}(x_2)}_{\text{Marginal}}} \tag{10.45}$$

類似前文，式 (10.45) 中分母中 $f_{X2}(x_2)(>0)$ 造成歸一化作用。

將不同位置的條件機率密度 $f_{X1|X2}(x_1|x_2)$ 曲線投影到平面得到圖 10.39。圖 10.39(b) 中每條曲線也都類似於一元高斯分佈曲線。

$f_{X1|X2}(x_1|x_2)$ 同樣也是一個二元函數，如圖 10.40 的 $f_{X1|X2}(x_1|x_2)$ 三維等高線和平面等高線所示。

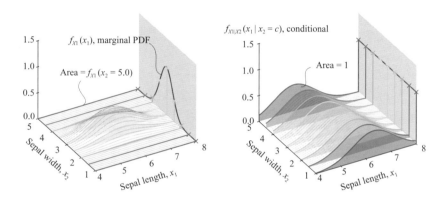

▲ 圖 10.38　計算條件機率 $f_{X1|X2}(x_1|x_2)$ 原理

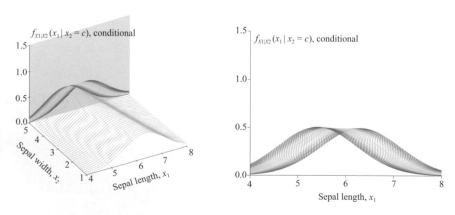

▲ 圖 10.39　$f_{X1|X2}(x_1|x_2)$ 曲線投影到平面

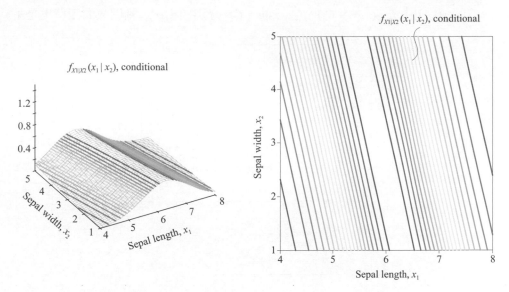

▲ 圖 10.40 $f_{X_1|X_2}(x_1|x_2)$ 條件機率密度三維等高線和平面等高線（不考慮分類）

10.7 以鳶尾花資料為例：考慮分類標籤

本節討論考慮鳶尾花分類條件下的條件機率 PDF。

給定分類標籤 $Y = C_1$(setosa)

給定分類標籤 $Y = C_1$(setosa) 條件下，假設鳶尾花花萼長度、花萼寬度同樣服從二元高斯分佈。

圖 10.41 所示為給定分類標籤 $Y = C_1$(setosa)，條件機率 $f_{X_1,X_2|Y}(x_1,x_2|y = C_1)$ 的平面等高線和條件邊緣機率密度曲線。$f_{X_1,X_2|Y}(x_1,x_2|y = C_1)$ 曲面與整個水平面圍成體積為 1。

圖 10.41 中 $f_{X1|Y}(x_1|y = C_1)$、$f_{X2|Y}(x_2|y = C_1)$ 分別與 x_1、x_2 軸圍成的面積也是 1。

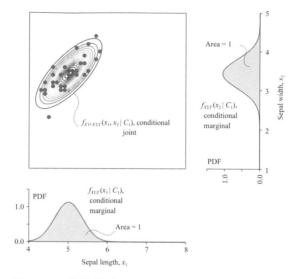

▲ 圖 10.41　條件機率 $f_{X1,X2|Y}(x_1,x_2|y = C_1)$ 平面等高線和
條件邊緣機率密度曲線，給定分類標籤 $Y = C_1$(setosa)

給定分類標籤 $Y = C_2$(versicolor)

　　圖 10.42 所示為給定分類標籤 $Y = C_2$(versicolor)，條件機率 $f_{X1,X2|Y}(x_1,x_2|y = C_2)$ 的平面等高線和條件邊緣機率密度曲線。

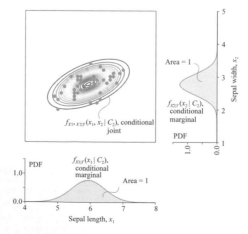

▲ 圖 10.42　條件機率 $f_{X1,X2|Y}(x_1,x_2|y = C_2)$ 平面等高線和
條件邊緣機率密度曲線，給定分類標籤 $Y = C_2$(versicolor)

給定分類標籤 $Y = C_3$(virginica)

圖 10.43 所示為給定分類標籤 $Y = C_3$(virginica)，條件機率 $f_{X1,X2|Y}(x_1,x_2|y=C_3)$ 的平面等高線和條件邊緣機率密度曲線。

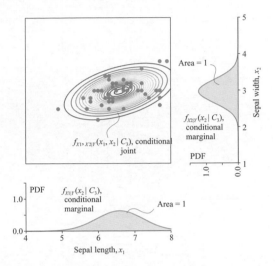

▲ 圖 10.43 條件機率 $p_{X1,X2|Y}(x_1,x_2|y = C_3)$ 平面等高線和條件邊緣機率密度曲線，給定分類標籤 $Y = C_3$(virginica)

全機率

如圖 10.44 所示，利用全機率定理，三個條件機率等高線疊加可以得到聯合機率密度，即

$$
\begin{aligned}
f_{X1,X2}\left(x_1,x_2\right) = &\, f_{X1,X2|Y}\left(x_1,x_2|y=C_1\right)p_Y\left(C_1\right)+ \\
&\, f_{X1,X2|Y}\left(x_1,x_2|y=C_2\right)p_Y\left(C_2\right)+ \\
&\, f_{X1,X2|Y}\left(x_1,x_2|y=C_3\right)p_Y\left(C_3\right)
\end{aligned}
\tag{10.46}
$$

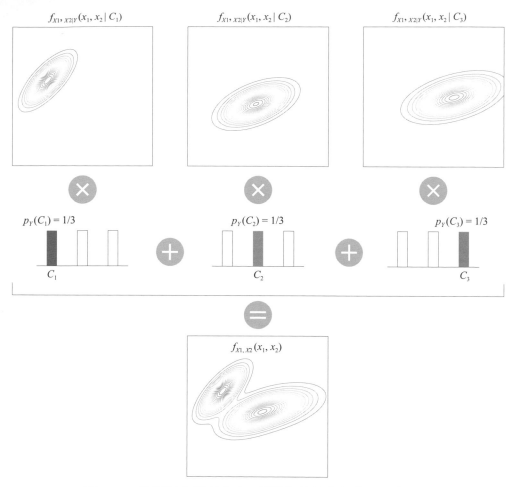

▲ 圖 10.44 估算聯合機率密度 (假設條件機率服從二元高斯分佈)

假設條件獨立

　　如圖 10.45 所示，如果假設條件獨立，則 $f_{X1,X2|Y}(\mathrm{x}_1,\mathrm{x}_2|y = C_1)$ 可以透過下式計算得到，即

$$\underbrace{f_{X1,X2|Y}\left(x_1,x_2|y = C_1\right)}_{\text{Conditional joint}} = \underbrace{f_{X1|Y}\left(x_1|y = C_1\right)}_{\text{Conditional marginal}} \cdot \underbrace{f_{X2|Y}\left(x_2|y = C_1\right)}_{\text{Conditional marginal}} \tag{10.47}$$

　　同理我們可以計算得到 $f_{X1,X2|Y}(\mathrm{x}_1,\mathrm{x}_2|y = C_2)$ 和 $f_{X1,X2|Y}(\mathrm{x}_1,\mathrm{x}_2|y = C_3)$，具體如圖 10.46 和圖 10.47 所示。

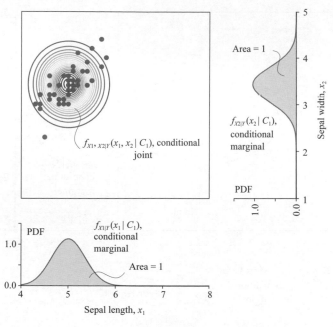

▲ 圖 10.45 給定 $Y = C_1$，X_1 和 X_2 條件獨立，估算條件機率 $f_{X1,X2|Y}(x_1,x_2|y = C_1)$

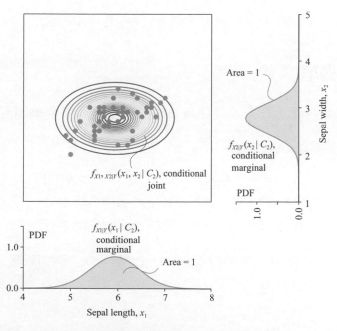

▲ 圖 10.46 給定 $Y = C_2$，X_1 和 X_2 條件獨立，估算條件機率 $f_{X1,X2|Y}(x_1,x_2|y = C_2)$

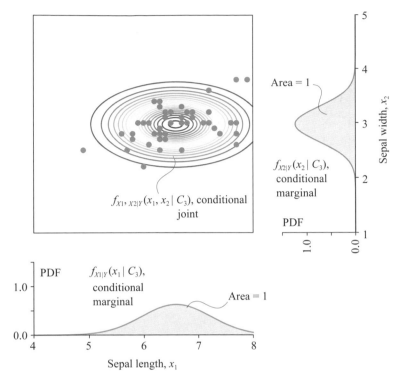

▲ 圖 10.47 給定 $Y = C_3$，X_1 和 X_2 條件獨立，估算條件機率 $f_{X1,X2|Y}(x_1, x_2 | y = C_3)$

估計聯合機率

　　如圖 10.48 所示，在假設條件獨立的情況下，利用全機率定理估算 $f_{X1,X2}$ (x_1, x_2)，得

$$
\begin{aligned}
f_{X1,X2}(x_1, x_2) = &\, f_{X1|Y}(x_1 | y = C_1) f_{X2|Y}(x_2 | y = C_1) p_Y(C_1) + \\
&\, f_{X1|Y}(x_1 | y = C_2) f_{X2|Y}(x_2 | y = C_2) p_Y(C_2) + \\
&\, f_{X1|Y}(x_1 | y = C_3) f_{X2|Y}(x_2 | y = C_3) p_Y(C_3) +
\end{aligned} \tag{10.48}
$$

　　圖 10.44 和圖 10.48 涉及的技術細節對於理解貝氏分類器原理具有很重要的意義。

　　讀到這裡，特別建議大家比較圖 4.44、圖 6.42、圖 6.46、圖 10.44、圖 10.48 這幾幅圖，並且試著闡述它們的異同。

第 19、20 章將從貝氏定理角度簡單介紹分類原理，《機器學習》一書將專門講解單純貝氏分類器。

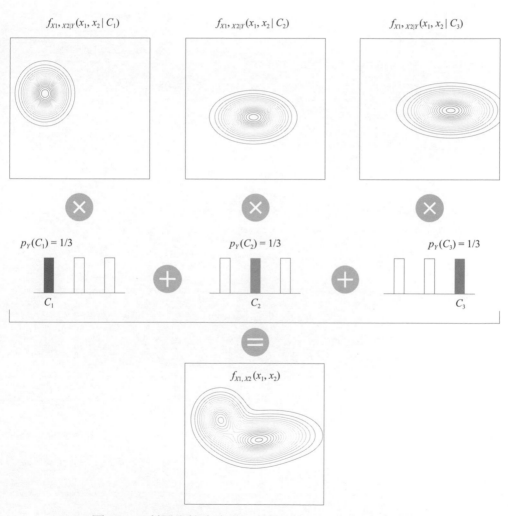

▲ 圖 10.48 利用全機率定理，估算 $f_{X1,X2}(x_1,x_2)$ (假設條件獨立)

→

二元高斯分佈機率密度函數的等高線呈現出橢圓形狀,這一點極其重要。
這個橢圓將把協方差矩陣、特徵值分解、Cholesky 分解、條件機率、馬氏
距離、線性迴歸、主成分分析、高斯混合模型、高斯過程等一系列概念緊
密關聯起來。

Multivariate Gaussian Distribution

11 多元高斯分佈

幾何、代數、機率統計的完美結合

> 在我看來，數學科學是一個不可分割的有機體，其生命力取決於
> 各部分的關聯。
>
> *Mathematical science is in my opinion an indivisible whole, an organism*
> *whose vitality is conditioned upon the connection of its parts.*
>
> ——大衛・希伯特（*David Hilbert*）| 德國數學家 | *1862—1943* 年

- numpy.cov() 計算協方差矩陣
- numpy.diag() 如果 A 為方陣，則 numpy.diag(A) 函數提取對角線元素，以向量形式輸入結果；如果 a 為向量，則 numpy.diag(a) 函數將向量展開成方陣，方陣對角線元素為 a 向量元素
- numpy.linalg.eig() 特徵值分解
- numpy.linalg.inv() 計算反矩陣
- numpy.linalg.norm() 計算範數
- numpy.linalg.svd() 奇異值分解
- scipy.spatial.distance.euclidean() 計算歐氏距離
- scipy.spatial.distance.mahalanobis() 計算馬氏距離
- seaborn.heatmap() 繪製熱圖
- seaborn.kdeplot() 繪製 KDE 核心機率密度估計曲線
- seaborn.pairplot() 繪製成對分析圖
- sklearn.decomposition.PCA() 主成分分析函數

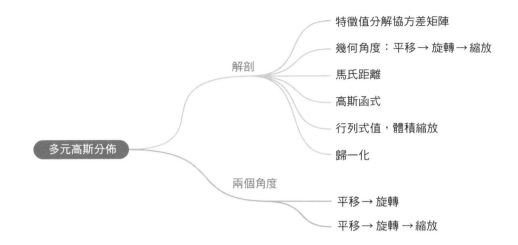

11.1　矩陣角度：一元、二元、三元到多元

一元

本書第 9 章講解了一元高斯分佈的 PDF 解析式，具體為

$$f_X(x) = \frac{1}{\sqrt{2\pi}\sigma} \exp\left(\frac{-1}{2}\left(\frac{x-\mu}{\sigma}\right)^2\right) \tag{11.1}$$

圖 11.1(a) 所示為一元高斯分佈 PDF 的影像。

二元

第 10 章中，我們看到二元高斯分佈的 PDF 解析式為

$$f_{X,Y}(x,y) = \frac{1}{2\pi\sigma_X\sigma_Y\sqrt{1-\rho_{X,Y}^2}} \times \exp\left(\frac{-1}{2}\underbrace{\frac{1}{\left(1-\rho_{X,Y}^2\right)}\left(\left(\frac{x-\mu_X}{\sigma_X}\right)^2 - 2\rho_{X,Y}\left(\frac{x-\mu_X}{\sigma_X}\right)\left(\frac{y-\mu_Y}{\sigma_Y}\right) + \left(\frac{y-\mu_Y}{\sigma_Y}\right)^2\right)}_{\text{Ellipse}}\right) \tag{11.2}$$

圖 11.1(b) 所示為二元高斯分佈 PDF 的影像。

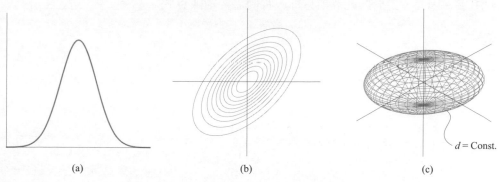

(a) (b) (c)

$d = \text{Const.}$

▲ 圖 11.1 一元、二元、三元高斯分佈的幾何形態

三元

式 (11.2) 已經很複雜，我們再看看三元高斯分佈 PDF 解析式。在 $\sigma_1 = \sigma_2 = \sigma_3 = 1$，$\mu_1 = \mu_2 = \mu_3 = 0$ 條件下，三元高斯分佈 PDF 解析式為

$$f_{X_1,X_2,X_3}\left(x_1,x_2,x_3\right) = \frac{\exp\left(\dfrac{-1}{2}d^2\right)}{\left(2\pi\right)^{\frac{3}{2}}\sqrt{1+2\rho_{1,2}\rho_{1,3}\rho_{2,3}-\left(\rho_{1,2}^2+\rho_{1,3}^2+\rho_{2,3}^2\right)}} \tag{11.3}$$

其中

$$d^2 = \frac{x_1^2\left(\rho_{2,3}^2-1\right)+x_2^2\left(\rho_{1,3}^2-1\right)+x_3^2\left(\rho_{1,2}^2-1\right)+2\left[x_1x_2\left(\rho_{1,2}-\rho_{1,3}\rho_{2,3}\right)+x_1x_3\left(\rho_{1,3}-\rho_{1,2}\rho_{2,3}\right)+x_2x_3\left(\rho_{2,3}-\rho_{1,3}\rho_{2,3}\right)\right]}{\left(\rho_{1,2}^2+\rho_{1,3}^2+\rho_{2,3}^2-2\rho_{1,2}\rho_{1,3}\rho_{2,3}-1\right)} \tag{11.4}$$

當 d 為確定值時，式 (11.3) 代表一個橢球 (ellipsoid)，如圖 11.1(c) 所示。也就是說三元高斯分佈 PDF 的幾何圖形是巢狀結構的橢球。

相信大家已經看到了三元高斯分佈 PDF 解析式的複雜程度。更不用說，式 (11.3) 的解析式是在 $\sigma_1 = \sigma_2 = \sigma_3 = 1$，$\mu_1 = \mu_2 = \mu_3 = 0$ 這個極其特殊的條件下獲得的。

到了四元、五元、更高元高斯分佈 PDF 解析式時，代數展開式已經完全不夠用了。因此，對於多元高斯分佈，我們需要矩陣算式。

多元

本書系讀者應該已經很熟悉多元正態分佈 PDF，具體為

$$f_\chi\left(x\right)=\frac{\exp\left(-\frac{1}{2}\left(x-\mu\right)^{\mathrm{T}}\Sigma^{-1}\left(x-\mu\right)\right)}{(2\pi)^{\frac{D}{2}}\left|\Sigma\right|^{\frac{1}{2}}} \tag{11.5}$$

其中：χ、x、μ 均為列向量。且

$$\chi=\begin{bmatrix}X_1\\X_2\\\vdots\\X_D\end{bmatrix},\ x=\begin{bmatrix}x_1\\x_2\\\vdots\\x_D\end{bmatrix},\ \mu=\begin{bmatrix}\mu_1\\\mu_2\\\vdots\\\mu_D\end{bmatrix} \tag{11.6}$$

其中：μ 為質心 (centroid)；D 為高斯分佈的特徵數，如二元高斯分佈中 $D=2$。

協方差矩陣 Σ 為

$$\Sigma=\begin{bmatrix}\sigma_{1,1}&\sigma_{1,2}&\cdots&\sigma_{1,D}\\\sigma_{2,1}&\sigma_{2,2}&\cdots&\sigma_{2,D}\\\vdots&\vdots&\ddots&\vdots\\\sigma_{D,1}&\sigma_{D,2}&\cdots&\sigma_{D,D}\end{bmatrix}=\begin{bmatrix}\sigma_1^2&\rho_{1,2}\sigma_1\sigma_2&\cdots&\rho_{1,D}\sigma_1\sigma_D\\\rho_{2,1}\sigma_1\sigma_2&\sigma_2^2&\cdots&\rho_{2,D}\sigma_2\sigma_D\\\vdots&\vdots&\ddots&\vdots\\\rho_{D,1}\sigma_1\sigma_D&\rho_{D,2}\sigma_2\sigma_D&\cdots&\sigma_D^2\end{bmatrix} \tag{11.7}$$

⚠ 特別注意：如果式 (11.5) 成立，則協方差矩陣 Σ 必須為正定矩陣。如果 Σ 為半正定，則 Σ 的行列式值為 0，而式 (11.5) 分母不能為 0。Σ 半正定說明 χ 存在線性相關。

一組隨機變數組成的列向量 χ 服從如式 (11.5) 的多元高斯分佈，記作

$$\chi = \begin{bmatrix} X_1 \\ X_2 \\ \vdots \\ X_D \end{bmatrix} \sim N\left(\begin{bmatrix} \mu_1 \\ \mu_2 \\ \vdots \\ \mu_D \end{bmatrix}, \begin{bmatrix} \sigma_{1,1} & \sigma_{1,2} & \cdots & \sigma_{1,D} \\ \sigma_{2,1} & \sigma_{2,2} & \cdots & \sigma_{2,D} \\ \vdots & \vdots & \ddots & \vdots \\ \sigma_{D,1} & \sigma_{D,2} & \cdots & \sigma_{D,D} \end{bmatrix} \right) \tag{11.8}$$

或更簡便地記作

$$\chi \sim N(\boldsymbol{\mu}, \boldsymbol{\Sigma}) \tag{11.9}$$

再次強調，這個語境下，χ 為隨機變數組成的列向量，每一行代表一個隨機變數；而 X 代表資料矩陣，每一列對應一個隨機變數的所有樣本。

多元 → 一元

當 $D = 1$ 時，質心為

$$\boldsymbol{\mu} = [\mu] \tag{11.10}$$

協方差矩陣為

$$\boldsymbol{\Sigma} = [\sigma^2] \tag{11.11}$$

式 (11.5) 分子中的**二次型 (quadratic form)** 可以展開為

$$(\boldsymbol{x}-\boldsymbol{\mu})^{\mathrm{T}} \boldsymbol{\Sigma}^{-1} (\boldsymbol{x}-\boldsymbol{\mu}) = (x-\mu)\sigma^{-2}(x-\mu) = \left(\frac{x-\mu}{\sigma}\right)^2 \tag{11.12}$$

我們看到的是 Z 分數的平方。這與式 (11.1) 的解析式完全一致。

多元→二元

再以二元 ($D = 2$) 高斯分佈為例，它的質心為

$$\boldsymbol{\mu} = \begin{bmatrix} \mu_1 \\ \mu_2 \end{bmatrix} \tag{11.13}$$

二元高斯分佈的協方差矩陣 Σ 具體為

$$\Sigma = \begin{bmatrix} \sigma_{1,1} & \sigma_{1,2} \\ \sigma_{2,1} & \sigma_{2,2} \end{bmatrix} = \begin{bmatrix} \sigma_1^2 & \rho_{1,2}\sigma_1\sigma_2 \\ \rho_{1,2}\sigma_1\sigma_2 & \sigma_2^2 \end{bmatrix} \tag{11.14}$$

協方差矩陣的行列式值 $|\Sigma|$ 為

$$|\Sigma| = \sigma_1^2\sigma_2^2 - \rho_{1,2}^2\sigma_1^2\sigma_2^2 = \sigma_1^2\sigma_2^2\left(1 - \rho_{1,2}^2\right) \tag{11.15}$$

再次強調，如果相關性係數為 ± 1，則行列式值 $|\Sigma|$ 為 0。相關性係數設定值範圍為 $(-1,1)$ 時，協方差矩陣的逆 Σ^{-1} 為

$$\Sigma^{-1} = \frac{1}{\sigma_1^2\sigma_2^2\left(1 - \rho_{1,2}^2\right)}\begin{bmatrix} \sigma_2^2 & -\rho_{1,2}\sigma_1\sigma_2 \\ -\rho_{1,2}\sigma_1\sigma_2 & \sigma_1^2 \end{bmatrix} = \frac{1}{1 - \rho_{1,2}^2}\begin{bmatrix} \dfrac{1}{\sigma_1^2} & \dfrac{-\rho_{1,2}}{\sigma_1\sigma_2} \\ \dfrac{-\rho_{1,2}}{\sigma_1\sigma_2} & \dfrac{1}{\sigma_2^2} \end{bmatrix} \tag{11.16}$$

對於二元高斯分佈，式 (11.5) 分子中的二次型展開為

$$(\boldsymbol{x} - \boldsymbol{\mu})^T \Sigma^{-1} (\boldsymbol{x} - \boldsymbol{\mu}) = \begin{bmatrix} x_1 - \mu_1 & x_2 - \mu_2 \end{bmatrix} \frac{1}{1 - \rho_{1,2}^2}\begin{bmatrix} \dfrac{1}{\sigma_1^2} & \dfrac{-\rho_{1,2}}{\sigma_1\sigma_2} \\ \dfrac{-\rho_{1,2}}{\sigma_1\sigma_2} & \dfrac{1}{\sigma_2^2} \end{bmatrix}\begin{bmatrix} x_1 - \mu_1 \\ x_2 - \mu_2 \end{bmatrix}$$

$$= \frac{1}{1 - \rho_{1,2}^2}\left[\left(\frac{x_1 - \mu_1}{\sigma_1}\right)^2 - 2\rho_{1,2}\left(\frac{x_1 - \mu_1}{\sigma_1}\right)\left(\frac{x_2 - \mu_2}{\sigma_2}\right) + \left(\frac{x_2 - \mu_2}{\sigma_2}\right)^2\right] \tag{11.17}$$

分別將式 (11.17) 和式 (11.15) 代入式 (11.5) 可以得到二元高斯分佈 PDF 解析式。

表 11.1 所示為不同線性相關性係數的視覺化方案。

➜ 表 11.1 不同相關性係數的視覺化方案

相關性係數	協方差矩陣	散點圖	PDF 等高線	向量
$\theta = 0°$ $\rho = \cos\theta = 1$	$\Sigma = \begin{bmatrix} 1 & 1 \\ 1 & 1 \end{bmatrix}$ 半正定			
$\theta = 30°$ $\rho = \cos\theta = 0.8660$	$\Sigma = \begin{bmatrix} 1 & \sqrt{3}/2 \\ \sqrt{3}/2 & 1 \end{bmatrix}$			$\theta = 30°$
$\theta = 45°$ $\rho = \cos\theta = 0.7071$	$\Sigma = \begin{bmatrix} 1 & \sqrt{2}/2 \\ \sqrt{2}/2 & 1 \end{bmatrix}$			$\theta = 45°$
$\theta = 60°$ $\rho = \cos\theta = 0.5$	$\Sigma = \begin{bmatrix} 1 & 1/2 \\ 1/2 & 1 \end{bmatrix}$			$\theta = 60°$
$\theta = 90°$ $\rho = \cos\theta = 0$	$\Sigma = \begin{bmatrix} 1 & 0 \\ 0 & 1 \end{bmatrix}$			$\theta = 90°$
$\theta = 120°$ $\rho = \cos\theta = -0.5$	$\Sigma = \begin{bmatrix} 1 & -0.5 \\ -0.5 & 1 \end{bmatrix}$			$\theta = 120°$

（續表）

相關性係數	協方差矩陣	散點圖	PDF 等高線	向量
$\theta = 135°$ $\rho = \cos\theta = -0.7071$	$\Sigma = \begin{bmatrix} 1 & -\sqrt{2}/2 \\ -\sqrt{2}/2 & 1 \end{bmatrix}$			$\theta = 135°$
$\theta = 150°$ $\rho = \cos\theta = -0.8660$	$\Sigma = \begin{bmatrix} 1 & -\sqrt{3}/2 \\ -\sqrt{3}/2 & 1 \end{bmatrix}$			$\theta = 150°$
$\theta = 180°$ $\rho = \cos\theta = -1$	$\Sigma = \begin{bmatrix} 1 & -1 \\ -1 & 1 \end{bmatrix}$ 半正定			$\theta = 180°$

隨機變數獨立

特別地，如果 (X_1, X_2) 服從二元高斯分佈，並且隨機變數 X_1 和 X_2 獨立，那麼 (X_1, X_2) 的協方差矩陣為

$$\Sigma = \begin{bmatrix} \sigma_1^2 & 0 \\ 0 & \sigma_2^2 \end{bmatrix} \tag{11.18}$$

注意：這個協方差矩陣為對角陣。

根據第 10 章所學，我們知道 X_1 和 X_2 各自的邊緣機率密度函數分別為

$$f_{X1}(x_1) = \frac{1}{\sqrt{2\pi}\sigma_1} \exp\left(\frac{-1}{2}\left(\frac{x_1 - \mu_1}{\sigma_1} \right)^2 \right)$$

$$f_{X2}(x_2) = \frac{1}{\sqrt{2\pi}\sigma_2} \exp\left(\frac{-1}{2}\left(\frac{x_2 - \mu_2}{\sigma_2} \right)^2 \right) \tag{11.19}$$

如果 (X_1, X_2) 服從二元高斯函數，且 X_1 和 X_2 獨立，則 (X_1, X_2) 的機率密度函數可以寫成兩個邊緣機率密度函數的乘積，即

$$
\begin{aligned}
\underbrace{f_{X1,X2}\left(x_1, x_2\right)}_{\text{Joint}} &= \frac{1}{2\pi\sigma_1\sigma_2} \times \exp\left(\frac{-1}{2}\left(\left(\frac{x_1 - \mu_1}{\sigma_1}\right)^2 + \left(\frac{x_2 - \mu_2}{\sigma_2}\right)^2\right)\right) \\
&= \underbrace{\frac{1}{\sqrt{2\pi}\sigma_1}\exp\left(\frac{-1}{2}\left(\frac{x_1 - \mu_1}{\sigma_1}\right)^2\right)}_{\text{Marginal},\, f_{X1}(x_1)} \times \underbrace{\frac{1}{\sqrt{2\pi}\sigma_2}\exp\left(\frac{-1}{2}\left(\frac{x_2 - \mu_2}{\sigma_2}\right)^2\right)}_{\text{Marginal},\, f_{X2}(x_2)}
\end{aligned}
\tag{11.20}
$$

這種情況下，二元高斯分佈 PDF 等高線為正橢圓。

11.2 高斯分佈：橢圓、橢球、超橢球

橢圓分佈

第 10 章提到高斯分佈是橢圓分佈 (elliptical distribution) 的一種特殊形式，而橢圓分佈的 PDF 一般形式為

$$
f\left(\boldsymbol{x}\right) = k \cdot g\left[\underbrace{\left(\boldsymbol{x} - \boldsymbol{\mu}\right)^{\mathrm{T}} \boldsymbol{\Sigma}^{-1} \left(\boldsymbol{x} - \boldsymbol{\mu}\right)}_{\text{Ellipse}}\right]
\tag{11.21}
$$

第 7 章介紹的學生 t- 分佈、邏輯分佈、拉普拉斯分佈也都是橢圓分佈的家族成員。

二元高斯分佈：橢圓結構

回顧第 10 章介紹的二元高斯分佈的橢圓結構。如圖 11.2 所示，橢圓中心對應質心 μ，橢圓與 $\pm\sigma$ 標准差組成的長方形相切，四個切點分別為 A、B、C 和 D，對角切點兩兩相連得到兩條直線 AC、BD。

AC 相當於在替定 X_2 條件下 X_1 的條件機率期望值；BD 相當於在替定 X_1 條件下 X_2 的條件機率期望值，這是第 12 章要討論的話題。

在橢圓的學習中，我們很關注橢圓的長軸、短軸，對應圖 11.2 中兩條紅線 EG、FH。EG 為透過橢圓圓心 O 最長的線段，為橢圓長軸；FH 為透過橢圓中心 O 最短的線段，為橢圓短軸。獲得長軸、短軸的長度、角度需要用到特徵值分解，這是本章後續要討論的內容。

而長軸就是主成分分析的第一主元方向，這是第 14、25 章要討論的話題。

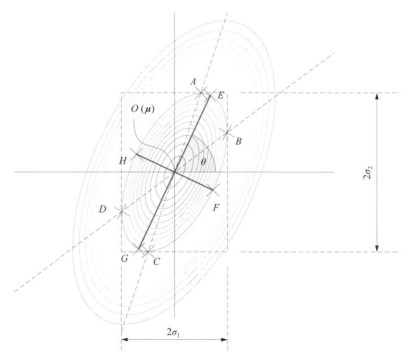

▲ 圖 11.2　橢圓和 $\pm\sigma$ 標準差長方形的關係

Bk5_Ch11_01.py 繪製圖 11.2

三元高斯分佈

前文提過，三元高斯分佈 PDF 的幾何圖形是一層層「巢狀結構」的橢球。為了看見三元高斯分佈 PDF 的橢球，我們採用「切片」這種視覺化方案。

《可視之美》一書介紹過這種視覺化方案。

圖 11.3 所示為視覺化三元高斯分佈的 PDF，這個高斯分佈的質心位於原點，協方差矩陣為單位矩陣。圖 11.3 的子圖是在 X_3 的 5 個不同值上的「切片」，代表 $f_{X1,X2,X3}(x_1,x_2,x_3=c)$。容易看出來，$f_{X1,X2,X3}(x_1,x_2,x_3=c)$ 的等高線是正圓。

圖 11.4 所示為這個三元高斯分佈的邊緣分佈。在圖 11.4 中我們看到了協方差矩陣分塊。

第 12、13 章還會進一步介紹協方差矩陣分塊的應用場景。

圖 11.5 和圖 11.6 所示為視覺化協方差矩陣為對角矩陣的三元高斯分佈，子圖中我們看到的多是正橢圓。圖 11.7 和圖 11.8 所示為視覺化協方差矩陣為一般正定矩陣的三元高斯分佈，我們看到的多是旋轉橢圓。

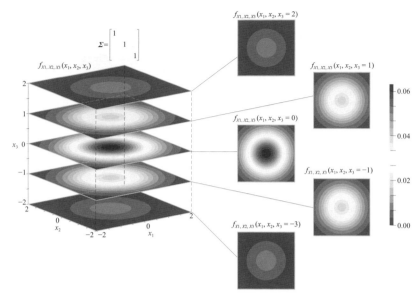

▲ 圖 11.3　三元高斯分佈切片（協方差矩陣為單位矩陣）

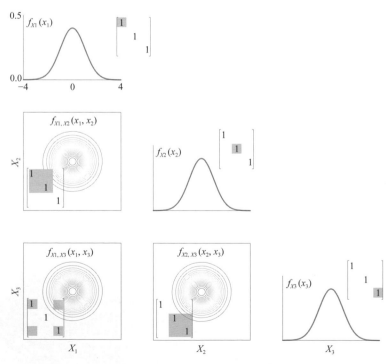

▲ 圖 11.4　三元高斯分佈的邊緣分佈（協方差矩陣為單位矩陣）

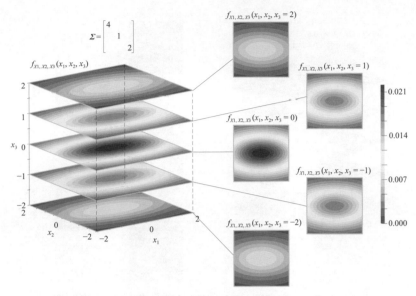

▲ 圖 11.5 三元高斯分佈切片 (協方差矩陣為對角矩陣)

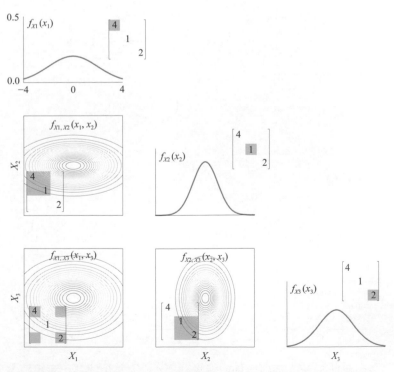

▲ 圖 11.6 三元高斯分佈的邊緣分佈 (協方差矩陣為對角矩陣)

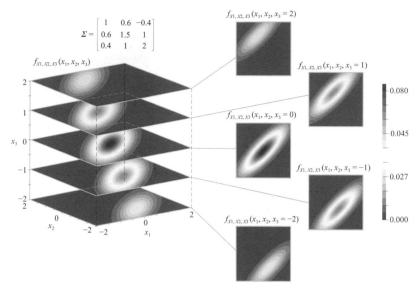

▲ 圖 11.7 三元高斯分佈切片 (協方差矩陣為正定矩陣)

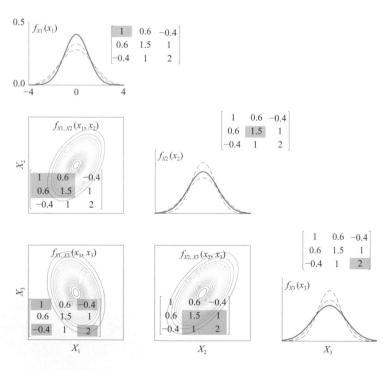

▲ 圖 11.8 三元高斯分佈的邊緣分佈 (協方差矩陣為正定矩陣)

這一章，我們用 plotly.graph_objects.Volume() 視覺化三維高斯分佈，在這個 App 中大家可以調整分佈參數。請大家參考 Streamlit_Bk5_Ch11_03.py。

11.3 解剖多元高斯分佈 PDF

《AI 時代 Math 元年 - 用 Python 全精通矩陣及線性代數》一書第 20 章介紹過如何使用「平移→旋轉→縮放」解剖多元高斯分佈，本節把其中重要的內容「抄」了過來。

特徵值分解協方差矩陣

協方差矩陣 Σ 為對稱矩陣，對 Σ 進行譜分解得到

$$\Sigma = V\Lambda V^{\mathrm{T}} \tag{11.22}$$

其中：V 為正交矩陣，即滿足 $V^{\mathrm{T}}V = VV^{\mathrm{T}} = I$。

如果 Σ 正定，則利用式 (11.22) 獲得 Σ^{-1} 的特徵值分解為

$$\Sigma^{-1} = V\Lambda^{-1}V^{\mathrm{T}} \tag{11.23}$$

由此，將 $(x\text{-}\mu)^{\mathrm{T}}\Sigma^{-1}(x\text{-}\mu)$ 拆成 $\Lambda^{-\frac{1}{2}}V^{\mathrm{T}}(x\text{-}\mu)$ 的「平方」，有

$$(x-\mu)^{\mathrm{T}} V\Lambda^{-1}V^{\mathrm{T}}(x-\mu) = \left[\Lambda^{-\frac{1}{2}}V^{\mathrm{T}}(x-\mu)\right]^{\mathrm{T}}\Lambda^{-\frac{1}{2}}V^{\mathrm{T}}(x-\mu) = \left\|\Lambda^{-\frac{1}{2}}V^{\mathrm{T}}(x-\mu)\right\|_2^2 \tag{11.24}$$

平移→旋轉→縮放

式 (11.24) 的幾何解釋是：旋轉橢圓透過「平移 $(x\text{-}\mu)$ → 旋轉 (V^{T}) → 縮放 $(\Lambda^{-\frac{1}{2}})$」轉換成單位圓，具體過程如圖 11.9 所示。

圖 11.9(a) 中旋轉橢圓代表多元高斯分佈 $N(\mu, \Sigma)$，隨機數質心位於 μ, 橢圓形狀描述了協方差矩陣 Σ。圖 11.9(a) 中散點是服從 $N(\mu, \Sigma)$ 的隨機數。

圖 11.9(a) 中散點經過平移得到 $x_c = x - \mu$，這是一個去平均值 (中心化) 過程。圖 11.9(b) 中旋轉橢圓代表多元高斯分佈 $N(\mathbf{0}, \Sigma)$。隨機數質心也隨之平移到原點。

圖 11.9(b) 中的橢圓旋轉之後得到圖 11.9(c) 中的正橢圓，對應

$$y = V^{\mathrm{T}} x_c = V^{\mathrm{T}} \left(x - \mu \right) \tag{11.25}$$

協方差矩陣 Σ 透過特徵值分解得到特徵值矩陣 Λ。而正橢圓的半長軸、半短軸長度蘊含在特徵值矩陣 Λ 中，這算是撥開雲霧的過程。圖 11.9(c) 中隨機數服從 $N(\mathbf{0}, \Lambda)$。

最後一步是縮放，從圖 11.9(c) 到圖 11.9(d)，對應

$$z = \Lambda^{\frac{-1}{2}} y = \Lambda^{\frac{-1}{2}} V^{\mathrm{T}} \left(x - \mu \right) \tag{11.26}$$

圖 11.9(d) 中的單位圓則代表多元標準分佈 $N(\mathbf{0}, \mathbf{I})$。這表示滿足 $N(\mathbf{0}, \mathbf{I})$ 的隨機變數為獨立同分布。**獨立同分佈** (Independent and identically distributed, IID) 是指一組隨機變數中每個變數的機率分佈都相同，且這些隨機變數互相獨立。

利用向量 z，多元高斯分佈 PDF 可以寫成

$$f_\chi(x) = \frac{\exp\left(-\dfrac{1}{2} z^{\mathrm{T}} z\right)}{(2\pi)^{\frac{D}{2}} |\Sigma|^{\frac{1}{2}}} = \frac{\exp\left(-\dfrac{1}{2} \|z\|_2^2\right)}{(2\pi)^{\frac{D}{2}} |\Sigma|^{\frac{1}{2}}} \tag{11.27}$$

其中：z 的模 $\|z\|$ 實際上代表「整體」Z 分數。

縮放 → 旋轉 → 平移

反向來看，$x = V\Lambda^{\frac{-1}{2}} z + \mu$ 代表透過「縮放→旋轉→平移」把單位圓轉換成中心在 μ 的旋轉橢圓。也就是把 $N(\mathbf{0}, \mathbf{I})$ 轉換成 $N(\mu, \Sigma)$。從資料角度來看，我們可以透過「縮放→旋轉→平移」，把服從 $N(\mathbf{0}, \mathbf{I})$ 的隨機數轉化為服從 $N(\mu, \Sigma)$ 的隨機數。

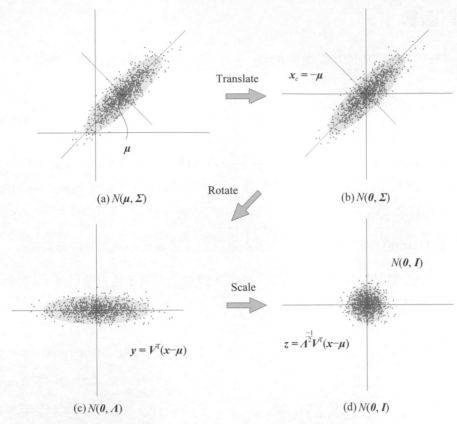

Translate　$x_c = -\mu$

(a) $N(\boldsymbol{\mu}, \boldsymbol{\Sigma})$　μ

Rotate

(b) $N(\boldsymbol{0}, \boldsymbol{\Sigma})$

Scale

$y = V^{\mathrm{T}}(x - \mu)$

$z = \Lambda^{\frac{-1}{2}} V^{\mathrm{T}}(x - \mu)$

$N(\boldsymbol{0}, \boldsymbol{I})$

(c) $N(\boldsymbol{0}, \boldsymbol{\Lambda})$　(d) $N(\boldsymbol{0}, \boldsymbol{I})$

▲ 圖 11.9 平移 → 旋轉 → 縮放 (圖片來自
《AI 時代 Math 元年 - 用 Python 全精通矩陣及線性代數》一書)

馬氏距離

馬氏距離可以寫成

$$d = \sqrt{(x - \mu)^{\mathrm{T}} \boldsymbol{\Sigma}^{-1} (x - \mu)} = \left\| \Lambda^{\frac{-1}{2}} V^{\mathrm{T}} (x - \mu) \right\| = \|z\| \tag{11.28}$$

馬氏距離的獨特之處在於，它透過引入協方差矩陣，在計算距離時考慮了
資料的分佈。此外，馬氏距離無量綱 (unitless 或 dimensionless)，它將各個特徵
資料標準化。第 23 章將專門講解馬氏距離及其應用。

高斯函數

將式 (11.28) 中的馬氏距離 d 代入多元高斯分佈機率密度函數，得到

$$f_\chi(x) = \frac{\exp\left(-\dfrac{1}{2}d^2\right)}{(2\pi)^{\frac{D}{2}}|\Sigma|^{\frac{1}{2}}} \tag{11.29}$$

式 (11.29) 中，我們看到高斯函數 $\exp(-1/2\ \bullet)$ 把「距離度量」轉化成了「親近度」。圖 11.10 所示為馬氏距離影像。大家可以發現這個曲面為開口朝上的錐面，等高線為旋轉橢圓。

圖 11.10(b) 中白色虛線正圓代表距離質心 μ 的歐氏距離為 1 的等高線。

歐氏距離是最自然的距離度量，而馬氏距離則引入了協方差矩陣 Σ，計算距離時應考慮資料的分佈情況。

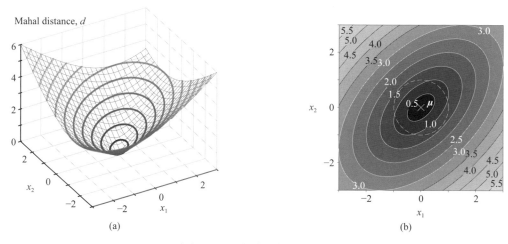

▲ 圖 11.10　馬氏距離橢圓等高線

第23章將區分歐氏距離和馬氏距離。

將具體馬氏距離 d 值代入，可以得到高斯機率密度值。也就是說，圖 11.10 中每一個橢圓都對應一個機率密度值。這就是圖 11.11 中等高線的含義。

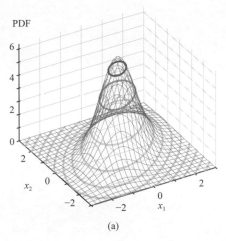
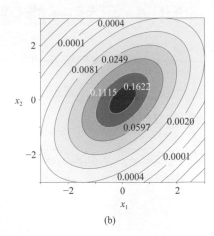

▲ 圖 11.11 高斯分佈 PDF 橢圓等高線

⚠️ 請大家注意區分，橢圓等高線到底是代表馬氏距離，還是機率密度值。

分母：行列式的值

而 $|\boldsymbol{\Sigma}|^{\frac{1}{2}}$ 從式 (11.5) 的分母移到分子可以寫成 $|\boldsymbol{\Sigma}|^{-\frac{1}{2}}$。而 $\boldsymbol{\Sigma}^{-\frac{1}{2}}$ 相當於

$$\boldsymbol{\Sigma}^{-\frac{1}{2}} \sim \boldsymbol{\Lambda}^{-\frac{1}{2}} \boldsymbol{V}^{\mathrm{T}} (\boldsymbol{x} - \boldsymbol{\mu}) \tag{11.30}$$

從體積角度來看，「平移→旋轉→縮放」幾何變換帶來的面積 / 體積縮放係數便是 $|\boldsymbol{\Sigma}|^{-\frac{1}{2}}$。準確來說，只有「縮放」才影響面積 / 體積，因此 $|\boldsymbol{\Sigma}|^{-\frac{1}{2}} = |\boldsymbol{\Lambda}|^{-\frac{1}{2}}$。

分母：體積歸一化

從幾何角度來看，式 (11.5) 的分母中的 $(2\pi)^{\frac{D}{2}}$ 一項起到規一化作用這是為了保證機率密度函數曲面與整個水平面包裹的體積為 1，即機率為 1。

11.4　平移→旋轉

本節以二元高斯分佈 PDF 為例，利用特徵值分解這個工具進一步深入理解多元高斯分佈。

特徵值分解

形狀為 2×2 的協方差矩陣 Σ，它的特徵值和特徵向量關係為

$$\begin{cases} \Sigma v_1 = \lambda_1 v_1 \\ \Sigma v_2 = \lambda_2 v_2 \end{cases} \tag{11.31}$$

式 (11.31) 可以寫成

$$\Sigma \underbrace{\begin{bmatrix} v_1 & v_2 \end{bmatrix}}_{V} = \underbrace{\begin{bmatrix} v_1 & v_2 \end{bmatrix}}_{V} \underbrace{\begin{bmatrix} \lambda_1 & 0 \\ 0 & \lambda_2 \end{bmatrix}}_{\Lambda} \tag{11.32}$$

即

$$\Sigma V = V\Lambda \tag{11.33}$$

將 Σ 具體值代入式 (11.31)，得到兩個特徵值對應的特徵向量為

$$\begin{bmatrix} \sigma_1^2 & \rho_{1,2}\sigma_1\sigma_2 \\ \rho_{1,2}\sigma_1\sigma_2 & \sigma_2^2 \end{bmatrix} v_1 = \lambda_1 v_1$$

$$\begin{bmatrix} \sigma_1^2 & \rho_{1,2}\sigma_1\sigma_2 \\ \rho_{1,2}\sigma_1\sigma_2 & \sigma_2^2 \end{bmatrix} v_2 = \lambda_2 v_2 \tag{11.34}$$

兩個特徵值可以透過下式求得，即

$$\lambda_1 = \frac{\sigma_1^2 + \sigma_2^2}{2} + \sqrt{\left(\rho_{1,2}\sigma_1\sigma_2\right)^2 + \left(\frac{\sigma_1^2 - \sigma_2^2}{2}\right)^2}$$

$$\lambda_2 = \frac{\sigma_1^2 + \sigma_2^2}{2} - \sqrt{\left(\rho_{1,2}\sigma_1\sigma_2\right)^2 + \left(\frac{\sigma_1^2 - \sigma_2^2}{2}\right)^2} \tag{11.35}$$

當 $\rho_{1,2} = 0$ 且 $\sigma_1 = \sigma_2$ 時，式 (11.35) 中兩個特徵值相等。這種條件下，機率密度的等高線為正圓。

長軸、短軸

大家已經清楚，二元高斯分佈的 PDF 平面等高線是橢圓。如圖 11.12 所示，$\sqrt{\lambda_1}$ 就是橢圓半長軸長度，$\sqrt{\lambda_2}$ 就是半短軸長度，有

$$
\begin{aligned}
EO = GO = \sqrt{\lambda_1} = \sqrt{\frac{\sigma_X^2 + \sigma_Y^2}{2} + \sqrt{\left(\rho_{X,Y}\sigma_X\sigma_Y\right)^2 + \left(\frac{\sigma_X^2 - \sigma_Y^2}{2}\right)^2}} \\
FO = HO = \sqrt{\lambda_2} = \sqrt{\frac{\sigma_X^2 + \sigma_Y^2}{2} - \sqrt{\left(\rho_{X,Y}\sigma_X\sigma_Y\right)^2 + \left(\frac{\sigma_X^2 - \sigma_Y^2}{2}\right)^2}}
\end{aligned}
\tag{11.36}
$$

v_1 和 v_2 具體值為

$$
\begin{aligned}
v_1 = \begin{bmatrix} \dfrac{\frac{\sigma_1^2 - \sigma_2^2}{2} + \sqrt{\left(\rho_{1,2}\sigma_1\sigma_2\right)^2 + \left(\frac{\sigma_1^2 - \sigma_2^2}{2}\right)^2}}{\rho_{1,2}\sigma_1\sigma_2} \\ 1 \end{bmatrix} \\
v_2 = \begin{bmatrix} \dfrac{\frac{\sigma_1^2 - \sigma_2^2}{2} - \sqrt{\left(\rho_{1,2}\sigma_1\sigma_2\right)^2 + \left(\frac{\sigma_1^2 - \sigma_2^2}{2}\right)^2}}{\rho_{1,2}\sigma_1\sigma_2} \\ 1 \end{bmatrix}
\end{aligned}
\tag{11.37}
$$

圖 11.12 中，v_1 對應的就是橢圓半長軸方向，v_2 對應半短軸方向。在主成分分析中，v_1 就是第一主元方向，v_2 便是第二主元方向。這兩個向量都不是單位向量。

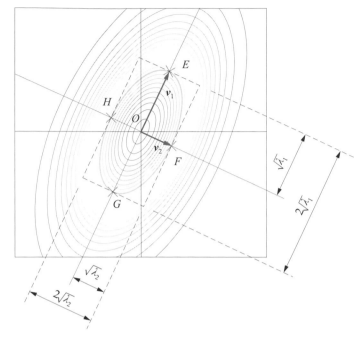

▲ 圖 11.12　橢圓的長軸、短軸

　　實際上，將 (X_1, X_2) 投影到 v_1 得到的隨機變數的方差就是 $\sqrt{\lambda_1}$ ，對應的標準差為 $\sqrt{\lambda_2}$ 。將 (X_1, X_2) 投影到 v_2 得到的隨機變數的方差為 λ_2，其標準差為 $\sqrt{\lambda_1}$ 。

隨機變數的線性變換

　　從另外一個角度來看，如圖 11.13 所示，某個滿足二元高斯分佈的隨機變數 (X_1, X_2) 朝若干方向投影。我們先舉出結論，這些方向中，向 v_1 投影得到的隨機變量方差最大，向 v_2 投影得到的隨機變數方差最小。

　　假設二元隨機變數列向量 $X = [X_1, X_2]^{\mathrm{T}}$ 滿足圖 11.13 所示的二元高斯分佈。而 X 先中心化，再向 v_1 投影得到 Y_1，有

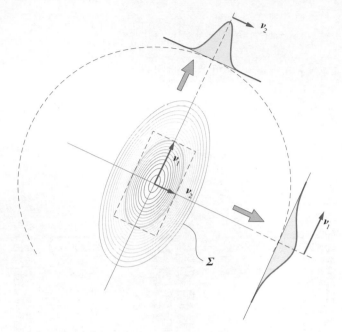

$$Y_1 = \left(\chi - \mu_\chi\right)^{\mathrm{T}} v_1 = \left(\begin{bmatrix} X_1 \\ X_2 \end{bmatrix} - \begin{bmatrix} \mu_1 \\ \mu_2 \end{bmatrix}\right)^{\mathrm{T}} \begin{bmatrix} v_{1,1} \\ v_{2,1} \end{bmatrix} = (X_1 - \mu_1) v_{1,1} + (X_2 - \mu_2) v_{2,1} \tag{11.38}$$

從資料角度看,上述過程如圖 11.14 所示。

對 Y_1 求方差,有

$$\begin{aligned}
\mathrm{var}(Y_1) &= \mathrm{E}\left[\left(Y_1 - \mu_{Y1}\right)^2\right] = \mathrm{E}\left[\left(\left(\chi - \mu_\chi\right)^{\mathrm{T}} v_1\right)^{\mathrm{T}} \left(\chi - \mu_\chi\right)^{\mathrm{T}} v_1\right] \\
&= v_1^{\mathrm{T}} \overbrace{\mathrm{E}\left[\left(\left(\chi - \mu_\chi\right)^{\mathrm{T}}\right)\left(\chi - \mu_\chi\right)^{\mathrm{T}}\right]}^{\Sigma_\chi} v_1 \\
&= v_1^{\mathrm{T}} \Sigma_\chi v_1
\end{aligned} \tag{11.39}$$

因為 Y_1 已經中心化,所以式 (11.39) 中 $\mu_{Y1} = 0$。

將 Σ_χ 的特徵值分解代入式 (11.39) 得到

$$\text{var}(Y_1) = v_1^{\mathrm{T}} \boldsymbol{\Sigma}_{\chi} v_1 = v_1^{\mathrm{T}} \begin{bmatrix} v_1 & v_2 \end{bmatrix} \begin{bmatrix} \lambda_1 & 0 \\ 0 & \lambda_2 \end{bmatrix} \begin{bmatrix} v_1^{\mathrm{T}} \\ v_2^{\mathrm{T}} \end{bmatrix} v_1$$
$$= \begin{bmatrix} 1 & 0 \end{bmatrix} \begin{bmatrix} \lambda_1 & 0 \\ 0 & \lambda_2 \end{bmatrix} \begin{bmatrix} 1 \\ 0 \end{bmatrix} = \lambda_1 \tag{11.40}$$

這實際上就是隨機變數的線性變換，我們將在第 14 章繼續進行這一話題。

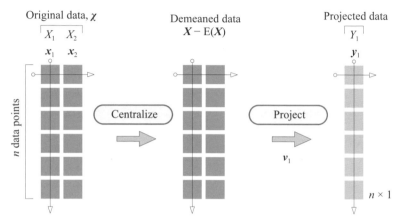

▲ 圖 11.14 χ 先中心化，再向 v_1 投影得到 Y_1

橢圓旋轉

橢圓旋轉角度 θ 為

$$\theta = \frac{1}{2}\arctan\left(\frac{2\rho_{1,2}\sigma_1\sigma_2}{\sigma_1^2 - \sigma_2^2}\right) \tag{11.41}$$

圖 11.15 所示為在 σ_1、σ_2 大小不同時，$\rho_{1,2}$ 設定值不同對橢圓旋轉的影響。

透過觀察，可以發現橢圓的旋轉角度與 σ_1、σ_2、$\rho_{1,2}$ 有關。

特別地，當 $\sigma_1 = \sigma_2$ 時，如果 $\rho_{1,2}$ 為小於 1 的正數，則橢圓的旋轉角度為 45°；如果 $\rho_{1,2}$ 為大於 -1 的負數，則橢圓的旋轉角度為 -45°。

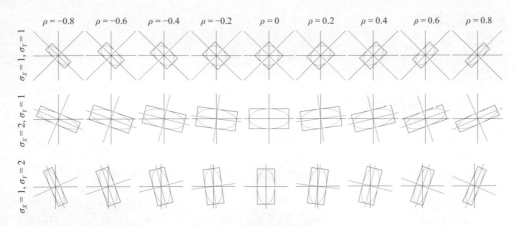

▲ 圖 11.15 在 σ_1、σ_2 大小不同時，$\sigma_{1,2}$ 設定值不同對橢圓旋轉的影響

Bk5_Ch11_02.py 繪製圖 11.15°

特徵值之和

可以發現式 (11.35) 中兩個特徵值之和等於協方差矩陣 Σ 的兩個方差之和，即

$$\lambda_1 + \lambda_2 = \sigma_1^2 + \sigma_2^2 \qquad (11.42)$$

這正是《AI 時代 Math 元年 - 用 Python 全精通矩陣及線性代數》一書中講到的特徵值分解中，原矩陣的跡等於特徵值矩陣的跡。建議大家回顧特徵值分解的最佳化角度。

特徵值之積

兩個特徵值乘積為

$$\lambda_1 \lambda_2 = \left(\frac{\sigma_1^2 + \sigma_2^2}{2} \right)^2 - \left(\left(\rho_{1,2} \sigma_1 \sigma_2 \right)^2 + \left(\frac{\sigma_1^2 - \sigma_2^2}{2} \right)^2 \right)$$

$$= \sigma_1^2 \sigma_2^2 - \rho_{1,2}^2 \sigma_1^2 \sigma_2^2 = \sigma_1^2 \sigma_2^2 \left(1 - \rho_{1,2}^2 \right) \tag{11.43}$$

這與協方差矩陣 Σ 的行列式的值相等,即

$$|\Sigma| = \sigma_1^2 \sigma_2^2 - \rho_{1,2}^2 \sigma_1^2 \sigma_2^2 = \sigma_1^2 \sigma_2^2 \left(1 - \rho_{1,2}^2 \right) \tag{11.44}$$

譜分解

Σ 的譜分解可以進一步寫成

$$\Sigma = V \Lambda V^{\mathrm{T}} = \begin{bmatrix} v_1 & v_2 \end{bmatrix} \begin{bmatrix} \lambda_1 & 0 \\ 0 & \lambda_2 \end{bmatrix} \begin{bmatrix} v_1^{\mathrm{T}} \\ v_2^{\mathrm{T}} \end{bmatrix} = \lambda_1 v_1 v_1^{\mathrm{T}} + \lambda_2 v_2 v_2^{\mathrm{T}} \tag{11.45}$$

第 12 章還會繼續討論這一話題。

平移→旋轉

令

$$y = V^{\mathrm{T}} \left(x - \mu \right) \tag{11.46}$$

發現 $V^{\mathrm{T}}(x-\mu)$ 相當於 x 經過平移 $(x-\mu)$、旋轉 (V^{T}) 兩步操作得到 y。整個過程如圖 11.16 所示。這樣 $(x-\mu)^{\mathrm{T}} \Sigma^{-1} (x-\mu)$ 可以寫成

$$y^{\mathrm{T}} \Lambda^{-1} y = \begin{bmatrix} y_1 & y_2 & \cdots & y_q \end{bmatrix} \begin{bmatrix} \lambda_1 & & & \\ & \lambda_2 & & \\ & & \ddots & \\ & & & \lambda_q \end{bmatrix}^{-1} \begin{bmatrix} y_1 & y_2 & \cdots & y_q \end{bmatrix}^{\mathrm{T}} = \sum_{j=1}^{D} \frac{y_j^2}{\lambda_j} \tag{11.47}$$

其中:$\lambda_1 \geq \lambda_2 \geq \cdots \geq \lambda_D$。式 (11.47) 代表著一個多維空間正橢球體。

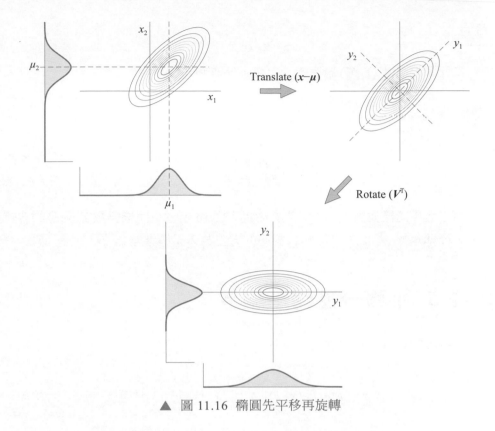

▲ 圖 11.16 橢圓先平移再旋轉

平移 $(x - \mu)$、旋轉 (V^T) 兩步幾何變換只改變橢球的空間位置和旋轉角度，不改變橢球本身的幾何尺寸。也就是說，$|\Sigma| = |\Lambda|$。

特別地，當 $D = 2$ 時，令 $(x-\mu)^T \Sigma^{-1}(x-\mu)$ 為 1，式 (11.47) 可以寫成平面正橢圓，即

$$\left(x-\mu\right)^T \Sigma^{-1}\left(x-\mu\right) = \frac{y_1^2}{\lambda_1} + \frac{y_2^2}{\lambda_2} = 1 \tag{11.48}$$

顯然，這個橢圓中心位於原點，同樣這就解釋了為什麼圖 11.12 中橢圓的半長軸為 $\sqrt{\lambda_1}$，半短軸為 $\sqrt{\lambda_2}$。

反過來，y 先經過旋轉、再平移得到 x，有

$$x = Vy + \mu \tag{11.49}$$

獨立

二元隨機變數 (Y_1, Y_2) 對應的二元高斯分佈 PDF 為

$$
\begin{aligned}
f_{Y1,Y2}(y_1, y_2) &= \frac{1}{2\pi\sqrt{\lambda_1\lambda_2}} \times \exp\left(\frac{-1}{2}\left(\frac{y_1^2}{\lambda_1} + \frac{y_2^2}{\lambda_2}\right)\right) \\
&= \underbrace{\frac{1}{\sqrt{2\pi}\sqrt{\lambda_1}}\exp\left(\frac{-1}{2}\frac{y_1^2}{\lambda_1}\right)}_{f_{Y1}(y_1)} \times \underbrace{\frac{1}{\sqrt{2\pi}\sqrt{\lambda_2}}\exp\left(\frac{-1}{2}\frac{y_2^2}{\lambda_2}\right)}_{f_{Y2}(y_2)}
\end{aligned}
\tag{11.50}
$$

可以發現隨機變數 Y_1 和 Y_2 獨立。如圖 11.16 所示，隨機變數 Y_1 對應的方差為 λ_1，標準差為 $\sqrt{\lambda_1}$；隨機變數 Y_2 對應的方差為 λ_2，標準差為 $\sqrt{\lambda_2}$。

11.5　平移→旋轉→縮放

$(x-\mu)^{\mathrm{T}}\Sigma^{-1}(x-\mu)$ 可以整理為

$$
(x-\mu)^{\mathrm{T}}\Sigma^{-1}(x-\mu) = \left[V^{\mathrm{T}}(x-\mu)\right]^{\mathrm{T}}\Lambda^{\frac{-1}{2}}\Lambda^{\frac{-1}{2}}\left[V^{\mathrm{T}}(x-\mu)\right] = \left(\Lambda^{\frac{-1}{2}}V^{\mathrm{T}}(x-\mu)\right)^2
\tag{11.51}
$$

這就是前文講到的「開方」。

令

$$
z = \Lambda^{\frac{-1}{2}}V^{\mathrm{T}}(x-\mu)
\tag{11.52}
$$

式 (11.52) 相當於 x 經過平移、旋轉和縮放，最後得到 z，整個過程如圖 11.17 所示。

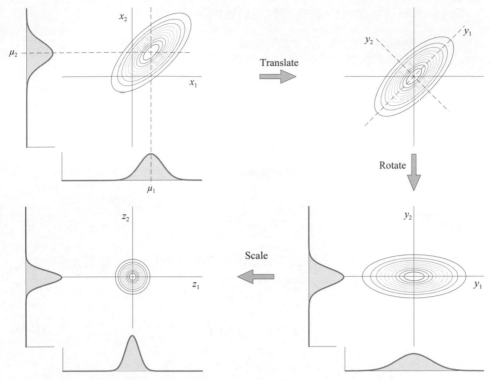

▲ 圖 11.17 橢圓先平移、再旋轉，最後縮放，得到單位圓

單位球體

將式 (11.52) 代入式 (11.51)，得到的解析式為

$$(x-\mu)^{\mathrm{T}} \Sigma^{-1} (x-\mu) = z^{\mathrm{T}} z = z_1^2 + z_2^2 + \cdots z_D^2 = \sum_{j=1}^{D} z_j^2 \tag{11.53}$$

當式 (11.53) 為 1 時，它代表多維空間的單位球體。

反過來，也可以利用 z 透過縮放、旋轉、平移，反求 x，即

$$x = \underset{\text{Rotate}}{V} \underset{\text{Scale}}{D} z + \underset{\text{Translate}}{\mu} \tag{11.54}$$

圖 11.18 所示為式 (11.54) 對應的幾何變換。

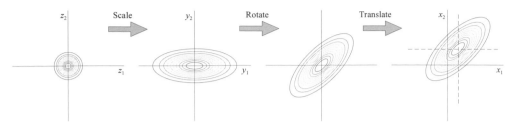

▲ 圖 11.18　單位圓先縮放，再旋轉，最後平移

資料角度

同理，從資料角度來看，如果資料矩陣 X 服從 $N(\mathrm{E}(X), \Sigma_X)$，則對 X 先中心化，再向 V 投影，最後縮放得到 Z，即

$$Z = \left(X - \mathrm{E}(X)\right)V\varLambda^{\frac{-1}{2}} \tag{11.55}$$

Z 的協方差矩陣為單位矩陣 I，即

$$
\begin{aligned}
\Sigma_z &= \frac{Z^{\mathrm{T}}Z}{n-1} = \frac{\left(\left(X-\mathrm{E}(X)\right)V\varLambda^{\frac{-1}{2}}\right)^{\mathrm{T}}\left(\left(X-\mathrm{E}(X)\right)V\varLambda^{\frac{-1}{2}}\right)}{n-1} \\
&= \varLambda^{\frac{-1}{2}}V^{\mathrm{T}}\overbrace{\frac{\left(X-\mathrm{E}(X)\right)^{\mathrm{T}}\left(X-\mathrm{E}(X)\right)}{n-1}}^{\Sigma_X}V\varLambda^{\frac{-1}{2}} \\
&= \varLambda^{\frac{-1}{2}}V^{\mathrm{T}}\Sigma_X V\varLambda^{\frac{-1}{2}} = I
\end{aligned} \tag{11.56}
$$

也就是說，如果 X 服從多維高斯分佈，則 Z 服從 IID 標準正態分佈。

→

本章將一元、二元、三元高斯分佈提高到了多元。而多元高斯分佈離不開矩陣運算。

利用特徵值分解，我們從幾何角度理解了多元高斯分佈 PDF 中隱含的「平移→旋轉→縮放」過程。這對理解協方差矩陣、馬氏距離、主成分分析等概念至關重要。

希望大家以後每次見到多元高斯分佈 PDF 式子時，對它的每個組成部分的作用都能如數家珍、滔滔不絕。

Conditional Gaussian Distributions

12 條件高斯分佈

假設隨機變數服從高斯分佈，討論條件期望、條件方差

> 生命就像一個永恆的春天，穿著嶄新而絢麗的衣服站在我面前。
>
> *Life stands before me like an eternal spring with new and brilliant clothes.*
>
> ——卡爾・佛里德里希・高斯（*Carl Friedrich Gauss*）|
> 德國數學家、物理學家、天文學家 | *1777—1855* 年

- matplotlib.pyplot.contour() 繪製等高線圖
- matplotlib.pyplot.contour3D() 繪製三維等高線圖
- matplotlib.pyplot.contourf() 繪製填充等高線圖
- matplotlib.pyplot.fill_between() 區域填充顏色
- matplotlib.pyplot.plot_wireframe() 繪製線方塊圖
- scipy.stats.multivariate_normal() 多元正態分佈物件
- scipy.stats.norm() 一元正態分佈物件

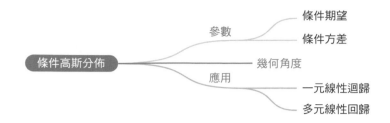

12.1　聯合機率和條件機率關係

本章是第 8 章的延續。第 8 章專門介紹了離散、連續隨機變數的條件期望 (conditional expectation)、條件**方差** (conditional variance)。本章將這些數學工具運用在高斯分佈上。

本節首先回顧**條件機率** (conditional probability)。

條件機率

第 3 章介紹過，條件機率是指某事件在另外一個事件已經發生條件下的機率。

以圖 12.1 為例，X 和 Y 為連續隨機變數，(X,Y) 服從二元高斯分佈。(X,Y) 的聯合機率密度函數 PDF $f_{X,Y}(x,y)$ 為圖 12.1 所示的曲面。

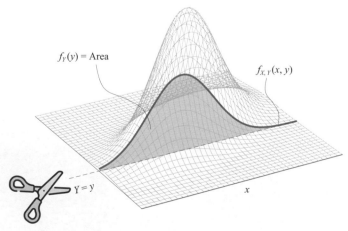

▲ 圖 12.1　高斯二元分佈 PDF 曲面沿著 $Y = y$ 切一刀

給定 $Y = y$ 條件下，相當於在圖 12.1 上沿著 $Y = y$ 切一刀，得到的紅色曲線便是 $f_{X,Y}(x,y)$。

從幾何角度來看，給定 $Y = y$ 的條件下 $(f_Y(y) > 0)$，利用貝氏定理，X 的條件 PDF $f_{X|Y}(x|y)$ 相當於對 $f_{X,Y}(x,y)$ 曲線用邊緣 PDF $f_Y(y)$ 歸一化，即

$$
\underbrace{f_{X|Y}\left(x|y\right)}_{\substack{\text{Conditional} \\ \text{Given } Y=y}} = \frac{\overbrace{f_{X,Y}\left(x,y\right)}^{\text{Joint}}}{\underbrace{f_Y\left(y\right)}_{\text{Marginal}}} \tag{12.1}
$$

⚠️ 注意：此時 $f_Y(y)$ 代表一個具體的值，但是這個值仍然是機率密度，而非機率。

分解來看，$Y = y$ 時，聯合 PDF $f_{X,Y}(x,y)$ 這條曲線與橫軸圍成的面積為邊緣 PDF $f_Y(y)$，即

$$
\underbrace{f_Y\left(y\right)}_{\text{Marginal}} = \int_x \underbrace{f_{X,Y}\left(x,y\right)}_{\text{Joint}} \mathrm{d}x \tag{12.2}
$$

歸一化後的 $f_{X|Y}(x|y)$ 曲線與橫軸圍成的面積為 1，即

$$
\int_x \underbrace{f_{X|Y}\left(x|y\right)}_{\text{Conditional}} \mathrm{d}x = 1 \tag{12.3}
$$

沿著這個想法，讓我們觀察一組當 Y 取不同值時，二元高斯分佈聯合機率和條件機率的關係。

Y 取特定值

如圖 12.2 所示，當 $y = -2$ 時，對聯合 PDF 曲面在 $y = -2$ 處切一刀，得到 $f_{X,Y}(x, y = -2)$ 對應圖 12.2 中的紅色曲線。

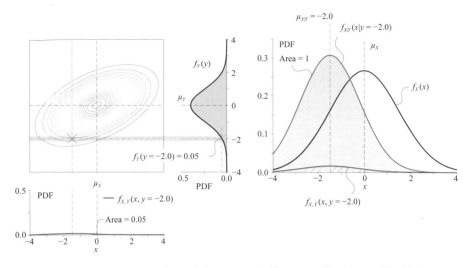

▲ 圖 12.2　$y = -2$ 時，聯合 PDF、邊緣 PDF、條件 PDF 的關係

⚠️
> 再次強調：0.05 不是機率值，雖然它的大小在某種程度上也代表「可能性」。

$f_{X,Y}(x, y = -2)$ 與橫軸圍成的面積便是邊緣 PDF $f_Y(y=-2)$，經過計算得知面積約為 0.05，即 $f_Y(y = -2) = 0.05$。

在替定 $y = -2$ 條件下，條件 PDF $f_{X|Y}(x|y = -2)$ 可以透過下式計算得到，即

$$f_{X|Y}\left(x|y=-2\right)=\frac{f_{X,Y}\left(x,y=-2\right)}{f_Y\left(y=-2\right)} \tag{12.4}$$

圖 12.2 右側子圖和時比較了聯合 PDF $f_{X,Y}(x, y = -2)$、邊緣 PDF $f_X(x)$、條件 PDF $f_{X|Y}(x|y = -2)$ 三條曲線之間的關係。

從影像上可以清楚看到，條件 PDF $f_{X|Y}(x|y = -2)$ 相當於聯合 PDF $f_{X,Y}(x, y = -2)$ 在高度上放大約 20 倍 (= 1/0.05)。

⚠️
> 值得反覆強調的是：聯合 PDF $f_{X,Y}(x, y = -2)$ 曲線與橫軸圍成的面積約為 0.05，然而條件 PDF $f_{X|Y}(x|y = -2)$ 曲線與橫軸圍成的面積為 1。

Y 取不同值

圖 12.2~ 圖 12.6 五幅圖分別展示了當 y 設定值分別為 -2、-1、0、1、2 時，聯合 PDF 和條件 PDF 的關係。

有幾點值得注意。五幅影像上機率曲線形狀都是類似高斯一元分佈曲線。它們本身不是一元隨機變數 PDF 的原因很簡單一面積不為 1。經過縮放得到面積為 1 的曲線就是條件 PDF。

$Y = y$ 直線與聯合 PDF 等高線某一個橢圓相切，而當 y 變化時，切點似乎沿著直線運動。

切點的橫軸設定值對應條件 PDF $f_{X|Y}(x|y)$ 曲線的對稱軸，而這個對稱軸又是條件 PDF $f_{X|Y}(x|y)$ 曲線的期望。這個期望值就是第 8 章介紹的條件期望(conditional expectation)$E(X|Y = y)$。

圖 12.2~ 圖 12.6 五幅圖條件 PDF $f_{X|Y}(x|y)$ 對應的藍色曲線，似乎在形狀上沒有任何變化，僅是對稱軸發生了移動。這一點說明，y 設定值變化時，條件 PDF 曲線對應分佈的**方差**似乎沒有變化；這個**方差**就是第 8 章介紹的條件**方差**(conditional variance)$\text{var}(X|Y = y)$。

這一節先給大家一個直觀印象，本章之後將利用高斯二元分佈對條件機率、條件期望、條件**方差**等概念進行定量研究。

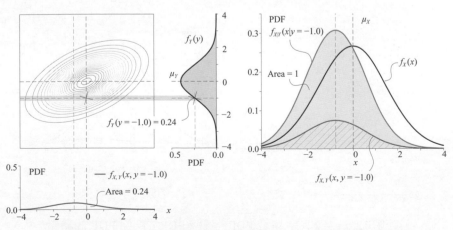

▲ 圖 12.3 $y = -1$ 時，聯合 PDF、邊緣 PDF、條件 PDF 的關係

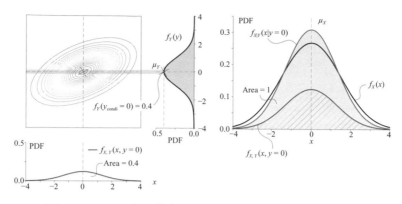

▲ 圖 12.4 $y = 0$ 時，聯合 PDF、邊緣 PDF、條件 PDF 的關係

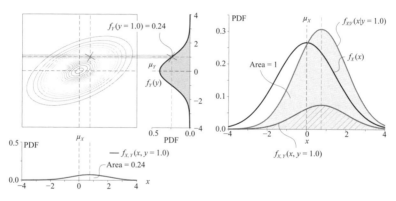

▲ 圖 12.5 $y = 1$ 時，聯合 PDF、邊緣 PDF、條件 PDF 的關係

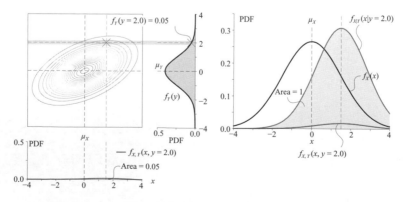

▲ 圖 12.6 $y = 2$ 時，聯合 PDF、邊緣 PDF、條件 PDF 的關係

Bk5_Ch12_01.py 繪製圖 12.2~ 圖 12.6。

12.2 給定 X 條件下，Y 的條件機率：以二元高斯分佈為例

如果 (X,Y) 服從二元高斯分佈，則聯合 PDF $f_{X,Y}(x,y)$ 解析式為

$$f_{X,Y}(x,y) = \frac{1}{2\pi\sigma_X\sigma_Y\sqrt{1-\rho_{X,Y}^2}} \times \exp\left(\frac{-1}{2}\underbrace{\frac{1}{(1-\rho_{X,Y}^2)}\left(\left(\frac{x-\mu_X}{\sigma_X}\right)^2 - 2\rho_{X,Y}\left(\frac{x-\mu_X}{\sigma_X}\right)\left(\frac{y-\mu_Y}{\sigma_Y}\right) + \left(\frac{y-\mu_Y}{\sigma_Y}\right)^2\right)}_{Ellipse}\right)$$

(12.5)

利用條件 PDF、聯合 PDF、邊緣 PDF 三者的關係，我們可以求得在替定 $X = x$ 條件下，條件 PDF $f_{Y|X}(y|x)$ 解析式為

$$f_{Y|X}(y|x) = \frac{1}{\sigma_Y\sqrt{1-\rho_{X,Y}^2}\sqrt{2\pi}}\exp\left(-\frac{1}{2}\left(\frac{y-\left(\mu_Y+\rho_{X,Y}\frac{\sigma_Y}{\sigma_X}(x-\mu_X)\right)}{\sigma_Y\sqrt{1-\rho_{X,Y}^2}}\right)^2\right)$$

(12.6)

圖 12.7 所示為 $f_{Y|X}(y|x)$ 曲面格線。$f_{Y|X}(y|x)$ 曲線的**期望**和**方差**對應條件期望 $E(Y|X = x)$ 和條件**方差** $var(Y|X = x)$。

可以發現當 $X = x$ 取一定值時，式 (12.6) 解析式對應高斯正態分佈，這印證了第 10 章的猜測。將 $f_{Y|X}(y|x)$ 曲面不同位置曲線投影在 yz 平面得到圖 12.8，容易發現這些曲線的形狀完全相同 (條件**標準差**不變)，但是曲線的中心位置發生了變化 (條件**期望**值發生了變化)。

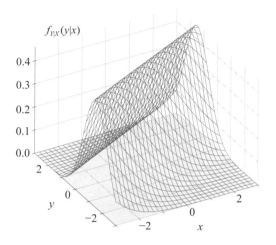

▲ 圖 12.7 $f_{Y|X}(y|x)$ 曲面格線

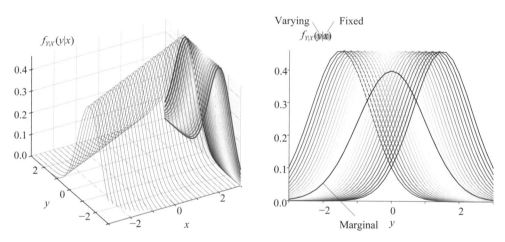

▲ 圖 12.8 $f_{Y|X}(y|x)$ 曲面在 yz 平面上的投影

條件期望 $\mathrm{E}(Y \,|\, X = x)$

如果 (X, Y) 滿足二元高斯分佈，給定 $X = x$ 條件下，Y 的條件 PDF $f_{Y|X}(y|x)$ 如圖 12.9 所示。圖 12.10 所示為 $f_{Y|X}(y|x)$ 平面等高線。條件期望 $\mathrm{E}(Y|X = x)$ 解析式為

$$\mathrm{E}\left(Y \,|\, X = x\right) = \mu_Y + \rho_{X,Y}\frac{\sigma_Y}{\sigma_X}\left(x - \mu_X\right) \tag{12.7}$$

如圖 12.10 所示，$\mathrm{E}(Y|X = x)$ 隨著 $X = x$ 設定值線性變化；也就是說，$\mathrm{E}(Y|X = x)$ 和 x 的關係是一條直線。這條直線的一般式可以寫成

$$y = \mu_Y + \rho_{X,Y}\frac{\sigma_Y}{\sigma_X}\left(x - \mu_X\right) \tag{12.8}$$

可以發現直線的斜率為 $\rho_{X,Y}\sigma_Y/\sigma_X$，且通過點 (μ_X, μ_Y)。細心的讀者一眼就會發現，這條曲線是以 x 為引數、y 為因變數的 OLS 線性迴歸直線解析式。

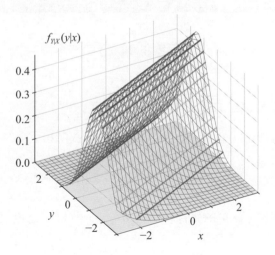

▲ 圖 12.9 $f_{Y|X}(y|x)$ 曲面等高線

本章最後一節將深入探討這一話題，此外第 24 章也會展開講解線性迴歸。

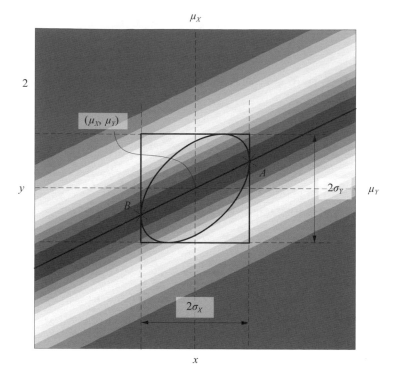

▲ 圖 12.10 $f_{Y|X}(y|x)$ 平面等高線

條件方差 var($Y|X = x$)

給定 $X = x$ 條件下，Y 的條件**方差** var($Y|X = x$) 解析式為

$$\mathrm{var}\left(Y|X=x\right)=\left(1-\rho_{X,Y}^2\right)\sigma_Y^2 \tag{12.9}$$

給定 $X = x$ 條件下，Y 的條件**標準差** $\sigma_{Y|X} = x$ 解析式為定值，有

$$\sigma_{Y|X=x}=\sqrt{1-\rho_{X,Y}^2}\cdot\sigma_Y \tag{12.10}$$

這解釋了為什麼圖 12.10 中的等高線為平行線。

圖 12.11 所示為 $\sigma_{Y|X} = x$ 的幾何含義。

◀ 請大家格外注意圖 12.11 中的平行四邊形，我們將在第 15 章再看到這個平行四邊形。

▼ Bk5_Ch12_02.py 繪製圖 12.7~ 圖 12.10。

以鳶尾花為例： 條件期望 E(X_2 | X_1 = x_1)、條件方差 var(X_2 | X_1 = x_1)

以鳶尾花花萼長度 (X_1)、花萼寬度 (X_2) 資料為例，假設 (X_1, X_2) 服從二元高斯分佈。條件 PDF $f_{X2|X1}(x_2|x_1)$ 三維等高線和平面等高線如圖 12.12 所示。

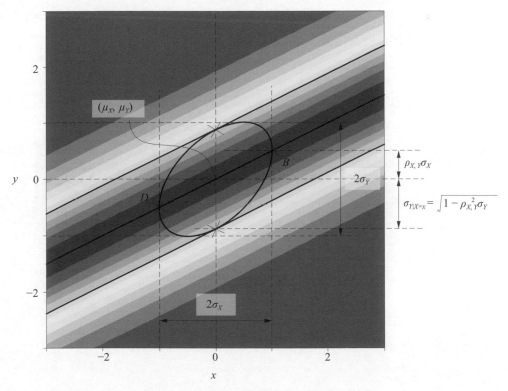

▲ 圖 12.11 條件標準差 $\sigma_{Y|X}$ 的幾何含義

在替定 $X_1 = x_1$ 條件下，X_2 的條件期望 $E(X_2|X_1 = x_1)$ 解析式為

$$
\begin{aligned}
E\left(X_2|X_1 = x_1\right) &= \mu_2 + \rho_{1,2}\frac{\sigma_2}{\sigma_1}\left(x_1 - \mu_1\right) \\
&= 3.057 - 0.117 \times \frac{0.434}{0.825}\left(x_1 - 5.843\right) \\
&= -0.615x_1 + 3.417
\end{aligned}
\tag{12.11}
$$

條件**方差** $\mathrm{var}(X_2|X_1 = x_1)$ 為

$$
\mathrm{var}\left(X_2|X_1 = x_1\right) = \left(1 - \rho_{1,2}^2\right)\sigma_2^2 \approx 0.186
\tag{12.12}
$$

條件**標準差** $\sigma_{X2|X1} = x_1$ 為

$$
\sigma_{X_2|X_1 = x_1} = \sqrt{1 - \rho_{1.2}^2}\,\sigma_2 = 0.431
\tag{12.13}
$$

如圖 12.12 所示，不管 x_1 怎麼變，這個條件**標準差** $\sigma_{X2|X1} = x_1$ 為定值。請大家對比第 8 章的類似圖片。

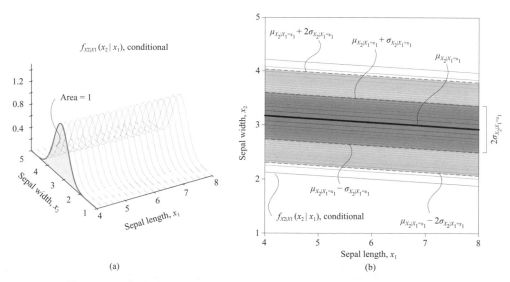

(a)　　　　　　(b)

▲ 圖 12.12　條件 PDF $f_{X2|X1}(x_2|x_1)$ 三維等高線和平面等高線 (不考慮分類)

以鳶尾花為例，考慮標籤

換個條件來看，如圖 12.13 所示，給定鳶尾花分類條件，假設花萼長度服從高斯分佈。請大家自行計算給定鳶尾花分類為條件，花萼長度的條件期望 $E(X_1|Y = C_k)$ 和條件**方差** $\mathrm{var}(X_1|Y = C_k)$。

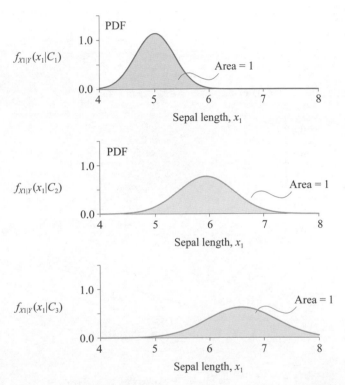

▲ 圖 12.13 給定鳶尾花標籤 Y，花萼長度的 PDF(連續隨機變數)

12.3 給定 Y 條件下，X 的條件機率：以二元高斯分佈為例

如果 (X,Y) 服從二元高斯分佈，給定 $Y = y$ 條件下，X 的條件 PDF $f_{X|Y}(x|y)$ 解析式為

$$f_{X|Y}(x|y) = \frac{1}{\sigma_X \sqrt{1-\rho_{X,Y}^2}\,\sqrt{2\pi}} \exp\left(-\frac{1}{2}\left(\frac{x-\left(\mu_X+\rho_{X,Y}\dfrac{\sigma_X}{\sigma_Y}(y-\mu_Y)\right)}{\sigma_X\sqrt{1-\rho_{X,Y}^2}}\right)^2\right) \tag{12.14}$$

圖 12.14 所示為 $f_{X|Y}(x|y)$ 曲面格線。給定 $Y=y$ 的條件下，條件 PDF $f_{X|Y}(x|y)$ 投影到 xz 平面上得到圖 12.15。圖中曲線不夠光滑的原因是因為資料的顆粒度不夠高。

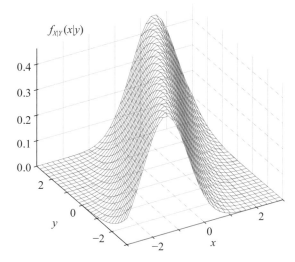

▲ 圖 12.14 $f_{X|Y}(x|y)$ 曲面格線

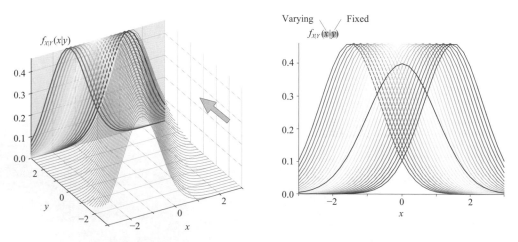

▲ 圖 12.15 $f_{X|Y}(x|y)$ 曲面在 xz 平面上的投影

條件期望 E($X \mid Y = y$)

圖 12.16 所示為 $f_{X|Y}(x|y)$ 的平面等高線。圖中的等高線都平行於條件期望 $E(X|Y=y)$(黑色斜線)，具體解析式為

$$E\left(X \mid Y = y\right) = \mu_X + \rho_{X,Y} \frac{\sigma_X}{\sigma_Y}\left(y - \mu_Y\right) \tag{12.15}$$

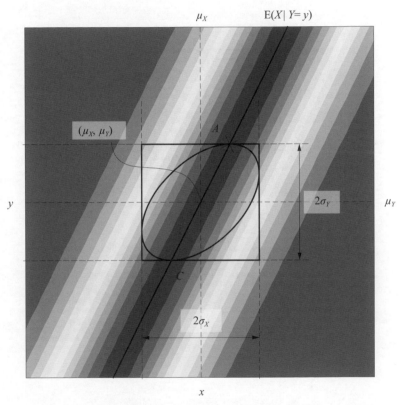

▲ 圖 12.16 $f_{X|Y}(x|y)$ 的平面等高線

條件方差 var($X \mid Y = y$)

給定 $Y = y$ 條件下，X 的條件方差 $\mathrm{var}(X|Y = y)$ 解析式為

$$\mathrm{var}\left(X \mid Y = y\right) = \left(1 - \rho_{X,Y}^2\right)\sigma_X^2 \tag{12.16}$$

給定 $Y = y$ 條件下，X 的條件**標準差** $\sigma_{X|Y} = y$ 解析式也是定值，即

$$\text{std}\left(X|Y = y\right) = \sqrt{\left(1 - \rho_{X,Y}^2\right) \cdot \sigma_X} \tag{12.17}$$

圖 12.17 所示為條件**標準差** $\sigma_{X|Y}$ 的幾何含義，有

$$\sigma_{X|Y=y} = \sqrt{1 - \rho_{X,Y}^2}\,\sigma_X \tag{12.18}$$

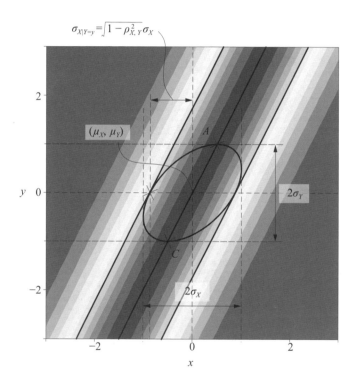

▲ 圖 12.17 條件標準差 $\sigma_{X|Y}$ 的幾何含義

以鳶尾花為例：條件期望 E($X_1 | X_2 = x_2$)、條件方差 var($X_1 | X_2 = x_2$)

以鳶尾花花萼長度 (X_1)、花萼寬度 (X_2) 資料為例，假設 (X_1, X_2) 服從二元高斯分佈。給定 $X_2 = x_2$ 條件下，X_1 的條件期望 E($X_1|X_2 = x_2$) 解析式為

$$
\begin{aligned}
\mathrm{E}\left(X_1 \middle| X_2 = x_2\right) &= \mu_1 + \rho_{1,2}\frac{\sigma_1}{\sigma_2}\left(x_2 - \mu_2\right) \\
&= 5.843 - 0.117 \times \frac{0.825}{0.434}\left(x_2 - 3.057\right) \\
&= -0.222x_2 + 6.523
\end{aligned}
\tag{12.19}
$$

條件**方差** $\mathrm{var}(X_1 | X_2 = x_2)$ 解析式為

$$
\mathrm{var}\left(X_1 \middle| X_2 = x_2\right) = \left(1 - \rho_{1,2}^2\right)\sigma_1^2 \approx 0.671
\tag{12.20}
$$

條件**標準差** $\sigma_{X1|X2} = x_2$ 解析式為定值，即

$$
\sigma_{X_1|X_2 = x_2} = \sqrt{1 - \rho_{1,2}^2}\,\sigma_1 \approx 0.819
\tag{12.21}
$$

同理，如圖 12.18 所示，不管 x_2 怎麼變，這個條件**標準差**均為定值。

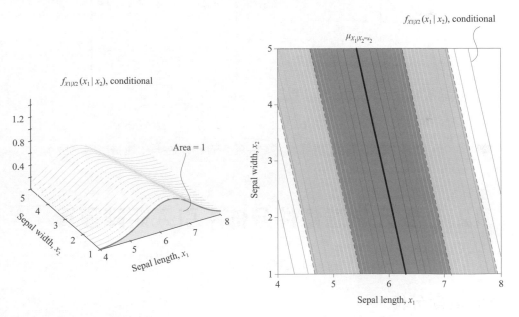

▲ 圖 12.18 條件 PDF $f_{X1|X2}(x_1|x_2)$ 密度三維等高線和平面等高線 (不考慮分類)

以鳶尾花為例，考慮標籤

　　換個條件來看，如圖 12.19 所示，給定鳶尾花分類條件，假設花萼寬度服從高斯分佈。請大家自行計算給定鳶尾花分類為條件，花萼寬度的條件期望 $E(X_2|Y = C_k)$ 和條件方差 $\mathrm{var}(X_2|Y = C_k)$。

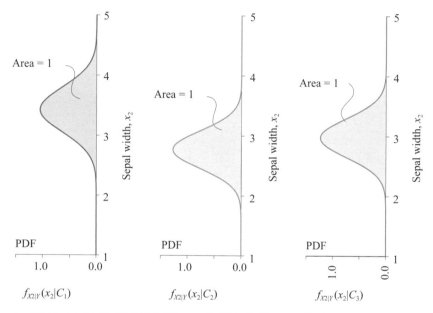

▲ 圖 12.19　給定鳶尾花標籤 Y，花萼寬度的 PDF 曲線 (連續隨機變數)

12.4　多元常態條件分佈：引入矩陣運算

本節利用矩陣運算討論多元常態條件分佈。

多元高斯分佈

　　如果隨機變數向量 χ 和 γ 服從多維高斯分佈，即

$$\begin{bmatrix} \chi \\ \gamma \end{bmatrix} \sim N\left(\begin{bmatrix} \mu_\chi \\ \mu_\gamma \end{bmatrix}, \begin{bmatrix} \Sigma_{\chi\chi} & \Sigma_{\chi\gamma} \\ \Sigma_{\gamma\chi} & \Sigma_{\gamma\gamma} \end{bmatrix} \right) \tag{12.22}$$

其中：χ 為隨機變數 X_i 組成的列向量；γ 為隨機變數 Y_j 組成的列向量。且

$$\chi = \begin{bmatrix} X_1 \\ X_2 \\ \vdots \\ X_D \end{bmatrix}, \quad \gamma = \begin{bmatrix} Y_1 \\ Y_2 \\ \vdots \\ Y_M \end{bmatrix} \tag{12.23}$$

圖 12.20 所示為多元高斯分佈的平均值向量、協**方差**矩陣形狀。

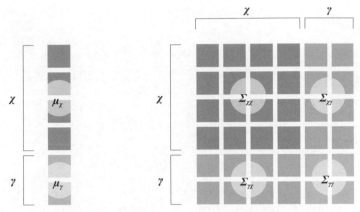

▲ 圖 12.20 平均值向量、協方差矩陣形狀

互協方差矩陣

注意，$\Sigma_{\gamma\chi}$ 的轉置為 $\Sigma_{\chi\gamma}$，即

$$\left(\Sigma_{\gamma\chi}\right)^{\mathrm{T}} = \Sigma_{\chi\gamma} \tag{12.24}$$

$\Sigma_{\chi\gamma}$ 也叫**互協方差矩陣** (cross-covariance matrix)，這是第 13 章要討論的內容之一。

給定 $\chi = x$ 的條件

給定 $\chi = x$ 的條件下，γ 服從多維高斯分佈，有

$$\{\gamma | \chi = x\} \sim N\left(\underbrace{\Sigma_{\gamma\chi}\Sigma_{\chi\chi}^{-1}(x - \mu_\chi) + \mu_\gamma}_{\text{Expectation}}, \quad \underbrace{\Sigma_{\gamma\gamma} - \Sigma_{\gamma\chi}\Sigma_{\chi\chi}^{-1}\Sigma_{\chi\gamma}}_{\text{Covariance matrix}}\right) \tag{12.25}$$

也就是說，如圖 12.21 所示，給定 $\chi = x$ 的條件下 γ 的條件**期望**為

$$\mathrm{E}\left(\gamma\middle|\chi=x\right)=\mu_{\gamma|\chi=x}=\Sigma_{\gamma\chi}\Sigma_{\chi\chi}^{-1}\left(x-\mu_\chi\right)+\mu_\gamma \tag{12.26}$$

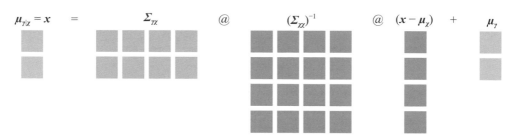

▲ 圖 12.21 給定 $\chi = x$ 的條件下 γ 的期望值的矩陣運算

如圖 12.22 所示，給定 $\chi = x$ 的條件下 γ 的**方差**為

$$\Sigma_{\gamma|\chi=x}=\Sigma_{\gamma\gamma}-\Sigma_{\gamma\chi}\Sigma_{\chi\chi}^{-1}\Sigma_{\chi\gamma} \tag{12.27}$$

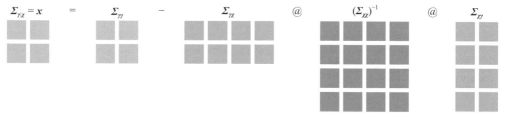

▲ 圖 12.22 給定 $\chi = x$ 的條件下 γ 的**方差**的矩陣運算

給定 $\gamma = y$ 的條件

同理，給定 $\gamma = y$ 的條件下 χ 服從以下多維高斯分佈，即

$$\left\{\chi\middle|\gamma=y\right\}\sim N\left(\underbrace{\Sigma_{\chi\gamma}\Sigma_{\gamma\gamma}^{-1}\left(y-\mu_\gamma\right)+\mu_\chi}_{\text{Expectation}},\ \underbrace{\Sigma_{\chi\chi}-\Sigma_{\chi\gamma}\Sigma_{\gamma\gamma}^{-1}\Sigma_{\gamma\chi}}_{\text{Covariance matrix}}\right) \tag{12.28}$$

即給定 $\gamma = y$ 的條件下 χ 的**期望值**為

$$\mu_{\chi|\gamma=y} = \Sigma_{\chi\gamma}\Sigma_{\gamma\gamma}^{-1}\left(y-\mu_{\gamma}\right)+\mu_{\chi} \tag{12.29}$$

給定 $\gamma=y$ 的條件下 χ 的**方差**為

$$\Sigma_{\chi|\gamma=y} - \Sigma_{\chi\chi} \quad \Sigma_{\chi\gamma}\Sigma_{\gamma\gamma}^{-1}\Sigma_{\gamma\chi} \tag{12.30}$$

單一因變數

特別地，γ 只有一個隨機變數 Y 時，這對應線性迴歸中有多個引數，只有一個因變數，如圖 12.23 所示。

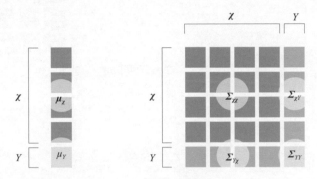

▲ 圖 12.23 平均值向量、協**方差**矩陣形狀 (γ 只有一個隨機變數)

這種情況下，給定 $\chi=x$ 條件下 Y 的條件期望為

$$\mu_{Y|\chi=x} = \Sigma_{Y\chi}\Sigma_{\chi\chi}^{-1}\left(x-\mu_{\chi}\right)+\mu_{Y} \tag{12.31}$$

式 (12.31) 對應多元線性迴歸。圖 12.24 所示為對應的矩陣運算示意圖。

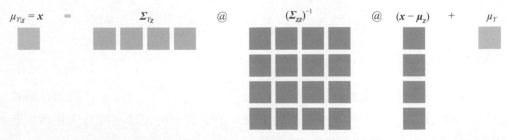

▲ 圖 12.24 給定 $\chi=x$ 條件下 Y 的條件期望

多元線性迴歸

不考慮常數項係數，如果是行向量表達，多元線性迴歸的係數 b 為

$$b = \begin{bmatrix} b_1 & b_2 & \cdots & b_D \end{bmatrix} = \Sigma_{Y\chi} \Sigma_{\chi\chi}^{-1} \tag{12.32}$$

圖 12.25 所示為 b 的矩陣運算。

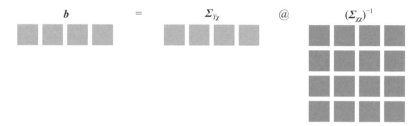

▲ 圖 12.25　計算多元迴歸的係數 b

常數項 b_0 為

$$b_0 = -\Sigma_{Y\chi} \Sigma_{\chi\chi}^{-1} \mu_\chi + \mu_Y \tag{12.33}$$

簡單線性迴歸

更特殊的，當 χ 和 γ 都只有一個隨機變數，即單一引數 X、單一因變數 Y 時，有

$$\mu_{Y|X=x} = \text{cov}(X, Y)\left(\sigma_X^2\right)^{-1}(x - \mu_X) + \mu_Y = \rho_{X,Y} \frac{\sigma_Y}{\sigma_X}(x - \mu_X) + \mu_Y \tag{12.34}$$

這與之前的式 (12.8) 完全一致。第 24 章將繼續討論這一話題。

以鳶尾花為例

圖 12.26 所示為鳶尾花資料的質心向量和協方差矩陣熱圖。我們用花萼長度、花萼寬度、花瓣長度為多元線性迴歸的多變數，用花瓣寬度為因變數。圖 12.26 所示向量和協方差矩陣也據此分塊。

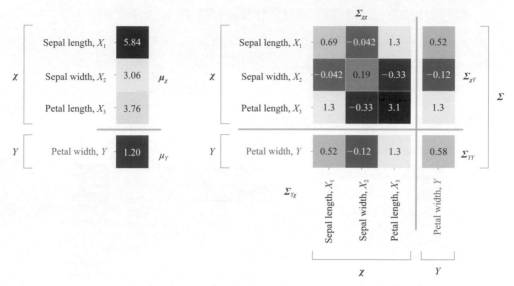

▲ 圖 12.26 質心向量、協方差矩陣熱圖

利用式 (12.32)，我們可以計算得到迴歸係數為

$$
\begin{aligned}
\boldsymbol{b} = \begin{bmatrix} b_1 & b_2 & b_3 \end{bmatrix} &= \boldsymbol{\Sigma}_{Y\chi} \boldsymbol{\Sigma}_{\chi\chi}^{-1} \\
&= \begin{bmatrix} 0.516 & -0.122 & 1.296 \end{bmatrix} \begin{bmatrix} 0.686 & -0.042 & 1.274 \\ -0.042 & 0.190 & -0.330 \\ 1.274 & -0.330 & 3.116 \end{bmatrix}^{-1} \\
&= \begin{bmatrix} -0.207 & 0.223 & 0.524 \end{bmatrix}
\end{aligned}
\tag{12.35}
$$

圖 12.27 所示為式 (12.35) 運算的熱圖。

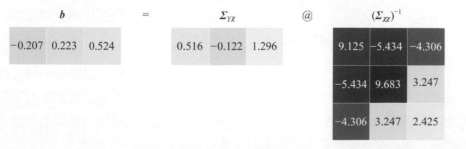

▲ 圖 12.27 矩陣計算係數向量 b

利用式 (12.33)，計算得到多元線性迴歸的常數項為

$$b_0 = 1.199 - \begin{bmatrix} -0.207 & 0.223 & 0.524 \end{bmatrix} \begin{bmatrix} 5.843 \\ 3.057 \\ 3.758 \end{bmatrix} = -0.24 \tag{12.36}$$

圖 12.28 所示為對應運算的熱圖。

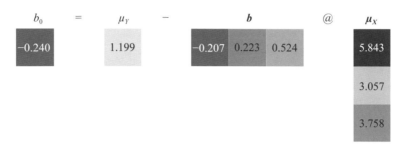

▲ 圖 12.28　矩陣計算常數 b_0

從而得到多元線性迴歸的解析式為

$$y = \begin{bmatrix} 0.516 & -0.122 & 1.296 \end{bmatrix} \begin{bmatrix} 0.686 & -0.042 & 1.274 \\ -0.042 & 0.190 & -0.330 \\ 1.274 & -0.330 & 3.116 \end{bmatrix}^{-1} \left(\begin{bmatrix} x_1 \\ x_2 \\ x_3 \end{bmatrix} - \begin{bmatrix} 5.843 \\ 3.057 \\ 3.758 \end{bmatrix} \right) + 1.199 \tag{12.37}$$

$$= -0.207x_1 + 0.223x_2 + 0.524x_3 - 0.240$$

這個式子相當於用花萼長度、花萼寬度、花瓣長度作為變數估算花萼寬度。

有必要強調一下，線性迴歸並不一定表示因果關係。儘管線性迴歸可以用於探索變數之間的關系，但它並不會告訴我們一個變數是否是另一個變數的原因。因為在統計學中，相關性並不等於因果關係。

要確定兩個變數之間的因果關係，需要進行實驗研究，如隨機對照實驗。在這種類型的實驗中，研究人員可以控制潛在的影響因素，然後觀察引數對因變數的影響。因此，線性迴歸可以用於探索變數之間的關係，但如果要確定因果關係，則需要進行更深入的研究和分析。

Bk5_Ch12_03.py 繪製本節影像。

簡單來說，條件高斯分佈是指在已知某些變數的設定值情況下，對另外一些變數的機率分佈進行建模的一種方法。條件高斯分佈在模式辨識、機器學習、貝氏推斷等領域都有廣泛的應用。本節中大家看到條件高斯分佈給線性迴歸提供了一種全新的解讀角度。

13 協方差矩陣

很多數學科學、機器學習演算法的起點

科學的目標是尋求對複雜事實的最簡單的解釋。我們很容易誤以為事實很簡單,因為簡單是我們追求的目標。每個自然哲學家生活中的指導格言都應該是—尋求簡單而不相信它。

The aim of science is to seek the simplest explanations of complex facts. We are apt to fall into the error of thinking that the facts are simple because simplicity is the goal of our quest. The guiding motto in the life of every natural philosopher should be, seek simplicity and distrust it.

——阿爾佛雷德·懷特海(*Alfred Whitehead*)| 英國數學家、哲學家 | *1861—1947* 年

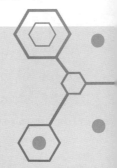

- numpy.average() 計算平均值
- numpy.corrcoef() 計算資料的相關性係數
- numpy.cov() 計算協方差矩陣
- numpy.diag() 如果 A 為方陣,則 numpy.diag(A) 函數提取對角線元素,以向量形式輸入結果;如果 a 為向量,則 numpy.diag(a) 函數將向量展開成方陣,方陣對角線元素為 a 向量的元素
- numpy.linalg.cholesky()Cholesky 分解
- numpy.linalg.eig() 特徵值分解
- numpy.linalg.inv() 矩陣求逆
- numpy.linalg.norm() 計算範數
- numpy.linalg.svd() 奇異值分解
- numpy.ones() 建立全 1 向量或矩陣
- numpy.sqrt() 計算平方根

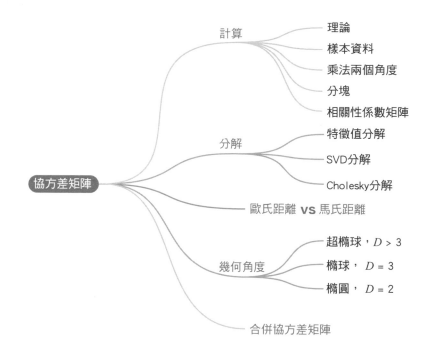

13.1 計算協方差矩陣：描述資料分佈

　　協方差矩陣囊括多特徵資料矩陣的重要統計描述，在多元高斯分佈中，協方差矩陣扮演重要角色。不僅如此，資料科學和機器學習方法中隨處可見，如多元高斯分佈、亂數產生器、OLS 線性迴歸、主成分分析、正交迴歸、高斯過程、高斯單純貝氏、高斯判別分析、高斯混合模型等。因此，我們有必要拿出一章專門討論協方差矩陣。

　　本系列叢書介紹的很多數學概念在協方差矩陣處達到完美融合，如解析幾何中的橢圓，機率統計中的高斯分佈，線性代數中的線性變換、Cholesky 分解、特徵值分解、正定性等。因此，本章也可以視作對《AI 時代 Math 元年 - 用 Python 全精通矩陣及線性代數》一書中重要的線性代數工具的梳理和應用。

形狀

一般而言，協方差矩陣可視作由方差和協方差兩部分組成，方差是協方差矩陣對角線上的元素，協方差是協方差矩陣非對角線上的元素，即

$$
\Sigma = \begin{bmatrix} \sigma_{1,1} & \sigma_{1,2} & \cdots & \sigma_{1,D} \\ \sigma_{2,1} & \sigma_{2,2} & \cdots & \sigma_{2,D} \\ \vdots & \vdots & \ddots & \vdots \\ \sigma_{D,1} & \sigma_{D,2} & \cdots & \sigma_{D,D} \end{bmatrix} = \begin{bmatrix} \sigma_1^2 & \rho_{1,2}\sigma_1\sigma_2 & \cdots & \rho_{1,D}\sigma_1\sigma_D \\ \rho_{1,2}\sigma_1\sigma_2 & \sigma_2^2 & \cdots & \rho_{2,D}\sigma_2\sigma_D \\ \vdots & \vdots & \ddots & \vdots \\ \rho_{1,D}\sigma_1\sigma_D & \rho_{2,D}\sigma_2\sigma_D & \cdots & \sigma_D^2 \end{bmatrix} \tag{13.1}
$$

方差描述了某個特徵上資料的離散度，而協方差則蘊含成對特徵之間的相關性。

顯而易見，協方差矩陣為對稱矩陣，即有

$$
\Sigma = \Sigma^{\mathrm{T}} \tag{13.2}
$$

理論

定義隨機變數的列向量 χ 為

$$
\chi = \begin{bmatrix} X_1 \\ X_2 \\ \vdots \\ X_D \end{bmatrix} \tag{13.3}
$$

χ 的協方差矩陣可以透過下式計算得到，即

$$
\begin{aligned}
\mathrm{var}(\chi) = \mathrm{cov}(\chi, \chi) &= \mathrm{E}\left[\left(\chi - \mathrm{E}(\chi)\right)\left(\chi - \mathrm{E}(\chi)\right)^{\mathrm{T}} \right] \\
&= \mathrm{E}\left(\chi\chi^{\mathrm{T}}\right) - \mathrm{E}(\chi)\mathrm{E}(\chi)^{\mathrm{T}}
\end{aligned} \tag{13.4}
$$

⚠

注意：為了方便表達，上式中列向量 χ 的期望值向量 $\mathrm{E}(\chi)$ 也是**列向量**。$\mathrm{E}(\chi\chi^{\mathrm{T}})$ 和 $\mathrm{E}(\chi)^{\mathrm{E}}(\chi)^{\mathrm{T}}$ 的結果都是 $D \times D$ 方陣。

式 (13.4) 類似於我們在第 4 章提到的計算方差和協方差的技巧，請大家類比，即

$$\text{var}(X) = \underbrace{\text{E}(X^2)}_{\text{Expectaton of } X^2} - \underbrace{\text{E}(X)^2}_{\text{Square of E}(X)}$$
$$\text{cov}(X_1, X_2) = \text{E}(X_1 X_2) - \text{E}(X_1)\text{E}(X_2) \tag{13.5}$$

樣本資料

實踐中，我們更常用的是樣本資料的協方差矩陣，如圖 13.1 所示。對於形狀為 $n \times D$ 的樣本資料矩陣 X，X 的協方差矩陣 Σ 可以透過下式計算得到，即

$$\Sigma = \frac{\left(\underbrace{X - \text{E}(X)}_{\text{Centered}}\right)^{\text{T}}\left(\underbrace{X - \text{E}(X)}_{\text{Centered}}\right)}{n-1} = \frac{X_c^{\text{T}} X_c}{n-1} \tag{13.6}$$

其中：E(X) 為資料 X 的質心，是**行向量**；利用廣播原則，X-E(X) 得到去平均值資料矩陣 X_c。

⚠

注意：式 (13.6) 中分母為 n-1。

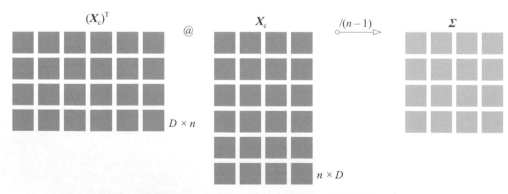

▲ 圖 13.1 計算 X 樣本資料的協方差矩陣 Σ

式 (13.6) 可以寫成

$$\Sigma = \frac{\left(X - I\mathrm{E}(X)\right)^{\mathrm{T}}\left(X - I\mathrm{E}(X)\right)}{n-1} \tag{13.7}$$

式 (13.7) 展開得到

$$
\begin{aligned}
\Sigma &= \frac{\left(X^{\mathrm{T}} - \mathrm{E}(X)^{\mathrm{T}} I^{\mathrm{T}}\right)\left(X - I\mathrm{E}(X)\right)}{n-1} \\
&= \frac{X^{\mathrm{T}}X - \mathrm{E}(X)^{\mathrm{T}}\underbrace{I^{\mathrm{T}}X}_{n\mathrm{E}(X)} - \underbrace{X^{\mathrm{T}}I}_{n\mathrm{E}(X)^{\mathrm{T}}}\mathrm{E}(X) + \mathrm{E}(X)^{\mathrm{T}}\underbrace{I^{\mathrm{T}}I}_{n}\mathrm{E}(X)}{n-1} \\
&= \frac{\overbrace{X^{\mathrm{T}}X}^{\text{Gram matrix}}}{n-1} - \frac{n}{n-1}\mathrm{E}(X)^{\mathrm{T}}\mathrm{E}(X)
\end{aligned}
\tag{13.8}
$$

觀察式 (13.8)，相信大家已經看到**格拉姆矩陣 (Gram matrix)**。也就是說，協方差矩陣可以視作一種特殊的格拉姆矩陣。

此外，如果 n 足夠大，則可以用 n 替換 $n-1$，影響微乎其微。

把資料矩陣 X 展開成一組列向量 $[x_1, x_2, \cdots, x_D]$，$\mathrm{E}(X)$ 寫成 $[\mu_1, \mu_2, \cdots, \mu_D]$，式 (13.6) 可以整理為

$$
\begin{aligned}
\Sigma &= \frac{\left(X - \mathrm{E}(X)\right)^{\mathrm{T}}\left(X - \mathrm{E}(X)\right)}{n-1} \\
&= \frac{\left[x_1 - \mu_1 \quad x_2 - \mu_2 \quad \cdots \quad x_D - \mu_D\right]^{\mathrm{T}}\left[x_1 - \mu_1 \quad x_2 - \mu_2 \quad \cdots \quad x_D - \mu_D\right]}{n-1} \\
&= \frac{1}{n-1}\begin{bmatrix} (x_1-\mu_1)^{\mathrm{T}}(x_1-\mu_1) & (x_1-\mu_1)^{\mathrm{T}}(x_2-\mu_2) & \cdots & (x_1-\mu_1)^{\mathrm{T}}(x_D-\mu_D) \\ (x_2-\mu_2)^{\mathrm{T}}(x_1-\mu_1) & (x_2-\mu_2)^{\mathrm{T}}(x_2-\mu_2) & \cdots & (x_2-\mu_2)^{\mathrm{T}}(x_D-\mu_D) \\ \vdots & \vdots & \ddots & \vdots \\ (x_D-\mu_D)^{\mathrm{T}}(x_1-\mu_1) & (x_D-\mu_D)^{\mathrm{T}}(x_2-\mu_2) & \cdots & (x_D-\mu_D)^{\mathrm{T}}(x_D-\mu_D) \end{bmatrix}
\end{aligned}
\tag{13.9}
$$

圖 13.2(a) 所示為鳶尾花四特徵資料協方差矩陣 Σ。

第 12 章講解多元高斯分佈時，介紹過其機率密度函數 PDF 解析式中用到協方差矩陣的逆。而協方差矩陣的反矩陣有自己的名字—**集中矩陣 (concentration matrix)**。圖 13.2(b) 所示為協方差矩陣的逆 Σ^{-1}。

Σ

	Sepal length, X_1	Sepal width, X_2	Petal length, X_3	Petal width, X_4
Sepal length, X_1	0.69	−0.04	1.3	0.52
Sepal width, X_2	−0.04	0.19	−0.33	−0.12
Petal length, X_3	1.3	−0.33	3.1	1.3
Petal width, X_4	0.52	−0.12	1.3	0.58

(a)

Σ^{-1}

	Sepal length, X_1	Sepal width, X_2	Petal length, X_3	Petal width, X_3
Sepal length, X_1	10.31	−6.71	−7.31	5.74
Sepal width, X_2	−6.71	11.06	6.48	−6.17
Petal length, X_3	−7.31	6.48	10.03	−14.51
Petal width, X_4	5.74	−6.17	−14.51	27.69

(b)

▲ 圖 13.2　鳶尾花四特徵協方差矩陣、反矩陣熱圖

四種橢圓

本書中常用橢圓代表協方差矩陣。若 χ 服從多元高斯分佈，則 $\chi \sim (\mu, \Sigma)$。如圖 13.3 所示，當協方差矩陣形態不同時，對應的橢圓有 4 種類型。

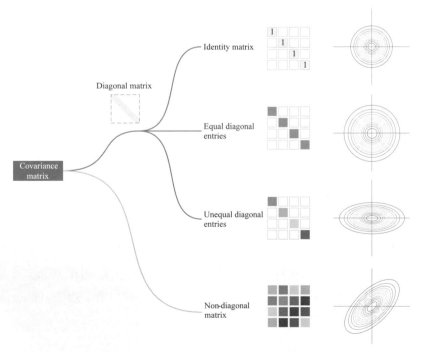

▲ 圖 13.3　協方差矩陣的形態影響高斯密度函數形狀

當協方差矩陣為**單位矩陣 (identity matrix)**，即 $\Sigma = I$ 時，隨機變數為 IID，每一個隨機變數服從標准正態分佈。因此，這種情況下，我們用正圓代表其機率密度函數。準確來說，機率密度函數對應的幾何形狀是多維空間的正球體。

獨立同分佈 (independent and identically distributed, IID) 是指一組隨機變數中每個變數的機率分佈都相同，且這些隨機變數互相獨立。

同理，當協方差矩陣為 $\Sigma = kI$ 時，這種情況對應的機率密度函數也是正圓，k 相當於縮放係數。

當 Σ 為對角陣時，對角線元素不同，即

$$\Sigma = \begin{bmatrix} \sigma_{1,1} & 0 & \cdots & 0 \\ 0 & \sigma_{2,2} & \cdots & 0 \\ \vdots & \vdots & \ddots & \vdots \\ 0 & 0 & \cdots & \sigma_{D,D} \end{bmatrix} = \begin{bmatrix} \sigma_1^2 & 0 & \cdots & 0 \\ 0 & \sigma_2^2 & \cdots & 0 \\ \vdots & \vdots & \ddots & \vdots \\ 0 & 0 & \cdots & \sigma_D^2 \end{bmatrix} \tag{13.10}$$

這種情況下，對應的機率密度函數形狀為正橢圓。多元高斯分佈的機率密度函數可以寫成邊際機率密度函數的累乘：

$$f_X(\boldsymbol{x}) = \prod_{j=1}^{D} \frac{1}{\sqrt{2\pi}\sigma_j} \exp\left(\frac{-1}{2}\left(\frac{x_j - \mu_j}{\sigma_j} \right)^2 \right) \tag{13.11}$$

當 Σ 不定時，高斯分佈 PDF 形狀為旋轉橢圓。

本章最後將深入探討協方差矩陣的幾何角度。

給定標籤為條件

當然，在計算協方差矩陣時，我們也可以考慮到資料標籤。圖 13.4 所示為三個不同標籤資料各自協方差矩陣 Σ_1、Σ_2、Σ_3 的熱圖。

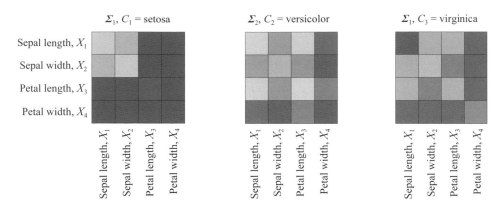

▲ 圖 13.4 協方差矩陣熱圖 (考慮分類)

質心位於原點

特別地，當所有平均值都是 0 時，即 $[\mu_1, \mu_2, \cdots, \mu_D]^{\mathrm{T}} = [0, 0, \cdots, 0]^{\mathrm{T}}$，也就是說資料質心位於原點，並將 X 寫成列向量，式 (13.9) 可以寫成

$$\Sigma = \overbrace{\frac{X^{\mathrm{T}}X}{n-1}}^{\text{Gram matrix}} = \frac{G}{n-1} = \frac{1}{n-1}\begin{bmatrix} x_1^{\mathrm{T}}x_1 & x_1^{\mathrm{T}}x_2 & \cdots & x_1^{\mathrm{T}}x_D \\ x_2^{\mathrm{T}}x_1 & x_2^{\mathrm{T}}x_2 & \cdots & x_2^{\mathrm{T}}x_D \\ \vdots & \vdots & \ddots & \vdots \\ x_D^{\mathrm{T}}x_1 & x_D^{\mathrm{T}}x_2 & \cdots & x_D^{\mathrm{T}}x_D \end{bmatrix} \tag{13.12}$$

用向量內積運算，式 (13.12) 可以寫成

$$\Sigma = \frac{1}{n-1}\begin{bmatrix} \langle x_1, x_1 \rangle & \langle x_1, x_2 \rangle & \cdots & \langle x_1, x_D \rangle \\ \langle x_2, x_1 \rangle & \langle x_2, x_2 \rangle & \cdots & \langle x_2, x_D \rangle \\ \vdots & \vdots & \ddots & \vdots \\ \langle x_D, x_1 \rangle & \langle x_D, x_2 \rangle & \cdots & \langle x_D, x_D \rangle \end{bmatrix} \tag{13.13}$$

式 (13.13) 是矩陣乘法的第一角度。

同樣，當資料質心位於原點時，將 X 寫成行向量，式 (13.9) 可以寫成

$$\Sigma = \frac{\overbrace{X^T X}^{\text{Gram matrix}}}{n-1} = \frac{1}{n-1}\begin{bmatrix} x^{(1)T} & x^{(2)T} & \cdots & x^{(n)T} \end{bmatrix}\begin{bmatrix} x^{(1)} \\ x^{(2)} \\ \vdots \\ x^{(n)} \end{bmatrix}$$

$$= \frac{1}{n-1}\left(x^{(1)T}x^{(1)} + x^{(?)T}x^{(2)} + \cdots + x^{(n)T}x^{(n)}\right) = \frac{1}{n-1}\sum_{i=1}^{n} x^{(i)T}x^{(i)}$$

(13.14)

式 (13.14) 中，$x^{(i)T}x^{(i)}$ 的形狀為 $D \times D$。矩陣乘法寫成 n 個形狀大小相同的矩陣層層疊加，這便是矩陣乘法的第二角度。

協方差矩陣分塊

協方差矩陣還可以分塊。比如，鳶尾花 4×4 協方差矩陣可以按照以下方式分塊，即

$$\Sigma = \begin{bmatrix} \sigma_{1,1} & \sigma_{1,2} & \sigma_{1,3} & \sigma_{1,4} \\ \sigma_{2,1} & \sigma_{2,2} & \sigma_{2,3} & \sigma_{2,4} \\ \sigma_{3,1} & \sigma_{3,2} & \sigma_{3,3} & \sigma_{3,4} \\ \sigma_{4,i} & \sigma_{4,2} & \sigma_{4,3} & \sigma_{4,4} \end{bmatrix} = \begin{bmatrix} \underbrace{\begin{bmatrix} \sigma_{1,1} & \sigma_{1,2} \\ \sigma_{2,1} & \sigma_{2,2} \end{bmatrix}}_{\Sigma_{2\times2}} & \underbrace{\begin{bmatrix} \sigma_{1,3} & \sigma_{1,4} \\ \sigma_{2,3} & \sigma_{2,4} \end{bmatrix}}_{\Sigma_{2\times(4-2)}} \\ \underbrace{\begin{bmatrix} \sigma_{3,1} & \sigma_{3,2} \\ \sigma_{4,1} & \sigma_{4,2} \end{bmatrix}}_{\Sigma_{(4-2)\times2}} & \underbrace{\begin{bmatrix} \sigma_{3,3} & \sigma_{3,4} \\ \sigma_{4,3} & \sigma_{4,4} \end{bmatrix}}_{\Sigma_{(4-2)\times(4-2)}} \end{bmatrix} = \begin{bmatrix} \Sigma_{2\times2} & \Sigma_{2\times(4-2)} \\ \Sigma_{(4-2)\times2} & \Sigma_{\Sigma_{(4-2)\times(4-2)}} \end{bmatrix}$$

(13.15)

4×4 協方差矩陣 Σ 被分為 4 塊。注意：矩陣分塊時切割線的交點位於主對角線上。

如圖 13.5 所示，$\Sigma_{2\times2}$ 和 $\Sigma_{(4-2)\times(4-2)}$ 都還是協方差矩陣，它們的主對角線上還是方差。從幾何角度來看，$\Sigma_{2\times2}$ 和 $\Sigma_{(4-2)\times(4-2)}$ 都是旋轉橢圓。而 $\Sigma_{(4-2)\times2}$ 和 $\Sigma_{2\times(4-2)}$ 叫**互協方差矩陣** (cross-covariance matrix)。

$\Sigma_{(4-2)\times2}$ 和 $\Sigma_{2\times(4-2)}$ 互為轉置矩陣，即 $\Sigma_{(4-2)\times2} = \Sigma_{2\times(4-2)}^T$。

⚠️
注意：互協方差矩陣中一般只含有協方差，沒有方差。

◀
叢書《數據有道》一書講解**典型相關分析** (canonical correlation analysis) 時將用到互協方差矩陣。

當然,協方差矩陣分塊方式有很多,如圖 13.6 所示。圖 13.6 中 $\Sigma_{3\times3}$ 的幾何形狀為橢球。請大家自行分析圖 13.6。

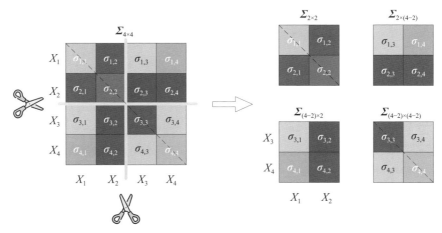

▲ 圖 13.5　協方差矩陣分塊

有關分塊矩陣運算,建議大家回顧《AI 時代 Math 元年 - 用 Python 全精通矩陣及線性代數》一書第 6 章相關內容。

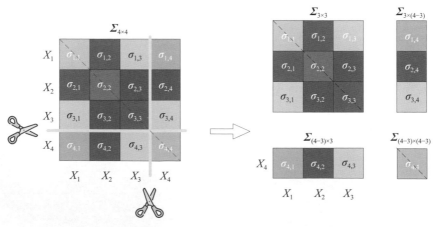

▲ 圖 13.6　協方差矩陣分塊 (第二種方式)

13.2 相關性係數矩陣：描述 Z 分數分佈

相關性係數矩陣 $\boldsymbol{P}$ 的定義為

$$\boldsymbol{P} = \begin{bmatrix} 1 & \rho_{1,2} & \cdots & \rho_{1,D} \\ \rho_{2,1} & 1 & \cdots & \rho_{2,D} \\ \vdots & \vdots & \ddots & \vdots \\ \rho_{D,1} & \rho_{D,2} & \cdots & 1 \end{bmatrix} \tag{13.16}$$

圖 13.7 所示為鳶尾花資料相關性係數矩陣 $\boldsymbol{P}$。$\boldsymbol{P}$ 的對角線元素均為 1，對角線以外元素為成對相關性係數 $\rho_{i,j}$。類似協方差矩陣，相關性係數矩陣 $\boldsymbol{P}$ 當然也可以分塊。

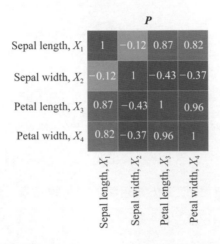

▲ 圖 13.7 鳶尾花資料相關性係數矩陣熱圖

協方差矩陣 VS 相關性係數矩陣

協方差矩陣 $\boldsymbol{\Sigma}$ 和相關性係數矩陣 $\boldsymbol{r}$ 的關係為

$$\boldsymbol{\Sigma} = \boldsymbol{DPD} = \underbrace{\begin{bmatrix} \sigma_1 & 0 & \cdots & 0 \\ 0 & \sigma_2 & \cdots & 0 \\ \vdots & \vdots & \ddots & \vdots \\ 0 & 0 & \cdots & \sigma_D \end{bmatrix}}_{D} \underbrace{\begin{bmatrix} 1 & \rho_{1,2} & \cdots & \rho_{1,D} \\ \rho_{2,1} & 1 & \cdots & \rho_{2,D} \\ \vdots & \vdots & \ddots & \vdots \\ \rho_{D,1} & \rho_{D,2} & \cdots & 1 \end{bmatrix}}_{\text{Correlation matrix, } \boldsymbol{P}} \underbrace{\begin{bmatrix} \sigma_1 & 0 & \cdots & 0 \\ 0 & \sigma_2 & \cdots & 0 \\ \vdots & \vdots & \ddots & \vdots \\ 0 & 0 & \cdots & \sigma_D \end{bmatrix}}_{D} \tag{13.17}$$

從幾何角度來看，式 (13.17) 中對角方陣 D 造成的是縮放作用。

圖 13.8 所示為協方差矩陣和相關性係數矩陣關係熱圖。

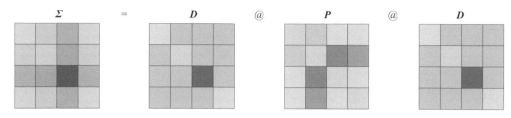

▲ 圖 13.8　協方差矩陣和相關性係數矩陣關係熱圖

從 Σ 反求相關性係數矩陣 r，有

$$P = D^{-1}\Sigma D^{-1} \tag{13.18}$$

其中

$$D^{-1} = \mathrm{diag}\left(\mathrm{diag}\left(\Sigma\right)\right)^{-\frac{1}{2}} = \begin{bmatrix} 1/\sigma_1 & 0 & \cdots & 0 \\ 0 & 1/\sigma_2 & \cdots & 0 \\ \vdots & \vdots & \ddots & \vdots \\ 0 & 0 & \cdots & 1/\sigma_D \end{bmatrix} \tag{13.19}$$

其中：裡層的 diag() 提取協方差矩陣的對角線元素 (方差)，結果為向量；外層的 diag() 將向量展成對角方陣。

考慮標籤

圖 13.9 所示為考慮分類標籤條件下的相關性係數矩陣熱圖，我們管它們叫條件相關性係數矩陣。

大家是否立刻想到，既然協方差可以用橢圓代表，那麼圖 13.9 中的三個條件相關性係數矩陣肯定也有它們各自的橢圓！這是本章最後要介紹的內容。

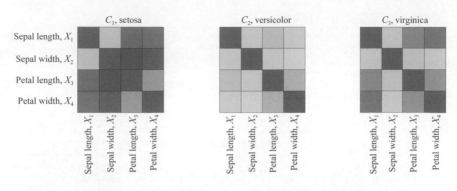

▲ 圖 13.9 相關性係數矩陣熱圖 (考慮分類標籤)

13.3 特徵值分解：找到旋轉、縮放

對協方差矩陣 Σ 特徵值分解為

$$\Sigma = V \Lambda V^{-1} \tag{13.20}$$

其中，特徵值矩陣 Λ 為對角方陣，即

$$\Lambda = \begin{bmatrix} \lambda_1 & 0 & \cdots & 0 \\ 0 & \lambda_2 & \cdots & 0 \\ \vdots & \vdots & \ddots & \vdots \\ 0 & 0 & \cdots & \lambda_D \end{bmatrix} \tag{13.21}$$

由於 Σ 為對稱矩陣，所以對協方差矩陣特徵值分解是譜分解，即

$$\Sigma = V \Lambda V^{\mathrm{T}} \tag{13.22}$$

圖 13.10 所示為鳶尾花資料協方差矩陣 Σ 的特徵值分解運算熱圖。

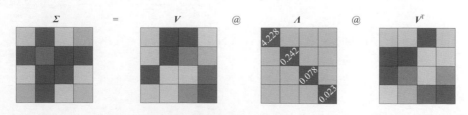

▲ 圖 13.10 協方差矩陣特徵值分解

矩陣 V 為正交矩陣，即有

$$VV^{\mathrm{T}} = I \tag{13.23}$$

圖 13.11 所示為對應運算熱圖。

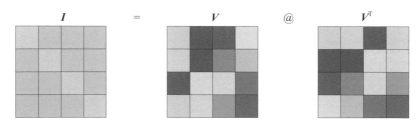

▲ 圖 13.11　矩陣 V 為正交矩陣

譜分解：外積展開

將式 (13.22) 展開得到

$$\Sigma = V\Lambda V^{\mathrm{T}} = \begin{bmatrix} v_1 & v_2 & \cdots & v_D \end{bmatrix} \begin{bmatrix} \lambda_1 & & & \\ & \lambda_2 & & \\ & & \ddots & \\ & & & \lambda_D \end{bmatrix} \begin{bmatrix} v_1^{\mathrm{T}} \\ v_2^{\mathrm{T}} \\ \vdots \\ v_D^{\mathrm{T}} \end{bmatrix} \tag{13.24}$$

$$= \lambda_1 v_1 v_1^{\mathrm{T}} + \lambda_2 v_2 v_2^{\mathrm{T}} + \cdots + \lambda_D v_D v_D^{\mathrm{T}} = \sum_{j=1}^{D} \lambda_j v_j v_j^{\mathrm{T}}$$

這便是《AI 時代 Math 元年 - 用 Python 全精通矩陣及線性代數》一書第 5 章介紹的矩陣乘法第二角度—外積展開，將矩陣乘法展開寫成加法。

用向量張量積來寫式 (13.24) 得到

$$\Sigma = \lambda_1 v_1 \otimes v_1 + \lambda_2 v_2 \otimes v_2 + \cdots + \lambda_D v_D \otimes v_D = \sum_{j=1}^{D} \lambda_j v_j \otimes v_j \tag{13.25}$$

注意：v_j 為單位向量，無量綱，即沒有單位。

　　從幾何角度來看，v_j 僅提供了投影的方向，而真正提供縮放大小的是特徵值 λ_j。圖 13.12 所示為協方差矩陣譜分解展開熱圖。雖然 $\lambda_1 v_1 v_1^{\mathrm{T}}$ 的秩為 1，但是 $\lambda_1 v_1 v_1^{\mathrm{T}}$ 已經幾乎「還原」了 Σ。

> 此外，幾何角度來看，$\lambda_1 v_1 v_1^{\mathrm{T}}$ 代表向量投影，即《AI 時代 Math 元年 - 用 Python 全精通矩陣及線性代數》一書第 10 章中介紹的「二次投影」，建議大家回顧。

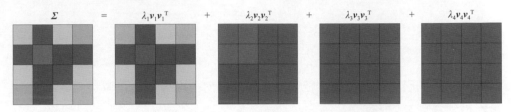

▲ 圖 13.12 協方差矩陣譜分解展開熱圖

跡

　　一個值得注意的性質是，協方差矩陣 Σ 的跡—方陣對角線元素之和—等於式 (13.21) 特徵值之和，即

$$
\begin{aligned}
\mathrm{trace}(\Sigma) &= \sigma_1^2 + \sigma_2^2 + \cdots + \sigma_D^2 = \sum_{j=1}^{D} \sigma_j^2 \\
&= \lambda_1 + \lambda_2 + \cdots \lambda_D = \sum_{j=1}^{D} \lambda_j
\end{aligned}
\tag{13.26}
$$

　　協方差矩陣 Σ 的對角線元素之和，相當於所有特徵的方差之和，即資料整體的方差。V 相當於旋轉，而旋轉操作不改變資料的整體方差。本章後文將介紹理解式 (13.26) 的幾何角度。

　　圖 13.13 所示為鳶尾花資料矩陣 X 中每一列資料的方差 σ_j^2 對整體方差 $\sum_{j=1}^{D} \sigma_j^2$ 的貢獻。

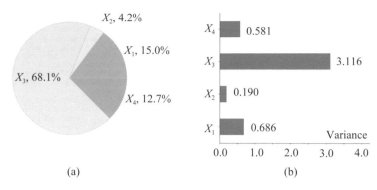

▲ 圖 13.13 協方差矩陣 Σ 的主對角線成分，即 X 的方差

投影角度

利用我們已經學過的有關特徵值分解的幾何角度，中心化資料矩陣 X_c 在 V 投影得到資料 Y，即有

$$Y = X_c V = \left(X - \mathrm{E}(X)\right)V \tag{13.27}$$

求資料矩陣 Y 的協方差矩陣，有

$$
\begin{aligned}
\Sigma_Y &= \frac{Y^{\mathrm{T}}Y}{n-1} = \frac{\left(\left(X - \mathrm{E}(X)\right)V\right)^{\mathrm{T}}\left(X - \mathrm{E}(X)\right)V}{n-1} \\
&= V^{\mathrm{T}}\frac{\left(X - \mathrm{E}(X)\right)^{\mathrm{T}}\left(X - \mathrm{E}(X)\right)}{n-1}V \\
&= V^{\mathrm{T}}\Sigma V = \Lambda = \begin{bmatrix} \lambda_1 & 0 & \cdots & 0 \\ 0 & \lambda_2 & \cdots & 0 \\ \vdots & \vdots & \ddots & \vdots \\ 0 & 0 & \cdots & \lambda_D \end{bmatrix}
\end{aligned} \tag{13.28}
$$

觀察式 (13.28) 中矩陣 Y 的協方差矩陣，可以發現投影得到的資料列向量相互正交特徵值從大到小排列，即 $\lambda_1 \geq \lambda_2 \geq \cdots \geq \lambda_D$，矩陣 Y 第一列 y_1 的方差最大。

如圖 13.14 所示，以鳶尾花資料投影結果為例，y_1 的方差對整體方差貢獻超過 90%。

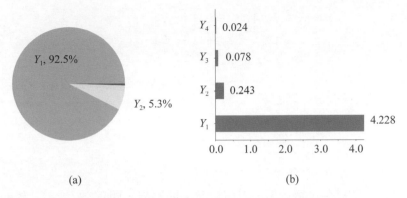

▲ 圖 13.14 Σ_Y 的主對角線成分，即 Y 的方差

這便是主成分分析的思路，第25章將繼續這一話題的探討。

協方差的「投影」

舉個例子，資料矩陣 X_c 在 v_1 方向投影結果為 y_1，即

$$y_1 = X_c v_1 \tag{13.29}$$

由於 X_c 的質心在原點，所以 y_1 的期望值為 0。而 y_1 的方差為

$$\sigma_{y_1}^2 = \frac{y_1^{\mathsf{T}} y_1}{n-1} = \frac{\left(X_c v_1\right)^{\mathsf{T}} X_c v_1}{n-1} = v_1^{\mathsf{T}} \frac{X_c^{\mathsf{T}} X_c}{n-1} v_1 = v_1^{\mathsf{T}} \Sigma v_1 \tag{13.30}$$

將式 (13.24) 代入式 (13.30) 得到

$$\Sigma_{Y_1} = v_1^{\mathsf{T}} \left(\lambda_1 v_1 v_1^{\mathsf{T}} + \lambda_2 v_2 v_2^{\mathsf{T}} + \cdots + \lambda_D v_D v_D^{\mathsf{T}}\right) v_1 = \lambda_1 \tag{13.31}$$

式 (13.31) 相當於 Σ 在 v_1 方向上「投影」的結果。

同理，Σ 在 $[v_1, v_2]$「投影」的結果為

$$\begin{bmatrix} \boldsymbol{v}_1^{\mathrm{T}} \\ \boldsymbol{v}_2^{\mathrm{T}} \end{bmatrix} \boldsymbol{\Sigma} \begin{bmatrix} \boldsymbol{v}_1 & \boldsymbol{v}_2 \end{bmatrix} = \begin{bmatrix} \lambda_1 & \\ & \lambda_2 \end{bmatrix} \tag{13.32}$$

◀

第 14 章將深入探討這一話題。

開平方

用特徵值分解結果，可以對協方差矩陣 $\boldsymbol{\Sigma}$ 開平方，即有

$$\boldsymbol{\Sigma} = \boldsymbol{V}\boldsymbol{\Lambda}^{\frac{1}{2}}\boldsymbol{\Lambda}^{\frac{1}{2}}\boldsymbol{V}^{\mathrm{T}} = \boldsymbol{V}\boldsymbol{\Lambda}^{\frac{1}{2}}\left(\boldsymbol{V}\boldsymbol{\Lambda}^{\frac{1}{2}}\right)^{\mathrm{T}} \tag{13.33}$$

請大家利用本章程式自行繪製式 (13.33) 的熱圖。

行列式的值

協方差矩陣 $\boldsymbol{\Sigma}$ 的行列式的值為其特徵值乘積，即

$$|\boldsymbol{\Sigma}| = |\boldsymbol{\Lambda}| = \prod_{j=1}^{D} \lambda_j \tag{13.34}$$

本章後文會探討式 (13.34) 的幾何內涵。

$\boldsymbol{\Sigma}$ 行列式的值的平方根為

$$|\boldsymbol{\Sigma}|^{\frac{1}{2}} = |\boldsymbol{\Lambda}|^{\frac{1}{2}} = \sqrt{\prod_{j=1}^{D} \lambda_j} \tag{13.35}$$

注意：只有在特徵值均不為 0 時 $|\boldsymbol{\Sigma}|^{-\frac{1}{2}}$ 才存在，也就是說此時 $\boldsymbol{\Sigma}$ 為正定。

逆的特徵值分解

如果協方差矩陣正定，則對協方差矩陣的反矩陣進行特徵值分解，得到

$$\boldsymbol{\Sigma}^{-1} = \left(\boldsymbol{V}\boldsymbol{\Lambda}\boldsymbol{V}^{\mathrm{T}}\right)^{-1} = \left(\boldsymbol{V}^{\mathrm{T}}\right)^{-1}\boldsymbol{\Lambda}^{-1}\boldsymbol{V}^{-1} = \boldsymbol{V}\boldsymbol{\Lambda}^{-1}\boldsymbol{V}^{\mathrm{T}} \tag{13.36}$$

式 (13.36) 利用到對稱矩陣特徵值分解 $VV^T=1$ 這個性質。

Σ^{-1} 的特徵值矩陣為

$$\Lambda^{-1} = \begin{bmatrix} 1/\lambda_1 & 0 & \cdots & 0 \\ 0 & 1/\lambda_2 & \cdots & 0 \\ \vdots & \vdots & \ddots & \vdots \\ 0 & 0 & \cdots & 1/\lambda_D \end{bmatrix} \tag{13.37}$$

圖 13.15 所示為 Σ^{-1} 的特徵值分解運算熱圖。

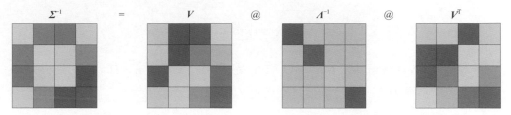

▲ 圖 13.15 協方差矩陣的逆的特徵值分解運算熱圖

相關性係數矩陣的特徵值分解

大家肯定能夠想到，既然協方差矩陣可以特徵值分解，那麼相關性係數矩陣也可以進行特徵值分解！圖 13.16 所示為相關性係數矩陣的特徵值分解，也是譜分解。

對 X 的每一列求 Z 分數得到 Z_X，相關性係數矩陣是 Z_X 的協方差矩陣。也就是說，如圖 13.16 所示，Z_X 的整體方差為 4。比較圖 13.10 和圖 13.16，容易發現兩個正交矩陣不同。

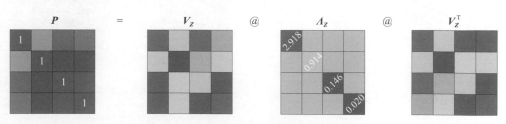

▲ 圖 13.16 相關性係數矩陣的特徵值分解

13.4 SVD 分解：分解資料矩陣

《AI 時代 Math 元年 - 用 Python 全精通矩陣及線性代數》一書反覆提過特徵值分解 EVD 和奇異值分解 SVD 的關係。本節探討對中心化 X_c 矩陣 SVD 分解結果和本章前文介紹的特徵值分解結果之間的關係。

回顧 SVD 分解

如圖 13.17 所示，對中心化資料矩陣 X_c 進行經濟型 SVD 分解得到

$$X_c = USV^T \tag{13.38}$$

經濟型 SVD 分解中，U 的形狀和 X_c 完全相同，都是 $n \times D$。U 的列向量兩兩正交，即滿足 $U^T U = I_{D \times D}$，但是不滿足 $UU^T = I_{n \times n}$。

完全型 SVD 分解中，U 的形狀為 $n \times n$。U 為正交矩陣，則滿足 $U^T U = UU^T = I_{n \times n}$。

經濟型 SVD 分解中，S 為對角方陣，對角元素為奇異值 s_i。

經濟型 SVD 分解中，V 的形狀為 $D \times D$。V 為正交矩陣，則滿足 $V^T V = VV^T = I_{D \times D}$。$V$ 為規範正交基。

注意：本書後文為了區分不同規範正交基底，會把式 (13.38) 中的 V 寫成 V_c。

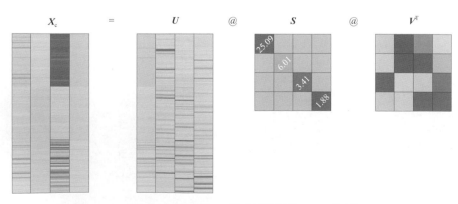

▲ 圖 13.17　矩陣 X_c 進行經濟型 SVD 分解

X_c 投影到 V

如圖 13.18 所示，將中心化矩陣 X_c 投影到 V 得到 Y_c，有

$$Y_c = X_c V \tag{13.39}$$

Y_c 的形狀與 X_c 一致。

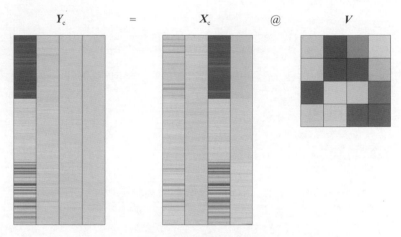

▲ 圖 13.18 矩陣 X_c 投影到 V

X_c 的質心位於原點，Y_c 的質心也位於原點，即

$$\mathrm{E}(Y_c) = \mathrm{E}(X_c V) = \mathrm{E}(X_c)V = \begin{bmatrix} 0 & 0 & 0 & 0 \end{bmatrix} V = \begin{bmatrix} 0 & 0 & 0 & 0 \end{bmatrix} \tag{13.40}$$

本章前文提過，Y_c 的協方差為

$$\Sigma_Y = \Lambda = \begin{bmatrix} \lambda_1 & 0 & \cdots & 0 \\ 0 & \lambda_2 & \cdots & 0 \\ \vdots & \vdots & \ddots & \vdots \\ 0 & 0 & \cdots & \lambda_D \end{bmatrix} \tag{13.41}$$

而原資料矩陣 X 的質心位於 $\mathrm{E}(X)$。X_c 和 X 的協方差矩陣完全相同。

從幾何角度來看，X 到 X_c 是質心從 $\mathrm{E}(X)$ 平移到原點。資料本身的分佈「形狀」相對質心來說沒有任何改變，而協方差矩陣描述的就是分佈形狀。

X 投影到 V

$V = [v_1, v_2, v_3, v_4]$ 是個 $\mathbb{R}^4$ 規範正交基底，不僅 X_c 可以投影到 V 中，原始資料 X 也可以投影到 V 中。將 X 投影到 V 得到 Y，有

$$Y = XV \tag{13.42}$$

Y 的質心顯然不在原點，$\mathrm{E}(Y)$ 具體位置為

$$\mathrm{E}(Y) = \mathrm{E}(X)V = [5.843 \quad 3.057 \quad 3.758 \quad 1.199]V = [5.502 \quad -5.326 \quad 0.631 \quad -0.033] \tag{13.43}$$

Y 的協方差矩陣則與 Y_c 完全相同，這一點請大家自己證明，並用程式驗證。

奇異值 vs 特徵值

將式 (13.38) 代入式 (13.6) 得到

$$
\begin{aligned}
\Sigma &= \frac{X_c^{\mathrm{T}} X_c}{n-1} = \frac{\left(USV^{\mathrm{T}}\right)^{\mathrm{T}} USV^{\mathrm{T}}}{n-1} = \frac{VS^{\mathrm{T}}U^{\mathrm{T}}USV^{\mathrm{T}}}{n-1} \\
&= V\frac{S^2}{n-1}V^{\mathrm{T}}
\end{aligned}
\tag{13.44}
$$

對比式 (13.44) 和式 (13.20)，可以建立對 Σ 特徵值分解和對 X_c 進行 SVD 分解的關係，即有

$$V\Lambda V^{\mathrm{T}} = V\frac{S^2}{n-1}V^{\mathrm{T}} \tag{13.45}$$

注意：等式左右兩側的 V 都是正交矩陣，雖然程式計算得到的結果在正負號上會存在差別。從式 (13.45) 中我們還可以看到 Σ 特徵值與 X_c 奇異值之間的量化關係，即

$$
\underbrace{\begin{bmatrix} \lambda_1 & & & \\ & \lambda_2 & & \\ & & \ddots & \\ & & & \lambda_D \end{bmatrix}}_{\Lambda} = \frac{1}{n-1} \underbrace{\begin{bmatrix} s_1^2 & & & \\ & s_2^2 & & \\ & & \ddots & \\ & & & s_D^2 \end{bmatrix}}_{s^2}
\tag{13.46}
$$

即

$$\lambda_j = \frac{1}{n-1} s_j^2 \tag{13.47}$$

圖 13.19 所示為鳶尾花協方差矩陣特徵值和中心化資料奇異值之間的關係。

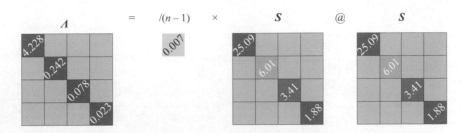

▲ 圖 13.19 特徵值和奇異值的關係

> 有讀者可能會問，對原資料矩陣 X 直接進行 SVD 分解，以及對 X_c 進行 SVD 分解，兩者的區別在哪裡？這是《數據有道》一書要探討的內容。

矩陣乘法第二角度

如圖 13.20 所示，利用矩陣乘法第二角度，式 (13.38) 可以展開寫成

$$X_c = \underbrace{\begin{bmatrix} u_1 & u_2 & \cdots & u_D \end{bmatrix}}_{U} \underbrace{\begin{bmatrix} s_1 & & & \\ & s_2 & & \\ & & \ddots & \\ & & & s_D \end{bmatrix}}_{S} \underbrace{\begin{bmatrix} v_1^{\mathrm{T}} \\ v_2^{\mathrm{T}} \\ \vdots \\ v_D^{\mathrm{T}} \end{bmatrix}}_{V^{\mathrm{T}}} \tag{13.48}$$

$$= s_1 u_1 v_1^{\mathrm{T}} + s_2 u_2 v_2^{\mathrm{T}} + \cdots + s_D u_D v_D^{\mathrm{T}} = \sum_{j=1}^{D} s_j u_j v_j^{\mathrm{T}}$$

同樣，u_j、v_j 僅提供投影方向，s_j 決定重要性。

利用向量張量積，式 (13.48) 可以寫成

$$X_c = s_1 \boldsymbol{u}_1 \otimes \boldsymbol{v}_1 + s_2 \boldsymbol{u}_2 \otimes \boldsymbol{v}_2 + \cdots + s_D \boldsymbol{u}_D \otimes \boldsymbol{v}_D = \sum_{j=1}^{D} s_j \boldsymbol{u}_j \otimes \boldsymbol{v}_j \tag{13.49}$$

這種分解類似於圖 13.12。

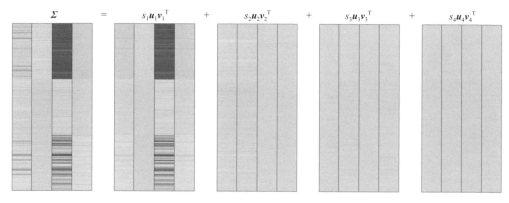

▲ 圖 13.20 利用矩陣乘法第二角度進行 SVD 分解

第二種展開方式

《AI 時代 Math 元年 - 用 Python 全精通矩陣及線性代數》一書第 10 章還介紹過「二次投影」的展開方式，具體為

$$X_c = X_c \boldsymbol{I} = X_c \boldsymbol{V}\boldsymbol{V}^{\mathsf{T}} = X_c \underbrace{\begin{bmatrix} \boldsymbol{v}_1 & \boldsymbol{v}_2 & \cdots & \boldsymbol{v}_D \end{bmatrix}}_{V} \underbrace{\begin{bmatrix} \boldsymbol{v}_1^{\mathsf{T}} \\ \boldsymbol{v}_2^{\mathsf{T}} \\ \vdots \\ \boldsymbol{v}_D^{\mathsf{T}} \end{bmatrix}}_{V^{\mathsf{T}}} \tag{13.50}$$

$$= X_c \boldsymbol{v}_1 \boldsymbol{v}_1^{\mathsf{T}} + X_c \boldsymbol{v}_2 \boldsymbol{v}_2^{\mathsf{T}} + \cdots + X_c \boldsymbol{v}_D \boldsymbol{v}_D^{\mathsf{T}} = \sum_{j=1}^{D} X_c \boldsymbol{v}_j \boldsymbol{v}_j^{\mathsf{T}} = X_c \left(\sum_{j=1}^{D} \boldsymbol{v}_j \boldsymbol{v}_j^{\mathsf{T}} \right)$$

同樣用向量張量積，式 (13.50) 可以寫成

$$X_c = X_c \boldsymbol{v}_1 \otimes \boldsymbol{v}_1 + X_c \boldsymbol{v}_2 \otimes \boldsymbol{v}_2 + \cdots + X_c \boldsymbol{v}_D \otimes \boldsymbol{v}_D = X_c \left(\sum_{j=1}^{D} \boldsymbol{v}_j \otimes \boldsymbol{v}_j \right) \tag{13.51}$$

請大家自行繪製式 (13.51) 的矩陣運算熱圖。

13.5 Cholesky 分解：列向量座標

對協方差矩陣 Σ 進行 Cholesky 分解，得到的結果是下三角矩陣 L 和上三角矩陣 L^{T} 的乘積，即

$$\Sigma = LL^{\mathrm{T}} = R^{\mathrm{T}}R \qquad (13.52)$$

其中：R 為上三角矩陣，即 $R = L^{\mathrm{T}}$。

圖 13.21 所示為協方差矩陣 Cholesky 分解運算熱圖。

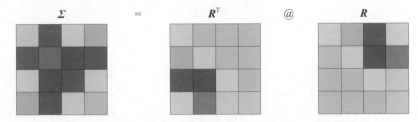

▲ 圖 13.21 協方差矩陣 Cholesky 分解運算熱圖

> 建議大家回顧《AI 時代 Math 元年 - 用 Python 全精通矩陣及線性代數》一書第 12、24 章，從幾何角度、資料角度理解 Cholesky 分解，本節不再重複。

給定資料矩陣 Z，Z 的每個隨機變數均服從標準正態分佈，且相互獨立，也就是 IID；Z 的協方差矩陣為單位矩陣 I，即

$$\Sigma_z = \frac{Z^{\mathrm{T}}Z}{n-1} = I \qquad (13.53)$$

令

$$X = ZR + \mathrm{E}(X) \qquad (13.54)$$

從式 (13.54) 推導 X 的協方差矩陣為

$$\Sigma_x = \frac{\left(X - \mathrm{E}(X)\right)^{\mathrm{T}}\left(X - \mathrm{E}(X)\right)}{n-1} = \frac{(ZR)^{\mathrm{T}}(ZR)}{n-1} = \frac{R^{\mathrm{T}}Z^{\mathrm{T}}ZR}{n-1} = R^{\mathrm{T}}\underbrace{\frac{Z^{\mathrm{T}}Z}{n-1}}_{I}R = R^{\mathrm{T}}R \quad (13.55)$$

◀

以上內容對於產生滿足特定相關性隨機數特別重要，第 15 章將展開講解。

13.6　距離：歐氏距離 vs 馬氏距離

協方差矩陣還出現在距離度量運算中，如馬氏距離。本節比較歐氏距離和馬氏距離，並引出 13.7 節內容。

歐氏距離

從矩陣運算角度來看，歐氏距離的平方就是《AI 時代 Math 元年 - 用 Python 全精通矩陣及線性代數》一書第 5 章介紹的二次型 (quadraticform)。比如，空間中任意一點 x 到質心 μ 的歐氏距離為

$$d^2 = (x - \mu)^{\mathrm{T}}(x - \mu) = \|x - \mu\|_2^2 = \sum_{j=1}^{D}\left(x_j - \mu_j\right)^2 \quad (13.56)$$

如圖 13.22(a) 所示，如果 x 有兩個特徵，即 $D = 2$，$d = \|x\text{-}\mu\| = 1$ 代表圓心位於質心 μ、半徑為 1 的正圓。圖 13.22(a) 中正圓的解析式為

$$\left(x_1 - \mu_1\right)^2 + \left(x_2 - \mu_2\right)^2 = 1 \quad (13.57)$$

如圖 13.22(b) 所示，如果 x 有三個特徵，即 $D = 3$，$d = \|x - \mu\| = 1$ 代表圓心位於質心 μ、半徑為 1 的正球體，對應的解析式為

$$\left(x_1 - \mu_1\right)^2 + \left(x_2 - \mu_2\right)^2 + \left(x_3 - \mu_3\right)^2 = 1 \quad (13.58)$$

當 $D > 3$ 時，$d = \|x - \mu\| = 1$ 代表空間中的超球體。

換個角度講，$D = 2$，當 d 取不同值時，歐氏距離等距線是一層層同心圓，具體如圖 13.22(c) 所示。$D = 3$，當 d 取不同值時，歐氏距離等距線變成了一層層同心正球體。

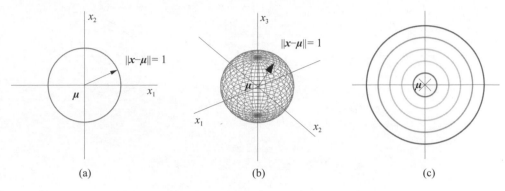

(a)　　　　　　　　　(b)　　　　　　　　　(c)

▲ 圖 13.22 正圓、正球體、同心圓

以鳶尾花資料為例，它的質心位於

$$\boldsymbol{\mu} = \begin{bmatrix} 5.843 \\ 3.057 \\ 3.758 \\ 1.199 \end{bmatrix} \tag{13.59}$$

原點 $\boldsymbol{0}$ 和質心 $\boldsymbol{\mu}$ 的歐氏距離為

$$\| \boldsymbol{0} - \boldsymbol{\mu} \| = \sqrt{(0 - 5.843)^2 + (0 - 3.057)^2 + (0 - 3.758)^2 + (0 - 1.199)^2} \approx 7.684 \tag{13.60}$$

⚠

注意：式 (13.60) 中歐氏距離的單位為公分。

馬氏距離

馬氏距離的平方也是二次型，有

$$d^2 = (\boldsymbol{x} - \boldsymbol{\mu})^{\mathrm{T}} \boldsymbol{\Sigma}^{-1} (\boldsymbol{x} - \boldsymbol{\mu}) = \left\| \boldsymbol{\Lambda}^{\frac{-1}{2}} \boldsymbol{V}^{\mathrm{T}} (\boldsymbol{x} - \boldsymbol{\mu}) \right\|_2^2 \tag{13.61}$$

如圖 13.23(a) 所示，$D = 2$ 時，$d = \left\| \Lambda^{\frac{-1}{2}} V^{\mathrm{T}} (x - \mu) \right\| = 1$ 代表圓心位於質心 μ 的橢圓。

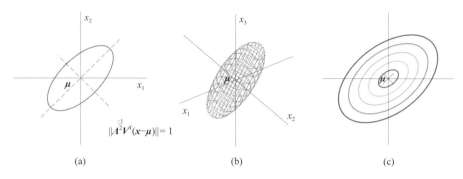

$$\left\| \Lambda^{\frac{-1}{2}} V^{\mathrm{T}} (x - \mu) \right\| = 1$$

(a)　　　　　　　　　　　(b)　　　　　　　　　　　(c)

▲ 圖 13.23　橢圓、橢球體、同心橢圓

特別地，如果協方差矩陣 Σ 為

$$\Sigma = \begin{bmatrix} \sigma_1^2 & \\ & \sigma_2^2 \end{bmatrix}, \quad \sigma_1 > \sigma_2 > 0 \tag{13.62}$$

則馬氏距離 $d = 1$ 對應橢圓的解析式為

$$\frac{(x_1 - \mu_1)^2}{\sigma_1^2} + \frac{(x_2 - \mu_2)^2}{\sigma_2^2} = 1 \tag{13.63}$$

這個橢圓顯然是正橢圓，圓心位於 (μ_1, μ_2)，半長軸為 σ_1，半短軸為 σ_2。

對於一般的協方差矩陣 $\Sigma_{2 \times 2}$，想知道旋轉橢圓的半長軸、半短軸長度，則需要利用特徵值分解得到其特徵值矩陣，有

$$\Sigma = \begin{bmatrix} \sigma_1^2 & \rho_{1,2} \sigma_1 \sigma_2 \\ \rho_{1,2} \sigma_1 \sigma_2 & \sigma_2^2 \end{bmatrix} \overset{\text{EVD}}{\Rightarrow} \Lambda = \begin{bmatrix} \lambda_1 & 0 \\ 0 & \lambda_2 \end{bmatrix} \tag{13.64}$$

這個旋轉橢圓的圓心位於 (μ_1, μ_2)，半長軸為 $\sqrt{\lambda_1}$，半短軸為 $\sqrt{\lambda_2}$。特徵值分解得到的特徵向量 v_1、v_2 則告訴我們橢圓長軸、短軸方向。

如圖 13.23(b) 所示，如果 x 有三個特徵，即 $D = 3$，$d = \left\| \Lambda^{\frac{-1}{2}} V^{\mathrm{T}} (x - \mu) \right\| = 1$ 代表圓心位於質心 μ 的橢球體。

同樣，如果協方差矩陣 Σ 為

$$\Sigma = \begin{bmatrix} \sigma_1^2 & & \\ & \sigma_2^2 & \\ & & \sigma_3^2 \end{bmatrix}, \quad \sigma_1 > \sigma_2 > \sigma_3 > 0 \tag{13.65}$$

則馬氏距離 $d = 1$ 對應橢球的解析式為

$$\frac{\left(x_1 - \mu_1\right)^2}{\sigma_1^2} + \frac{\left(x_2 - \mu_2\right)^2}{\sigma_2^2} + \frac{\left(x_3 - \mu_3\right)^2}{\sigma_3^2} = 1 \tag{13.66}$$

其中：σ_1、σ_2、σ_3 均為橢球的半主軸 (principal semi-axis) 長度，我們分別管它們叫第一、第二、第三半主軸長度。

同理，對於更一般的協方差矩陣 $\Sigma_{3\times3}$，需要透過特徵值分解找到半主軸長度$\sqrt{\lambda_1}$、$\sqrt{\lambda_2}$、$\sqrt{\lambda_3}$。三個主軸的方向則分別對應三個特徵向量 v_1、v_2、v_3。

當 $D > 3$ 時，$d = \left\| \Lambda^{-\frac{1}{2}} V^{\mathrm{T}} \left(x - \mu\right) \right\| = 1$ 代表空間中的超橢球。

$D = 2$，當 d 取不同值時，馬氏距離等距線則是一層層同心橢圓，如圖 13.23(c) 所示。還是以鳶尾花資料為例，如圖 13.24 所示，原點 $\mathbf{0}$ 和質心 μ 的馬氏距離平方值為

$$d^2 = \left(\begin{bmatrix} 0 \\ 0 \\ 0 \\ 0 \end{bmatrix} - \begin{bmatrix} 5.843 \\ 3.057 \\ 3.758 \\ 1.199 \end{bmatrix} \right)^{\mathrm{T}} \begin{bmatrix} 0.69 & -0.042 & 1.3 & 0.52 \\ -0.042 & 0.19 & -0.33 & -0.12 \\ 1.3 & -0.33 & 3.1 & 1.3 \\ 0.52 & -0.12 & 1.3 & 0.58 \end{bmatrix}^{-1} \left(\begin{bmatrix} 0 \\ 0 \\ 0 \\ 0 \end{bmatrix} - \begin{bmatrix} 5.843 \\ 3.057 \\ 3.758 \\ 1.199 \end{bmatrix} \right) = 129.245 \tag{13.67}$$

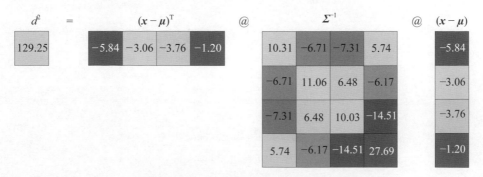

▲ 圖 13.24 計算 d_2 的矩陣運算熱圖

式 (13.67) 開平方得到原點 $\boldsymbol{0}$ 和質心 $\boldsymbol{\mu}$ 的馬氏距離為

$$d = \sqrt{129.245} = 11.3686 \tag{13.68}$$

馬氏距離沒有單位。更準確地說，馬氏距離的單位是標準差，如 $d = 11.3686$ 代表馬氏距離為「11.3686 個均方差」。

有了本節內容鋪陳，13.7 節我們將深入探討協方差的幾何內涵。

第 23 章還會繼續探討馬氏距離。

k5_Ch13_01.py 繪製本章前文大部分矩陣運算熱圖。

13.7　幾何角度：超橢球、橢球、橢圓

「旋轉」超橢球

根據 13.6 節所學，如果 $D = 4$，則 $(\boldsymbol{x} - \boldsymbol{\mu})^{\mathrm{T}} \Sigma^{-1} (\boldsymbol{x} - \boldsymbol{\mu}) = 1$ 代表四維空間 $\mathbb{R}^4$ 中圓心位於 $\boldsymbol{\mu}$ 的超橢球。我們知道，對於鳶尾花樣本資料 $\boldsymbol{X}$，在 $\mathbb{R}^4$ 中代表資料的超橢球的圓心位於 E($\boldsymbol{X}$)，即

$$\mathrm{E}(\boldsymbol{X}) = [5.843 \quad 3.057 \quad 3.758 \quad 1.199] \tag{13.69}$$

根據圖 13.10 中所示對 Σ 的特徵值分解，我們知道超橢球的四個半主軸長度分別為

$$
\begin{aligned}
\sqrt{\lambda_1} &\approx \sqrt{4.228} \approx 2.056 \text{ cm} \\
\sqrt{\lambda_2} &\approx \sqrt{0.242} \approx 0.492 \text{ cm} \\
\sqrt{\lambda_3} &\approx \sqrt{0.078} \approx 0.279 \text{ cm} \\
\sqrt{\lambda_4} &\approx \sqrt{0.023} \approx 0.154 \text{ cm}
\end{aligned}
\tag{13.70}
$$

$\mathbb{R}^4$ 中超橢球四個主軸所在方向對應圖 13.10 中 V 的四個列向量，即

$$V = \begin{bmatrix} v_1 & v_2 & v_3 & v_4 \end{bmatrix} = \begin{bmatrix} 0.751 & 0.284 & 0.502 & 0.321 \\ 0.380 & 0.547 & -0.675 & -0.317 \\ 0.513 & -0.709 & -0.059 & -0.481 \\ 0.168 & -0.344 & -0.537 & 0.752 \end{bmatrix} \tag{13.71}$$

顯然，在紙面上很難視覺化一個四維空間的超橢球，因此我們選擇用投影的辦法將超橢球投影在不同三維空間和二維平面上。

「旋轉」超橢球投影到三維空間

圖 13.25(a) 所示為四維空間超橢球在 $x_1 x_2 x_3$ 這個三維空間的投影，結果是一個圓心位於質心的橢球。

為了獲得這個橢球的解析式，我們先將 4×4 協方差矩陣 Σ「投影」到圖 13.25(a) 這個三維空間中，我們把這個新的協方差矩陣記作

$$\Sigma_{1,2,3} = \begin{bmatrix} 1 & & \\ & 1 & \\ & & 1 \end{bmatrix} \cdot \underbrace{\begin{bmatrix} 0.686 & -0.042 & 1.274 & 0.516 \\ -0.042 & 0.190 & -0.330 & -0.122 \\ 1.274 & -0.330 & 3.116 & 1.296 \\ 0.516 & -0.122 & 1.296 & 0.581 \end{bmatrix}}_{\Sigma} \begin{bmatrix} 1 & & \\ & 1 & \\ & & 1 \end{bmatrix} = \begin{bmatrix} 0.686 & -0.042 & 1.274 \\ -0.042 & 0.190 & -0.330 \\ 1.274 & -0.330 & 3.116 \end{bmatrix} \tag{13.72}$$

Σ 消去了第 4 行和第 4 列得到 $\Sigma_{1,2,3}$。

從資料角度來看，原始資料矩陣 $X_{150 \times 4}$ 先投影得到 $X_{1,2,3}$，有

$$X_{1,2,3} = \underbrace{\begin{bmatrix} x_1 & x_2 & x_3 & x_4 \end{bmatrix}}_{X} \begin{bmatrix} 1 & & \\ & 1 & \\ & & 1 \end{bmatrix} = \begin{bmatrix} x_1 & x_2 & x_3 \end{bmatrix} \tag{13.73}$$

式 (13.73) 的運算相當於保留了 X 的前三列資料 $X_{1,2,3}$。再算協方差矩陣，結果就是 $\Sigma_{1,2,3}$。單位矩陣 $I_{4\times4}$ 是 $\mathbb{R}^4$ 的標準正交系，可以寫成

$$I_{4\times4} = \begin{bmatrix} 1 & & & \\ & 1 & & \\ & & 1 & \\ & & & 1 \end{bmatrix} = \begin{bmatrix} e_1 & e_2 & e_3 & e_4 \end{bmatrix} \tag{13.74}$$

式 (13.72) 相當於 X 在 $[e_1,e_2,e_3]$ 基底中的投影。

四維空間的超橢球的圓心 $E(X)$ 在圖 13.25(a) 所示這個三維空間的位置很容易計算，即

$$E(X)\begin{bmatrix} e_1 & e_2 & e_3 \end{bmatrix} = \begin{bmatrix} 5.843 & 3.057 & 3.758 & 1.199 \end{bmatrix} \begin{bmatrix} 1 & & \\ & 1 & \\ & & 1 \\ & & \end{bmatrix} = \begin{bmatrix} 5.843 & 3.057 & 3.758 \end{bmatrix} \tag{13.75}$$

如果想要調換圖 13.25(a) 中 x_1 和 x_2 的順序，只需要將 $[e_1, e_2, e_3]$ 乘上以下的**置換矩陣** (permutation matrix)，即

$$\begin{bmatrix} e_1 & e_2 & e_3 \end{bmatrix} \begin{bmatrix} & 1 & \\ 1 & & \\ & & 1 \end{bmatrix} = \begin{bmatrix} e_2 & e_1 & e_3 \end{bmatrix} \tag{13.76}$$

《AI 時代 Math 元年 - 用 Python 全精通矩陣及線性代數》一書第 5 章講過置換矩陣，大家可以回顧。

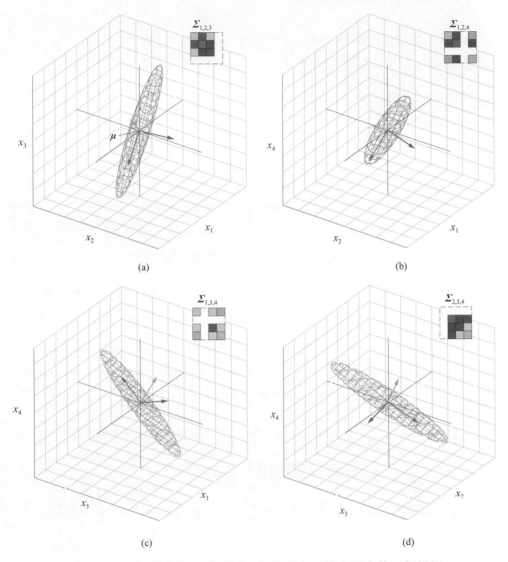

▲ 圖 13.25 四維空間的「旋轉」超橢球在三維空間中的四個投影

圖 13.25(a) 中的藍、紅、綠箭頭分別代表三維橢球的第一、第二、第三主軸方向。這三個主軸方向需要特徵值分解式 (13.72) 中的協方差矩陣，即有

$$\Sigma_{1,2,3} = \begin{bmatrix} 0.686 & -0.042 & 1.274 \\ -0.042 & 0.190 & -0.330 \\ 1.274 & -0.330 & 3.116 \end{bmatrix}$$

$$= \begin{bmatrix} -0.389 & 0.662 & 0.639 \\ 0.091 & -0.663 & 0.743 \\ -0.916 & -0.347 & -0.198 \end{bmatrix} \begin{bmatrix} 3.691 & & \\ & 0.059 & \\ & & 0.241 \end{bmatrix} \begin{bmatrix} -0.389 & 0.662 & 0.639 \\ 0.091 & -0.663 & 0.743 \\ -0.916 & -0.347 & -0.198 \end{bmatrix}^{\mathrm{T}} \tag{13.77}$$

由此，我們知道圖 13.25(a) 中橢球的三個半主軸的長度分別為

$$\sqrt{3.691} \approx 1.921 \text{ cm}$$
$$\sqrt{0.059} \approx 0.243 \text{ cm} \tag{13.78}$$
$$\sqrt{0.241} \approx 0.491 \text{ cm}$$

式 (13.77) 的特徵值分解也幫我們求得橢球的三個主軸方向。

注意：圖 13.25(a) 中的藍、紅、綠箭頭顯然不是式 (13.71) 中 V 在 $\mathbb{R}^3$ 中的投影，原因很簡單，V 在 $\mathbb{R}^3$ 中應該有四個「影子」，而非三個。這一點在圖 13.26 中看得更明顯。

只有 V 在沿著 v_j 方向投影 (注意不是在 v_j 方向投影)，v_j 的分量才會消失。這就好比，正午陽光下，一根柱子相當於「沒有」影子。

請大家自行分析圖 13.25 中剩餘三幅子圖，並寫出對應的投影運算。

「旋轉」橢球投影到二維平面

圖 13.26 所示為圖 13.25(a) 中橢球進一步投影到三個二維平面上的結果。

以 $x_1 x_2$ 平面為例，先將 4×4 協方差矩陣 Σ 投影到 $x_1 x_2$ 平面，結果為

$$\Sigma_{1,2} = \begin{bmatrix} 1 & & & \\ & 1 & & \end{bmatrix} \underbrace{\begin{bmatrix} 0.686 & -0.042 & 1.274 & 0.516 \\ -0.042 & 0.190 & -0.330 & -0.122 \\ 1.274 & -0.330 & 3.116 & 1.296 \\ 0.516 & -0.122 & 1.296 & 0.581 \end{bmatrix}}_{\Sigma} \begin{bmatrix} 1 & \\ & 1 \\ & \\ & \end{bmatrix} = \begin{bmatrix} 0.686 & -0.042 \\ -0.042 & 0.190 \end{bmatrix} \tag{13.79}$$

請大家自己寫出資料投影對應的矩陣運算。

為了計算式 (13.79) 協方差對應的橢圓，需要對其進行特徵值分解，有

$$\Sigma_{1,2} = \begin{bmatrix} 0.686 & -0.042 \\ -0.042 & 0.190 \end{bmatrix} = \begin{bmatrix} 0.996 & 0.084 \\ -0.084 & 0.996 \end{bmatrix} \begin{bmatrix} 0.689 & \\ & 0.186 \end{bmatrix} \begin{bmatrix} 0.996 & 0.084 \\ -0.084 & 0.996 \end{bmatrix}^{\mathrm{T}} \quad (13.80)$$

透過上述特徵值分解，我們知道在 x_1x_2 平面上橢圓的半長軸、半短軸長度分別為 0.830、0.431。單位都是公分 (cm)。

此外，請大家注意圖 13.25(a) 中 x_1x_2 平面上這個橢圓中背景藍色的矩形，這是本節後續要討論的內容。

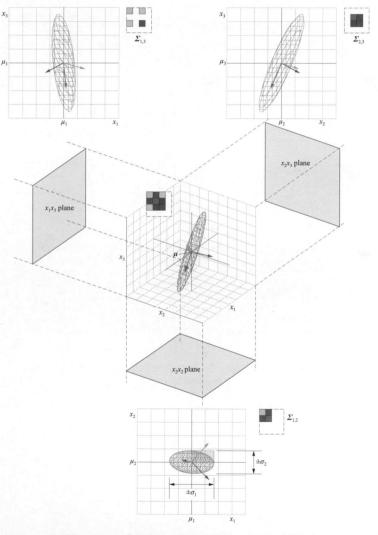

▲ 圖 13.26 「旋轉」橢球投影到三個二維平面

如果不考慮 x_i、$x_j(i \neq j)$ 的順序，$\mathbb{R}^4$ 中超橢球朝 $x_i x_j$ 面投影，一共可以獲得 6 個不同平面上的橢圓投影結果，具體如圖 13.27 所示。請大家自行分析圖 13.27 中這六幅子圖。

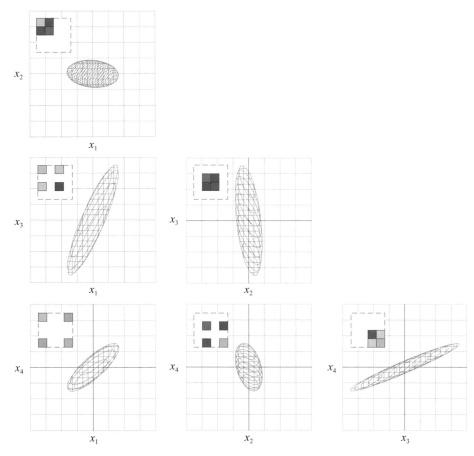

▲ 圖 13.27 「旋轉」超橢球在 6 個平面上的投影結果

矩形的面積、對角線長度

如圖 13.28(a) 所示，橢圓相切於矩形的四條邊。該矩形的四個頂點分別是 $(\mu_1 - \sigma_1, \mu_2 - \sigma_2)$、$(\mu_1 - \sigma_1, \mu_2 + \sigma_2)$、$(\mu_1 + \sigma_1, \mu_2 + \sigma_2)$、$(\mu_1 + \sigma_1, \mu_2 - \sigma_2)$。

圖 13.28(c) 中矩形的四個頂點分別為 (μ_1, μ_2)、$(\mu_1, \mu_2 + \sigma_1)$、$(\mu_1 + \sigma_1, \mu_2 + \sigma_2)$、$(\mu_1 + \sigma_1, \mu_2)$。

圖 13.28(a) 所示矩形的面積為 $4\sigma_1\sigma_2$，而圖 13.28(c) 中的矩形為圖 13.28(a) 中矩形的 1/4，對應面積為 $\sigma_1\sigma_2$。

圖 13.28(c) 中 1/4 矩形對角線長度為 $\sqrt{\sigma_1^2 + \sigma_2^2}$，這個值是其協方差矩陣的跡的平方根，即

$$\sqrt{\sigma_1^2 + \sigma_2^2} = \sqrt{\mathrm{tr}(\Sigma_{2\times2})} \tag{13.81}$$

圖 13.28(b) 所示矩形也和橢圓相切於四條邊，兩組對邊分別平行於 v_1、v_2。這個矩形的面積為 $4\sqrt{\lambda_1\lambda_2}$。而圖 13.28(d) 中的矩形為圖 13.28(b) 中矩形的 1/4，對應面積為 $\sqrt{\lambda_1\lambda_2}$。

$\sqrt{\lambda_1\lambda_2}$ 是協方差矩陣的行列式的值的平方根，即

$$\sqrt{\lambda_1\lambda_2} = \sqrt{|\Lambda_{2\times2}|} = \sqrt{|\Sigma_{2\times2}|} \tag{13.82}$$

圖 13.28(d) 中 1/4 矩形對角線長度為 $\sqrt{\lambda_1 + \lambda_2}$，與圖 13.28(c) 中矩形對角線長度相同，即

$$\sqrt{\sigma_1^2 + \sigma_2^2} = \sqrt{\mathrm{tr}(\Sigma_{2\times2})} = \sqrt{\mathrm{tr}(\Lambda_{2\times2})} = \sqrt{\lambda_1 + \lambda_2} \tag{13.83}$$

這是本書第 14 章要討論的協方差矩陣重要幾何性質之一。

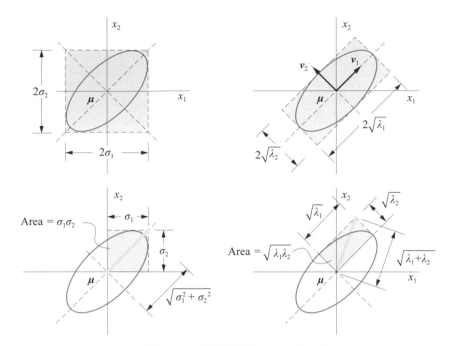

▲ 圖 13.28 與橢圓相切矩形的面積

「正」超橢球投影到三維空間

本節前文的「旋轉」超橢球經過旋轉之後得到「正」超橢球，這個「正」超橢球對應的協方差矩陣為 Λ, 具體值為

$$\Lambda = \begin{bmatrix} 4.228 & & & \\ & 0.242 & & \\ & & 0.078 & \\ & & & 0.023 \end{bmatrix} \tag{13.84}$$

這個「正」超橢球的解析式為

$$\frac{y_1^2}{4.228} + \frac{y_2^2}{0.242} + \frac{y_3^2}{0.078} + \frac{y_4^2}{0.023} = 1 \tag{13.85}$$

圖 13.29 所示為「正」超橢球在四個三維空間中投影得到的橢球。其中，圖 13.29(a) 所示為「正」超橢球在 $y_1y_2y_3$ 這個三維空間的投影，對應的解析式為

$$\frac{y_1^2}{4.228} + \frac{y_2^2}{0.242} + \frac{y_3^2}{0.078} = 1 \tag{13.86}$$

圖 13.29(a) 中藍、紅、綠色箭頭對應上述「正」超橢球的第一、第二、第三主軸方向。

圖 13.30 所示為 4×4 協方差矩陣代表的正超橢球在 6 個平面上的投影，很容易發現投影結果都是正橢圓。

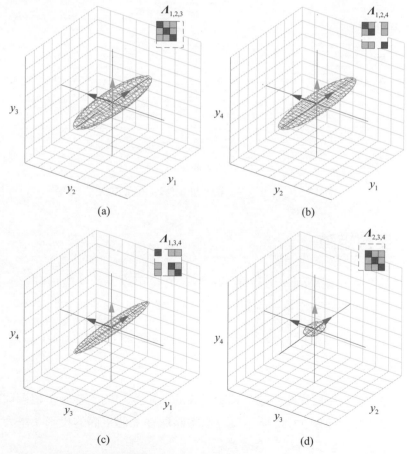

(a)　　(b)　　(c)　　(d)

▲ 圖 13.29 四維空間的「正」超橢球在三維空間中的四個投影

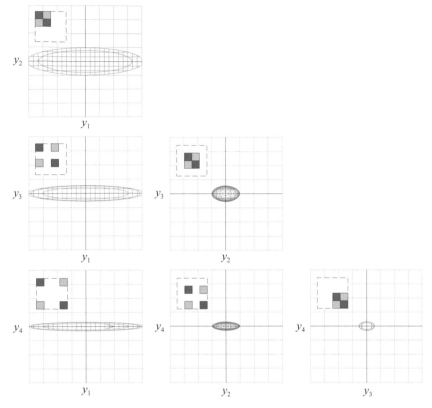

▲ 圖 13.30 「正」超橢球在 6 個平面上的投影結果

相關性係數矩陣

大家是否能立刻想到，相關性係數矩陣 P 也可以進行特徵值分解，也就是說 P 也可以有類似於前文協方差矩陣的幾何解釋。

根據圖 13.16，相關性係數矩陣 P 對應的超橢球的半主軸長度分別為 $\sqrt{2.918} = 1.708$、$\sqrt{0.914} = 0.956$、$\sqrt{0.146} = 0.383$、$\sqrt{0.021} = 0.143$。

圖 13.31 所示為相關性係數矩陣所代表的四維空間的「旋轉」超橢球在三維空間中的四個投影。圖 13.32 所示為這個超橢球在 6 個平面的投影。請大家自行分析這兩幅圖，特別是方差、標準差。

注意：相關性係數矩陣可以視作 Z 分數的協方差矩陣。

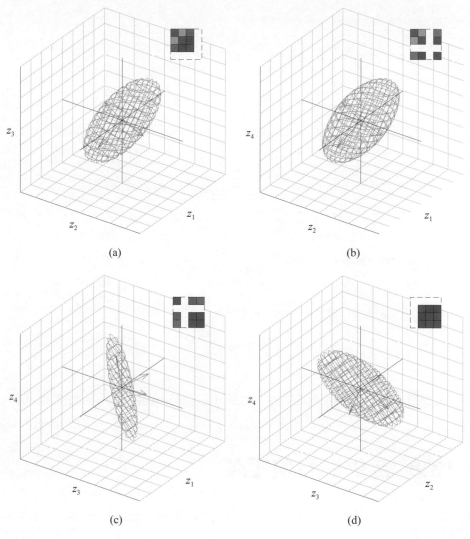

▲ 圖 13.31 四維空間的「旋轉」超橢球
在三維空間中的四個投影，即相關性係數矩陣

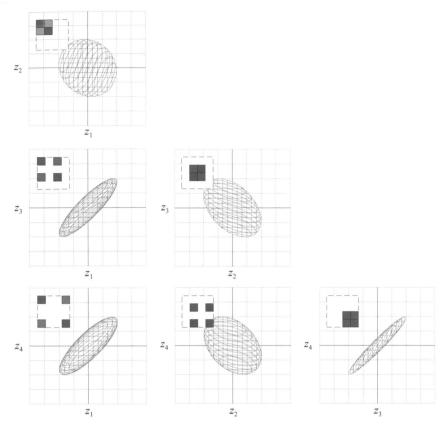

▲ 圖 13.32　「旋轉」超橢球在 6 個平面上的投影結果，即相關性係數矩陣

13.8　合併協方差矩陣

本節介紹一個概念—**合併協方差矩陣** (pooled covariance matrix)，定義為

$$\Sigma_{\text{pooled}} = \frac{1}{\sum_{k=1}^{K}(n_k - 1)}\sum_{k=1}^{K}(n_k - 1)\Sigma_k = \frac{1}{n-K}\sum_{k=1}^{K}(n_k - 1)\Sigma_k \tag{13.87}$$

其中：n 為整體樣本數；n_k 為標籤為 C_k 的樣本數；K 為標籤數量；Σ_k 是標籤為 C_k 的樣本資料協方差矩陣。

式 (13.87) 相當於加權平均,這麼做是為了保證整體協方差矩陣的無偏性,因為每組內的樣本數可能不同,直接將所有樣本合併起來計算協方差矩陣可能會導致估計偏差。

如果假設分類質心重疊,則合併協方差矩陣可以用於估算樣本整體方差。合併協方差矩陣可以用於比較不同子集的協方差之間的差異,也就是不同分類標籤資料的分佈情況。此外,我們會在「鳶尾花書」《數據有道》一書的主成分分析中看到合併協方差的應用。

以鳶尾花資料矩陣為例,整體樣本數為 $n = 150$,一共有 3 種 ($K = 3$) 標籤 C_1、C_2、C_3,分別對應的樣本數為 $n_1 = 50$、$n_2 = 50$、$n_3 = 50$。合併協方差矩陣為

$$\Sigma_{\text{pooled}} = \frac{1}{150-3} \sum_{k=1}^{3} (50-1) \Sigma_k = \frac{49}{147} \times (\Sigma_1 + \Sigma_2 + \Sigma_3) \tag{13.88}$$

圖 13.33 中三個彩色的橢圓代表 Σ_1、Σ_2、Σ_3,對應馬氏距離為 1。注意:圖 13.33 中並沒有展示 Σ_{pooled}。

圖 13.33 中 Σ 代表整體資料協方差矩陣。Σ 完全不同於 Σ_{pooled}。也可以說,Σ_{pooled} 只是 Σ 的一部分。Σ_{pooled} 僅是考慮標籤子集資料的協方差矩陣,而沒有考慮子集之間的分佈差異 (分類質心的差異)。因此,圖 13.33 中 Σ 對應的旋轉橢圓遠大於 Σ_1、Σ_2、Σ_3。

換個角度來看,合併協方差矩陣相當於全方差定理中的條件方差的期望,缺少的成分是條件期望的方差。為了方便比較不同分類的協方差矩陣,我們可以將所有橢圓中心重合,得到圖 13.34。Σ_{pooled} 對應圖 13.34 中的黑色虛線橢圓。比較彩色橢圓和黑色虛線橢圓,可以知道不同標籤資料分佈之間的差異。

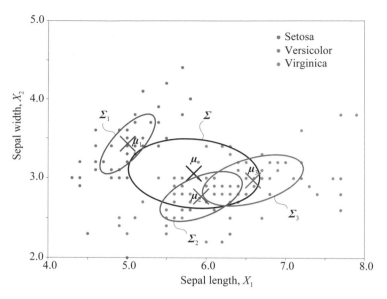

▲ 圖 13.33 分類協方差矩陣、整體協方差矩陣馬氏距離
為 1 的橢圓 (花萼長度、花萼寬度)

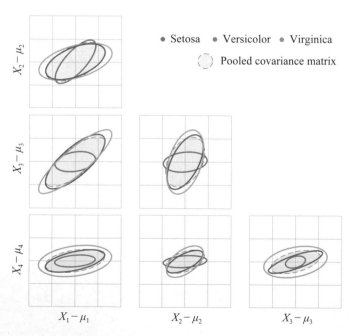

▲ 圖 13.34 馬氏距離為 1 的橢圓，Σ_1、Σ_2、Σ_3 和合併協方差矩陣 Σ_{pooled}

➡

這一章結束了本書「高斯」這一板塊。這個板塊以高斯分佈為主線，分別
介紹了一元、二元、多元、條件高斯分佈，最後介紹了多元高斯分佈中的
主角一協方差矩陣。相信透過這幾章的學習，大家已經看到了線性代數工
具在多元統計中的重要作用。

多元統計資料通常表示為向量或矩陣形式，線性代數提供了處理和計算這
些物件的基本工具。例如，我們可以使用矩陣運算來計算協方差矩陣、進
行線性變換、求解線性方程組等。

在多元統計中，特徵值和特徵向量是非常重要的概念。透過計算特徵值和
特徵向量，我們可以識別出資料中的主要方向和結構，從而進行降維、聚
類、分類等任務。

奇異值分解被廣泛用於主成分分析 (PCA)、矩陣分解、壓縮和影像處理等
任務中。此外，我們可以使用特徵值分解或奇異值分解來分析資料的主要
結構和變化模式，使用矩陣的跡、行列式等概念來計算協方差矩陣的性質，
使用矩陣乘法、轉置等運算來進行矩陣變換等。

在多元統計中，很多問題可以被視為一個最佳化問題。線性代數提供了很
多最佳化方法和技巧，如梯度下降、牛頓法、共軛梯度法等，可以用於解
決最小化誤差、最大化似然等問題。大家會在本書後續章節中看到更多線
性代數在多元統計、資料分析、機器學習領域的應用。

◀

協方差估計的方法還有很多，請大家參考：

◀ https://scikit-learn.org/stable/modules/covariance.html

有關合併協方差矩陣，請大家參考：

◀ https://arxiv.org/pdf/1805.05756.pdf

Section *04*

隨機

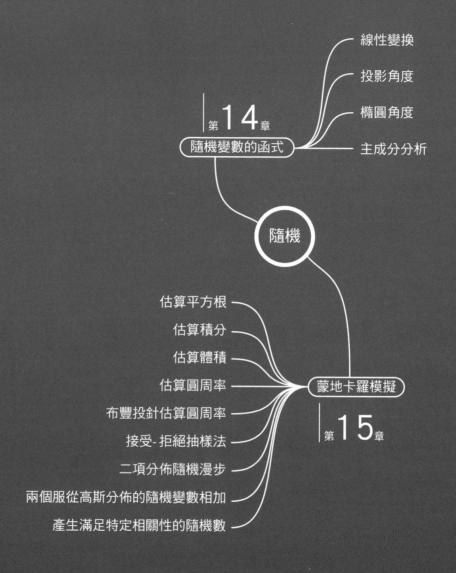

線性變換

投影角度

橢圓角度

第**14**章

隨機變數的函式

主成分分析

隨機

估算平方根

估算積分

估算體積

估算圓周率

布豐投針估算圓周率

蒙地卡羅模擬

接受-拒絕抽樣法

第**15**章

二項分佈隨機漫步

兩個服從高斯分佈的隨機變數相加

產生滿足特定相關性的隨機數

學習地圖 | 第**4**板塊

Functions of Random Variables

隨機變數的函數

從幾何角度探討隨機變數的線性變換

> 自然的一般規律在大多數情況下不是直接的感知物件。
>
> *The general laws of Nature are not, for the most part, immediate objects of perception.*

——喬治 · 布爾（*George Boole*）| 英格蘭數學家和哲學家 | *1815—1864* 年

- numpy.cov() 計算協方差矩陣
- numpy.linalg.eig() 特徵值分解
- numpy.linalg.svd() 奇異值分解
- sklearn.decomposition.PCA() 主成分分析函數
- seaborn.heatmap() 繪製熱圖
- seaborn.kdeplot() 繪製 KDE 核心機率密度估計曲線
- seaborn.pairplot() 繪製成對分析圖

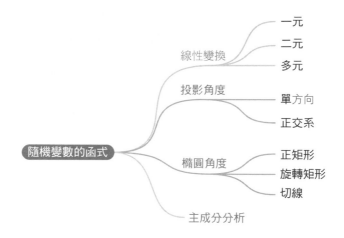

14.1 隨機變數的函數：以鳶尾花為例

隨機變數的函數可以分為兩類：**線性變換** (linear transformation)、**非線性變換** (nonlinear transformation)。線性變換是本章的核心內容。

我們在第 3、4 章介紹過骰子點數的「花式玩法」，如點數之和、點數平均值、點數之差、點數平方、點數之商等。這些「花式玩法」都可以叫作隨機變數的函數。

比如，點數之和 $(X_1 + X_2)$、點數之差 $(X_1 - X_2)$、點數平均值 $((X_1 + X_2)/2)$ 等都是線性變換。此外，去平均值 $(X_1 - E(X_1))$、標準化 $((X_1 - E(X_1))/std(X_1))$ 也都是常見的隨機變數的線性變換。

線性變換之外的隨機變數變換統稱為非線性變換，如平方 (X_1^2)、平方求和 $(\sum_j X_j^2)$、乘積 $(X_1 X_2)$、比例 (X_1/X_2)、倒數 $(1/X_1)$、對數變換 $(\ln X_1)$ 等。此外，第 9 章介紹的經驗分佈累積函數 ECDF 也是常用的非線性變換，ECDF 將原始資料轉化成 $(0,1)$ 區間之內的分位值。

從資料角度來看，以上變換又叫**資料轉化** (data transformation)，這是《數據有道》一書中的話題。

⚠️

注意：經過轉換後的隨機變數，其分佈類型、期望、方差等都可能會發生變化。

以鳶尾花資料為例

鳶尾花資料的前四列特徵分別為花萼長度 (X_1)、花萼寬度 (X_2)、花瓣長度 (X_3)、花瓣寬度 (X_4)。假如在一個有關鳶尾花的研究中，為了進一步挖掘鳶尾花資料中可能存在的量化關係，我們可以分析以下幾個指標。

- 花萼長度去平均值，即 $X_1 - E(X_1)$。
- 花萼寬度去平均值，即 $X_2 - E(X_2)$。
- 花萼長度、寬度之和，即 $X_1 + X_2$。
- 花萼長度、寬度之差，即 $X_1 - X_2$。
- 花萼長度、寬度乘積，即 $X_1 X_2$。
- 花萼長度、寬度比例，即 X_1/X_2。

圖 14.1 所示為經過上述轉換後得到的鳶尾花新特徵之間的成對特徵散點圖。這些新特徵之間的成對關係中，有些展現出了明顯的線性關係，有些特徵更方便判別鳶尾花分類，有些特徵展現出了更好的「常態性」，有些則更容易發現「離群值」。

請大家利用成對特征圖分析更多鳶尾花特徵的隨機變數函數。此外，請大家依照同樣的方法分析花瓣長度、寬度資料，並且交叉分析花萼、花瓣的量化關係。

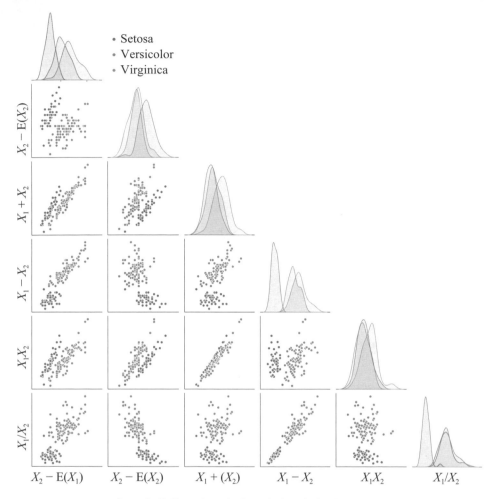

▲ 圖 14.1 鳶尾花花萼長度、寬度特徵完成轉換後的成對特徵散點圖

14.2 線性變換：投影角度

　　《AI 時代 Math 元年 - 用 Python 全精通矩陣及線性代數》一書第 25 章介紹過隨機變數的線性變換，我們將部分內容「抄」過來。本章後文會用鳶尾花資料展開講解。

一元隨機變數

如果 X 為一個隨機變數，對 X 進行函數變換，可以得到其他的隨機變數 Y，有

$$Y = h(X) \tag{14.1}$$

特別地，如果 $h()$ 為線性函數，則 X 到 Y 進行的就是線性變換，如

$$Y = h(X) = aX + b \tag{14.2}$$

其中：a 和 b 為常數。

式 (14.2) 相當於幾何中的縮放、平移兩步操作。在線性代數中，式 (14.2) 相當於**仿射變換** (affine transformation)。

展開來說，在線性代數中，仿射變換是指一類在二維或三維歐幾里德空間中的變換，可以描述為一種線性變換和一個平移向量的組合。與仿射變換不同，線性變換僅由矩陣乘法表達，它可以用於縮放、旋轉、鏡像、剪貼一個圖形，但不能進行平移操作。

式 (14.2) 中，Y 的期望和 X 的期望之間的關係為

$$E(Y) = aE(X) + b \tag{14.3}$$

式 (14.2) 中，Y 和 X 方差之間的關係為

$$\mathrm{var}(Y) = \mathrm{var}(aX + b) = a^2 \, \mathrm{var}(X) \tag{14.4}$$

二元隨機變數

如果 Y 和二元隨機變數 (X_1, X_2) 存在關係

$$Y = aX_1 + bX_2 \tag{14.5}$$

則式 (14.5) 可以寫成

$$Y = \begin{bmatrix} a & b \end{bmatrix} \begin{bmatrix} X_1 \\ X_2 \end{bmatrix} \tag{14.6}$$

Y 和二元隨機變數 (X_1, X_2) 期望之間存在關係

$$\mathrm{E}(Y) = \mathrm{E}(aX_1 + bX_2) = a\mathrm{E}(X_1) + b\mathrm{E}(X_2) \tag{14.7}$$

則式 (14.7) 可以寫成

$$\mathrm{E}(Y) = \begin{bmatrix} a & b \end{bmatrix} \begin{bmatrix} \mathrm{E}(X_1) \\ \mathrm{E}(X_2) \end{bmatrix} \tag{14.8}$$

Y 和二元隨機變數 (X_1, X_2) 方差、協方差存在關係

$$\mathrm{var}(Y) = \mathrm{var}(aX_1 + bX_2) = a^2 \, \mathrm{var}(X_1) + b^2 \, \mathrm{var}(X_2) + 2ab \, \mathrm{cov}(X_1, X_2) \tag{14.9}$$

式 (14.9) 可以寫成

$$\mathrm{var}(Y) = \begin{bmatrix} a & b \end{bmatrix} \underbrace{\begin{bmatrix} \mathrm{var}(X_1) & \mathrm{cov}(X_1, X_2) \\ \mathrm{cov}(X_1, X_2) & \mathrm{var}(X_2) \end{bmatrix}}_{\Sigma} \begin{bmatrix} a \\ b \end{bmatrix} \tag{14.10}$$

相信大家已經在式 (14.10) 中看到了協方差矩陣

$$\Sigma = \begin{bmatrix} \mathrm{var}(X_1) & \mathrm{cov}(X_1, X_2) \\ \mathrm{cov}(X_1, X_2) & \mathrm{var}(X_2) \end{bmatrix} \tag{14.11}$$

也就是說，式 (14.10) 可以寫成

$$\mathrm{var}(Y) = \begin{bmatrix} a & b \end{bmatrix} \Sigma \begin{bmatrix} a \\ b \end{bmatrix} \tag{14.12}$$

D 維隨機變數：朝單一方向投影

如果隨機向量 $\chi = [X_1, X_2, \cdots, X_D]^\mathrm{T}$ 服從 $N(\mu_\chi, \Sigma_\chi)$，χ 在單位向量 v 方向上投影得到 Y，有

$$Y = v^\mathrm{T}\chi = v^\mathrm{T}\begin{bmatrix} X_1 \\ X_2 \\ \vdots \\ X_D \end{bmatrix} \tag{14.13}$$

Y 的期望 $\mathrm{E}(Y)$ 為

$$\mathrm{E}(Y) = v^\mathrm{T}\mu_\chi = v^\mathrm{T}\begin{bmatrix} \mathrm{E}(X_1) \\ \mathrm{E}(X_2) \\ \vdots \\ \mathrm{E}(X_D) \end{bmatrix} \tag{14.14}$$

Y 的方差 $\mathrm{var}(Y)$ 為

$$\mathrm{var}(Y) = v^\mathrm{T}\Sigma_\chi v \tag{14.15}$$

D 維隨機變數：朝正交系投影

$\chi = [X_1, X2, \cdots, X_D]^\mathrm{T}$ 服從 $N(\mu_\chi, \Sigma_\chi)$，χ 在規範正交系 V 投影得到 $\gamma = [Y_1, Y_2, \cdots, Y_D]^\mathrm{T}$，即

$$\gamma = \begin{bmatrix} Y_1 \\ Y_2 \\ \vdots \\ Y_D \end{bmatrix} = V^\mathrm{T}\chi = \begin{bmatrix} v_1^\mathrm{T} \\ v_2^\mathrm{T} \\ \vdots \\ v_D^\mathrm{T} \end{bmatrix}\chi = \begin{bmatrix} v_1^\mathrm{T}\chi \\ v_2^\mathrm{T}\chi \\ \vdots \\ v_D^\mathrm{T}\chi \end{bmatrix} \tag{14.16}$$

γ 的期望 (質心)$\mathrm{E}(\gamma)$ 為

$$\mathrm{E}(\gamma) = V^\mathrm{T}\mu_\chi = \begin{bmatrix} v_1^\mathrm{T} \\ v_2^\mathrm{T} \\ \vdots \\ v_D^\mathrm{T} \end{bmatrix}\mu_\chi = \begin{bmatrix} v_1^\mathrm{T}\mu_\chi \\ v_2^\mathrm{T}\mu_\chi \\ \vdots \\ v_D^\mathrm{T}\mu_\chi \end{bmatrix} \tag{14.17}$$

γ 的協方差矩陣 $\text{var}(\gamma)$ 為

$$\text{var}(\gamma) = V^{\mathrm{T}}\Sigma_\chi V = \begin{bmatrix} v_1^{\mathrm{T}} \\ v_2^{\mathrm{T}} \\ \vdots \\ v_D^{\mathrm{T}} \end{bmatrix} \Sigma_\chi \begin{bmatrix} v_1 & v_2 & \cdots & v_D \end{bmatrix} = \begin{bmatrix} v_1^{\mathrm{T}}\Sigma_\chi v_1 & v_1^{\mathrm{T}}\Sigma_\chi v_2 & \cdots & v_1^{\mathrm{T}}\Sigma_\chi v_D \\ v_2^{\mathrm{T}}\Sigma_\chi v_1 & v_2^{\mathrm{T}}\Sigma_\chi v_2 & \cdots & v_2^{\mathrm{T}}\Sigma_\chi v_D \\ \vdots & \vdots & \ddots & \vdots \\ v_D^{\mathrm{T}}\Sigma_\chi v_1 & v_D^{\mathrm{T}}\Sigma_\chi v_2 & \cdots & v_D^{\mathrm{T}}\Sigma_\chi v_D \end{bmatrix} \tag{14.18}$$

式 (14.18) 還告訴我們，$v_i^{\mathrm{T}}\chi$ 和 $v_j^{\mathrm{T}}\chi$ 的協方差為

$$\text{cov}\left(v_i^{\mathrm{T}}\chi, v_j^{\mathrm{T}}\chi\right) = v_i^{\mathrm{T}}\Sigma_\chi v_j \tag{14.19}$$

14.3　單方向投影：以鳶尾花兩特徵為例

本節以鳶尾花資料花萼長度、花萼寬度兩特徵為例講解線性變換。我們首先看兩個最簡單的例子，將資料分別投影到橫軸、縱軸；然後再看更一般的情況。

投影到 x 軸

鳶尾花資料矩陣為 $X = [x_1, x_2]$，對應隨機變數為 $\chi = [X_1, X_2]^{\mathrm{T}}$。如圖 14.2 所示，將 X 投影到橫軸，即有

$$y = Xv = X\begin{bmatrix} 1 \\ 0 \end{bmatrix} = x_1 \tag{14.20}$$

從隨機變數角度來看上述運算，即有

$$Y = v^{\mathrm{T}}\chi = \begin{bmatrix} 1 \\ 0 \end{bmatrix}^{\mathrm{T}} \begin{bmatrix} X_1 \\ X_2 \end{bmatrix} = X_1 \tag{14.21}$$

X 的質心為

$$\mathrm{E}(X) = \begin{bmatrix} 5.8433 & 3.0573 \end{bmatrix} \tag{14.22}$$

由此計算得到圖 14.2 中 $\boldsymbol{y}$ 的質心為

$$\text{E}(\boldsymbol{y}) = \text{E}(\boldsymbol{X})\boldsymbol{v} = \begin{bmatrix} 5.8433 & 3.0573 \end{bmatrix} \begin{bmatrix} 1 \\ 0 \end{bmatrix} = 5.8433 \qquad (14.23)$$

$\boldsymbol{X}$ 的協方差矩陣為

$$\text{var}(\boldsymbol{X}) = \boldsymbol{\Sigma}_X = \begin{bmatrix} 0.6856 & -0.0424 \\ -0.0424 & 0.1899 \end{bmatrix} \qquad (14.24)$$

由此計算得到圖 14.2 中 $\boldsymbol{y}$ 的方差為

$$\text{var}(\boldsymbol{y}) = \boldsymbol{v}^{\text{T}} \text{var}(\boldsymbol{X})\boldsymbol{v} = \begin{bmatrix} 1 \\ 0 \end{bmatrix}^{\text{T}} \begin{bmatrix} 0.6856 & -0.0424 \\ -0.0424 & 0.1899 \end{bmatrix} \begin{bmatrix} 1 \\ 0 \end{bmatrix} = 0.6856 \qquad (14.25)$$

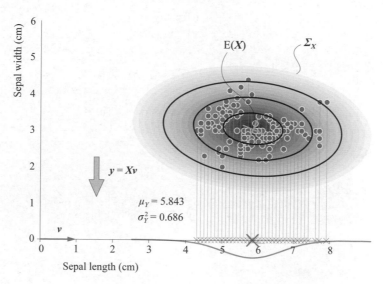

▲ 圖 14.2 逆時鐘 0°，$\boldsymbol{X}$ 向 $\boldsymbol{v}$ 投影

注意：圖 14.2 中的橢圓代表馬氏距離。三個黑色旋轉橢圓分別代表馬氏距離為 1、2、3。

將圖 14.2 中三個橢圓也投影到橫軸上，大家會發現得到的三條線段分別代表 $\mu_1 \pm \sigma_1$、$\mu_1 \pm 2\sigma_1$、$\mu_1 \pm 3\sigma_1$。這絕不是幾何上的巧合，本章後續會展開講解。

投影到 y 軸

如圖 14.3 所示，將 X 投影到縱軸，即有

$$y = Xv = \begin{bmatrix} x_1 & x_2 \end{bmatrix} \begin{bmatrix} 0 \\ 1 \end{bmatrix} = x_2 \tag{14.26}$$

從隨機變數角度來看上述運算，即

$$Y = v^{\mathrm{T}} \chi = \begin{bmatrix} 0 \\ 1 \end{bmatrix}^{\mathrm{T}} \begin{bmatrix} X_1 \\ X_2 \end{bmatrix} = X_2 \tag{14.27}$$

計算圖 14.3 中 y 的質心為

$$\mathrm{E}(y) = \mathrm{E}(X)v = \begin{bmatrix} 5.8433 & 3.0573 \end{bmatrix} \begin{bmatrix} 0 \\ 1 \end{bmatrix} = 3.0573 \tag{14.28}$$

計算得到圖 14.3 中 y 的方差為

$$\mathrm{var}(y) = v^{\mathrm{T}} \, \mathrm{var}(X) v = \begin{bmatrix} 0 \\ 1 \end{bmatrix}^{\mathrm{T}} \begin{bmatrix} 0.6856 & -0.0424 \\ -0.0424 & 0.1899 \end{bmatrix} \begin{bmatrix} 0 \\ 1 \end{bmatrix} = 0.1899 \tag{14.29}$$

其他情況

圖 14.4~ 圖 14.7 所示為其他四個投影場景，請大家自己分析。

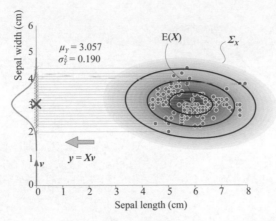

▲ 圖 14.3 逆時鐘 90°，X 向 v 投影

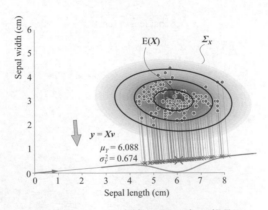

▲ 圖 14.4 逆時鐘 5°，X 向 v 投影

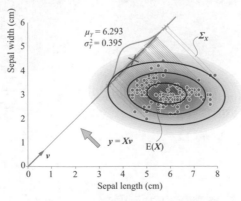

▲ 圖 14.5 逆時鐘 45°，X 向 v 投影

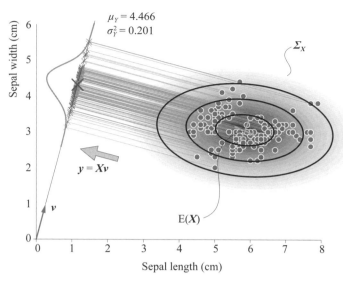

▲ 圖 14.6　逆時鐘 75°，X 向 v 投影

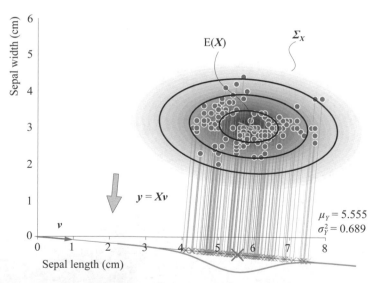

▲ 圖 14.7　逆時鐘 -5°，X 向 v 投影

程式 Bk5_Ch14_01.py 繪製圖 14.2～圖 14.7。

14.4 正交系投影：以鳶尾花兩特徵為例

正交系

給定正交系 V 為

$$V = \begin{bmatrix} \cos\theta & -\sin\theta \\ \sin\theta & \cos\theta \end{bmatrix} \tag{14.30}$$

如圖 14.8 所示，資料 X 可以投影到正交系 V 中得到資料 Y，即有

$$Y = XV \tag{14.31}$$

展開式 (14.31) 得到

$$[y_1 \quad y_2] = X[v_1 \quad v_2] = [Xv_1 \quad Xv_2] \tag{14.32}$$

隨機變數為 $\chi = [X_1, X_2]^{\mathrm{T}}$ 投影到 V 得到 $\gamma = [Y_1, Y_2]^{\mathrm{T}}$，有

$$\gamma = V^{\mathrm{T}}\chi \tag{14.33}$$

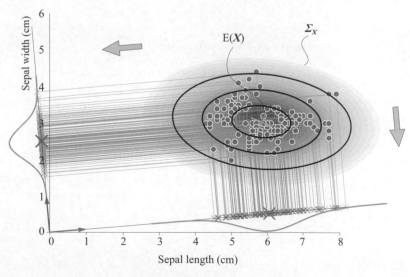

▲ 圖 14.8 X 向正交系 V 投影

14-13

展開式 (14.33) 得到

$$\begin{bmatrix} Y_1 \\ Y_2 \end{bmatrix} = V^{\mathrm{T}} \chi = \begin{bmatrix} v_1^{\mathrm{T}} \chi \\ v_2^{\mathrm{T}} \chi \end{bmatrix} \tag{14.34}$$

注意比較式 (14.31) 和式 (14.33) 的轉置關係。

向第一方向投影

先考慮 X 向 v_1 投影，有

$$v_1 = \begin{bmatrix} \cos\theta \\ \sin\theta \end{bmatrix} \tag{14.35}$$

將資料 X 投影到 v_1 得到

$$y_1 = X v_1 \tag{14.36}$$

同理，將 $\chi = [X_1, X_2]^{\mathrm{T}}$ 投影到 v_1 得到 Y_1，有

$$Y_1 = \begin{bmatrix} X_1 & X_2 \end{bmatrix} v_1 = \begin{bmatrix} X_1 & X_2 \end{bmatrix} \begin{bmatrix} \cos\theta \\ \sin\theta \end{bmatrix} = \cos\theta X_1 + \sin\theta X_2 \tag{14.37}$$

Y_1 的質心為

$$\mathrm{E}(Y_1) = \mathrm{E}(X) v_1 = \begin{bmatrix} 5.8433 & 3.0573 \end{bmatrix} \begin{bmatrix} \cos\theta \\ \sin\theta \end{bmatrix} \tag{14.38}$$
$$\approx 3.0573 \times \sin\theta + 5.8433 \times \cos\theta$$

Y_1 的方差為

$$\mathrm{var}(Y_1) = v_1^{\mathrm{T}} \Sigma_X v_1 = \begin{bmatrix} \cos\theta & \sin\theta \end{bmatrix} \begin{bmatrix} 0.6856 & -0.0424 \\ -0.0424 & 0.1899 \end{bmatrix} \begin{bmatrix} \cos\theta \\ \sin\theta \end{bmatrix} \tag{14.39}$$
$$\approx -0.0424 \times \sin 2\theta + 0.2478 \times \cos 2\theta + 0.4378$$

向第二方向投影

同理，給定 v_2 為

$$v_2 = \begin{bmatrix} -\sin\theta \\ \cos\theta \end{bmatrix} \tag{14.40}$$

將資料 X 投影到 v_2 得到

$$y_2 = Xv_2 \tag{14.41}$$

將 $\chi = [X_1, X_2]^T$ 投影到 v_2 得到 Y_2 為

$$Y_2 = \begin{bmatrix} X_1 & X_2 \end{bmatrix} v_2 = \begin{bmatrix} X_1 & X_2 \end{bmatrix} \begin{bmatrix} -\sin\theta \\ \cos\theta \end{bmatrix} = -\sin\theta X_1 + \cos\theta X_2 \tag{14.42}$$

Y_2 的質心為

$$\mu_{Y2} = \mathrm{E}(X)v_2 = \begin{bmatrix} 5.8433 & 3.0573 \end{bmatrix} \begin{bmatrix} -\sin\theta \\ \cos\theta \end{bmatrix}$$
$$\approx -5.8433 \times \sin\theta + 3.0573 \times \cos\theta \tag{14.43}$$

Y_2 的方差為

$$\mathrm{var}(Y_2) = v_2^T \Sigma_X v_2 = \begin{bmatrix} -\sin\theta & \cos\theta \end{bmatrix} \begin{bmatrix} 0.6856 & -0.0424 \\ -0.0424 & 0.1899 \end{bmatrix} \begin{bmatrix} -\sin\theta \\ \cos\theta \end{bmatrix} \tag{14.44}$$
$$\approx 0.0424 \times \sin 2\theta - 0.2478 \times \cos 2\theta + 0.4378$$

協方差

Y_1 和 Y_2 的協方差為

$$\mathrm{cov}(Y_1, Y_2) = v_1^T \Sigma_X v_2 = \begin{bmatrix} \cos\theta & \sin\theta \end{bmatrix} \begin{bmatrix} 0.6856 & -0.0424 \\ -0.0424 & 0.1899 \end{bmatrix} \begin{bmatrix} -\sin\theta \\ \cos\theta \end{bmatrix} \tag{14.45}$$
$$\approx -0.2478 \times \sin 2\theta - 0.0424 \times \cos 2\theta$$

利用以下三角函數關係，得到

$$
\begin{aligned}
f(\theta) &= a\sin\theta + b\cos\theta \\
&= \sqrt{a^2 + b^2}\left(\frac{a}{\sqrt{a^2 + b^2}}\sin\theta + \frac{b}{\sqrt{a^2 + b^2}}\cos\theta \right) \\
&= \sqrt{a^2 + b^2}\left(\sin\theta\cos\phi + \cos\theta\sin\phi \right) \\
&= A\sin(\theta + \phi)
\end{aligned}
\tag{14.46}
$$

其中

$$
\phi = \arctan\left(\frac{b}{a}\right)
$$
$$
A = \sqrt{a^2 + b^2}
$$

(14.47)

我們可以進一步整理，這部分推導交給大家完成。

如圖 14.9 所示，期望、方差、協方差隨 θ 變化。請大家特別注意 Y_1 和 Y_2 的方差之和為定值，即

$$
\begin{aligned}
\mathrm{var}(Y_1) + \mathrm{var}(Y_2) &\approx -0.0424 \times \sin 2\theta + 0.2478 \times \cos 2\theta + 0.4378 + \\
&\quad\ 0.0424 \times \sin 2\theta - 0.2478 \times \cos 2\theta + 0.4378 \\
&\approx 0.8756
\end{aligned}
$$

(14.48)

以上內容實際上解釋了本書系《AI 時代 Math 元年 - 用 Python 全精通矩陣及線性代數》一書第 18 章中看到的曲線趨勢。

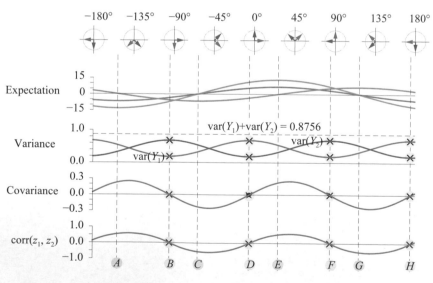

▲ 圖 14.9　y_1 和 y_2 各種量化關係隨 θ 變化

協方差矩陣

$\gamma = [Y_1, Y_2]^\mathrm{T}$ 的協方差矩陣 Σ_γ 為

$$\mathrm{var}(\gamma) = \Sigma_\gamma = V^\mathrm{T}\Sigma_X V \tag{14.49}$$

圖 14.10 所示為當 θ 取不同值時，協方差矩陣 Σ_γ 三種不同視覺化方案的變化情況。特別地，如圖 14.10(b) 所示，當 θ 約為 -4.85° 時，協方差矩陣 Σ_γ 為對角方陣。這表示 Y_1 和 Y_2 的相關性係數為 0。

在圖 14.9 中，我們可以發現，當 θ 約為 -4.85° 時，$\mathrm{var}(Y_1)$ 取得最大值，$\mathrm{var}(Y_2)$ 取得最小值。如圖 14.11 所示為資料矩陣在這個正交座標系中投影的結果。這一點對於本章後續要講解的主成分分析非常重要。

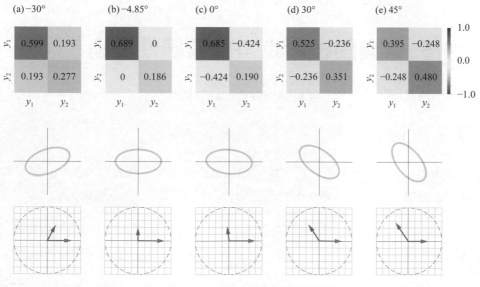

▲ 圖 14.10 協方差矩陣的視覺化

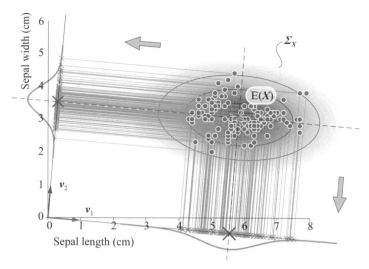

▲ 圖 14.11 X 向正交系 V 投影 (-4.8575°)

14.5 以橢圓投影為角度看線性變換

本節將從橢圓投影角度理解隨機變數的線性變換。

「正」矩形

如圖 14.12 所示，三個「正」矩形的四條邊分別與馬氏距離為 1、2、3 的橢圓相切。其中，與馬氏距離為 1 的橢圓相切的矩形的長、寬分別為 $2\sigma_1$、$2\sigma_2$。

第 13 章提到過，圖 14.12 中最小紅色矩形的面積為 $4\sigma_1\sigma_2$，其矩形對角線長度為 $2\sqrt{\sigma_1^2 + \sigma_2^2}$。

第 13 章特別強調圖 14.12 中陰影區域對應 1/4 矩形。這個 1/4 矩形的面積為 $\sigma_1\sigma_2$，1/4 矩形對角線長度為 $\sqrt{\sigma_1^2 + \sigma_2^2}$，這個值是其協方差矩陣的跡的平方根，即 $\sqrt{\sigma_1^2 + \sigma_2^2} = \sqrt{\mathrm{tr}\left(\boldsymbol{\varSigma}_{2\times2}\right)}$。

根據本章有關隨機變數線性變換內容，如圖14.12所示，這三個矩形「長邊」所在位置分別對應 $\mu_1 \pm \sigma_1$、$\mu_1 \pm 2\sigma_1$、$\mu_1 \pm 3\sigma_1$。「寬邊」所在位置分別對應 $\mu_2 \pm \sigma_2$、$\mu_2 \pm 2\sigma_2$、$\mu_2 \pm 3\sigma_2$。這並不是巧合，本節後續將用數學工具加以證明。

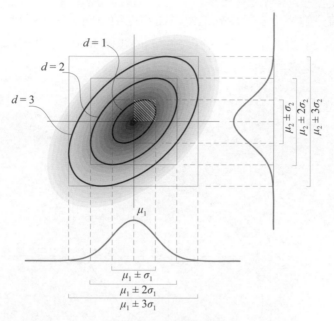

▲ 圖 14.12 與馬氏距離橢圓相切的「正」矩形

「主軸」矩形

如圖14.13所示，與馬氏距離為1的橢圓相切的矩形有無數個。觀察這些矩形，大家能夠發現它們的頂點位於正圓之上。這表示這些矩形的對角線長度相同，都是 $2\sqrt{\sigma_1^2 + \sigma_2^2}$。想要證明這個觀察，需要用到矩陣的跡的性質，證明工作留給大家自行完成。

除了圖 14.12 中的「正」矩形之外，還有一個「旋轉」矩形特別值得我們關注。這就是圖 14.14 所示的「主軸」矩形。之所以叫「主軸」矩形，是因為這個矩形的四條邊平行於橢圓的兩條主軸 (長軸、短軸)。

而特徵值分解協方差矩陣就是獲得橢圓主軸方向、長軸長度、短軸長度的數學工具。請大家根據第 13 章內容自行分析圖 14.14 中與馬氏距離為 1 的橢圓相切的「主軸」矩形的幾何特徵。

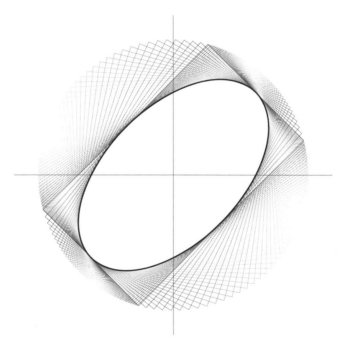

▲ 圖 14.13 與馬氏距離橢圓相切的一組「旋轉」矩形

請大家回憶協方差特徵值分解得到的特徵值和投影獲得的兩個分佈的方差、標準差的關係。

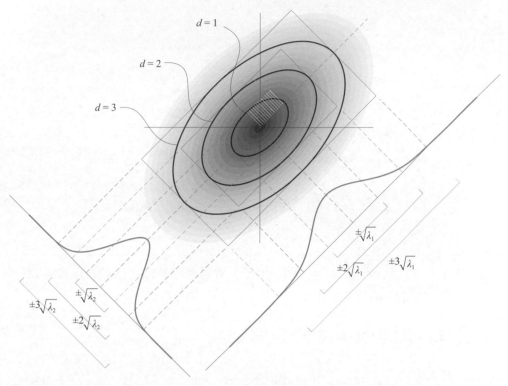

▲ 圖 14.14 與馬氏距離橢圓相切的「主軸」矩形

橢圓切線

　　大家可能好奇如何繪製圖 14.13 這組旋轉矩形。如圖 14.15 所示，首先，計算橢圓質心 μ 和橢圓上任意一點 p 切線的距離 h。$2h$ 就是矩形一條邊的長度。

　　而切線的梯度向量 n 可以用於定位矩形的旋轉角度。然後，根據矩形的對角線長度為 $2\sqrt{\sigma_1^2 + \sigma_2^2}$，我們便可以得到矩形另外一條邊的長度。

　　問題來了，如何計算距離 h 和梯度向量 n？

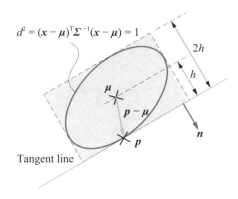

▲ 圖 14.15　計算馬氏橢圓上任意一點切線原理

我們在《AI 時代 Math 元年 - 用 Python 全精通矩陣及線性代數》一書第 20 章介紹過如何求解橢圓切線。

圖 14.15 中橢圓的解析式為

$$\left(x-\mu\right)^{\mathrm{T}}\Sigma^{-1}\left(x-\mu\right)-1=0 \tag{14.50}$$

p 在橢圓上，以下等式成立，即

$$\left(p-\mu\right)^{\mathrm{T}}\Sigma^{-1}\left(p-\mu\right)-1=0 \tag{14.51}$$

定義以下函數 $f(x)$ 為

$$f\left(x\right)=\left(x-\mu\right)^{\mathrm{T}}\Sigma^{-1}\left(x-\mu\right)-1=0 \tag{14.52}$$

$f(x)$ 對 x 求偏導便得到梯度向量 n，有

$$n=\frac{\partial f\left(x\right)}{\partial x}=2\Sigma^{-1}\left(x-\mu\right) \tag{14.53}$$

式 (14.53) 用到了《AI 時代 Math 元年 - 用 Python 全精通矩陣及線性代數》一書第 17 章的多元微分。

也就是說，圖 14.13 中橢圓上 **p** 點處切線的法向量為

$$n = 2\Sigma^{-1}\left(p - \mu\right) \tag{14.54}$$

切點 **p** 和橢圓質心 **μ** 的距離向量 **p-μ** 對應圖 14.13 中的綠色箭頭。而距離 h 就是向量 **p-μ** 在梯度向量 **n** 上的標量投影，有

$$h = \frac{n^{\mathrm{T}}\left(p - \mu\right)}{\|n\|} \tag{14.55}$$

《可視之美》一書將詳細講解這段視覺化程式。

有了以上推導，請大家自行編寫代碼繪製圖 14.14。

14.6 主成分分析：換個角度看資料

下面以鳶尾花資料作為原始資料，從隨機變數的線性變換角度理解主成分分析。

首先將鳶尾花花萼長度、花萼寬度資料中心化，即獲得 $X_c = X - E(X)$。圖 14.16 所示為中心化資料的散點圖。將資料投影到角度為逆時鐘 30。的正交系 **V** = [v_1, v_2] 中。如前文所述，資料投影到正交系中就好比在 **V** 中觀察資料，如圖 14.17 所示。在 **V** 中，我們看到代表協方差矩陣的橢圓發生了明顯旋轉。在 v_1 和 v_2 方向上，我們可以求得投影資料的分佈情況。

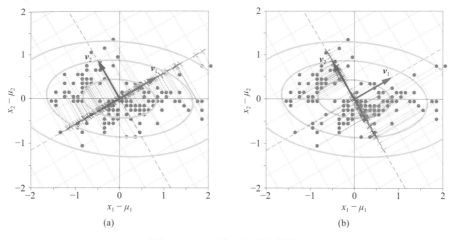

▲ 圖 14.16　正交系 (逆時鐘 30°)

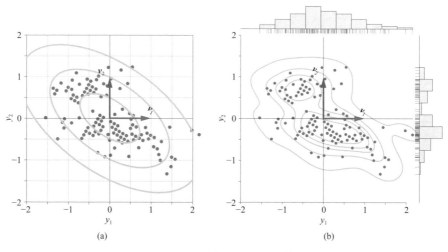

▲ 圖 14.17　資料順時鐘旋轉 30°

　　圖 14.18~ 圖 14.23 所示為其他三組投影角度。請大家格外注意圖 14.22 和圖 14.23，這就是前文說的最最佳化角度。這兩幅圖中的 v_1 和 v_2 分別為第一、第二主成分方向。

　　本章光從隨機變數的線性函數角度介紹主成分分析，第 25 章將深入介紹主成分分析。

《AI 時代 Math 元年 - 用 Python 全精通矩陣及線性代數》一書第 25 章介紹過，特徵值分解協方差矩陣僅是主成分分析六條基本技術路徑之一，《數據有道》一書還會介紹其他路徑，並進行區分。

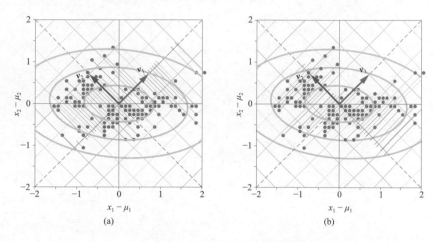

▲ 圖 14.18 正交系 (逆時鐘 45°)

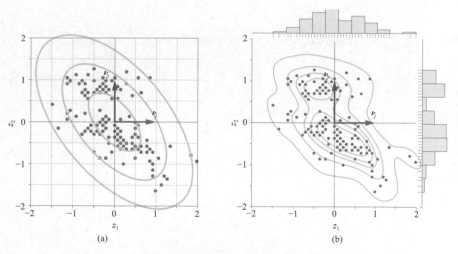

▲ 圖 14.19 資料順時鐘旋轉 45°

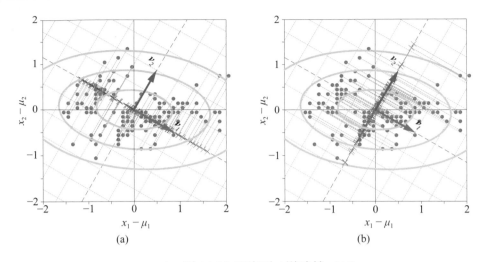

▲ 圖 14.20 正交系 (逆時鐘 -30°)

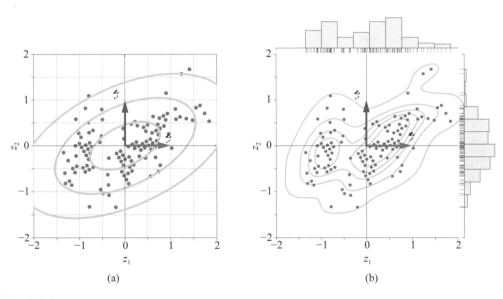

▲ 圖 14.21 資料順時鐘旋轉 -30°

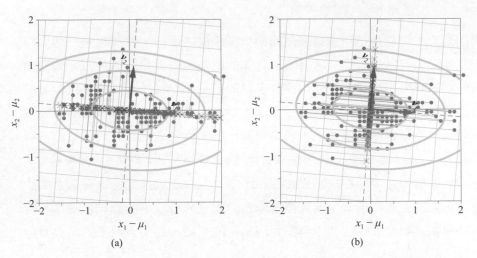

▲ 圖 14.22 正交系 (逆時鐘旋轉 -4.85°)

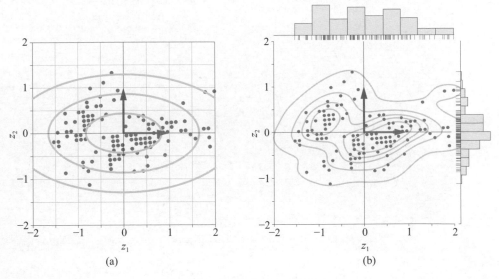

▲ 圖 14.23 資料順時鐘旋轉 -4.85°

→

隨機變數的函數是指一個或多個隨機變數組成的函數，其值也是一個隨機變數。它們可以用於描述隨機變數之間的關係或隨機事件的性質。隨機變數的函數在機率論和統計學中都有廣泛的應用，如用於建立機率模型、描述隨機事件的分佈和性質、進行機率推斷和預測等。這一章，我們特別關注的是隨機變數的線性變換。它是指將一個隨機變數透過一個線性函數轉化為另一個隨機變數的過程，相當於線性代數中的仿射變換。

隨機變數的線性變換在統計學和機率論中經常被用於描述隨機變數之間的關係，如線性迴歸模型、協方差矩陣和主成分分析等。透過線性變換，可以將隨機變數從原始空間中轉換到一個新的空間，從而發現不同隨機變數之間的關聯和規律。

請大家特別重視透過投影、橢圓角度理解隨機變數的線性變換。

Monte Carlo Simulation

15 蒙地卡羅模擬

以機率統計為基礎，基於虛擬亂數，進行數值模擬

任何考慮用算術手段來產生隨機數的人當然都是有原罪的。

Anyone who considers arithmetical methods of producing random digits is, ofcourse, in a state of sin.

——約翰・馮・諾伊曼（*Johnvon Neumann*）| 美國籍數學家 | *1903—1957* 年

- matplotlib.patches.Circle() 繪製正圓
- matplotlib.pyplot.semilogx() 橫軸設置為對數座標
- numpy.empty() 產生全為 NaN 的序列
- numpy.random.beta() 產生服從 Beta 分佈的隨機數
- numpy.random.binomial() 產生服從二項分佈的隨機數
- numpy.random.dirichlet() 產生服從 Dirichlet 分佈的隨機數
- numpy.random.exponential() 產生服從指數分佈的隨機數
- numpy.random.geometric() 產生服從幾何分佈的隨機數
- numpy.random.lognormal() 產生服從對數正態分佈的隨機數
- numpy.random.multivariate_normal() 產生服從多項正態分佈的隨機數
- numpy.random.normal() 產生服從正態分佈的隨機數
- numpy.random.poisson() 產生服從卜松分佈的隨機數
- numpy.random.randint() 產生均勻整數隨機數
- numpy.random.standard_t() 產生服從學生 t- 分佈的隨機數
- numpy.random.uniform() 產生服從連續均勻分佈的隨機數
- numpy.where() 傳回滿足條件的元素序號
- scipy.integrate.dblquad() 求解雙重定積分值
- scipy.integrate.quad() 求解定積分值
- scipy.linalg.cholesky() 對矩陣進行 Cholesky 分解
- seaborn.distplot() 繪製頻率長條圖和 KDE 曲線
- seaborn.heatmap() 繪製熱圖

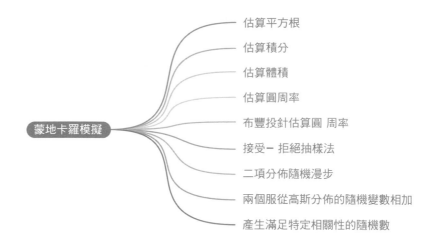

15.1 蒙地卡羅模擬：基於虛擬亂數發生器

　　蒙地卡羅模擬 (Monte Carlo simulation)，也稱統計模擬方法，是以機率統計理論為核心的數值計算方法。蒙地卡羅模擬將提供多種可能的結果以及透過大量隨機資料樣本得出每種結果的機率。馮‧諾伊曼 (John von Neumann) 等三名科學家在 20 世紀 40 年代發明了蒙地卡羅模擬。他們以摩納哥著名的賭城蒙地卡羅 (Monte Carlo) 為其命名。

　　表 15.1 所示為 NumPy 中與隨機數有關的常見函數。

　　本章介紹幾個最基本的蒙地卡羅模擬試驗。

➔ 表 15.1 NumPy 中與隨機數有關的常見函數

函數名稱	函數介紹
numpy.random.beta()	生成指定形狀參數的貝塔分佈的隨機數
numpy.random.binomial()	傳回給定形狀的隨機二項分佈陣列
numpy.random.chisquare()	生成指定自由度的卡方分佈的隨機數
numpy.random.choice()	隨機從給定的陣列中選擇元素
numpy.random.dirichlet()	生成指定參數的狄利克雷分佈的隨機數

（續表）

函數名稱	函數介紹
numpy.random.exponential()	生成指定尺度的指數分佈的隨機數
numpy.random.gamma()	生成指定形狀和尺度的伽馬分佈的隨機數
numpy.random.lognormal()	生成指定平均值和標準差的對數正態分佈的隨機數
numpy.random.multivariate_normal()	生成多元正態分佈的隨機數
numpy.random.normal()	生成指定平均值和標準差的正態分佈的隨機數
numpy.random.poisson()	生成指定平均值的卜松分佈的隨機數
numpy.random.power()	傳回給定形狀的隨機冪律分佈陣列
numpy.random.rand()	傳回一個給定形狀的隨機浮點數陣列，值在 0~1
numpy.random.randint()	傳回一個給定形狀的隨機整數陣列，值在替定範圍之間
numpy.random.randn()	傳回一個給定形狀的隨機浮點數陣列，值遵循標準正態分佈
numpy.random.random()	生成 [0,1) 的隨機數
numpy.random.seed()	設置亂數產生器的種子，確保亂數產生的可重複性
numpy.random.shuffle()	隨機打亂給定的陣列
numpy.random.uniform()	生成指定範圍內的均勻分佈的隨機數

15.2 估算平方根

本節用蒙地卡羅模擬估算 $\sqrt{2}$。如圖 15.1 所示，為了估算 $\sqrt{2}$，可以在 0~2 的範圍內產生大量服從均勻分佈的隨機數。在 0~2 範圍內，隨機數在 0~ $\sqrt{2}$ 出現的機率為 $\sqrt{2}/2$，$\sqrt{2}$ 則可以根據下式估計得到，即

$$\sqrt{2} \approx 2 \times \frac{n\left(0 \leqslant x \leqslant \sqrt{2}\right)}{n\left(0 \leqslant x \leqslant 2\right)} \tag{15.1}$$

其中：$n()$ 計算頻數。

由於 $\sqrt{2}$ 未知，所以採用圖 15.1 所示平方技巧，2 可以根據下式得到，即

$$\sqrt{2} \approx 2 \times \frac{n\left(0 \leqslant x^2 \leqslant 2\right)}{n\left(0 \leqslant x^2 \leqslant 4\right)} \tag{15.2}$$

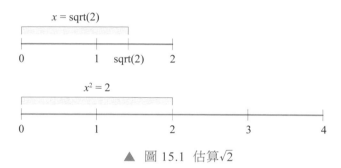

▲ 圖 15.1　估算 $\sqrt{2}$

程式檔案 Bk5_Ch15_01.py 估算 sqrt(2)。

15.3 估算積分

本節舉出的例子用蒙地卡羅模擬方法估算積分。

舉出函數 $f(x)$ 為

$$f(x) = \frac{x \cdot \sin x}{2} + 8 \tag{15.3}$$

計算 $f(x)$ 在 $[2,10]$ 區間內的定積分為

$$\int_2^{10} \left(\frac{x \cdot \sin x}{2} + 8\right) \mathrm{d}x \tag{15.4}$$

如圖 15.2 所示，在 [2,10] 區間中，函數 $f(x)$ 的最大值為 12。在橫軸設定值為 2~10、縱軸設定值為 0~12 的長方形空間裡，產生滿足均勻分佈的 1000 個資料點。圖 15.2 中藍色 ● 在曲線之下，紅色 × 在曲線之上。圖 15.2 中整個長方形的面積為 96，定積分對應曲線之下的面積 A，可以透過下式估算得到，即

$$A \approx 96 \times \frac{n\left(\text{below } f(x)\right)}{1000} \qquad (15.5)$$

$n(\text{below } f(x))$ 為 1000 個資料點中位於 $f(x)$ 曲線之下的數量。

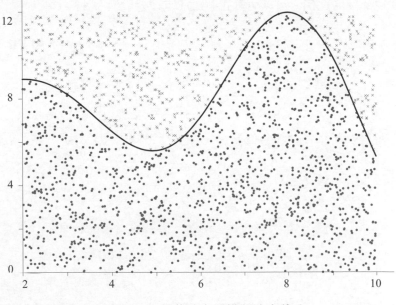

▲ 圖 15.2 用蒙地卡羅模擬法求積分

程式檔案 Bk5_Ch15_02.py 估算積分。

15.4 估算體積

本節用蒙地卡羅模擬估算空間體積大小。圖 15.3(a) 所示二次曲面的解析式為

$$z = 2 - x^2 - y^2 \tag{15.6}$$

當 x 和 y 均在 [-1,1] 內時，撰寫程式用蒙地卡羅模擬估算圖 15.3(a) 所示曲面與 $z = 0$ 平面 (藍色) 構造的空間體積。這個體積相當於雙重定積分

$$\int_{-1}^{1} \int_{-1}^{1} \left(2 - x^2 - y^2 \right) \mathrm{d}x\, \mathrm{d}y \tag{15.7}$$

整個立方體空間體積為 8，在這個空間均勻產生 5000 個隨機點。如圖 15.3(b) 所示，二次曲面之上隨機點為紅色，曲面之下隨機點為藍色。類似 15.3 節，根據隨機點的比例，可以估算式 (15.7) 定積分。

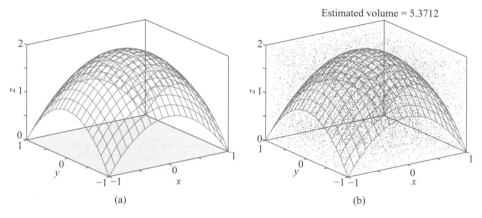

▲ 圖 15.3 利用蒙地卡羅模擬估算體積

Bk5_Ch15_03.py 估算體積。

15.5 估算圓周率

本節介紹採用蒙地卡羅模擬法估算圓周率。圓面積與正方形面積之間的比例關係為

$$\frac{A_{\text{circle}}}{A_{\text{square}}} = \frac{\pi}{4} \qquad\qquad (15.8)$$

《AI 時代 Math 元年 - 用 Python 全精通數學要素》一書已經介紹過幾種方法估算圓周率 π，請大家回顧。

可以推導得到

$$\pi = 4 \times \frac{A_{\text{circle}}}{A_{\text{square}}} \qquad\qquad (15.9)$$

圖 15.4 所示為一次隨機數數量為 500 條件下的圓周率估算結果。圖 15.5 所示為不斷增大隨機數數量，圓周率估算精確度不斷提高。

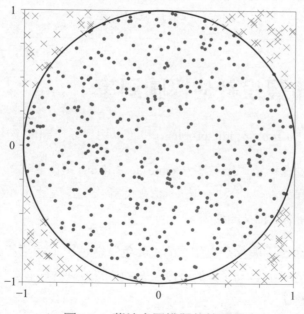

▲ 圖 15.4 蒙地卡羅模擬估算圓周率

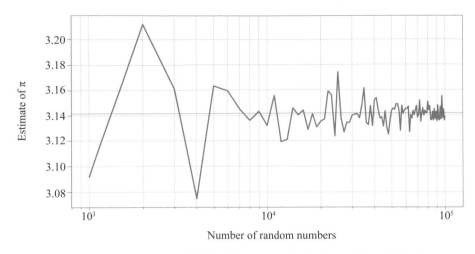

▲ 圖 15.5　不斷增大隨機數數量，圓周率估算精確度不斷提高

Bk5_Ch15_04.py 利用蒙地卡羅模擬估算圓周率。

15.6　布豐投針估算圓周率

布豐投針 (Buffon's needle problem) 也可以用於估算圓周率。

18 世紀，法國博物學家布豐 (Comte de Buffon) 提出著名的布豐投針問題。一個用平行且等距木紋鋪成的地板，隨意投擲一支長度比木紋間距略小的針，求針與其中一條木紋相交的機率。

如圖 15.6 所示，與平行線相交的針顏色為紅色，不與平行線相交的針顏色為藍色。設平行線距離為 t，針的長度為 l。本節布豐投針問題，我們僅考慮「短針」情況，即 $l < t$。

如放大視圖所示，x 為針的中心與最近平行線的距離，θ 為針與平行線之間的不大於 90。的夾角。

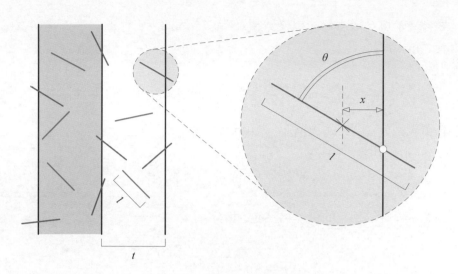

▲ 圖 15.6 布豐投針原理

不難理解，如圖 15.7 所示，X 作為一個隨機變數在 $[0, t/2]$ 區間連續均勻分佈，其機率密度函數為

$$f_X(x) = \frac{2}{t} \quad x \in [0, t/2] \tag{15.10}$$

同理，θ 作為一個隨機變數在 $[0, \pi/2]$ 區間均勻分佈，其機率密度函數為

$$f_\theta(\theta) = \frac{2}{\pi} \quad \theta \in [0, \pi/2] \tag{15.11}$$

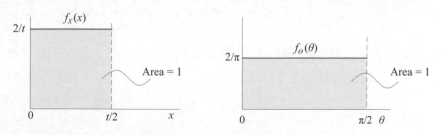

▲ 圖 15.7 X 和 θ 的機率密度函數

顯然，X 和 θ 這兩個隨機變數相互獨立；因此，它們的聯合機率密度函數是兩者之積，即

$$f_{\theta,X}(\theta,x) = \frac{2}{\pi}\frac{2}{t} = \frac{4}{\pi t} \quad \theta \in [0,\pi/2], \quad x \in [0,t/2] \tag{15.12}$$

給定夾角 θ, 滿足以下條件時，針和平行線相交，即

$$x \leqslant \frac{l}{2}\sin\theta, \quad \theta \in [0,\pi/2], \quad x \in [0,t/2] \tag{15.13}$$

因此，針、線相交的機率為雙重定積分

$$\Pr(\text{cross}) = \int_0^{\frac{\pi}{2}} \int_0^{\frac{l}{2}\sin\theta} \frac{4}{\pi t}\,\mathrm{d}x\,\mathrm{d}\theta = \frac{2l}{\pi t} \tag{15.14}$$

假設拋 n 根針，其中有 c 根與平行線相交，則機率值 $\Pr(\text{cross})$ 可以透過下式估算，即

$$\Pr(\text{cross}) \approx \frac{c}{n} \tag{15.15}$$

聯立式 (15.14) 和式 (15.15)，可以得到

$$\frac{2l}{\pi t} \approx \frac{c}{n} \tag{15.16}$$

從而推導得到，圓周率的估算值為

$$\pi \approx \frac{2l}{t}\frac{n}{c} \tag{15.17}$$

圖 15.8 所示為某次試驗投擲 2000 根針，612 根與平行線相交（紅色線）；式樣中，針的長度 $l = 1$，平行線間隔 $t = 2$。

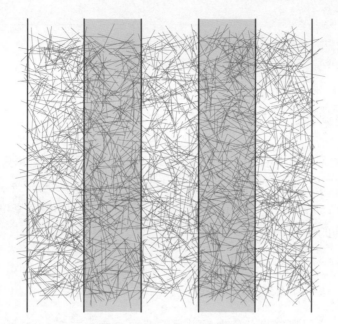

▲ 圖 15.8 投擲 2000 根針，612 根與平行線相交，
針的長度 $l = 1$，平行線間隔 $t = 2$

實際上，我們知道針和平行線相交的機率 Pr(cross) 可以進一步簡化。在
圖 15.9 陰影區域產生滿足均勻分佈的隨機數，隨機數落入藍色區域的機率就是
Pr(cross)。這樣，我們可以根據這一想法程式設計解決這個簡化版的布豐投針估
算圓周率問題。

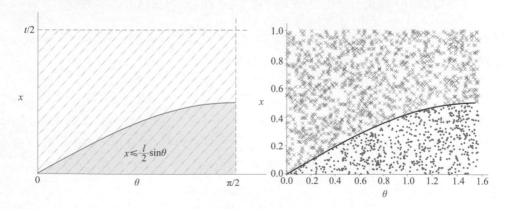

▲ 圖 15.9 針和平行線相交的機率 (蒙地卡羅模擬試驗結果)

▼

Bk5_Ch15_05.py 完成簡化版布豐投針蒙地卡羅模擬試驗。

15.7 接受 - 拒絕抽樣法

隨機變數 X 的機率密度函數為 $f_X(x)$，但是 $f_X(x)$ 不可以直接抽樣。也就是說，不能直接產生滿足 $f_X(x)$ 的隨機數。我們可以採用本節介紹的**接受 - 拒絕抽樣法** (accept-reject sampling method)。接受 - 拒絕抽樣法適用於機率密度函數複雜、不能直接抽樣的情況。

接受 - 拒絕抽樣法的基本思想是，生成一個**輔助分佈** (proposal distribution)，並利用這個分佈來生成隨機數。

然後，計算目標機率分佈在該點處的機率密度，並將其除以輔助分佈在該點處的機率密度，得到**接受率** (acceptance ratio)。

隨機生成一個介於 0 和 1 之間的均勻分佈隨機數，如果這個隨機數小於接受率，則接受這個樣本，否則拒絕。重複此過程，直到生成足夠多的樣本為止。

接受 - 拒絕抽樣法的優點是簡單好用、適用範圍廣，可以應用於各種不同的機率分佈。它的缺點是樣本生成的效率可能較低，因為需要進行接受和拒絕的判斷。在實踐中，輔助分佈的選擇對於樣本生成的效率和精度非常重要。

給定如圖 15.10 所示的隨機變數 X 的機率密度函數為 $f_X(x)$。顯然沒有「現成」的隨機數發生器能夠直接生成滿足 $f_X(x)$ 的隨機數。

我們首先生成如圖 15.11 所示的連續均勻分佈隨機數。簡單來說，如圖 15.12 所示，接受 - 拒絕抽樣法就是在圖 15.11 中「剪裁」得到形似圖 15.10 的部分，並「接受」這些隨機數。圖 15.13 所示為用長條圖視覺化「拒絕」和「接受」部分隨機數。大家很容易發現，圖 15.13 中淺藍色部分矩形組成的形狀形似圖 15.10 中的 $f_X(x)$。

我們將在第22章用到接受 - 拒絕抽樣法。

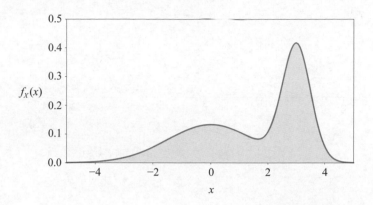

▲ 圖 15.10　隨機變數 X 的機率密度函數

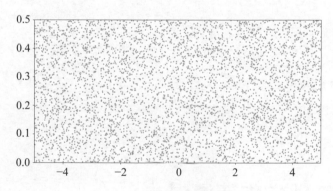

▲ 圖 15.11　生成連續均勻分佈隨機數

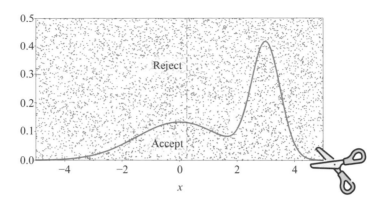

▲ 圖 15.12 「剪裁」連續均勻分佈隨機數

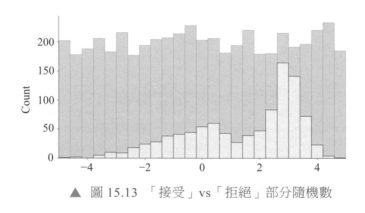

▲ 圖 15.13 「接受」vs「拒絕」部分隨機數

15.8 二項分佈隨機漫步

本書系《AI 時代 Math 元年 - 用 Python 全精通數學要素》一書第 20 章介紹過在二元樹規定的網格行走的例子。

如圖 15.14 所示,登山者在二元樹始點或中間節點時,他都會面臨「向上」或「向下」的抉擇。登山者透過拋硬幣來決定每一步的行走路徑—正面,向右上走;反面,向右下走。

　　圖 15.15 所示為若干條二元樹隨機行走路徑，模擬時向上行走的機率 $p =$ 0.5。乍一看圖 15.15 很難發現任何規律。但是不斷增大隨機行走的路徑數 n，如圖 15.16 所示，我們發現登山者到達終點的位置呈現類似於二項分佈規律。觀察圖 15.16(c)，我們發現當 $p = 0.5$ 時，登山者大機率會到達二元樹網格終點中部。

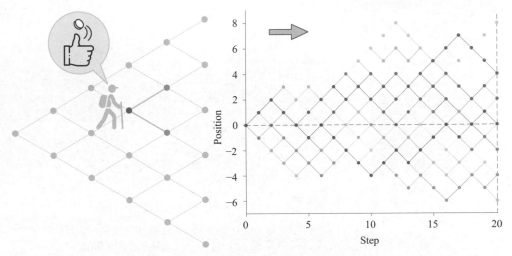

▲ 圖 15.14 二元樹路徑與可能性 (圖片來自《AI 時代 Math 元年 - 用 Python 全精通數學要素》) 圖 15.15 二元樹隨機行走路徑 (向上行走的機率 $p = 0.5$)

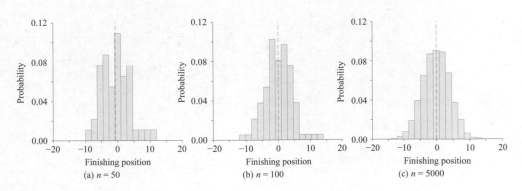

▲ 圖 15.16 第 20 步時隨機漫步位置分佈 ($p = 0.5$)

圖 15.17、圖 15.18 對應登山者向上行走的機率 $p = 0.6$。圖 15.19、圖 15.20 對應登山者向上行走的機率 $p = 0.4$。請大家自行分析這四幅圖。

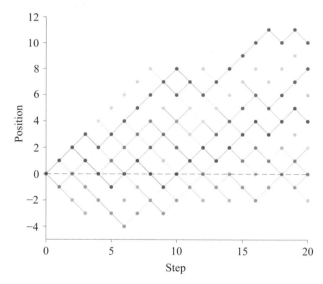

▲ 圖 15.17　二元樹隨機行走路徑 (向上行走的機率 $p = 0.6$)

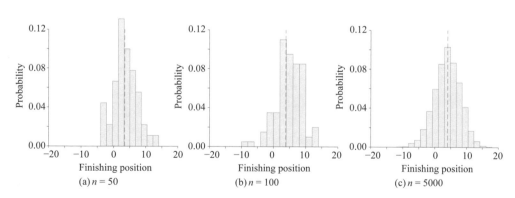

▲ 圖 15.18　第 20 步時隨機漫步位置分佈 ($p = 0.6$)

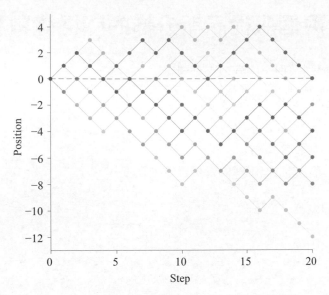

▲ 圖 15.19 二元樹隨機行走路徑 (向上行走的機率 $p = 0.4$)

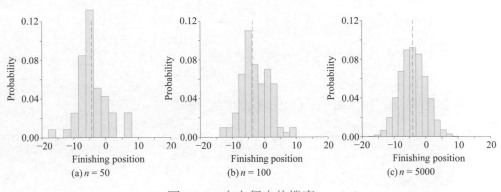

▲ 圖 15.20 向上行走的機率 $p = 0.4$

Bk5_Ch15_06.py 完成本節二元樹隨機漫步試驗。

15.9 兩個服從高斯分佈的隨機變數相加

X_1 和 X_2 分別服從正態分佈，具體為

$$\begin{cases} X_1 \sim N\left(\mu_1, \sigma_1^2\right) \\ X_2 \sim N\left(\mu_2, \sigma_2^2\right) \end{cases} \tag{15.18}$$

圖 15.21 所示為 X_1 和 X_2 的隨機數分佈情況。

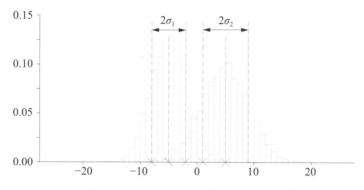

▲ 圖 15.21 X_1 和 X_2 的隨機數分佈情況

X_1 和 X_2 分佈之和，即 $Y = X_1 + X_2$，也服從正態分佈，即

$$Y \sim N\left(\mu_Y, \sigma_Y^2\right) \tag{15.19}$$

其中

$$\begin{aligned} \mu_Y &= \mu_1 + \mu_2 \\ \sigma_Y^2 &= \sigma_1^2 + \sigma_2^2 + 2\rho_{1,2}\sigma_1\sigma_2 \end{aligned} \tag{15.20}$$

圖 15.22 所示為相關性係數 $\rho_{1,2}$ 影響 $X_1 + X_2$ 隨機數分佈。請大家利用幾何角度分析圖 15.22 中不同子圖結果。

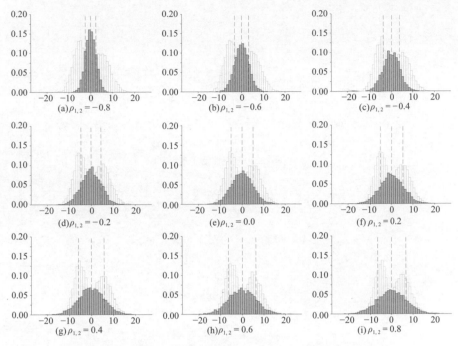

▲ 圖 15.22 相關性係數如何影響 $X_1 + X_2$ 隨機數分佈

> Bk5_Ch15_07.py 繪製圖 15.22。

15.10 產生滿足特定相關性的隨機數

Cholesky 分解

　　經過第 3 板塊的學習，大家已經清楚單位圓代表 $N(\boldsymbol{0}, \boldsymbol{I})$，而旋轉橢圓代表 $N(\boldsymbol{0}, \Sigma)$。再經過平移，我們就可到 $N(\mu, \Sigma)$。

> 如圖 15.23 所示，我們在《AI 時代 Math 元年 - 用 Python 全精通矩陣及線性代數》一書第 14 章中學過如何完成「單位圓（縮放）→ 正橢圓（剪貼）→ 旋轉橢圓」幾何變換。

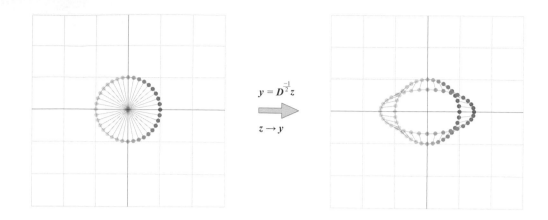

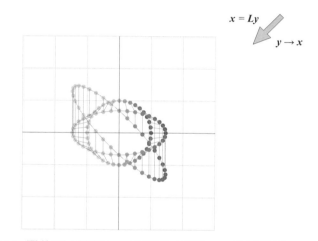

▲ 圖 15.23　單位圓 (縮放) → 正橢圓 (剪貼) → 旋轉橢圓
(來自《AI 時代 Math 元年 - 用 Python 全精通矩陣及線性代數》第 14 章)

　　圖 15.23 用到的數學工具是 LDL 分解。實際上，利用 Cholesky 分解，我們透過一次矩陣乘法便可以完成「縮放＋剪貼」。這便是利用 Cholesky 分解結果產生滿足特定相關性隨機數的技術路線。

　　如圖 15.24 所示，首先生成滿足 $N(\boldsymbol{0}, \boldsymbol{I}_{D \times D})$ 的隨機數矩陣 $\boldsymbol{Z}$。

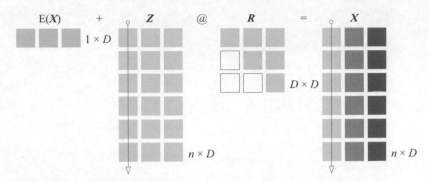

▲ 圖 15.24 產生滿足特定相關性隨機數的矩陣運算 (用 Cholesky 分解結果)

然後，對協方差矩陣 Σ 進行 Cholesky 分解，得到下三角矩陣 R^T 和上三角矩陣 R 的乘積，即

$$\Sigma = R^T R \tag{15.21}$$

矩陣 R 中含有圖 15.23 中「剪貼」「縮放」兩個成分。

Z 服從 $N(\mathbf{0}, I_{D \times D})$，經過以下運算得到的多元隨機數 X 服從 $N(\mathrm{E}(X), \Sigma_{D \times D})$：

> 注意：要求 Σ 為正定；否則，不能進行 Cholesky 分解。

$$\underset{N(\mathrm{E}(X),\Sigma)}{X} = \underset{N(\mathbf{0},I)}{Z} \underset{\text{Scale + shear}}{R} + \underset{\text{Translate}}{\mathrm{E}(X)} \tag{15.22}$$

其中

$$X = \begin{bmatrix} x_1 & x_2 & \cdots & x_D \end{bmatrix}, \ Z = \begin{bmatrix} z_1 & z_2 & \cdots & z_D \end{bmatrix}, \ \mathrm{E}(X) = \begin{bmatrix} \mu_1 & \mu_2 & \cdots & \mu_D \end{bmatrix} \tag{15.23}$$

分別計算 Z 和 X 的協方差矩陣。Z 的協方差矩陣為

$$\Sigma_Z = \frac{Z^T Z}{n-1} = \frac{1}{n-1} \begin{bmatrix} z_1^T \\ z_2^T \\ \vdots \\ z_D^T \end{bmatrix} \begin{bmatrix} z_1 & z_2 & \cdots & z_D \end{bmatrix} = \frac{1}{n-1} \begin{bmatrix} z_1^T z_1 & z_1^T z_2 & \cdots & z_1^T z_D \\ z_2^T z_1 & z_2^T z_2 & \cdots & z_2^T z_D \\ \vdots & \vdots & \ddots & \vdots \\ z_D^T z_1 & z_D^T z_2 & \cdots & z_D^T z_D \end{bmatrix} = \begin{bmatrix} 1 & 0 & \cdots & 0 \\ 0 & 1 & \cdots & 0 \\ \vdots & \vdots & \ddots & \vdots \\ 0 & 0 & \cdots & 1 \end{bmatrix}_{D \times D} \tag{15.24}$$

對 X 求協方差，有

$$
\begin{aligned}
\Sigma_X &= \frac{\left(X - \mathrm{E}(X)\right)^{\mathrm{T}}\left(X - \mathrm{E}(X)\right)}{n-1} \\
&= \frac{(ZR)^{\mathrm{T}} ZR}{n-1} = R^{\mathrm{T}} \underbrace{\frac{Z^{\mathrm{T}} Z}{n-1}}_{\Sigma_Z} R = R^{\mathrm{T}} R = \Sigma
\end{aligned}
\tag{15.25}
$$

二維隨機數

下面，我們先看 $D = 2$ 這個特殊情況。

二維隨機變數 χ 滿足二維高斯分佈，即

$$
\chi = \begin{bmatrix} X_1 \\ X_2 \end{bmatrix} \sim N\left(\underbrace{\begin{bmatrix} \mu_1 \\ \mu_2 \end{bmatrix}}_{\mu}, \underbrace{\begin{bmatrix} \sigma_1^2 & \rho\sigma_1\sigma_2 \\ \rho\sigma_1\sigma_2 & \sigma_2^2 \end{bmatrix}}_{\Sigma} \right)
\tag{15.26}
$$

而 Z_1 和 Z_2 服從標準正態分佈，且不相關。也就是說 (Z_1, Z_2) 服從 $N(\mathbf{0}, I_{2\times 2})$，有

$$
\varsigma = \begin{bmatrix} Z_1 \\ Z_2 \end{bmatrix} \sim N\left(\begin{bmatrix} 0 \\ 0 \end{bmatrix}, \underbrace{\begin{bmatrix} 1 & 0 \\ 0 & 1 \end{bmatrix}}_{\Sigma} \right)
\tag{15.27}
$$

對式 (15.26) 的協方差矩陣進行 Cholesky 分解，有

$$
\begin{bmatrix} \sigma_1^2 & \rho\sigma_1\sigma_2 \\ \rho\sigma_1\sigma_2 & \sigma_2^2 \end{bmatrix} = \underbrace{\begin{bmatrix} \sigma_1 & 0 \\ \rho\sigma_2 & \sigma_2\sqrt{1-\rho^2} \end{bmatrix}}_{L} \underbrace{\begin{bmatrix} \sigma_1 & \rho\sigma_2 \\ 0 & \sigma_2\sqrt{1-\rho^2} \end{bmatrix}}_{R}
\tag{15.28}
$$

是說，χ 的 ς 關係為

$$
\chi = L\varsigma + \mu
\tag{15.29}
$$

請大家思考為什麼式 (15.22) 採用上三角矩陣 R，而式 (15.29) 採用下三角矩陣 L。

$D = 2$ 時，展開式 (15.29) 得到

$$\begin{bmatrix} X_1 \\ X_2 \end{bmatrix} = \begin{bmatrix} \sigma_1 & 0 \\ \rho\sigma_2 & \sigma_2\sqrt{1-\rho^2} \end{bmatrix} \begin{bmatrix} Z_1 \\ Z_2 \end{bmatrix} + \begin{bmatrix} \mu_1 \\ \mu_2 \end{bmatrix} \tag{15.30}$$

即

$$\begin{cases} X_1 = \sigma_1 Z_1 + \mu_1 \\ X_2 = \rho\sigma_2 Z_1 + \sigma_2\sqrt{1-\rho^2} Z_2 + \mu_2 \end{cases} \tag{15.31}$$

下面舉出一個具體範例。

圖 15.25(a) 所示的二維隨機數滿足

$$\begin{bmatrix} Z_1 \\ Z_2 \end{bmatrix} \sim N\left(\begin{bmatrix} 0 \\ 0 \end{bmatrix}, \begin{bmatrix} 1 & 0 \\ 0 & 1 \end{bmatrix} \right) \tag{15.32}$$

圖 15.25(b) 所示的二維隨機數滿足

$$\begin{bmatrix} X_1 \\ X_2 \end{bmatrix} \sim N\left(\begin{bmatrix} 2 \\ 4 \end{bmatrix}, \begin{bmatrix} 4 & 2 \\ 2 & 2 \end{bmatrix} \right) \tag{15.33}$$

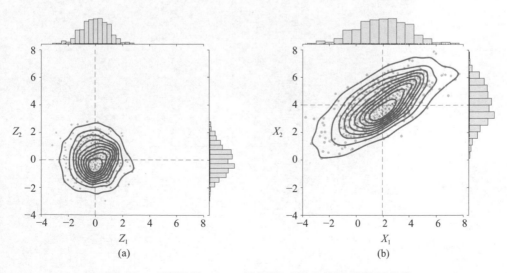

▲ 圖 15.25 將服從 IID 二維標準正態分佈隨機數轉化為
滿足特定質心和協方差要求的隨機數

Bk5_Ch15_08.py 生成圖 15.25。程式中用到了 Cholesky 分解。

多維隨機數

圖 15.26 所示為採用多元高斯分佈隨機數發生器生成的隨機數。這組隨機數的平均值、協方差矩陣與鳶尾花資料相同。請大家利用本節前文介紹的技術原理，首先生成滿足 $N(0, \boldsymbol{I}_{D \times D})$ 的隨機數矩陣 $\boldsymbol{Z}$，然後再生成滿足 $N(\mathrm{E}(\boldsymbol{X}), \Sigma_{D \times D})$ 的隨機數。

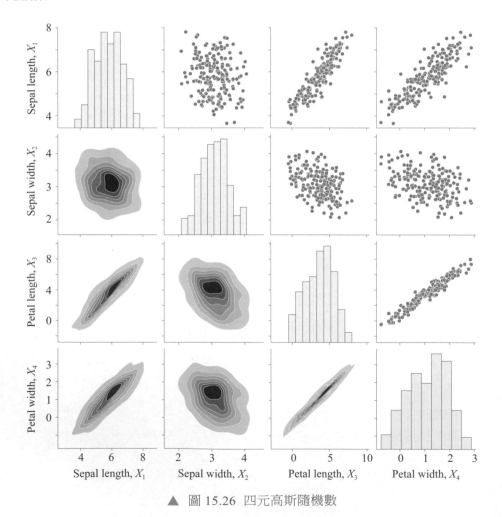

▲ 圖 15.26 四元高斯隨機數

Bk5_Ch15_09.py 產生圖 15.26 的結果。

特徵值分解

《AI 時代 Math 元年 - 用 Python 全精通矩陣及線性代數》一書第 14 章還介紹過圖 15.27。圖 15.27 中，單位圓首先經過縮放得到正橢圓，然後正橢圓經過旋轉得到旋轉橢圓。這實際上是另外一條獲得特定相關性隨機數的技術路徑。

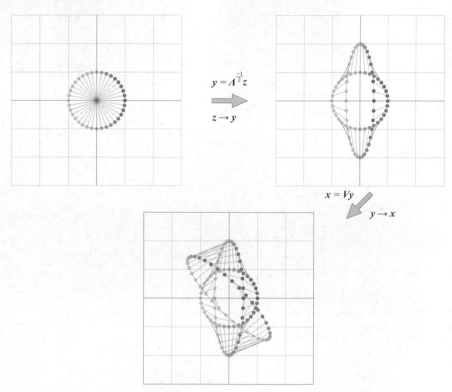

▲ 圖 15.27 單位圓 (縮放) → 正橢圓 (旋轉) → 旋轉橢圓

對協方差矩陣 Σ 進行特徵值分解，然後寫成「平方式」，得

$$\Sigma = V\Lambda V^{\mathrm{T}} = \left(\Lambda^{\frac{1}{2}}V^{\mathrm{T}}\right)^{\mathrm{T}}\Lambda^{\frac{1}{2}}V^{\mathrm{T}} \tag{15.34}$$

如圖 15.28 所示，隨機數矩陣 Z 滿足 $N(\boldsymbol{0}, \boldsymbol{I}_{D \times D})$，先經過 $A^{\frac{1}{2}}$ 縮放，再經過 V^{T} 旋轉，最後透過 E(X) 平移獲得資料矩陣 X，有

$$\underset{N(\mathrm{E}(\boldsymbol{X}),\boldsymbol{\Sigma})}{\boldsymbol{X}} = \underset{N(\boldsymbol{0},\boldsymbol{I})}{\boldsymbol{Z}} \underbrace{\boldsymbol{\Lambda}^{\frac{1}{2}}}_{\text{Scale}} \underbrace{\boldsymbol{V}^{\mathrm{T}}}_{\text{Rotate}} + \underbrace{\mathrm{E}(\boldsymbol{X})}_{\text{Translate}} \tag{15.35}$$

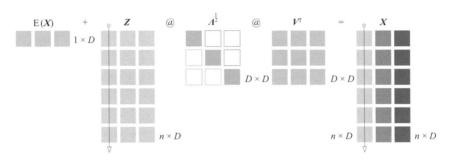

▲ 圖 15.28 產生滿足特定相關性隨機數的矩陣運算 (用特徵值分解結果)

對 X 求協方差，得

$$
\begin{aligned}
\boldsymbol{\Sigma}_X &= \frac{\left(\boldsymbol{X} - \mathrm{E}(\boldsymbol{X})\right)^{\mathrm{T}}\left(\boldsymbol{X} - \mathrm{E}(\boldsymbol{X})\right)}{n-1} \\
&= \frac{\left(\boldsymbol{Z}\boldsymbol{\Lambda}^{\frac{1}{2}}\boldsymbol{V}^{\mathrm{T}}\right)^{\mathrm{T}}\boldsymbol{Z}\boldsymbol{\Lambda}^{\frac{1}{2}}\boldsymbol{V}^{\mathrm{T}}}{n-1} = \left(\boldsymbol{\Lambda}^{\frac{1}{2}}\boldsymbol{V}^{\mathrm{T}}\right)^{\mathrm{T}} \underbrace{\frac{\boldsymbol{Z}^{\mathrm{T}}\boldsymbol{Z}}{n-1}}_{\boldsymbol{\Sigma}_Z} \boldsymbol{\Lambda}^{\frac{1}{2}}\boldsymbol{V}^{\mathrm{T}} = \boldsymbol{V}\boldsymbol{\Lambda}^{\frac{1}{2}}\boldsymbol{\Lambda}^{\frac{1}{2}}\boldsymbol{V}^{\mathrm{T}} = \boldsymbol{\Sigma}
\end{aligned} \tag{15.36}
$$

請大家利用這條技術路徑生成圖 15.25 和圖 15.26。

一組特殊的平行四邊形

對比式 (15.22) 和式 (15.35)，大家可能已經發現 R 相當於 $\boldsymbol{\Lambda}^{\frac{1}{2}}\boldsymbol{V}^{\mathrm{T}}$。而 R 和 $\boldsymbol{\Lambda}^{\frac{1}{2}}$ $\boldsymbol{V}^{\mathrm{T}}$ 相當於協方差矩陣 $\boldsymbol{\Sigma}$ 的「平方根」。這說明協方差矩陣 $\boldsymbol{\Sigma}$ 的「平方根」不唯一。《AI 時代 Math 元年 - 用 Python 全精通矩陣及線性代數》一書中反覆強調過這一點。

這表示，凡是能夠寫成以下形式的矩陣 B 都是協方差矩陣 $\boldsymbol{\Sigma}$ 的「平方根」，即

$$\boldsymbol{\Sigma} = \boldsymbol{B}^{\mathrm{T}}\boldsymbol{B} \tag{15.37}$$

比如

$$\boldsymbol{\Sigma} = \boldsymbol{R}^{\mathrm{T}} \boldsymbol{R}$$

$$\boldsymbol{\Sigma} = \left(\boldsymbol{\Lambda}^{\frac{1}{2}} \boldsymbol{V}^{\mathrm{T}} \right)^{\mathrm{T}} \boldsymbol{\Lambda}^{\frac{1}{2}} \boldsymbol{V}^{\mathrm{T}} \tag{15.38}$$

而式 (15.38) 代表完全不同的幾何變換。如圖 15.29(a) 所示，我們能夠明顯地看到 Cholesky 分解中的剪貼操作。圖 15.29(b) 則明顯可以看出旋轉。

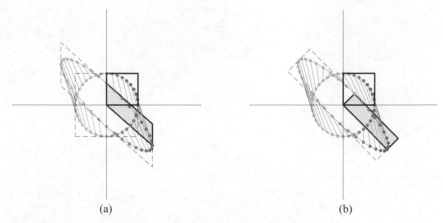

(a)   (b)

▲ 圖 15.29 對比 Cholesky 分解和特徵值分解

更一般地，用資料矩陣 $\boldsymbol{Z}$ 代表正圓，即 $N(\boldsymbol{0}, \boldsymbol{I})$。$\boldsymbol{Z}$ 先經過 $\boldsymbol{U}$ 旋轉，然後再用 $\boldsymbol{R}$ 完成「縮放 + 剪切」，最後用 E($\boldsymbol{X}$) 平移，得到資料矩陣 $\boldsymbol{X}$，這個過程對應的矩陣運算為

$$\underset{N(\boldsymbol{0}, \boldsymbol{\Sigma})}{\boldsymbol{X}} = \underset{N(\boldsymbol{0}, \boldsymbol{I})}{\boldsymbol{Z}} \underset{\text{Rotate}}{\boldsymbol{U}} \underset{\text{Scale + shear}}{\boldsymbol{R}} + \underset{\text{Translate}}{\mathrm{E}(\boldsymbol{X})} \tag{15.39}$$

注意：$\boldsymbol{U}$ 提供旋轉操作，因此 $\boldsymbol{U}$ 是正交矩陣，滿足 $\boldsymbol{U}^{\mathrm{T}} \boldsymbol{U} = \boldsymbol{U} \boldsymbol{U}^{\mathrm{T}} = \boldsymbol{I}$。

計算 $\boldsymbol{X}$ 的協方差矩陣，結果還是 $\boldsymbol{\Sigma}$，即

$$\boldsymbol{\Sigma}_X = \frac{\left(\boldsymbol{X} - \mathrm{E}(\boldsymbol{X}) \right)^{\mathrm{T}} \left(\boldsymbol{X} - \mathrm{E}(\boldsymbol{X}) \right)}{n-1}$$

$$= \frac{(\boldsymbol{ZUR})^{\mathrm{T}} \boldsymbol{ZUR}}{n-1} = (\boldsymbol{UR})^{\mathrm{T}} \overset{\boldsymbol{\Sigma}_Z}{\overbrace{\frac{\boldsymbol{Z}^{\mathrm{T}} \boldsymbol{Z}}{n-1}}} \boldsymbol{UR} = \boldsymbol{R}^{\mathrm{T}} \boldsymbol{U}^{\mathrm{T}} \boldsymbol{UR} = \boldsymbol{\Sigma} \tag{15.40}$$

也就是說，給定不同的旋轉矩陣 **U**，我們就可以獲得不同的 **Σ** 平方根 **UR**。也就相當於，這些完全不同的 **UR** 都可以獲得滿足特定相關性條件的隨機數。

圖 15.30 左上角第一幅子圖實際上就是圖 15.29(b) 特徵分解對應的幾何變換。

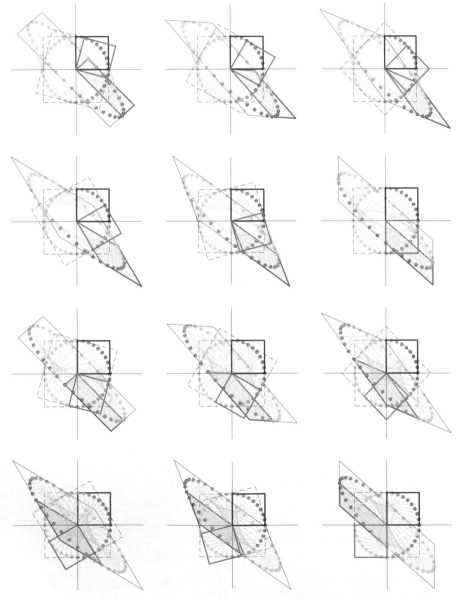

▲ 圖 15.30 不同的旋轉矩陣

圖 15.30 所示為一系列不同旋轉矩陣 *U*，在這些 *U* 的作用下，我們最終都獲得了相同的橢圓。但是仔細觀察，會發現「彩燈」的運動軌跡完全不同。

旋轉矩陣 *U* 作用於單位圓，不改變單位圓的解析式。但是，*U* 卻改變了「彩燈」的位置。這實際上也回答了《AI 時代 Math 元年 - 用 Python 全精通矩陣及線性代數》一書第 14 章有關「彩燈」位置的問題。

圖 15.30 中一系列平行四邊形都與旋轉橢圓相切。相比旋轉橢圓，這些平行四邊形更能表現 *UR* 的幾何變換。

我們用 Streamlit 製作了一個應用，視覺化圖 15.30，大家可以輸入不同旋轉角度並繪製圖 15.30 各子圖。請大家參考 Streamlit_Bk5_Ch15_10.py。

蒙地卡羅模擬的基本思想是利用隨機抽樣的方法來生成一組服從特定機率分佈的隨機數，然後用這些隨機數代替原始問題中的未知量，計算問題的輸出結果。透過對大量隨機數進行抽樣和統計，可以獲得問題的近似解，從而分析問題的性質和特點。

蒙地卡羅模擬廣泛應用於金融、物理、工程、生物、環境、社會科學等領域，如金融風險評估、物理系統建模、生物統計、環境影響評價、社會網路分析等。它是一種高度靈活和通用的計算方法，可以適用於各種不同的問題和應用場景。本書後續會用馬可夫鏈蒙地卡羅模擬 MCMC 完成貝氏推斷。《數據有道》一書中將繼續這一話題。

Section *05*

頻率派

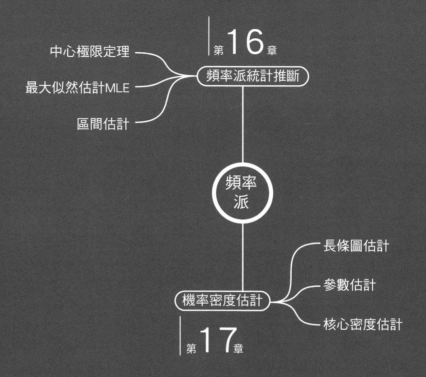

中心極限定理 ——

最大似然估計MLE ——

區間估計 ——

第16章

頻率派統計推斷

頻率派

長條圖估計

參數估計

核心密度估計

機率密度估計

第17章

16 頻率派統計推斷

參數固定，但不可知，將機率解釋為反覆抽樣的極限頻率

檢查數學，你會發現，它不僅是顛撲不破的真理，而且是至高無上的美麗—那種冷峻而樸素的美，不需要喚起人們任何的憐惜，沒有繪畫和音樂的浮華裝飾，純粹，只有偉大藝術才能展現出來的嚴格完美。

Mathematics, rightly viewed, possesses not only truth, but supreme beauty — a beauty cold and austere, like that of sculpture, without appeal to any part of our weaker nature, without the gorgeous trappings of painting or music, yet sublimely pure, and capable of astern perfection such as only the greatest art can show.

——伯特蘭‧羅素（*Bertrand Russell*）| 英國哲學家、數學家 | *1872—1970 年*

- scipy.stats.binom_test() 計算二項分佈的 *p* 值
- scipy.stats.norm.interval() 產生區間估計結果
- seaborn.heatmap() 產生熱圖
- seaborn.lineplot() 繪製線型圖
- scipy.stats.ttest_ind() 兩個獨立樣本平均值的 *t*- 檢驗

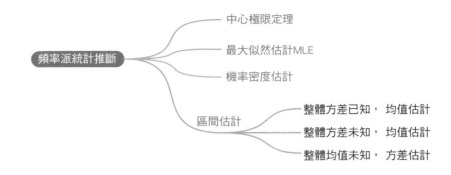

16.1 統計推斷：兩大學派

統計有兩大分支：統計描述、統計推斷。

本書第 2 章專門介紹了如何用圖形和整理統計量描述樣本資料。而**統計推斷** (statistical inference) 的數學工具來自於機率，本書「機率」「高斯」「隨機」這三個板塊給我們提供了足夠的數學工具。因此，這個板塊和下一板塊正式進入統計推斷這個話題。

本書前文提到，統計推斷透過樣本推斷整體，在資料科學、機器學習中的應用頗為廣泛。統計推斷有兩大學派—**頻率學派推斷** (frequentist inference) 和**貝氏學派推斷** (bayesian inference)。

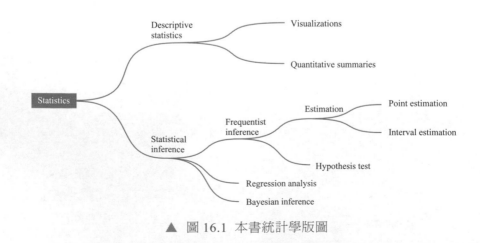

▲ 圖 16.1 本書統計學版圖

頻率學派

頻率學派認為真實參數確定，但一般不可知。真實參數就好比上帝角度能夠看到一切隨機現象表象下的本質。

而我們觀察到的樣本資料都是在這個參數下產生的。真實參數對於我們不可知，頻率學派強調通過樣本資料計算得到的頻數、機率、機率密度等得出有關整體的推斷結論。

頻率學派認為事件的機率是大量重複獨立試驗中頻率的極限值。事件的可重複性、減小抽樣誤差對於頻率學派試驗很重要。

頻率學派方法的結論主要有兩類：①顯著性檢驗的「真或假」結論；②信賴區間是否覆蓋真實參數的結論。為了得出這些結論，我們需要掌握**區間估計** (interval estimation)、**最大似然估計** (Maximum Likelihood Estimation, MLE)、**假設檢驗** (hypothesis test) 等數學工具。

這一章僅蜻蜓點水地介紹幾個常用的頻率學派工具，大家必須掌握的是最大似然估計 (MLE)。

> ⚠️ 注意：本書不會介紹假設檢驗。《數據有道》一書中講解線性迴歸時會涉及常見假設檢驗。

貝氏學派

貝氏學派則認為參數本身也是不確定的，參數本身也是隨機變數，因此也服從某種機率分佈。也就是說，所有參數都可能是產生樣本資料的參數，只不過不同的參數對應的機率有大有小，如圖 16.2 所示。

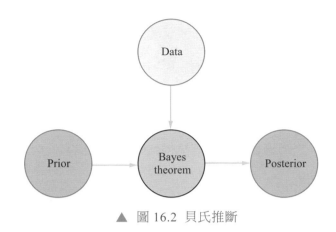

▲ 圖 16.2　貝氏推斷

　　不同於頻率學派的僅使用樣本資料，貝氏學派也結合過去的經驗知識和樣本資料。貝氏學派引入**先驗分佈** (prior distribution)、**後驗分佈** (posterior distribution)、**最大後驗機率估計** (Maximum A Posteriori estimation, MAP) 這樣的概念來計算不同參數值的機率。

　　比較來看，頻率學派推斷只考慮證據，不考慮先驗機率。頻率學派強調機率是可重複性事件發生的頻率，而非基於主觀判斷的個人信念或偏好。

　　此外，很多情況下，貝氏推斷沒有後驗分佈的解析解，因此經常利用蒙地卡羅模擬獲取滿足特定後驗分佈的隨機數。本書中大家會看到 Metropolis–Hastings 抽樣演算法的應用。

　　有意思的是，當樣本資料量趨近無窮時，頻率學派和貝氏學派的結果趨於一致，可謂殊途同歸。

　　貝氏統計能夠整合主觀、客觀不同來源的資訊，並做出合理判斷，這是頻率學派推斷做不到的。機器學習演算法中，貝氏統計的應用越來越廣泛。

　　本書前文提到，機器學習演算法中頻率學派的方法有其局限性。因此與常見的機率統計教材不同，本書「厚」貝氏學派，「薄」頻率學派。本章和第 17 章將簡介頻率學派統計推斷的常用工具。而本書第 6 板塊將用五章內容專門介紹貝氏學派統計推斷。

迴歸分析

迴歸分析 (regression analysis) 經常被劃分到頻率學派的工具箱中。作者則認為解釋迴歸分析的視角有很多，如最小平方最佳化角度、投影角度、矩陣分解、條件機率、最大似然估計 (MLE)、最大後驗機率估計 (MAP)。因此，本書不把迴歸分析劃在頻率學派下面。

本書將在第 24 章從多角度來看迴歸分析。另外，《AI 時代 Math 元年 - 用 Python 全精通資料處理》一書則有專門講解迴歸分析的板塊，其中大家會看到擬合優度、方差分析 ANOVA、F 檢驗、t 檢驗、信賴區間等工具在迴歸分析中的應用。除了線性迴歸外，《AI 時代 Math 元年 - 用 Python 全精通資料處理》一書中還會介紹非線性迴歸、貝氏迴歸、基於主成分分析的迴歸演算法。

16.2 頻率學派的工具

以鳶尾花資料為例

鳶尾花資料集最初由 EdgarAnderson 於 1936 年在加拿大加斯帕半島上擷取獲得。在開始本章之前，先給大家出個問題，如何設計試驗估算：

- 加斯帕半島上所有鳶尾花花萼長度平均值。
- 加斯帕半島上三類鳶尾花 (setosa、versicolour、virginica) 的具體比例。

為了解決這些實際問題，統計學家想出來了兩種方法來解決。

大數定理

第一種辦法是盡可能多地擷取樣本，比如在估算加斯帕半島上所有鳶尾花花萼長度平均值時，儘量同一時間擷取盡可能多的鳶尾花資料。

這裡應用到的統計學原理是**大數定理** (law of large numbers)。大數定理指的是當樣本數量越多時，樣本的算術平均值便有越大的機率接近其真實的機率分佈期望。

簡單來說，大數定理告訴我們，當我們進行大量的隨機實驗時，隨著實驗次數的增加，實際觀測值越來越接近真實值。這就是大數定理的「大數」之處，有點「大力出奇蹟」的感覺。

大數定理表現出一些隨機事件的平均值具有長期穩定性。本書前文提到，拋一枚硬幣，硬幣落地正面朝上還是反面朝上是偶然的。但是，如果硬幣質地均勻，讓我們拋硬幣的次數達到上千上萬次，就會發現硬幣正、反面朝上的次數約為 50%。因此，頻率學派推斷特別強調同一試驗的可重複性。

然而，這種辦法需要盡可能多地提高樣本數量，這使得試驗本身變得尤為困難。

中心極限定理

第二種方法是，多次地獨立地從整體中取出樣本，並計算每次樣本的平均值，並用這些樣本平均值去估算整體的期望。這種方法在統計學中被稱為**中心極限定理** (central limit theorem)。

中心極限定理成立的條件如下。

①獨立性：隨機變數必須相互獨立；也就是說，一個隨機變數的設定值不受其他隨機變數影響。

②相同分佈：隨機變數應當具有相同的機率分佈，即從同一整體中獨立取出樣本。③樣本數要足夠大。

中學物理課中，我們用游標卡尺反覆測量同一物體的厚度，然後計算平均值來估計物體的實際厚度，這一試驗的想法實際上就是中心極限定理的應用。

具體來說，中心極限定理指一個整體中隨機進行 n 次抽樣，每次取出 m 個樣本，計算其平均數，一共能得到 n 個平均數。當 n 足夠大時，這 n 個平均數

的分佈接近於正態分佈，不管整體的分佈如何。這個定理，常常也被戲謔地稱為「上帝角度」，在他眼中正態分佈仿佛如同宇宙終極分佈一般。

游標卡尺反覆測量同一物體的厚度，可能會出現一些誤差。這些誤差可能來自於游標卡尺的不穩定性、讀數不準確、人為誤差等因素。如果我們對這些誤差進行統計分析，通常可以得到一個誤差分布，該分佈的中心點表示這些測量的平均值，標準差表示這些測量的離散程度。

當我們進行大量的游標卡尺測量時，由於中心極限定理的作用，這些誤差的分佈將趨向於常態分布。因此，我們可以使用正態分佈模型來描述這些誤差，從而對它們進行統計分析。這些分析包括計算平均值、標準差、信賴區間等，可以幫助我們評估測量結果的準確性和穩定性，以及確定測量誤差的來源。

點估計

點估計 (point estimation)，顧名思義，是指用樣本統計量的某單一具體數值直接作為某未知整體參數的最佳估值。

舉個例子，農場中有幾萬隻兔子。為了估計兔子的平均體重，我們從農場動物中隨機取出 100 隻兔子作為樣本，計算它們的平均體重為 5kg。如果我們選擇用 5kg 代表整個農場所有兔子的體重，這種方法就是點估計。

本章主要介紹最大似然估計 (Maximum Likelihood Estimation, MLE)。最大似然估計在機器學習中應用廣泛，MLE 和貝氏學派的最大後驗機率估計地位並列。

此外，點估計也應用在貝氏推斷中。貝氏推斷中最常用的點估計是後驗分佈的期望值，稱為後驗期望。

區間估計

如圖 16.3 所示，在用多次抽樣估計整體分佈的期望時，抽樣的次數總是有限的，也有可能存在極端的樣本值，這都會對估算產生影響。統計學家就想到一個更有效的辦法，在進行估算時將注意力集中到樣本平均值可能的範圍或

區間內，並舉出真實期望值位於這個區間的機率。這個區間就被稱為**信賴區間** (Confidence Interval, CI)。

　　舉個例子，每次抽樣的次數不變，做 100 次抽樣，分別計算得到 100 個對應的樣本平均值，並且認定在「上帝角度」中這 100 個樣本平均值服從正態分佈。那麼，在這個正態分佈中心區域的 95 個樣本平均值，就組成了一個區間。這個區間就對應 95% 信賴區間。它告訴我們，整體真正的期望值有 95% 的可能性在這個信賴區間範圍內。

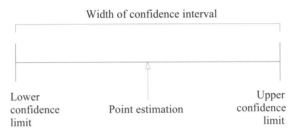

▲ 圖 16.3　對比點估計和區間估計

16.3　中心極限定理：漸近於正態分佈

　　隨機變數 X_1、X_2、$\cdots$、X_n 獨立同分佈 (IID)，即相互獨立且服從同一分佈。$X_k(k = 1,2,\cdots,n)$ 的期望和方差為

$$\mathrm{E}(X_k) = \mu, \quad \mathrm{var}(X_k) = \sigma^2 \tag{16.1}$$

這 n 個隨機變數的平均值 $\bar{X}$ 近似服從正態分佈

$$\bar{X} = \frac{1}{n}\sum_{k=1}^{n} X_k \sim N\left(\mu, \frac{\sigma^2}{n}\right) \tag{16.2}$$

注意：以上結論與 X_k 服從任何分佈無關。

標準誤 (Standard Error, SE) 的定義為

$$SE = \frac{\sigma}{\sqrt{n}} \qquad\qquad (16.3)$$

本節舉兩個例子來講解中心極限定理。

離散

第一個例子是離散隨機變數。

如圖 16.4 所示為拋一枚骰子結果 X 和對應的理論機率值。X 服從離散均勻分佈。如果每次拋 n 枚骰子，這 n 個骰子的結果對應 X_1、X_2、$\cdots$、X_n。然後求 n 個隨機變數的平均值 $\bar{X}$。根據式 (16.2)，$\bar{X}$ 服從正態分佈 $N\left(\mu, \dfrac{\sigma^2}{n}\right)$。

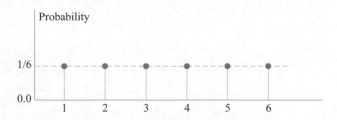

▲ 圖 16.4 拋一枚骰子結果和對應的理論機率值

如圖 16.5 所示，每次拋 n 枚骰子，一共拋 K 次。下面，我們分別改變 n 和 K 進行蒙地卡羅模擬。

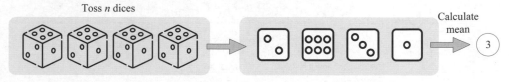

▲ 圖 16.5 每次拋 n 枚骰子，一共拋 K 次

如圖 16.6 所示，當 $n = 5$ 時，也就是每次拋 5 枚骰子，隨著 K 增大，我們很容易看出平均值 $\bar{X}$ 趨向於正態分佈。

根據式 (16.3)，增大 n 會導致標準誤 SE 不斷減小，對比圖 16.6 ~ 圖 16.8，容易發現隨著 n 增大，直方圖逐漸變「瘦」，也就是說 SE 逐漸減小。

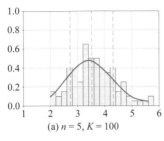 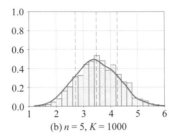 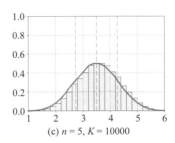

(a) $n = 5, K = 100$　　　(b) $n = 5, K = 1000$　　　(c) $n = 5, K = 10000$

▲ 圖 16.6　每次拋 $n = 5$ 枚骰子

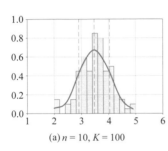 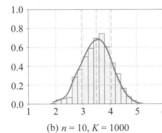 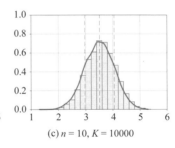

(a) $n = 10, K = 100$　　　(b) $n = 10, K = 1000$　　　(c) $n = 10, K = 10000$

▲ 圖 16.7　每次拋 $n = 10$ 枚骰子

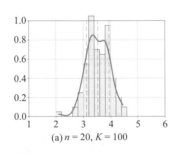 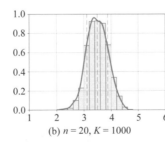 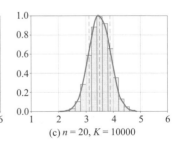

(a) $n = 20, K = 100$　　　(b) $n = 20, K = 1000$　　　(c) $n = 20, K = 10000$

▲ 圖 16.8　每次拋 $n = 20$ 枚骰子

Bk5_Ch16_01.py 繪製圖 16.6~ 圖 16.8。

連續

第二個例子是連續隨機變數。圖 16.9 所示為隨機數分佈，這個分佈有雙峰，顯然不是一個常態分布。如圖 16.10 所示，試驗中，每次取出 $n = 10$ 個樣本，隨著試驗次數 K 不斷增大，平均值 $\bar{X}$ 逐漸趨向於正態分佈。圖 16.11 中，這個趨勢更加明顯。圖 16.12 所示為標準誤 SE 隨著 n 的增大不斷減小。

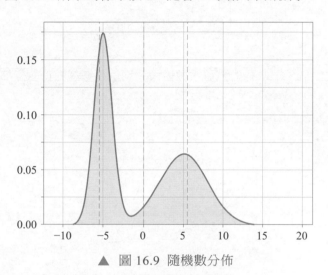

▲ 圖 16.9 隨機數分佈

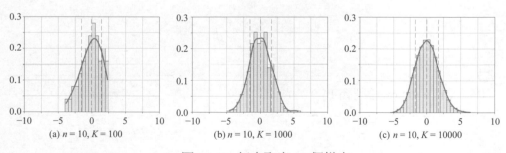

(a) $n = 10$, $K = 100$ (b) $n = 10$, $K = 1000$ (c) $n = 10$, $K = 10000$

▲ 圖 16.10 每次取出 10 個樣本

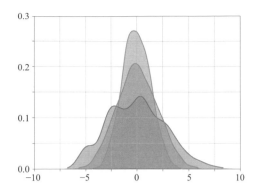

▲ 圖 16.11　隨著試驗次數增大，均值逐漸趨向正態分佈

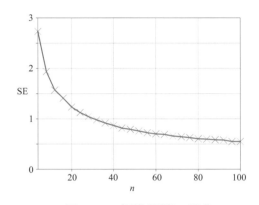

▲ 圖 16.12　標準誤隨 n 變化

Bk5_Ch16_02.py 繪製圖 16.9~ 圖 16.12。

16.4　最大似然：雞兔比例

用白話說，最大似然估計 (MLE) 就是找到讓似然函數取得最大值的參數。

雞兔同籠

我們先看一個簡單的例子。

如圖 16.13 所示，試想一個農場散養大量「走地」雞和兔。假設農場的兔子佔比真實值為 θ，但是農夫自己並不清楚。為了搞清楚農場雞、兔比例，農夫決定隨機抓 n 隻動物。X_1、X_2、$\cdots$、X_n 為每次抓取動物的結果。X_i 的樣本空間為 $\{0,1\}$，其中 0 代表雞，1 代表兔。

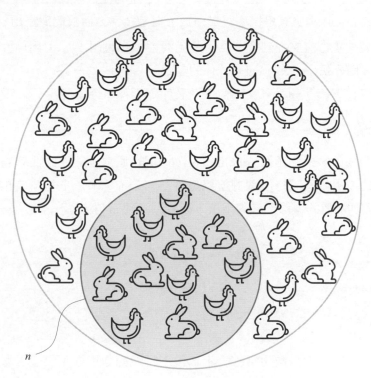

n

▲ 圖 16.13 農場有數不清的散養雞、兔

⚠️

注意：抓取動物過程，我們忽略它對農場整體動物整體比例的影響。

未知參數 θ

$X1$、$X2$、$\cdots$、X_n 為 IID 的伯努利分佈 Bernoulli(θ)，X_i 的機率分佈為

$$f_{X_i}\left(x_i;\theta\right)=\theta^{x_i}\left(1-\theta\right)^{1-x_i} \tag{16.4}$$

似然函數、對數似然函數一般用 θ(theta) 作為未知量。

⚠️

注意：式 (16.4) 本應該是機率質量函數，但是為了方便我們還是用 $f()$。
再次強調：本書前文提到過，為了避免混淆，本書用「|」引出條件機率中的條件，用分號「;」引出機率分佈的參數。

似然函數

在統計學中，**似然函數** (likelihood function) 通常是透過觀測資料的聯合分佈來定義的。由於假設每個觀測值都是獨立同分佈，所以上述聯合機率可以被分解為每個觀測值的邊緣機率的乘積，即似然函數 $L(\theta)$ 為

$$
\begin{aligned}
L(\theta) &= \prod_{i=1}^{n} f_{X_i}\left(x_i;\theta\right) \\
&= \prod_{i=1}^{n} \theta^{x_i}\left(1-\theta\right)^{1-x_i} \\
&= \theta^{\sum_{i=1}^{n}x_i}\left(1-\theta\right)^{n-\sum_{i=1}^{n}x_i}
\end{aligned} \tag{16.5}
$$

簡單來說，似然函數通常被表示為機率密度函數或機率質量函數的連乘積形式，這個連乘積表示觀測資料的聯合機率密度或機率質量函數。

令

$$s=\sum_{i=1}^{n}x_i \tag{16.6}$$

其中：s 為 n 次取出中兔子的總數。

這樣式 (16.5) 可以寫成

$$L(\theta) = \theta^s (1-\theta)^{n-s} \tag{16.7}$$

假設一次抓 20 隻動物，其中有 8 隻兔子，則似然函數 $L(0)$ 為

$$L(\theta) = \theta^8 (1-\theta)^{12} \tag{16.8}$$

圖 16.14(a) 所示為上述似然函數影像。顯然，這個似然函數與橫軸圍成圖形的面積不是 1。

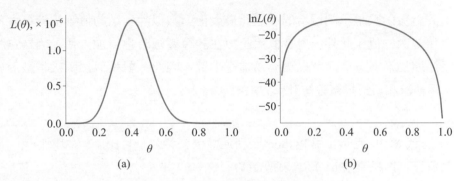

(a)   (b)

▲ 圖 16.14 似然函數、對數似然函數

◀ 第20章將介紹「歸一化」似然函數。

MLE 最佳化問題為

$$\arg\max_{\theta} \prod_{i=1}^{n} f_{X_i}(x_i; \theta) \tag{16.9}$$

對數似然函數

對數似然函數 (log-likelihood function) 就是對似然函數取對數，它可以將似然函數的連乘形式轉換為連加形式，即

$$\ln L(\theta) = s \ln \theta + (n-s) \ln(1-\theta) \tag{16.10}$$

當 $n = 20$，$s = 8$ 時，式 (16.10) 為

$$\ln L(\theta) = 8 \times \ln \theta + 12 \times \ln(1-\theta) \qquad (16.11)$$

圖 16.14(b) 所示為上述對數似然函數的影像。

在機率計算中，機率值累積乘積經常會出現數值非常小的正數情況。由於電腦精度有限，無法辨識這一類資料。而取對數之後，更易於電腦的識別，從而避免**浮點數下溢** (floating point underflow)。浮點數下溢，也叫**算術下溢** (arithmetic underflow)，指的是電腦浮點數計算的結果小於可以表示的最小數。

由於對數函數是單調遞增的，因此最大化對數似然函數的值等價於最大化原始似然函數的值。此外，對數似然函數在計算導數時也更加方便，因為它將連乘變為連加形式，從而可以更容易進行求導。因此，對數似然函數常被用於最大似然估計和貝氏推斷等統計學方法中。

◀

《AI 時代 Math 元年 - 用 Python 全精通數學要素》一書第 12 章提到，對數運算可以將連乘 (Π) 變成連加 (Σ)。

最佳化問題

有了對數似然函數，式 (16.9) 中的 MLE 最佳化問題可以寫成

$$\arg\max_{\theta} \sum_{i=1}^{n} \ln f_{X_i}(x_i; \theta) \qquad (16.12)$$

式 (16.10) 中 $\ln L(\theta)$ 對 θ 求偏導為 0，構造等式

$$\frac{\mathrm{d} \ln L}{\mathrm{d} \theta} = \frac{s}{\theta} - \frac{n-s}{1-\theta} = 0 \qquad (16.13)$$

求式 (16.13) 得到

$$\hat{\theta}_{\mathrm{MLE}} = \frac{s}{n} \qquad (16.14)$$

我們將在第 21 章用貝氏派統計推斷重新求解這個問題。

16.5 最大似然：以估算平均值、方差為例

設 $X \sim N(\mu, \sigma^2)$，μ 和 σ^2 為未知參數。

X_1、X_2、$\cdots$、X_n 來自 X 的 n 個樣本，顯然 X_1、X_2、$\cdots$、X_n 獨立同分佈。x_1、x_2、$\cdots$、x_n 是 X_1、X_2、$\cdots$、X_n 的觀察值。下面介紹利用最大似然方法求解 μ 和 σ^2 的估計量。

X_i 的機率密度函數為

$$f_{X_i}\left(x_i; \mu, \sigma^2\right) = \frac{1}{\sqrt{2\pi \underbrace{\sigma^2}_{\text{Unknown}}}} \exp\left(\frac{-1}{2\underbrace{\sigma^2}_{\text{Unknown}}}\left(x - \underbrace{\mu}_{\text{Unknown}}\right)^2\right) \tag{16.15}$$

未知參數 θ

令 $\theta_1 = \mu$, $\theta_2 = \sigma^2$，則 X_i 的機率密度函數可以寫成

$$f_{X_i}\left(x_i; \theta_1, \theta_2\right) = \frac{1}{\sqrt{2\pi\theta_2}} \exp\left(\frac{-1}{2\theta_2}\left(x_i - \theta_1\right)^2\right) \tag{16.16}$$

似然函數

似然函數 $L(\theta_1, \theta_2)$ 為 $f_{Xi}(xi; \theta_1, \theta_2)$ 的連乘，即

$$\begin{aligned} L\left(\theta_1, \theta_2\right) &= f_{X_1}\left(x_1; \theta_1, \theta_2\right) \cdot f_{X_2}\left(x_2; \theta_1, \theta_2\right) \cdots f_{X_n}\left(x_n; \theta_1, \theta_2\right) \\ &= \prod_{i=1}^{n} f_X\left(x_i; \theta_1, \theta_2\right) \\ &= \prod_{i=1}^{n} \frac{1}{\sqrt{2\pi\theta_2}} \exp\left(\frac{-1}{2\theta_2}\left(x_i - \theta_1\right)^2\right) \end{aligned} \tag{16.17}$$

對數似然函數

對式 (16.17) 取對數得到 $\ln L(\theta_1, \theta_2)$ 為

$$\ln L(\theta_1, \theta_2) = -\frac{n}{2}\ln(2\pi) - \frac{n}{2}\ln(\theta_2) - \frac{1}{2\theta_2}\left(\sum_{i=1}^{n}(x_i - \theta_1)^2\right) \tag{16.18}$$

最佳化問題

為了最大化式 (16.18) 中的 $\ln L(\theta_1, \theta_2)$，對 θ_1、θ_2 求偏導且令其為 0，構造等式

$$
\begin{aligned}
\frac{\partial \ln L}{\partial \theta_1} &= \frac{1}{\theta_2}\left(\sum_{i=1}^{n}(x_i - \theta_1)\right) = 0 \\
\frac{\partial \ln L}{\partial \theta_2} &= -\frac{n}{2\theta_2} + \frac{1}{2\theta_2^2}\left(\sum_{i=1}^{n}(x_i - \theta_1)^2\right) = 0
\end{aligned}
\tag{16.19}
$$

可以求得

$$
\begin{aligned}
\hat{\theta}_1 &= \frac{\sum_{i=1}^{n} x_i}{n} = \bar{X} \\
\hat{\theta}_2 &= \frac{\sum_{i=1}^{n}(x_i - \bar{X})^2}{n}
\end{aligned}
\tag{16.20}
$$

其中：$\hat{\theta}_1$、$\hat{\theta}_2$ 為對真實 θ_1、θ_2 的估計。注意，式 (16.20) 中 $\hat{\theta}_2$ 並不是對方差的無偏估計。

具體值

給定樣本為 {-2.5,-5,1,3.5,-4,1.5,5.5}，下面用 MLE 估算其平均值和方差。

將樣本代入式 (16.18)，得到對數似然函數

$$\ln L(\theta_1, \theta_2) = -6.432 - 3.5\ln\theta_2 - \frac{7\theta_1^2 + 93}{2\theta_2} \tag{16.21}$$

$\ln L(\theta_1, \theta_2)$ 對 θ_1、θ_2 求偏導且令其為 0，構造等式

$$\frac{\partial \ln L}{\partial \theta_1} = -\frac{7\theta_1}{\theta_2} = 0$$
$$\frac{\partial \ln L}{\partial \theta_2} = \frac{7\theta_1^2 - 7\theta_2 + 93}{2\theta_2^2} = 0 \tag{16.22}$$

求解式 (16.22) 得到

$$\hat{\theta}_1 = 0$$
$$\hat{\theta}_2 = 13.2857 \tag{16.23}$$

並計算得到對數似然函數的最大值為

$$\max\left\{\ln L(\theta_1, \theta_2)\right\} = -18.98598 \tag{16.24}$$

第 24 章中，我們將用到 MLE 估算線性迴歸參數。

圖 16.15 所示為 $\ln L(\theta_1, \theta_2)$ 曲面，$\times$ 對應對數似然函數最大值點位置。

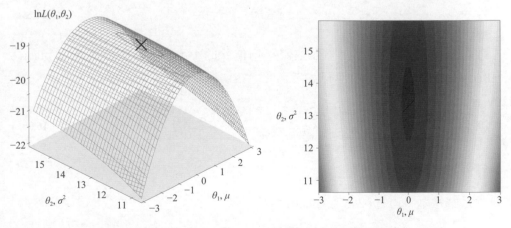

▲ 圖 16.15 $\ln L(\theta_1, \theta_2)$ 曲面和最大值點位置

Bk5_Ch16_03.py 繪製圖 16.15。

16.6 區間估計：整體方差已知，平均值估計

不同於點估計的僅估出一個數值，**區間估計** (interval estimate) 在推斷整體參數時，根據統計量的抽樣分佈特徵，估算出整體參數的區間範圍，並且估算出整體參數落在這一區間的機率。

區間估計在點估計的基礎上附加**誤差限** (margin of error) 來構造**信賴區間** (confidence interval)，信賴區間對應的機率，被稱為**信賴水準** (confidence level)。

本節介紹整體方差 σ^2 已知，計算給定信賴水準下平均值的區間估計。

雙邊信賴區間

對於樣本資料 $\{x^{(1)}, x^{(2)}, 4, \cdots, x^{(n)}\}$，計算**樣本平均值** (sample mean 或 empirical mean) 為

$$\bar{X} = \frac{1}{n}\sum_{i=1}^{n} x^{(i)} \tag{16.25}$$

如果整體的方差已知，則整體平均值 μ 的 $1-\alpha$ 水平的**雙邊信賴區間** (two tailed confidence interval) 可以表示為

$$\left(\bar{X} - z_{1-\alpha/2}\frac{\sigma}{\sqrt{n}}, \bar{X} + z_{1-\alpha/2}\frac{\sigma}{\sqrt{n}}\right) \tag{16.26}$$

其中：

$\bar{X}$ 為**樣本平均值** (sample mean)；

n 為**樣本數量** (sample size)；

α 為**顯示水準** (significance level)，表示在一次試驗中小機率事物發生的可能性大小，α 通常取 0.1 或 0.05；

$1-\alpha$ 為**信賴水準** (confidence level)，表示真值在信賴區間內的可信程度。

$z_{1-\alpha/2}$ 為**臨界值** (critical value)，本質上就是 Z 分數。$z_{1-\alpha/2}$ 可以透過標準正態分佈的逆累積機率密度分佈函數計算；

σ 為**整體的標準差** (volatility of the population)。

如圖 16.16 所示，$1-\alpha$ 為信賴水準表示

$$\Pr\left(\bar{X} - z_{1-\alpha/2}\frac{\sigma}{\sqrt{n}} < \mu < \bar{X} + z_{1-\alpha/2}\frac{\sigma}{\sqrt{n}}\right) = 1-\alpha \tag{16.27}$$

求解 $z_{1-\alpha/2}$ 的方法為

$$z_{1-\alpha/2} = F^{-1}_{N(0,1)}\left(1-\frac{\alpha}{2}\right) = -F^{-1}_{N(0,1)}\left(\frac{\alpha}{2}\right) \tag{16.28}$$

其中：$F^{-1}_{N(0,1)}(\ )$ 是標準正態分佈的**逆累積分佈函數** (inverse cumulative distribution function, ICDF)。它與本書前文介紹的百分點函數 (PPF) 本質上一致。

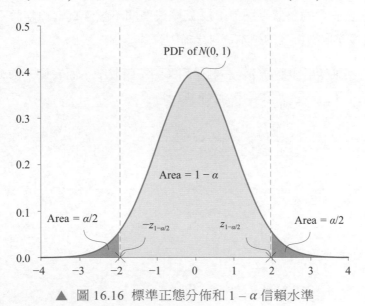

▲ 圖 16.16 標準正態分佈和 $1-\alpha$ 信賴水準

95% 信賴水準

整體方差已知，95%($1 - \alpha = 1 - 5\%$) 信賴水準的雙邊信賴區間約為

$$\left(\bar{X} - 1.96 \frac{\sigma}{\sqrt{n}}, \bar{X} + 1.96 \frac{\sigma}{\sqrt{n}} \right) \qquad (16.29)$$

也就是說

$$\Pr\left(\bar{X} - 1.96 \frac{\sigma}{\sqrt{n}} < \mu < \bar{X} + 1.96 \frac{\sigma}{\sqrt{n}} \right) \approx 0.95 \qquad (16.30)$$

　　再次強調區間估計得到的是整體參數落在某一區間的機率。圖 16.17(a) 所示為 100 次估算得到的 95% 信賴水準的雙邊信賴區間。圖 16.17(a) 中，黑色分隔號為整體平均值所在位置。

　　× 代表每次估算樣本平均值所在位置。當整體平均值落在雙邊信賴區間時，區間為藍色；不然區間為紅色。圖 16.17(a) 舉出的 100 個區間中，有 88 個雙邊區間包含真實的整體平均值；12 個雙邊區間不包含真實的整體平均值。圖 16.17(b) 為每次取出得到的樣本資料分佈山脊圖。

　　增大每次抽樣樣本數量 n，左側信賴區間不斷收窄，而右側分佈範圍不斷變寬，兩者並不矛盾。請大家思考背後的原因。

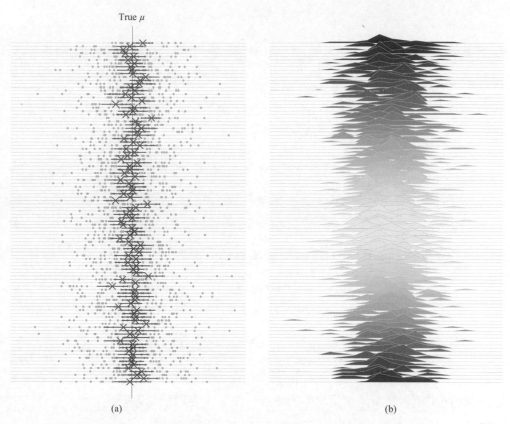

True μ

(a)   (b)

▲ 圖 16.17 100 次估算得到的 95% 信賴水準的雙邊信賴區間，
每次資料分佈的山脊圖

單邊信賴區間

除了雙邊信賴區間，統計上還經常使用**單邊信賴區間** (one-tailed confidence interval)。單邊信賴區間可以「左尾」，即設定值範圍從負無窮到平均值 X 右側的臨界值，即

$$\left(-\infty, \bar{X} + z_{1-\alpha} \frac{\sigma}{\sqrt{n}}\right) \tag{16.31}$$

這表示

$$\Pr\left(\mu < \bar{X} + z_{1-\alpha}\frac{\sigma}{\sqrt{n}}\right) = 1 - \alpha \tag{16.32}$$

單邊信賴區間也可以是「右尾」，設定值範圍從 X 左側的臨界值到正無窮，即

$$\left(\bar{X} - z_{1-\alpha}\frac{\sigma}{\sqrt{n}}, +\infty\right) \tag{16.33}$$

這表示

$$\Pr\left(\mu > \bar{X} - z_{1-\alpha}\frac{\sigma}{\sqrt{n}}\right) = 1 - \alpha \tag{16.34}$$

舉個例子，整體方差已知，95%(1 $-\alpha = 1 - 5\%$) 水平的單邊信賴區間分別為

$$\left(-\infty, \bar{X} + 1.645\frac{\sigma}{\sqrt{n}}\right), \quad \left(\bar{X} - 1.645\frac{\sigma}{\sqrt{n}}, +\infty\right) \tag{16.35}$$

表 16.1 所列為不同顯示水準的雙邊、左尾、右尾信賴區間。

➜ 表 16.1 不同顯示水準的信賴區間

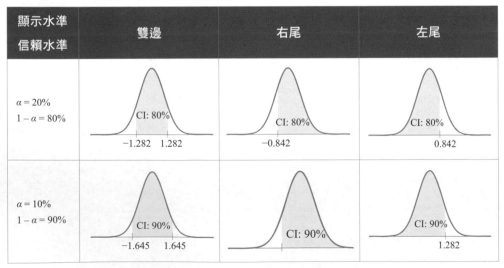

（續表）

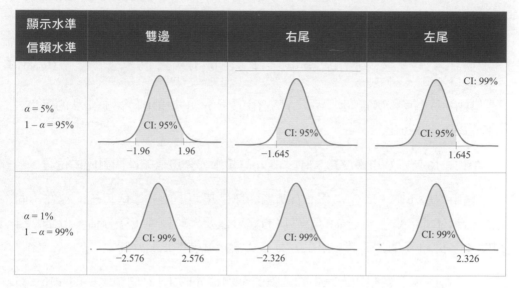

顯示水準 信賴水準	雙邊	右尾	左尾
$\alpha = 5\%$ $1 - \alpha = 95\%$	CI: 95% -1.96 1.96	CI: 95% -1.645	CI: 99% CI: 95% 1.645
$\alpha = 1\%$ $1 - \alpha = 99\%$	CI: 99% -2.576 2.576	CI: 99% -2.326	CI: 99% 2.326

▼

Bk5_Ch16_04.py 繪製表 16.1 中影像。

16.7 區間估計：整體方差未知，平均值估計

如果整體方差 σ^2 未知，就不能採用 16.6 節的估算方法。

首先，計算樣本方差 s^2，有

$$s^2 = \frac{1}{n-1}\sum_{i=1}^{n}\left(x^{(i)} - \bar{X}\right)^2 \tag{16.36}$$

樣本均方差 s 為

$$s = \sqrt{\frac{1}{n-1}\sum_{i=1}^{n}\left(x^{(i)} - \bar{X}\right)^2} \tag{16.37}$$

如果整體的方差未知，則整體平均值 μ 的 $1 - \alpha$ 信賴水準的**雙邊信賴區間** (two tailed confidence interval) 為

$$\left(\bar{X} - t_{1-\alpha/2}\left(n-1\right)\frac{s}{\sqrt{n}}, \bar{X} + t_{1-\alpha/2}\left(n-1\right)\frac{s}{\sqrt{n}} \right) \tag{16.38}$$

其中：n 為樣本數量；$t_{1-\alpha/2}(n-1)$ 為自由度為 $n-1$，CDF 值為 $1-\alpha/2$ 的學生 t- 分佈的逆累積分佈值。

圖 16.18 所示為自由度為 5 時，$1 - \alpha$ 信賴水準雙邊信賴區間對應的位置。

自由度較小時，學生 t- 分佈有明顯的厚尾現象。由於厚尾現象的存在，同樣的信賴區間，學生 t- 分佈的臨界值的絕對值要大於標準正態分佈。但是當自由度 df = $n-1$ 不斷提高時，學生 t- 分佈逐漸接近標準正態分佈。

圖 16.19 所示為整體方差未知，整體平均值 μ 的 $1 - \alpha$ 信賴水準的左尾 / 右尾信賴區間。

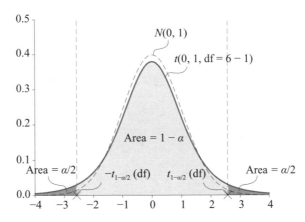

▲ 圖 16.18 整體方差未知，整體平均值 μ 的 $1 - \alpha$ 信賴水準的雙邊信賴區間

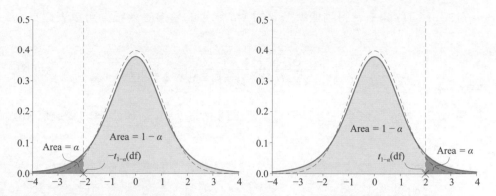

▲ 圖 16.19 整體方差未知，整體平均值 μ 的 $1 - \alpha$ 信賴水準的左尾 / 右尾信賴區間

Bk5_Ch16_05.py 繪製圖 16.18 和圖 16.19。

16.8 區間估計：整體平均值未知，方差估計

整體平均值未知的情況下，σ^2 的無偏估計為 s^2，有

$$s^2 = \frac{1}{n-1}\sum_{i=1}^{n}\left(x^{(i)} - \bar{X}\right)^2 \tag{16.39}$$

方差 σ^2 的 $1-\alpha$ 水平的**雙邊信賴區間** (two tailed confidence interval) 為

$$\left(\frac{(n-1)s^2}{\chi^2_{1-\alpha/2}(n-1)}, \frac{(n-1)s^2}{\chi^2_{\alpha/2}(n-1)}\right) \tag{16.40}$$

其中：n 為樣本數量；$\chi^2_{\alpha/2}(n-1)$ 為自由度為 $n-1$ 的卡方分佈。我們還會在第 23 章有關馬氏距離的內容中用到卡方分佈。

式 (16.40) 表示

$$\Pr\left(\frac{(n-1)s^2}{\chi^2_{1-\alpha/2}(n-1)} < \sigma^2 < \frac{(n-1)s^2}{\chi^2_{\alpha/2}(n-1)}\right) = 1-\alpha \tag{16.41}$$

對式 (16.41) 開方，得到標準差 σ 的 $1-\alpha$ 水平的**雙邊信賴區間**可以表達為

$$\left(\frac{\sqrt{n-1}\,s}{\sqrt{\chi^2_{1-\alpha/2}(n-1)}}, \frac{\sqrt{n-1}\,s}{\sqrt{\chi^2_{\alpha/2}(n-1)}} \right) \tag{16.42}$$

圖 16.20 所示為整體平均值未知，方差估計的 $1-\alpha$ 信賴水準的雙邊信賴區間。

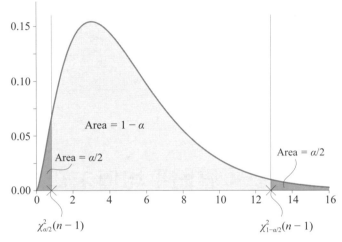

▲ 圖 16.20　整體平均值未知，方差估計的 $1-\alpha$ 信賴水準的雙邊信賴區間

Bk5_Ch16_06.py 繪製圖 16.20。

本章首先比較了統計推斷的兩大學派—頻率學派、貝氏學派。頻率學派認為機率是事件發生的頻率，以樣本為基礎進行推斷；而貝氏學派則將機率視為主觀信念的度量，以先驗知識為基礎進行推斷。兩者的不同在於對機率的定義和解釋方式，但兩者也可以相互補充。

然後，我們簡單地了解了常用的頻率學派數學工具。再次說明，本書《AI時代 Math 元年 - 用 Python 全精通統計及機率》輕頻率學派，重貝氏學派。這是因為機器學習、深度學習中貝氏學派的思想、方法、工具戲分十足。第 17 章講過另外一個機器學習中常用的頻率學派工具—機率密度估計。

→

有關如何用 Python 完成假設檢驗，請大家自學 Stanford 這門統計學課程相關內容。

◀ https://web.stanford.edu/class/stats110/notes/Chapter6/Large_sample.html

這門課程網站還有大量 Python 與機率統計相結合的實例，很適合初學者參考。

Probability Density Estimation

機率密度估計

核密度估計就是若干機率密度函數加權疊合

大自然是一個無限的球體，其中心無處不在，圓周無處可尋。

Nature is aninfinite sphere of which the center is everywhere and the circumference nowhere.

——布萊茲・帕斯卡（*BlaisePascal*）| 法國哲學家、科學家 | *1623—1662* 年

- matplotlib.pyplot.fill_between() 區域填充顏色
- seaborn.kdeplot() 繪製 KDE 機率密度估計曲線
- sklearn.neighbors.KernelDensity() 機率密度估計函數
- statsmodels.api.nonparametric.KDEUnivariate() 構造一元 KDE
- statsmodels.nonparametric.kde.kernel_switch() 更換核心函數
- statsmodels.nonparametric.kernel_density.KDEMultivariate() 構造多元 KDE

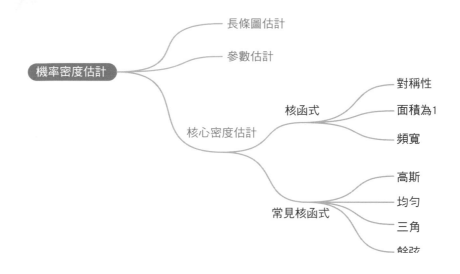

17.1 機率密度估計：從長條圖說起

簡單來說，**機率密度估計** (probability density estimation) 就是尋找合適的隨機變數機率密度函數，使其儘量貼合樣本資料分佈情況。

長條圖

長條圖實際上是最常用的一種機率密度估計方法。第 2 章曾介紹過，為了構造長條圖，首先將樣本資料的設定值範圍分為一系列左右相連等寬度的組 (bin)，然後統計每個組內樣本資料的頻數。繪製長條圖時，以組距為底邊、以頻數為高度，繪製一系列矩形圖。

圖 17.1 所示為鳶尾花四個特徵上樣本資料的頻數長條圖。合理地選擇組距，讓大家一眼能夠透過長條圖看出樣本分佈的大致情況。縱軸的頻數，也可以替換成機率、機率密度。當縱軸為機率密度時，長條圖這些矩形面積之和為 1，對應機率 1。

但是，長條圖的缺點也很明顯，機率密度估計結果呈現階梯狀，並不「平滑」。很多資料科學、機器學習應用場合，我們需要得到連續平滑的密度估計曲線。

參數估計

本書前文介紹過一些常見的機率分佈函數，但是它們的形狀遠遠不夠描述現實世界擷取的分佈情況較為複雜的樣本資料。

以高斯分佈為例，我們可以很容易計算得到樣本資料的平均值 μ 和均方差 σ，這樣可以直接用常態分布來估計樣本資料在某個單一特徵上的分佈情況，即

$$\hat{f}_X(x) = \frac{1}{\sigma\sqrt{2\pi}}\exp\left(-\frac{1}{2}\left(\frac{x-\mu}{\sigma}\right)^2\right) \tag{17.1}$$

估計機率密度時，直接利用平均值 μ 和均方差 σ 這兩個參數，因此這種方法也被稱作參數估計。如圖 17.2 所示，高斯分佈顯然比圖 17.1 的長條圖「平滑」得多。

這種方法的缺陷是顯而易見的，對比圖 17.1 和圖 17.2，容易發現樣本分佈細節被忽略，最明顯的是鳶尾花花瓣長度 (比較圖 17.1(c)、圖 17.2(c))、花瓣寬度 (比較圖 17.1(d)、圖 17.2(d)) 這兩個特徵上樣本資料的分佈。多數情況下，樣本資料分佈不夠「常態」，僅使用平均值 μ 和均方差 σ 描述資料並不合適。

核心密度估計

下面介紹本章的主角—**核心密度估計** (Kernel Density Estimation, KDE)。本書前文很多場合已經使用過核心密度估計。比如第 2、5 章中都用高斯核心密度估計過鳶尾花單一特徵的機率密度，以及聯合機率密度。

核心密度估計需要指定一個核心函數來描述每一個資料點，最常見的核心函數是高斯核心函數，本章還會介紹並比較其他核心函數。

圖 17.3 所示為透過高斯核心函數核心密度估計得到的平滑曲線，下面我們聊一聊核心密度估計原理。

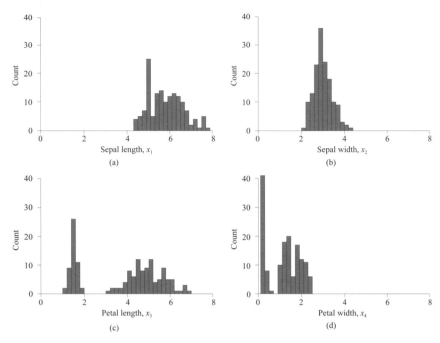

▲ 圖 17.1　鳶尾花四個特徵的長條圖 (縱軸為頻數)

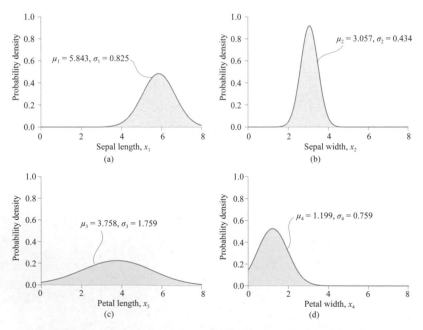

▲ 圖 17.2　用一元高斯分佈估計鳶尾花四個特徵的機率密度曲線

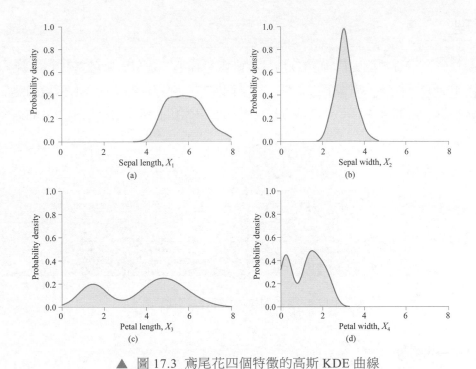

▲ 圖 17.3 鳶尾花四個特徵的高斯 KDE 曲線

Bk5_Ch17_01.py 程式繪製圖 17.3。程式使用 seaborn.kdeplot() 繪製 KDE 曲線。本章後續分別介紹幾種不同的方法繪製 KDE 曲線。

17.2 核心密度估計：
若干核心函數加權疊合

　　核心密度估計其實是對長條圖的一種自然拓展。長條圖不夠平滑，所以我們引入合適的核心函數得到更加平滑的機率密度估計曲線。前文說過，核心函數種類很多，本節以高斯核心函數為例介紹核心密度估計原理。

原理

　　任意一個資料點 $x^{(i)}$，都可以用一個函數來描述，這個函數就是核心函數。如圖 17.4 所示，一共有 7 個樣本點，每一個樣本點都用一個高斯核心函數描述。用白話說，圖 17.4 中這七條曲線等權重疊加便得到核心密度估計機率密度曲線。

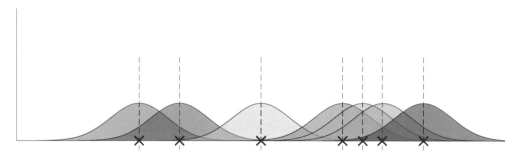

▲ 圖 17.4 用多個核心函數描述樣本資料

疊加→平均

　　而對於 n 個樣本資料點 $\{x^{(1)}, x^{(2)}, \cdots, x^{(n)}\}$，我們可以用 n 個核心函數分別代表每個資料點，即

$$\underbrace{\frac{1}{h} K \left(\frac{\overset{\text{Shift}}{\overbrace{x - x^{(i)}}}}{\underset{\text{Scale}}{h}} \right)}_{\text{Area} = 1}, \quad -\infty < x < +\infty \tag{17.2}$$

　　其中：$h(h > 0)$ 是核心函數本身的縮放係數，又叫頻寬。每個核心函數與水平面圍成圖形的面積為 1。

　　這 n 個核心函數先疊加，然後再平均，便得到機率密度估計函數，即

$$\hat{f}_X(x) = \frac{1}{n} \sum_{i=1}^{n} K_h\left(x - x^{(i)}\right) = \underbrace{\frac{1}{n}}_{\text{Weight}} \underbrace{\frac{1}{h} \sum_{i=1}^{n} K\left(\frac{x - x^{(i)}}{h}\right)}_{\text{Area} = n}, \quad -\infty < x < +\infty \tag{17.3}$$

式 (17.3) 中，$1/n$ 讓 n 個面積為 1 的函數面積歸一化。也就是說，每個核心函數貢獻的面積為 $1/n$。

高斯核心函數

下面我們以高斯核心函數為例，介紹如何理解核心函數。

高斯核心函數 $K(x)$ 的定義為

$$K(x) = \frac{1}{\sqrt{2\pi}} \exp\left(\frac{-x^2}{2}\right) \tag{17.4}$$

顯然上述高斯核心函數與橫軸圍成的面積為 1。

對稱性

$$K(x) = K(-x) \tag{17.5}$$

顯然，式 (17.4) 定義的高斯核心函數滿足對稱性。

而式 (17.2) 中 $x - x^{(i)}$ 代表曲線在水平方向平移。由於核心函數 $K(x)$ 關於縱軸對稱，因此 $K(x - x^{(i)})$ 關於 $x = x^{(i)}$ 對稱。

縮放

式 (17.2) 中的頻寬 h 則表示影像在水平方向的縮放。大家是否還記得圖 17.5？我們在講解函數影像變換時提過，原函數 $f(x)$ 和 $cf(cx)$ 面積相同，其中 $c > 0$。

圖 17.5 這兩幅子圖來自《AI 時代 Math 元年 - 用 Python 全精通數學要素》一書第 12 章。

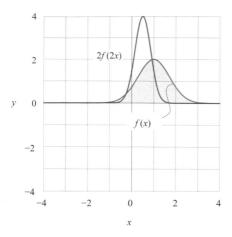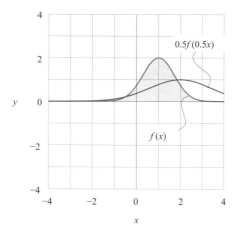

▲ 圖 17.5 原函數 $y = f(x)$ 水平方向、垂直方向伸縮
(圖片來自《AI 時代 Math 元年 - 用 Python 全精通數學要素》一書第 12 章)

面積為 1

$K(x)$ 的重要性質之一是面積為 1，也就是 $K(x)$ 對 x 在 $(-\infty, +\infty)$ 的積分為 1，即

$$\int_{-\infty}^{+\infty} K(x) \mathrm{d}x = 1 \qquad (17.6)$$

式 (17.4) 中的高斯核心函數顯然滿足這一條件。

利用換元積分，很容易得到

$$\int_{-\infty}^{+\infty} K(x) \mathrm{d}x = \frac{1}{h} \int_{-\infty}^{+\infty} K\left(\frac{x}{h}\right) \mathrm{d}x = 1 \qquad (17.7)$$

式 (17.7) 解釋了為什麼 $f(x)$ 與 $cf(cx)$ 面積相同。

視覺化「疊加」

以圖 17.4 為例，假設 7 個樣本資料組成的集合為 {-3,-2,0,2,2.5,3,4}。

如果 $h = 1$，參考式 (17.3)，可用高斯核心函數構造機率密度估計函數，有

$$\hat{f}_X(x) = \frac{1}{7}\left(\frac{e^{\frac{-(x+3)^2}{2}}}{\sqrt{2\pi}} + \frac{e^{\frac{-(x+2)^2}{2}}}{\sqrt{2\pi}} + \frac{e^{\frac{-x^2}{2}}}{\sqrt{2\pi}} + \frac{e^{\frac{-(x-2)^2}{2}}}{\sqrt{2\pi}} + \frac{e^{\frac{-(x-2.5)^2}{2}}}{\sqrt{2\pi}} + \frac{e^{\frac{-(x-3)^2}{2}}}{\sqrt{2\pi}} + \frac{e^{\frac{-(x-4)^2}{2}}}{\sqrt{2\pi}} \right) \tag{17.8}$$

如圖 17.6 所示，每個資料點給總的機率密度曲線估計貢獻一條曲線。每一條曲線與橫軸的面積為 1/7。疊加得到的曲面與橫軸圍成圖形的面積為 1。

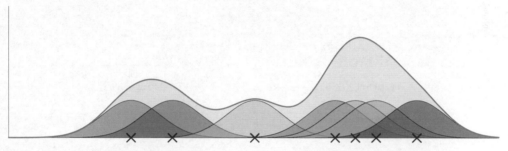

▲ 圖 17.6 用 7 個高斯核心函數構造得到的機率密度估計曲線

以鳶尾花資料為例

圖 17.7 所示為利用 statsmodels.api.nonparametric.KDEUnivariate() 物件得到的機率密度估計曲線。也可以透過它獲得如圖 17.8 所示的累積機率密度估計曲線。

17.3 節將講解頻寬 h 如何影響機率密度估計曲線。

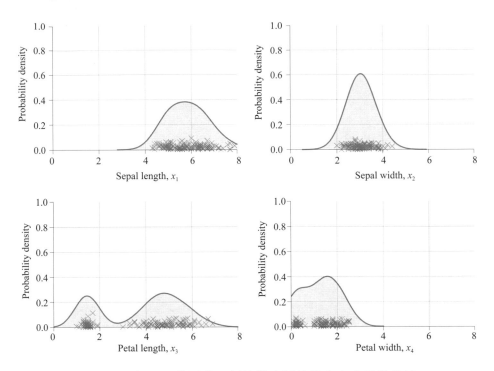

▲ 圖 17.7 鳶尾花四個特徵資料的機率密度函數曲線

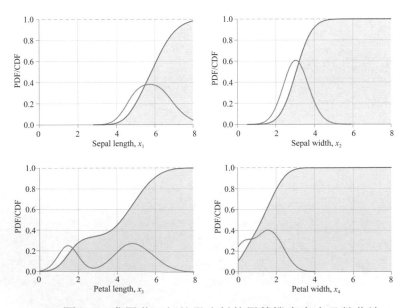

▲ 圖 17.8 鳶尾花四個特徵資料的累積機率密度函數曲線

Bk5_Ch17_02.py 程式繪製圖 17.7 和圖 17.8。大家可以自行改變程式中的頻寬 h。

17.3 頻寬：決定核心函數的高矮胖瘦

頻寬 h 的選取對機率密度估計函數至關重要。h 決定了每一個核心函數的高矮胖瘦。圖 17.9 所示為帶寬 h 對高斯核心函數形狀的影響。簡單來說，h 越小，核心函數越細高；h 越大，核心函數越矮胖。

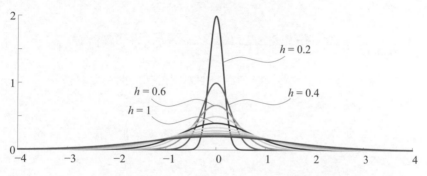

▲ 圖 17.9 頻寬 h 對高斯核心函數形狀的影響

如圖 17.10 所示，過小的 h，會讓機率密度估計曲線不夠平滑；而太大的 h，會讓機率密度曲線過於平滑，大量有用資訊被忽略。圖 17.11 和圖 17.12 分別展示了 $h = 0.1$ 和 $h = 1$ 時鳶尾花的機率密度估計曲線。

⚠ 注意：不管 h 的大小，合成得到的概率密度曲線與橫軸包裹區域的面積始終保持為 1。

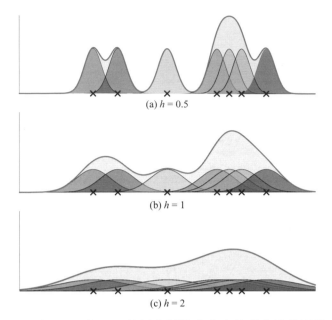

(a) $h = 0.5$

(b) $h = 1$

(c) $h = 2$

▲ 圖 17.10　核心函數頻寬對機率密度估計曲線的影響

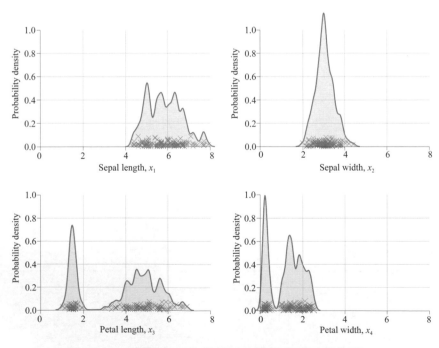

▲ 圖 17.11　鳶尾花四個特徵資料的機率密度函數曲線 ($h = 0.1$)

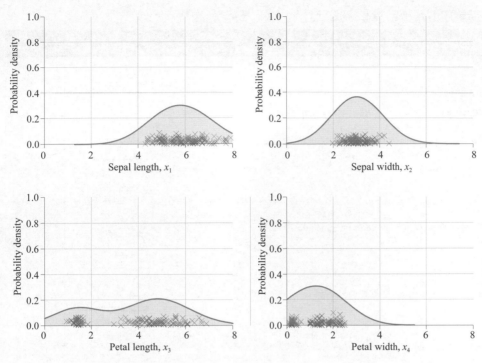

▲ 圖 17.12 鳶尾花四個特徵資料的機率密度函數曲線 (h = 1)

17.4 核心函數：八種常見核心函數

總結來說，核心函數需要滿足兩個重要條件：①對稱性；②面積為 1。用公式表達為

$$K(x) = K(-x)$$
$$\int_{-\infty}^{+\infty} K(x) \, dx = \frac{1}{h} \int_{-\infty}^{+\infty} K\left(\frac{x}{h}\right) dx = 1 \qquad (17.9)$$

表 17.1 總結了八種滿足以上兩個條件的常用核心函數。圖 17.13 所示為這八種不同核心函數估計得到的鳶尾花花萼長度機率密度曲線。

➡ 表 17.1 八種常見核心函數

核心函數	函數	函數影像
Gaussian	$K(x) = \dfrac{1}{\sqrt{2\pi}} \exp\left(-\dfrac{1}{2}x^2\right)$	(a) 'gau'
Epanechnikov	$K(x) = \dfrac{3}{4}\left(1-x^2\right), \quad \lvert x \rvert \leq 1$	(b) 'epa'
Uniform	$K(x) = \dfrac{1}{2}, \quad \lvert x \rvert \leq 1$	(c) 'uni'
Triangular	$K(x) = 1-\lvert x \rvert, \quad \lvert x \rvert \leq 1$	(d) 'tri'
Biweight	$K(x) = \dfrac{15}{16}\left(1-x^2\right)^2, \quad \lvert x \rvert \leq 1$	(e) 'biw'
Triweight	$K(x) = \dfrac{35}{32}\left(1-x^2\right)^3, \quad \lvert x \rvert \leq 1$	(f) 'triw'

（續表）

核心函數	函數	函數影像
Cosine	$K(x) = \dfrac{\pi}{4}\cos\left(\dfrac{\pi}{2}x\right), \quad |x| \leq 1$	(g) 'cos' 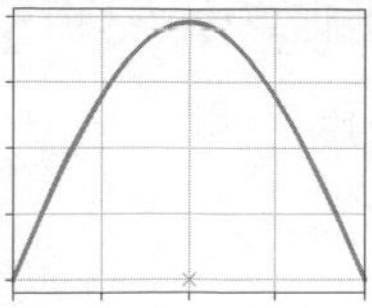
Cosine2	$K(x) = 1 + \cos(2\pi x), \quad |x| \leq \dfrac{1}{2}$	(h) 'cos2' 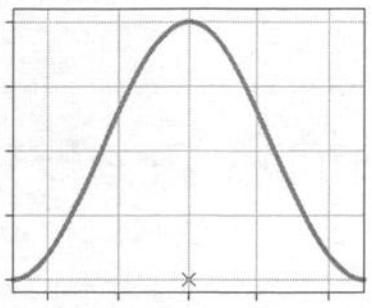

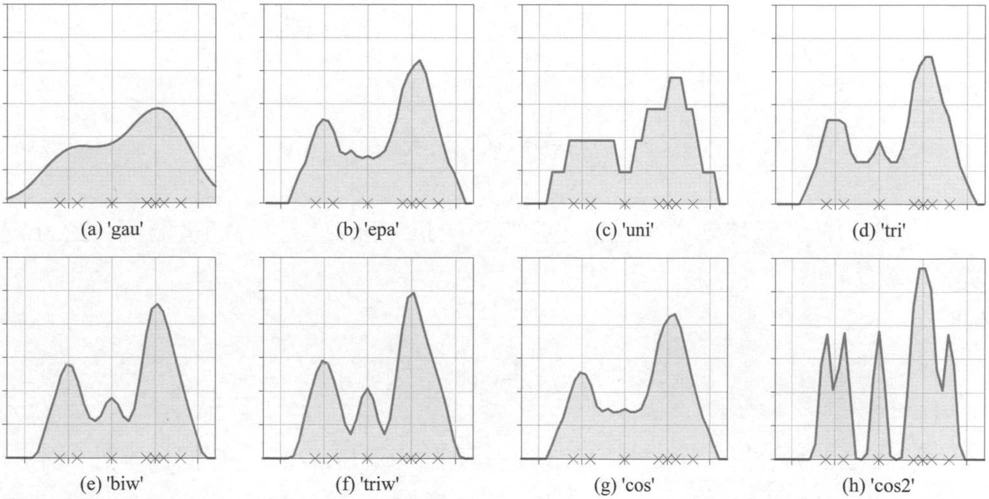

(a) 'gau'　　(b) 'epa'　　(c) 'uni'　　(d) 'tri'

(e) 'biw'　　(f) 'triw'　　(g) 'cos'　　(h) 'cos2'

▲ 圖 17.13 八種不同核心函數得到的不同的機率密度曲線

Bk5_Ch17_03.py 程式繪製表 17.1 和圖 17.13 中的各圖。也請大家學習使用 sklearn.neighbors. KernelDensity() 函數獲得機率密度估計曲線。

17.5　二元 KDE：機率密度曲面

二元乃至多元 KDE 的原理和前文所述的一元 KDE 完全相同。對於 n 個多維樣本資料點 $\{x^{(1)}, x^{(2)}, \cdots, x^{(n)}\}$，以下多個核心函數先疊加再平均便可以得到機率密度估計，即

$$\hat{f}(x) = \frac{1}{n}\sum_{i=1}^{n} K_H\left(x - x^{(i)}\right) \tag{17.10}$$

⚠️

注意：預設 x 和 $x^{(i)}$ 均為列向量。$x^{(i)}$ 造成平移作用。

高斯核函數

高斯核心函數 $K_H(x)$ 的定義為

$$K_H(x) = \det(H)^{-\frac{1}{2}} K\left(H^{-\frac{1}{2}}x\right) \tag{17.11}$$

頻寬的形式為矩陣 H，H 為正定矩陣。以二元高斯核心函數為例，$K(x)$ 定義為

$$K(x) = \frac{1}{2\pi}\exp\left(\frac{-x^{\mathrm{T}}x}{2}\right) \tag{17.12}$$

圖 17.14 所示為二元 KDE 高斯核心原理。圖 17.14 中，每個樣本點都用一個 IID 二元高斯分佈曲面描述。這些曲面先疊加、再平均便可以獲得機率密度曲面估計。

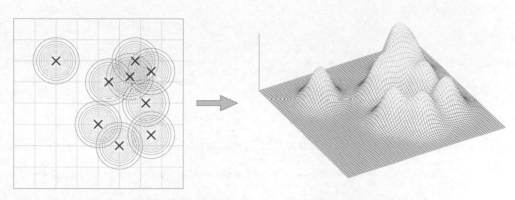

▲ 圖 17.14 二元 KDE 高斯核心原理

以鳶尾花資料為例

圖 17.15 和圖 17.16 所示為鳶尾花花萼長度和花萼寬度兩個特徵資料的 KDE 曲面。

sklearn.neighbors.KernelDensity() 函數也可以用於機率密度估計。注意，這個函數傳回的是對數機率密度 ln(PDF)。

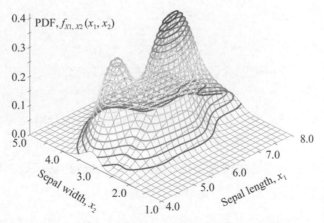

▲ 圖 17.15 鳶尾花花萼長度和花萼寬度兩個特徵資料的 KDE 曲面

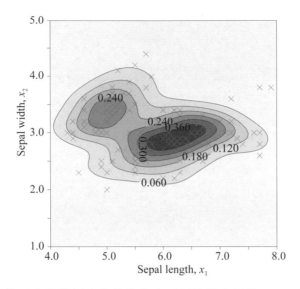

▲ 圖 17.16 鳶尾花花萼長度和花萼寬度兩個特徵資料的 KDE 曲面等高線圖

Bk5_Ch17_04.py 程式繪製圖 17.15 和圖 17.16。Bk6_Ch17_05.py 用 Seaborn
繪製 KDE 曲面等高線。

在實際應用中，機率密度估計可以用於描述和模擬資料的分佈特徵，進行
分類、聚類、異常檢測等資料探勘任務，也可以用於模型選擇和參數估計。
常見的機率密度估計方法包括核心密度估計、長條圖估計、參數估計等。
本章主要介紹的是核心密度估計。核心密度估計是一種非參數方法，可以
用於估計連續隨機變數的機率密度函數。請大家務必掌握高斯核心密度估
計，我們會在貝氏分類中看到這個工具的應用。

本書有關頻率學派的內容到此結束。前文反覆提過，本書《AI 時代 Math
元年 - 用 Python 全精通統計及機率》重貝氏學派，輕頻率學派，下面連續
五章我們將看到貝氏定理在分類、推斷兩類問題中的應用。

Section *06*

貝氏派

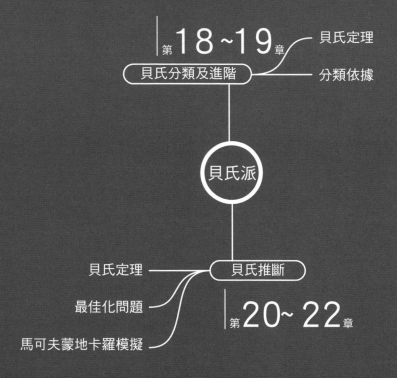

第18~19章 — 貝氏定理

貝氏分類及進階 — 分類依據

貝氏派

貝氏定理 — 貝氏推斷

最佳化問題

馬可夫蒙地卡羅模擬

第20~22章

Bayesian Classification

18 貝氏分類

最大化後驗機率，利用花萼長度分類鳶尾花

我們認為用最簡單的假設來解釋現象是一個很好的原則。

We consider it a good principle to explain the phenomena by the simplest hypothesis possible.

——托勒密（*Ptolemy*）| 古希臘數學家、天文學家、地心說提出者 | *100—170* 年

- matplotlib.pyplot.fill_between() 區域填充顏色
- seaborn.kdeplot() 繪製 KDE 機率密度估計曲線
- statsmodels.api.nonparametric.KDEUnivariate() 構造一元 KDE
- statsmodels.nonparametric.kde.kernel_switch() 更換核心函數
- statsmodels.nonparametric.kernel_density.KDEMultivariate() 構造多元 KDE

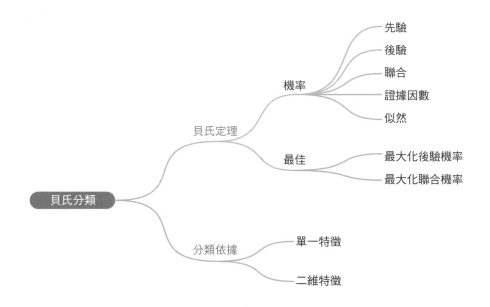

18.1　貝氏定理：分類鳶尾花

本章和第 19 章與讀者探討採用貝氏定理對鳶尾花資料進行分類。本章採用鳶尾花資料中的花萼長度作為研究物件，利用 KDE 生成機率密度函數，預測鳶尾花分類。

以下是使用貝氏定理進行分類的一般步驟。

①收集資料，並提取特徵。

②對於每個類別，計算其在所有樣本中出現的機率，稱之為先驗機率。

③對於每個特徵，計算它在每個類別下的機率，稱之為條件機率。

④根據貝氏定理，計算給定特徵下，每個類別出現的機率，稱之為後驗機率。

⑤根據後驗機率的大小判定分類。

具體實現過程中，可以使用不同的演算法來計算條件機率和後驗機率，如單純貝氏演算法、高斯樸素貝氏演算法等。同時，為了避免過擬合和欠擬合問題，我們還需要使用交叉驗證、平滑等技術來提高分類器的性能。

為了幫助大家理解貝氏分類，我們首先回憶貝氏定理。

貝氏定理

大家知道鳶尾花資料分為三類—setosa、versicolour、virginica。我們分別用 C_1、C_2、C_3 作為標籤表示這三類鳶尾花。

對於鳶尾花分類問題，貝氏定理可以表達為

$$\underbrace{f_{Y|X}\left(C_k|x\right)}_{\text{Posterior}} = \frac{\overbrace{f_{X,Y}\left(x,C_k\right)}^{\text{Joint}}}{f_X\left(x\right)} = \frac{\overbrace{f_{X|Y}\left(x|C_k\right)}^{\text{Likelihood}}\overbrace{p_Y\left(C_k\right)}^{\text{Prior}}}{\underbrace{f_X\left(x\right)}_{\text{Evidence}}}, \quad k=1,2,3 \qquad (18.1)$$

其中：X 為鳶尾花花萼長度的連續隨機變數；Y 為分類的離散隨機變數，Y 的設定值為 C_1、C_2、C_3。

下面我們給式 (18.1) 中的幾個機率值取名字。

$f_{Y|X}(C_k \mid x)$ 為**後驗機率** (posterior)，又叫**成員值** (membership score)。在替定任意花萼長度 x 的條件下，比較三個後驗機率 $f_{Y|X}(C_1|x)$、$f_{Y|X}(C_2|x)$、$f_{Y|X}(C_3|x)$ 的大小，可以作為判定鳶尾花分類的依據。

$f_{X,Y}(x,C_k)$ 為**聯合機率** (joint)，也可以記作 $f_{X\cap Y}(x\cap C_k)$。

$f_X(x)$ 為**證據因數** (evidence)，也叫證據。證據因數與分類無關，僅代表鳶尾花花萼長度 X 的機率分佈情況。式 (18.1) 中，證據因數 $f_X(x)$ 對聯合機率 $f_{X,Y}(x,C_k)$ 進行**歸一化** (normalization) 處理。本章假設 $f_X(x) > 0$。

$p_Y(C_k)$ 為**先驗機率** (prior)，表達樣本集合中 $C_k(k = 1, 2, 3)$ 類樣本的佔比。注意：$p_Y(C_k)$ 為機率質量函數；這是因為隨機變數 Y 為離散隨機變數，設定值為 C_1, C_2, C_3。

$f_{X|Y}(x|C_k)$ 為似然機率 (likelihood)。給定類別 C_k 中 x 出現的可能性，如給定鳶尾花為 setosa，花萼長度為 10cm 的可能性可以寫成 $f_{X|Y}(10|\text{setosa})$。

圖 18.1 視覺化三分類問題中的貝氏定理。下面，我們逐一講解上述不同的機率，以及它們如何幫助我們完成鳶尾花分類。

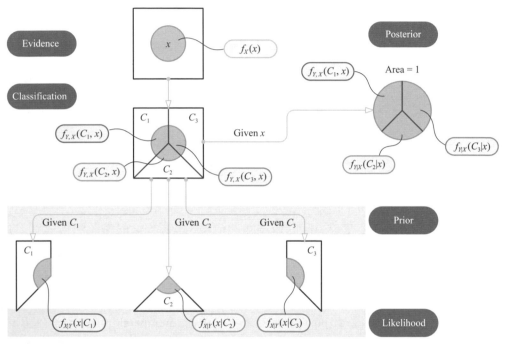

▲ 圖 18.1　利用貝氏定理，以花萼長度作為特徵對鳶尾花進行分類

18.2 似然機率：
給定分類條件下的機率密度

似然機率 $f_{X|Y}(x|C_k)$ 本身是條件機率，它描述的是給定類別 $Y = C_k$ 中 $X = x$ 出現的可能性。

注意：本章中 $f_{X|Y}(x|C_k)$ 為機率密度函數 (PDF)。

圖 18.2(a)~ 圖 18.2(c) 分別展示了 $f_{X|Y}(x|C_1)$、$f_{X|Y}(x|C_2)$、$f_{X|Y}(x|C_3)$ 三個似然 PDF 曲線。這三條機率密度曲線採用高斯 KDE 估計得到。

在鳶尾花資料集所有 150 個樣本資料中，如果我們只分析標籤為 C_1(Setosa) 的 50 個樣本，則 $f_{X|Y}(x|C_1)$ 就是這 50 個樣本資料得到花萼長度的機率密度函數 (PDF)。

$f_{X|Y}(x|C_2)$ 代表給定鳶尾花分類為 C_2(Versicolour)，花萼長度的機率密度函數。同理，$f_{X|Y}(x|C_3)$ 代表給定鳶尾花分類為 C_3(Virginica)，花萼長度的機率密度函數。圖 18.2(d) 所示比較 $f_{X|Y}(x|C_1)$、$f_{X|Y}(x|C_2)$、$f_{X|Y}(x|C_3)$ 三條曲線。

> ⚠️ 注意：$f_{X|Y}(x|C_k)$ 與橫軸包圍的面積為 1。

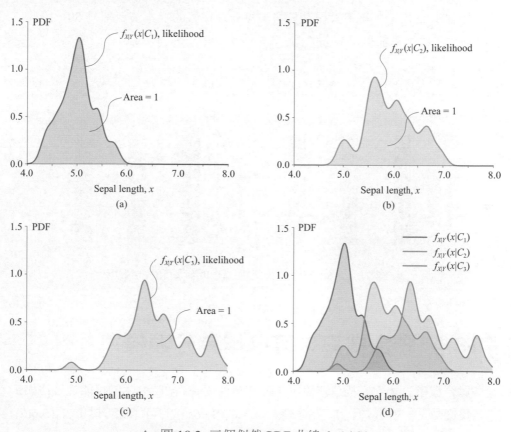

▲ 圖 18.2 三個似然 PDF 曲線 $f_{X|Y}(x|C_k)$

18.3　先驗機率：鳶尾花分類佔比

先驗機率 $p_Y(C_k)$ 描述的是樣本集合中 C_k 類樣本的佔比。由於 Y 為離散隨機變數，因此我們採用機率質量函數。$p_Y(C_k)$ 具體計算方法為

$$p_Y\left(C_k\right) = \frac{\text{count}\left(C_k\right)}{\text{count}\left(\Omega\right)}, \quad k = 1,2,3 \tag{18.2}$$

其中：count() 為計數運算子，count(C_k) 計算標籤樣本空間 Ω 中 C_k 類樣本資料的數量。

如圖 18.3 所示，對於鳶尾花資料，每一類標籤的樣本資料都是 50，因此三類標籤的先驗機率都是 1/3，即

$$p_Y\left(C_k\right) = \frac{50}{150} = \frac{1}{3}, \quad k = 1,2,3 \tag{18.3}$$

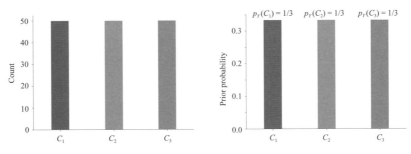

▲ 圖 18.3　150 個樣本資料中三類的頻數和先驗機率

18.4　聯合機率：可以作為分類標準

聯合機率 $f_{X,Y}(x,C_k)$ 描述事件 $Y = C_k$ 和事件 $X = x$ 同時發生的可能性。比如，花萼長度為 $x = 5.6\text{cm}$ 且鳶尾花分類為 $Y = C_1$(Setosa) 的可能性可以用 $f_{X,Y}(5.6,C_1)$ 表達。

根據貝氏定理，聯合機率 $f_{X,Y}(x,C_k)$ 可以透過似然機率 $f_{X|Y}(x|C_k)$ 和先驗機率 $p_Y(C_k)$ 相乘得到，即

$$\overbrace{f_{X,Y}(x,C_k)}^{\text{Joint}} = \overbrace{f_{X|Y}(x|C_k)}^{\text{Likelihood}}\overbrace{p_Y(C_k)}^{\text{Prior}} \tag{18.4}$$

⚠ 注意：$f_{X,Y}(x,C_k)$ 也是概率密度函數 (PDF)，並不是「機率」。

圖 18.4(a)~ 圖 18.4(c) 分別展示了 $f_{X,Y}(x,C_1)$、$f_{X,Y}(x,C_2)$、$f_{X,Y}(x,C_3)$ 三個聯合 PDF 曲線。這三幅圖還展示了從似然機率 $f_{X|Y}(x|C_k)$ 到聯合機率 $f_{X,Y}(x,C_k)$ 的縮放過程。

似然機率 $f_{X|Y}(x|C_k)$ 與橫軸包圍的面積為 1。而聯合機率 $f_{X,Y}(x,C_k)$ 與橫軸包圍的面積為 $p_Y(C_k)$。

圖 18.4(d) 比較了 $f_{X,Y}(x,C_1)$、$f_{X,Y}(x,C_2)$、$f_{X,Y}(x,C_3)$ 三個聯合 PDF 曲線，即「似然機率 × 先驗機率」。實際上，這三條曲線的高低已經可以用於作為分類標準，這是本章後續要介紹的內容。

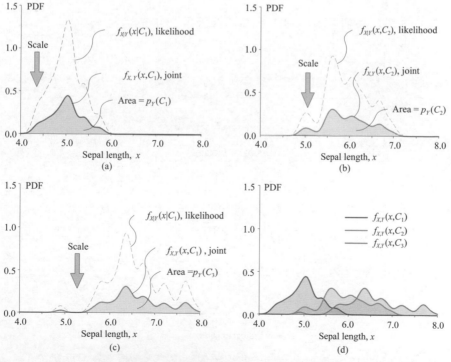

▲ 圖 18.4 先驗機率與聯合機率的關係

18.5 證據因數：和分類無關

　　證據因數 $f_X(x)$ 實際上就是 X 的邊緣機率密度函數 (PDF)，證據因數與分類無關。對於本章鳶尾花花萼資料，$f_X(x)$ 就是根據樣本資料，利用 KDE 方法估計得到的機率密度函數。

　　顯然，對於鳶尾花樣本資料，C_1、C_2、C_3 為一組不相容分類，對樣本空間 Ω 形成分割。根據全機率定理，下式成立，即

$$\overbrace{f_X(x)}^{\text{Evidence}} = \sum_{k=1}^{3} \overbrace{f_{X,Y}(x,C_k)}^{\text{Joint}} = \sum_{k=1}^{3} \overbrace{f_{X|Y}(x|C_k)}^{\text{Likelihood}} \overbrace{p_Y(C_k)}^{\text{Prior}} \tag{18.5}$$

也就是說，似然機率密度 $f_{X|Y}(x|C_k)$ 和先驗機率 $p_Y(C_k)$ 可以用於估算 $f_X(x)$。

　　對於鳶尾花三分類，式 (18.5) 可以展開為

$$f_X(x) = f_{X,Y}(x,C_1) + f_{X,Y}(x,C_2) + f_{X,Y}(x,C_3) \tag{18.6}$$

圖 18.5 所示為利用聯合 PDF 計算證據因數 PDF 的過程。

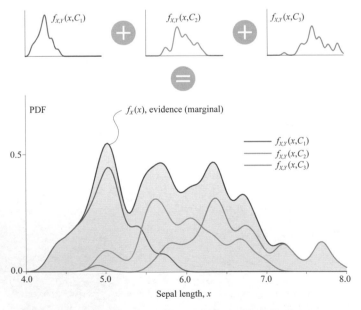

▲ 圖 18.5 疊加聯合機率曲線，估算證據因數機率密度函數

> 注意：$f_X(x)$ 與橫軸包圍的面積為 1。

18.6 後驗機率：也是分類的依據

$f_{Y|X}(C_k|x)$ 指的是在事件 $X = x$ 發生的條件下，事件 $Y = C_k$ 發生的機率。後驗機率 $f_{Y|X}(C_k|x)$ 又叫成員值 (membership score)。

用白話來說，後驗機率指的是在已知一些先驗條件的情況下，透過貝氏定理計算得出的條件機率。換句話說，它是指在觀測到某些資料或證據後，對於假設的某個事件發生機率的更新。

比如，給定花萼的長度為 $x = 5.6$cm，鳶尾花被分類為 $Y = C_1$(Setosa) 的可能性，就可以用 $f_{Y|X}(C_1|5.6)$ 來描述。

> 注意：後驗機率實際上是機率，不是機率密度。因此，$f_{Y|X}(C_k|x)$ 的設定值範圍為 $[0,1]$。

根據貝氏定理，當 $f_X(x) > 0$ 時，後驗機率 PDF $f_{Y|X}(C_k|x)$ 可以根據下式計算得到，即

$$\overbrace{f_{Y|X}\left(C_k|x\right)}^{\text{Posterior}} = \dfrac{\overbrace{f_{X,Y}\left(x,C_k\right)}^{\text{Joint}}}{\underbrace{f_X\left(x\right)}_{\text{Evidence}}} \tag{18.7}$$

圖 18.6 所示為後驗 PDF 曲線 $f_{Y|X}(C_1|x)$ 的計算過程。圖 18.7 則比較了另外兩組聯合機率、證據因子、後驗機率曲線。

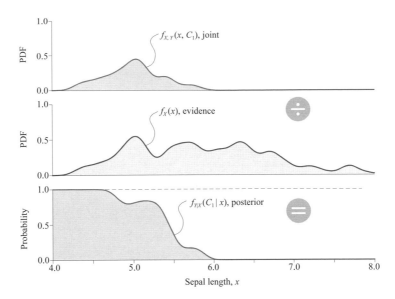

▲ 圖 18.6 計算後驗 PDF 曲線 $f_{Y|X}(C_1|x)$

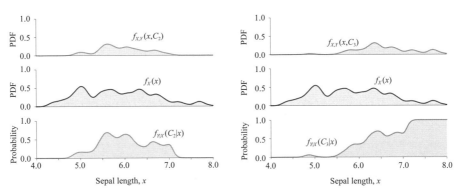

▲ 圖 18.7 比較聯合機率、證據因數、後驗機率曲線

成員值

後驗機率之所以被稱作「成員值」，是因為

$$\sum_{k=1}^{3} \underbrace{f_{Y|X}\left(C_k|x\right)}_{\text{Posterior}} = 1 \tag{18.8}$$

這個式子不難推導。根據貝氏定理，下式成立，即有

$$\overbrace{f_X(x)}^{\text{Evidence}} = \sum_{k=1}^{3} \overbrace{f_{X,Y}(x,C_k)}^{\text{Joint}} = \sum_{k=1}^{3} \overbrace{f_{Y|X}(C_k|x)}^{\text{Posterior}} \overbrace{f_X(x)}^{\text{Evidence}} \tag{18.9}$$

即

$$\overbrace{f_X(x)}^{\text{Evidence}} = \overbrace{f_X(x)}^{\text{Evidence}} \sum_{k=1}^{3} \overbrace{f_{Y|X}(C_k|x)}^{\text{Posterior}} \tag{18.10}$$

當 $f_X(x) > 0$ 時，式 (18.10) 左右消去 $f_X(x)$ 便可以得到式 (18.8)。

分類依據

在替定任意花萼長度 x 的條件下，比較三個後驗機率 $f_{Y|X}(C_1|x)$、$f_{Y|X}(C_2|x)$、$f_{Y|X}(C_3|x)$ 的大小，最大後驗機率對應的標籤就可以作為鳶尾花分類依據。

舉個例子，某朵鳶尾花花萼長度為 $x = 5.6\text{cm}$ 的前提下，它一定被分類為 C_1、C_2、C_3 中的任一標籤。三種不同情況的可能性相加為 1，也就是說，這朵鳶尾花要麼是 C_1，或是 C_2，否則就是 C_3。

換個角度來看，比較圖 18.8 中三條不同顏色曲線的高度，我們就可以據此判斷鳶尾花的分類。

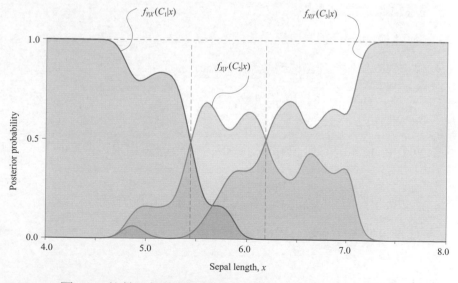

▲ 圖 18.8 比較三個後驗 PDF 曲線 $f_{Y|X}(C_1|x)$、$f_{Y|X}(C_2|x)$、$f_{Y|X}(C_3|x)$

透過觀察，可以發現後驗機率 $f_{Y|X}(C_1|x)$ 正比於聯合機率 $f_{X,Y}(x,C_k)$，證據因數 $f_X(x)$ 僅造成縮放作用，即

$$\underset{\text{Posterior}}{f_{Y|X}\left(C_k|x\right)} \propto \underset{\text{Joint}}{f_{X,Y}\left(x,C_k\right)} = \underset{\text{Likelihood}}{f_{X|Y}\left(x|C_k\right)}\underset{\text{Prior}}{p_Y\left(C_k\right)} \tag{18.11}$$

實際上，沒有必要計算後驗機率 $f_{Y|X}(C_1|x)$，比較聯合機率 $f_{X,Y}(x,C_k)$ 就可以對鳶尾花進行分類。式 (18.11) 實際上是貝氏推斷中最重要的正比關係—後驗 ∝ 似然 × 先驗。

比較四條曲線

本節最後，我們把**似然機率** (likelihood)、**聯合機率** (joint)、**證據因數** (evidence)、**後驗機率** (posterior) 這四條曲線放在一幅圖中加以比較，具體如圖 18.9 ~ 圖 18.11 所示。

請大家注意以下幾點。

- 似然機率 (likelihood) 曲線為條件機率密度，與橫軸圍成圖形的面積為 1。
- 似然機率 (likelihood) 經過先驗機率 (prior) 縮放得到聯合機率 (joint)。
- 後驗 ∝ 似然 × 先驗。
- 聯合機率曲線面積為對應先驗機率。
- 聯合機率疊加得到證據因數 (evidence)。
- 聯合機率 (joint) 除以證據因數得到後驗機率 (posterior)，證據因數造成歸一化作用。
- 後驗機率，也叫成員值 (membership score)，本質上是機率值，取值範圍為 [0,1]。
- 比較後驗機率 (成員值) 大小，可以預測分類，方便視覺化。
- 比較聯合機率密度 (似然 × 先驗) 大小，可以預測分類。

> ⚠️ 再次強調：雖然放在同一張圖上，圖 18.9~ 圖 18.11 中後驗機率為具體機率值，而其他曲線均為機率密度函數。

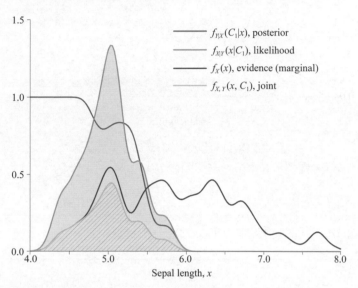

▲ 圖 18.9 比較後驗機率 $f_{Y|X}(C_1|x)$、似然機率 $f_{X|Y}(x|C_1)$、證據因數 $f_X(x)$、聯合機率 $f_{X,Y}(x,C_1)$

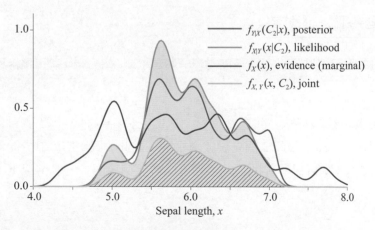

▲ 圖 18.10 比較後驗機率 $f_{Y|X}(C_2|x)$、
似然機率 $f_{X|Y}(x|C_2)$、證據因數 $f_X(x)$、聯合機率 $f_{X,Y}(x,C_2)$

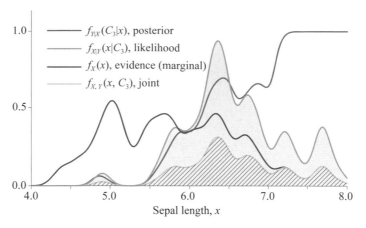

▲ 圖 18.11 比較後驗機率 $f_{Y|X}(C_3|x)$、
似然機率 $f_{X|Y}(x|C_3)$、證據因數 $f_X(x)$、聯合機率 $f_{X,Y}(x,C_3)$

> Bk5_Ch18_01.py 程式繪製本章前文大部分影像。

18.7　單一特徵分類：基於 KDE

似然機率→聯合機率

　　圖 18.12 所示總結了以花萼長度為單一特徵，計算似然機率和聯合機率的過程。

　　鳶尾花資料較為特殊，前文介紹過，鳶尾花資料共有 150 個資料點，C_1、C_2 和 C_3 三類各佔 50，因此三個先驗機率相等。因此，圖 18.12 中，從似然機率密度 $f_{X|Y}(x \mid C_k)$ 到聯合機率 $f_{X,Y}(x, C_k)$，高度縮放比例相同。一般情況下，相同縮放比例這種情況幾乎不存在。

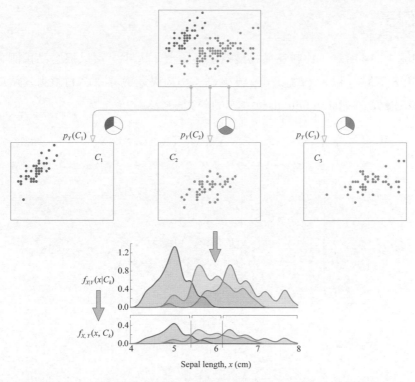

▲ 圖 18.12 似然機率到聯合機率，花萼長度特徵 x(基於 KDE)

比較後驗機率

有了本節前文介紹的聯合機率和證據因數，我們可以獲得後驗機率，如圖 18.13 所示。後驗機率也叫成員值，後驗機率更容易分類視覺化。

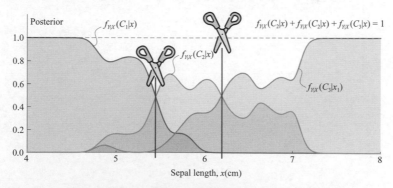

▲ 圖 18.13 後驗機率，花萼長度特徵 (基於 KDE)

舉個例子

如圖 18.14 所示，比較花萼長度特徵後驗機率大小，可以很容易預測 A、B、C、D 和 E 五點分類。A 的預測分類為 C_1；B 為決策邊界；C 的預測分類為 C_2；D 為**決策邊界** (decision boundary)；E 的預測分類為 C_3。

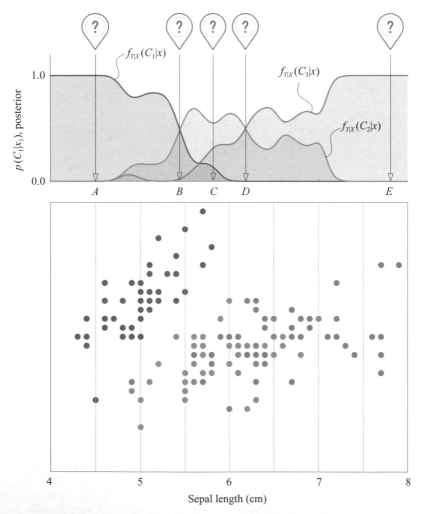

▲ 圖 18.14 利用花萼長度特徵後驗機率進行分類預測

堆積長條圖、圓形圖

圖 18.15 所示為另外兩種成員值 (後驗機率) 的視覺化方案—**堆積長條圖** (stacked bar chart) 和**餅圖** (piechart)。透過這兩個視覺化方案，大家可以清楚看到不同類別成員值隨特徵的變化。

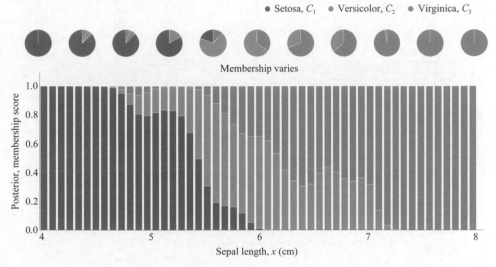

▲ 圖 18.15 堆積長條圖和圓形圖，利用花萼長度特徵成員值確定分類 (基於 KDE)

花萼寬度

本章前文都是基於花萼長度這個單一特徵來判斷鳶尾花的分類，我們當然也可以使用鳶尾花的其他特徵判斷其分類。本節最後展示利用鳶尾花花萼寬度作為依據判斷鳶尾花分類。

圖 18.16 所示為對於花萼寬度特徵，從似然機率到聯合機率的計算過程。

同理，比較花萼寬度特徵的後驗機率大小，可以決定圖 18.17 中 A、B、C 和 D 點的分類預測。A 的預測分類為 C_1；B 為決策邊界；C 為決策邊界；D 的預測分類為 C_2。

　　圖 18.18 所示為利用花萼寬度特徵的成員值堆積長條圖和餅圖型視覺化分類依據。

　　大家可能會問，如何同時利用鳶尾花花萼長度、花萼寬度作為分類依據呢？這個問題，我們在下一章進行回答。

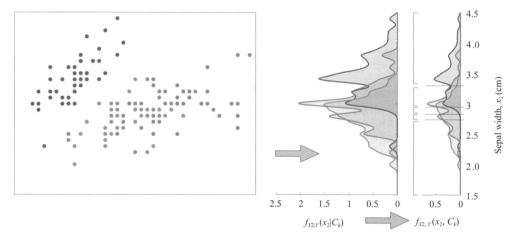

▲ 圖 18.16　似然機率到聯合機率，花萼寬度特徵 x_2(基於 KDE)

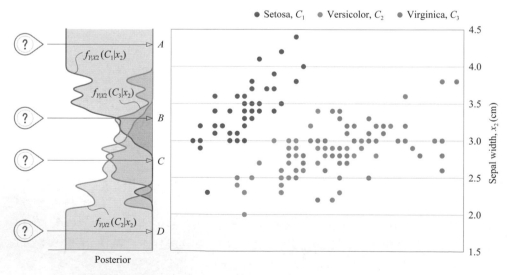

▲ 圖 18.17　利用花萼寬度特徵後驗機率進行分類預測

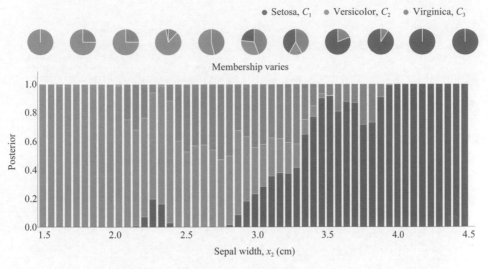

▲ 圖 18.18 堆積長條圖和圓形圖，利用花萼寬度特徵成員值確定分類 (基於 KDE)

18.8 單一特徵分類：基於高斯

本章前文都是利用 KDE 方法估計似然機率，本章最後一節利用高斯分佈估計似然機率。這一節，我們還是單獨研究花萼長度特徵 x_1 和花萼寬度特徵 x_2。

似然機率→聯合機率

圖 18.19 所示為花萼長度特徵 x_1 上，利用一元高斯分佈估算似然機率，然後計算聯合機率；最後獲得以特徵 x_1 為依據的決策邊界。比較圖 18.19 所示的聯合機率曲線高度，鳶尾花資料被劃分為三個區域。這三個區域的位置和本章前文基於 KDE 估算的結果稍有不同。

圖 18.20 所示為花萼寬度特徵 x_2 上的同樣過程。比較圖 18.20 所示的聯合機率曲線高度，同樣發現鳶尾花資料被劃分為三個區域。

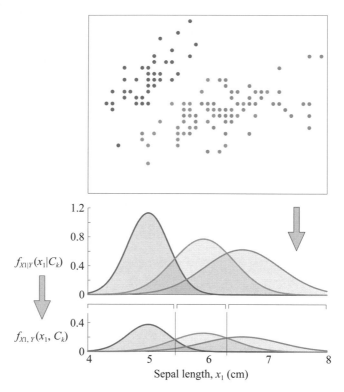

▲ 圖 18.19　似然機率到聯合機率，花萼長度特徵 x_1 (基於高斯分佈)

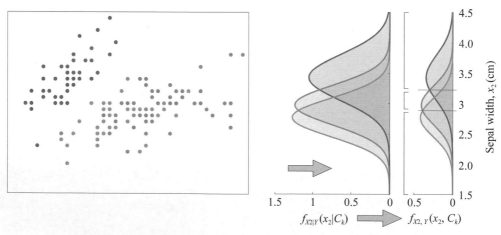

▲ 圖 18.20　似然機率到聯合機率，花萼寬度特徵 x_2 (基於高斯分佈)

證據因數

　　圖 18.21 和圖 18.22 所示為利用全機率定理，獲得 $f(x_1)$ 和 $f(x_2)$ 兩個證據因數的機率密度函數。這實際上也是一種機率密度估算的方法。

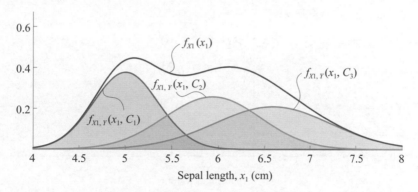

▲ 圖 18.21 證據因數 / 邊緣機率，花萼長度特徵 x_1 (基於高斯分佈)

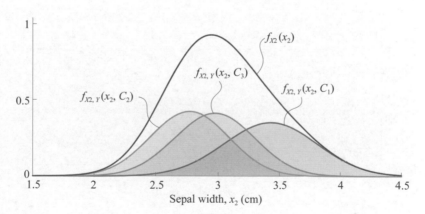

▲ 圖 18.22 證據因數 / 邊緣機率，花萼寬度特徵 x_2 (基於高斯分佈)

後驗機率

圖 18.23 和圖 18.24 所示比較了兩組後驗機率曲線，以及如何據此得到的決策邊界。

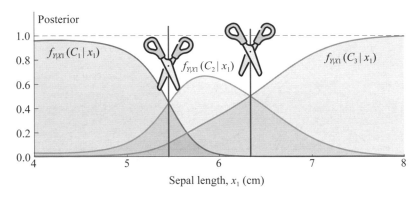

▲ 圖 18.23　後驗機率，花萼長度特徵 x_1 (基於高斯分佈)

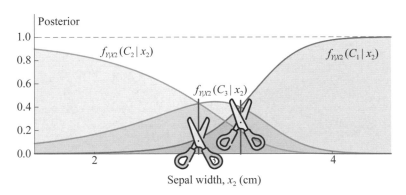

▲ 圖 18.24　後驗機率，花萼寬度特徵 x_2 (基於高斯分佈)

後驗機率：分類預測

圖 18.25 所示為利用花萼長度特徵後驗機率曲線進行分類預測。比較後驗機率值大小可以判斷出：A 點預測分類為 C_1；B 點為 C_1 與 C_2 之間的決策邊界；C 點預測分類為 C_2；D 點為 C_2 與 C_3 之間的決策邊界；E 點預測分類為 C_3。

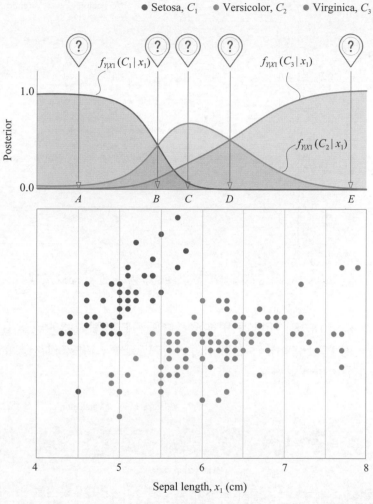

▲ 圖 18.25 利用花萼長度特徵後驗機率，進行分類預測

　　圖 18.26 所示為利用花萼寬度特徵後驗機率曲線進行分類預測。比較後驗機率值大小可以判斷出：A 點預測分類為 C_1；B 點預測分類為 C_3；C 點為 C_2 與 C_3 之間的決策邊界；D 點預測分類為 C_2。

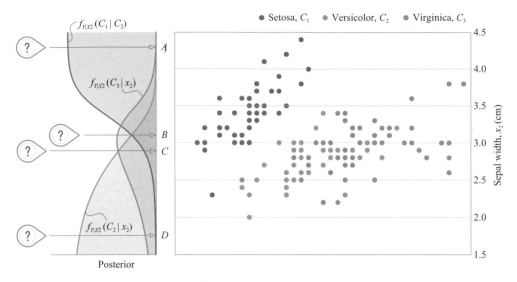

▲ 圖 18.26　利用花萼寬度特徵後驗機率，進行分類預測

　　圖 18.27 和圖 18.28 所示為利用堆積長條圖和圓形圖表達的成員值 / 後驗機率隨特徵的變化。對比圖 18.15 和圖 18.18，可以發現，基於高斯分類的成員值 / 後驗機率變化過程更為平滑。

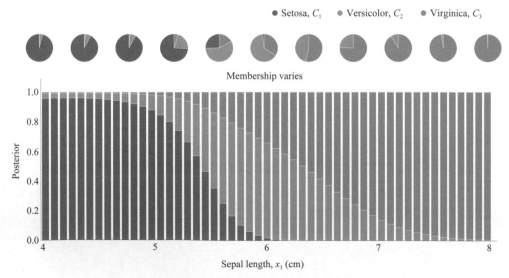

▲ 圖 18.27　堆積長條圖和圓形圖，
利用花萼長度特徵成員值確定分類 (基於高斯分佈)

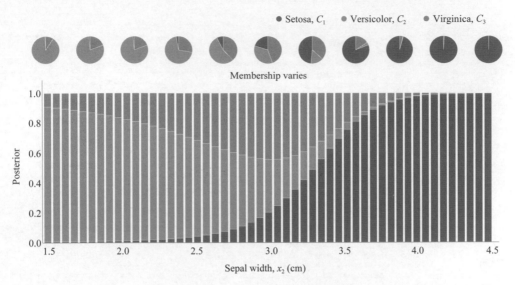

▲ 圖 18.28 堆積長條圖和圓形圖，
利用花萼寬度特徵成員值確定分類 (基於高斯分佈)

➜

這一章中，大家必須要掌握的是貝氏定理中的先驗機率、後驗機率、證據因數、似然機率等概念。而貝氏分類是一種基於貝氏定理的分類方法。請大家務必掌握比例關係—後驗 ∝ 似然 × 先驗。這是貝氏推斷中最重要的比例關係。

在貝氏分類演算法中，最佳化問題可以最大化後驗機率，也可以最大化聯合機率，即「似然 × 先驗」。

下一章，我們將分類的依據從單一特徵提高到二維，讓大家更清楚地看到先驗機率、後驗機率、證據因數、似然機率的「樣子」。下一章與本章的內容安排幾乎一致，讀者可以對照閱讀。

Diveinto Bayesian Classification

19 貝氏分類進階

計算後驗機率，利用花萼長度和寬度分類鳶尾花

殺不死你的，會讓你更強大。

What doesn't kill you, makes you stronger.

——佛里德里希·尼采（*Friedrich Nietzsche*）| 德國哲學家 | *1844—1900* 年

- matplotlib.pyplot.contour3D() 繪製三維等高線圖
- matplotlib.pyplot.contourf() 繪製平面填充等高線
- matplotlib.pyplot.fill_between() 區域填充顏色
- matplotlib.pyplot.plot_wireframe() 繪製線方塊圖
- matplotlib.pyplot.scatter() 繪製散點圖
- numpy.ones_like() 用於生成和輸入矩陣形狀相同的全 1 矩陣
- numpy.outer() 計算外積，張量積
- numpy.vstack() 傳回垂直堆疊後的陣列
- scipy.stats.gaussian_kde() 高斯核心密度估計
- statsmodels.api.nonparametric.KDEUnivariate() 構造一元 KDE

19.1 似然機率：
給定分類條件下的機率密度

本章也是採用鳶尾花資料對鳶尾花分類進行預測；不同的是，本章採用花萼長度、花萼寬度兩個特徵，相當於上一章貝氏分類的「升維」。本章和上一章的編排類似，請大家對照閱讀；因此，這兩章也共用一個知識導圖。

為了估算 $f_{X1,X2|Y}(x_1,x_2|C_1)$，首先提取標籤為 C_1(Setosa) 的 50 個樣本，根據樣本所在具體位置，利用高斯 KDE 估計 $f_{X1,X2|Y}(x_1,x_2|C_1)$。

圖 19.1 所示為透過高斯 KDE 方法估算得到的似然機率 PDF 曲面 $f_{X1,X2|Y}(x_1,x_2|C_1)$。$f_{X1,X2|Y}(x_1,x_2|C_1)$ 與水平面包圍的幾何體的體積為 1。標籤為 C_1 的鳶尾花資料，花萼長度主要集中在 4.5~5.5cm 區域，花萼寬度則集中在 3~4cm 區域。這個區域的 $f_{X1,X2|Y}(x_1,x_2|C_1)$ 曲面高度最高，也就是可能性最大。

本書第 6 章還舉出過條件機率 $f_{X1,X2|Y}(x_1,x_2|y=C_1)$ 的平面等高線和條件邊緣機率密度曲線，請大家回顧。

> ⚠
>
> 注意：要計算機率，就需要對 $f_{X1,X2|Y}(x_1,x_2|C_1)$ 進行二重積分。對 $f_{X1,X2|Y}(x_1,x_2|C_1)$「偏積分」的結果為條件邊緣機率密度 $f_{X1|Y}(x_1|C_1)$ 或 $f_{X2|Y}(x_2|C_1)$。

圖 19.2 所示為似然機率 $f_{X1,X2|Y}(x_1,x_2|C_2)$ 曲面。圖 19.3 所示為似然機率 $f_{X1,X2|Y}(x_1,x_2|C_3)$ 曲面。

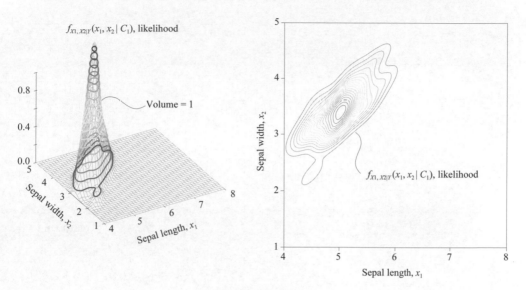

▲ 圖 19.1 似然機率 PDF 曲面 $f_{X1,X2|Y}(x_1, x_2 | C_1)$

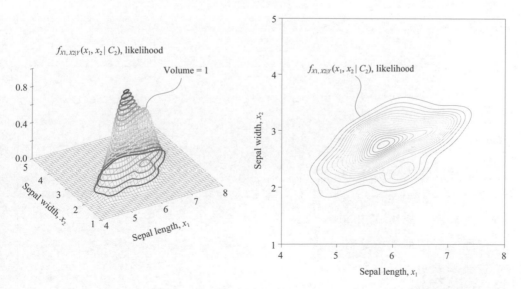

▲ 圖 19.2 似然機率 PDF 曲面 $9_{X1,X2|Y}(x_1, x_2 | C_2)$

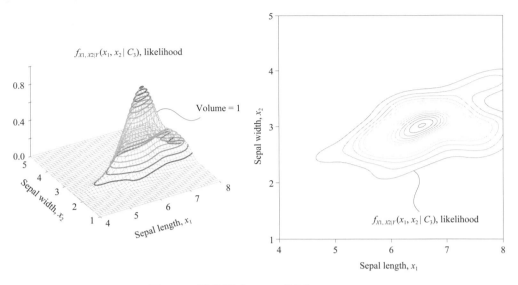

$f_{X1,X2|Y}(x_1,x_2|C_3)$, likelihood

▲ 圖 19.3　似然機率 PDF 曲面 $f_{X1,X2|Y}(x_1,x_2|C_3)$

比較

　　圖 19.4 比 較 了 $f_{X1,X2|Y}(x_1,x_2|C_1)$、$f_{X1,X2|Y}(x_1,x_2|C_2)$、$f_{X1,X2|Y}(x_1,x_2|C_3)$ 三個似然機率的平面等高線。

　　本章計算先驗機率的方式和上一章完全一致,請大家回顧。然後利用貝氏定理,根據似然機率和先驗機率就可以計算聯合機率和證據因數。

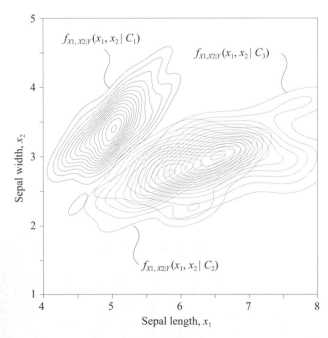

▲ 圖 19.4　比較三個似然機率曲面的平面等高線

19.2 聯合機率：可以作為分類標準

聯合機率 $f_{X1,X2,Y}(x_1,x_2,C_k)$ 描述三個事件 $X_1 = x_1$、$X_2 = x_2$、$Y = C_k$ 同時發生的可能性。

根據貝氏定理，聯合機率 $f_{X1,X2,Y}(x_1,x_2,C_k)$ 可以透過似然機率 $f_{X1,X2|Y}(x_1,x_2|C_k)$ 和先驗機率 $p_Y(C_k)$ 相乘得到，即

$$\overbrace{f_{X1,X2,Y}\left(x_1,x_2,C_k\right)}^{\text{Joint}} = \overbrace{f_{X1,X2|Y}\left(x_1,x_2|C_k\right)}^{\text{Likelihood}} \overbrace{p_Y\left(C_k\right)}^{\text{Prior}} \tag{19.1}$$

對於鳶尾花分類問題，Y 為離散隨機變數，而先驗機率 $p_Y(C_k)$ 本身為機率質量函數，$p_Y(C_k)$ 在式 (19.1) 中僅造成縮放作用。

圖 19.5 所示為聯合機率 PDF 曲面 $f_{X1,X2,Y}(x_1,x_2,C_1)$，$f_{X1,X2,Y}(x_1,x_2,C_1)$ 與水平面包裹的幾何體的體積為 $p_Y(C_1)$。圖 19.6 和圖 19.7 所示為 $f_{X1,X2,Y}(x_1,x_2,C_2)$ 和 $f_{X1,X2,Y}(x_1,x_2,C_3)$ 兩個聯合機率曲面。

上一章介紹過，比較三個聯合機率曲面高度可以用作鳶尾花分類預測的依據。

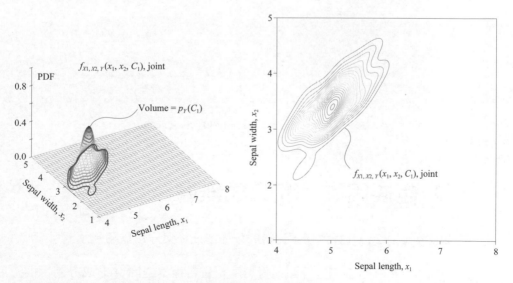

▲ 圖 19.5 聯合機率 PDF 曲面 $f_{X1,X2,Y}(x_1,x_2,C_1)$

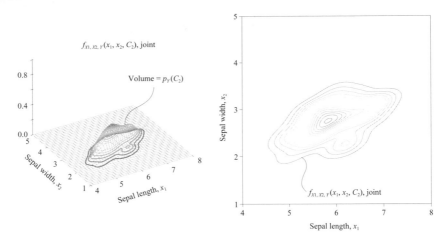

▲ 圖 19.6 聯合機率 PDF 曲面 $f_{X1,X2,Y}(x_1,x_2,C_2)$

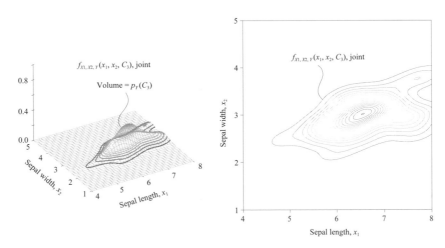

▲ 圖 19.7 聯合機率 PDF 曲面 $f_{X1,X2,Y}(x_1,x_2,C_3)$

19.3 證據因數：和分類無關

證據因數 $f_{X1,X2}(x_1, x_2)$ 描述樣本資料的分佈情況，與分類無關。

C_1、C_2、C_3 為一組不相容分類，對鳶尾花資料樣本空間 Ω 形成分割。根據全機率定理，下式成立，即

$$\overbrace{f_{X1,X2}\left(x_1,x_2\right)}^{\text{Evidence}}=\sum_{k=1}^{3}\overbrace{f_{X1,X2,Y}\left(x_1,x_2,C_k\right)}^{\text{Joint}}=\sum_{k=1}^{3}\overbrace{f_{X1,X2|Y}\left(x_1,x_2\middle|C_k\right)}^{\text{Likelihood}}\overbrace{p_Y\left(C_k\right)}^{\text{Prior}} \tag{19.2}$$

式 (19.2) 可以用於估算 $f_{X1,X2}(x_1,x_2)$。

把式 (19.2) 展開，證據因數 $f_{X1,X2}(x_1,x_2)$ 可以透過下式計算得到，即

$$\begin{aligned}f_{X1,X2}\left(x_1,x_2\right)&=f_{X1,X2,Y}\left(x_1,x_2,C_1\right)+f_{X1,X2,Y}\left(x_1,x_2,C_2\right)+f_{X1,X2,Y}\left(x_1,x_2,C_3\right)\\&=f_{X1,X2|Y}\left(x_1,x_2\middle|C_1\right)p_Y\left(C_1\right)+f_{X1,X2|Y}\left(x_1,x_2\middle|C_2\right)p_Y\left(C_2\right)+f_{X1,X2|Y}\left(x_1,x_2\middle|C_3\right)p_Y\left(C_3\right)\end{aligned} \tag{19.3}$$

圖 19.8 所示為疊加聯合機率 PDF 曲面，計算證據因數 PDF 的過程。圖 19.8 左側三個幾何體的體積分別為 $p_Y(C_1)$、$p_Y(C_2)$、$p_Y(C_3)$。顯然 $p_Y(C_1)$、$p_Y(C_2)$、$p_Y(C_3)$ 三者之和為 1。

圖 19.9 所示為 $f_{X1,X2}(x_1,x_2)$ 的曲面和平面等高線圖。可以發現 $f_{X1,X2}(x_1,x_2)$ 較好地描述了樣本資料分佈。

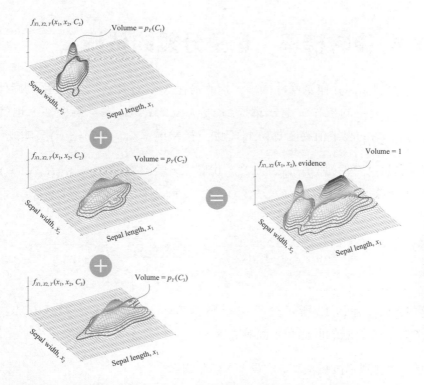

▲ 圖 19.8 疊加聯合機率曲面，估算證據因數機率密度函數 $f_{X1,X2}(x_1,x_2)$

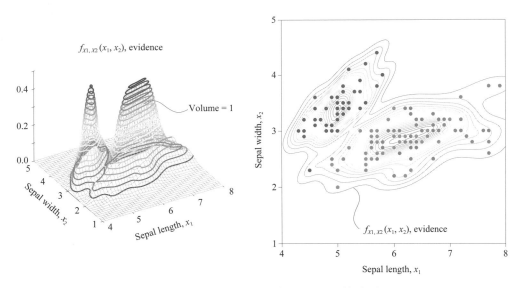

▲ 圖 19.9　$f_{X1,X2}(x_1, x_2)$ 曲面及平面等高線

19.4　後驗機率：也是分類的依據

$f_{Y|X1,X2}(C_k \mid x_1, x_2)$ 作為條件機率，指的是在 $X_1 = x_1$ 和 $X_2 = x_2$ 發生的條件下，事件 $Y = C_k$ 發生的機率。上一章提到，$f_{Y|X1,X2}(C_k|x_1, x_2)$ 本身為機率，也就是說 $f_{Y|X1,X2}(C_k|x_1, x_2)$ 的設定值範圍為 [0,1]；因此，後驗機率 $f_{Y|X1,X2}(C_k|x_1, x_2)$ 又叫成員值。

根據貝氏定理，當 $f_{X1,X2}(x1, x2) > 0$ 時，後驗機率 PDF $f_{Y|X1,X2}(C_k|x_1, x_2)$ 可以根據下式計算得到，即

$$\overbrace{f_{Y|X1,X2}\left(C_k|x_1,x_2\right)}^{\text{Posterior}} = \frac{\overbrace{f_{X1,X2,Y}\left(x_1,x_2,C_k\right)}^{\text{Joint}}}{\underbrace{f_{X1,X2}\left(x_1,x_2\right)}_{\text{Evidence}}} \tag{19.4}$$

圖 19.10~ 圖 19.12 所示分別為後驗機率 $f_{Y|X1,X2}(C_1|x_1,x_2)$、$f_{Y|X1,X2}(C_2|x_1, x_2)$、$f_{Y|X1,X2}(C_3|x_1, x_2)$ 對應的曲面和平面等高線。

上一章提到，後驗機率 (成員值) 存在關係

$$\underbrace{\sum_{k=1}^{3} f_{Y|X1,X2}\left(C_k | x_1, x_2\right)}_{\text{Posterior}} = 1 \tag{19.5}$$

這表示，圖 19.10~ 圖 19.12 三幅圖的曲面疊加在一起得到高度為 1 的「平臺」。

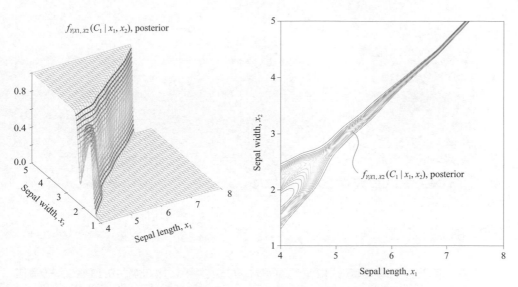

▲ 圖 19.10 後驗機率 $f_{Y|X1,X2}(C_1|x_1, x_2)$ 對應曲面和平面等高線

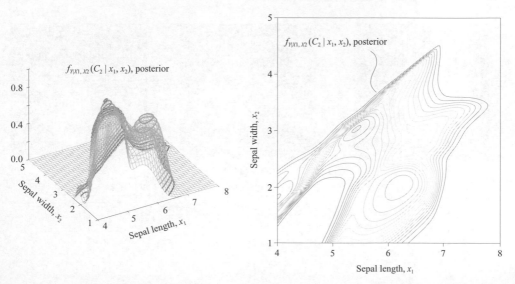

▲ 圖 19.11 後驗機率 $f_{Y|X1,X2}(C_2|x_1, x_2)$ 對應曲面和平面等高線

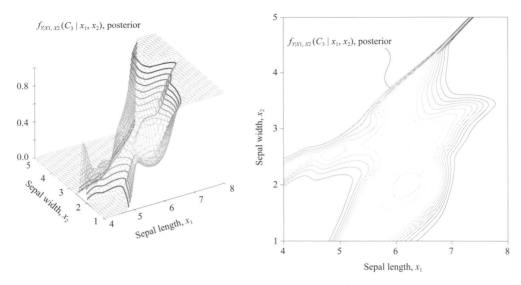

▲ 圖 19.12　後驗機率 $f_{Y|X1,X2}(C_3|x_1, x_2)$ 對應曲面和平面等高線

分類依據

在替定任意花萼長度 x_1 和花萼寬度 x_2 的條件下，比較圖 19.13 所示三個後驗機率 $f_{Y|X1,X2}(C_1|x_1,x_2)$、$f_{Y|X1,X2}(C_2|x_1,x_2)$、$f_{Y|X1,X2}(C_3|x_1,x_2)$ 的大小，最大後驗機率對應的標籤就可以作為鳶尾花分類依據。

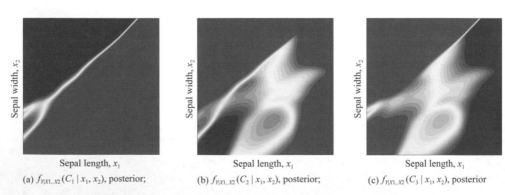

(a) $f_{Y|X1,X2}(C_1|x_1,x_2)$, posterior;　(b) $f_{Y|X1,X2}(C_2|x_1,x_2)$, posterior;　(c) $f_{Y|X1,X2}(C_3|x_1,x_2)$, posterior

▲ 圖 19.13　比較三個後驗機率曲面平面填充等高線

也就是說，這個分類問題對應的最佳化目標為最大化後驗機率，即

$$\hat{y} = \underset{C_k}{\arg\max} \, f_{Y|X1,X2}\left(C_k|x_1,x_2\right) \tag{19.6}$$

其中：$k = 1,2,\cdots,K$。對於鳶尾花三分類問題，$K = 3$。根據「後驗 $\propto$ 似然 × 先驗」，我們也可以最大化「似然 × 先驗」。

圖 19.14 所示這幅圖中曲線就是所謂的**決策邊界** (decision boundary)，決策邊界將平面劃分成三個區域，每個區域對應一類鳶尾花標籤。

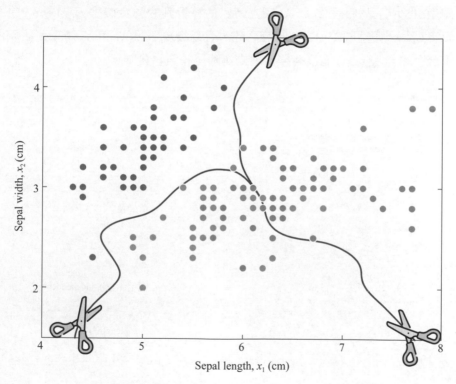

▲ 圖 19.14 單純貝氏決策邊界 (基於核心密度估計 KDE)

◀ 《機器學習》一書將探討更多分類演算法。

19.5 獨立：不代表條件獨立

本章最後以鳶尾花資料為例再次區分「獨立」和「條件獨立」這兩個概念。

如果假設鳶尾花花萼長度 X_1 和花萼寬度 X_2 兩個隨機變數獨立，則聯合機率 $f_{X1,X2}(x_1,x_2)$ 可以透過下式計算得到，即

$$\underbrace{f_{X_1,X_2}(x_1,x_2)}_{\text{Joint}} = \underbrace{f_{X_1}(x_1)}_{\text{Marginal}} \cdot \underbrace{f_{X_2}(x_2)}_{\text{Marginal}} \tag{19.7}$$

圖 19.15 所示為假設 X_1 和 X_2 獨立時，估算得到的聯合機率 $f_{X1,X2}(x_1,x_2)$ 曲面和平面等高線。觀察圖 19.15 中的等高線，容易發現假設 X_1 和 X_2 獨立，估算得到的聯合機率 $f_{X1,X2}(x_1,x_2)$ 並沒有極佳地描述鳶尾花資料分佈。

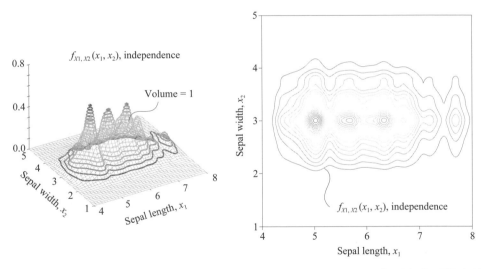

▲ 圖 19.15 X_1 和 X_2 獨立時，估算得到的聯合機率 $f_{X1,X2}(x_1,x_2)$ 曲面和曲面等高線

圖 19.16 所示為 $f_{X1,X2}(x_1,x_2)$ 曲面在兩個不同平面的投影。可以發現在不同平面上的投影都相當於該方向上邊緣分佈的高度上縮放。

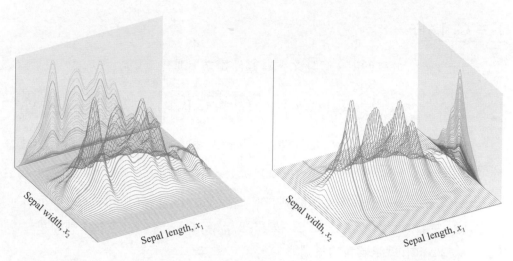

▲ 圖 19.16 $f_{X1,X2}(x_1,x_2)$ 曲面在兩個不同平面的投影 (假設特徵獨立)

19.6 條件獨立：不代表獨立

回顧本書第 3 章講過的條件獨立。如果 $\mathrm{Pr}(A, B|C) = \mathrm{Pr}(A|C) \cdot \mathrm{Pr}(B|C)$，則稱事件 A、B 對於給定事件 C 是條件獨立的。也就是說，當 C 發生的條件下，A 發生與否與 B 發生與否無關。

對於鳶尾花樣本資料，給定 $Y = C_k$ 的條件下，假設花萼長度 X_1、花萼寬度 X_2 條件獨立，則下式成立，即

$$f_{X1,X2|Y}\left(x_1, x_2 | C_k\right) = f_{X1|Y}\left(x_1 | C_k\right) \cdot f_{X2|Y}\left(x_2 | C_k\right) \tag{19.8}$$

式 (19.8) 相當於一個類別、一個類別地分析資料。

$Y = C_1$ 條件

給定 $Y = C_1$ 的條件下，假設 X_1、X_2 條件獨立，則有

$$f_{X1,X2|Y}\left(x_1, x_2 | C_1\right) = f_{X1|Y}\left(x_1 | C_1\right) \cdot f_{X2|Y}\left(x_2 | C_1\right) \tag{19.9}$$

圖 19.17 所示為在 $Y = C_1$ 的條件下，假設 X_1 和 X_2 條件獨立，估算得到的似然機率 $f_{X1,X2|Y}(x_1,x_2|C_1)$。

第 6 章舉出過假設條件獨立情況下 $f_{X1,X2|Y}(x_1,x_2|C_1)$、邊緣似然機率 $f_{X1|Y}(x_1|C_1)$、$f_{X2|Y}(x_2|C_1)$ 三者的關系，請大家回顧。如果把 $f_{X1|Y}(x_1|C_1)$、$f_{X2|Y}(x_2|C_1)$ 看作兩個向量，則 $f_{X1,X2|Y}(x_1,x_2|C_1)$ 就是兩者的張量積。

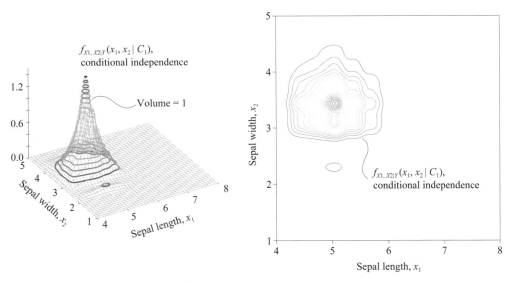

▲ 圖 19.17　在 $Y = C_1$ 的條件下，
X_1 和 X_2 條件獨立，估算得到的似然機率 $f_{X1,X2|Y}(x_1,x_2|C_1)$

$Y = C_2$ 條件

給定 $Y = C_2$ 的條件下，假設 X_1、X_2 條件獨立，則有

$$f_{X_1,X_2|Y}\left(x_1,x_2|C_2\right) = f_{X_1|Y}\left(x_1|C_2\right) \cdot f_{X_2|Y}\left(x_2|C_2\right) \tag{19.10}$$

圖 19.18 所示為在 $Y = C_2$ 的條件下，假設 X_1 和 X_2 條件獨立，估算得到的似然機率 $f_{X_1,X_2|Y}(x_1,x_2|C_2)$。

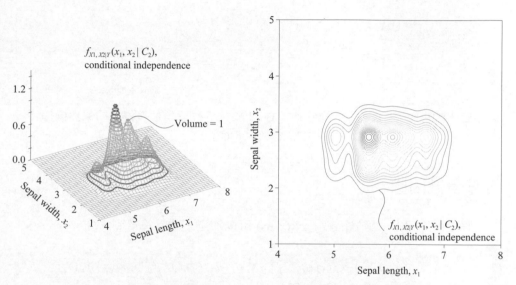

▲ 圖 19.18 在 $Y = C_2$ 的條件下，
X_1 和 X_2 條件獨立，估算得到的似然機率 $f_{X_1,X_2|Y}(x_1,x_2|C_2)$

$Y = C_3$ 條件

給定 $Y = C_3$ 的條件下，假設 X_1、X_2 條件獨立，則有

$$f_{X_1,X_2|Y}\left(x_1,x_2|C_3\right) = f_{X_1|Y}\left(x_1|C_3\right) \cdot f_{X_2|Y}\left(x_2|C_3\right) \tag{19.11}$$

圖 19.19 所示為在 $Y = C_3$ 的條件下，假設 X_1 和 X_2 條件獨立，估算得到的似然機率 $f_{X_1,X_2|Y}(x_1,x_2|C_3)$。

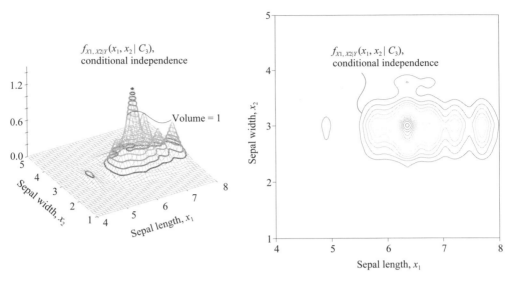

▲　圖 19.19　在 $Y = C_3$ 的條件下，X_1 和 X_2 條件獨立，估算得到的似然機率 $fX_1, X_2 \mid Y(x_1, x_2 \mid C_3)$

估算證據因數

假設條件獨立，證據因數 $f_{X1, X2}(x_1, x_2)$ 可以透過下式計算得到，即

$$
\begin{aligned}
f_{X1, X2}(x_1, x_2) &= f_{X1, X2|Y}(x_1, x_2 \mid C_1) \cdot p_Y(C_1) + f_{X1, X2|Y}(x_1, x_2 \mid C_2) \cdot p_Y(C_2) + f_{X1, X2|Y}(x_1, x_2 \mid C_3) \cdot p_Y(C_3) \\
&= f_{X1|Y}(x_1 \mid C_1) \cdot f_{X2|Y}(x_2 \mid C_1) \cdot p_Y(C_1) + \\
&\quad f_{X1|Y}(x_1 \mid C_2) \cdot f_{X2|Y}(x_2 \mid C_2) \cdot p_Y(C_2) + \\
&\quad f_{X1|Y}(x_1 \mid C_3) \cdot f_{X2|Y}(x_2 \mid C_3) \cdot p_Y(C_3)
\end{aligned}
\tag{19.12}
$$

式 (19.12) 代表一種多元機率密度估算方法。圖 19.20 所示為假設條件獨立，估算 $f_{X1, X2}(x_1, x_2)$ 機率密度的過程。圖 19.21 所示為 $f_{X1, X2}(x_1, x_2)$ 曲面和平面等高線。

◀

條件獨立這一假設對於單純貝氏方法至關重要。《機器學習》一書將分別介紹單純貝氏分類和高斯單純貝氏分類。

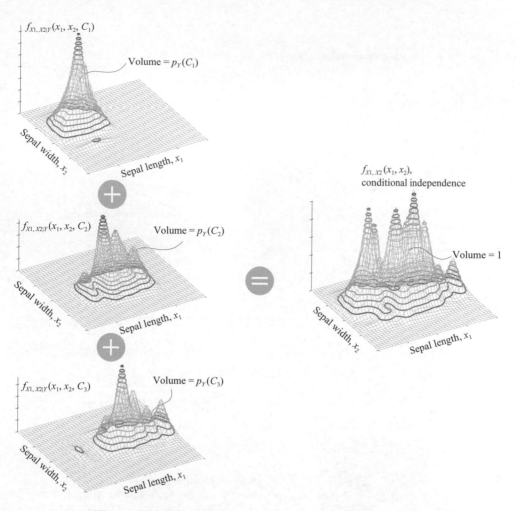

▲ 圖 19.20 假設條件獨立，合成疊加得到證據因數 $f_{X1,X2}(x_1,x_2)$

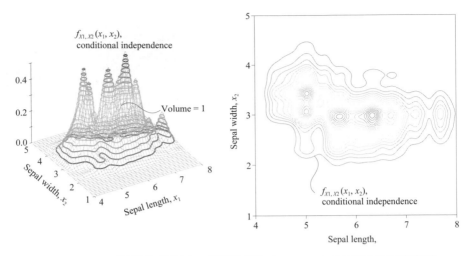

▲ 圖 19.21　假設條件獨立，證據因數 $f_{X1,X2}(x_1,x_2)$ 曲面和平面等高線

如圖 19.22 所示，顯然採用條件獨立假設估算得到的證據因數機率密度函數 $f_{X1,X2}(x_1,x_2)$ 與樣本資料分佈的貼合度更高。圖 19.23 所示為 $f_{X1,X2}(x_1,x_2)$ 在兩個垂直平面上的投影，請大家對比圖 19.16 進行分析。

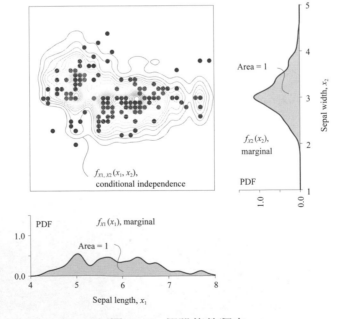

▲ 圖 19.22　假設條件獨立，
證據因數 $f_{X1,X2}(x_1,x_2)$ 等高線和邊緣機率密度 $f_{X1}(x_1)$、$f_{X2}(x_2)$ 曲線關係

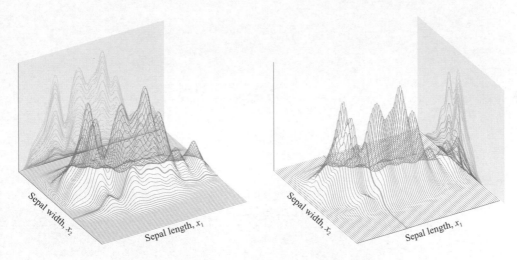

▲ 圖 19.23 假設條件獨立，證據因數 $f_{X_1,X_2}(x_1,x_2)$ 曲面在兩個平面投影曲線

Bk5_Ch19_01.py 程式繪製本章絕大部分影像。

貝氏分類是一種基於貝氏定理的分類方法，它根據給定的特徵和類別之間的關係，透過學習訓練資料集中的先驗機率和條件機率，對新的輸入進行分類。貝氏分類將輸入資料看作特徵向量，並根據這些特徵向量的先驗機率和條件機率來計算其屬於不同類別的後驗機率，最終選擇機率最大的類別作為輸出。

貝氏分類的優點在於其能夠處理高維資料，並且在資料量較小的情況下表現良好，同時還能處理具有雜訊或缺失資料的情況。《機器學習》一書將專門介紹貝氏分類的特殊形式─單純貝氏分類。

下面三章，我們將把貝氏定理應用到貝氏推斷中。

Bayesian Inference 101

⑳ 貝氏推斷入門

參數不確定，參數對應機率分佈

沒有事實，只有解釋

There are no facts, only interpretations.

——佛里德里希・尼采（*Friedrich Nietzsche*）| 德國哲學家 | *1844—1900* 年

- matplotlib.pyplot.axvline() 繪製垂直線
- matplotlib.pyplot.fill_between() 區域填充顏色
- numpy.cumsum() 累加
- scipy.stats.bernoulli.rvs() 滿足伯努利分佈的隨機數
- scipy.stats.beta()Beta 分佈

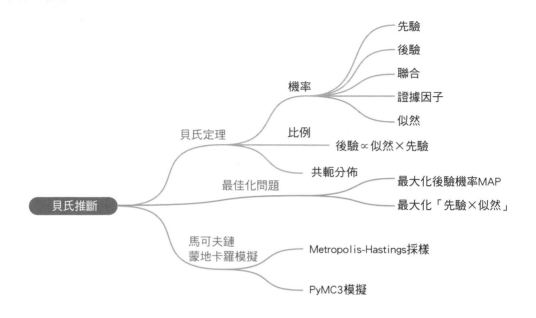

20.1　貝氏推斷：更貼合人腦思維

一個讓人「頭大」的公式

本章和下一章的關鍵就是如何理解、應用以下公式進行貝氏推斷，即

$$f_{\Theta|X}(\theta|x) = \frac{f_{X|\Theta}(x|\theta) f_{\Theta}(\theta)}{\int_{\vartheta} f_{X|\Theta}(x|\vartheta) f_{\Theta}(\vartheta) \mathrm{d}\vartheta} \tag{20.1}$$

值得注意的是這個公式還有以下常見的幾種寫法，即

$$f_{\Theta|X}(\theta|x) = \frac{f_{X|\Theta}(x|\theta) f_{\Theta}(\theta)}{\int_{\theta'} f_{X|\Theta}(x|\theta') f_{\Theta}(\theta') \mathrm{d}\theta'}$$

$$f_{\Theta|X}(\theta|x) = \frac{f_{X|\Theta}(x|\theta) g_{\Theta}(\theta)}{\int_{\vartheta} f_{X|\Theta}(x|\vartheta) g_{\Theta}(\vartheta) \mathrm{d}\vartheta} \tag{20.2}$$

$$p_{\Theta|X}(\theta|x) = \frac{p_{X|\Theta}(x|\theta) p_{\Theta}(\theta)}{\int_{\theta'} p_{X|\Theta}(x|\theta') p_{\Theta}(\theta') \mathrm{d}\theta'}$$

　　有些書有把 x 寫成 y，也有的用 $\pi()$ 代表機率密度 / 質量分佈函數。總而言之，式 (20.1) 的表達方式很多，大家見多了，也就「見怪不怪」了。

　　式 (20.1) 這個公式是橫在大家理解掌握貝氏推斷之路上的一塊「巨石」。本章試圖用最簡單的例子幫大家敲碎這塊「巨石」。

　　在正式介紹這個公式之前，本節先用白話聊聊什麼是**貝氏推斷** (Bayesian inference)。

貝氏推斷

　　本書第 16 章介紹過，在貝氏學派眼中，模型參數本身也是隨機變數，也服從某種分佈。貝氏推斷的核心就是，在以往的經驗 (先驗機率) 基礎上，結合新的資料，得到新的機率 (後驗機率)。而模型參數分佈隨著外部樣本資料的不斷輸入而迭代更新。不同的是，頻率派只考慮樣本資料本身，不考慮先驗機率。

　　依筆者看來，人腦的運作方式更加貼近貝氏推斷，如圖 20.1 所示。

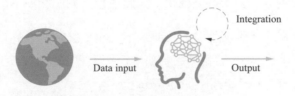

▲ 圖 20.1　人腦更像是一個貝氏推斷機器

　　舉個最簡單的例子，試想你一早剛出門的時候發現忘帶手機，大腦第一反應是一手機最可能在哪？

　　如圖 20.2 所示，這個「貝氏推斷」的結果一般基於兩方面因素：一方面，日復一日的「找手機」經驗；另一方面，「今早、昨晚在哪用過手機」的最新資料。

▲ 圖 20.2　找手機

而且在不斷尋找手機的過程中，大腦不斷提出「下一個最有可能的地點」。

比如，昨晚睡覺前刷了一小時手機，手機肯定在床上！

跑到床頭，發現手機不在床上，那很可能在馬桶附近，因為早晨方便的時候一般也會刷手機！

竟然也不在馬桶附近！那最可能在沙發或茶几上，因為坐著看電視的時候我也愛刷手機⋯⋯

試想，如果大腦沒有以上「經驗 + 最新資料」，你會怎麼找手機呢？或說，「貝氏推斷」找手機無果的時候，我們又會怎麼辦呢？

我們很可能會像「掃地機器人」一樣「逐點掃描」，把整個屋子從裡到外歇斯底里地翻一遍。這種地毯式的「採樣」就類似頻率派的做法。

這個找手機的過程也告訴我們，貝氏推斷常常迭代使用。在引入新的樣本資料後，先驗機率產生後驗機率。而這個後驗機率也可以作為新的先驗機率，再根據最新出現的資料，更新後驗機率，如此往復，如圖 20.3 所示。

人生來就是一個「學習機器」，「前事不忘後事之師」說的也是這個道理。透過不斷學習 (資料輸入)，我們不斷更新自己對世界的認知 (更新模型參數)。這個過程從出生一直持續到離開這個世界為止。

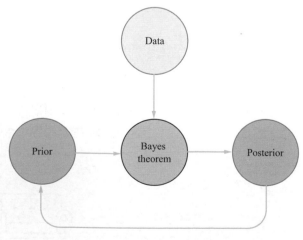

▲ 圖 20.3 透過貝氏定理迭代學習

往大了說，人類認識世界的機制又何嘗不是貝氏推斷？在新的資料影響下，人類一次次創造、推翻、重構知識系統。這個過程循環往復，不斷推動人類認知進步。

舉個例子，統治西方世界思想界近千年的地心說被推翻後，日心說漸漸成了主流。在伽利略等一眾巨匠的臂膀上，牛頓力學系統從天而降。在後世科學家不斷努力完善下，以牛頓力學系統和麥克斯韋電磁場理論為基礎的物理大廈大功告成。當人們滿心歡喜，以為物理學就剩下一些敲敲打打的修飾工作，結果藍天之上又飄來了兩朵烏雲……

20.2 從一元貝氏公式說起

先驗

在引入任何觀測資料之前，未知參數 θ 本身是隨機變數，自身對應機率分佈為 $f_\theta(\theta)$，這個分佈叫作**先驗分佈** (prior distribution)。先驗分佈函數 $f_\theta(\theta)$ 中，θ 為隨機變數，θ 是一個變數。$\theta = \theta$ 代表隨機變數 θ 的設定值為 θ。

似然

在 $\theta = \theta$ 條件下，觀察到的資料 X 的分佈為**似然分佈** (likelihood distribution) $f_{X|\theta}(x|\theta)$。似然分佈是一個條件機率。當 $\theta = \theta$ 取不同值時，似然分佈 $f_{X|\theta}(x|\theta)$ 也有相應變化。

回顧本書第 17 章介紹最大似然估計 MLE，最佳化問題的目標函數本質上就是似然函數 $f_{X|\theta}(x|\theta)$ 的連乘。第 17 章不涉及貝氏推斷，因此我們沒有用條件機率 $f_{X|\theta}(x|\theta)$，用的是 $f_X(x;\theta)$。**對數似然** (log-likelihood function) 就是對似然函數取對數，將連乘變成連加。

聯合

根據貝氏定理，X 和 θ 的**聯合分佈** (joint distribution) 為

$$\underbrace{f_{X,\Theta}(x,\theta)}_{\text{Joint}} = \underbrace{f_{X|\Theta}(x|\theta)}_{\text{Likelihood}}\underbrace{f_{\Theta}(\theta)}_{\text{Prior}} \tag{20.3}$$

⚠

請大家注意：為了方便，在貝氏推斷中，我們不再區分機率密度函數 PDF、機率質量函數 PMF，所有機率分佈均用 $f()$ 記號。而且，條件機率的分母也僅用積分符號。

證據

如果 X 為連續隨機變數，則 X 的邊緣機率分佈為

$$\underbrace{f_X(x)}_{\text{Evidence}} = \int_{\theta} \underbrace{f_{X,\Theta}(x,\theta)}_{\text{Joint}}\mathrm{d}\theta = \int_{\theta} \underbrace{f_{X|\Theta}(x|\theta)}_{\text{Likelihood}}\underbrace{f_{\Theta}(\theta)}_{\text{Prior}}\mathrm{d}\theta \tag{20.4}$$

聯合分佈對 θ「偏積分」消去了 θ, 積分結果 $f_X(x)$ 與 θ 無關。我們一般也管 $f_X(x)$ 叫作**證據因數** (evidence)，這和前兩章的叫法一致。

$f_X(x)$ 與 θ 無關，這表示觀測到的資料對先驗的選擇沒有影響。

後驗

給定 $X = x$ 條件下，θ 的條件機率為

$$f_{\Theta|X}(\theta|x) = \frac{\overbrace{f_{X,\Theta}(x,\theta)}^{\text{Joint}}}{\underbrace{f_X(x)}_{\text{Evidence}}} = \frac{f_{X|\Theta}(x|\theta)f_{\Theta}(\theta)}{\int_{\vartheta}\underbrace{f_{X|\Theta}(x|\vartheta)}_{\text{Likelihood}}\underbrace{f_{\Theta}(\vartheta)}_{\text{Prior}}\mathrm{d}\vartheta} \tag{20.5}$$

$f_{\Theta|X}(\theta|x)$ 叫**後驗分佈** (posterior distribution)，它代表在整合「先驗 + 樣本資料」之後，我們對參數 θ 的新「認識」。在連續迭代貝氏學習中，這個後驗機率分佈是下一個迭代的先驗機率分佈。

為了避免混淆，式 (20.5) 分母中用了花寫 ϑ。

正比關係

透過前兩章的學習，我們知道後驗與先驗和似然的乘積成正比，即

$$\underbrace{f_{\Theta|X}(\theta|x)}_{\text{Posterior}} \propto \underbrace{f_{X|\Theta}(x|\theta)}_{\text{Likelihood}} \underbrace{f_{\Theta}(\theta)}_{\text{Prior}} \tag{20.6}$$

即後驗 $\propto$ 似然 $\times$ 先驗。

但是為了得出真正的後驗機率，本章的例子中我們還是要完成 $\int_{\theta} f_{X|\Theta}(x|\vartheta) f_{\Theta}(\vartheta)\mathrm{d}\vartheta$ 積分。

此外，這個積分很可能沒有解析解 (閉式解)，可能需要用到數值積分或蒙地卡羅模擬。這是本書第 22 章要講解的內容之一。

注意：先驗分佈、後驗分佈是關於模型參數的分佈。此外，透過一定的轉化，我們可以把似然函數也變成有關模型參數的「分佈」。

下面，我們結合實例講解貝氏推斷。

20.3 走地雞兔：比例完全不確定

回到本書第 16 章「雞兔同籠」的例子。一個巨大無比農場散養大量「走地」的雞和兔。但是，農夫自己也說不清楚雞兔的比例。

用 θ 代表兔子的比例隨機變數，這表示 θ 的設定值範圍為 $[0,1]$，即 $\theta = 0.5$ 表示農場有 50% 兔、50% 雞，$\theta = 0.3$ 表示有 30% 兔、70% 雞。

為了搞清楚農場雞兔比例，農夫決定隨機抓 n 隻動物。X_1、X_2、$\cdots$、X_n 為每次抓取動物的結果。$X_i (i = 1, 2, \cdots, n)$ 的樣本空間為 $\{0,1\}$，其中 0 代表雞，1 代表兔。

⚠️

> 注意：抓取動物過程，我們同樣忽略這對農場整體動物整體比例的影響。

先驗

由於農夫完全不確定雞兔比例，我們選擇連續均勻分佈 Uniform(0,1) 為先驗分佈，所以 $f_\Theta(\theta)$ 為：

$$f_\Theta(\theta) = 1, \quad \theta \in [0,1] \tag{20.7}$$

再次強調，先驗分佈代表我們對模型參數的「主觀經驗」，先驗分佈的選擇獨立於「客觀」樣本資料。

圖 20.4 所示為 [0,1] 區間上的均勻分佈，也就是說兔子比例 θ 可以是 [0,1] 區間內的任意一個數，而且可能性相同。這個例子告訴我們，沒有先驗資訊，或先驗分佈不清楚時，也不要緊！我們可以用常數或均勻分佈作為先驗分佈。這種情況也叫**無資訊先驗** (uninformative prior)。

似然

給定 $\Theta = \theta$ 條件下，X_1、$X1$、$\cdots$、X_n 服從 IID 的伯努利分佈 Bernoulli(θ)，即

$$\underbrace{f_{X_i|\Theta}(x_i \mid \theta)}_{\text{Likelihood}} = \theta^{x_i}(1-\theta)^{1-x_i} \tag{20.8}$$

其中：$\Theta = \theta$ 為農場中兔子的比例，設定值範圍為 [0,1]；$1 - \theta$ 為雞的比例。$X_i = x_i$ 為某一次抓到的動物，0 代表雞，1 代表兔。

也就是說，式 (20.8) 中，θ 是未知量。實際上，上式中似然機率 $f_{X_i}\Theta(xi|\theta)$ 代表機率質量函數。

　　本書前文提過，IID 的含義是**獨立同分佈** (Independent Identically Distribution)。在隨機過程中，任何時刻的設定值都為隨機變數，如果這些隨機變數服從同一分佈，並且互相獨立，那麼這些隨機變數是獨立同分佈，如圖 20.5 所示。

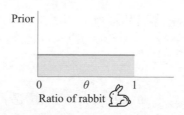

▲ 圖 20.4　選擇連續均勻分佈作為先驗分佈

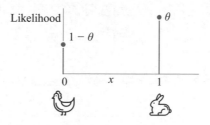

▲ 圖 20.5　似然分佈

聯合

因此，X_1、X_2、$\cdots$、X_n、θ 聯合分佈為

$$
\begin{aligned}
\underbrace{f_{X_1,X_2,...,X_n,\Theta}\left(x_1,x_2,...,x_n,\theta\right)}_{\text{Joint}} &= \underbrace{f_{X_1,X_2,...,X_n|\Theta}\left(x_1,x_2,...,x_n\mid\theta\right)}_{\text{Likelihood}}\underbrace{f_{\Theta}\left(\theta\right)}_{\text{Prior}} \\
&= f_{X_1|\Theta}\left(x_1\mid\theta\right)\cdot f_{X_2|\Theta}\left(x_2\mid\theta\right)\cdots f_{X_n|\Theta}\left(x_n\mid\theta\right)\cdot\underbrace{f_{\Theta}\left(\theta\right)}_{1} \\
&= \prod_{i=1}^{n}\theta^{x_i}\left(1-\theta\right)^{1-x_i}=\theta^{\sum_{i=1}^{n}x_i}\left(1-\theta\right)^{n-\sum_{i=1}^{n}x_i}
\end{aligned}
\tag{20.9}
$$

令

$$
s=\sum_{i=1}^{n}x_i
\tag{20.10}
$$

其中：s 為 n 次取出中兔子的總數。

這樣式 (20.9) 可以寫成

$$f_{X_1,X_2,...,X_n,\Theta}\left(x_1,x_2,...,x_n,\theta\right)=\theta^s\left(1-\theta\right)^{n-s} \tag{20.11}$$

其中：$n-s$ 為 n 次取出中雞的總數。

證據

證據因數 $f_{X1,X2,...,Xn}(x_1,x_2,...,xn)$，即 $f_X(x)$ 可以透過 $f_{X1,X2,...,Xn,\Theta}(x_1,x_2,...,xn,\theta)$ 對 θ 「偏積分」得到，即

$$
\begin{aligned}
f_{X_1,X_2,...,X_n}\left(x_1,x_2,...,x_n\right)&=\int_\theta f_{X_1,X_2,...,X_n,\Theta}\left(x_1,x_2,...,x_n,\theta\right)\mathrm{d}\theta\\
&=\int_\theta \theta^s\left(1-\theta\right)^{n-s}\mathrm{d}\theta
\end{aligned} \tag{20.12}
$$

以上積分相當於在 θ 維度上壓縮，結果 $f_{X1,X2,...,Xn}(x_1,x_2,...,x_n)$ 與 θ 無關。

⚠️
> 再次強調：在貝氏推斷中，上述積分很可能沒有解析解。

想到第 7 章介紹的 Beta 函數，式 (20.12) 可以寫成

$$
\begin{aligned}
f_{X_1,X_2,...,X_n}\left(x_1,x_2,...,x_n\right)&=\int_\theta \theta^{s+1-1}\left(1-\theta\right)^{n-s+1-1}\mathrm{d}\theta\\
&=\mathrm{B}\left(s+1,n-s+1\right)=\frac{s!(n-s)!}{(n+1)!}
\end{aligned} \tag{20.13}
$$

利用 Beta 函數的性質，我們「逃過」積分運算。

圖 20.6 所示為 $\mathrm{B}(s+1,n-s+1)$ 函數隨著 s、n 變化的平面等高線。

後驗

由此，在 $X_1 = x_1, X_2 = x_2, \cdots, X_n = x_n$ 條件下，θ 的後驗分佈為

$$
f_{\Theta|X_1,X_2,\ldots,X_n}\left(\theta \mid x_1,x_2,\ldots,x_n\right) = \frac{\overbrace{f_{X_1,X_2,\ldots,X_n,\Theta}\left(x_1,x_2,\ldots,x_n,\theta\right)}^{\text{Joint}}}{\underbrace{f_{X_1,X_2,\ldots,X_n}\left(x_1,x_2,\ldots,x_n\right)}_{\text{Evidence}}}
$$

$$
= \frac{\theta^s \left(1-\theta\right)^{n-s}}{\mathrm{B}\left(s+1,n-s+1\right)} = \frac{\theta^{(s+1)-1}\left(1-\theta\right)^{(n-s+1)-1}}{\mathrm{B}\left(s+1,n-s+1\right)}
$$

(20.14)

我們驚奇地發現，式 (20.14) 對應 Beta(s+1,n–s+1) 分佈。

總結來說，農夫完全不清楚雞兔的比例，因此選擇先驗機率為 Uniform(0,1)。抓取 n 隻動物，知道其中有 s 隻兔子，n–s 隻雞，利用貝氏定理整合「先驗機率＋樣本資料」得到後驗機率為 Beta($s + 1, n - s + 1$) 分佈。

馬上，我們把蒙地卡羅模擬結果代入後驗機率 Beta($s + 1, n - s + 1$)，這樣就可以看到後驗分佈的形狀。

⚠

注意：實際上 Uniform(0,1) 就是 Beta(1,1)。

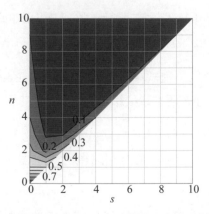

▲ 圖 20.6 B($s + 1, n - s + 1$) 函數影像平面等高線

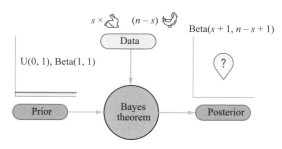

▲ 圖 20.7　先驗 U(0,1)+ 樣本 $(s, n-s)$ → 後驗 Beta$(s + 1, n - s + 1)$

正比關係

式 (20.14) 中分母 B$(s + 1, n - s + 1)$ 的作用是條件機率歸一化。實際上，根據式 (20.9)，我們只需要知道

$$f_{\Theta|X_1,X_2,\ldots,X_n}\left(\theta \mid x_1,x_2,\ldots,x_n\right) \propto f_{X_1,X_2,\ldots,X_n|\Theta}\left(x_1,x_2,\ldots,x_n \mid \theta\right)f_{\Theta}\left(\theta\right) = \theta^s\left(1-\theta\right)^{n-s} \qquad (20.15)$$

我們在前兩章也看到了這個正比關係的應用。但是為了方便蒙地卡羅模擬，本節還是會使用式 (20.14) 舉出的後驗分佈解析式。

蒙地卡羅模擬

下面，我們撰寫 Python 程式來進行上述貝氏推斷的蒙地卡羅模擬。先驗分佈為 Uniform(0,1)，這表示各種雞兔比例可能性相同。

大家查看程式會發現，程式中實際用的分佈是 Beta(1,1)。Uniform(0,1) 與 Beta(1,1) 形狀相同，而且方便本章後續模擬。

本章程式用到伯努利分佈隨機數發生器。假設兔子佔整體的真實比例為 20.45(45%)。圖 20.8(a) 所示為用伯努利隨機數發生器產生的隨機數，紅點●代表雞 (0)，藍點●代表兔 (1)。

透過圖 20.8(a) 的樣本資料作推斷便是頻率學派的想法。頻率學派依靠樣本資料，而不引入先驗機率 (已有知識或主觀經驗)。當樣本數量較大時，頻率學派可以做出合理判斷；但是，當樣本數量很少時，頻率學派作出的推斷往往不可信。

　　圖 20.8(b) 中，從下到上所示為不斷抓取動物中雞、兔各自的比例變化。當動物的數量 n 不斷增多時，我們發現比例趨於穩定，並逼近真實值 (0.45)。

　　圖 20.8(c) 為隨著樣本資料不斷匯入，後驗機率分佈曲線的漸變過程。請大家仔細觀察圖 20.8(c)，看看能不能發現有趣的規律。

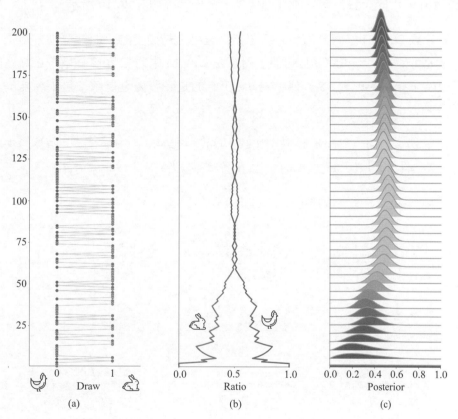

▲ 圖 20.8　某次試驗的模擬結果，先驗分佈為 Beta(1,1)

　　圖 20.8(c) 舉出的這個過程中，請大家注意兩個細節。

　　第一，後驗機率分佈 $f_{\theta|X}(\theta|x)$ 曲線不斷變得細高，也就是後驗標準差不斷變小。這是因為樣本數據不斷增多，大家對雞兔比例變得越發「確信」。

　　第二，後驗機率分佈 $f_{\theta|X}(\theta|x)$ 的最大值，也就是峰值，所在位置逐漸逼近雞兔的真實比例 0.45。第二點在圖 20.9 中看得更清楚。

　　圖 20.9(a) 中，先驗機率分佈為均勻分佈，這代表老農對雞兔比例一無所知。兔子的比例在 0 和 1 之間，任何值皆有可能，而且可能性均等。

　　圖 20.9(b) 所示為，抓到第一隻動物發現是雞。利用貝氏定理，透過圖 20.9(a) 的先驗機率 (連續均勻分佈 Beta(1,1)) 和樣本資料 (一隻雞)，計算得到圖 20.9(b) 所示的後驗機率分佈 Beta(1,2)，這一過程如圖 20.10 所示。

　　對於圖 20.9(b) 這個分佈，顯然認為「農場全是雞」的可能性更高，但是不排除其他可能。「不排除其他可能」對應圖 20.9(b) 中的三角形，θ 在 [0,1) 區間設定值時，後驗機率 $f_{\theta|X}(\theta|x)$ 都不為 0。確定的是「農場全是兔」是不可能的，對應機率為 0。

　　抓第二隻動物，發現還是雞。如圖 20.9(c) 後驗機率分佈所示，顯然農夫心中的天平發生了傾斜，認為農場的雞的比例肯定很高。

　　獲得圖 20.9(c) 所示的後驗機率分佈有兩條路徑。

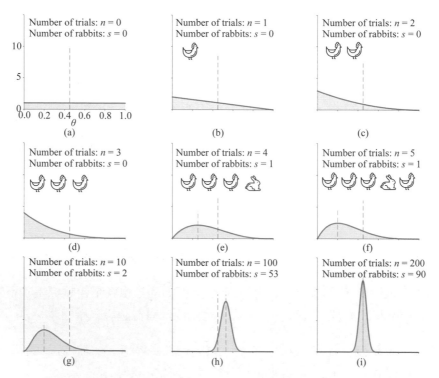

▲ 圖 20.9　九張不同節點的後驗機率分佈曲線快照，先驗分佈為 Beta(1,1)

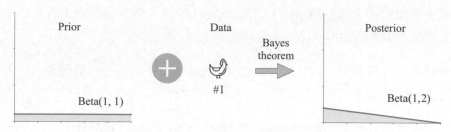

▲ 圖 20.10 不確定雞兔比例，
先驗機率 Beta(1,1)+ 一隻雞 (資料) 推導得到後驗機率 Beta(1,2)

第一條如圖 20.11 所示，先驗機率 Beta(1,1)+ 兩隻雞 (資料) 推導得到後驗
機率 Beta(1,3)。

第二條如圖 20.12 所示，更新先驗機率 Beta(1,2)+ 第二隻雞 (資料) 推導得
到後驗機率 Beta(1,3)。而更新先驗機率 Beta(1,2) 就是圖 20.10 中的後驗機率。

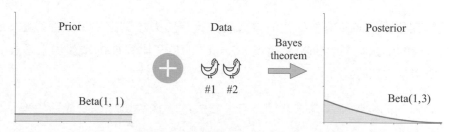

▲ 圖 20.11 第一筆路徑：
先驗機率 Beta(1,1)+ 兩隻雞 (資料) 推導得到後驗機率 Beta(1,3)

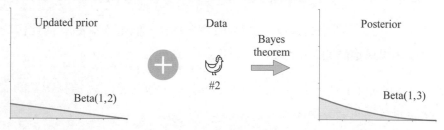

▲ 圖 20.12 第二筆路徑：
更新先驗機率 Beta(1,2)+ 第二隻雞 (資料) 推導得到後驗機率 Beta(1,3)

抓第三隻動物，竟然還是雞！如圖 20.9(d) 所示，農夫心中的比例進一步向「雞」傾斜，但是仍然不能排除其他可能。

理解這步運算則有三條路徑。圖 20.13 所示為三條路徑中的第一條，請大家自己繪製另外兩條。

如果採樣此時停止，則依照頻率派的觀點，農場 100% 都是雞。

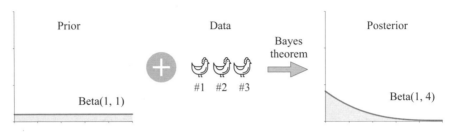

▲　圖 20.13 先驗機率 Beta(1,1)+ 三隻雞 (資料) 推導得到後驗機率 Beta(1,4)

抓第四隻動物時，終於抓住一隻兔子！此時農夫才確定農場不都是雞，確信還是有兔的！觀察圖 20.9(e) 會發現，$\theta = 0$，即兔子比例為 0(或農場全是雞)，對應的機率密度驟降為 0。

隨著抓到的動物不斷送來驗明正身，農夫的「後驗機率」「先驗機率」依次更新。

最終，在抓獲的 200 隻動物中，有 90 隻兔子，也就是說兔子的比例為 45%。但是觀察圖 20.9(i) 的後驗機率曲線，發現 $\theta = 45\%$ 左右的其他 θ 值也不小。

從農夫的角度，農場的雞兔比例很可能是 45%，但是不排除其他比例的可能性，也就是貝氏推斷的結論觀點。

此外，圖 20.9(i) 中後驗機率的「高矮胖瘦」，也決定了對結論觀點的「確信度」。本章後文將展開講解。

最大化後驗機率 MAP

圖 20.9 中黑色劃線為農場兔子的真實比例。

而圖 20.9 各個子圖中紅色劃線對應的就是後驗機率分佈的最大值。這便對應貝氏推斷的最佳化問題，**最大化後驗機率** (Maximum A Posteriori estimation, MAP) 為

$$\hat{\theta}_{\text{MAP}} = \arg\max_{\theta} f_{\Theta|X}(\theta \,|\, x) \qquad (20.16)$$

將式 (20.1) 代入式 (20.16)，得

$$\hat{\theta}_{\text{MAP}} = \arg\max_{\theta} \frac{f_{X|\Theta}(x\,|\,\theta) f_{\Theta}(\theta)}{\int_{\vartheta} f_{X|\Theta}(x\,|\,\vartheta) f_{\Theta}(\vartheta)\,\mathrm{d}\vartheta} \qquad (20.17)$$

進一步根據，這個最佳化問題可以簡化為

$$\hat{\theta}_{\text{MAP}} = \arg\max_{\theta} f_{X|\Theta}(x\,|\,\theta) f_{\Theta}(\theta) \qquad (20.18)$$

本書第 7 章介紹過 Beta(α,β) 分佈的眾數為

$$\frac{\alpha-1}{\alpha+\beta-2}, \quad \alpha,\beta>1 \qquad (20.19)$$

對於本節例子，**MAP** 的最佳化解為 Beta($s+1, n-s+1$) 的眾數，即機率密度最大值為

$$\hat{\theta}_{\text{MAP}} = \frac{s+1-1}{s+1+n-s+1-2} = \frac{s}{n} \qquad (20.20)$$

兜兜轉轉，結果這個貝氏派 **MAP** 最佳化解與頻率派 **MLE** 一致嗎？

MAP 和 **MLE** 當然不同！

首先，**MAP** 和 **MLE** 的最佳化問題完全不一樣，兩者分析問題的角度完全不同。回顧 **MLE** 最佳化問題

$$\hat{\theta}_{\text{MLE}} = \arg\max_{\theta} \prod_{i=1}^{n} f_{X_i}(x_i;\theta) \qquad (20.21)$$

請大家自行對比式 (20.16) 和式 (20.21)。

此外，式 (20.20) 中這個比例是在先驗機率為 Uniform(0,1) 條件下得到的，下一節大家會看到不同的 MAP 最佳化結果。

更重要的是，貝氏派得到的結論是圖 20.9(i) 中的這個分佈。也就是說，最佳解雖然在 $\Theta = 0.45$，但是不排除其他可能。

以圖 20.9(i) 為例，本例中貝氏派得到的參數 Θ 為 Beta($s + 1, n - s + 1$) 這個分佈。代入具體資料 ($n = 200, s = 90$)，貝氏推斷的結果為 Beta(91,111)，整個過程如圖 20.14 所示。

圖 20.14 中，先驗分佈為 Beta(1,1)，括號內的樣本資料為 (兔，雞)，即 (90,110)，獲得的後驗機率為 Beta(1 + 90,1 + 110)。Beta(1 + 90,1 + 110) 的標準差可以度量我們對貝氏推斷結論的確信程度，這是本章最後要討論的話題之一。

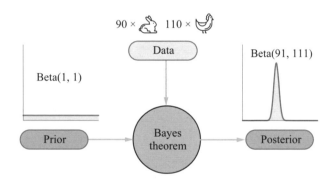

▲ 圖 20.14　先驗 Beta(1,1)+ 樣本 (90,110) →後驗 Beta(91,111)

先驗分佈的選擇和參數的確定代表「經驗」，也代表某種「信念」。先驗分佈的選擇與樣本資料無關，不需要透過樣本資料構造。反過來，觀測到的樣本資料對先驗的選擇沒有任何影響。

此外，講解圖 20.12 時，我們看到貝氏推斷可以採用迭代方式，即後驗機率可以成為新樣本資料的先驗機率。

20.4 走地雞兔：很可能一半一半

本節我們更換場景，假設農夫認為雞兔的比例接近 1:1，也就是說，兔子的比例為 50%。但是，農夫對這個比例的確信程度不同。

先驗

由於農夫認為雞兔的比例為 1:1，因此我們選用 Beta(α, α) 作為先驗分佈。Beta(α,α) 具體的機率密度函數為

$$f_{\Theta}(\theta) = \frac{1}{\mathrm{B}(\alpha,\alpha)} \theta^{\alpha-1} (1-\theta)^{\alpha-1} \tag{20.22}$$

其中，Beta(α,α) 為

$$\mathrm{B}(\alpha,\alpha) = \frac{\Gamma(\alpha)\Gamma(\alpha)}{\Gamma(\alpha+\alpha)} \tag{20.23}$$

再次強調，選取 Beta(α,α) 與樣本無關，Beta(α, α) 代表事前主觀經驗。

不同確信程度

圖 20.15 所示為 α 取不同值時 Beta(α,α) 分佈 PDF 影像。

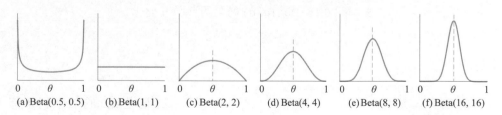

(a) Beta(0.5, 0.5)　(b) Beta(1, 1)　(c) Beta(2, 2)　(d) Beta(4, 4)　(e) Beta(8, 8)　(f) Beta(16, 16)

▲ 圖 20.15 六個不同參數 α 取不同值時 Beta(α, α) 分佈 PDF 影像

容易發現 Beta(α, α) 影像為對稱，Beta(α, α) 的平均值和眾數為 1/2，方差為 1/(8α + 4)。顯然，參數 α 小於 1 代表特別「清奇」的觀點—農場不是都是雞、就是都是兔。

α 等於 1 就是本章前文的先驗分佈為 Uniform(0,1)，即 Beta(1,1) 假設條件。也就是說，當我們事先對比例不持立場，對 [0,1] 範圍內任何一個 θ 值不偏不倚時，Beta(1,1) 就是最佳的先驗分佈。

而 α 取大於 1 的不同值時，代表農夫對雞兔比例 1:1 的確信程度。

如圖 20.16 所示，α 越大 Beta(α,α) 的方差越小，這表示先驗分佈的影像越窄、越細高，這代表農夫對兔子比例為 50% 這個觀點的確信度越高。本章後文會用 Beta 分佈的標準差作為「確信程度」的度量，原因是標準差和眾數、平均值的量綱一致。

本節後續的蒙地卡羅模擬中參數 α 的設定值分為 2、16 兩種情況。α = 2 代表農夫認為兔子的比例大致為 50%，但是確信度不高；α = 16 則對應農夫認為兔子的比例很可能為 50%，但是絕不排除其他比例的可能性，確信度相對高很多。

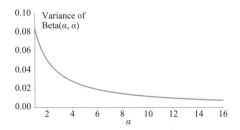

▲ 圖 20.16　Beta(α, α) 方差隨參數 α 變化

似然

和前文一致，給定 Θ = θ 條件下，X_1、X_2、……、X_n 服從 IID 的伯努利分佈 Bernoulli(θ)，即

$$\underbrace{f_{X_i|\Theta}\left(x_i \mid \theta\right)}_{\text{Likelihood}} = \theta^{x_i}\left(1-\theta\right)^{1-x_i} \tag{20.24}$$

似然函數為

$$f_{X_1,X_2,...,X_n|\Theta}\left(x_1,x_2,...,x_n \mid \theta\right) = \theta^s\left(1-\theta\right)^{n-s} \tag{20.25}$$

大家可能已經發現，式 (20.25) 本質上就是二項分佈。二項分佈是若干獨立的伯努利分佈。我們把似然分佈記作 $f_{X|\Theta}(x|\theta)$，有

$$f_{X|\Theta}(x|\theta) = C_n^s \cdot \theta^s (1-\theta)^{n-s} \tag{20.26}$$

C_n^s 與 θ 無關，式 (20.25) 和式 (20.26) 成正比關係。也就是說，C_n^s 僅提供縮放。

本書第 5 章中，我們這樣解讀二項分佈。給定任意一次試驗成功的機率為 θ，計算 n 次試驗中 s 次成功的機率。對於本例，其含義是給定兔子的佔比為 θ,n 隻動物中正好有 s 隻兔子的機率。

本章中，我們需要換一個角度理解。它是給定 n 次試驗中有 s 次成功，θ 變化導致機率的變化。θ 是在 (0,1) 區間上連續變化的。

圖 20.17(a) 所示為一組似然分佈，其中 $n = 20$，這些曲線 s 的設定值為整數 1~19。θ 在 (0,1) 區間上連續變化。

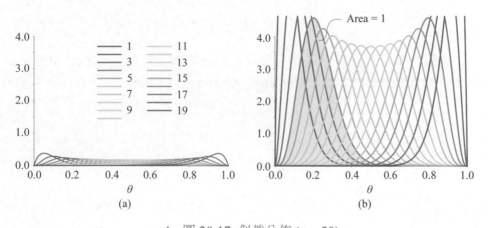

▲ 圖 20.17 似然分佈 ($n = 20$)

注意：似然函數本身是關於 θ 的函數，與先驗分佈 Beta(α, α) 中的 α 無關。似然函數值通常是很小的數，所以我們一般會取對數 ln() 獲得對數似然函數。

為了與先驗分佈、後驗分佈直接比較，需要歸一化，有

$$f_{X|\Theta}(x|\theta) = \frac{\overbrace{C_n^s \theta^s (1-\theta)^{n-s}}^{\text{Binomial distribution}}}{C_n^s \int_\theta \theta^s (1-\theta)^{n-s} \, d\theta} \tag{20.27}$$

這樣似然函數曲線與橫軸圍成的面積也是 1。

前文提過，式 (20.27) 的分子可以視作二項分佈。利用 Beta 函數，式 (20.27) 的分母可以進一步化簡為

$$C_n^s \int_\theta \theta^s (1-\theta)^{n-s} \, d\theta = C_n^s \cdot B(s+1, n-s+1) = \frac{n!}{s!(n-s)!} \frac{s!(n-s)!}{(n+1)!} = \frac{1}{n+1} \tag{20.28}$$

式 (20.28) 就是似然函數的歸一化因數。圖 20.17(b) 所示為歸一化後的似然分佈。當然我們也可以用數值積分歸一化似然函數。

因此，式 (20.27) 可以寫成

$$f_{X|\Theta}(x|\theta) = (n+1) \cdot \overbrace{C_n^s \theta^s (1-\theta)^{n-s}}^{\text{Binomial distribution}} \tag{20.29}$$

在本書第 17 章中，我們知道似然函數的最大值位置為 s/n，也就是最大似然估計 MLE 的解，具體位置如圖 20.18 所示。注意圖 20.18 中，s 為 0~20 的整數。

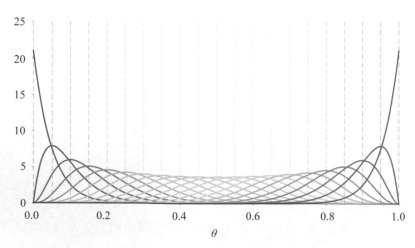

▲ 圖 20.18 似然分佈和 MLE 最佳化解的位置 $(n = 20)$

再換個角度，看到式 (20.25) 這種形式，大家是否立刻想到，這不正是一個 Beta 分佈嗎？缺的就是歸一化係數！補齊這個歸一化係數，我們便可以得到 Beta($s + 1,n - s + 1$) 分佈，即

$$\frac{\Gamma(s+1+n-s+1)}{\Gamma(s+1)\Gamma(n-s+1)}\theta^{s+1-1}(1-\theta)^{n-s+1-1} = \frac{\Gamma(n+2)}{\Gamma(s+1)\Gamma(n-s+1)}\theta^{s+1-1}(1-\theta)^{n-s+1-1} \quad (20.30)$$

而 Beta($s + 1,n - s + 1$) 分佈的眾數位置為

$$\frac{s+1-1}{s+1+n-s+1-2} = \frac{s}{n} \quad (20.31)$$

這與之前的結論一致。請大家自己繪製 $n = 20$、s 為 0~20 的整數時，Beta($s + 1,n - s + 1$) 的 PDF 曲線，並與圖 20.18 進行比較。

回看，本節的似然分佈 Beta($s + 1,n - s + 1$) 相當於對雞兔比例「不持立場」，一切均以客觀樣本資料為準。

再換個角度來看，上述討論似乎說明，貝氏推斷「包含了」頻率推斷。MLE 是 MAP 的特例 (無資訊先驗)。

先驗 VS 似然

圖 20.19 中灰色曲線對應「歸一化」的似然分佈 $f_{X|\theta}(x|\theta)$，它相當於 Beta($s + 1,n - s + 1$)。灰色劃線對應 MLE 的解，$f_{X|\theta}(x|\theta)$ 的最大值。

圖 20.19 中 粉色曲線對應 $f_\theta(\theta)$，即 Beta(α,α)。如式 (20.22) 所示，$f_\theta(\theta)$ 與 α 有關；α 越大，$f_\theta(\theta)$ 曲線越細高。$f_\theta(\theta)$ 曲線的最大值是 Beta(α,α) 的眾數，$\theta = 1/2$。

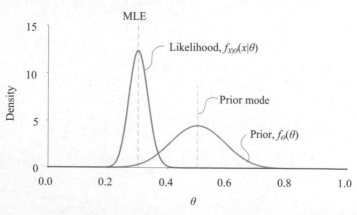

▲ 圖 20.19 對比先驗分佈、似然分佈 ($\alpha = 16$)

聯合

聯合分佈為

$$
\begin{aligned}
f_{X_1,X_2,\ldots,X_n,\Theta}\left(x_1,x_2,\ldots,x_n,\theta\right) &= \underbrace{f_{X_1,X_2,\ldots,X_n|\Theta}\left(x_1,x_2,\ldots,x_n\mid\theta\right)}_{\text{Likelihood}}\underbrace{f_\Theta\left(\theta\right)}_{\text{Prior}} \\
&= \theta^s\left(1-\theta\right)^{n-s}\frac{1}{\mathrm{B}\left(\alpha,\alpha\right)}\theta^{\alpha-1}\left(1-\theta\right)^{\alpha-1} \\
&= \frac{1}{\mathrm{B}\left(\alpha,\alpha\right)}\theta^{s+\alpha-1}\left(1-\theta\right)^{n-s+\alpha-1}
\end{aligned}
\tag{20.32}
$$

證據

證據因數 $f_{X_1,X_2,\ldots,X_n}(x_1,x_2,\ldots,x_n)$ 可以透過 $f_{X_1,X_2,\ldots,X_n,\theta}(x_1,x_2,\ldots,x_n,\theta)$ 對 θ「偏積分」得到，即

$$
\begin{aligned}
f_{X_1,X_2,\ldots,X_n}\left(x_1,x_2,\ldots,x_n\right) &= \int_\theta f_{X_1,X_2,\ldots,X_n,\Theta}\left(x_1,x_2,\ldots,x_n,\theta\right)\mathrm{d}\theta \\
&= \frac{1}{\mathrm{B}\left(\alpha,\alpha\right)}\int_\theta \theta^{s+\alpha-1}\left(1-\theta\right)^{n-s+\alpha-1}\mathrm{d}\theta \\
&= \frac{\mathrm{B}\left(s+\alpha,n-s+\alpha\right)}{\mathrm{B}\left(\alpha,\alpha\right)}
\end{aligned}
\tag{20.33}
$$

後驗

在 $X_1=x_1,X_2=x_2,\cdots,X_n=x_n$ 條件下，θ 的後驗分佈為

$$
\begin{aligned}
f_{\Theta|X_1,X_2,\ldots,X_n}\left(\theta\mid x_1,x_2,\ldots,x_n\right) &= \frac{f_{X_1,X_2,\ldots,X_n,\Theta}\left(x_1,x_2,\ldots,x_n,\theta\right)}{f_{X_1,X_2,\ldots,X_n}\left(x_1,x_2,\ldots,x_n\right)} \\
&= \frac{\dfrac{1}{\mathrm{B}\left(\alpha,\alpha\right)}\theta^{s+\alpha-1}\left(1-\theta\right)^{n-s+\alpha-1}}{\dfrac{\mathrm{B}\left(s+\alpha,n-s+\alpha\right)}{\mathrm{B}\left(\alpha,\alpha\right)}} = \frac{\theta^{s+\alpha-1}\left(1-\theta\right)^{n-s+\alpha-1}}{\mathrm{B}\left(s+\alpha,n-s+\alpha\right)}
\end{aligned}
\tag{20.34}
$$

式 (20.34) 對應 Beta($s+\alpha,n-s+\alpha$) 分佈。

幸運的是，我們實際上「避開」了式 (20.33) 這個複雜積分。但是，並不是所有情況都存在積分的**閉式解** (closed form solution)，也叫**解析解** (analytical solution)。

> 本書第 22 章將介紹蒙地卡羅模擬方式近似獲得後驗分佈。

先驗 VS 似然 VS 後驗

圖 20.20 對比了先驗分佈 Beta(α,α)、似然分佈 Beta($s + 1, n - s + 1$)、後驗分佈 Beta($s + \alpha, n - s + \alpha$)。

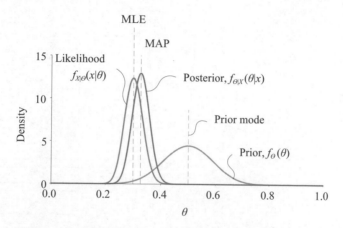

▲ 圖 20.20 對比先驗分佈、似然分佈、後驗分佈 ($\alpha = 16$)

比較這三個分佈，直覺告訴我們後驗分佈 Beta($s + \alpha, n - s + \alpha$) 好像是先驗分佈 Beta($\alpha,\alpha$)、似然分布 Beta($s + 1, n - s + 1$) 的某種「糅合」！本章最後會繼續以這個想法探討貝氏推斷。

正比關係

同理，後驗機率存在正比關係

$$f_{\Theta X_1, X_2, \dots, X_n}\left(\theta \mid x_1, x_2, \dots, x_n\right) \propto f_{X_1, X_2, \dots, X_n \mid \Theta}\left(x_1, x_2, \dots, x_n \mid \theta\right) f_\Theta\left(\theta\right) \tag{20.35}$$

蒙地卡羅模擬：確信度不高

前文提到，農夫認為農場兔子的比例大致為 50%，因此我們選擇 Beta(α,α) 作為先驗機率分佈。下面的蒙地卡羅模擬中，我們設定 $\alpha = 2$。

圖 20.21(a) 所示為伯努利隨機數發生器產生的隨機數。與前文一樣，0 代表雞，1 代表兔。不同的是，我們設定兔子的真實比例為 0.3。

如圖 20.21(b) 所示，隨著樣本數 n 增大，雞兔的比例趨於穩定。

圖 20.21(c) 所示為後驗機率分佈隨 n 的變化。自下而上，後驗機率曲線從平緩逐漸過渡到細高，這代表確信度的不斷升高。

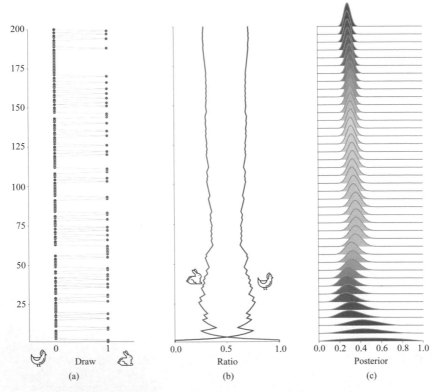

(a)　　　　　　　　(b)　　　　　　　　(c)

▲ 圖 20.21 某次試驗的模擬結果，先驗分佈為 Beta(2,2)

圖 20.22 所示為九張不同節點的後驗機率分佈曲線快照。

　　圖 20.22(a) 代表農夫最初的先驗機率 Beta(2,2)。Beta(2,2) 曲線關於 θ=0.5 對稱，並在 θ = 0.5 處取得最大值。Beta(2,2) 很平緩，這代表農夫對 50% 的比例不夠確信。

　　抓到第一隻動物是兔子，這個樣本導致圖 20.22(b) 中後驗機率的最大值向右移動。請大家自己寫出後驗 Beta 分佈的參數。

　　抓到的第二隻動物還是兔子，後驗機率最大值進一步向右移動，具體如圖 20.22(c) 所示。

　　第三隻動物是雞，後驗機率最大值所在位置向左移動了一點。

　　請大家自行分析圖 20.22 剩下的幾幅子圖，注意後驗機率形狀、最大值位置變化。

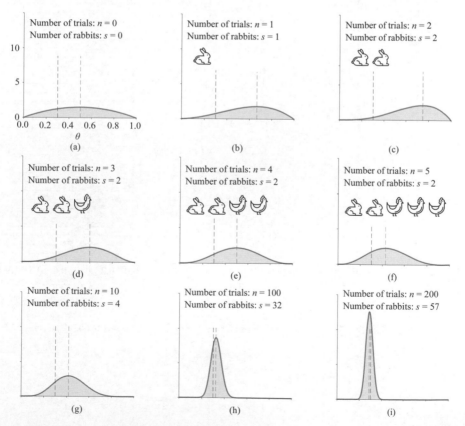

▲ 圖 20.22 九張不同節點的後驗機率分佈曲線快照，先驗分佈為 Beta(2,2)

蒙地卡羅模擬：確信度很高

$\alpha = 16$ 則對應農夫認為兔子的比例很可能為 50%，但是絕不排除其他比例的可能性，確信度相對高了很多。請大家對比前文蒙地卡羅模擬結果，自行分析圖 20.23 和圖 20.24。

強烈建議大家把圖 20.24 中每幅子圖 Beta 分佈的參數寫出來。

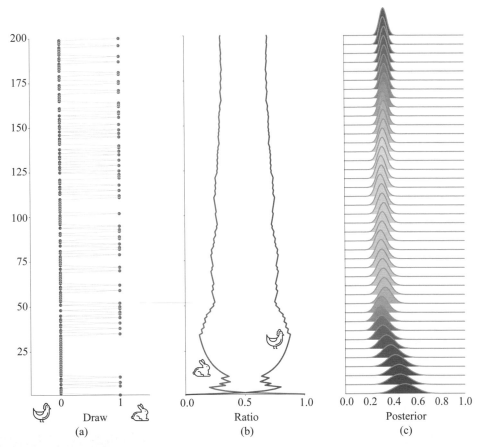

▲ 圖 20.23　某次試驗的模擬結果，先驗分佈為 Beta(16,16)

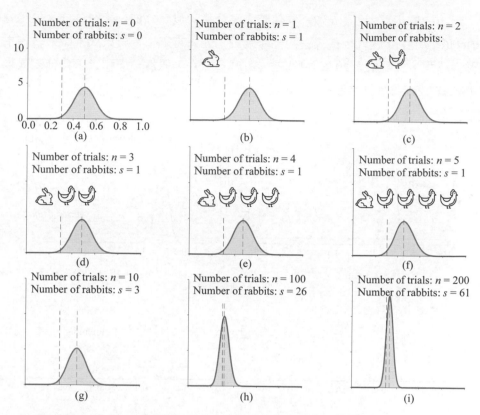

▲ 圖 20.24 九張不同節點的後驗機率分佈曲線快照，先驗分佈為 Beta(16,16)

程式 Bk5_Ch20_01.py 完成本章前文蒙地卡羅模擬和視覺化。

最大後驗 MAP

Beta($s + \alpha, n - s + \alpha$) 的眾數，即 MAP 的最佳化解為

$$\hat{\theta}_{MAP} = \frac{s + \alpha - 1}{n + 2\alpha - 2} \tag{20.36}$$

特別地，當 $\alpha = 1$ 時，MAP 和 MLE 的解相同，即

$$\hat{\theta}_{MAP} = \hat{\theta}_{MLE} = \frac{s}{n} \tag{20.37}$$

圖 20.25 所示對比了 α 取不同值時先驗分佈、似然分佈、後驗分佈。先驗分佈 Beta(α, α) 中 α 越大,代表主觀經驗越發「先入為主」,對貝氏推斷最終結果的影響越強。表現在圖 20.25 中就是,隨著 α 增大,似然分佈和後驗分佈差異越大,MAP 最佳化解越發偏離 MLE 最佳化解。

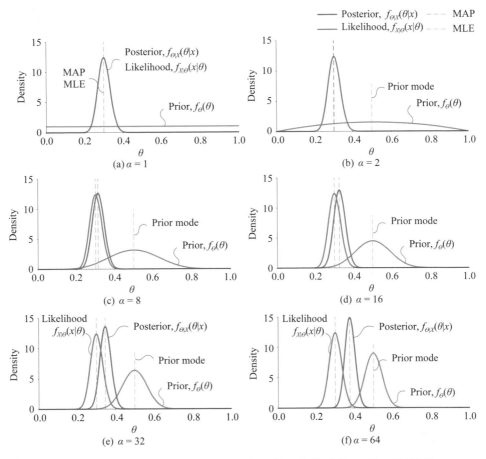

▲ 圖 20.25 對比先驗分佈、似然分佈、後驗分佈 (α 取不同值時)

圖 20.26 和圖 20.27 以另外一種可視化方案對比 α 取不同值時先驗分部對後驗分布的影響。

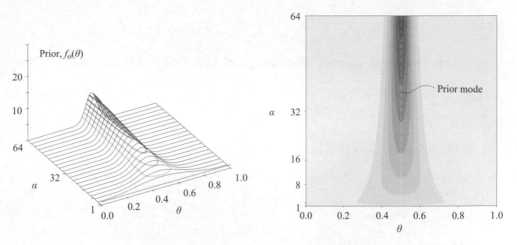

▲ 圖 20.26 先驗分佈 (α 取不同值時)

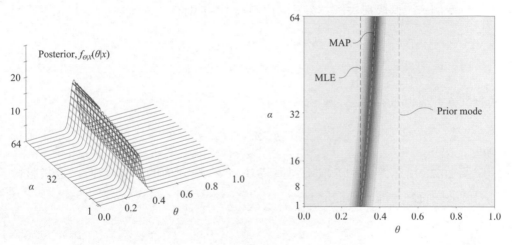

▲ 圖 20.27 後驗分佈 (α 取不同值時)

程式 Bk5_Ch021_02.py 繪製圖 20.25~ 圖 20.27。

20.5 走地雞兔：更一般的情況

有了前文的兩個例子，下面我們看一下更為一般的情況。

先驗

選用 Beta(α, β) 作為先驗分佈。Beta(α, β) 具體的機率密度函數為

$$f_{\Theta}(\theta) = \frac{1}{\mathrm{B}(\alpha, \beta)} \theta^{\alpha-1} (1-\theta)^{\beta-1} \tag{20.38}$$

先驗分佈 Beta(α, β) 的眾數為

$$\frac{\alpha-1}{\alpha+\beta-2}, \quad \alpha, \beta > 1 \tag{20.39}$$

其他比例

舉個例子，假設農夫認為兔子的比例為 1/3，則有

$$\frac{\alpha-1}{\alpha+\beta-2} = \frac{1}{3} \tag{20.40}$$

即 α 和 β 關係為

$$\beta = 2\alpha - 1 \tag{20.41}$$

圖 20.28 所示為 α 和 β 取不同值時 Beta(α, β) 分佈的 PDF 影像。這些影像有一個共同特點，即眾數都是 1/3。

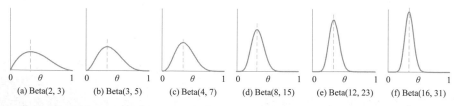

| (a) Beta(2, 3) | (b) Beta(3, 5) | (c) Beta(4, 7) | (d) Beta(8, 15) | (e) Beta(12, 23) | (f) Beta(16, 31) |

▲ 圖 20.28　六個不同 Beta(α, β) 分佈 PDF 影像，眾數都是 1/3

如果農夫認為兔子比例為 1/4，則有

$$\frac{\alpha-1}{\alpha+\beta-2} = \frac{1}{4} \tag{20.42}$$

即 α 和 β 關係為

$$\beta = 3\alpha - 2 \tag{20.43}$$

滿足式 (20.43) 的條件下，當 α 不斷增大時，兔子的比例雖然還是 1/4，但是如圖 20.29 所示，先驗分佈變得越發細高，這代表著確信程度提高，「信念」增強。

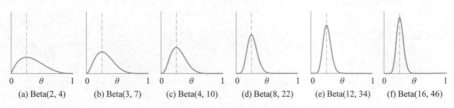

(a) Beta(2, 4)　　(b) Beta(3, 7)　　(c) Beta(4, 10)　　(d) Beta(8, 22)　　(e) Beta(12, 34)　　(f) Beta(16, 46)

▲ 圖 20.29　六個不同 Beta(α, β) 先驗分佈 PDF 影像，眾數都是 1/4

確信程度

我們可以用 Beta(α, β) 分佈的標準差量化所謂的「確信程度」。

Beta(α, β) 的標準差為

$$\mathrm{std}(X) = \sqrt{\frac{\alpha\beta}{(\alpha+\beta)^2(\alpha+\beta+1)}} \tag{20.44}$$

如果 α、β 滿足式 (20.43)，則 Beta(α, β) 的標準差隨 α 的變化如圖 20.30 所示。更準確地說，隨著標准差減小，對比例的「懷疑程度」也不斷減小。

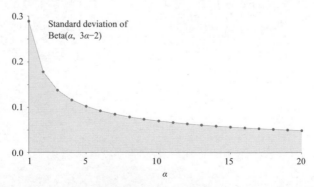

Standard deviation of Beta(α, $3\alpha-2$)

▲ 圖 20.30　隨著 α 增大，「懷疑程度」不斷減小

換一個方式，為了方便與下一章的 Dirichlet 分佈對照，令 $\alpha_0 = \alpha + \beta$，Beta($\alpha$, β) 的均方差可以進一步寫成

$$\text{std}(X) = \sqrt{\frac{\alpha/\alpha_0 \left(1 - \alpha/\alpha_0\right)}{\alpha_0 + 1}} \tag{20.45}$$

其中：α / α_0 也可以看作兔子的比例。不同的是，α / α_0 代表 Beta(α, β) 的期望 (平均值)，不是眾數。下一章會比較 Beta 分佈的期望和平均值。

圖 20.31 所示的一組影像代表比例和確信度同時變化。

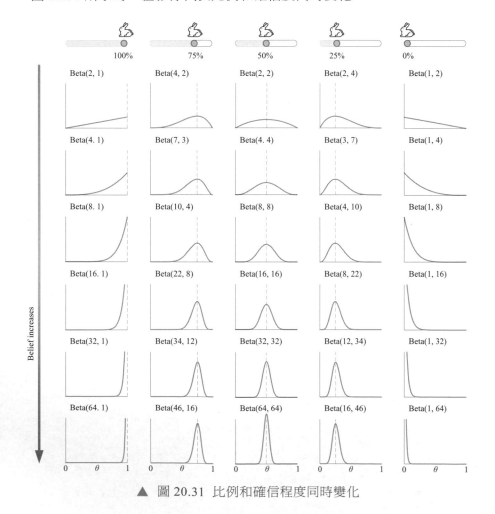

▲ 圖 20.31 比例和確信程度同時變化

似然

和前文一致，似然函數為

$$f_{X_1,X_2,...,X_n|\Theta}(x_1,x_2,...,x_n|\theta) = \theta^s(1-\theta)^{n-s} \tag{20.46}$$

本章前文介紹過，似然函數可以看成 IID 伯努利分佈、二項分佈，甚至可以用 Beta 分佈代替。

聯合

因此，聯合分佈為

$$\begin{aligned}
f_{X_1,X_2,...,X_n,\Theta}(x_1,x_2,...,x_n,\theta) &= \underbrace{f_{X_1,X_2,...,X_n|\Theta}(x_1,x_2,...,x_n|\theta)}_{\text{Likelihood}}\underbrace{f_{\Theta}(\theta)}_{\text{Prior}} \\
&= \theta^s(1-\theta)^{n-s}\frac{1}{\mathrm{B}(\alpha,\beta)}\theta^{\alpha-1}(1-\theta)^{\beta-1} \\
&= \frac{1}{\mathrm{B}(\alpha,\beta)}\theta^{s+\alpha-1}(1-\theta)^{n-s+\beta-1}
\end{aligned} \tag{20.47}$$

證據

證據因數 $f_{X_1,X_2,...,X_n}(x_1,x_2,...,x_n)$ 可以透過 $f_{X_1,X_2,...,X_n,\Theta}(x_1,x_2,...,x_n,\theta)$ 對 θ「偏積分」得到，即

$$\begin{aligned}
f_{X_1,X_2,...,X_n}(x_1,x_2,...,x_n) &= \int_{\theta} f_{X_1,X_2,...,X_n,\Theta}(x_1,x_2,...,x_n,\theta)\mathrm{d}\theta \\
&= \frac{1}{\mathrm{B}(\alpha,\beta)}\int_{\theta}\theta^{s+\alpha-1}(1-\theta)^{n-s+\beta-1}\mathrm{d}\theta \\
&= \frac{\mathrm{B}(s+\alpha,n-s+\beta)}{\mathrm{B}(\alpha,\beta)}
\end{aligned} \tag{20.48}$$

後驗

在 $X_1 = x_1, X_2 = x_2, \cdots, X_n = x_n$ 條件下，Θ 的後驗分佈為

$$f_{\Theta|X_1,X_2,\dots,X_n}\left(\theta \mid x_1,x_2,\dots,x_n\right)=\frac{f_{X_1,X_2,\dots,X_n,\Theta}\left(x_1,x_2,\dots,x_n,\theta\right)}{f_{X_1,X_2,\dots,X_n}\left(x_1,x_2,\dots,x_n\right)}$$

$$=\frac{\dfrac{1}{\mathrm{B}(\alpha,\beta)}\theta^{s+\alpha-1}\left(1-\theta\right)^{n-s+\beta-1}}{\dfrac{\mathrm{B}(s+\alpha,n-s+\beta)}{\mathrm{B}(\alpha,\beta)}}=\frac{\theta^{s+\alpha-1}\left(1-\theta\right)^{n-s+\beta-1}}{\mathrm{B}(s+\alpha,n-s+\beta)} \qquad (20.49)$$

式 (20.49) 對應 Beta($s + \alpha$, $n - s + \beta$) 分佈。

　　看到這裡，大家肯定會想我們是幸運的，因為我們再次成功地避開了式 (20.48) 這個複雜的積分。而這絕不是巧合！在貝氏統計中，如果後驗分佈 Beta($s + \alpha$, $n - s + \beta$) 與先驗分佈 Beta(α, β) 屬於同類，則先驗分佈與後驗分佈被稱為**共軛分佈** (conjugate distribution 或 conjugate pair)，而先驗分佈被稱為似然函數的**共軛先驗** (conjugate prior)。

下一章還會探討共軛分布這一話題。

貝氏收縮

　　Beta($s + \alpha$, $n - s + \beta$) 的眾數為

$$\frac{s+\alpha-1}{n+\alpha+\beta-2} \qquad (20.50)$$

我們可以把式 (20.50) 寫成兩個部分，即

$$\frac{s+\alpha-1}{n+\alpha+\beta-2}=\frac{\alpha-1}{n+\alpha+\beta-2}+\frac{s}{n+\alpha+\beta-2}$$

$$=\frac{\alpha+\beta-2}{n+\alpha+\beta-2}\times\underbrace{\frac{\alpha-1}{\alpha+\beta-2}}_{\text{Prior mode}}+\frac{n}{n+\alpha+\beta-2}\times\underbrace{\frac{s}{n}}_{\text{Sample mean}} \qquad (20.51)$$

定義權重

$$w=\frac{\alpha+\beta-2}{n+\alpha+\beta-2}$$

$$1-w=\frac{n}{n+\alpha+\beta-2} \qquad (20.52)$$

式 (20.51) 可以寫成

$$\frac{s+\alpha-1}{n+\alpha+\beta-2} = w \times \underbrace{\frac{\alpha-1}{\alpha+\beta-2}}_{\text{Prior mode}} + (1-w) \times \underbrace{\frac{s}{n}}_{\text{Sample mean}} \qquad (20.53)$$

隨著 n 不斷增大，w 趨近於 0，而 $1-w$ 趨近於 1。也就是說，隨著樣本資料量不斷增多，先驗的影響力不斷減小。$n \to \infty$ 時，MAP 和 MLE 的結果趨同。

相反地，當 n 較小的時候，特別是當 α 和 β 比較大，則先驗的影響力很大，MAP 的結果向先驗平均值「收縮」。這種效果常被稱作**貝氏收縮** (Bayes shrinkage)。

貝氏收縮也可以從期望角度理解。Beta($s + \alpha, n - s + \beta$) 的期望也可以寫成兩部分，即

$$\begin{aligned}\frac{s+\alpha}{n+\alpha+\beta} &= \frac{\alpha}{n+\alpha+\beta} + \frac{s}{n+\alpha+\beta} \\ &= \frac{\alpha+\beta}{n+\alpha+\beta} \times \underbrace{\frac{\alpha}{\alpha+\beta}}_{\text{Prior mean}} + \frac{n}{n+\alpha+\beta} \times \underbrace{\frac{s}{n}}_{\text{Sample mean}}\end{aligned} \qquad (20.54)$$

從貝氏收縮角度，讓我們再回過頭來看本節的上述結果。

首先，換個角度理解先驗分佈 Beta(α,β) 中的 α 和 β。

先驗分佈中的 α 和 β 之和可以看作「先驗」動物總數。即沒有資料時，根據先驗經驗，農夫認為農場動物總數為 $\alpha+\beta$, 其中兔子的比例為 $\alpha/(\alpha+\beta)$，如圖 20.32 所示。

樣本資料中，s 代表 n 隻動物中兔子的數量，$n-s$ 代表雞的數量，兔子的比例為 s/n。

而式 (20.54) 就可以簡單理解成「先驗 + 資料」融合得到「後驗」。

後驗分佈 Beta($s + \alpha, n - s + \beta$) 則代表「先驗 Beta($\alpha, \beta$) + 資料 ($s, n - s)\alpha$」。兔子從 α 增加到 $s + \alpha$，雞從 β 增加到 $n - s + \beta$, 如圖 20.33 所示。

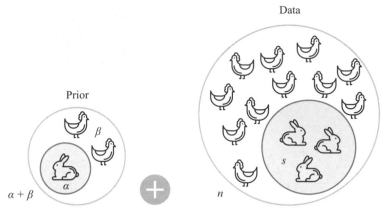

▲ 圖 20.32　「混合」先驗、樣本資料

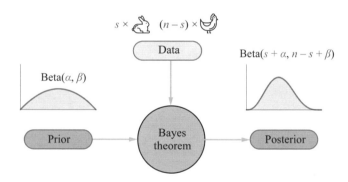

▲ 圖 20.33　先驗 Beta(α, β)+ 樣本 (s, $n - s$) → 後驗 Beta($s + \alpha$, $n - s + \beta$)

　　當然，α 和 β 越大，先驗的「主觀」影響力越大。但是隨著樣本數量不斷增大，先驗的影響力逐步下降。當樣本數量趨近無窮時，先驗不再有任何影響力，MAP 最佳化解趨近於 MLE 最佳化解。

　　換個角度，當我們對參數先驗知識模糊不清時，Beta(1,1) 並非唯一選擇。任何 α 和 β 較小的 Beta 分布都可以。因為隨著樣本數量不斷增大，先驗分佈的較小參數對後驗分佈的影響微乎其微。

有趣的是，貝氏推斷所表現出來的「學習過程」與人類認知過程極為相似。
貝氏推斷的優點在於其能夠利用先驗資訊和後驗機率，透過不斷更新來獲
得更準確的估計結果。

整體來說，貝氏推斷的過程包括以下幾個步驟：①確定模型和參數空間，
建立參數的先驗分布；②收集資料；③根據樣本資料，計算似然函數；④
利用貝氏定理，將似然函數與先驗機率相結合，計算後驗機率；⑤根據後
驗機率，更新先驗機率，得到更準確的參數估計。

本章透過二項比例的貝氏推斷，以 Beta 分佈為先驗，以伯努利分佈或二項
分佈作為似然分佈，討論不同參數對貝氏推斷結果的影響。

請大家格外注意，這僅是許多貝氏推斷中較為簡單的一種。雖然管中窺豹，
但希望大家能通過本章例子理解貝氏推斷背後的思想，以及整條技術路線。
此外，本章和下兩章共用一幅思維導圖。

本章農場僅有雞、兔，即二元。下一章中，農場又來了豬，貝氏推斷變成
了三元，進一步「升維」。先驗分佈則變成了 Dirichlet 分佈，似然分佈變
成了多項分佈。

Dive into Bayesian Inference

貝氏推斷進階

屬於同類的後驗分佈與先驗分佈叫共軛分佈

生活中沒有什麼是可怕的，它們只是需要被理解。現在是了解更多的時候了，這樣我們就可以減少恐懼。

Nothing in life is to be feared, it is only to be understood. Now is the time to understand more, so that we may fear less.

——瑪麗·居里（*Marie Curie*）| 波蘭裔法國籍物理學家、化學家 | *1867—1934* 年

- matplotlib.pyplot.axvline() 繪製垂直線
- matplotlib.pyplot.fill_between() 區域填充顏色
- numpy.cumsum() 累加
- scipy.stats.bernoulli.rvs() 滿足伯努利分佈的隨機數
- scipy.stats.beta() Beta 分佈 scipy.stats.beta() Beta 分佈
- scipy.stats.beta.pdf() Beta 分佈機率密度函數
- scipy.stats.dirichlet() Dirichlet 分佈
- scipy.stats.dirichlet.pdf() Dirichlet 分佈機率密度函數

21.1 除了雞兔，農場發現了豬

雞、兔、豬同籠

在確定農場走地雞兔比例時，農夫發現農場還有大量的「走地」豬！

如圖 21.1 所示，為了搞清楚農場雞、兔、豬的比例，農夫決定隨機抓 n 隻動物。X_1、X_2、$\cdots$、X_n 為每次抓取動物的結果。X_i 的樣本空間為 $\{0,1,2\}$，其中 0 代表雞，1 代表兔，2 代表豬。與第 20 章一樣，忽略抓取動物對農場整體動物整體比例的影響。

下面我們採用與第 20 章完全一樣的方法，以「先驗→似然→後驗」的想法來進行貝氏推斷。

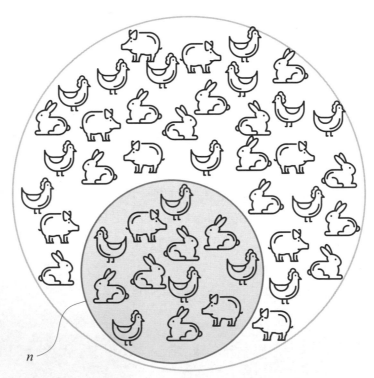

n

▲ 圖 21.1 農場有數不清的散養雞兔豬

先驗分佈

在出現樣本資料之前，先驗分佈代表我們對模型參數的既有「知識」和主觀「經驗」。

θ_1、θ_2、θ_3 分別為農場中雞、兔、豬的比例，θ_1、θ_2、θ_3 的設定值範圍都是 [0,1]。雞、兔、豬比例之和為 1，即 θ_1、θ_2、θ_3 滿足

$$\theta_1 + \theta_2 + \theta_3 = 1 \tag{21.1}$$

我們把 θ_1、θ_2、θ_3 寫成一個向量 θ。

上一章中，我們採用 Beta 分佈作為先驗分佈。這一章，雞兔豬問題中 $\theta \sim \text{Dir}(\alpha_1, \alpha_2, \alpha_3)$，即有

$$f_\Theta(\theta) = \frac{1}{\text{B}(\alpha_1, \alpha_2, \alpha_3)} \theta_1^{\alpha_1 - 1} \theta_2^{\alpha_2 - 1} \theta_3^{\alpha_3 - 1} \tag{21.2}$$

$\text{B}(\alpha)$ 造成「歸一化」作用，具體定義為

$$\text{B}(\alpha_1, \alpha_2, \alpha_3) = \frac{\prod_{i=1}^{3} \Gamma(\alpha_i)}{\Gamma\left(\sum_{i=1}^{3} \alpha_i\right)} = \frac{\Gamma(\alpha_1)\Gamma(\alpha_2)\Gamma(\alpha_3)}{\Gamma(\alpha_1 + \alpha_2 + \alpha_3)} \tag{21.3}$$

> 本書第 7 章提到，Dirichlet 分佈也叫狄利克雷分佈，它本質上是多元 Beta 分佈。或說，Beta 分佈是特殊的 Dirichlet 分佈。

我們也可以把 $\text{Dir}(\alpha_1, \alpha_2, \alpha_3)$ 寫成 $\text{Dir}(\alpha)$。

先驗分佈位置

透過第 20 章的學習我們知道，對於一個先驗分佈，常用眾數、期望 (平均值)
描述它的位置。

對於 $\mathrm{Dir}(\alpha)$，X_i 的眾數為

$$
\frac{\alpha_i - 1}{\sum\limits_{k=1}^{K} \alpha_k - K} = \frac{\alpha_i - 1}{\alpha_0 - K}, \quad \alpha_i > 1
\tag{21.4}
$$

其中：$\alpha^0 = \sum\limits_{k=1}^{K} \alpha_k$。這是先驗初始比例所在位置，也是 MAP 的位置。

特別地，如果 $\alpha_1 = \alpha_2 = \cdots = \alpha_K$，則 X_i 的眾數為

$$
\frac{\alpha_i - 1}{\alpha_0 - K} = \frac{1}{K}, \quad \alpha_i > 1
\tag{21.5}
$$

對於 $\mathrm{Dir}(\alpha)$，X_i 的期望為

$$
\frac{\alpha_i}{\sum\limits_{k=1}^{K} \alpha_k} = \frac{\alpha_i}{\alpha_0}
\tag{21.6}
$$

此外，大家可能會想到**中位數** (median)，也就是百分位 50-50 的位置。本章
馬上開始比較眾數、期望、中位數。

似然分佈

在貝氏推斷中，我們用似然分佈整合樣本資料，並描述樣本分佈。

> ⚠ 注意：似然函數中，樣本資料為給定值，而模型參數是變數。也就是說，
> 似然分佈本質上是模型參數的函數。

> ◀ 第 20 章，我們後來用二項分佈作為似然分佈。本章用多項分佈作為似然分
> 佈。二項分佈可以視作是多項分佈的特例。

設 n 為抓取動物的總數，隨機變數 X_1、X_2、X_3 代表其中雞、兔、豬數量，x_1、x_2、x_3 代表 X_1、X_2、X_3 的設定值。因此，以下等式成立，即

$$x_1 + x_2 + x_3 = n \tag{21.7}$$

在 $\boldsymbol{\theta} = \theta$ 的條件下，(X_1, X_2, X_3) 滿足多項分佈

$$f_{\chi|\Theta}(\boldsymbol{x}|\boldsymbol{\theta}) = f_{X_1, X_2, X_3|\Theta}(x_1, x_2, x_3 | \boldsymbol{\theta}) = \frac{n!}{(x_1!) \times (x_2!) \times (x_3!)} \times \theta_1^{x_1} \times \theta_2^{x_2} \times \theta_3^{x_3} \tag{21.8}$$

其中：x 為 X_1、X_2、X_3 組成的向量。

最大似然 MLE

似然函數 $f_{\chi|\Theta}(\boldsymbol{x}|\boldsymbol{\theta})$ 取對數，並忽略係數，有

$$x_1 \ln \theta_1 + x_2 \ln \theta_2 + x_3 \ln \theta_3 \tag{21.9}$$

θ_1、θ_2、θ_3 存在 $\theta_1 + \theta_2 + \theta_3 = 1$ 等式約束。用拉格朗日乘子法，我們可以很容易把含約束最佳化問題轉化為無約束問題，求得 MLE 的解為

$$\hat{\theta}_1 = \frac{x_1}{n}, \quad \hat{\theta}_2 = \frac{x_2}{n}, \quad \hat{\theta}_3 = \frac{x_3}{n} \tag{21.10}$$

◀ 忘記拉格朗日乘子法的讀者，可以回顧《AI 時代 Math 元年 - 用 Python 全精通矩陣及線性代數》一書第 18 章相關內容。

後驗分佈

後驗分佈代表「先驗 + 資料」融合後對參數的信念。

由於後驗∝似然 × 先驗，因此後驗機率 $f_{\Theta|\chi}(\boldsymbol{\theta}|\boldsymbol{x})$ 為

$$f_{\Theta|\chi}(\boldsymbol{\theta}|\boldsymbol{x}) \propto f_{\chi|\Theta}(\boldsymbol{x}|\boldsymbol{\theta}) f_{\Theta}(\boldsymbol{\theta}) \tag{21.11}$$

所以

$$
\begin{aligned}
f_{\Theta|\chi}(\boldsymbol{\theta}\,|\,\boldsymbol{x}) &\propto \theta_1^{x_1} \times \theta_2^{x_2} \times \theta_3^{x_3} \times \theta_1^{\alpha_1-1} \times \theta_2^{\alpha_2-1} \times \theta_3^{\alpha_3-1} \\
&= \theta_1^{x_1+\alpha_1-1} \times \theta_2^{x_2+\alpha_2-1} \times \theta_3^{x_3+\alpha_3-1}
\end{aligned}
\tag{21.12}
$$

想要把式 (21.12) 變成機率密度函數，我們需要一個歸一化係數，使得 PDF 在整個定義域上積分為 1。很明顯，我們需要的就是 Beta 函數

$$
B(\alpha_1+x_1,\alpha_2+x_2,\alpha_3+x_3)=B(\boldsymbol{x}+\boldsymbol{\alpha})=\frac{\displaystyle\prod_{i=1}^{K}\Gamma(\alpha_i+x_i)}{\Gamma\left(\displaystyle\sum_{i=1}^{K}(\alpha_i+x_i)\right)}
\tag{21.13}
$$

由此可知後驗分佈 $f_{\Theta|\alpha}(\boldsymbol{\theta}|\boldsymbol{x})$ 服從 $\mathrm{Dir}(x_1+\alpha_1, x_2+\alpha_2, x_3+\alpha_3)$，可以寫成 $\mathrm{Dir}(\boldsymbol{x}+\boldsymbol{\alpha})$。

也就是說，在這個雞兔豬貝氏推斷問題中，如果先驗機率為 $\mathrm{Dir}(\boldsymbol{\alpha})$，則後驗機率為 $\mathrm{Dir}(\boldsymbol{x}+\boldsymbol{\alpha})$。

最大後驗 MAP

對於 $\mathrm{Dir}(\boldsymbol{x}+\boldsymbol{\alpha})$，$X_i$ 的眾數為

$$
\frac{x_i+\alpha_i-1}{\displaystyle\sum_{k=1}^{K}(x_k+\alpha_k)-K}=\frac{x_i+\alpha_i-1}{n+\alpha_0-K},\quad x_i+\alpha_i>1
\tag{21.14}
$$

這就是最大後驗估計 MAP 的解析解位置所在。

當 $K=3$ 時，最大後驗 MAP 的位置為

$$
\frac{x_i+\alpha_i-1}{n+\alpha_0-3}
\tag{21.15}
$$

特別地，當 $\alpha_1=\alpha_2=\alpha_3=1$ 時，最大後驗 MAP 的位置為

$$
\frac{x_i}{n}
\tag{21.16}
$$

此時，MAP 的解和 MLE 的解相同。

邊緣分佈

根據本書第 7 章介紹，先驗分佈 $\text{Dir}(\pmb{\alpha})$ 的三個邊緣分佈分別為

$$
\begin{aligned}
&\text{Beta}\left(\alpha_1, \alpha_0 - \alpha_1\right)\\
&\text{Beta}\left(\alpha_2, \alpha_0 - \alpha_2\right)\\
&\text{Beta}\left(\alpha_3, \alpha_0 - \alpha_3\right)
\end{aligned} \tag{21.17}
$$

後驗分佈 $\text{Dir}(\pmb{x} + \pmb{\alpha})$ 的三個邊緣分佈分別為

$$
\begin{aligned}
&\text{Beta}\left(x_1 + \alpha_1, \alpha_0 + n - \left(x_1 + \alpha_1\right)\right)\\
&\text{Beta}\left(x_2 + \alpha_2, \alpha_0 + n - \left(x_2 + \alpha_2\right)\right)\\
&\text{Beta}\left(x_3 + \alpha_3, \alpha_0 + n - \left(x_3 + \alpha_3\right)\right)
\end{aligned} \tag{21.18}
$$

後驗分佈的位置

$\text{Dir}(\pmb{x} + \pmb{\alpha})$ 三個邊緣分佈各自的眾數分別為

$$
\frac{x_i + \alpha_i - 1}{n + \alpha_0 - 2} \tag{21.19}
$$

它們的期望值位置為

$$
\frac{x_i + \alpha_i}{n + \alpha_0} \tag{21.20}
$$

可見當 n 足夠大時，式 (21.20) 可以用於近似式 (21.19)。而式 (21.19) 則可以用於近似後驗分佈 MAP 最佳化解。

也就是說，我們可以用三個邊緣 Beta 分佈的期望 (平均值) 來近似後驗分佈 $\text{Dir}(\pmb{x} + \pmb{\alpha})$ 的 MAP 最佳化解。特別是在下一章中，大家會看到我們直接用後驗邊緣 Beta 分佈的平均值作為 MAP 的最佳化解。

表 21.1 比較了先驗、後驗分佈的眾數和期望。

➜ 表 21.1 比較先驗、後驗分佈的眾數和期望

分佈	類型	統計量	位置
Dir(α)	先驗	眾數（聯合 PDF 曲面最大值）	$\dfrac{\alpha_i - 1}{\alpha_0 - K}, \quad \alpha_i > 1$
		期望（聯合 PDF 質心）	$\dfrac{\alpha_i}{\alpha_0}$
Beta($\alpha_i, \alpha_0 - \alpha_i$)	先驗邊緣	眾數（先驗邊緣分佈 PDF 曲線最大值）	$\dfrac{\alpha_i - 1}{\alpha_0 - 2}, \quad \alpha_i > 1$
		期望（先驗邊緣分佈平均值）	$\dfrac{\alpha_i}{\alpha_0}$
Dir($x + \alpha$)	後驗	眾數（聯合 PDF 曲面最大值） *MAP 最佳化解	$\dfrac{x_i + \alpha_i - 1}{n + \alpha_0 - K}, \quad x_i + \alpha_i > 1$
		期望（聯合 PDF 質心） * 最大化期望值	$\dfrac{x_i + \alpha_i}{n + \alpha_0}$
Beta($\alpha_i + x_i, \alpha_0 + n - (\alpha_i + x_i)$)	後驗邊緣	眾數（邊緣 PDF 曲線最大值）	$\dfrac{x_i + \alpha_i - 1}{n + \alpha_0 - 2}, \quad x_i + \alpha_i > 1$
		期望（邊緣 PDF 平均值） * 常用來近似 MAP 最佳化解	$\dfrac{x_i + \alpha_i}{n + \alpha_0}$

比較 Beta 分佈的眾數、中位數、平均值

本節最後比較 Beta(α, β) 分佈的眾數、中位數、平均值。

眾數、中位數、平均值都可以用於表徵 Beta(α, β) 分佈的具體位置。實際上，在貝氏推斷中，對模型參數有三種不同的**點估計** (point estimate)：①後驗眾數；②後驗中位數；③後驗平均值。

圖 21.2 所示為不同 Beta(α,β) 分佈的眾數 (藍色劃線)、中位數 (黑色劃線)、平均值 (紅色劃線)。

Beta(α, β) 分佈的眾數有明顯的缺點。我們在本書第 7 章介紹過，當 α 或 β 小於等於 1 時，Beta(α, β) 的眾數可能位於分佈的某一端，0 或 1。比如圖 21.2 中，Beta(2,1) 的眾數位於 1，而 Beta(1,2) 的眾數位於 0。這兩個眾數顯然不能合理地表徵分佈的具體位置。

此外，下一章中大家會看到透過數值方法得到後驗分佈的曲線可能有若干局部極大值，這會給 MAP 求解增加麻煩。

因此，實踐中當樣本足夠大時，我們常用後驗邊緣分佈平均值代替後驗眾數作為 MAP 的結果。

此外，後驗中位數也是一個不錯的選擇。對於厚尾的後驗分佈，後驗中位數要好過後驗平均值。因為後驗平均值的位置會受到厚尾影響。但是，對於蒙地卡羅模擬結果，後驗中位數需要排序，計算上更加困難。

特別地，如果後驗分佈對稱，則眾數、平均值、中位數重合。

為了更好地理解這幅圖，請大家回顧本書第 2 章介紹的有關左偏、右偏的內容。

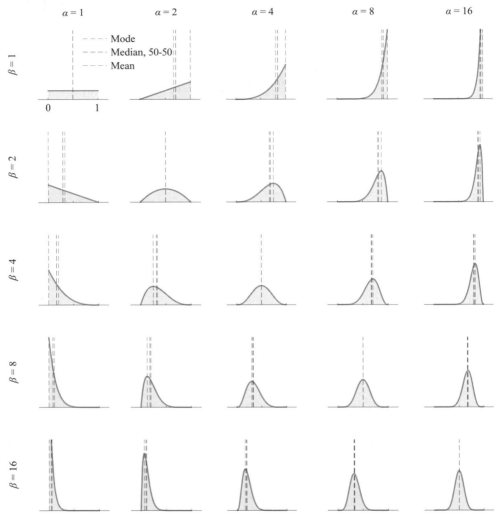

▲ 圖 21.2 比較不同 Beta(α,β) 分佈的眾數、中位數、平均值

　　有了本節理論鋪陳，下面我們結合具體實例展開講解。本章後續三節和上一章最後三節結構相似，請大家對比閱讀。

21.2 走地雞兔豬：比例完全不確定

上一章提過，如果我們事先對動物比例值一無所知，我們就可以採用一個「不偏不倚」的先驗分布。Dir(1,1,1) 顯然就滿足本節這個要求。這種 Dirichlet 分佈又叫 flat(uniform)Dirichlet distribution。

Dir(1,1,1) 分佈機率密度值為定值，它代表我們試圖保持「客觀」，而非將「主觀」先驗經驗代入貝氏推斷中去。圖 21.3 所示為四種三元 Dirichlet 分佈的視覺化方案，本章將採用第一種，即 $\theta_1\theta_2$ 平面直角座標系投影。

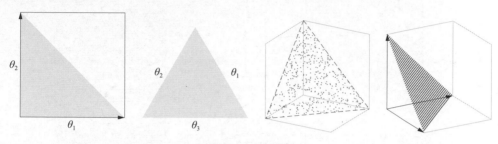

▲ 圖 21.3 Dirichlet 分佈的幾種視覺化方案 $(\alpha_1 = 1, \alpha_2 = 1, \alpha_3 = 1)$

圖 21.4 所示為某次採樣的結果。圖 21.4(a) 中，0 代表雞，1 代表兔，2 代表豬。

圖 21.4(b) 中，隨著樣本數量不斷增加，三種動物的比例逐漸穩定。僅依賴樣本資料進行推斷，特別是樣本數量足夠大時，我們已經可以得到所謂「客觀」的機率結果。

注意：採樣結果與先驗分佈無關。

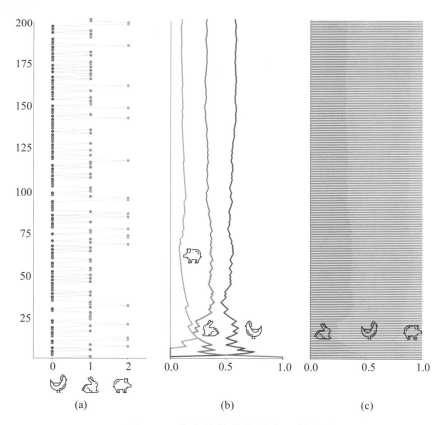

▲ 圖 21.4　某次試驗的蒙地卡羅模擬結果

　　利用貝氏定理，整合「先驗分佈＋樣本」，我們可以得到後驗分佈。圖 21.5(a) 所示為 Dir(1,1,1) 對應的影像。圖 21.5 剩餘 8 個不同子圖展示隨著樣本資料 (x_1, x_2, x_3) 不斷增加，後驗分佈 Dir($x + \alpha$) 的變化。

　　圖 21.6 所示為，n 不斷增加，三個後驗邊緣分佈位置逐漸穩定。而後驗邊緣分佈本身變得越發「細高」，標準差不斷減小，這表示雞兔豬的比例變得更值得信任。

　　圖 21.7 比較了三個不同後驗邊緣分佈曲線形狀。請大家寫出每幅子圖中不同後驗邊緣分佈對應的 Beta 分佈。

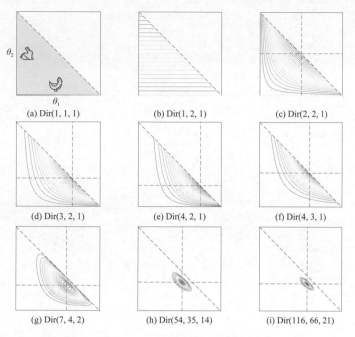

(a) Dir(1, 1, 1)   (b) Dir(1, 2, 1)   (c) Dir(2, 2, 1)

(d) Dir(3, 2, 1)   (e) Dir(4, 2, 1)   (f) Dir(4, 3, 1)

(g) Dir(7, 4, 2)   (h) Dir(54, 35, 14)   (i) Dir(116, 66, 21)

▲ 圖 21.5 九張 Dirichlet 分佈，$\theta_1\theta_2$ 平面直角座標系，先驗分佈為 Dir(1,1,1)

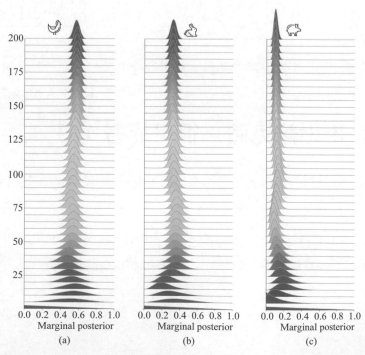

▲ 圖 21.6 某次試驗的後驗邊緣分佈山脊圖，先驗分佈為 Dir(1,1,1)

21-13

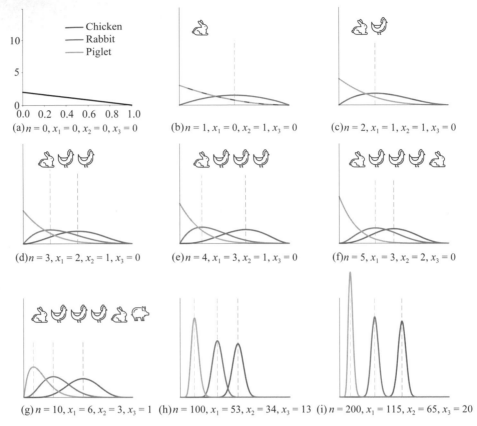

▲ 圖 21.7　九張不同節點的後驗邊緣 PDF 曲線快照，先驗分佈為 Dir(1,1,1)

21.3 走地雞兔豬：很可能各 1/3

如果農夫認為農場的雞兔豬的比例都是 1/3，我們就需要選用不同於前文的先驗分佈。這種情況下，先驗 Dirichlet 分佈的三個參數相同。

如圖 21.8 所示為 $\alpha_1 = 2$, $\alpha_2 = 2$, $\alpha_3 = 2$ 時，Dirichlet 分佈的四種視覺化方案。請分別計算 Dir(2,2,2) 的眾數、平均值，並計算其邊緣分佈的眾數、平均值。

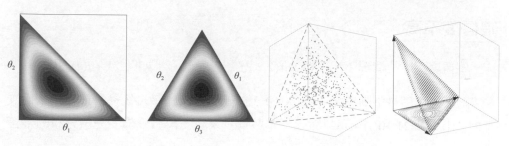

▲ 圖 21.8 Dirichlet 分佈的幾種視覺化方案 ($\alpha_1 = 2, \alpha_2 = 2, \alpha_3 = 2$)

　　圖 21.9 所示為四種不同確信度的先驗分佈參數設定條件下，Dirichlet 分佈等高線和邊緣分布曲線。圖 21.9 中黑色劃線代表 Dirichlet 分佈眾數 (MAP 最佳化解) 所在位置。藍色劃線為邊緣 Beta 分佈眾數位置。

　　下面，我們分兩種情況完成本節蒙地卡羅模擬。隨機數發生器的結果與圖 21.4 完全一致。

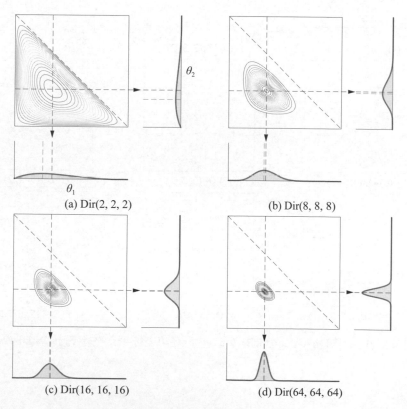

▲ 圖 21.9 所示為四種不同確

確信度不高

確信度不高的情況下，選擇 Dir(2,2,2) 為先驗分佈，如圖 21.10(a) 所示。

隨著樣本資料不斷整合，圖 21.10 剩餘八幅子圖所示為後驗分佈變化。比較圖 21.5(i)、圖 21.10(i)，可以發現樣本數量較大時，後驗分佈受先驗分布的影響較小。

圖 21.10(g) 所示為「先驗 Dir(2, 2, 2)+ 樣本 ($x_1 = 6, x_1 = 3, x_1 = 1$) → 後驗 Dir(8, 5, 3)」過程。具體過程如圖 21.11 所示。

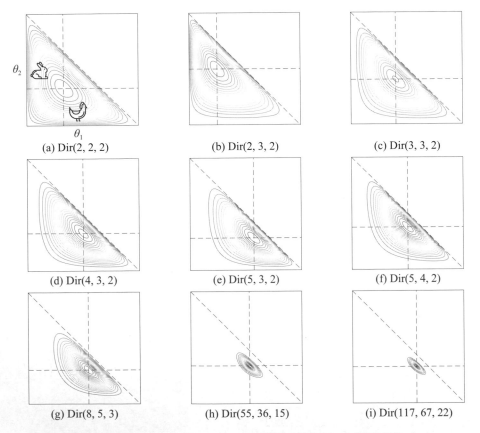

(a) Dir(2, 2, 2)　　　　(b) Dir(2, 3, 2)　　　　(c) Dir(3, 3, 2)

(d) Dir(4, 3, 2)　　　　(e) Dir(5, 3, 2)　　　　(f) Dir(5, 4, 2)

(g) Dir(8, 5, 3)　　　　(h) Dir(55, 36, 15)　　　　(i) Dir(117, 67, 22)

▲ 圖 21.10　九張 Dirichlet 分佈，$\theta_1\theta_2$ 平面直角座標系，先驗分佈為 Dir(2, 2, 2)

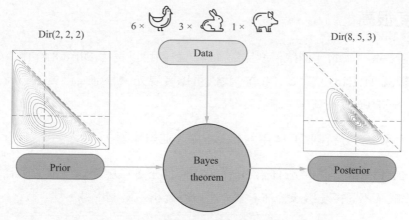

▲ 圖 21.11 先驗 Dir(2, 2, 2)+ 樣本→後驗 Dir(8, 5, 3)

圖 21.12 所示為後驗邊緣分佈的山脊圖。比較圖 21.6、圖 21.12，容易發現當 n 比較小時，後驗邊緣分佈曲線差異較大；n 增大後，後驗邊緣分佈趨同。

圖 21.13 比較了三個不同的後驗邊緣分佈。

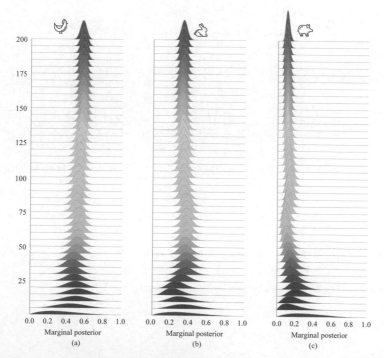

▲ 圖 21.12 某次試驗的後驗邊緣分佈山脊圖，先驗分佈為 Dir(2,2,2)

確信度很高

當農夫對 1/3 的比例確信度比較高時，我們可以選擇 Dir(8,8,8) 作為先驗分佈。比較圖 21.10(a)、圖 21.14(a)，我們可以發現先驗分佈變得更加細高，這表示邊緣分佈的均方差減小，確信度提高。

請大家自行分析圖 21.14 中的剩餘子圖，並對比圖 21.10。

圖 21.15 所示為先驗分佈為 Dir(8,8,8) 條件下，後驗邊緣分佈的山脊圖。圖 21.16 比較了不同後驗邊緣分佈。請大家自行分析這兩圖影像。

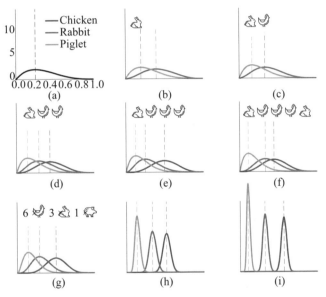

▲ 圖 21.13　九張不同節點的後驗邊緣 PDF 曲線快照，先驗分佈為 Dir(2,2,2)

(a)$n=0,x_1=0,x_2=0,x_3=0$；(b)$n=1,x_1=0,x_2=1,x_3=0$；(c)$n=2,x_1=1,x_2=1,x_3=0$；

(d)$n=3,x_1=2,x_2=1,x_3=0$；(e)$n=4,x_1=3,x_2=1,x_3=0$；(f)$n=5,x_1=3,x_2=2,x_3=0$；

(g)$n=10,x_1=6,x_2=3,x_3=0$；(h)$n=100,x_1=53,x_2=34,x_3=13$；

(i)$n=200,x_1=115,x_2=65,x_3=20$；

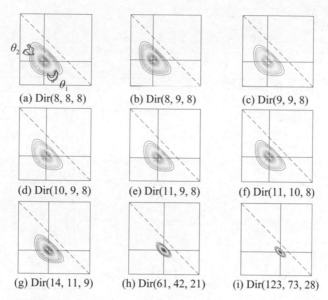

(a) Dir(8, 8, 8)　　(b) Dir(8, 9, 8)　　(c) Dir(9, 9, 8)

(d) Dir(10, 9, 8)　　(e) Dir(11, 9, 8)　　(f) Dir(11, 10, 8)

(g) Dir(14, 11, 9)　　(h) Dir(61, 42, 21)　　(i) Dir(123, 73, 28)

▲ 圖 21.14　九張 Dirichlet 分佈，$\theta_1\theta_2$ 平面直角座標系，先驗分佈為 Dir(8,8,8)

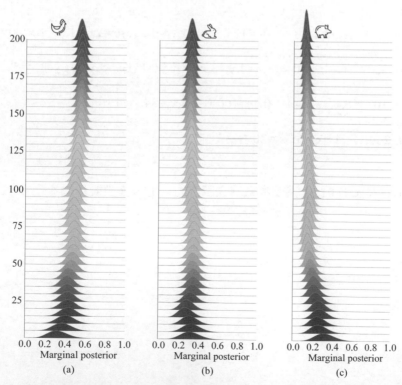

▲ 圖 21.15　某次試驗的後驗邊緣分佈山脊圖，先驗分佈為 Dir(8, 8, 8)

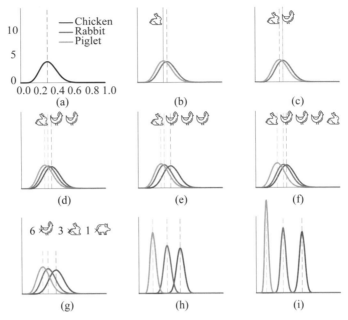

▲ 圖 21.16 九張不同節點的後驗邊緣 PDF 曲線快照，先驗分佈為 Dir(8,8,8)

(a)$n=0,x_1=0,x_2=0,x_3=0$；(b)$n=1,x_1=0,x_2=1,x_3=0$；(c)$n=2,x_1=1,x_2=1,x_3=0$；

(d)$n=3,x_1=2,x_2=1,x_3=0$；(e)$n=4,x_1=3,x_2=1,x_3=0$；(f)$n=5,x_1=3,x_2=2,x_3=0$；

(g)$n=10,x_1=6,x_2=3,x_3=1$；(h)$n=100,x_1=53,x_2=34,x_3=13$；

(i)$n=200,x_1=115,x_2=65,x_3=20$；

程式 Bk5_Ch21_01.py 完成本章前文所述的蒙地卡羅模擬和視覺化。

21.4 走地雞兔豬：更一般的情況

不同先驗

上一章提過，如果樣本資料足夠大，則先驗對後驗的影響微乎其微。如圖 21.17 所示，從完全不同的先驗出發得到的後驗結果非常相似。

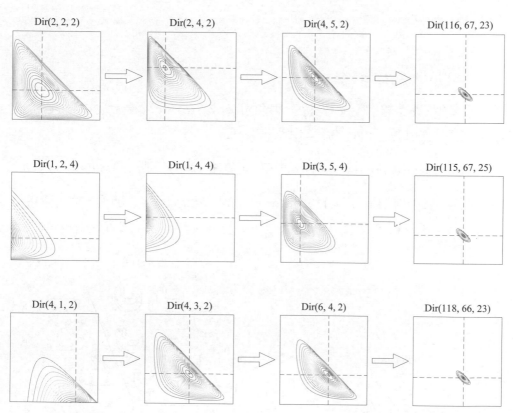

▲ 圖 21.17 如果樣本資料足夠大，先驗對後驗的影響微乎其微

貝氏收縮

第 20 章介紹了貝氏收縮，本章貝氏推斷的結果也可以用這個角度來理解。

$\mathrm{Dir}(x + \alpha)$ 後驗邊緣分佈的期望也可以寫成兩部分，即

$$\frac{x_i + \alpha_i}{n + \alpha_0} = \frac{\alpha_i}{n + \alpha_0} + \frac{x_i}{n + \alpha_0}$$

$$= \underbrace{\frac{\alpha_0}{n + \alpha_0} \times \frac{\alpha_i}{\alpha_0}}_{\text{Prior mean}} + \underbrace{\frac{n}{n + \alpha_0} \times \frac{x_i}{n}}_{\text{Sample mean}} \tag{21.21}$$

其中：$\alpha_0 = \sum_{i=1}^{K} \alpha_i$；$n = \sum_{i=1}^{K} x_i$。

以本章「雞兔豬」為例，先驗分佈為 $\mathrm{Dir}(\alpha_1, \alpha_2, \alpha_3)$，$\alpha_1/\alpha_0$ 為動物中雞的比例，α_2/α_0 為兔子的比例，α_3/α_0 為豬的比例。

取出 n 隻動物，其中 x_1 隻雞、x_2 隻兔、x_3 隻豬，比例分別對應 x_1/n、x_2/n、x_3/n。

如圖 21.18 所示，後驗分佈 $\mathrm{Dir}(\alpha_1 + x_1, \alpha_2 + x_2, \alpha_3 + x_3)$ 表示「先驗 + 資料」融合得到「後驗」。

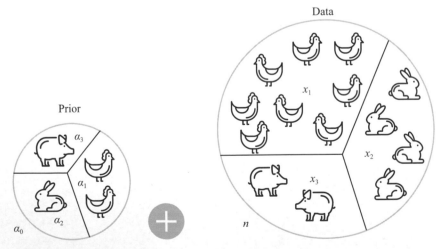

▲ 圖 21.18　「混合」先驗、樣本資料

貝氏可信區間

實際上，貝氏推斷中，我們直接採用後驗分佈得到模型參數的各種推斷，如點估計、區間估計等。最大化後驗 MAP 就是點估計的一種。貝氏推斷中，我們還會遇到**可信區間** (credible interval)。

貝氏推斷的可信區間不同於本書第 16 章介紹的信賴區間。在頻率學派中，模型參數是固定值，而樣本是隨機的。因此，樣本的**信賴區間** (confidence interval) 代表參數的真實值落在該區間內的機率為 $1 - \alpha$。

由於貝氏學派認為模型參數是一個隨機變數，可信區間本身就是隨機變數的設定值範圍。隨著樣本增多，對參數信心的增強，使可信區間縮窄。

總結來說，信賴區間是頻率學派中的概念，可信區間是貝氏學派中的概念。信賴區間是透過對樣本資料進行統計分析得出的，而可信區間是透過考慮先驗機率和後驗機率計算得出的。信賴區間是指真實際參數值落在這個區間內的機率，而可信區間是指這個區間內的參數值有一定的可信度。信賴區間的計算方法基於頻率學派經典統計學理論，而可信區間的計算方法基於貝氏統計學理論。

下一章中，大家會發現貝氏推斷中常用 94% 雙尾可信區間。圖 21.19 所示為不同 Beta 分佈的 94% 雙尾可信區間，左、右尾分別對應 3%。當機率密度曲線為非對稱時，我們可以發現區間左右端點對應的機率密度值一般不同。

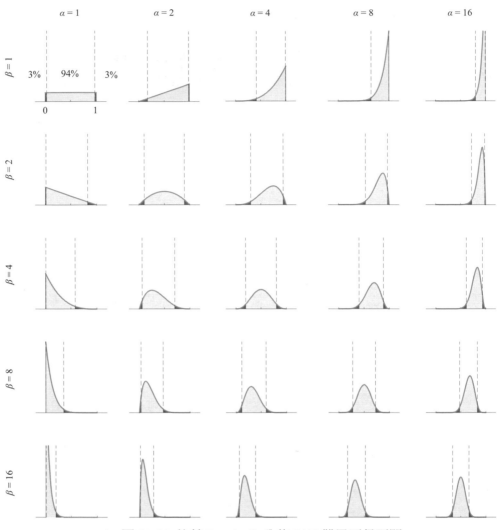

▲ 圖 21.19　比較 Beta(α,β) 分佈 94% 雙尾可信區間

共軛先驗

選擇先驗是有技巧的！

為了方便運算，在 $f_{\Theta|X}(\theta|x) = \dfrac{f_{X|\Theta}(x|\theta)f_{\Theta}(\theta)}{\int\limits_{\theta} f_{X|\Theta}(x|\vartheta)f_{\Theta}(\vartheta)\mathrm{d}\vartheta}$ 中，選取合適的先驗分佈 $f_{\Theta}(\theta)$ 能讓後驗分布 $f_{\Theta|X}(\theta|x)$ 和先驗分佈 $f_{\Theta}(\theta)$ 具有相同的數學形式。

這就是上一章提到的，如果後驗分佈與先驗分佈屬於同類，則先驗分佈與後驗分佈被稱為**共軛分布** (conjugate distribution)，而先驗分佈被稱為似然函數的**共軛先驗** (conjugate prior)。

簡單來說，在貝氏統計學中，如果我們選擇先驗分佈和似然函數為特定的機率分佈，那麼我們可以計算得到一個具有相同函數形式的後驗分佈，這種性質被稱為共軛性，對應的先驗分佈和後驗分布就稱為共軛先驗分佈和共軛後驗分佈。

使用共軛先驗，無須計算積分就可以得到後驗的閉式解。我們僅需要跟新觀察到的樣本資料即可。

第 20 章的二項分佈、Beta 分佈，以及這一章的多項分佈、Dirichlet 分佈都是成對共軛分佈。其他常用的成對共軛分佈有：卜松分佈—Gamma 分佈，正態分佈—正態分佈，幾何分佈—Gamma 分佈。

➜

本章把貝氏推斷的維度從二元提高到了三元。先驗分佈採用了 Dirichlet 分佈，似然分佈採用多項分佈，而後驗分佈還是 Dirichlet 分佈。Beta 分佈可以視作 Dirichlet 分佈的特例。同理，二項分佈可以視作多項分佈的特例。

貝氏推斷中，後驗 ∝ 似然 × 先驗，這無疑是最重要的關係。這個比例關係足可以確定後驗機率的形狀，我們只需要找到一個歸一化常數，讓後驗分佈在整個域上積分為 1。

本章還比較了不同 Beta 分佈的眾數、中位數、平均值，以及它們在貝氏統計中的適用場合。

第 20 章和本章中，我們很「幸運地」避免了複雜的積分運算，這是因為我們選用了共軛分佈。下一章將介紹如何用馬可夫鏈蒙地卡羅模擬獲得後驗分佈。

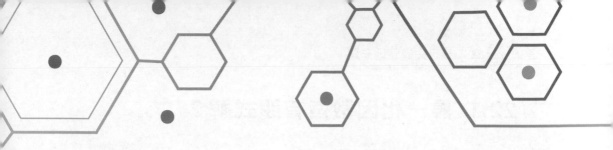

Fundamentals of Markov Chain Monte Carlo

馬可夫鏈蒙地卡羅

使用 PyMC3 產生滿足特定後驗分佈的隨機數

我們必須謙虛地承認，數字純粹是人類思想的產物，但宇宙卻是顛撲不破的真理，它超然於人類思想。因此我們不能管宇宙的屬性叫先驗。

We must admit with humility that, while number is purely a product of our minds, space has a reality outside our minds, so that we cannot completely prescribe its properties a priori.

──卡爾・佛里德里希・高斯（*Carl Friedrich Gauss*）|
德國數學家、物理學家、天文學家 | *1777—1855* 年

- umpy.arange() 根據指定的範圍以及設定的步進值，生成一個等差陣列
- numpy.concatenate() 將多個陣列進行連接
- numpy.linalg.eig() 特徵值分解
- numpy.random.uniform() 產生滿足連續均勻分佈的隨機數
- numpy.zeros_like() 用來生成和輸入矩陣形狀相同的零矩陣
- pymc3.Dirichlet() 定義 Dirichlet 先驗分佈
- pymc3.Multinomial() 定義多項分佈似然函數
- pymc3.plot_posterior() 繪製後驗分佈
- pymc3.sample() 產生隨機數
- pymc3.traceplot() 繪製後驗分佈隨機數軌跡圖
- scipy.stats.beta() Beta 分佈
- scipy.stats.beta.pdf() Beta 分佈機率密度函數
- scipy.stats.binom() 二項分佈
- scipy.stats.binom.pmf() 二項分佈機率質量函數
- scipy.stats.binom.rsv() 二項分佈隨機數
- scipy.stats.dirichlet() Dirichlet 分佈
- scipy.stats.dirichlet.pdf() Dirichlet 分佈機率密度函數
- scipy.stats.norm.pdf() 正態分佈機率分佈 PDF
- scipy.stats.norm.ppf() 高斯分佈百分點函數 PPF
- scipy.stats.norm.rvs() 生成正態分佈隨機數

22.1 歸一化因數沒有閉式解？

貝氏推斷

回憶前兩章貝氏推斷中用到的貝氏定理，即

$$
\underset{\text{Posterior}}{f_{\Theta|X}(\theta|x)} = \frac{\overset{\text{Likelihood}}{f_{X|\Theta}(x|\theta)}\,\overset{\text{Prior}}{f_{\Theta}(\theta)}}{\underset{\text{Evidence}}{f_X(x)}} = \frac{\overset{\text{Likelihood}}{f_{X|\Theta}(x|\theta)}\,\overset{\text{Prior}}{f_{\Theta}(\theta)}}{\displaystyle\int_{\vartheta}\underset{\text{Likelihood}}{f_{X|\Theta}(x|\vartheta)}\,\underset{\text{Prior}}{f_{\Theta}(\vartheta)}\,\mathrm{d}\vartheta}
\tag{22.1}
$$

其中：$f_{\Theta|X}(\theta|x)$ 為**後驗機率** (posterior)；$f_{X|\Theta}(x|\theta)$ 為**似然機率** (likelihood)；$f_{\Theta}(\theta)$ 為**先驗機率** (prior)；$f_X(x)$ 為**證據因數** (evidence)，造成歸一化作用。

如圖 22.1 所示，貝氏推斷中最重要的比例關係就是「後驗∝似然 × 先驗」，即

$$
\underset{\text{Posterior}}{f_{\Theta|X}(\theta|x)} \propto \overset{\text{Likelihood}}{f_{X|\Theta}(x|\theta)}\,\overset{\text{Prior}}{f_{\Theta}(\theta)}
\tag{22.2}
$$

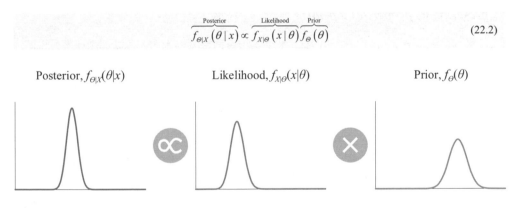

▲ 圖 22.1 後驗∝似然 × 先驗

共軛分佈

前兩章中，如圖 22.2 所示，我們足夠「幸運」，成功地避開了 $\int_{\vartheta} f_{X|\Theta}(x|\vartheta) f_\Theta(\vartheta) \mathrm{d}\vartheta$ 這個積分。這是因為我們選擇的先驗分佈是似然函數的**共軛先驗** (conjugate prior)，這樣我們便可以得到後驗機率 $f_{\Theta|X}(\theta|x)$ 的閉式解。

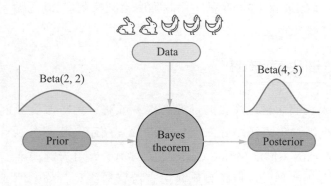

▲ 圖 22.2 先驗 Beta(2,2)+ 樣本 (2,3) → 後驗 Beta(4,5)

維數災難

《AI 時代 Math 元年 - 用 Python 全精通數學要素》一書第 18 章介紹過數值積分。如圖 22.3 所示，利用相同的想法，我們可以透過合理劃分區間，獲得後驗分佈的大致形狀，以及對應的面積或體積，並且完成歸一化。

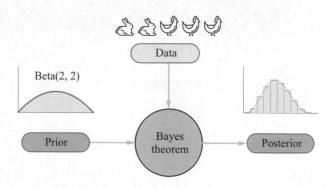

▲ 圖 22.3 先驗 Beta(2,2)+ 樣本 (2,3) → 後驗分佈，數值積分

但是，這種想法僅適用於模型參數較小的情況。因為當模型參數很多時便會導致**維數災難** (curse of dimensionality)。

所謂的維數災難是指在涉及向量的計算問題中，隨著維數的增加，計算量呈指數倍增長的一種現象。舉個例子，如果模型有 3 個參數，每個參數在各自區間上均勻選取 20 個點，這個參數空間中共有 8000 個點 (= 20 × 20 × 20 = 20^3)。試想，模型如果有 20 個參數，每個維度上同樣選取 20 個點，這樣參數空間的點數達到了驚人的 $1.048 × 10^{26}$(= 20^{20})。

馬可夫鏈蒙地卡羅模擬

但是，如果我們想繞過複雜的推導過程，或想避免數值積分帶來的維數災難，有沒有其他辦法獲得後驗分佈呢？如圖 22.4 所示，我們可以用**馬可夫鏈蒙地卡羅模擬** (Markov Chain Monte Carlo, MCMC)。馬可夫鏈蒙地卡羅模擬允許我們估計後驗分佈的形狀，以防我們無法直接獲得後驗分佈的閉式解。此外，蒙地卡羅方法成功地繞開了維數災難。

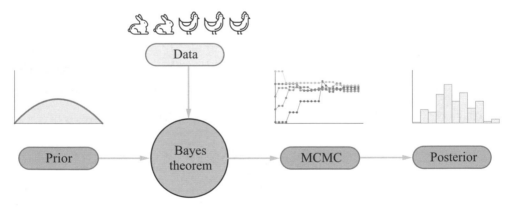

▲ 圖 22.4　先驗 Beta(2,2)+ 樣本 (2,3) → 後驗分佈 (馬可夫鏈蒙地卡羅模擬)

相信大家已經發現馬可夫鏈蒙地卡羅模擬有兩部分—馬可夫鏈、蒙地卡羅模擬。本書第 15 章專門介紹過蒙地卡羅模擬,大家對此應該很熟悉。本系列叢書的讀者對「馬可夫」這個詞應該不陌生,我們在《AI 時代 Math 元年 - 用 Python 全精通數學要素》一書第 25 章「雞兔互變」的例子中介紹過「馬可夫」。

馬可夫鏈 (Markov chain) 因俄國數學家安德列・馬可夫 (Andrey Andreyevich Markov) 得名,為狀態空間中經過從一個狀態到另一個狀態的轉換的隨機過程。限於篇幅,本章不展開講解瑪律可夫鏈。

Metropolis-Hastings 採樣

梅特羅波利斯 - 赫斯廷斯演算法 (Metropolis-Hastings algorithm, MH) 是馬可夫鏈蒙地卡羅中一種基本的抽樣方法,如圖 22.5 所示。

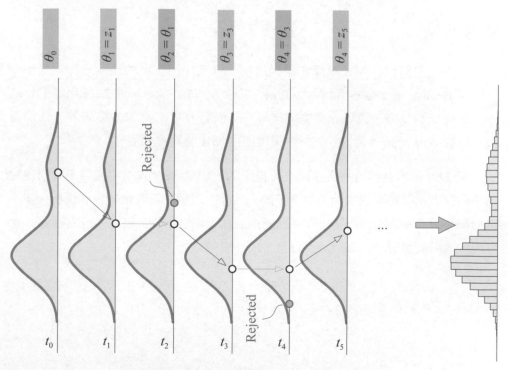

▲ 圖 22.5 Metropolis-Hastings 採樣演算法原理

　　它透過在設定值空間取任意值作為起始點，按照先驗分佈計算機率密度，計算起始點的機率密度。然後隨機移動到下一點時，計算當前點的機率密度。移動的步伐一般從正態分佈中取出。

　　接著，計算當前點和起始點機率密度的比值 ρ，並產生 (0,1) 之間服從連續均勻的隨機數 u。最後，對比 ρ 與產生的隨機數 u 的大小來判斷是否保留當前點。當前者大於後者時，接受當前點，反之則拒絕當前點。這個過程繼續迴圈，直到獲得能被接受的後驗分佈。這一步和本書第 15 章介紹的「接受—拒絕抽樣」本質上一致。

　　簡單來說，MH 演算法透過構造一個馬可夫鏈，使得最終的樣本分佈收斂到目標分佈。MH 演算法核心思想是接受 / 拒絕準則，即透過比較接受新樣本的機率與拒絕新樣本的機率的比值，來決定是否接受新樣本。

　　有關 MH 演算法原理和具體流程，請大家參考深智數位出版的《機器學習聖經：最完整的統計學習方法》。

雞兔比例

　　下面，我們利用 MH 演算法模擬產生「雞兔比例」中的後驗分佈。先驗分佈採用 Beta(α, α)。樣本資料為 200(n)，其中 60(s) 隻兔子。圖 22.6 比較了 α 取不同值時先驗分佈、後驗分佈的解析解、隨機數分布。圖 22.6 中先驗分佈的隨機數服從 Beta 分佈，後驗分佈的隨機數則由 MH 演算法產生。

　　圖 22.7 所示為馬可夫鏈蒙地卡羅模擬的收斂性。圖 22.7 中五條不同的後驗分佈隨機數軌跡路徑的初始值完全不同，但是它們最終都收斂於一個穩態分佈，這個穩態分佈對應我們要求解的後驗分布。大家查看本節和本章後文程式時會發現，收斂於穩態分佈之前的隨機數一般都會被截斷去除。

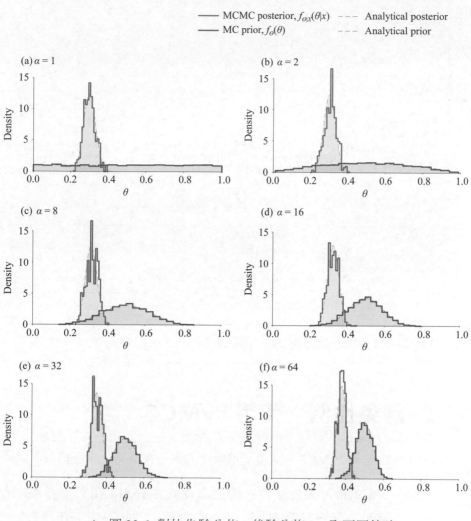

▲ 圖 22.6　對比先驗分佈、後驗分佈，α 取不同值時

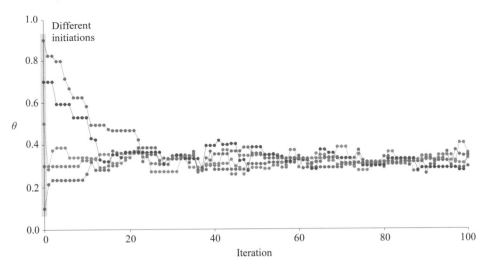

▲ 圖 22.7 馬可夫鏈蒙地卡羅的收斂

程式 Bk5_Ch022_01.py 繪製圖 22.6、圖 22.7。

22.2 雞兔比例：使用 PyMC3

本節和下一節利用 PyMC3 完成貝氏推斷中的馬可夫鏈蒙地卡羅模擬。

PyMC3 是一種 Python 開放原始碼的機率程式設計庫，用於進行機率建模、貝氏統計推斷和馬可夫鏈蒙地卡羅 MCMC 採樣。PyMC3 允許使用者使用 Python 語言定義機率模型，並指定其參數的先驗分佈；PyMC3 支持多種先驗分佈，包括連續和離散分佈。

PyMC3 支援使用多種 MCMC 演算法進行採樣，包括 NUTS、Metropolis-Hastings 和 Slice 等。PyMC3 具有豐富的視覺化和後處理工具，包括 traceplot、summary、forestplot 等，方便使用者對模型進行分析和診斷。

PyMC3 可被用於許多應用領域，包括機器學習、計量經濟學、社會科學、物理學、生物學、神經科學等。由於 PyMC3 的簡潔好用和高效性，它已經成為了許多學術界和工業界研究者進行機率建模和貝氏推斷的首選工具之一。

先驗 Beta(2,2) + 樣本 2 兔 3 雞

如圖 22.8 所示，根據本書第 20 章內容，對於雞兔比例問題，我們知道當先驗分佈為 Beta(2,2)，引入樣本資料 (2 兔、3 雞) 時，得到的後驗分佈為 Beta(4,5)。先驗分佈 Beta(2,2) 的平均值、眾數都位於 1/2，也就是雞兔各佔 50%，但是確信度不高。請大家自己計算 Beta(4,5) 平均值的位置。

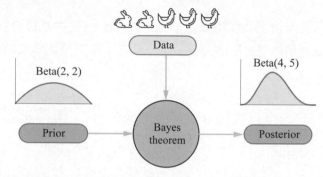

▲ 圖 22.8 先驗 Beta(2,2) + 樣本 (2,3) → 後驗 Beta(4,5)

下面，我們利用 PyMC3 模擬產生這個後驗分佈。由於 Beta 分佈是 Dirichlet 分佈的特例，本節的先驗分佈實際上是二元 Dirichlet 分佈，所以我們會看到兩個後驗分佈。圖 22.9(b) 所示為後驗分佈隨機數軌跡圖，這些隨機數便組成了後驗分佈。

軌跡圖中藍色曲線對應圖 22.9(a) 中的藍色後驗分佈，即兔子比例。軌跡圖中橙色曲線對應圖 22.9(a) 中的橙色後驗分佈，即雞的比例。在程式中，大家會看到隨機數軌跡實際上是由兩條軌跡合併而成的。

圖 22.10 分別用長條圖、KDE 曲線視覺化兩個後驗分佈。圖 22.10 舉出的平均值所在位置就相當於最大後驗 MAP 的最佳化解。

圖 22.10 中 HDI 代表最大密度區間 (highest density interval)。HDI 又叫 HPDI(highest posterior density interval)，本質上是上一章介紹的後驗分佈可信區間。

HDI 的特點是：相同信賴水準下，HDI 區間寬度最短，HDI 區間兩端對應的機率密度值相等。但是，HDI 左右尾對應的面積很可能不相等，這一點明顯不同於可信區間。

圖 22.10(a) 告訴我們兔比例的後驗分佈 94% 最大密度區間的寬度為 0.57(= 0.75 – 0.18)，雞比例的後驗分佈 94% 最大密度區間的寬度也是 0.57(= 0.82 – 0.25)。這個寬度可以用於度量確信程度。

再次強調，貝氏派認為模型參數本身不確定，也服從某種分佈。因此可信區間或 HDI 本身就是模型參數的分佈。這一點完全不同於頻率派的信賴區間。

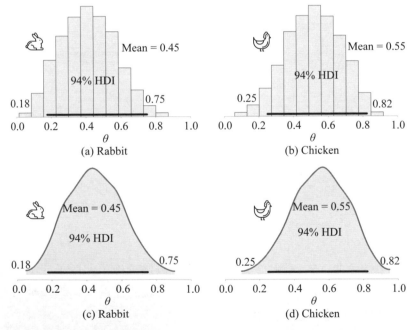

▲ 圖 22.9　後驗分佈隨機數軌跡圖 (先驗 Beta(2,2)+ 樣本 2 兔 3 雞)

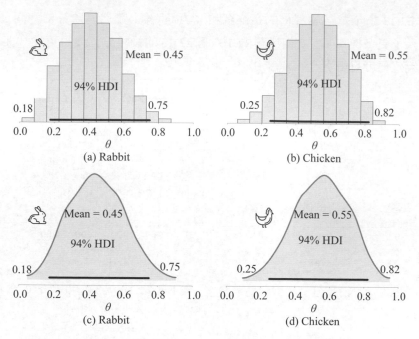

▲ 圖 22.10 後驗分佈長條圖、KDE(先驗 Beta(2,2)+ 樣本 2 兔 3 雞)

先驗 Beta(2,2) + 樣本 90 兔 110 雞

再看一個例子。如圖 22.11 所示，先驗分佈還是 Beta(2,2)，但是樣本資料為
90 隻兔、110 隻雞。請大家試著自己推導得到後驗分佈的解析式。

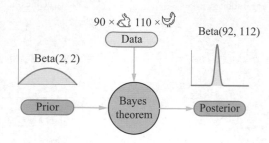

▲ 圖 22.11 先驗 Beta(2,2) + 樣本 (90,110) →後驗 Beta(92,112)

圖 22.12(a) 所示為雞兔比例的後驗分佈。圖 22.12(b) 所示為產生後驗分佈
的隨機數。

　　圖 22.13 所示為後驗分佈的長條圖和 KDE 曲線。雖然先驗分佈相同，但是由於引入了更多樣本，因此相比圖 22.10，圖 22.13 的後驗分佈變得更加「細高」，也就是說確信度變得更高。

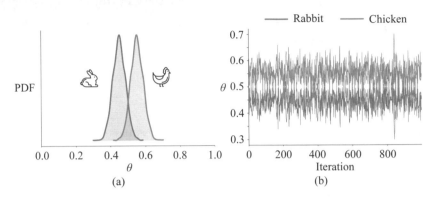

(a)　　　　　　　　　　　　　(b)

▲ 圖 22.12　後驗分佈隨機數軌跡圖 (先驗 Beta(2,2) + 樣本 90 兔 110 雞)

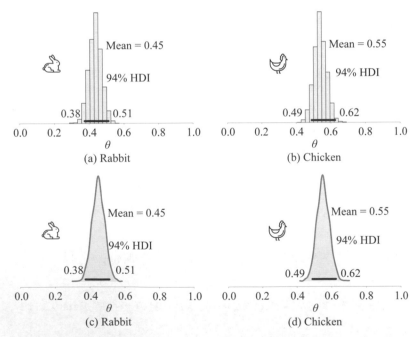

▲ 圖 22.13　後驗分佈長條圖、KDE(先驗 Beta(2,2) + 樣本 90 兔 110 雞)

圖 22.13(a) 告訴我們兔比例的後驗分佈 94%HDI 的寬度為 0.13(= 0.51 − 0.38)，雞比例的後驗分佈 94%HDI 的寬度也是 0.13(= 0.62 − 0.49)。相比圖 22.10，圖 22.13 的最大密度區間寬度明顯縮小。

> 程式 Bk5_Ch22_02.ipynb 繪製圖 22.9~ 圖 22.12。請大家用 JupyterLab 打開並運行程式檔案。此外，請大家改變先驗分佈的參數設置，並觀察後驗分佈的變化。

22.3 雞兔豬比例：使用 PyMC3

本節用 PyMC3 求解雞兔豬比例的貝氏推斷問題。

先驗 Dir(2,2,2) + 樣本 3 兔 6 雞 1 豬

選取 Dir(2,2,2) 作為先驗分佈，這表示事先主觀經驗認為雞兔豬的佔比都是 1/3，但是確信度不夠高。如圖 22.14 所示，觀察到的 10 隻動物中有 6 隻雞、3 隻兔、1 隻豬。利用上一章內容，我們可以推導得到後驗分佈為 Dir(8,5,3)。下面，這一節也用 PyMC3 完成 MCMC 模擬並生成後驗邊緣分佈。

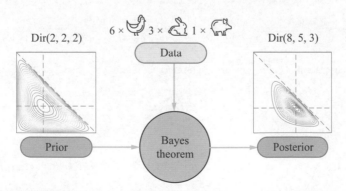

▲ 圖 22.14 先驗 Dir(2,2,2) + 樣本→後驗 Dir(8,5,3)

圖 22.15(b) 所示為後驗分佈隨機數軌跡圖，由此得到圖 22.15(a) 的後驗分佈。

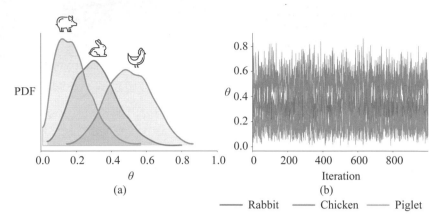

(a)　　　　　　　　　　　　　(b)

— Rabbit　　　— Chicken　　— Piglet

▲ 圖 22.15　後驗分佈隨機數軌跡圖 (先驗 Dir(2,2,2) + 樣本 3 兔 6 雞 1 豬)

圖 22.16 所示為三種動物比例的後驗分佈長條圖和 KDE 曲線。

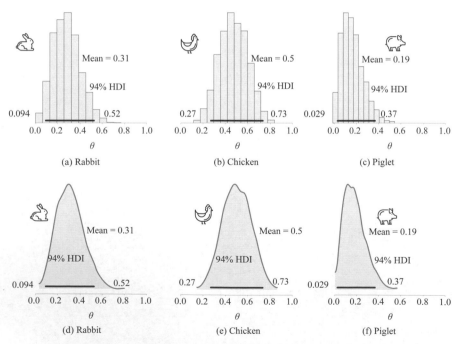

▲ 圖 22.16　後驗分佈長條圖和 KDE，先驗 Dir(2,2,2)+ 樣本 3 兔 6 雞 1 豬

先驗 Dir(2,2,2) + 樣本 65 兔 115 雞 20 豬

下面保持先驗分佈 Dir(2,2,2) 不變，增加樣本數量 (115 雞、65 兔、20 豬)，得到的後驗分佈為 Dir(117,67,22)。建議大家自己試著推導後驗分佈閉式解。

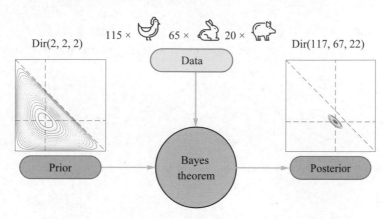

▲ 圖 22.17 先驗 Dir(2,2,2) + 樣本→後驗 Dir(117,67,22)

圖 22.18 所示為三種動物後驗機率隨機數的軌跡圖和分佈。圖 22.19 所示為後驗分佈的長條圖和 KDE 曲線。請大家自己計算並對比圖 22.16 和圖 22.19 中的 94%HDI 寬度。

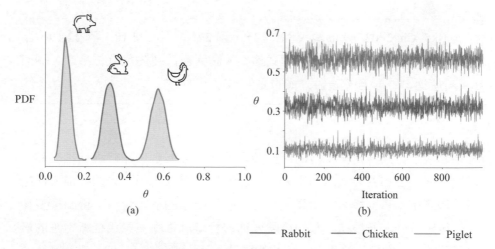

▲ 圖 22.18 後驗分佈隨機數軌跡圖 (先驗 Dir(2,2,2) + 樣本 65 兔 115 雞 20 豬)

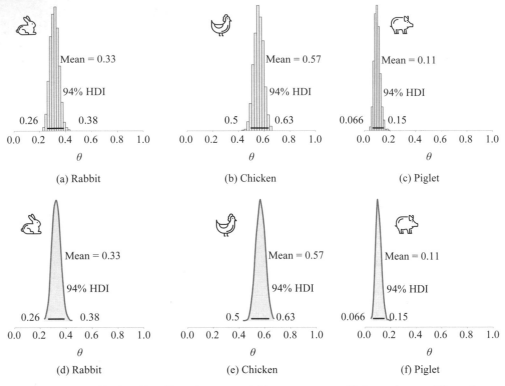

▲ 圖 22.19 後驗分佈長條圖和 KDE(先驗 Dir(2,2,2) + 樣本 65 兔 115 雞 20 豬)

程式 Bk5_Ch22_03.ipynb 繪製圖 22.15、圖 22.16、圖 22.18、圖 22.19。請大家用 JupyterLab 打開並運行程式檔案。請大家改變先驗分佈參數，從而調整信賴水準，並觀察後驗分佈的變化。

總結來說，貝氏推斷把整體的模型參數看作隨機變數。在得到樣本之前，根據主觀經驗和既有知識舉出未知參數的機率分佈，稱為先驗分佈。從整體中得到樣本資料後，根據貝氏定理，基於給定的樣本資料，得出模型參數的後驗分佈。並根據參數的後驗分佈進行統計推斷。貝氏推斷對應的最佳化問題為最大化後驗機率，即 MAP。

在貝氏推斷中，我們關注的核心是模型參數的後驗分佈。而樣本資料服從怎樣的分佈不是貝氏推斷關注的重點。

貝氏推斷也並不完美！明顯的缺點之一就是分析推導過程十分複雜。先驗分佈的建立，需要豐富的經驗。採用馬可夫鏈蒙地卡羅模擬，可以避免複雜推導，避免數值積分可能帶來的維度災難，但是顯然計算成本較高。

讀到這裡，我們已經完成本書「貝氏」板塊的學習。下面將進入「橢圓三部曲」，本書系數學板塊的收官之旅。

想深入學習貝氏推斷的讀者可以參考開放原始碼圖書 *BayesianMethodsforHackers:ProbabilisticProgrammingandBayesianInference*：

◀ https://github.com/CamDavidsonPilon/Probabilistic-Programming-and-Bayesian-Methods-for-Hackers

Section *07*

橢圓

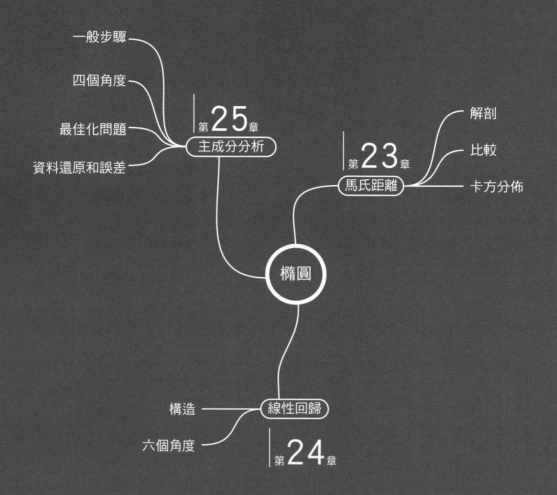

一般步驟

四個角度

最佳化問題

資料還原和誤差

第25章
主成分分析

解剖

比較

第23章
馬氏距離

卡方分佈

橢圓

構造

六個角度

線性回歸

第24章

學習地圖 | 第7板塊

Mahalanobis Distance

馬氏距離

一種和橢圓有關、考慮資料分佈的距離度量

我耐心，堅持！今天的苦，就是明天的甜。

Be patient and tough; someday this pain will be useful to you.

——奧維德（*Ovid*）| 古羅馬詩人 | *43B.C.~17/18A.D.*

- numpy.linalg.eig() 特徵值分解
- scipy.stats.distributions.chi2.cdf() 卡方分佈的 CDF
- scipy.stats.distributions.chi2.ppf() 卡方分佈的百分點函數 PPF
- seaborn.pairplot() 成對散點圖
- seaborn.scatterplot() 繪製散點圖
- sklearn.covariance.EmpiricalCovariance() 估算協方差的物件，可以用於計算馬氏距離

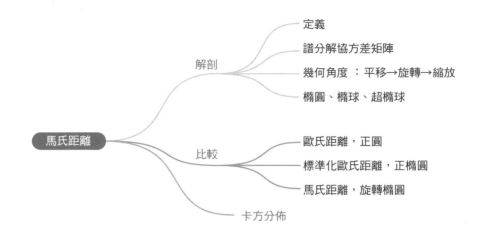

23.1 馬氏距離：考慮資料分佈的距離度量

本書最後三章叫作「橢圓三部曲」，我們將介紹馬氏距離、線性迴歸、主成分分析這三個與橢圓直接有關的話題。

本書系的讀者對馬氏距離應該不陌生，本章將系統地講解馬氏距離及其應用。

定義

馬氏距離 (Mahalanobis distance, Mahal distance)，也稱**馬哈距離**，具體定義為

$$d = \sqrt{\left(\boldsymbol{x} - \boldsymbol{\mu}\right)^{\mathrm{T}} \boldsymbol{\Sigma}^{-1} \left(\boldsymbol{x} - \boldsymbol{\mu}\right)} \tag{23.1}$$

其中：$\boldsymbol{\Sigma}$ 為樣本資料 $\boldsymbol{X}$ 方差協方差矩陣；$\boldsymbol{\mu}$ 為 $\boldsymbol{X}$ 的質心。

注意：馬氏距離的單位為標準差。

從幾何來講，d 為定值時，式 (23.1) 為質心位於 $\boldsymbol{\mu}$ 的橢圓、橢球或超橢球。

平移→旋轉→縮放

對 Σ 譜分解得到

$$\Sigma = V\Lambda V^{\mathrm{T}} \tag{23.2}$$

利用式 (23.2) 獲得 Σ^{-1} 的特徵值分解為

$$\Sigma^{-1} = V\Lambda^{-1}V^{\mathrm{T}} \tag{23.3}$$

將式 (23.3) 代入式 (23.1) 整理得到

$$d = \left\| \underbrace{\Lambda^{-\frac{1}{2}}}_{\text{Scale}} \underbrace{V^{\mathrm{T}}}_{\text{Rotate}} \underbrace{\left(x - \mu \right)}_{\text{Centralize}} \right\| \tag{23.4}$$

其中：μ 完成**中心化** (centralize)；V 矩陣完成**旋轉** (rotate)；$\Lambda^{-\frac{1}{2}}$ 矩陣完成**縮放** (scale)。整個幾何變換過程如圖 23.1 所示。觀察式 (23.4)，大家應該已經發現馬氏距離本身也是個範數。

對這部分內容感到陌生的讀者，請參考第 11 章。大家如果忘記特徵值分解、譜分解的相關內容，請回顧《AI 時代 Math 元年 - 用 Python 全精通矩陣及線性代數》一書第 13、14 章。

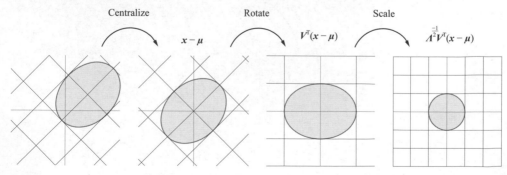

▲ 圖 23.1 幾何變換：平移→旋轉→縮放

馬氏距離將協方差矩陣 Σ 納入距離度量計算。馬氏距離相當於是對歐氏距離的一種修正，馬氏距離完成資料**正交化** (orthogonalization)，解決特徵之間的相關性問題。同時，馬氏距離內含**標準化** (standardization)，解決了特徵之間尺度和單位不一致的問題。

單特徵

特別地，當特徵數 $D = 1$ 時，有

$$\boldsymbol{x} = [x], \quad \boldsymbol{\mu} = [\mu], \quad \boldsymbol{\Sigma} = \left[\sigma^2\right] \tag{23.5}$$

代入式 (23.1) 得到

$$d = \sqrt{(x - \mu)\frac{1}{\sigma^2}(x - \mu)} = \left|\frac{x - \mu}{\sigma}\right| \tag{23.6}$$

大家是不是覺得眼前一亮，這正是 Z 分數的絕對值，d 的單位正是標準差。如圖 23.2(a) 所示，比如 $d = 3$，表示馬氏距離為「3 個標準差」。

當特徵數 $D = 2$ 時，如圖 23.2(b) 所示，馬氏距離的幾何形態是同心橢圓。當特徵數 $D = 3$ 時，如圖 23.2(c) 所示，馬氏距離的幾何形態是同心橢球。

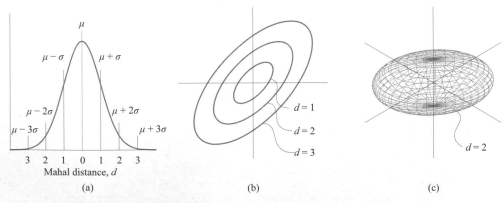

▲ 圖 23.2　馬氏距離的幾何形態

本章後文先比較三種常見距離：①歐氏距離；②標準化歐氏距離；③馬氏距離。

23.2 歐氏距離：最基本的距離

歐幾里德距離 (Euclidean distance)，也稱歐氏距離，是最「自然」的距離，是多維空間中兩個點之間的絕對距離度量。

歐氏距離

x 和質心 μ 的歐氏距離定義為

$$d = \sqrt{(x-\mu)^{\mathrm{T}}(x-\mu)} = \|x-\mu\| \tag{23.7}$$

歐氏距離本質上是 L^2 範數。

以鳶尾花花萼長度和花瓣長度兩個特徵資料為例，資料質心所在位置為

$$\mu = \begin{bmatrix} \mu_1 \\ \mu_3 \end{bmatrix} = \begin{bmatrix} 5.843 \\ 3.758 \end{bmatrix} \tag{23.8}$$

注意：式 (23.8) 的兩個特徵單位為公分。

如圖 23.3 所示，平面上任意一點 x 到質心 μ 的歐氏距離解析式為

$$d = \sqrt{(x-\mu)^{\mathrm{T}}(x-\mu)} = \sqrt{\left(\begin{bmatrix} x_1 \\ x_3 \end{bmatrix} - \begin{bmatrix} 5.843 \\ 3.758 \end{bmatrix}\right)^{\mathrm{T}}\left(\begin{bmatrix} x_1 \\ x_3 \end{bmatrix} - \begin{bmatrix} 5.843 \\ 3.758 \end{bmatrix}\right)}$$
$$= \sqrt{(x_1 - 5.843)^2 + (x_3 - 3.758)^2} \tag{23.9}$$

圖 23.3 所示的三個同心圓距離質心 μ 的距離為 1cm、2cm、3cm。此外，請大家注意圖 23.3 中的網格，這個網格每個格子「方方正正」，邊長都是 1cm。

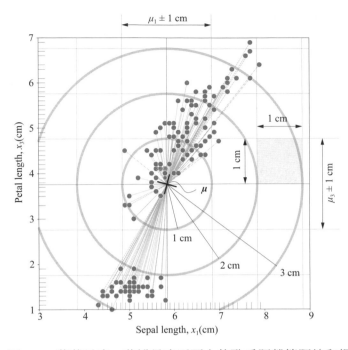

▲ 圖 23.3 花萼長度、花瓣長度平面上的歐氏距離等距線和網格

23.3 標準化歐氏距離：兩個角度

第一角度：正橢圓

標準化歐氏距離 (standardized Euclidean distance) 定義為

$$d = \sqrt{(x - \mu)^{\mathrm{T}} D^{-1} D^{-1} (x - \mu)} \tag{23.10}$$

其中：D 為對角方陣，對角線元素為標準差，運算為

$$D = \mathrm{diag}\left(\mathrm{diag}(\Sigma)\right)^{\frac{1}{2}} = \begin{bmatrix} \sigma_1 & & & \\ & \sigma_2 & \ddots & \\ & & & \sigma_D \end{bmatrix} \tag{23.11}$$

特別地，當 $D = 2$ 時，標準化歐氏距離為

$$d = \sqrt{\frac{(x_1 - \mu_1)^2}{\sigma_1^2} + \frac{(x_2 - \mu_2)^2}{\sigma_2^2}} = \sqrt{z_1^2 + z_2^2} \qquad (23.12)$$

其中：z_1 和 z_2 為兩個特徵的 Z 分數。可以說，z_1 的單位是 σ_1，z_2 的單位是 σ_2。

如圖 23.4 所示，$x_1 x_3$ 平面上任意一點 x 到質心 μ 的標準化歐氏距離為

$$d = \sqrt{\frac{(x_1 - 5.843)^2}{0.685} + \frac{(x_3 - 3.758)^2}{3.116}} \qquad (23.13)$$

其中：鳶尾花花萼長度資料的方差為 0.685cm^2；標準差 σ_1 為 0.827cm；花瓣長度資料的方差為 3.116cm^2；標準差 σ_3 為 1.765cm。

圖 23.4 所示為在花萼長度、花瓣長度平面上標準化歐氏距離為 1、2、3 的三個正橢圓。1、2、3 的單位可以視為標準差。

大家注意圖 23.4 中的網格，網格的格子為矩形。矩形的寬度為 $\sigma_1 = 0.827\text{cm}$，矩形的長度為 $\sigma_3 = 1.765\text{cm}$。

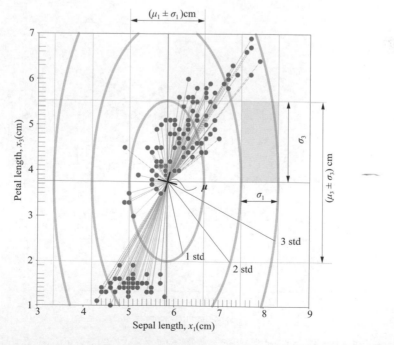

▲ 圖 23.4 花萼長度、花瓣長度平面上的標準化歐氏距離和網格

第二角度：正圓

先計算花萼長度、花瓣長度的 Z 分數 z_1、z_3 為

$$z_1 = \frac{x_1 - 5.843}{0.827}, \quad z_3 = \frac{x_3 - 3.758}{1.765} \tag{23.14}$$

從幾何角度看，式 (23.14) 經過了中心化、縮放兩步。

然後再計算標準化歐氏距離，有

$$d = \sqrt{z_1^2 + z_3^2} \tag{23.15}$$

圖 23.5 所示花萼長度 Z 分數、花瓣長度 Z 分數平面上的標準化歐氏距離等距線。不難發現，在這個平面上，等距線為正圓，圓心位於原點。

圖 23.5 中的網格為正方形，這是因為資料已經標準化。

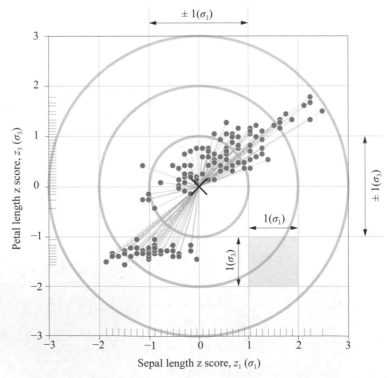

▲ 圖 23.5　花萼長度 Z 分數、花瓣長度 Z 分數平面上的標準化歐氏距離

23.4 馬氏距離：兩個角度

第一角度：旋轉橢圓

鳶尾花花萼長度、花瓣長度協方差矩陣 Σ 為

$$\Sigma = \begin{bmatrix} 0.685 & 1.274 \\ 1.274 & 3.116 \end{bmatrix} \qquad (23.16)$$

協方差 Σ 的逆為

$$\Sigma^{-1} = \begin{bmatrix} 6.075 & -2.484 \\ -2.484 & 1.336 \end{bmatrix} \qquad (23.17)$$

代入式 (23.10)，得到馬氏距離的解析式為

$$
\begin{aligned}
d &= \sqrt{(x-\mu)^{\mathrm{T}} \begin{bmatrix} 6.075 & -2.484 \\ -2.484 & 1.336 \end{bmatrix} (x-\mu)} \\
&= \sqrt{\left(\begin{bmatrix} x_1 \\ x_3 \end{bmatrix} - \begin{bmatrix} 5.843 \\ 3.758 \end{bmatrix}\right)^{\mathrm{T}} \begin{bmatrix} 6.075 & -2.484 \\ -2.484 & 1.336 \end{bmatrix} \left(\begin{bmatrix} x_1 \\ x_3 \end{bmatrix} - \begin{bmatrix} 5.843 \\ 3.758 \end{bmatrix}\right)} \\
&= \sqrt{6.08 x_1^2 - 4.97 x_1 x_3 + 1.34 x_3^2 - 52.32 x_1 + 18.99 x_3 + 117.21}
\end{aligned}
\qquad (23.18)
$$

圖 23.6 中三個橢圓分別代表馬氏距離為 1、2、3。這個旋轉橢圓的長軸就是第 25 章要介紹的**第一主成分** (first principal component) 方向，而旋轉橢圓的短軸就是**第二主成分** (second principal component) 方向。

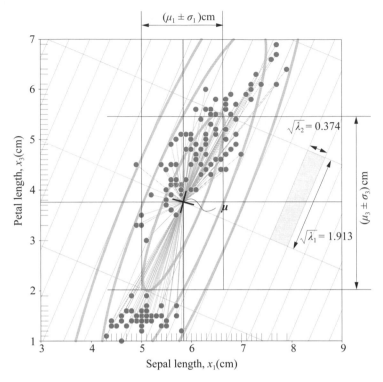

▲ 圖 23.6 花 萼長度、花瓣長度平面上的馬氏距離等距線和網格

對協方差矩陣特徵值分解得到的特徵值方陣為

$$\Lambda = \begin{bmatrix} \lambda_1 \\ & \lambda_2 \end{bmatrix} = \begin{bmatrix} 3.661 \\ & 0.140 \end{bmatrix} \qquad (23.19)$$

兩個特徵值實際上就是資料投影在第一、第二主成分方向上的結果的方差，也叫主成分方差。式 (23.19) 的單位也都是平方公分 (cm^2)。

而這兩個特徵值的平方根就是主成分標準差，即

$$\sqrt{\lambda_1} = 1.913 \text{ cm}, \quad \sqrt{\lambda_2} = 0.374 \text{ cm} \qquad (23.20)$$

它們分別是旋轉橢圓的半長軸、半短軸長度。

如圖 23.6 所示，圖中的網格就是度量馬氏距離的座標系。網格矩形傾斜角度與主成分方向相同。矩形的長度為 $\sqrt{\lambda_1}$，寬度為 $\sqrt{\lambda_2}$。

第二角度：正圓

令

$$z = \underset{\text{Scale}}{\underline{A^{\frac{-1}{2}}}} \, \underset{\text{Rotate}}{\underline{V^{\mathrm{T}}}} \left(\underset{\text{Centralize}}{\underline{x - \mu}} \right) \tag{23.21}$$

將式 (23.21) 代入式 (23.7)，得到馬氏距離為 z 的 L^2 範數為

$$d = \sqrt{z^{\mathrm{T}} z} = \|z\| \tag{23.22}$$

如圖 23.7 所示，在第一、第二主成分平面上，馬氏距離為正圓。

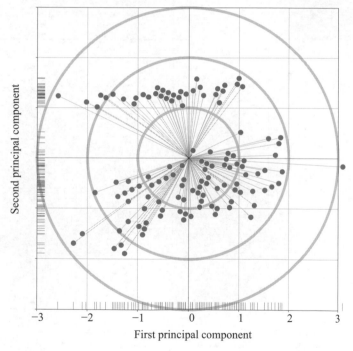

▲ 圖 23.7 第一、第二主成分平面上馬氏距離距離等距線和網格

Bk5_Ch23_01.py 程式繪製圖 23.3、圖 23.4、圖 23.6。

成對特徵圖

馬氏距離橢圓也可以畫在成對特徵圖上。圖 23.8 和圖 23.9 所示分別展示了不考慮標籤和考慮標籤的馬氏距離橢圓。這些影像可以幫助我們分析理解資料，比如解讀相關性、發現離群值等。

> 《數據有道》一書將專門講解如何發現離群值。

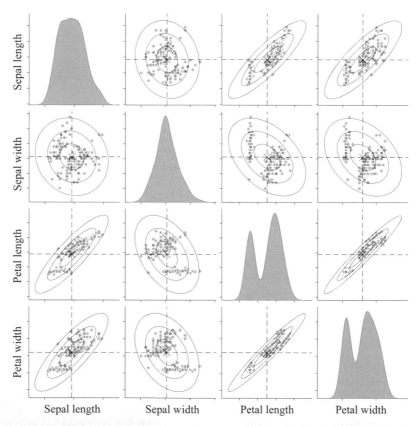

▲ 圖 23.8 成對特徵圖上繪製馬氏距離等距線 (不考慮標籤)

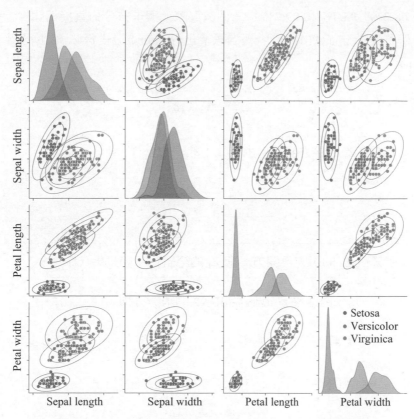

▲ 圖 23.9 成對特徵圖上繪製馬氏距離等距線 (考慮標籤)

Bk5_Ch23_02.py 繪製圖 23.8 和圖 23.9。

23.5 馬氏距離和卡方分佈

本書第 9 章介紹過一元高斯分佈的「68-95-99.7 法則」這個法則具體是指，如果資料近似服從一元高斯分佈 $N(\mu,\sigma)$，則約 68.3%、95.4% 和 99.7% 的資料分佈在距平均值 (μ)1 個 $(\mu \pm \sigma)$、2 個 $(\mu \pm 2\sigma)$ 和 3 個 $(\mu \pm 3\sigma)$ 正負標準差範圍之內。

而 68.3%、95.4% 和 99.7% 這三個數實際上與卡方分佈直接相關。當 $D = 1$ 時，X_1 服從正態分佈 $N(\mu_1, \sigma_1)$，經過標準化得到的隨機變數 Z_1 則服從標準正態分佈，即

$$Z_1 = \frac{X_1 - \mu_1}{\sigma_1} \sim N(0,1) \tag{23.23}$$

也就是說，Z_1 的平方服從自由度為 1 的卡方分佈，即

$$Z_1^2 \sim \chi^2_{(\mathrm{df}=1)} \tag{23.24}$$

⚠️

注意：實際上 Z_1 的平方再開方，即 Z_1 的絕對值，就是馬氏距離。

$D = 2$ 時，馬氏距離平方 d^2 服從 df = 2 的卡方分佈，即

$$d^2 \sim \chi^2_{(\mathrm{df}=2)} \tag{23.25}$$

D 維馬氏距離的平方則服從自由度為 D 的卡方分佈，即

$$d^2 = (\boldsymbol{x} - \boldsymbol{\mu})^{\mathrm{T}} \boldsymbol{\Sigma}^{-1} (\boldsymbol{x} - \boldsymbol{\mu}) \sim \chi^2_{(\mathrm{df}=D)} \tag{23.26}$$

也就是說，距離為 d 的馬氏距離超橢圓圍成的幾何圖形內部的機率 α 可以用卡方分佈 CDF 查表獲得。

比如，SciPy 中卡方分佈的物件為 scipy.stats.distributions.chi2，計算 $D = 2$，馬氏距離 $d = 3$ 條件下，馬氏距離橢圓圍成的圖形的機率 α 為 scipy.stats.distributions.chi2.cdf($d^2 = 9$,df = 2)。

這實際上也回答了本書第 10 章的問題，具體如圖 23.10 所示。請大家查表回答這個問題。

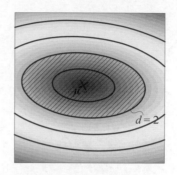

▲ 圖 23.10 求陰影區域對應的機率 (來自第 10 章)

相反，如果給定機率值 α 和自由度，可以用卡方分佈的百分點函數 PPF，即 CDF 的逆函數 (inverseCDF) 反求馬氏距離的平方 d^2。這個值開方就是馬氏距離 d。

比如，給定機率值為 0.9，自由度為 2，利用 scipy.stats.distributions.chi2.ppf(0.9,df = 2) 可以求得馬氏距離的平方值 d^2，開方就是馬氏距離 d。

如圖 23.11(a) 所示，自由度為 2，給定一系列機率值 (0.90~0.99)，利用卡方分佈的百分點函數 PPF，我們便獲得一系列馬氏距離橢圓。圖 23.11(b) 對照馬氏距離設定值為 1~5。

這些橢圓中，馬氏距離 3 幾乎對應 99% 這個機率值。也就是說，如果二元隨機數近似服從二元高斯分佈，則約有 99% 的隨機數落在馬氏距離為 3 的橢圓內。

➡

用卡方分佈將馬氏距離轉為機率時，有些文獻錯誤地將自由度給定為 $D\text{-}1$，即特徵數 D 減 1。下面這篇文章詳盡地解釋了如何正確設定自由度，建議大家參考。

https://peerj.com/articles/6678/

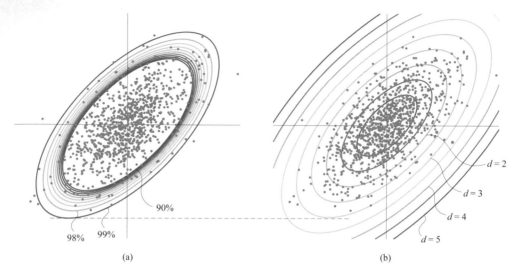

▲ 圖 23.11　特徵數 $D = 2$ 時，機率值 α 和馬氏距離橢圓位置

Bk5_Ch23_03.py 繪製圖 23.11。

圖 23.12 所示為馬氏距離 d、自由度 df、機率值 α 三者的關係曲線。

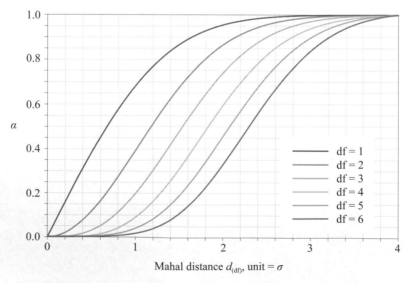

▲ 圖 23.12　馬氏距離 d、自由度 df、機率值 α 三者的關係

為了方便查表，大家可以參考圖 23.13 和圖 23.14。圖 23.13 中，給定馬氏距離 d、自由度 df，查表得到 α。這張表中，我們可以看到一元高斯分佈的 68-95-99.7 法則。

而自由度 df = 2 時，這個法則變為馬氏距離為 1、2、3 的橢圓對應 39%、86%、98.9%，我們也可以管它叫 39-86-98.9 法則。

圖 23.14 中，給定機率值 α、自由度 df，查表即可得到馬氏距離 d。

						Mahal distance, d							
		1	1.25	1.5	1.75	2	2.25	2.5	2.75	3	3.25	3.5	3.75	4
Degree of freedom, df	1	0.6827	0.7887	0.8664	0.9199	0.9545	0.9756	0.9876	0.9940	0.9973	0.9988	0.9995	0.9998	0.9999
	2	0.3935	0.5422	0.6753	0.7837	0.8647	0.9204	0.9561	0.9772	0.9889	0.9949	0.9978	0.9991	0.9997
	3	0.1987	0.3321	0.4778	0.6179	0.7385	0.8327	0.8999	0.9440	0.9707	0.9857	0.9934	0.9972	0.9989
	4	0.0902	0.1845	0.3101	0.4526	0.5940	0.7191	0.8188	0.8910	0.9389	0.9681	0.9844	0.9929	0.9970
	5	0.0374	0.0943	0.1864	0.3096	0.4506	0.5917	0.7174	0.8179	0.8909	0.9392	0.9685	0.9848	0.9932
	6	0.0144	0.0448	0.1047	0.1990	0.3233	0.4642	0.6042	0.7281	0.8264	0.8971	0.9434	0.9711	0.9862

▲ 圖 23.13 給定馬氏距離 d、自由度 df，查表得到機率值 α

					Probability α that the random value will fall inside the ellipsoid								
		0.9	0.91	0.92	0.93	0.94	0.95	0.96	0.97	0.98	0.99	0.993	0.996	0.999
Degree of freedom, df	1	1.6449	1.6954	1.7507	1.8119	1.8808	1.9600	2.0537	2.1701	2.3263	2.5758	2.6968	2.8782	3.2905
	2	2.1460	2.1945	2.2475	2.3062	2.3721	2.4477	2.5373	2.6482	2.7971	3.0349	3.1502	3.3231	3.7169
	3	2.5003	2.5478	2.5997	2.6571	2.7216	2.7955	2.8829	2.9912	3.1365	3.3682	3.4806	3.6492	4.0331
	4	2.7892	2.8361	2.8873	2.9439	3.0074	3.0802	3.1663	3.2729	3.4158	3.6437	3.7542	3.9199	4.2973
	5	3.0391	3.0856	3.1363	3.1923	3.2552	3.3272	3.4124	3.5178	3.6590	3.8841	3.9932	4.1568	4.5293
	6	3.2626	3.3088	3.3591	3.4147	3.4770	3.5485	3.6329	3.7373	3.8773	4.1002	4.2083	4.3702	4.7390

▲ 圖 23.14 給定機率值 α、自由度 df，查表得到馬氏距離 d

Bk5_Ch23_04.py 繪製圖 23.12。

→

馬氏距離是一種基於統計學的距離度量方法，用於衡量兩個樣本之間的相似度或距離。馬氏距離考慮了各個特徵之間的相關性。相比於歐氏距離或曼哈頓距離等傳統距離度量方法，馬氏距離更適合用於高維資料集合。馬氏距離被廣泛應用於分類、聚類、異常檢測等領域，特別是在高維資料集合的分析和處理中，由於它考慮了各個特徵之間的相關性，因此在某些情況下比傳統距離度量方法更為有效和準確。

本書《AI 時代 Math 元年 - 用 Python 全精通統計及機率》中橢圓無處不在，希望大家日後看到橢圓，就能想到協方差矩陣、多元高斯分布、相關性、旋轉、縮放、特徵值分解、信賴區間、離群值、馬氏距離、線性迴歸、主成分分析等內容，更能「看到」日月所屬、天體運轉、星辰大海。

Linear Regression

線性迴歸

以機率統計、幾何、矩陣分解、最佳化為角度

我們必須承認，有多少數字，就有多少正方形。

We must say that there are as many squares as there are numbers.

——伽利略・伽利萊（*Galilei Galileo*）|
義大利物理學家、數學家及哲學家 | *1564—1642* 年

- matplotlib.pyplot.quiver() 繪製箭頭圖
- numpy.cov() 計算協方差矩陣
- seaborn.heatmap() 繪製熱圖
- seaborn.jointplot() 繪製聯合分佈 / 散點圖和邊際分佈
- seaborn.kdeplot() 繪製 KDE 核心機率密度估計曲線
- seaborn.pairplot() 繪製成對分析圖
- statsmodels.api.add_constant() 線性迴歸增加一列常數 1
- statsmodels.api.OLS() 最小平方方法函數

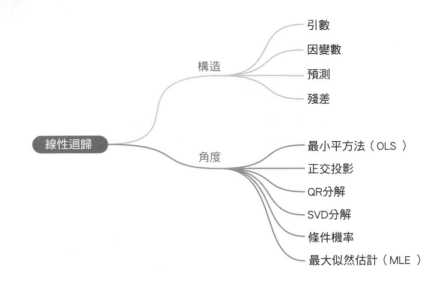

24.1 再聊線性迴歸

　　線性迴歸 (linear regression) 是最為常用的迴歸建模技術。它是利用線性關係建立因變數與一個或多個引數之間的關聯。線性迴歸模型相對簡單,可解釋性強,應用廣泛。

　　本書系從不同角度介紹過線性迴歸。比如,《AI 時代 Math 元年 - 用 Python 全精通數學要素》一書從代數、幾何、最佳化角度講過線性迴歸,《AI 時代 Math 元年 - 用 Python 全精通矩陣及線性代數》一書則從線性代數、正交投影、矩陣分解角度分析線性迴歸。本章一方面總結這幾個角度,另一方面以條件機率、MLE 為角度再談線性迴歸。

有監督學習

　　《AI 時代 Math 元年 - 用 Python 全精通矩陣及線性代數》一書提到過,線性迴歸是一種**有監督學習** (supervised learning)。有監督學習是一種機器學習方法,它利用已知的標籤或輸出值來訓練模型,並用於預測未知的標籤或輸出值。在有監督學習中,我們通常會提供一組已知的訓練樣本,每個樣本都包含一組

輸入特徵和相應的輸出標籤。模型透過分析這些訓練樣本來學習如何將輸入特徵映射到輸出標籤,從而能夠用於預測未知的輸出值。

有監督學習通常分為兩個主要的子類別:**分類** (classification) 和**迴歸** (regression)。在分類問題中,目標是將輸入特徵映射到有限的離散類別。在迴歸問題中,目標是將輸入特徵映射到連續的輸出值。

> 《數據有道》一書將介紹更多有關迴歸演算法,而《機器學習》一書將關注常見分類演算法。

簡單線性迴歸

簡單線性迴歸 (simple linear regression, SLR) 也叫**一元線性迴歸** (univariate linear regression),是指模型中只含有一個引數和一個因變數,運算式為

$$y = \underbrace{b_0 + b_1 x}_{\hat{y}} + \varepsilon \tag{24.1}$$

其中:b_0 為**截距項** (intercept);b_1 為**斜率** (slope)。

x 常被稱作**引數** (independent variable)、**解釋變數** (explanatory variable) 或**迴歸元** (regressor)、**外生變數** (exogenous variables)、**預測變數** (predictor variables)。

y 常被稱作**因變數** (dependent variable)、**被解釋變數** (explained variable) 或**迴歸子** (regressand)、**內生變數** (endogenous variable)、**回應變數** (response variable) 等。

ε 為**殘差項** (residuals)、**誤差項** (error term)、**干擾項** (disturbance term) 或**雜訊項** (noise term)。

圖 24.1 所示為平面上的線性迴歸關係。

預測

利用式 (24.1) 作預測，預測值 $\hat{y}$ 為

$$\hat{y} = b_0 + b_1 x \tag{24.2}$$

⚠

注意：「戴帽子」的 $\hat{y}$ 表示預測值。

式 (24.2) 對應圖 24.1 中的紅色直線。

對於第 i 個資料點，預測值 $\hat{y}^{(i)}$ 可以透過下式計算得到，即

$$\hat{y}^{(i)} = b_0 + b_1 x^{(i)} \tag{24.3}$$

殘差

式 (24.1) 中殘差項為

$$\varepsilon = y - \left(b_0 + b_1 x\right) = y - \hat{y} \tag{24.4}$$

如圖 24.2 所示，在平面上，殘差項是 y 與 $\hat{y}$ 之間在縱軸上的高度差。

⚠

注意：平面上，線性迴歸和主成分分析的結果看上去都是一條直線，但是兩者差距甚遠。線性迴歸是有監督學習，而主成分分析是無監督學習。從距離角度來看，線性迴歸關注的是沿縱軸的高度差，而主成分分析則是聚焦點到直線的距離。此外，從橢圓的角度來看，主成分分析對應橢圓的長軸、短軸，而線性迴歸則與橢圓相切的矩形有關。本書系的《編程不難》一書聊過這個話題，請大家回顧。

真實觀察值 $y^{(i)}$ 和預測值 $\hat{y}^{(i)}$ 之差為第 i 個資料點的殘差為

$$\varepsilon^{(i)} = y^{(i)} - \hat{y}^{(i)} \tag{24.5}$$

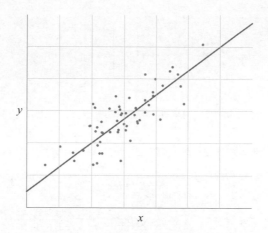

▲ 圖 24.1 平面上的一元線性迴歸

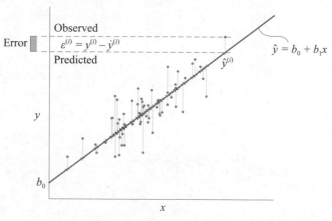

▲ 圖 24.2 簡單線性迴歸中的殘差項

矩陣形式

使用矩陣運算表達一元線性迴歸，有

$$y = b_0 \mathbf{1} + b_1 x + \varepsilon \tag{24.6}$$

$\mathbf{1}$ 為與 x 形狀相同的全 1 列向量；引數資料 x、因變數資料 y 和殘差項 ε 包括 n 個樣本對應的列向量分別為

$$x = \begin{bmatrix} x^{(1)} \\ x^{(2)} \\ \vdots \\ x^{(n)} \end{bmatrix}, \quad y = \begin{bmatrix} y^{(1)} \\ y^{(2)} \\ \vdots \\ y^{(n)} \end{bmatrix}, \quad \boldsymbol{\varepsilon} = \begin{bmatrix} \varepsilon^{(1)} \\ \varepsilon^{(2)} \\ \vdots \\ \varepsilon^{(n)} \end{bmatrix} \tag{24.7}$$

圖 24.3 所示為解釋式 (24.6) 舉出的矩陣運算。

預測值組成的列向量 $\hat{\boldsymbol{y}}$ 為

$$\hat{\boldsymbol{y}} = b_0 \boldsymbol{1} + b_1 \boldsymbol{x} \tag{24.8}$$

如圖 24.4 所示，$\hat{\boldsymbol{y}}$ 是 $\boldsymbol{1}$ 和 $\boldsymbol{x}$ 的線性組合。

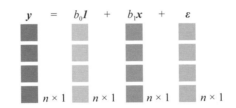

▲ 圖 24.3　用矩陣運算表達一元迴歸

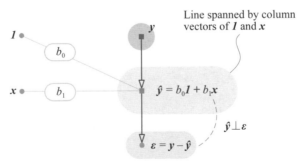

▲ 圖 24.4　一元最小平方法線性迴歸資料關係

殘差項列向量 $\boldsymbol{\varepsilon}$ 為

$$\boldsymbol{\varepsilon} = \boldsymbol{y} - \hat{\boldsymbol{y}} \tag{24.9}$$

圖 24.5 所示為視覺化求解殘差項列向量 $\boldsymbol{\varepsilon}$ 的過程。

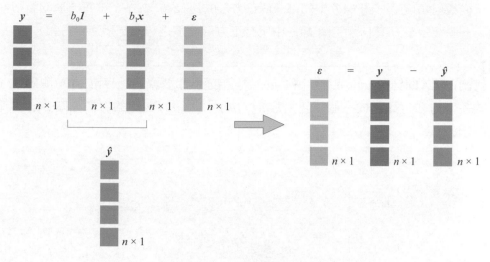

▲ 圖 24.5 求解殘差項列向量

問題來了，如何確定參數 b_0、b_1 呢？

24.2 最小平方法

最小平方法 (ordinary least squares, OLS) 透過最小化殘差值平方和 (sum of squared estimate of errors, SSE) 計算得到最佳的擬合迴歸線參數，即

$$\arg\min_{b_0,b_1} \text{SSE} = \arg\min_{b_0,b_1} \sum_{i=1}^{n} \left(\varepsilon^{(i)} \right)^2 \tag{24.10}$$

殘差平方和為

$$\text{SSE} = \sum_{i=1}^{n} \left(\varepsilon^{(i)} \right)^2 = \sum_{i=1}^{n} \left(y^{(i)} - \hat{y}^{(i)} \right)^2 \tag{24.11}$$

⚠

注意：本書系用 SSE 表示殘差值平方和；也有很多文獻使用 RSS(residual sum of squares) 表示殘差值平方和。

　　從幾何角度看，圖 24.6 中的每一個正方形的邊長為 $\varepsilon(i)$，該正方形的面積代表一個殘差平方項 $\left(\varepsilon^{(i)}\right)^2$；圖 24.6 中所有正方形面積之和便是殘渣平方和。

◀

> 我們在《AI 時代 Math 元年 - 用 Python 全精通數學要素》一書第 24 章聊過殘差平方和可以寫成一個二元函數 $f(b_0, b_1)$。$f(b_0, b_1)$ 對應的影像如圖 24.7 所示。

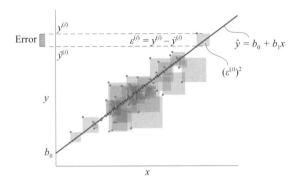

▲ 圖 24.6　殘差平方和的幾何意義

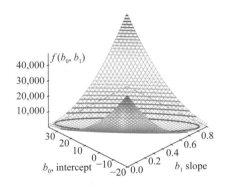

▲ 圖 24.7　誤差平方和隨 b_0、b_1 變化構造的開口向上拋物曲面
（圖片來自《AI 時代 Math 元年 - 用 Python 全精通數學要素》第 24 章）

24.3　最佳化問題

用線性代數工具構造 OLS 最佳化問題

$$\underset{b}{\arg\min} \|y - Xb\| \tag{24.12}$$

也可以寫成

$$\underset{b}{\arg\min} \ \|\varepsilon\|^2 = \varepsilon^\mathrm{T}\varepsilon \tag{24.13}$$

令

$$b = \begin{bmatrix} b_0 \\ b_1 \end{bmatrix}, \quad X = \begin{bmatrix} 1 & x \end{bmatrix} \tag{24.14}$$

其中：X 又叫**設計矩陣** (design matrix)。

$\hat{y}$ 可以寫成

$$\hat{y} = Xb \tag{24.15}$$

殘差向量 ε 可以寫成

$$\varepsilon = y - b_0 \mathbf{1} - b_1 x = y - Xb \tag{24.16}$$

定義 $f(b)$ 為

$$f(b) = \varepsilon^\mathrm{T}\varepsilon = (y - Xb)^\mathrm{T}(y - Xb) \tag{24.17}$$

$f(b)$ 對 b 求一階導為 0，得到等式

$$\frac{\partial f(b)}{\partial b} = 2X^\mathrm{T}Xb - 2X^\mathrm{T}y = 0 \tag{24.18}$$

如果 $X^\mathrm{T}X$ 可逆，則 b 為

$$b = (X^\mathrm{T}X)^{-1} X^\mathrm{T}y \tag{24.19}$$

24.4 投影角度

如圖 24.8 所示，在 $\boldsymbol{1}$ 和 $\boldsymbol{x}$ 撐起的平面 H 上，向量 $\boldsymbol{y}$ 的投影為 $\hat{\boldsymbol{y}}$，而殘差 $\boldsymbol{\varepsilon}$ 垂直於這個平面，即有

$$
\begin{aligned}
\boldsymbol{\varepsilon} \perp \boldsymbol{1} &\Rightarrow \boldsymbol{1}^{\mathrm{T}} \boldsymbol{\varepsilon} = 0 \Rightarrow \boldsymbol{1}^{\mathrm{T}}(\boldsymbol{y} - \hat{\boldsymbol{y}}) = 0 \\
\boldsymbol{\varepsilon} \perp \boldsymbol{x} &\Rightarrow \boldsymbol{x}^{\mathrm{T}} \boldsymbol{\varepsilon} = 0 \Rightarrow \boldsymbol{x}^{\mathrm{T}}(\boldsymbol{y} - \hat{\boldsymbol{y}}) = 0
\end{aligned}
\tag{24.20}
$$

《AI 時代 Math 元年 - 用 Python 全精通矩陣及線性代數》一書特別強調過 OLS 的投影角度。

以上兩式合併為

$$
\underbrace{\begin{bmatrix} \boldsymbol{1} & \boldsymbol{x} \end{bmatrix}^{\mathrm{T}}}_{\boldsymbol{x}} (\boldsymbol{y} - \hat{\boldsymbol{y}}) = \boldsymbol{0}
\tag{24.21}
$$

整理得到

$$
\boldsymbol{X}^{\mathrm{T}} \boldsymbol{y} = \boldsymbol{X}^{\mathrm{T}} \boldsymbol{X} \boldsymbol{b}
\tag{24.22}
$$

這與式 (24.18) 一致。

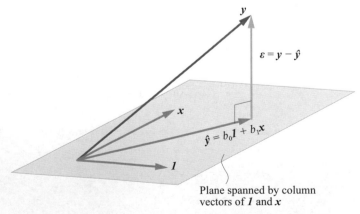

▲ 圖 24.8 幾何角度解釋一元最小平方結果 (二維平面)

24.5 線性方程組：代數角度

實際上，下式就是一個**超定方程組** (overdetermined system)，即

$$y = Xb \tag{24.23}$$

QR 分解

對 X 進行 QR 分解得到

$$X = QR \tag{24.24}$$

這樣求得 b 為

$$b = R^{-1}Q^{\mathrm{T}}y \tag{24.25}$$

奇異值分解

對 X 進行完全型 SVD 分解得到

$$X = USV^{\mathrm{T}} \tag{24.26}$$

這樣求得 b 為

$$b = VS^{-1}U^{\mathrm{T}}y \tag{24.27}$$

◀

《AI 時代 Math 元年 - 用 Python 全精通矩陣及線性代數》介紹過 $VS^{-1}U^{\mathrm{T}}$ 是 X 的莫爾 - 彭羅斯廣義逆 (Moore–Penrose inverse)。S^{-1} 的主對角線非零元素為 S 的非零奇異值倒數，S^{-1} 其餘對角線元素均為 0。

24.6 條件機率

條件期望

◀

本書第 12 章介紹過，線性迴歸還可以從條件機率角度來看。

如圖 24.9 所示，如果隨機變數 (X,Y) 服從二元高斯分佈，給定 $X = x$ 條件下，Y 的條件期望為

$$\mu_{Y|X=x} = \text{cov}(X,Y)\left(\sigma_X^2\right)^{-1}\left(x - \mu_X\right) + \mu_Y = \rho_{X,Y}\frac{\sigma_Y}{\sigma_X}\left(x - \mu_X\right) + \mu_Y \tag{24.28}$$

這條迴歸直線的斜率為 $\rho_{X,Y}\sigma_Y/\sigma_X$，且通過點 (μ_X, μ_Y)，即質心。

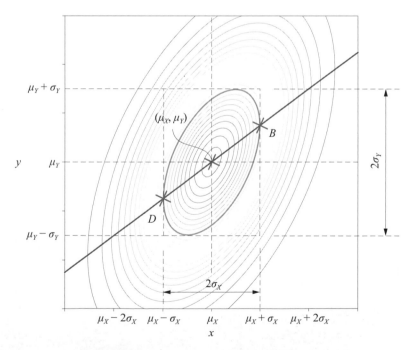

▲ 圖 24.9 給定 $X = x$ 的條件期望

圖 24.10 所示為不同相關性係數條件下，迴歸直線與橢圓的關係。

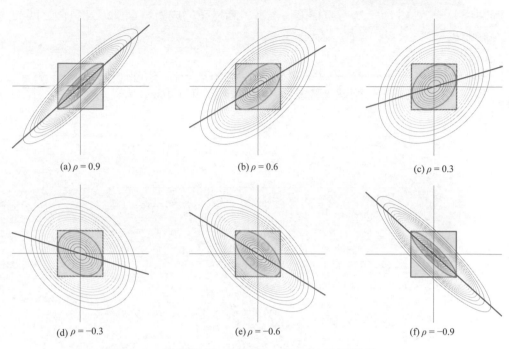

(a) $\rho = 0.9$ (b) $\rho = 0.6$ (c) $\rho = 0.3$

(d) $\rho = -0.3$ (e) $\rho = -0.6$ (f) $\rho = -0.9$

▲ 圖 24.10 條件期望直線位置和相關性係數關係，$\sigma_X = \sigma_Y$

以鳶尾花為例

定義鳶尾花花萼長度為 x，花瓣長度為 y。鳶尾花樣本資料 x 和 y 的關係為

$$y = \underbrace{3.758}_{\mu_Y} + \underbrace{1.858}_{\rho_{X,Y}\frac{\sigma_Y}{\sigma_X}}\left(x - \underbrace{5.843}_{\mu_X}\right) \tag{24.29}$$

圖 24.11 中的散點為樣本資料，其中直線代表花瓣長度、花萼長度之間的迴歸關係。這幅圖中，我們還繪製了馬氏距離為 1 的橢圓。這個橢圓代表了花瓣長度、花萼長度的協方差矩陣。

圖 24.12 所示為不考慮標籤情況下，鳶尾花的成對特徵圖以及特徵之間的迴歸關係。圖 24.13 所示為考慮標籤情況下，鳶尾花的成對特徵圖以及特徵之間的迴歸關係。

⚠

特別值得注意的是：兩個隨機變數之間的線性迴歸關係不代表兩者存在「因果關係」。

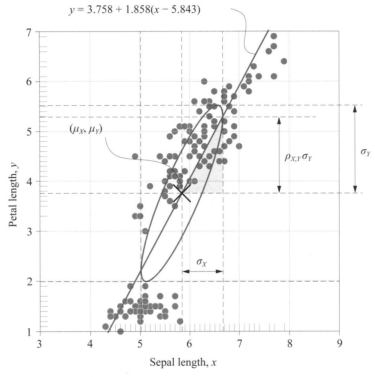

▲ 圖 24.11 花瓣長度、花萼長度之間的迴歸關係

🔻

Bk5_Ch24_01.py 繪製圖 24.11。

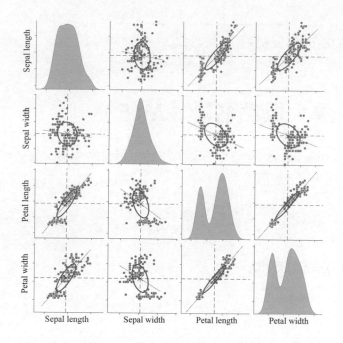

▲ 圖 24.12 成對特徵圖和迴歸關係

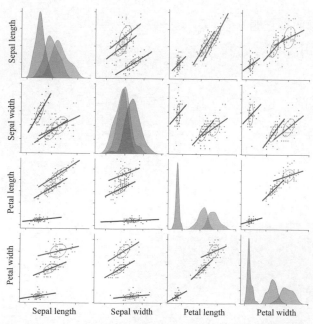

▲ 圖 24.13 成對特徵圖和迴歸關係 (考慮分類標籤)

▼

Bk5_Ch24_02.py 繪製圖 24.12 和圖 24.13。

24.7　最大似然估計（MLE）

為了方便和本書前文有關最大似然估計內容對照閱讀，本節中，線性迴歸解析式改寫成

$$y = \underbrace{\theta_0 + \theta_1 x}_{\hat{y}} + \varepsilon \tag{24.30}$$

對應的超定方程組寫成

$$y = X\theta \tag{24.31}$$

殘差向量 ε 為

$$\varepsilon = y - X\theta \tag{24.32}$$

假設殘差項服從正態分佈，即

$$\varepsilon \sim N\left(0, \sigma^2\right) \tag{24.33}$$

根據線性關係，也就是說 Y_i 服從

$$Y_i \sim N\left(\theta_1 X_i + \theta_0, \sigma^2\right) \tag{24.34}$$

Y_i 的機率密度函數為

$$f_{Y_i}\left(y_i; \theta_1 x_i + \theta_0, \sigma\right) = \frac{\exp\left(-\dfrac{\left(y_i - \left(\theta_1 x_i + \theta_0\right)\right)^2}{2\sigma^2}\right)}{\sqrt{2\pi}\sigma} \tag{24.35}$$

似然函數可以寫成

$$L(\theta_0, \theta_1) = \prod_{i=1}^{n} \frac{\exp\left(-\frac{(y_i - (\theta_1 x_i + \theta_0))^2}{2\sigma^2}\right)}{\sqrt{2\pi}\sigma} \tag{24.36}$$

對數似然函數為

$$\ln L(\theta_0, \theta_1) = -n\ln\left(\sqrt{2\pi}\sigma\right) - \frac{\sum_{i=1}^{n}\left(y_i - (\theta_1 x_i + \theta_0)\right)^2}{2\sigma^2} \tag{24.37}$$

假設 σ 已知，最大化對數似然函數，等價於最小化 $\sum_{i=1}^{n}\left(y_i - (\theta_1 x_i + \theta_0)\right)^2$，這和式 (24.13) 的最佳化問題一致。則有

$$\hat{\theta}_1 = \frac{\sum_{i=1}^{n}\left(x^{(i)} - \mu_X\right)\left(y^{(i)} - \mu_Y\right)}{\sum_{i=1}^{n}\left(x^{(i)} - \mu_X\right)^2} \tag{24.38}$$

$$\hat{\theta}_0 = \mu_Y - \hat{\theta}_1 \mu_X$$

矩陣運算

假設殘差服從正態分佈 $N(0, \sigma^2)$，殘差 $\varepsilon^{(i)}$ 對應的機率密度為

$$f\left(\varepsilon^{(i)}\right) = \frac{1}{\sigma\sqrt{2\pi}} \exp\left(-\frac{\left(\varepsilon^{(i)}\right)^2}{2\sigma^2}\right) \tag{24.39}$$

似然函數則可以寫成

$$L(\theta_0, \theta_1) = \prod_{i=1}^{n}\left\{\frac{1}{\sigma\sqrt{2\pi}}\exp\left(-\frac{\left(\varepsilon^{(i)}\right)^2}{2\sigma^2}\right)\right\} = \left(2\pi\sigma^2\right)^{-\frac{n}{2}}\exp\left(-\frac{\sum_{i=1}^{n}\left(\varepsilon^{(i)}\right)^2}{2\sigma^2}\right) \tag{24.40}$$

矩陣運算運算式 (24.40) 得到

$$L(\theta_0, \theta_1) = \left(2\pi\sigma^2\right)^{-\frac{n}{2}}\exp\left(-\frac{\varepsilon^{\mathsf{T}}\varepsilon}{2\sigma^2}\right) \tag{24.41}$$

對數似然函數則可以寫成

$$\ln L\left(\theta_0, \theta_1\right) = -\frac{n}{2} \cdot \ln\left(2\pi\sigma^2\right) - \frac{\varepsilon^\mathrm{T}\varepsilon}{2\sigma^2} \tag{24.42}$$

對數似然函數進一步整理為

$$\ln L\left(\theta_0, \theta_1\right) = -\frac{n}{2} \cdot \ln\left(2\pi\sigma^2\right) - \frac{1}{2\sigma^2}\left(y - X\theta\right)^\mathrm{T}\left(y - X\theta\right) \tag{24.43}$$

對數似然函數對 θ 求導為 $\boldsymbol{0}$，得到等式

$$\frac{1}{2\sigma^2}\left(2X^\mathrm{T}X\theta - 2X^\mathrm{T}y\right) = 0 \tag{24.44}$$

整理得到

$$X^\mathrm{T}X\theta = X^\mathrm{T}y \tag{24.45}$$

如果 $X^\mathrm{T}X$ 可逆，則 θ 為

$$\hat{\theta}_{\mathrm{MLE}} = \left(X^\mathrm{T}X\right)^{-1}X^\mathrm{T}y \tag{24.46}$$

這和本章前文的最佳化解一致。

> 此外，線性迴歸還可以從最大後驗機率估計 MAP 角度理解，這是《數據有道》一書要介紹的內容之一。

在代數、線性代數、最佳化、投影、QR 分解、SVD 分解幾個角度基礎上，這一章又提供了理解線性迴歸兩個新角度—條件機率、最大似然估計 MLE。

為了保證線性迴歸模型的有效性和精度，通常需要滿足下列假設條件：①線性關係：引數和因變數之間的關係必須是線性的；②獨立性：觀測值之間必須是獨立的；③方差齊性：每個引數的方差大小相近；④誤差服從正

態分佈；⑤引數之間不能有高度相關性或共線性，因為將會導致模型出現
多重共線性，從而使得參數估計變得不穩定。

如果這些假設條件得到滿足，那麼線性迴歸模型將舉出較為準確和可靠的
結果，否則模型的效果可能會受到影響。

本書系有關線性迴歸的內容並沒有完全結束。圖 24.14 所示為某個線性迴歸
結果。給大家留個懸念，本系列叢書《數據有道》一書將講解如何理解圖
24.14 中的結果。

此外，《數據有道》將鋪開介紹更多迴歸演算法，如多元迴歸分析、正則
化、嶺迴歸、套索迴歸、彈性網路迴歸、貝氏迴歸、多項式迴歸、邏輯迴
歸，以及基於主成分分析的正交迴歸、主元迴歸等演算法。

```
                        OLS Regression Results
==============================================================================
Dep. Variable:                   AAPL   R-squared:                       0.687
Model:                            OLS   Adj. R-squared:                  0.686
Method:                 Least Squares   F-statistic:                     549.7
Date:                XXXXXXXXXXX   Prob (F-statistic):           4.55e-65
Time:                XXXXXXXXXXX   Log-Likelihood:                 678.03
No. Observations:                 252   AIC:                            -1352.
Df Residuals:                     250   BIC:                            -1345.
Df Model:                           1
Covariance Type:            nonrobust
==============================================================================
                 coef    std err          t      P>|t|      [0.025      0.975]
------------------------------------------------------------------------------
const          0.0018      0.001      1.759      0.080      -0.000       0.004
SP500          1.1225      0.048     23.446      0.000       1.028       1.217
==============================================================================
Omnibus:                       52.424   Durbin-Watson:                   1.864
Prob(Omnibus):                  0.000   Jarque-Bera (JB):              210.803
Skew:                           0.777   Prob(JB):                     1.68e-46
Kurtosis:                       7.203   Cond. No.                         46.1
==============================================================================
```

▲ 圖 24.14 線性迴歸結果

Principal Component Analysis

主成分分析

以機率統計、幾何、矩陣分解、最佳化為角度

掌握我們的命運的不是星象，而是我們自己。

It is not in the stars to hold our destiny but in ourselves.

——威廉‧莎士比亞（*William Shakespeare*）| 英國劇作家 | *1564—1616* 年

- numpy.cov() 計算協方差矩陣

- numpy.linalg.eig() 特徵值分解

- numpy.linalg.svd() 奇異值分解

- numpy.random.multivariate_normal() 產生多元正態分佈隨機數

- seaborn.heatmap() 繪製熱圖

- seaborn.jointplot() 繪製聯合分佈 / 散點圖和邊際分佈

- seaborn.kdeplot() 繪製 KDE 核心機率密度估計曲線

- seaborn.pairplot() 繪製成對分析圖

- sklearn.decomposition.PCA() 主成分分析函數

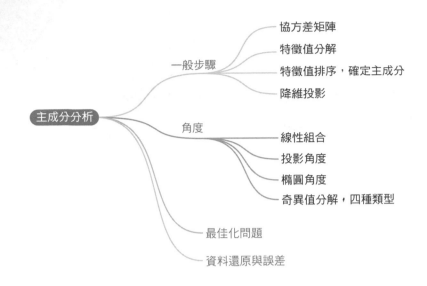

主成分分析
- 一般步驟
  - 協方差矩陣
  - 特徵值分解
  - 特徵值排序，確定主成分
  - 降維投影
- 角度
  - 線性組合
  - 投影角度
  - 橢圓角度
  - 奇異值分解，四種類型
- 最佳化問題
- 資料還原與誤差

25.1　再聊主成分分析

主成分分析 (Principal Component Analysis, PCA) 是重要的降維工具。PCA 可以顯著降低資料的維數，同時保留資料中對方差貢獻最大的成分。簡單來說，PCA 的核心思想是透過線性變換將高維資料映射到低維空間中，使得映射後的資料能夠盡可能地保留原始資料的資訊，同時去除雜訊和容錯信息，從而更進一步地描述資料的本質特徵。

> ◀
> PCA 還可以用於構造迴歸模型，這是《數據有道》一書要介紹的內容。

另外，對於多維資料，PCA 可以身為資料視覺化的工具。

本章將以機率統計、幾何、矩陣分解、最佳化為角度，給大家全景展示主成分分析。此外，大家可以把這一章看成叢書「數學」板塊的一個總結。

無監督學習

主成分分析是重要的**無監督學習** (unsupervised learning) 演算法。無監督學習是一種機器學習方法，它處理沒有標籤或輸出值的資料。在無監督學習中，模型只能透過分析輸入資料的內部結構、模式和相似性來發現資料的特徵，從而自動學習資料的潛在結構和規律。

無監督學習通常用於**聚類** (clustering)、**降維** (dimensionality reduction)、**異常檢測** (outlier detection) 和**連結規則挖掘** (association rule learning) 等問題的處理過程。

在聚類問題中，目標是將相似的資料點分組到不同的簇中，從而將資料分割為具有內在結構的不同子集。

在降維問題中，目標是從高維資料中提取出具有代表性的低維特徵，從而降低計算複雜度、提高資料視覺化效果和去除雜訊。主成分分析就是常用的降維演算法。

在異常檢測問題中，目標是檢測資料集中的異常資料點，這些資料點與其他資料點存在顯著的差異。本書第 23 章介紹的馬氏距離就常用來發現資料中的離群值。

在連結規則挖掘問題中，目標是在大規模資料集中尋找頻繁出現的連結項集，從而發現資料中的相關性和連結性。

《數據有道》一書將介紹異常檢測、降維、連結規則挖掘等話題，而《機器學習》將關注常見的聚類演算法。

一般步驟

如圖 25.1 所示，PCA 的一般步驟如下。

①　計算原始資料 $X_{n \times D}$ 的協方差矩陣 $\Sigma_{D \times D}$。

②　對 Σ 特徵值分解，獲得特徵值 λ_i 與特徵向量矩陣 $V_{D \times D}$。

③　對特徵值 λ_i 從大到小排序，選擇其中特徵值最大的 p 個特徵向量。

④　將原始資料 (中心化資料) 投影到這 p 個正交向量建構的低維空間中，獲得得分 $\boldsymbol{Z}_{n \times p}$。

很多時候，在第一步中，我們先標準化 (standardization) 原始資料，即計算 $\boldsymbol{X}$ 的 Z 分數。標準化是為了防止不同特徵上方差異過大。而有些情況，對原始資料 $\boldsymbol{X}_{n \times D}$ 進行中心化 (去平均值) 就足夠了，即將資料質心移到原點。

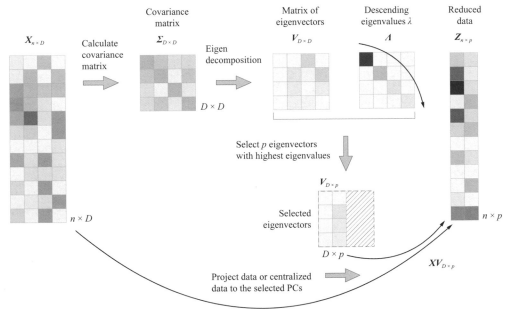

▲ 圖 25.1 主成分分析一般技術路線：特徵值分解協方差矩陣

圖 25.1 所示為透過分解協方差矩陣進行主成分分析的過程；當然，也可以透過奇異值分解中心化資料 $\boldsymbol{X}_c$ 進行主成分分析。

我們在《AI 時代 Math 元年 - 用 Python 全精通矩陣及線性代數》一書第 25 章看到的就是利用標准化資料進行 PCA 分析的技術路線。標準化資料的協方差矩陣實際上就是原資料的相關性係數矩陣。

25.2 原始資料

《AI 時代 Math 元年 - 用 Python 全精通矩陣及線性代數》一書介紹過,樣本資料矩陣 X 可以分別透過行和列來解釋。矩陣 X 每一列代表一個特徵向量,即

$$X = \begin{bmatrix} x_1 & x_2 & x_3 & x_4 \end{bmatrix}$$ (25.1)

X 矩陣每一行代表一個樣本。比如,X 矩陣第一行對應是第一個資料點,寫成一個行向量 $x^{(1)}$,有

$$x^{(1)} = \begin{bmatrix} x_{1,1} & x_{1,2} & x_{1,3} & x_{1,4} \end{bmatrix}$$ (25.2)

圖 25.2 所示為原始資料矩陣 X 熱圖,紅色色系代表正數,藍色色系代表負數,黃色接近於 0。X 矩陣有 12 行,即 12 個樣本;X 矩陣有 4 列,即 4 個特徵。

⚠️ 注意:本例中假設 X 已經中心化 $E(X) = \mathbf{0}^T$,即質心位於原點。

分佈特徵

圖 25.3 所示為矩陣 X 每一列特徵資料的分佈情況。我們可以發現它們之間的標準差區別不大。但是經過主成分分解之後,大家可以發現每一列新特徵資料標準差大小差異明顯。一般情況,資料矩陣的每一列為一個特徵;單一列向量也叫特徵向量,不同於特徵值分解中的特徵向量。

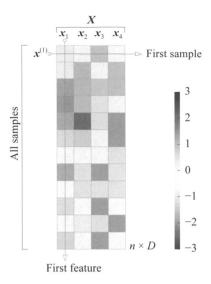

▲ 圖 25.2　原始資料 X 熱圖 ($D = 4$，$n = 12$，X 已經去平均值)

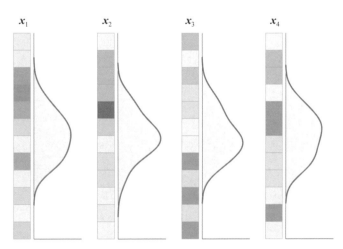

▲ 圖 25.3　X 四個特徵資料分佈

25.3　特徵值分解協方差矩陣

如圖 25.4 所示，本書第 13 章介紹過，X 的協方差矩陣 Σ 可以透過下式計算得到，即

$$\Sigma = \frac{\left(X - \mathrm{E}(X)\right)^{\mathrm{T}}\left(X - \mathrm{E}(X)\right)}{n-1} = \frac{X_{\mathrm{c}}^{\mathrm{T}} X_{\mathrm{c}}}{n-1} \tag{25.3}$$

其中：$\mathrm{E}(X)$ 也常被稱作原始資料 X 的質心；$X - \mathrm{E}(X)$ 相當於資料中心化。當 n 足夠大時，式 (25.3) 的分母可以用 n 替換。本例設定 $\mathrm{E}(X) = \boldsymbol{0}^{\mathrm{T}}$，即 $X = X_{\mathrm{c}}$。

如圖 25.5 所示，Σ 為實數對稱矩陣，它的特徵值分解 (譜分解) 可以寫作

$$\Sigma = V\Lambda V^{\mathrm{T}} \tag{25.4}$$

其中：V 為正交矩陣。V 與自己轉置 V^{T} 的乘積為單位陣 I，即

$$V^{\mathrm{T}}V = I \tag{25.5}$$

特徵值方陣 Λ 主對角線元素為特徵值 λ，特徵值從大到小排列為

$$\Lambda = \begin{bmatrix} \lambda_1 & & & \\ & \lambda_2 & & \\ & & \ddots & \\ & & & \lambda_D \end{bmatrix}, \quad \lambda_1 \geq \lambda_2 \geq \cdots \geq \lambda_D \tag{25.6}$$

本書前文介紹過，從統計學角度來講，λ_j 是第 j 個主成分所貢獻的方差。

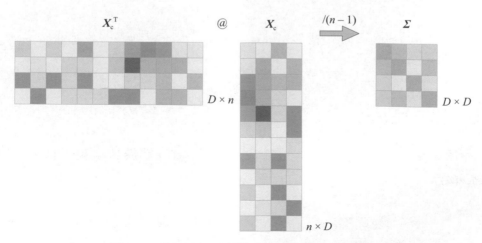

▲ 圖 25.4 計算原始資料協方差矩陣 ($D = 4$，$n = 12$)

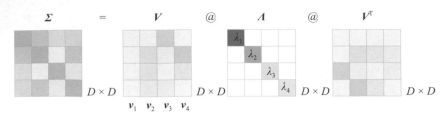

▲ 圖 25.5 協方差矩陣特徵值分解 $(D = 4)$

主成分、酬載

V 為特徵向量構造的 $D \times D$ 的方陣為

$$V = \begin{bmatrix} \underset{PC1}{\underbrace{v_1}} & \underset{PC2}{\underbrace{v_2}} & \cdots & v_D \end{bmatrix} = \begin{bmatrix} v_{1,1} & v_{1,2} & \cdots & v_{1,D} \\ v_{2,1} & v_{2,2} & \cdots & v_{2,D} \\ \vdots & \vdots & \ddots & \vdots \\ v_{D,1} & v_{D,2} & \cdots & v_{D,D} \end{bmatrix} \quad (25.7)$$

其中：v_1 被稱作第一主成分 (first principal component)，本書常記作 PC1；v_2 被稱作第二主成分 (second principal component)，記作 PC2；依此類推。

V 的列向量也叫酬載 (loadings)。注意，有些文獻中酬載定義為

$$V\sqrt{\Lambda} = \begin{bmatrix} v_1 & v_2 & \cdots & v_D \end{bmatrix} \begin{bmatrix} \sqrt{\lambda_1} & & & \\ & \sqrt{\lambda_2} & & \\ & & \ddots & \\ & & & \sqrt{\lambda_D} \end{bmatrix} = \begin{bmatrix} \sqrt{\lambda_1}v_1 & \sqrt{\lambda_2}v_2 & \cdots & \sqrt{\lambda_D}v_D \end{bmatrix} \quad (25.8)$$

跡，總方差

本書前文介紹過，協方差矩陣 Σ 的跡 trace(Σ) 等於特徵值方陣 Λ 的跡 trace(Λ)：

$$\text{trace}(\Sigma) = \sigma_1^2 + \sigma_2^2 + \cdots + \sigma_D^2 = \sum_{j=1}^{D} \sigma_j^2 = \text{trace}(\Lambda) = \lambda_1 + \lambda_2 + \cdots + \lambda_D = \sum_{j=1}^{D} \lambda_j \quad (25.9)$$

第 j 個特徵值 λ_j 對方差總和 (total variance) 的貢獻百分比為

$$\frac{\lambda_j}{\sum_{i=1}^{D} \lambda_i} \times 100\%$$ (25.10)

前 p 個特徵值，即 p 個主成分**總方差解釋** (total variance explained) 的百分比為

$$\frac{\sum_{j=1}^{p} \lambda_j}{\sum_{i=1}^{D} \lambda_i} \times 100\%$$ (25.11)

「total variance」指的是原始資料中所有變數的總方差，「explained」表示這個方差被 PCA 模型中所選的主成分所解釋。因此，「total variance explained」表示透過 PCA 轉換後的主成分所解釋的原始資料中總方差的比例。這個值通常以百分比的形式舉出，可以幫助我們了解每個主成分對資料的解釋程度，以及所有主成分的整體效果。

主成分分析中，我們常用**陡坡圖** (scree plot) 視覺化這個百分比，如圖 25.6 所示。

◀ 《數據有道》一書中大家會看到很多陡坡圖實例。

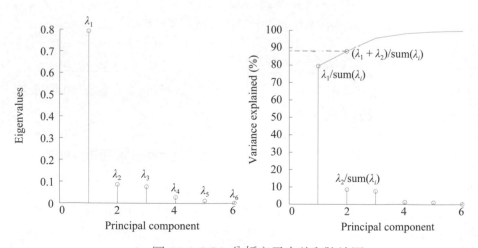

▲ 圖 25.6 PCA 分析主元方差和陡坡圖

25.4 投影

本節從投影角度介紹 PCA。資料矩陣 X 投影到矩陣 V 正交系 $(v_1, v_2, \cdots, v_D)$ 得到新特徵資料矩陣 Z，即

$$Z = XV \tag{25.12}$$

其中：V 常被稱作**酬載** (loadings)；Z 常被稱作**得分** (scores)。圖 25.7 所示為 $Z = XV$ 矩陣運算原理圖。

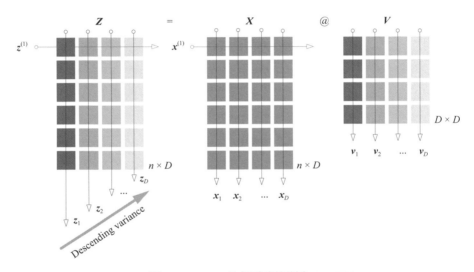

▲ 圖 25.7　PCA 分解資料關係 $Z = XV$

《AI 時代 Math 元年 - 用 Python 全精通矩陣及線性代數》一書第 10 章特別介紹過這種資料投影，建議大家回顧。

圖 25.8 所示為將圖 25.2 舉出資料矩陣 X 投影到矩陣 V 得到的得分 Z。

值得強調的一點是：把原始資料 X 或中心化資料 X_c 投影到 V 中結果不一樣。從統計角度來看，差異主要表現在質心位置，而投影得到的資料協方差矩陣相同。

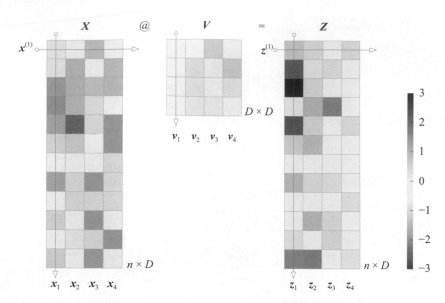

▲ 圖 25.8 Z、X 和 V 這三個矩陣關係和熱圖

Z 的列向量

前文討論過，矩陣 X 每一列特徵資料的方差區別不大 (見圖 25.3)；而圖 25.9 告訴我們，經過 PCA 分解得到的矩陣 Z 四個新特徵資料分布差異顯著。

如圖 25.9 所示，第一列 z_1 資料分佈最為分散，也就是第一主成分 (firstprincipal component) 解釋了資料中的最多方差。第一列 z_1 到第四列 z_4 資料分散情況逐漸降低，熱圖對應的色差從明顯到模糊。

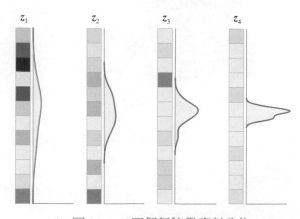

▲ 圖 25.9 Z 四個新特徵資料分佈

將式 (25.12) 展開得到

$$\begin{bmatrix} z_1 & z_2 & \cdots & z_D \end{bmatrix} = X \begin{bmatrix} \underbrace{v_1}_{\text{PC1}} & \underbrace{v_2}_{\text{PC2}} & \cdots & v_D \end{bmatrix} \tag{25.13}$$

由此，得到圖 25.10 所示主成分分析運算的資料關係為

$$\begin{cases} z_1 = Xv_1 \\ z_2 = Xv_2 \\ \quad\vdots \\ z_D = Xv_D \end{cases} \tag{25.14}$$

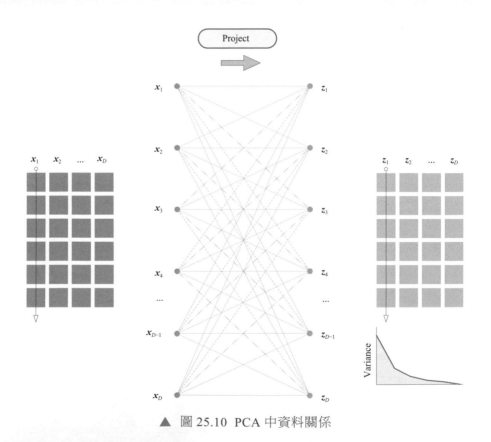

▲ 圖 25.10　PCA 中資料關係

線性組合

如圖 25.11 所示，以列向量 v_1 為例，它的每個元素相當於 $[x_1, x_2, \cdots, x_D]$ 線性組合對應係數。將 X 向 v_1 投影，有

$$z_1 = Xv_1 \tag{25.15}$$

式 (25.15) 展開得到

$$z_1 = \begin{bmatrix} x_1 & x_2 & \cdots & x_D \end{bmatrix} \underbrace{\begin{bmatrix} v_{1,1} \\ v_{2,1} \\ \vdots \\ v_{D,1} \end{bmatrix}}_{v_1,\ PC1} = v_{1,1}x_1 + v_{2,1}x_2 + \cdots + v_{D,1}x_D \tag{25.16}$$

簡單來講，z_1 相當於 $[x_1, x_2, \cdots, x_D]$ 的某種特殊線性組合。

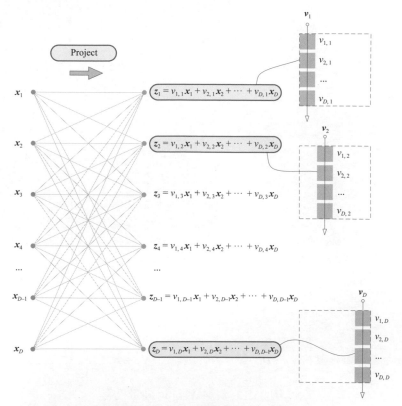

▲ 圖 25.11 線性組合角度看 PCA

朝向量投影

　　圖 25.12~ 圖 25.15 分別展示了資料矩陣 X 向 v_1、v_2、v_3 和 v_4 向量的投影。

　　圖 25.12 所示的 $z_1 = Xv_1$ 運算相當於資料 X 向 v_1 向量 (第一主成分) 投影獲得 z_1；圖 25.13 展示的 $z_2 = Xv_2$ 運算等價於資料 X 向 v_2(第二主成分) 投影獲得 z_2；以此類推。

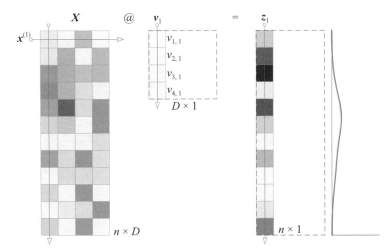

▲ 圖 25.12 資料 X 向 v_1 向量投影

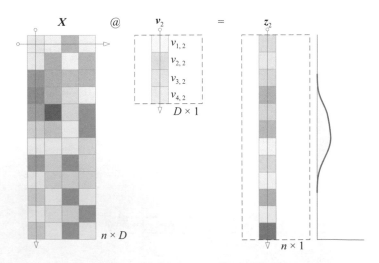

▲ 圖 25.13 資料 X 向 v_2 向量投影

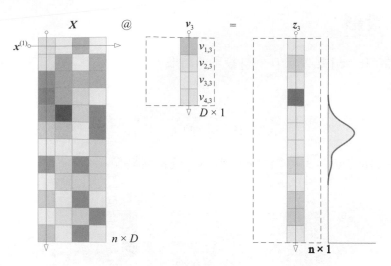

▲ 圖 25.14 資料 X 向 v_3 向量投影

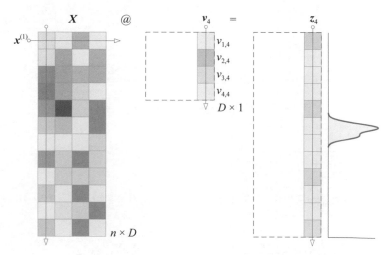

▲ 圖 25.15 資料 X 向 v_4 向量投影

朝平面投影

同樣，$[z_1, z_2]$ 是 X 向 $[v_1, v_2]$ 投影的結果，即四維資料 X 向二維空間投影。運算過程為

$$[z_1 \quad z_2] = X[v_1 \quad v_2] \tag{25.17}$$

圖 25.16 所示為式 (25.17) 的運算過程及結果熱圖。

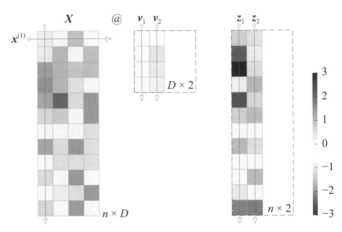

▲ 圖 25.16　資料 X 向 $[v_1, v_2]$ 投影

Z 的協方差矩陣

前文假設 X 已經中心化，因此 z_1 的期望值為 0。對 z_1 求方差，可以得到

$$\mathrm{var}(z_1) = \frac{(Xv_1)^\mathsf{T}(Xv_1)}{n-1} = \frac{v_1^\mathsf{T}X^\mathsf{T}Xv_1}{n-1} = v_1^\mathsf{T}\underbrace{\frac{X^\mathsf{T}X}{n-1}}_{\Sigma}v_1 = v_1^\mathsf{T}\Sigma v_1 \tag{25.18}$$

同理，有

$$\mathrm{var}(z_2) = v_2^\mathsf{T}\Sigma v_2, \quad ..., \quad \mathrm{var}(z_D) = v_D^\mathsf{T}\Sigma v_D \tag{25.19}$$

這樣，Z 的協方差矩陣可以透過下式計算得到，即

$$\text{var}(Z) = \frac{(XV)^{\text{T}}(XV)}{n-1} = \frac{V^{\text{T}}X^{\text{T}}XV}{n-1}$$

$$= V^{\text{T}}\underbrace{\frac{X^{\text{T}}X}{n-1}}_{\Sigma}V = V^{\text{T}}\Sigma V = \begin{bmatrix} v_1^{\text{T}}\Sigma v_1 & & & \\ & v_2^{\text{T}}\Sigma v_2 & & \\ & & \ddots & \\ & & & v_D^{\text{T}}\Sigma v_D \end{bmatrix} = \Lambda = \begin{bmatrix} \lambda_1 & & & \\ & \lambda_2 & & \\ & & \ddots & \\ & & & \lambda_D \end{bmatrix} \quad (25.20)$$

觀察式 (25.20) 所示的協方差矩陣，可以發現主對角線以外元素均為 0，也就是 Z 的列向量兩兩正交 (前提是其質心位於原點)，線性相關係數為 0。

$Z_{n \times p}$ 的協方差矩陣為

$$\text{var}(Z_{n \times p}) = \frac{(XV_{D \times p})^{\text{T}}(XV_{D \times p})}{n-1} = V_{D \times p}^{\text{T}}\underbrace{\frac{X^{\text{T}}X}{n-1}}_{\Sigma}V_{D \times p} = V_{D \times p}^{\text{T}}\Sigma V_{D \times p} = \Lambda_{p \times p} = \begin{bmatrix} \lambda_1 & & \\ & \ddots & \\ & & \lambda_p \end{bmatrix} \quad (25.21)$$

對於投影資料的方差計算，我們已經在第 14 章詳細介紹過，記憶模糊的讀者請自行回顧複習。

25.5　幾何角度看 PCA

如圖 25.17 所示，橢圓中心對應質心 μ, 橢圓與 $\pm\sigma$ 標準差組成的矩形相切，四個切點分別為 A、B、C 和 D，對角切點兩兩相連得到兩條直線 AC、BD。

本書前文介紹過，AC 相當於在替定 X_2 條件下 X_1 的條件機率期望值；BD 相當於在替定 X_1 條件下 X_2 的條件機率期望值。

圖 25.17 中，EG 為橢圓長軸；FH 為橢圓短軸。而 EG 就相當於 PCA 的第一主成分，FH 為第二主成分。

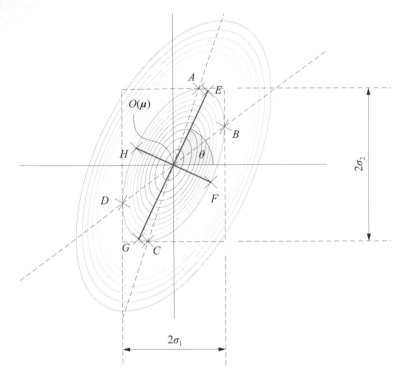

▲ 圖 25.17　主成分分析和橢圓的關係

　　圖 25.18 則從橢圓角度解釋了主成分分析。假設圖 25.18 中的原始資料已經標準化，計算得到協方差矩陣 Σ，找到 Σ 對應橢圓的半長軸所在方向 v_1。v_1 對應的便是第一主成分 PC1。原始資料朝 v_1 投影得到的資料對應最大方差。

　　整個過程實際上用到了本書系《AI 時代 Math 元年 - 用 Python 全精通矩陣及線性代數》一書中介紹的平移、縮放、正交化、投影、旋轉等數學工具。

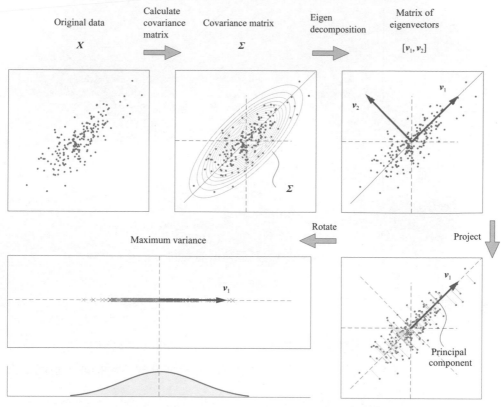

▲ 圖 25.18 幾何角度下透過特徵值分解協方差矩陣進行主成分分析

　　如圖 25.19 所示，從線性變換角度來看，主成分分析無非就是在不同的座標系中看同一組資料。資料朝不同方向投影會得到不同的投影結果，對應不同的分佈；朝橢圓長軸方向投影，得到的資料標准差最大；朝橢圓短軸方向投影得到的資料標準差最小。

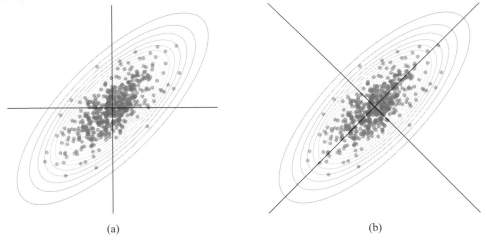

(a)

(b)

▲ 圖 25.19　兩個角度看資料

舉個例子

　　圖 25.20(a) 所示為原始二維資料 X 的散點圖，可以發現資料的質心位於 $[1,2]^T$。分析資料 X，可以發現資料的兩個特徵的分佈分散情況相似，也就是方差大小幾乎相同。

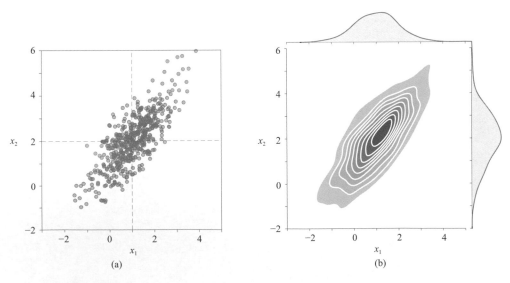

(a)

(b)

▲ 圖 25.20　原始二維資料 X

利用 sklearn.decomposition.PCA() 函數，我們可以透過 pca.components_ 獲得主成分向量。利用 pca.transform(X) 可以獲得投影後的資料 Y。圖 25.21 對比 Y 的兩列資料分佈。圖 25.22 所示為資料 Y 在 $[v_1, v_2]$ 中的散點圖。

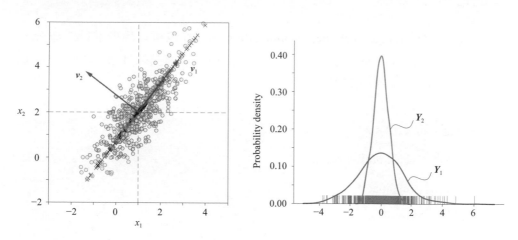

▲ 圖 25.21 主成分資料分佈

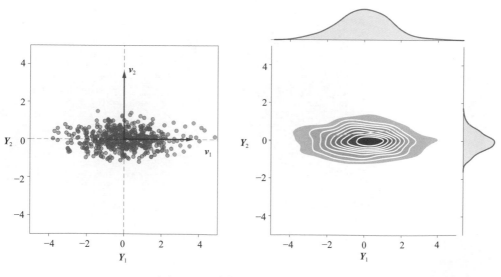

▲ 圖 25.22 資料 Y 在 $[v_1, v_2]$ 中散點圖

Bk5_Ch25_01.py 程式繪製圖 25.20～圖 25.22。

25.6 奇異值分解

四種奇異值分解

奇異值分解 (singular value decomposition, SVD) 也可以用於進行主成分分析。叢書在《AI 時代 Math 元年 - 用 Python 全精通矩陣及線性代數》一書中系統講解過奇異值分解的四種類型。

- 完全型 (full)。

- 經濟型 (economy-size,thin)。

- 緊湊型 (compact)。

- 截斷型 (truncated)。

如圖 25.23 所示，完全型奇異值分解中，U 為方陣，S 矩陣並非方陣。

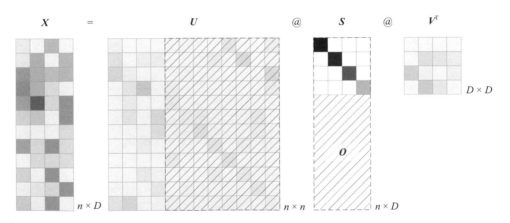

▲ 圖 25.23 完全 (full) 奇異值分解

去掉圖 25.23 中這個全 0 矩陣 O，便得到經濟型奇異值分解，具體如圖 25.24 所示。經濟型 SVD 中，U 的形狀與 X 相同，S 矩陣為對角方陣，形狀為 $D \times D$。

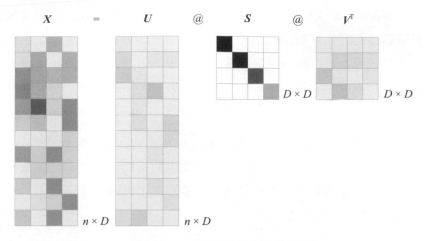

▲ 圖 25.24 經濟型奇異值分解

當 X 非滿秩，即 rank(X) = $r < D$ 時，圖 25.24 所示的經濟型奇異值分解可以進一步簡化為如圖 25.25 所示的緊湊型 SVD 分解。

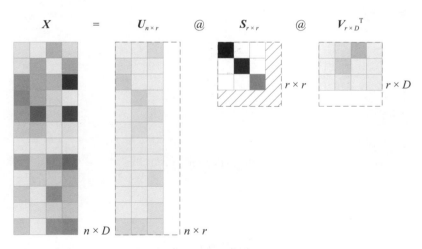

▲ 圖 25.25 緊湊型奇異值分解 (X 非滿秩)

在線性代數中，矩陣的秩指的是其列向量或行向量線性無關的數量。如果矩陣的秩等於它的行數或列數中的較小值，則稱該矩陣為滿秩矩陣。如果矩陣的秩小於它的行數或列數中的較小值，則稱該矩陣為非滿秩矩陣。

在機器學習中，非滿秩的矩陣通常表示存在容錯或線性相關的特徵或樣本。這些容錯或線性相關的特徵或樣本可能會導致演算法的過擬合，降低模型的準確性和穩定性。因此，在許多機器學習演算法中，對於非滿秩矩陣，通常需要進行一些特殊的處理，如降維或正則化，以減少容錯或相關性，並提高模型的效果。

圖 25.26 所示為截斷型奇異值分解，$S_{p \times p}$ 僅使用圖 25.24 中 S 矩陣 p 個主成分特徵值，形狀為 $p \times p$。注意，圖 25.26 中使用的是約等號「$\approx$」；這是因為，約等號右側矩陣運算僅還原了 X 矩陣的部分資料，並非還原全部資訊。本章後續將展開講解資料還原和誤差。

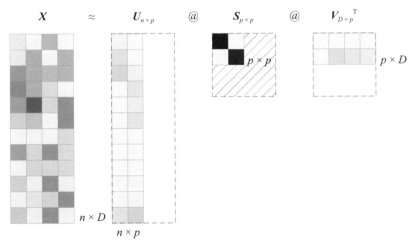

▲ 圖 25.26　截斷型奇異值分解

SVD 完成主成分分析

首先中心化 (去平均值) 資料矩陣。對已經去平均值的矩陣 $X_{n \times D}$ 進行完全型 SVD 分解，得到

$$X = USV^{\mathrm{T}} \tag{25.22}$$

V 和 U 均為正交矩陣，即滿足

$$UU^{\mathrm{T}} = U^{\mathrm{T}}U = I$$
$$VV^{\mathrm{T}} = V^{\mathrm{T}}V = I \tag{25.23}$$

Python 中常用奇異值分解函數為 numpy.linalg.svd()。

由於 X 已經中心化，因此其協方差矩陣可以透過下式計算獲得，即

$$\Sigma = \frac{X^{\mathrm{T}}X}{n-1} \tag{25.24}$$

將式 (25.22) 代入式 (25.24) 得到

$$\Sigma = \frac{\left(USV^{\mathrm{T}}\right)^{\mathrm{T}} USV^{\mathrm{T}}}{n-1} = \frac{VS^{\mathrm{T}}SV^{\mathrm{T}}}{n-1} \tag{25.25}$$

對協方差矩陣進行特徵值分解，有

$$\Sigma = V\Lambda V^{\mathrm{T}} \tag{25.26}$$

聯立式 (25.25) 和式 (25.26)，得

$$\frac{VS^{\mathrm{T}}SV^{\mathrm{T}}}{n-1} = V\Lambda V^{\mathrm{T}} \tag{25.27}$$

對於經濟型 SVD 分解，S 為對角方陣，式 (25.27) 整理得到

$$\frac{S^2}{n-1} = \Lambda \tag{25.28}$$

即

$$\frac{1}{n-1}\begin{bmatrix} s_1^2 & & & \\ & s_2^2 & & \\ & & \ddots & \\ & & & s_D^2 \end{bmatrix} = \begin{bmatrix} \lambda_1 & & & \\ & \lambda_2 & & \\ & & \ddots & \\ & & & \lambda_D \end{bmatrix} \tag{25.29}$$

注意：$\lambda_1 \geq \lambda_2 \geq \cdots \geq \lambda_D$。

奇異值和特徵值存在以下關係，即

$$\frac{s_j^2}{n-1} = \lambda_j \tag{25.30}$$

其中：s_j 為第 j 個主成分的**奇異值** (singular value)；λ_j 為協方差矩陣的第 j 個特徵值。

理解 U

Z 可以還原 X，即

$$X = ZV^{-1} = ZV^{\mathrm{T}} \tag{25.31}$$

對比式 (25.22) 和 $X = USV^{\mathrm{T}}$，可以發現

$$Z = US \tag{25.32}$$

也就是

$$\begin{bmatrix} z_1 & z_2 & \cdots & z_D \end{bmatrix} = \begin{bmatrix} u_1 & u_2 & \cdots & u_D \end{bmatrix} \begin{bmatrix} s_1 & & & \\ & s_2 & & \\ & & \ddots & \\ & & & s_D \end{bmatrix} = \begin{bmatrix} s_1 u_1 & s_2 u_2 & \cdots & s_D u_D \end{bmatrix} \tag{25.33}$$

即

$$s_1 u_1 = z_1, \quad s_2 u_2 = z_2, \ \ldots \tag{25.34}$$

對 z_1 求方差，得

$$\mathrm{var}(z_1) = \frac{z_1^{\mathrm{T}} z_1}{n-1} = \frac{(s_1 u_1)^{\mathrm{T}}(s_1 u_1)}{n-1} = \frac{s_1^2 \|u_1\|^2}{n-1} = \frac{s_1^2}{n-1} = \lambda_1 \tag{25.35}$$

可以發現矩陣 U 每一列資料相當於 Z 對應列向量的標準化，即

$$U = \begin{bmatrix} u_1 & u_2 & \cdots & u_D \end{bmatrix} = \begin{bmatrix} \dfrac{z_1}{s_1} & \dfrac{z_2}{s_2} & \cdots & \dfrac{z_D}{s_D} \end{bmatrix} \tag{25.36}$$

也就是

$$U = \begin{bmatrix} u_1 & u_2 & \cdots & u_D \end{bmatrix} = ZS^{-1} \qquad (25.37)$$

至此，我們理解了 SVD 分解中矩陣 U 的內涵。

張量積

用張量積來展開 SVD 分解，有

$$
\begin{aligned}
X &= USV^\mathrm{T} \\
&= \begin{bmatrix} u_1 & u_2 & \cdots & u_D \end{bmatrix} \begin{bmatrix} s_1 & & & \\ & s_2 & & \\ & & \ddots & \\ & & & s_D \end{bmatrix} \begin{bmatrix} v_1^\mathrm{T} \\ v_2^\mathrm{T} \\ \vdots \\ v_D^\mathrm{T} \end{bmatrix} \\
&= s_1 u_1 v_1^\mathrm{T} + s_2 u_2 v_2^\mathrm{T} + \cdots + s_D u_D v_D^\mathrm{T} \\
&= s_1 u_1 \otimes v_1 + s_2 u_2 \otimes v_2 + \cdots + s_D u_D \otimes v_D
\end{aligned} \qquad (25.38)
$$

圖 25.27 所示為式 (25.38) 還原原始資料的過程。

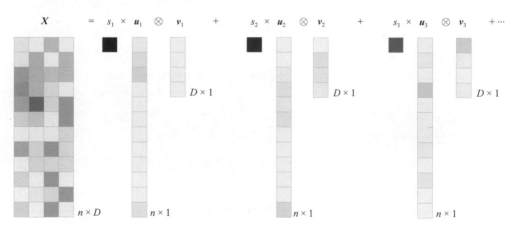

▲ 圖 25.27 張量積 $s_1 u_1 \otimes v_1$、$s_2 u_2 \otimes v_2$ 等之和還原資料 X

25.7　最佳化問題

下面我們從最佳化角度理解 PCA。如圖 25.28 所示，X 為中心化資料，即 X 質心零向量，v 為單位向量。資料 X 在 v 上投影結果為 z，即 $z = Xv$。

主成分分析中，選取 v 的標準是一z 方差最大化。這便是構造 PCA 最佳化問題的第一個角度。

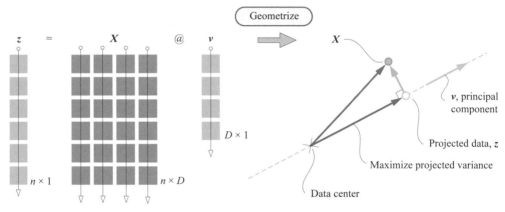

▲ 圖 25.28　主成分分析最佳化問題

由於 X 為中心化資料，因此 z 的平均值也為 0，因此 z 的方差為

$$\text{var}(z) = \frac{z^{\mathrm{T}} z}{n-1} = v^{\mathrm{T}} \overbrace{\frac{X^{\mathrm{T}} X}{n-1}}^{\text{Covariance matrix}} v \tag{25.39}$$

發現式 (25.39) 隱藏著資料 X 協方差矩陣，因此 $\text{var}(z)$ 為

$$\text{var}(z) = v^{\mathrm{T}} \Sigma v \tag{25.40}$$

v 為單位列向量，即滿足約束條件

$$v^{\mathrm{T}} v = 1 \tag{25.41}$$

有了以上分析，我們便可以構造主成分分析最佳化問題，最佳化目標為資料在 v 方向上資料投影方差最大化，有

$$
\begin{aligned}
&\underset{v}{\arg\max} \quad v^T \Sigma v \\
&\text{subject to: } v^T v - 1 = 0
\end{aligned} \tag{25.42}
$$

式 (25.42) 最大化最佳化問題等價於以下最小化最佳化問題，即

$$
\begin{aligned}
&\underset{v}{\arg\min} \quad -v^T \Sigma v \\
&\text{subject to: } v^T v - 1 = 0
\end{aligned} \tag{25.43}
$$

構造拉格朗日函數 $L(v,\lambda)$，有

$$
L(v,\lambda) = -v^T \Sigma v + \lambda \left(v^T v - 1 \right) \tag{25.44}
$$

其中：λ 為拉格朗日乘子。$L(x,\lambda)$ 對 v 求偏導，最佳解必要條件為

$$
\nabla_v L(v,\lambda) = \frac{\partial L(v,\lambda)}{\partial v} = \left(-2\Sigma v + 2\lambda v \right)^T = \boldsymbol{0} \tag{25.45}
$$

◀

有關拉格朗日乘子法，請大家回顧《AI 時代 Math 元年 - 用 Python 全精通矩陣及線性代數》一書第 18 章相關內容。

整理式 (25.45) 得到

$$
\Sigma v = \lambda v \tag{25.46}
$$

由此，v 為資料 X 協方差矩陣 Σ 特徵向量。$\text{var}(z)$ 整理為

$$
\text{var}(z) = v^T \Sigma v = v^T \lambda v = \lambda v^T v = \lambda \tag{25.47}
$$

也就是說，$\text{var}(z)$ 最大值對應 Σ 最大特徵值。這一節從最佳化角度解釋了為什麼特徵值分解能夠完成主成分分析。

25.8 資料還原和誤差

還原

前文介紹過，Z 可以反向透過 $X = ZV^T$ 還原 X。圖 25.29 所示為還原得到 X 的過程。圖 25.30 所示為熱圖，矩陣 Z 還原轉化為原始資料矩陣 X。

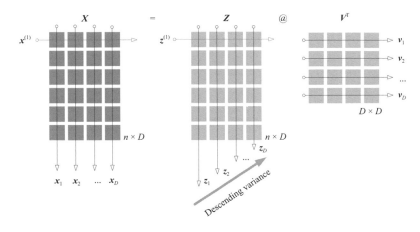

▲ 圖 25.29　反向還原資料 $X = ZV^T$

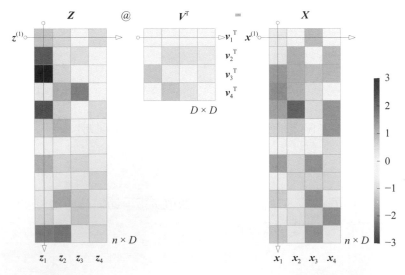

▲ 圖 25.30　新特徵資料矩陣 Z 還原轉化為原始資料矩陣 X

再次強調：圖 25.29 這種還原計算成立的條件是 X 的質心位於原點。

$X = ZV^{\mathrm{T}}$ 展開得到

$$X = \begin{bmatrix} z_1 & z_2 & z_3 & z_4 \end{bmatrix} \begin{bmatrix} v_1^{\mathrm{T}} \\ v_2^{\mathrm{T}} \\ v_3^{\mathrm{T}} \\ v_4^{\mathrm{T}} \end{bmatrix} = \underbrace{z_1 v_1^{\mathrm{T}}}_{X_1} + \underbrace{z_2 v_2^{\mathrm{T}}}_{X_2} + \underbrace{z_3 v_3^{\mathrm{T}}}_{X_3} + \underbrace{z_4 v_4^{\mathrm{T}}}_{X_4} \tag{25.48}$$

式 (25.48) 所示的運算過程如圖 25.31 所示。

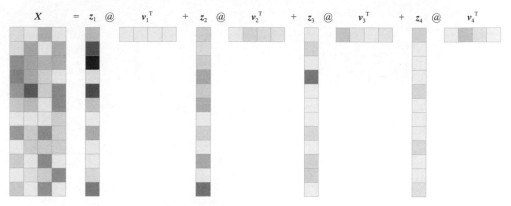

▲ 圖 25.31　還原原始資料運算

圖 25.32 所示為 z_1 還原 X 部分資料，對應運算為

$$X_1 = z_1 v_1^{\mathrm{T}} \tag{25.49}$$

展開式 (25.49) 得到

$$\begin{aligned} X_1 &= z_1 v_1^{\mathrm{T}} \\ &= z_1 \begin{bmatrix} v_{1,1} & v_{2,1} & \cdots & v_{D,1} \end{bmatrix} \\ &= \begin{bmatrix} v_{1,1} z_1 & v_{2,1} z_1 & \cdots & v_{D,1} z_1 \end{bmatrix} \end{aligned} \tag{25.50}$$

　　觀察圖 25.32 所示的熱圖可以發現一些有意思的特點。還原得到的資料每一列熱圖模式高度相似解釋了 X_1 的每一列均是標量乘以向量 z_1 的結果。顯然，X_1 的秩為 1，即 $\mathrm{rank}(X_1) = 1$。

圖 25.33~ 圖 25.35 所示分別展示了 z_2、z_3 和 z_4 還原 X 部分資料。

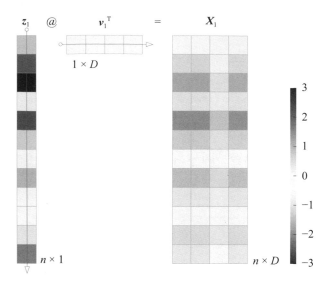

▲ 圖 25.32　z_1 還原 X 部分資料

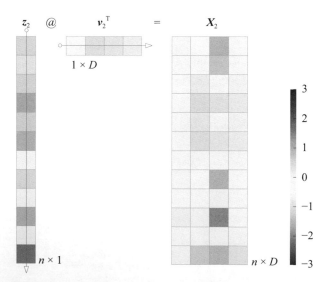

▲ 圖 25.33　z_2 還原 X 部分資料

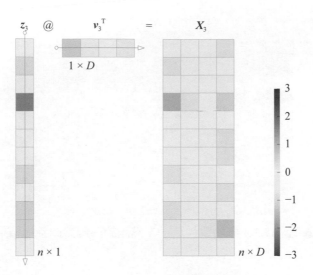

▲ 圖 25.34 z_3 還原 X 部分資料

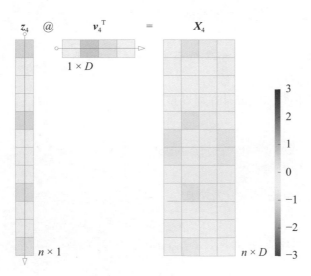

▲ 圖 25.35 z_4 還原 X 部分資料

圖 25.36 所示為原始資料矩陣 X 熱圖相當於四層熱圖疊加的結果。觀察圖 25.36，發現隨著主成分次數降低，每個主成分各自對資料 X 的還原力度不斷降低，看到還原熱圖顏色越來越淺；但是，把這些主成分各自還原生成熱圖不斷疊加，獲得的熱圖就不斷逼近原始熱圖。

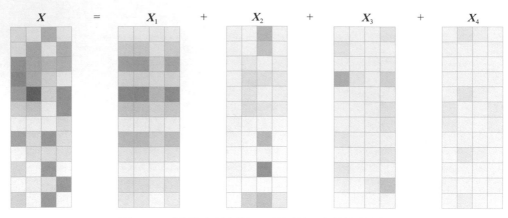

▲ 圖 25.36 原始資料矩陣 X 熱圖於四層熱圖疊加結果

張量積

另外，式 (25.48) 可以用張量積表達為

$$X = \underbrace{z_1 \otimes v_1}_{\hat{X}_1} + \underbrace{z_2 \otimes v_2}_{\hat{X}_2} + \underbrace{z_3 \otimes v_3}_{\hat{X}_3} + \underbrace{z_4 \otimes v_4}_{\hat{X}_4} \qquad (25.51)$$

利用式 (25.14)，式 (25.48) 可以整理為

$$X = X v_1 v_1^{\mathrm{T}} + X v_2 v_2^{\mathrm{T}} + \cdots + X v_D v_D^{\mathrm{T}} = \sum_{j=1}^{D} X v_j v_j^{\mathrm{T}} = X \left(\sum_{j=1}^{D} v_j v_j^{\mathrm{T}} \right) \qquad (25.52)$$

式 (25.52) 可以用張量積表達為

$$X = X \left(v_1 \otimes v_1 \right) + X \left(v_2 \otimes v_2 \right) + \cdots + X \left(v_D \otimes v_D \right) = \sum_{j=1}^{D} X v_j \otimes v_j = X \left(\sum_{j=1}^{D} v_j \otimes v_j \right) \qquad (25.53)$$

圖 25.37 所示為透過主成分 v_1、v_2、v_3、v_4 和其自身轉置乘積計算張量積。

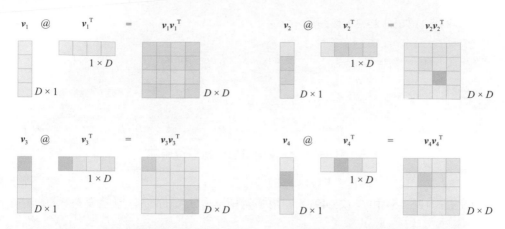

▲ 圖 25.37 列向量乘自身轉置獲得四個張量積

圖 25.38 所示為張量積運算，與圖 25.37 所示結果完全一致。

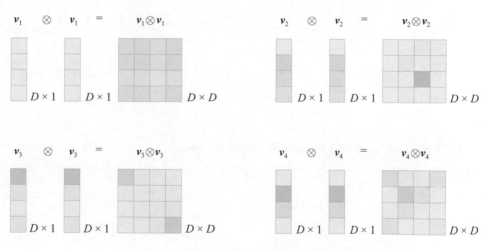

▲ 圖 25.38 內積計算獲得四個張量積

容易推導得到，式 (25.53) 中張量積相加得到單位矩陣，即

$$\boldsymbol{v}_1 \otimes \boldsymbol{v}_1 + \boldsymbol{v}_2 \otimes \boldsymbol{v}_2 + ... + \boldsymbol{v}_D \otimes \boldsymbol{v}_D = \left(\sum_{j=1}^{D} \boldsymbol{v}_j \otimes \boldsymbol{v}_j \right) = \boldsymbol{I} \qquad (25.54)$$

式 (25.54) 如圖 25.39 熱圖所示。

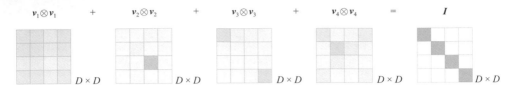

▲ 圖 25.39　張量積相加得到單位矩陣

聯立式 (25.15) 和式 (25.49)，利用張量積 $v_1 \otimes v_1$ 還原部分原始資料，即

$$X_1 = z_1 v_1^\mathsf{T} = X v_1 v_1^\mathsf{T} = X \underbrace{(v_1 \otimes v_1)}_{\text{Tensor product}} \tag{25.55}$$

同理，張量積 $v_2 \otimes v_2$ 也可以還原部分原始資料，即

$$X_2 = z_2 v_2^\mathsf{T} = X v_2 v_2^\mathsf{T} = X \underbrace{(v_2 \otimes v_2)}_{\text{Tensor product}} \tag{25.56}$$

圖 25.40 所示為張量積 $v_1 \otimes v_1$ 和 $v_2 \otimes v_2$ 還原部分資料 X；圖 25.41 所示為張量積 $v_3 \otimes v_3$ 和 $v_4 \otimes v_4$ 還原部分資料 X。

◀
《AI 時代 Math 元年 - 用 Python 全精通矩陣及線性代數》一書第 10 章給這種投影一個特別的名字—二次投影，建議大家進行回顧。

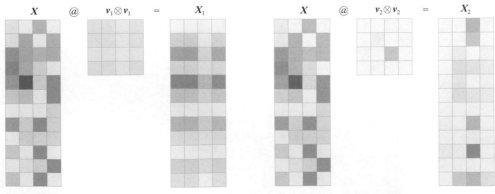

▲ 圖 25.40　張量積 $X(v_1 \otimes v_1)$ 和 $X(v_2 \otimes v_2)$ 還原部分資料 X

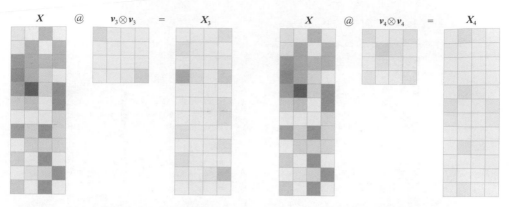

▲ 圖 25.41 張量積 $X(v_3 \otimes v_3)$ 和 $X(v_4 \otimes v_4)$ 還原部分資料 X

誤差

圖 25.42 所示為兩個主成分 v_1 和 v_2 還原獲得原始資料熱圖,具體計算為

$$\hat{X} = \begin{bmatrix} z_1 & z_2 \end{bmatrix} \begin{bmatrix} v_1 & v_2 \end{bmatrix}^T \tag{25.57}$$

相當於

$$\begin{aligned} \hat{X} &= X_1 + X_2 = z_1 v_1^T + z_2 v_2^T \\ &= X\left(v_1 v_1^T + v_2 v_2^T\right) = X\left(v_1 \otimes v_1 + v_2 \otimes v_2\right) \end{aligned} \tag{25.58}$$

圖 25.43 所示為透過疊加圖 25.32 和圖 25.33 兩個熱圖還原原始資料矩陣。

從張量積角度來看圖 25.43,有

$$X \approx X\left(v_1 \otimes v_1 + v_2 \otimes v_2\right) = s_1 u_1 \otimes v_1 + s_2 u_2 \otimes v_2^T \tag{25.59}$$

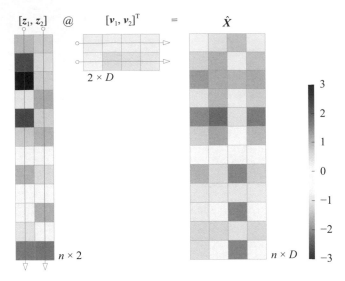

▲ 圖 25.42　前兩個主成分 z_1 和 z_2 還原 X 資料

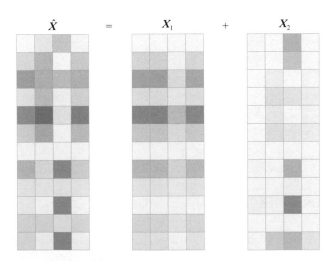

▲ 圖 25.43　兩個熱圖疊加還原原始資料

殘差資料矩陣 E，即原始熱圖和還原熱圖色差，利用下式計算獲得，即

$$E = X - \hat{X} \tag{25.60}$$

圖 25.44 所示為比較原始資料 X、擬合資料 $\hat{X}$ 和殘差資料矩陣 E 的熱圖，發現原始資料 X 和擬合數據 $\hat{X}$ 已經相差無幾。從圖片還原角度來看，如圖 25.44 所示，PCA 降維用更少維度、更少資料獲得了幾乎一樣畫質圖片。

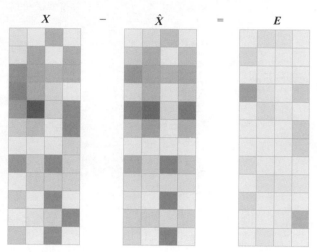

▲ 圖 25.44 原始資料、擬合資料和殘差資料熱圖

六條技術路徑

相信大家對表 25.1 並不陌生，大家都在《AI 時代 Math 元年 - 用 Python 全精通矩陣及線性代數》一書第 25 章中見過這六條 PCA 技術路線。本章介紹的實際上是：①特徵值分解協方差矩陣；②奇異值分解中心化資料矩陣。

《數據有道》一書將比較表 25.1 這六種方法的異同。

總結來說，透過 PCA 降維，我們可以降低資料的維度，從而簡化模型和演算法的複雜度，同時可以去除雜訊和容錯資訊，提高資料的可解釋性和可視化效果，從而更進一步地理解資料和發現資料中的規律。PCA 廣泛應用於資料探勘、模式辨識、影像處理、訊號處理等領域。

→ 表 25.1 六條 PCA 技術路線（來自《AI 時代 Math 元年 - 用 Python 全精通矩陣及線性代數》一書第 25 章）

物件		方法	結果
原始資料矩陣	X	奇異值分解	$X = U_X S_X V_X^{\mathsf{T}}$
格拉姆矩陣 本章中用「修正」的格拉姆矩陣	$G = X^{\mathsf{T}} X$ $G = \dfrac{X^{\mathsf{T}} X}{n-1}$	特徵值分解	$G = V_X \Lambda_X V_X^{\mathsf{T}}$
中心化資料矩陣	$X_c = X - \mathbf{E}(X)$	奇異值分解	$X_c = U_c S_c V_c^{\mathsf{T}}$
協方差矩陣	$\Sigma = \dfrac{\left(X - \mathbf{E}(X)\right)^{\mathsf{T}} \left(X - \mathbf{E}(X)\right)}{n-1}$	特徵值分解	$\Sigma = V_c \Lambda_c V_c^{\mathsf{T}}$
標準化資料 (z 分數)	$Z_X = \left(X - \mathbf{E}(X)\right) D^{-1}$ $D = \mathrm{diag}\left(\mathrm{diag}(\Sigma)\right)^{\frac{1}{2}}$	奇異值分解	$Z_X = U_Z S_Z V_Z^{\mathsf{T}}$
相關性係數矩陣	$P = D^{-1} \Sigma D^{-1}$ $D = \mathrm{diag}\left(\mathrm{diag}(\Sigma)\right)^{\frac{1}{2}}$	特徵值分解	$P = V_Z \Lambda_Z V_Z^{\mathsf{T}}$

→

人類思維天然具備機率統計屬性。機率統計背後的思想更貼近「生活常識」。大腦涉及可能性判斷時，就不自覺進入「貝氏推斷」模式。

看著天上雲層很厚，可能兩小時就會下雨。昨晚淋了雨，估計今天要感冒。根據以往經驗，估計這次考試透過率為 80% 以上。這種「先驗 + 資料→後驗」的思維模式比比皆是。

可惜的是，當數學家將這些生活常識「翻譯成」數學語言之後，它們就變成了冷冰冰的「火星文」。

與其說機率統計是工具，不如說是方法論、世界觀。大家常說的「一命，二運，三風水，四讀書」，表現的也是機率統計的思維。

天意從來高難問，命中沒有莫強求。「小機率事件」能發生，得之我幸，不得我命。風水輪流轉，玄而又玄。

目不轉睛地盯著社會財富分佈曲線的「右尾」，對巨賈兜售的「成功學」佈道言聽計從，從統計角度來看都是癡人說夢。科技巨頭退學創業的成功「典範」對應的機率也不比「買彩券中頭獎」高多少。

知識改變命運的先見之明，加之身邊真實案例資料，算來算去只有讀書成才對應「最大後驗」優化解。大家捧起本書系的時候，就依靠統計思維作出了「最佳化」選擇。

《AI 時代 Math 元年 - 用 Python 全精通統計及機率》是本書系數學板塊三冊中的最後一書，其中大家看到了代數、幾何、線性代數、機率統計、最佳化等數學板塊的合流。

讀到這裡，大家便完成了整個數學板塊的修煉。希望大家日後再看到任何公式的時候，閉上眼睛，都能在腦中「看見」各種幾何圖形。